암의 분자생물학

Molecular Biology of Cancer

기전, 표적, 치료

대표역자 김우영

김용환 · 서지혜 · 우현애 · 이수재
이효종 · 조용연 · 차종호 공역

김규원 감수

Lauren Pecorino

4판

암의 분자생물학

Molecular Biology *of* Cancer

FOURTH EDITION

기전, 표적, 치료

대표역자 김우영

김용환 · 서지혜 · 우현애 · 이수재
이효종 · 조용연 · 차종호 공역

김규원 감수

Lauren Pecorino

Molecular Biology *of Cancer* 4 Edition

암의 분자생물학 기전, 표적, 치료 제4판

인　　쇄 | 2021년 1월 10일
발　　행 | 2021년 1월 20일

저　　자 | Lauren Pecorino
역　　자 | 김우영 · 김용환 · 서지혜 · 우현애
이수재 · 이효종 · 조용연 · 차종호
감　　수 | 김규원
발 행 인 | 박선진
발 행 처 | (주)도서출판 월드사이언스

주　　소 | 서울특별시 서초구 도구로 115, 1층(방배동, 월드빌딩)
등록일자 | 1988년 2월 12일
등록번호 | 제 16-1601호
대표전화 | (02) 581-5811~3
팩　　스 | (02) 521-6418

E-mail | worldscience@hanmail.net
U R L | http://www.worldscience.co.kr

정　　가 | **30,000원**
I S B N | 978-89-5881-295-1

이 도서의 국립중앙도서관 출판도서목록(CIP)은 서지정보유통지원시스템 홈페이지(http://seoji.nl.go.kr)와 국가자료공동목록시스템(http://www.nl.go.kr/kolisnet)에서 이용하실 수 있습니다. (CIP제어번호: CIP2020031085)

이 책을 나의 다음 스승들께 헌사하고,

Raffaela and Joseph Pecorino,

Frank Erk 교수

Sidney Strickland 교수

Jeremy Brockes 교수

다음 사람들을 기억하며:

Marie Favia

Xianzhe Li

Mildred Maiello

Kerry O'Neil

서문

‘암의 분자생물학: 기전, 표적, 치료’는 학부 및 대학원 과정(의과대학을 포함하여) 학생 모두와 정상 세포가 어떻게 암세포로 변하고, 이것이 진단과 치료에 어떻게 적용되는지에 관심 있는 제약업계 종사자를 염두에 두고서 쓰였다. 정상 세포의 신호전달계는 환경의 변화를 감지하고, 반응해서 세포의 활성을 조절한다. 세포는 많은 수용체를 그 표면에 갖고 있으며, 세포 밖의 신호(예, 성장인자)가 세포 안으로 들어올 수 있게 한다. 신호전달계는 계주 경기에서 같은 팀 선수들이 하나하나 순차적으로 달리듯이, 다른 구성원과 순차적으로 작용하는 분자들로 이루어져 있다. 정보의 릴레이는 세포의 행동이나 유전자 발현에 변화를 일으키고, 세포 반응(예, 세포 성장)을 야기한다. 이 세포 신호전달 경로의 간섭은 심각한 결과(예, 비정상적인 세포 성장)를 야기하며, 정상 세포를 암세포로 전환할 수 있다. 암화 과정에 포함되어 있는 특정 경로의 오작동 발견은 과학자들에게 새로운 암치료 표적으로 쓰일 수 있는 분자 표적을 제공한다. 나는 암의 생물학적 지식과 더불어 새로운 암 치료제를 고안하는 데 적용할 수 있는 가능성을 제시하고자 했다. 따라서 이 책에서 각 장의 전반부는 암의 특정한 특징에 대한 세포생물학적 및 분자생물학적 사실을 다루었고, 후반부에는 치료전략에 대해 다루었다. 각 장 전반부에 다루는 특정 분자 표적과 각 장 후반부에서 다루는 치료 전략과의 연계를 형성하기 위한 표적 표시(◎)가 여백에 제시되었다. 이 제시가 독자의 관심을 끌고 특정 주제를 배우고자 하는 동기를 부여했으면 한다.

최근 몇 년간 암생물학의 몇몇 분야는 괄목할 만한 성장을 이루었으며, 이에 따라 이번 4판에서는 독립된 장으로 다루었다. 독립된 장으로 다루어진 것은 전이, 혈관신생, 면역학과 면역치료, 감염원과 염증, 그리고 신기술과 약물 및 진단 기술 개발이다. 새로운 주제들도 추가되었다. 면역 관문, CRISPR-Cas9을 이용한 유전자 기능 연구, APOBECs에 의해 만들어지는 특징적 돌연변이(카테키), 암에서 비만이 갖는 역할에 대해 새롭게 제기된 기전, 비암호화 RNA, 세포간 통신에서 엑소좀의 역할 등이 그 예이다. 가장 흥분되는 부분은 여러 장에 추가된 새로 승인된 치료 약물이다.

개인적으로, 그림과 도표가 학습에 강력한 도구라고 믿는다. 하나의 그림은 수천 개 혹은 그 이상의 단어를 그려낼 수 있다. Joseph Pecorino가 예술적으로 그려낸 이 그림들을 독자가 공부하고 즐기기 바란다. 중요한 사항과 새로운 치료 방법은 붉은색으로 표시되고, 표적 표시(◎)를 사용해 분자 표적을 표시하였다. 그림의 자세한 설명은 본문 안에서 볼 수 있다. 이번 판은 컬러로 이루어졌고, 주요 연구 논문에 실린 결과들을 사용했다.

학습을 쉽게 하고, 관심을 높이기 위해 본문 전체에 걸쳐 사용된 몇 가지 특성이 다음과 같이 기술되었다.

잠시 멈춰 생각하기

독자들로 하여금 핵심 개념에 대해 생각해 보고, 새로운 관점을 추가해 보게 하기 위해서 이 부분을 본문 여백에 종종 삽입하였다.

어떻게 알 수 있을까?

이 부분은 과학 논문에 제시된 실험적인 증거에 대해 돌아보았고, 독자들이 원래 데이터를 분석하고, 실험방법을 자세하게 이해할 수 있게 하고자 했다.

선택된 특별한 주제

제2장의 "피부 암"이라는 이름의 상자와 같이 강조하고자 하는 특정 관심 주제를 기술하기 위해 음영을 입힌 상자를 사용하였다. 또한 이는 제2장의 "ROS에 대해 배울..." 혹은 제4장의 "MAP 인산화 효소에 대한 짧은 수업"처럼 더 복잡한 주제에 대한 부가적인 설명을 추가하기 위해서도 사용하였다.

생활 속 정보

이는 현재까지 알려진 사실에 기초해서, 암 발생 위험을 최소화하기 위한 생활 속에서 선택과 습관에 대해 설명하였다.

이 분야에서의 개척자...

전 세계의 많은 과학자가 이 책에서 다룬 개념에 공헌하였다. 이 특성은 특정 분야를 개척하였거나 그들의 공헌이 암생물학을 이해하는 데 중요한 영향을 미친 과학자들에 대한 조그만 기술이다. 이 부분은 좀 더 본문을 친숙하게 만들고자 하는 목적으로 만들었기에, 너무 깊이 다루지는 않았다. 또한 이것은 독자들이 연구 문헌들을 읽어가면서 관심을 계속적으로 갖게 하기 위한 것이기도 하다.

~에 대한 분석

특정 생물학적, 세포학적 분석을 위해 사용된 분자 수준의 기술을 설명하였다. 과학도 및 의학도들이 스스로에게 "어떻게 그걸 알지?"라고 물어 보는 것은 중요하다.

현 수준의 우리의 지식을 기초하는 주요 개념은 세포에서 일어나는 사건들에 가능한 설명과 메커니즘을 제공한 수많은 실험 데이터에 의해 만들어진 것이다. 추출된 정보는 분석을 위해 사용된 기술에 의해 결정되는 것이다.

단원 요점—되짚어 보기

주요 개념을 견고히 하고, 지난 장을 간단히 돌아보기 위한 요점들이 정리되어 있다. 이는 시험을 위해 복습하는 데 매우 중요하다.

자가 진단과 활동

각 장에 기술된 특정 개념에 대한 독자의 이해를 강화시키기 위해 몇 가지 특징이 포함되어 있다. 본문에 포함된 자가진단은 독자로 하여금 직전에 제시된 것을 복습하게끔 요구하고, 종종 그림을 언급한다. 이는 "읽기"를 잠시 쉬고, 독자(학생)를 "능동적" 학습으로 이끈다. 활동은 독자를 특정 개념에 대해 강화시키고, 추가적인 자기주도적 학습을 북돋기 위해 고안되었는데, 이는 각 장 끝부분에 제시되었다. 그중 일부는 인터넷을 통한 탐구 활동이 필요하고, 일부는 복습 형태이다. 연결된 웹 사이트에는 다지선다형 질문이 있을 것이다.

"더 읽을 것"들은 각 장 끝부분에 제시된 일반적인 참고 문헌들이다. 이들 참고문헌들은 대부분 총설이고, 각 장의 내용에 대한 것들이다. 이는 본문에 인용 표시되어 있지 않다.

선택된 특별한 주제들은 주로 특성 주요 연구논문들로 본문에 인용되어 있으므로, 더 깊은 관심이 있다면 찾아보는 것이 좋겠다. 몇몇 관계있는 웹 사이트들도 목록화되어 있다.

부록 1은 세포주기와 연관되어 있는 주요 분자 경로의 요약 그림이다.

용어

170개가 넘는 용어가 명확하고, 간결하게 정의되어, 독자들이 손쉽게 낯선 용어를 찾아 볼 수 있는 참고 자료로 사용하게 하였다.

나는 이 책의 독자들이 뭔가 새로운 것을 학습하고, 분자 수준의 사실들에 관심을 갖게 되고, 궁극적으로는 암생물학에 공헌하게 되기를 기원한다. 이 분야는 엄청난 속도로 진화했고, 앞으로도 그럴 것이므로, 이 책이 인쇄될 시점에는 포함된 내용 중 일부가 업데이트되어야 할 것이다! 그러나 개별적 과학적 사실을 어떻게 모으고, 이런 지식을 암 치료에 적용하는지의 과정을 여러분에게 보여 주고자 하는 것이 나의 목표이므로 이는 큰 문제가 아니다. 많은 새로운 약물이 실패하지만, 선택된 것은 그렇지 않을 것이다. 이 선택된 약물은 많은 사람들의 삶의 질을 명확히 개선해 줄 것이다.

이번 판의 새로운 점

- 컬러를 사용하고, 실제 문헌의 데이터를 사용
- 면역학과 면역치료제의 업데이트
- 면역 관문, CRISPR-Cas9을 이용한 유전자 기능 연구, APOBECs에 의해 만들어지는 특징적 돌연변이(카테키), 비암호화 RNA, 암에서 비만이 갖는 역할에 관해 새롭게 제기된 기전, 세포 간 교신에서의 엑소좀 역할 등 새로운 주제가 다루어 짐
- 어떻게 알 수 있을까? 특징을 추가

감사의 말

첫째, 나는 옥스퍼드 대학 출판부(OUP)의 전 커미셔닝 에디터이자 현 편집장(자연과학 및 사회과학)인 Jonathan Crowe에게 가장 깊이 감사하고자 한다. 나는 한 장의 제안서를 이 책의 초판으로 바꿀 수 있게 한 그의 믿음과 그 뒤 개정판이 계속될 수 있도록 한 계속적인 지지에 깊이 감사한다. 그는 이 책이 만들어지는 동안 특별한 배려를 베풀었고, 매우 도움되는 조언과 제안을 해 주었다. 사랑하는 아버지 Joseph Pecorino에게, 그의 끝없는 격려와 지난 수년 동안 대서양을 건넌 방문 동안 나의 수십 개의 거친 스케치들을 정밀한 삽화들로 만들어 책에 싣게 해 준 예술적 재능에 특히 감사하고자 한다. Stephen Crumly는 그 삽화들을 빠듯한 마감 시간에도 컴퓨터 그래픽으로 재구성해 주었다. Jescia White(출판 편집자 OUP)는 4판의 교정과 준비에 매우 중요한 역할을 해 주었다. OUP에서, 제작편집인인 Jennifer Roger와 Sian Jenkins, 교열 담당자인 Jenny Cheung을 포함한 출판 제작진들, 추가적인 도움을 준 Sarah Broadley에 대해 모두 감사드린다. 또한 나는 Karen Roberts의 주의 깊은 교정에 감사한다.

비판적이면서도 정확한 조언을 해준 초판의 여러 공식 검토자들께 깊은 감사를 표한다; Tony Bradshaw, 옥스퍼드 부르크 대학, 영국; Moria Galway, 성 프랜시스 자비어 대학, 캐나다; Maria Jackson, 글래스고우 대학, 영국; Helen James 이스트 앙길라 대학(UEA), 영국; Jan Judson, 영국 암연구소, 런던 영국. 이 과학자들에 의해 이 책에 추가된 가치는 과소평가될 수 있다. 그들의 조언은 엄청난 영향을 주었고, 뒤이은 개정판의 기초가 되었다. 나의 개정판 2판과 3판의 공식 검토자에게도 특별한 감사를 드린다; Michael Carty, NUI Galway, 아일랜드 공화국; Joann Wison, 글래스고우, Jonathan Bard, 에딘버러, Philippa Darbre, 리딩, Stephanie McKewon, 울스터, Penka Nikolovova, KCL, Elena Klenova, 에섹스 이상 영국; Annemarie Betticam 맨하탄빌 대학, Nancy Bachman, 오네온타, James Olsan, 벨 주립대학, 이상 미국. Roger Barrclough 리버풀 대학, Helen Coley 서레이 대학, Meg Duroux 알보그 대학, Paula M. Checchi, UC 데이비스, Jill Jonston 시드니 대학, Tapas K. Sengupta, 인도 과학 및 교육 연구소(IISER), 콜카타, Paola Marigani, 달하우지 대학, Andrew Sharroks 맨체스터 대학, Alicia F. Paulson 사우스다코다 대학. 가장 최근 개정판의 검토자에게도 깊은 감사를 표한다: Sarah Allison, 란카스타 대학, Bryam W. Bridle, 궬프 대학, Dawn Coverley, 요크 대학, Cristine Edmead, 바쓰 대학, Helen James 이스트 앙길라 대학.

UEA의 Rita Canipari, Ken Douglas, Dario Tuccinardi, Ricky Rockies, Anne Schunid, Dylan Edwards에게; UC 산타바바라의 Nicole Bournias-Vardiabasis; 서울대학교의 서영준; 이전 내 학생이었던 Sarah Thurston, Stephen O'Grady, Kenny Prata에게 비공식적이지만 비판적인 조언과 제안을 이전 판에 대해 해준 것에 감사한다. 이번 4판의 장들을 비판적으로 검토해 준 그린위치 대학의 Taniana Christides, 런던 대학의 David Lyden, Weil Cornell, Tim Fenton에게 깊이 감사드린다.

4판의 많은 개선은 다른 장소의 다른 사람에게서의 일상적인 피드백의 결과이다—이 모든 이들에게 감사하고, 이름을 싣지는 못한 이들에 미안하다. 그린위치 대학의 내 동료들의 제안과 암 정보 교환에 감사한다. 본 대학의 학과장인 Samer El-Daher, 과학기술대학부 전 부학장인 Martin Snowder가 보여준 이 과제에 대한 지원에 특별히 감사한다. 2014년과 2015년 나의 '암생물학과 그 치료' 강좌생들에게, 특히 Robyn Holden의 삽화 아이디어에 감사한다.

나는 그린위치 대학교 과학기술대학부가 지난 몇 년간 나에게 미국 암학회(AACR) 참석을 재정적으로 지원해 준 것에 특히 사의를 표한다. 수집한 정보와 교류는 이번 4판에 중요한 자료가 되었다. 메하리 의과대학의 Samuel Adunyah, 럿거스 대학의 David Axelrod, 오하이오 대학의 Michael Caliguri, 아리조나 대학의 Juels Harris, 머크사의 Candace Ritcie 등 그 학회에서 만난 이들의 이 책에 대한 친절한 지지와 성원에 감사한다.

많은 동료 과학자들이 이전 판에 대해 제안을 해 주거나 다른 공헌을 해 주었다. 이들은 Jermy Griggs, 쿠리양 연구실의 멤버들, 웨일 코넬 의과대학의 David Lyden, Gerd Pfeier, Mariann Rand-Weaver, Jerry Shay 등이다. Andrea Cossarizza, Sarah Cowan, Xiuhuai Liu, M.-A. Shibata, 그리고 Kelley Dobben-Annis의 전자 그림을 얻는 데 대한 도움에 특히 감사하고자 한다.

런던 왕립의학도서관은 이번 개정판 집필을 위한 조용한 장소를 제공해 주었으며, 그 직원 여러분께 심심한 감사를 드린다.

특별한 나의 감사를 내 가족, 특히 Raffaela Pecorino와 너무나도 그리운 故 Teresa Rapillo 와 내 친구들의 지지에 돌리고 싶다. Marcus Gibson의 무한한 지원에 깊이 감사드린다.

마지막으로, 암 연구 분야에 공헌한 모든 연구들에 감동하였고 이를 수행한 모든 과학자들께 깊이 감사드린다.

역자 서문

이 책을 처음 만난 것은 미국의 암연구소에서 암 치료를 위한 중개 연구를 시작한지 얼마 안 되었을 때이다. 그간의 기초, 기전 연구에서 환자의 침대 옆에서 치료에 직접 영향을 줄 수 있는 중개 연구로 전환하며, 기초 연구자와 임상 의사와의 간극을 절감하던 시점에 이 책을 발견하였다. 당시에 꼭 필요한 내용을 간결하게 정리하면서도 첫 장부터 마지막 장까지 암치료제에 맞춰서 기술한 것에 감명받았다. 그 이후 새 판이 나올 때 마다 기쁘게 정독해 왔다.

암을 다루는 분자생물학적 교재에 훌륭한 책이 많고, 임상 쪽 자료도 그러하리라 생각한다. 그러나 암이라는 복잡한 질병에 대해 쏟아져 나오는 최신 연구 자료들을 다루다 보면, 그 양은 너무 방대해지고 교재 내용도 어려워지는 경향이 있다. 또한 암에 대한 과학적 교재들 중 약물 개발 및 치료법 개발을 위해 잘 정리된 책은 예상외로 흔하지 않다.

한국에 돌아 와 미래의 신약 개발을 담당할 약학자를 교육하면서, 과중한 커리큘럼 때문에 실제 약대생들이 암에 대한 기전과 약물 치료 전략들을 연계하여 공부할 수 있는 기회가 흔치 않음을 안타깝게 생각해 왔다. 최근 대부분 약대의 통합 6년제 전환으로 이런 교육 기회가 생길 수 있기를 기대한다. 또한 약대 대학원에서 매년 이 책을 이용해 항암제 연구를 하고자 하는 다양한 배경을 갖고 있는 학생들에게 강의하면서 교재로서의 우수성을 다시금 느끼고는 한다. 이제 우리나라는 바이오헬스 산업이 미래를 이끌어 나갈 수 있으리라 기대하고 있다. 이 분야에는 의대, 간호대, 약대뿐만 아니라 화학, 생물학, 병리, 회공, 생명공학 등 매우 다양한 전공을 가진 인력들이 집중되고 있다. 이런 시점에, 너무 길지 않은 분량이면서도 중요한 개념을 쉽게 설명하고, 이를 항암제 개발의 전략에 연결하고 있는 본 교재는 다양한 백그라운드의 연구자, 학생 및 헬스케어 산업 종사자에 매우 필요하리라고 생각한다.

물론 학문의 성격상, 원서를 직접 읽는 것이 가장 바람직하다고 생각하지만, 번역본이 있다면 그 접근성을 매우 확장시켜 주리라 생각해 월드사이언스에 이를 문의하였고 흔쾌히 일을 진행해 주셨다. 원서의 특징을 가장 잘 살리기 위해 전체 번역진 대부분은 현재 의대 및 약대에서 강의하시고 장기간 관련 연구를 수행해 오신 분들로 모셨다.

각 장 앞부분의 중요 기술 내용은 뒤따르는 **치료 전략 설명**의 중요 토대를 제공한다. 간결하면서도 핵심적인 삽화들은 이 책의 큰 매력이기도 하다. **중간중간의 설명 박스**, **잠시 멈춰 생각하기** 등은 본문에서 기술하지 못한 과학적 사실 등에 새로운 지식과 관점을 제공한다. 의대, 약대, 간호대 그리고 보건 헬스 관련 학생들과 더 깊이 공부하고 싶거나 관심있는 독자들은, 본 교재 각 장의 마지막 부분에 나와 있는 **연구 활동**과 **더 읽을거리**를 꼭 이용하기 바란다. 가능한 한 실제로 많이 쓰이는 언어로 번역하려 애썼으며, 워낙 이 분야가 빨리 발전하는 바람에 잘못 기술된 약물 승인 상황 등은 바로 잡으려 애썼다.

아무쪼록 이 번역본이 관련 전공 학생에게는 항암치료제의 개발과 이용에 대한 시각의 확장에, 다른 전공자와 관련 산업 종사자에게는 항암제가 어떤 원리와 메커니즘으로 연구되고 개발되고 있는지를 이해하는 데 도움이 되기를 바란다.

연구와 강의로 바쁘신 와중에도 부탁을 흔쾌히 수락 해 주시고 번역해 주신 7분의 교수님께 깊이 감사드린다. 한국 생명과학계와 암 연구에 큰 발자취를 남기신 김규원 교수님께서 감수를 맡아 주심에도 깊이 감사드린다.

마지막으로, 이 책의 한글 번역을 허락해 준 옥스포드 대학 출판부, 월드사이언스 출판사에도 감사 드리고, 거친 원고를 잘 다듬어 주신 월드사이언스사 정창기님과 편집진, 제반 과정을 추진해 주신 임후택 이사님께도 심심한 감사를 드린다.

대표역자 김우영

역자 약력

감수

김규원 서울대학교 약학대학 명예교수

대표역자

김우영 (1장, 2장, 3장, 8장) 숙명여자대학교 약학대학

공역자

김용환 (9장) 숙명여자대학교 생명시스템학부

서지혜 (5장, 7장) 계명대학교 의과대학

우현애 (4장, 6장) 이화여자대학교 약학대학

이수재 (8장) 한양대학교 생명과학과

이효종 (10장, 11장) 성균관대학교 약학대학

조용연 (14장) 가톨릭대학교 약학대학

차종호 (12장, 13장) 인하대학교 의과대학/바이오메디컬 사이언스-엔지니어링 협동과정

요약 목차

1	도입	1
2	DNA 구조와 안정성: 돌연변이와 수선	22
3	유전자 발현의 조절	53
4	성장 인자 신호전달과 종양 유전자	79
5	세포주기	109
6	성장 억제와 종양억제유전자	128
7	세포자살	155
8	암 줄기세포와 자가증식, 그리고 분화 경로: 대장암과 백혈병을 중심으로	178
9	전이	205
10	혈관신생	228
11	게놈에 대한 영양소 및 호르몬 효과	245
12	항암 면역학과 면역 치료	277
13	감염원과 염증	302
14	신기술과 새로운 항암제, 그리고 진단기술의 개발	326

부록 1: 세포주기 조절 353
용어해설 354
찾아보기 365

목차

1 도입 1

1.1 암이란 무엇인가? 2
1.2 많은 증거들은 암이 세포 수준에서 유전체 질환임을 보여 준다 5
1.3 인간 암화 과정에 영향을 주는 인자들 10
1.4 전통적인 암 치료 원칙 13
1.5 임상시험 15
1.6 암 치료에서 분자 표적들의 역할 16

2 DNA 구조와 안정성: 돌연변이와 수선 22

2.1 유전자 구조—유전자의 두 부분: 조절 부분과 암호 부분 23
2.2 돌연변이 24
2.3 발암성 물질 27
2.4 DNA 수선과 발암 경향성 39
◎ 치료 전략 43
2.5 전통적인 치료: 화학요법과 방사선 치료 43
2.6 DNA 수선 경로를 표적하는 전략 48

3 유전자 발현의 조절 53

3.1 전사 인자와 전사 조절 54
3.2 염색질 구조 61
3.3 전사의 후성유전학적 조절 62
3.4 암화 과정에서 후성유전학적 작용의 중요성에 관한 증거들 65
3.5 긴 비암호화 RNA 68
3.6 마이크로 RNA와 mRNA 발현의 조절 68
3.7 텔로미어와 텔로머레이즈 69
◎ 치료 전략 73
3.8 후성유전학과 히스톤 약물들 73
3.9 진단을 위한 비암호 RNA 75
3.10 텔로머레이즈 억제제 75

4 성장 인자 신호전달과 종양 유전자 79

4.1 표피 성장 인자 신호: 중요한 패러다임 80
4.2 발암유전자 89

◎ 치료 전략 97
4.3 약물 표적으로서의 인산화효소 97

5 세포주기 109

5.1 사이클린 및 사이클린 의존성 카이네이즈 110
5.2 cdk 조절 기전 113
5.3 G_1 체크포인트 115
5.4 G_2 체크포인트 117
5.5 유사분열 체크포인트 118
5.6 세포주기와 암 120
◎ 치료 전략 123
5.7 cdk 억제제 123
5.8 그 외 세포주기 카이네이즈 표적 124
5.9 유사분열 방추체 억제제 124

6 성장 억제와 종양억제유전자 128

6.1 종양억제유전자의 정의 128
6.2 망막아세포종 유전자 133
6.3 RB 경로의 돌연변이와 암 134
6.4 p53 경로 135
6.5 p53 경로의 돌연변이와 암 143
6.6 DNA 바이러스 단백질 산물과 RB 및 p53의 상호작용 145
◎ 치료 전략 147
6.7 p53 경로의 표적화 147

7 세포자살 155

7.1 세포자살의 분자 기전 156
7.2 세포자살과 암 166
7.3 세포자살과 항암 화학요법 169
◎ 치료 전략 171
7.4 세포자살 유발 약물 171

8 암 줄기세포와 자가증식, 그리고 분화 경로: 대장암과 백혈병을 중심으로 178

8.1 암 줄기세포 180
8.2 유전자 발현에 의한 분화의 조절 192
◎ 치료 전략 196
8.3 Wnt 경로의 저해제 197
8.4 Hh 경로의 저해제 198
8.5 PcG 단백질의 저해제 200

8.6 백혈병과 분화 치료 200

9 전이 205

9.1 종양은 어떻게 퍼지게 될까? 206
9.2 전이 과정 206
9.3 침윤과 상피간엽이행 208
9.4 혈관내 침입 213
9.5 이동 213
9.6 혈관외 유출 214
9.7 전이성 집락 215
◎ 치료 전략 220
9.8 메탈로프로티네이즈 저해제 220
9.9 전이 억제 유전자 재발현 전략 221
9.10 전이의 여러 단계를 동시에 적중하는 방법 223

10 혈관신생 228

10.1 혈관신생 스위치 229
10.2 혈관신생의 초기 단계에서의 세포 행동 234
10.3 종양의 신생 혈관 증식을 위한 기타 방법 235
◎ 치료전략 236
10.4 항신생 혈관 치료법 236
10.5 혈관 방해 약물에 의한 혈관신생 억제 240

11 유전체에 대한 영양소 및 호르몬 효과 245

11.1 식품과 암에 대한 소개 245
11.2 원인 인자 248
11.3 예방 인자: 과일과 채소의 비영양성분 253
11.4 종양 세포의 에너지 대사 재프로그래밍—암의 새로운 특징 258
11.5 유전다형성 및 식이 263
11.6 비타민 D: 영양분과 호르몬 작용의 연결 264
11.7 호르몬과 암 266
◎ 치료 전략 269
11.8 화학 예방을 위한 “강화된” 식품 및 식이 보조제 269
11.9 에너지 경로를 표적화하는 약물 270
11.10 에스트로겐을 대상으로 하는 약물 270

12 항암 면역학과 면역 치료 277

12.1 림프구: B 세포와 T 세포 278
12.2 면역계의 종양 억제 역할 279

12.3 면역 관문 281
12.4 암 면역 편집과 종양 촉진 284
12.5 면역 파괴를 피하는 기전 285
◎ 치료 전략 286
12.6 치료용 항체들 286
12.7 암 백신 287
12.8 면역 관문 억제제 293
12.9 입양 T 세포 전달, 변형 T 세포 수용체 및 키메라 항원 수용체 295
12.10 종양 용해성 바이러스와 바이러스 요법 298

13 감염원과 염증 302

13.1 발암원으로 확인된 감염원 303
13.2 염증과 암 310
◎ 치료 전략 317
13.3 대만의 B 형 간염 바이러스 예방 백신 프로그램 317
13.4 *H. pylori* 박멸 및 위암 예방과의 관계 318
13.5 자궁경부암 예방을 위한 암 백신 318
13.6 염증 억제 320

14 신기술과 새로운 항암제, 그리고 진단기술의 개발 326

14.1 마이크로어레이와 유전자 발현의 프로파일링 326
14.2 진단과 예후에 대한 바이오마커의 분석 329
14.3 CRISPR-Cas9에 의한 유전자 기능 연구 331
14.4 영상화 332
14.5 암 나노테크놀로지 333
14.6 약물 개발의 전략 335
14.7 이마티닙(imatinib)의 개발 339
14.8 제2세대 및 제3세대 치료제 340
14.9 개선된 임상시험 디자인 342
14.10 맞춤 의학과 생물정보학 345
14.11 우리는 발전하고 있는가? 347

부록 1: 세포주기 조절 353
용어해설 354
찾아보기 365

Chapter 1

도입

도입

이 책의 목표는 암 분자생물학의 기초를 제공하고, 더 선택적인 암치료제의 개발을 위해 진행되어야 하는 과정을 기술함에 있다. 사용되는 전문용어들에 점차 친숙해지고, 세포내 여러 작용 기전들에 대한 이해가 구체화 되게끔 각 장에 공통적 골격을 구성하였다. 또한 암의 위험을 줄이고자 하는 일상적인 노력에도 도움이 되고자 했다. 분자 수준의 세포 작용 기전에 대한 지식을 임상적으로 중요한 표적(이 책에서는 표적을 표시하는 마커 ◎로 나타내었다.)에 적용하여 흥미를 주고자 하였다. 학문적으로는 암의 세포생물학과 분자생물학적 기초를 다질 수 있을 것이며, 더 중요하게는 앞으로 일생 동안 새로운 발견들을 추가할 수 있는 지적 구조물을 만들 수 있을 것이다. 내가 이 책을 쓰는 이유는 독자들에게 영감을 주기 위한 것이므로, 이 책을 읽고 나서 암 연구에 공헌하고자 맘먹게 된다면 더 바랄 바가 없을 것이다. 지식의 힘은 무한하다.

암 통계를 보면 가히 충격적이다. 일생에 3명 중 1명은 암으로 인해 고통 받게 된다. Siegel 등은 2015년 589,430명의 미국인이 암으로 죽을 것이라 예측했고, 2012년 영국인 100,000명당 암에 의한 사망자는 199명에 이르렀다(영국의 사망률 2014년 9월, 암 연구, 영국). 전 세계의 암 신규 **발생(incidence)**은 2012년도에 약 1,410만 건에 이른다(https://gco.iarc.fr/pages/fact-sheets-cancers.aspx). 이들 숫자들은 매우 충격적이고 비인간적이지만, 이들 숫자들의 이면에는 눈물과 공포, 고통, 상실이 숨어 있다. 아무도 이 위험으로부터 자유롭지 못하다. 우리는 이 질병에 대해 이해하고 우리의 지식을 효과적인 치료에 적용하여야 한다. 이 "**암화 과정(carcinogenesis)**", 즉 정상 세포가 암세포로 변환되는 과정을 이해하기 위해서는 세포 기능과 그 분자 기전의 복잡성을 이해 할 수 있어야 하며 세포는 몸 전체의 맥락에서 이해되어야 한다. 우리가 알아가야 할 내용은 매우 많다. 하지만 중요한 세포학적, 생화학적 경로들에 대한 지식들은 새로운 암치료 전략에 적용될 수 있다. 우리의 노력에 대한 보답은 이것으로 충분할 것이다.

1.1 암이란 무엇인가?

암이란 조절되지 않는 세포의 성장, 그리고 원래의 발생 위치(1차 위치)에서 신체의 다른 조직으로 침윤, 이동해 나가는 특성으로 규정 지워질 수 있는 질병군이다. 이들 특징 중 몇 가지는 더 강조될 필요가 있다. 첫째, 암은 질병군(group)으로 생각되어진다. 100종류 이상의 암종이 분류되고 있다. 암은 유래한 기관과 조직에 따라 매우 구별되는 특색을 가진다. 대략 85%에 이르는 암이 상피세포에서 발생하는데, 이를 **암종(carcinoma)**이라고 부른다. 중배엽 세포(근육, 뼈)에서 발생한 암은 **육종(sarcoma)**으로 분류하고, 샘 조직(예, 유방)의 암은 **선암종(adenocarcinoma)**으로 분류한다. 다른 조직에서 발생한 암은 각기 다른 구별되는 특성을 가진다. 예를 들면, 피부암은 많은 특성에서 폐암과 다르다. 각 조직의 암을 유발하는 원인 또한 다르다: 태양에 의한 자외선은 피부에 쉽게 작용하고, 담배 연기의 흡입은 폐 세포를 표적한다. 또한 나중에 자세히 다루겠지만, 각종 세포의 종류에 따라 암화 과정과 다른 조직으로의 전이 과정에 있어서의 분자 기전 또한 다른 점이 있다. 따라서 암 치료는 각각의 암에 맞게 시행되어야 한다. 폐암보다는 피부암의 암조직 제거 수술이 더 용이할 것이다. 분자 수준에서 보면 암이 너무 복잡해서 전통적 치료 요법들을 개선하기 위한 새로운 방법들을 찾아 내는 것이 불가능할 것으로 생각되게 한다. 그러나 비록 그 기저 분자 기전은 다를 수 있지만 그 궁극적인 결과들은 같다. 2000년도에, Hanahan과 Weinberg는 거의 모든 암에 적용 되는 6개의 특징(Hallmark)을 발표하였다. 즉, 자기 스스로 계속 성장(분열)을 촉진할 수 있는 능력, 세포 성장 억제 신호의 회피, 세포 사멸의 회피, 무제한적인 복제 능력, 신생 혈관 형성능, 침윤과 전이능 등 6가지가 암화 과정에서 필수적인 요소들이라고 제안하였다. 이들은 최근에 이에 추가해서 2가지 활성화 능력: 유전체 불안정성과 암촉진염증이 앞서 6가지 특징 획득에 중요함을 강조하였고, 에너지 대사의 재구성, 면역 작용의 회피라는 2가지 새로운 특징을 추가 하였다. 이들 새로운 특징 2가지는 암화 과정에서 필수적이지만, 기존의 6가지의 특징과 어떻게 연관되는지는 더 연구되어야 한다. 이들 2가지 새로운 특징과 2가지 활성화 능력 그리고 전술한 6가지 특징(그림 1.1과 BOX, "암의 특징" 참조)은 이 책 전반에 걸쳐 자세히 다루어질 것이며, 이들 각각은 새로운 암 치료 방법을 개발하기 위한 잠재적 표적들이다.

암은 조절되지 않는 세포 성장과 침윤, 원발생 기관에서 퍼져 나가는 것을 특징으로 한다. 이는 **양성(benign)**과 **악성(malignant)** 종양의 구별을 나눌 수 있는 근거가 된다. 양성 종양 발생이 곧 암발생을 의미하지는 않는다. 양성 종양들은 가끔 그 발생 위치 때문에 생명을 위협하기도 하지만(예, 수술로 제거하기 힘든 부위의 양성 종양), 신체 여러 곳으로 퍼져 나가지 않는다(이를 일컬어 전이되지 않는다고 한다). 반면에 악성 종양은 둘러싸여진 암 조직으로 남지 않고서, **침윤(invasion)**되고 전이된다.

잠시 멈춰 생각하기

악성종양은 왜 생명을 위협하는가? 이들은 물리적으로 정상 조직의 장애물로 작용하며, 다른 조직으로 전이해서 그들의 기능을 방해한다. 또한 이들은 영양소와 산소 공급을 두고서 정상 조직과 경쟁한다.

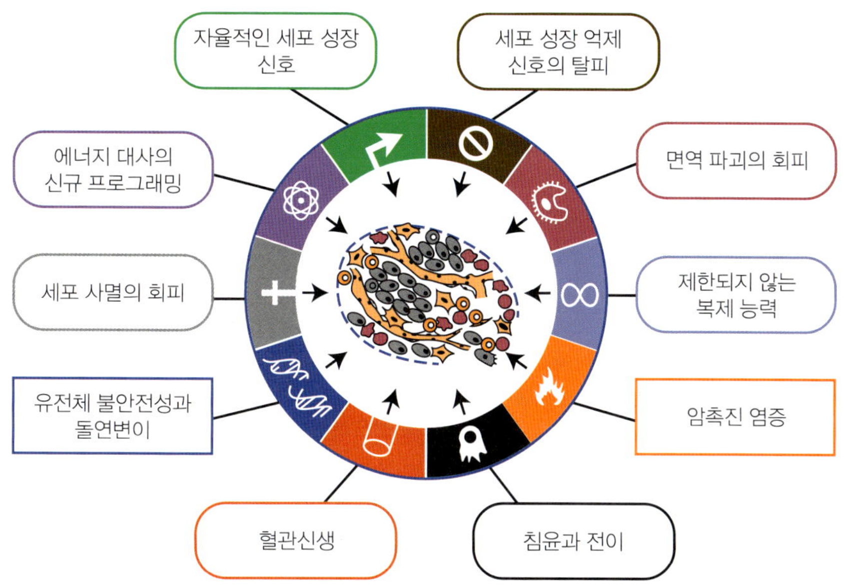

그림 1.1 암의 특징. Hanahan D and Weinberg RA (2011) Hallmark of Cancer: the next generation. *Cell* 100, p. 646, copyright (2011), with permission.

암의 특징

그림 1.1을 보자.

- 자율적인 세포 성장 신호
  - 정상 세포들은 분열하기 위해 성장 인자로부터의 외부 신호를 필요로 한다.
  - 암세포들은 정상적인 성장 인자 신호에 의존하지 않는다.
  - 획득된 **돌연변이(mutation)**는 비조절적인 성장을 이끄는 성장 인자 신호에 지름길을 제공한다.
- 세포 성장 억제 신호의 탈피
  - 정상 세포들은 항상성을 유지하기 위해 억제 신호에 반응한다(인체 대부분의 세포는 활동적으로 분열하지 않는다).
  - 암세포는 성장 억제 신호에 반응하지 않는다.
  - 획득된 변이 혹은 유전자 간섭이 억제 신호를 저해한다.
- 면역 파괴의 회피(새로운 특징)
  - 면역계가 암세포를 인식해서 제거한다는 면역 감시체계 이론을 뒷받침하는 증거들이 있다.
  - 성공적인 암세포들은 면역 반응을 유도하지 않거나 간섭함으로써 면역에 의한 파괴 작용을 회피한다.

→

→

- 제한되지 않는 복제 능력
  - 정상 세포들은 자율적이고 유한하게 세포 분열을 제한하고, 그 이후에는 세포 노화로 가게 하는 계수기를 갖고 있다. 매번 복제할 때마다 단축되는 염색체 말단의 **텔로미어(telomere)**가 세포 계수기이다.
  - 암세포는 텔로미어의 길이를 유지한다.
  - 텔로미어의 길이 유지 조절이 변형되면, 무제한적인 복제 능력을 갖게 된다.
- 암촉진 염증(활성화 능력)
  - 사실상 모든 **종양(tumor)**은 염증성 면역세포들을 포함한다.
  - 염증은 면역 반응으로 암의 중심 특성들을 획득하는 능력을 도와준다. 예를 들면, 염증 세포는 성장 인자들과 혈관 신생 및 전이를 도와주는 효소들을 제공한다.
  - 여기에 더해, 염증 세포는 돌연변이원인 ROS를 만들어낸다.
- 침윤과 전이
  - 정상 세포는 몸에서 일반적으로 자신의 위치를 유지하고 이동하지 않는다.
  - 암세포가 다른 조직으로 이동하는 것이 암에 의한 사망의 주요 원인이다.
  - 유전체의 변이는 침윤과 전이에 포함된 효소, 그리고 세포–세포 혹은 세포–세포외 접합에 관여하는 분자의 활성/발현에 영향을 미친다.
- 혈관 신생(새로운 혈관의 형성)
  - 정상 세포들은 산소와 영양분의 공급을 혈관에 의존하지만, 이미 구축된 혈관망은 성체에서 비교적 안정하다.
  - 암세포들은 종양의 생존과 확장에 필요한 새로운 혈관 형성인 혈관 신생을 증가시킨다.
  - 혈관 신생의 증가 인자와 억제 인자의 균형 변화는 혈관 형성의 스위치를 활성화시킬 수 있다.
- 유전체 불안전성과 돌연변이(활성화 능력)
  - 암의 핵심 특성을 획득하는 것은 일반적으로 유전적 불안전성에 의존한다.
  - 고장난 DNA 수선 경로는 유전적 불안전성을 야기한다.
- 세포 사멸의 회피
  - 정상 세포들은 DNA 결손에 반응해 **세포자살(apoptosis)**로 제거된다.
  - 암세포들은 세포자살 신호를 회피한다.
- 에너지 대사의 신규 프로그래밍(새로운 특징)
  - 제어되지 않는 세포 분열은 에너지 대사를 재조직함으로써, 필요한 연료와 생합성 전구체의 증가를 요구한다.
  - 암세포는 정상 세포들과 달리 저산소 조건에서도 해당작용을 수행한다. 이렇게 생성된 해당작용 중간산물들은 생합성 경로에 쓰일 수 있다.

암세포는 배양 조건하에서 다른 세포들과 구별된다

일반적으로, 세포들은 배양접시에서 1개의 층으로 자란다. 이는 옆 세포와의 물리적 접촉이 세포 성장을 일정 부분 방해하는 특성(접촉 방해: contact inhibition) 때문이다.

암화 세포(Transformed Cell: 암세포로 바뀐 세포)는 아래와 같은 특성을 획득한다.

- 이들은 접촉 방해를 나타내지 않고, 다른 세포 위로 포개져 자라면서 "Foci"를 형성한다.
- 최소한의 혈청으로도 잘 성장한다.
- 평평하고 길쭉한 모습보다 구형의 형태(morphology)를 갖는다.
- 배양접시 표면 같은 매트릭스 기질에 접촉 없이 성장해서 "비부착성(anchorage independence)" 형태를 보인다.

1.2 많은 증거들은 암이 세포 수준에서 유전체 질환임을 보여 준다

흥미롭게도, 대부분의 암 유발 인자들은(carcinogen: 발암원) 돌연변이라고 부르는 DNA 염기서열의 변화를 유발하는 물질(mutagen: 돌연변이원)이다. 따라서 다른 모든 유전 질환들처럼, 암은 DNA의 변화에 의해 발생한다. 많은 증거들은 종양의 DNA가 아주 작은 점 돌연변이(한 염기 변화)부터 결실, 전좌(translocations) 같은 큰 염색체 변이까지 다양한 수준의 변화를 포함하고 있다. 시간에 따른 많은 돌연변이의 축적은 암화 과정이 다단계 과정임을 암시한다. 시간에 따른 많은 돌연변이의 축적이 요구됨은 나이가 많을수록 왜 더 높은 암 발생 확률을 가지는지 그리고 인간의 수명이 증가한 지난 세기 동안 왜 암이 더 발생하게 되었는지를 설명해 준다. 최근 우리의 수명은 늘어나고 있고, 암 발생도 늘어나고 있다. 지난 2세기 동안 세계인의 기대 수명은 25세에서 남자는 65세, 여자는 70세로 2배 이상이 되었고, 일본 여성에서는 거의 85세 정도의 수명을 기대할 수 있다(Oeppen and Vaupel 2002). 우리가 오래 살수록 DNA가 암을 일으킬 수 있는 돌연변이를 축적시키는 시간이 더 늘어난다. 그러나 어떤 경우에서의 종양은, 한 세포의 매우 치명적인 단일 변이가 많은 변이를 즉각적으로 유도하여 암 발생으로 이어질 수 있다는 증거들도 있다(제2장에서 자세히 설명됨). 재미있게도, 수학적 모델링으로 조사해 보면, 단지 관찰된 돌연변이 중 5~10%만이 암의 원인에 직접적으로 관련되어 있는 것으로 보인다. 이 예측은 분자 치료학 분야에서 현재의 희망적 관점의 근거가 된다고 할 수 있다. 종양 세포에서 발견되는 거의 모든 돌연변이는 체세포의 DNA에서만 발견되는 체세포 돌연변이이다. 이들 돌연변이는 다음 세대의 자손에게 전달되지 않으므로 유전되지 않지만, 유사분열에 의해 딸세포에게 전달된다. 정자와 난자 세포의 DNA의 변이, 즉 생식세포(Germ Line) 변이만이 다음 세대 자손에게 전달되는데, 어떤 생식세포 변이는 암이 생길 위험을 증가시키지만, 암 발생에 직접적으로 관여하지는 않는다.

유전체와 염색질 구조에 관여하고 유전되는 변이 또한 암화 과정에 관여한다(제3장에서 논의). 따라서 암은 세포 수준에서 유전체의 질병으로 여겨진다. 그러나 암에 대한 우리의 이해는 계속 진화하고 있고, 현재는 암이 단지 세포들의 자발적인 과정의 산물이 아니라, 종양 세포들간, 미세 환경, 멀리서 오는 전신적 신호와의 상호작용에 의존하여 일어나는 것임을 알고 있다. 종양의 모든 세포들은 암유발 돌연변이가 축적되는 1개의 세포에서 유래한다: 즉, 암 발생의 시작은 **클론(clone)** 형이다. 일반적으로 10^{14}에 달하는 우리 몸의 전체 세포 중 단 1개의 세포면 암을 일으킬 수 있다고 생각된다. 그러나 암은 그것이 진행되는 과정 사이에 그 행동이 계속 변화한다. 세포 성장에서 주변 세포들보다 더 우월적인 능력을 담보하는 돌연변이의 계속적인 축적에 의한 세포들의 계속적인 변화는 다윈의 진화와 매우 유사한 양태를 나타낸다. 즉, 세포의 특성을 변화시켜서 환경에 적응하게 하는 돌연변이들은 다음 세대 클론(subclone)의 선택과 적응을 유도한다. 따라서 클론 진화는 종양 속에 있는 이질적인 군집을 설명해준다: 즉 일차 종양은 여러 하부 클론들로 이루어지는 것이다. 이는 암의 기전이 복잡한 다윈의 적응 기전임을 보여 준다. 세포의 돌연변이 축적은 세포의 방어기제인 수선 작용을 회피하여야 일어난다. 세포 분열기를 지나기 전까지 수선되지 못한 DNA의 변이는 딸세포로 전달되고 그 후에는 계속 유지된다. 세포는 손상된 DNA를 수선하기 위해 여러 경로를 이용한다. 심각한 DNA 손상이 있으면, 세포가 암으로 "**형질전환(transformation)**"하는 것으로부터 개체를 보호하기 위해 세포자살을 유도한다. DNA 수선과 세포자살, 그리고 이들을 손상시키는 돌연변이에 대한 자세한 분자 기전은 제2장과 7장에서 다룬다. 따라서 암화 과정을 막기 위한 많은 감시 기전이 존재함에도 불구하고, 이들 기전에 대한 과부하는 해로운 돌연변이를 함유한 세포들이 이런 감시를 피할 가능성을 높여주는 것이다.

성장, 세포자살, 분화는 세포의 수를 조절한다

개인의 개체 전체의 세포 수에는 3가지 중요한 조절 과정이 있다. 첫째, 가장 명확한 것은 세포의 증식(세포 분열, 혹은 성장이라고 함)이다. 세포 분열은 2개의 딸세포를 낳는다. 둘째, 프로그램되어 있는 세포 사멸(세포자살) 작용을 통한 세포의 제거 또한 전체 세포 수에 영향을 미친다. 마지막으로, 분화 과정 속에서 세포는 세포 성장이 억제되어 있는 상태로 진입하므로 전체 세포 수는 세포 분화에 의해 조절 될 수 있다. 이들 세포 분열, 세포자살, 분화들에 관한 기능을 변화시키는 DNA 돌연변이들은 체내의 세포 수에 불균형을 낳고, 조절되지 않는 세포 성장을 촉발할 수 있다. 그림 1.2의 간단한 모델을 갖고 시험해 보자. 그림 1.2(a)의 9개 세포 중 4개가

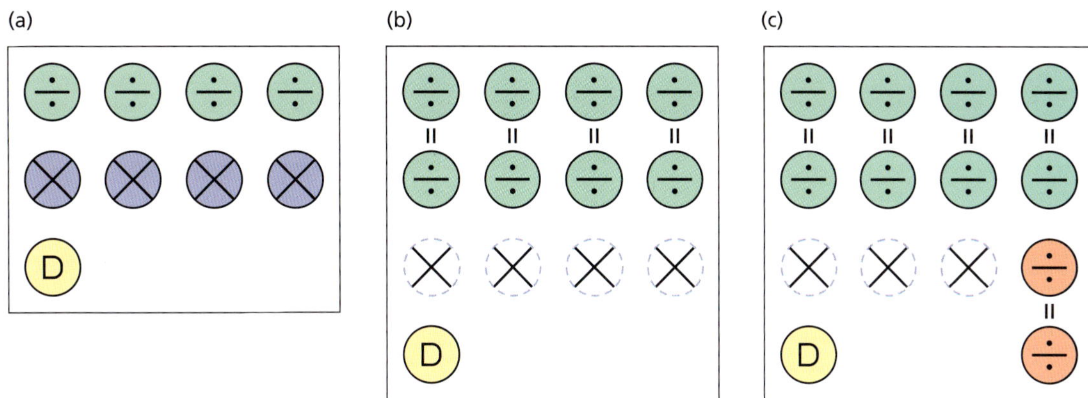

그림 1.2 성장, 세포자살, 분화는 세포 숫자에 영향을 미친다(설명은 본문을 참조한다).

분열하고, 4개가 사멸, 나머지 1개가 분화한다면, 전체 세포 수는 그대로이다[그림 1.2(b), 남아 있는 세포들은 채색되어 있다]. 그러나 만약 한 세포에서 세포자살이 막히는 대신에 분열하게 된다면 (붉은 색) 전체 세포 수는 11개로 증가하게 된다[그림 1.2(c)]. 같은 맥락으로, **백혈병(leukemias)**에서 가끔 일어나듯이 만약 조상세포(progenitor cell) 혹은 줄기세포(stem cell)의 세포 분화 과정이 막히는 대신 분열하게 된다면 세포 수는 증가하게 된다. 암에서의 세포 분화와 줄기세포의 역할에 대해서는 제8장에서 논의한다. 따라서 세포의 성장, 자살, 분화 과정의 변화는 세포 수의 변화를 낳는다. 암을 일으키기 위해 자신의 기능을 활성화시키는 돌연변이가 일어나기 전의 유전자를 "**원발암유전자(proto-oncogenes)**"라고 한다. 이들은 정상 세포에서 고유의 기능을 한다. 이는 모든 정상 세포가 암을 일으킬 수 있는 유전자들을 이미 보유하고 있음을 상기시킨다.

잠시 멈춰 생각하기

그럼, 헤모글로빈 유전자의 돌연변이는 암을 일으킬 수 있는가? 헤모글로빈은 세포 성장, 분화, 자살을 조절하지 않는다. 따라서 조절되지 않는 혈액 세포의 성장을 낳지 않는다. 그러므로 헤모글로빈 유전자는 원발암유전자가 아니다.

발암유전자 및 종양억제유전자

세포 성장은 양적(+) 그리고 음적(−) 인자에 의해 조절된다. 따라서 성장을 촉진시키기 위해서는 양적 인자를 늘리고, 음적 인자를 줄이는 것이 필요하다. 이들 인자는 유전자에서 만들어지고, 정자와 난자를 제외한 모든 세포는 이들 유전자의 2개 대립유전자(allele)를 갖는다. 세포가 분열을 통해 유전하는 과정은 "멘델의 법칙"의 우성과 열성의 대립형질 개념을 따른다. 만약 유전형이 이형접합(heterozygotes)이면 한 대립유전자는 나머지 한 대립유전자보다 우월해서 표현 형질을 결정하지만(즉, 눈 색 발현에서 갈색 눈 대립유전자는 파란색 눈 대립유전자보다 우월하다), 열성 대립유전자는 2개 모두 가질 때만 그 형질이 발현된다는 것이다(파란색 눈을 갖기 위해서는 파란색 눈 대립유전자를 2개 모두 가져야 한다).

암화 과정에 중요한 역할을 하는 돌연변이에는 2가지 유형이 있다; **발암유전자(oncogene)**와 **종양억제유전자(tumor suppressor gene)**(그림 1.3). 발암유전자의 일반적인 설명은 돌연변이된 유전자가 단백질의 양을 늘리거나 활성을 높이고, 따

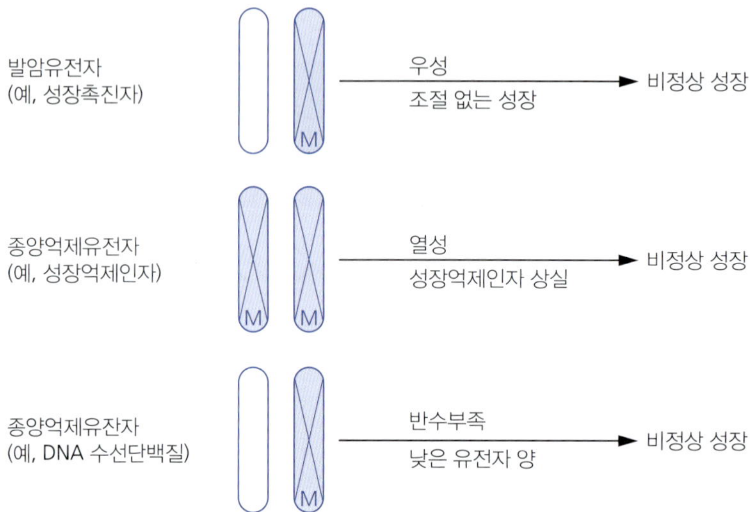

그림 1.3 발암유전자와 종양억제유전자.

라서 종양 형성을 시작하는 과정에서 "우성 양태(dominant manner)"를 갖는 것이다. "우성"이란 두 대립유전자 중 1개에만 돌연변이가 존재해도 표현형을 변화시키는 데 충분하다는 것을 의미한다. 예를 들면, 어떤 돌연변이된 발암유전자는 특정 성장 인자(예, 혈소판 유도 성장 인자: PDGF)의 발현을 촉진시켜서 세포 성장을 부적절하게 증진시킨다. 또 하나의 예는 세포 성장 인자 **수용체(receptor)**를 만드는 발암유전자인데, 변이에 의해 증가된 활성을 나타내어 항상 스위치가 켜져 있는 상태로 존재하고, 새로운 성장 인자 없이도 세포의 성장을 계속 이끌 수 있는 경우이다.

세포 형질전환 분석을 통한 Oncogene의 식별

발암유전자의 존재를 확인하기 위해 사용된 실험은 배양되는 세포의 형질전환을 시험한 것이다. NIH/3T3(생쥐섬유아세포)라는 정상적인 특성의 세포주에 인산칼슘이나 전기 이송 방식으로 관심 있는 DNA를 집어넣는다. 만약 검증하고자 하는 DNA에 발암유전자가 포함되어 있다면, 앞에서 언급한 Foci를 형성하여 형질전환되지 않은 NIH/3T3가 monolayer를 형성하는 것에 대해 쉽게 식별할 수 있다.

종양억제유전자는 세포 성장이나 종양 형성을 저해하는 역할을 하는 단백질을 암호화한다. 이들 유전자에 기능을 결손시키는 돌연변이가 생길 경우 성장 억제 기능이 없어진다. 따라서 세포는 계속해서 성장하게 된다. 일반적으로 1개의 정상 대립유전자만으로도 세포 성장을 억제하는 데 충분하므로 억제유전자의 결손돌연변이는 본질적으로 **열성(recessive)**으로 작용한다. 따라서 이들 기능결실돌연변이(Loss of function, LOF)가 표현형으로 나타나기 위해서는 두 대립유전자 모두 돌연변이이어야 한다. 열성 돌연변이는 Knudson의 2중 적중 가설을 지지하는데, 이 고전적 모델은 종양억제유전자가 작용하는 기전을 설명하는 데 적용된다(제6장의 그림 6.2). 이에 따르면 양쪽 대립유전자 모두 변이를 획득하여야 암화 과정이 촉진된다. 이 모델은 암발생 위험도가 큰 경향이 있는 사람들의 발암 기전을 설명하는 데 이용되어 왔다. 암억제유전자 1개에 돌연변이를 갖고 있는 대립유전자를 부모에게 물려 받고 태어난 환자는 시간이 지나면서 두 번째 체세포 돌연변이를 획득하게 된다. 따라서 이들 환자는 암 발생을 향한 돌연변이의 축적 과정에서 먼저 이점을 얻는 결과를 가진다. 최근의 증거들에 의하면. 어떤 종양억제유전자의 경우에는 **반수부족(haploinsufficiency)**이라는 현상을 통하기도 한다. 이는 1개의 변이 대립유전자로도 암이 발생할 수 있다는 것이다. 반수부족이라는 용어가 의미하듯이, 이들 종양억제유전자들의 하나의 정상 대립유전자는 반 정도의(haplo-) 정상 단백질 산물을 정상 세포에서 만들어내는데, 이것만으로는 종양 발생을 억제하는 데 충분하지 않다는 것이다. 이는 DNA 수선, DNA 결손 반응에 관여하는 유전자의 기능 감소가 유전자들의 불안정성을 가져오는 상황에서 발견된다. 유전자 양적 효과는 또한 종양의 종류에 영향을 미치기도 한다. 어떤 세포에서는 반수부족이 암을 일으키고, 어떤 세포에서는 열성 돌연변이가 암을 일으킨다(Fodde and Smits 2002). Knudson의 이중 적중 가설의 다른 예외적인 경우는 제6장에서 더 다룬다.

성체 **줄기세포(stem cells)**에 대한 최근의 연구는 암 진행에 관한 이해를 심화시켰다. 줄기세포는 미분화 세포로서 자가복제와 분화된 딸세포를 만든다. 어떤 암종에서는 정상 줄기세포들이 암화 과정의 시작점으로 보이는데, 이는 암세포와 정상 줄기세포 모두 **자가복제(self-rencwal)**라는 공통의 분사 기전에 의존하기 때문이다. 또한 암은 돌연변이를 축적할 기회가 훨씬 많은 활발히 분열 중인 세포에 많이 발생하며, 정상 줄기세포는 긴 시간 동안 지속적으로 분열한다. 이러한 개념에 대해서는 제8장에서 더 다룬다.

이 개념들은 암이 세포 수준에서 유전체 수준의 질병임을 보여 준다.

어떻게 알 수 있을까?

증거들의 종류

다른 모든 과학처럼 암생물학도 증거에 기반한다. Gilbert 의 저서 "발생생물학"에서는 이 증거를 3가지로 정의한다: *상관증거*, *기능손실증거*, *기능획득증거*.

상관증거(*Corelative evidence*: 보여주는 증거)는 2개의 사건 간의 관계를 보여 주면서 하나가 다른 하나를 촉발할 수 있다는 약한 근거를 보이는 것이다. 예로서, 종양세포에서 발견되는 돌연변이는 건강한 조직에서의 것과 비교된다. 이런 증거들은 좋은 시작점이기는 하나, 강한 증거는 될 수 없고 어떤 경우는 단지 우연일 뿐이다.

기능손실증거(막는 증거)는 유전자, 유전자 산물 혹은 다른 관심 분자의 기능을 억제하기 위한 여러 방법을 이용한다. 단백질의 기능을 막기 위한 항체의 사용이나, Knock Out 생쥐들은 널리 이용되는 방법이다. 표적 분자만이 영향을 받기 위한 →

→ 적절한 방법이 이용되어야 한다.
기능획득증거(움직임 증거)는 가장 강력한 증거로서 관심 인자를 원래 그것이 없는 새로운 시간/장소에 이동시키고 그에 의한 효과를 보는 것으로 얻어진다. 이것은 강한 증거이다. 관심 있는 유전자의 cDNA를 조절 가능한 프로모터 하에 넣어 다른 조직 혹은 다른 시간에 발현시키는 재조합 DNA 기술이 이용될 수 있다. 그와 같은 재조합 플라스미드를 이용한 배양 세포의 DNA 형질주입과 형질전환 동물의 생산은 기능획득증거 규명에 사용되는 중요한 실험 기술이다.

과학 논문 등을 읽을 때, 전술한 3가지 중 하나로 각 증거들을 분류해 보면 데이터를 비판적으로 분석할 수 있는 능력이 향상 될 것이다(Adams, 2003). 결론적으로, 암생물학은 많은 형태의 실험적 기술에 의존하고 매우 비판적으로 분석되어야 한다.

1.3 인간 암화 과정에 영향을 주는 인자들

어떤 연구자들은 우리의 현재 지식만으로도 반 이상의 암은 예방될 수 있다고 말한다(Colditz *et al.*, 2012). 환경, 생식 활동, 음식과 운동, 흡연 등이 암화 과정에 큰 역할을 하는 4대 인자이다. 발암원에 노출, 출산과 관련한 호르몬 변화, 피임과 호르몬 대체 요법, 바이러스에의 노출 등은 이와 관련된 생활습관 인자들이다. 역학(epidermiology)은 집단의 질병을 연구하는 학문으로서, 이들 인자들이 다양한 암에 어떻게 작용하는지에 대한 정보를 제공한다. 자세한 분자 기전은 뒷 장에서 자세히 다루겠지만, 각각의 인자에 대한 간단한 소개가 다음 절에서 이어질 것이다.

환경

1775년 영국의 한 외과의사의 관찰을 통해 환경 인자들과 특정 암과의 상관관계가 처음 발견되었다. Percival Pott는 굴뚝청소부의 코와 음낭에 암이 많이 발견되는 이유가 그을음에 많이 노출되기 때문이라고 결론내었다. 어디에서 일하는 것 뿐 아니라, 어디에서 쉬는지도 암에 대한 위험과 연관이 있다. 햇볕에 직접 노출되면 자외선 B(UVB)으로 인해 DNA의 **피리미딘(pyrimidine)** 중합체가 형성돼서, 돌연변이를 일으킨다. 자외선 흡수 성분을 함유하는 자외선 차단제(sun block)는 피부를 자외선으로부터 보호하기 위해 개발되었으며, 햇볕 아래에서 휴식을 취할 때 중요한 방어를 제공한다.

생식 활동

또 하나의 오래전에 발견된 사실은 다른 여성보다 수녀에서 유방암 발생 가능성이 높다는 것이었다. 출산 경험이 있는 여성은 경험이 없는 여성보다 유방암 발생 위험이 낮다. 첫 출산의 연령, 초경과 폐경의 나이 또한 암 발생 위험과 연관이 있다. 호르몬 이용 피임과 임신 촉진 처치 또한 여성의 배란 주기를 변화시키며(전자는 배란 방해, 후자는 배란 촉진) 암 발생 위험과 연관되어 있다. 미국에서 유방암 발생률은 2002년에서 2003년으로 가는 동안 7% 떨어진 후 2004년 이후에는 안정된 형태인데, 이는 주로 호르몬 대체 요법이 감소했기 때문이다. 자유로운 성생활 역시 암 발생 위험과 연관이 있다. 성행위를 통해 전염되는 인간유두종바이러스(HPV)는 전 세계 여성의 자궁경부암에서 발견된다. 따라서 수녀에서 자궁경부암 발생이 적은 것은 당연하다. 장벽 장치를 통한 피임과 백신은 이들 전염성 발암원에 효과적일 수 있다. 카포시 육종(Kaposi's Sarcoma)은 아프리카 케냐의 남성에서 자주 발견되는데, 이들은 AIDS의 지역 유행과도 연관된다. 카포시 육종의 원인 바이러스인 인체 헤르페스 바이러스 8형은 일반적으로 HIV 감염에 의해 유도되는 것과 같은 면역 억제 상태에 감염된다.

어떤 암종의 경우, 지역에 따라 진단 시기가 많이 다르기도 하다. Song 등은 (2014) 중국에서의 유방암 진단 나이는 미국이나 유럽에 비해 10년 정도 빠르다고 발표하였는데, 이는 유전과 생활양식이 이러한 차이를 낳았을 가능성을 제시한다. 따라서 중국여성의 경우에는 이른 유방암 검진이 필요할 것이다.

식사와 운동

특정 암종의 발병률은 지역과 다른 인구집단 사이에서 많이 다르다. 이민 집단의 관찰은 지역적 암 발생 특성이 이민자의 암 발생 위험에 영향을 미친다는 것이 발견되었으며, 섭취하는 음식이 가장 중요한 인자임을 보여 주었다. 그림 1.4는 미국 남성

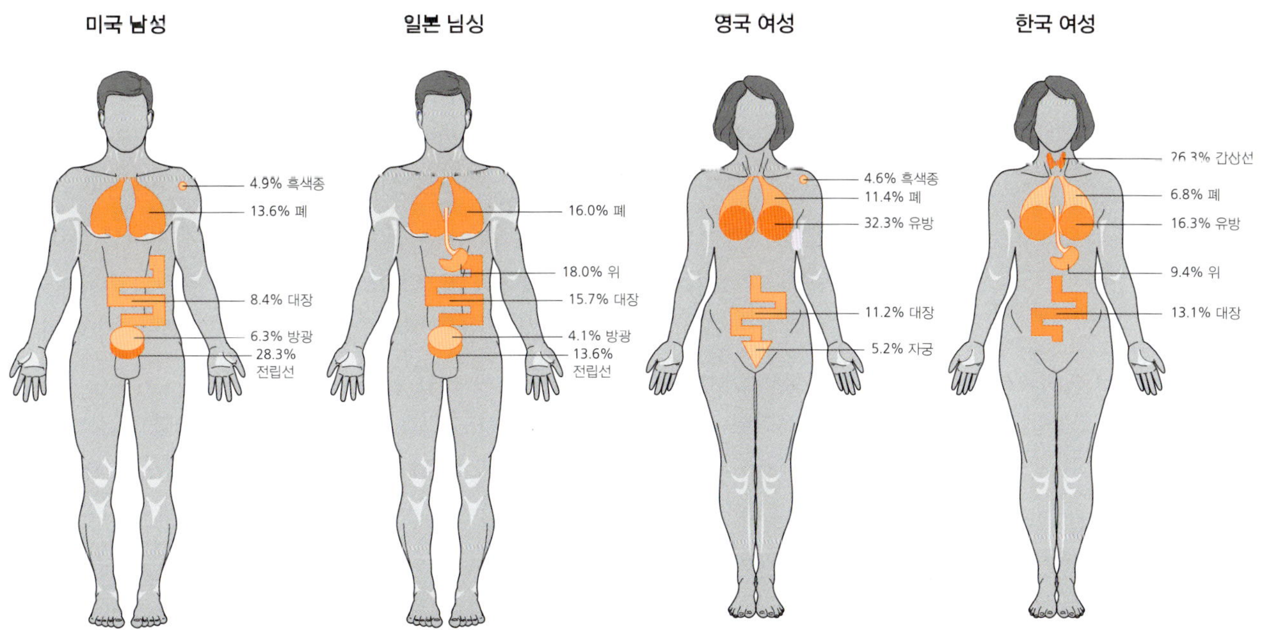

그림 1.4 다른 인구집단에서의 주요 신규 암 발생은 다르다. 특정 암종에서의 신규 암 발생 퍼센트는 붉은색의 농도로 나타내었다. Globocan 2012, IARC 데이터(Ferlay *et al.*, 2015).

과 일본 남성의 암 발생 양상을 비교해 준다. 위암은 일본인에게는 빈번하나, 미국인에게는 드물게 일어난다. 흥미롭게도, 미국에 이주한 일본인 중 미국 음식생활에 적응한 경우 위암 발생이 줄었고 일본식 식생활을 유지한 경우는 그렇지 않았다. 신선한 과일과 채소가 풍부한 지중해식 식단은 암 발생률을 낮추는 데 도움이 된다고 여겨진다. 최근, 이들 식단에 포함된 개별 성분들(폴리페놀, 카르티노이드, 알리움 화합물 등)과 세포 신호전달계 간의 상호작용에 대한 분자 수준의 연구가 진행되고 있고, 그중 일부는 제11장에서 언급된다. 현대화는 우리의 일상생활에서 어른과 아이 모두에게서 신체활동(운동)을 앗아갔다. 여성에서 유방암 발생률은 가임기간의 운동에 의해 25% 감소될 수 있다(Colditz *et al.* 2012).

술

2007년 국제암연구기관(IARC)은 술을 발암원으로 규정하였다. 만성적인 술 소비는 구강암, 식도암, 유방암 발병률을 증가시키고, 또한 간암 발병률과 연계된 증거들이 있다. 만성 술 소비는 전 세계에서 389,000례의 암 발생과 연계되어 있다. 술과 담배는 서로 상승 작용을 하는데, 이는 각각의 발암 위험의 합보다 2가지를 함께 할 때 더 큰 위험도를 보이는 것을 말한다(2 + 2 = 5). 현재 가이드라인에서는 성인 남성의 하루 최대 술 소비량을 28 g (대략 포도주 1/4병 정도) 정도로 권고하고 있고, 여성의 경우는 절반 정도를 권하고 있다. 술과 관련한 암화 과정의 분자 기전에 대해서는 제11장에서 다룬다.

흡연

생활양식 인자가 특정 암에 관여한다는 가장 확실한 예는 흡연이 폐암을 유발하는 것이다(이는 췌장암, 방광암, 신장암, 구강암, 위암, 간암에도 적용된다). 1985년 이래, 폐암은 세계적으로 가장 중요한 암이다. 흡연은 모든 암 사망의 40%(1,180,000명 사망)에 책임이 있다. 최소한 81종의 발암원이 담배 연기에서 발견되었다. 1차, 2차 세계대전 동안 유럽과 미국에서 흡연은 매우 멋있는 일로 여겨졌고, 결국 이 지역의 폐암을 증가시켰다. 활발한 교육과 금연 운동, 그에 따른 흡연의 감소는 미국에서 폐암 사망률을 극적으로 떨어뜨렸다(그림 1.5). 불행하게도, 중국과 같은 다른 국가에서는 폐암 발생률이 증가하고 있다. 이들 국가에서는 공공장소에서의 흡연을 금지한다든지 담배에 세금을 올리는 것이 좋을 것이다. 분명히 어느 정도의 미래 암 사망은 생활 인자의 변화로써 피할 수 있을 것이다(담배, 비만, 운동 부족 등은 제거될 수 있는 원인들이다). 효과적인 변화는 사회적 운동으로 뒷받침되어야 한다. 암 발생에 영향에 대한 회의론은 행동으로 대치되고, 가능한 빨리 개개인에 의해 행동이 시작되어야 한다.

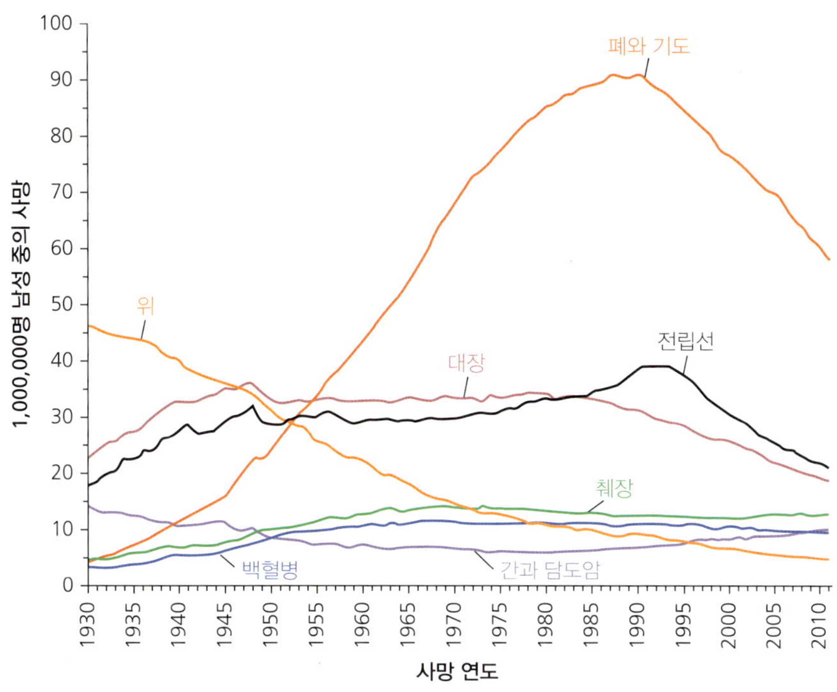

그림 1.5 1930년에서 2011년까지, 미국 남성에서 몇몇 암의 연도별 사망률. Siegel(2015)에서. *J. Clin.* **65**: 5–29.

추가적 영향

생활양식 인자 외에 우리 자신의 생리적 특성에 기인한 위험 인자도 있다. 대사 작용에서의 부산물과 DNA 복제 과정에서 일어나는 실수도 암화 과정에 공헌한다. 산소 호흡 작용은 산소 라디칼이라는 돌연변이원을 부산물로 만든다. 몇 가지 유전적인 대사질환 또한 돌연변이원을 부산물로 만들어낸다. 예로서, 타이로시네미아 유형 1 환자들은 타이로신의 분해에 작용하는 효소인 Fumarylacetoacetate hydrolase의 결함을 갖고 있다. 따라서 Fumarylacetoacetate와 Maleylacetate가 축적되는데, 이것들이 DNA에 공유결합해서 변성되면 돌연변이를 만들 수 있고, 암 발생 위험이 증가한다. DNA 복제와 수선 기간 동안 중합효소의 오류율로 인해 돌연변이가 직접 DNA에 들어 올 수 있다. 이처럼 세포의 자연스런 특성으로 인해 일생 동안 지속적이고 고유한 돌연변이의 위험이 상존한다.

1.4 전통적인 암 치료 원칙

가장 먼저 사용된 암 치료 방법은 외과적으로 가능한 가장 많은 암 부위를 제거하는 것이었다. 분명 어떤 암에는 이것이 상대적으로 쉽고, 어떤 경우는 불가능할 것이다. 또한 이 방법은 세포 수준에서 정밀한 방법이 아니고, 1차 발원 조직에서 퍼져 나간 암(전이암)에서는 적용될 수도 없다. 따라서 화학요법, 방사능요법 등이 전이된 암을

잠시 멈춰 생각하기

MTD 개념을 구체화하기 위해 한 예를 가정해 보자. 2개의 아스피린은 두통에 효과를 얻기 위한 최소 용량이다. 30개는 위해한 부작용이 관찰되지 않는 최대 용량이다. 그러나 만약 3개의 아스피린에 의한 유해한 부작용이 관찰된다면 치료계수는 감소하고, 이 약은 선호되지 않을 것이다.

제거하기 위해 사용되었다. 암 치료의 목표는 분열을 억제하고(**세포 증식 억제**), 암세포를 죽이는(**세포 독성**) 것이다. 모든 암 치료제의 목표는 최소한의 부작용만 입히고서 원하는 효과를 얻는 것이다. 이를 치료계수(혹은 지수: **therapeutic index**)로 나타낼 수 있다. 이 값은 최소 유효 용량과 최대 허용 용량(MTD) 사이의 차이이다(그림 1.6). 이 값이 큰 약물일수록 안전한 것이다. 많은 전통적 암치료제들은 MTD에 맞추어 사용된다.

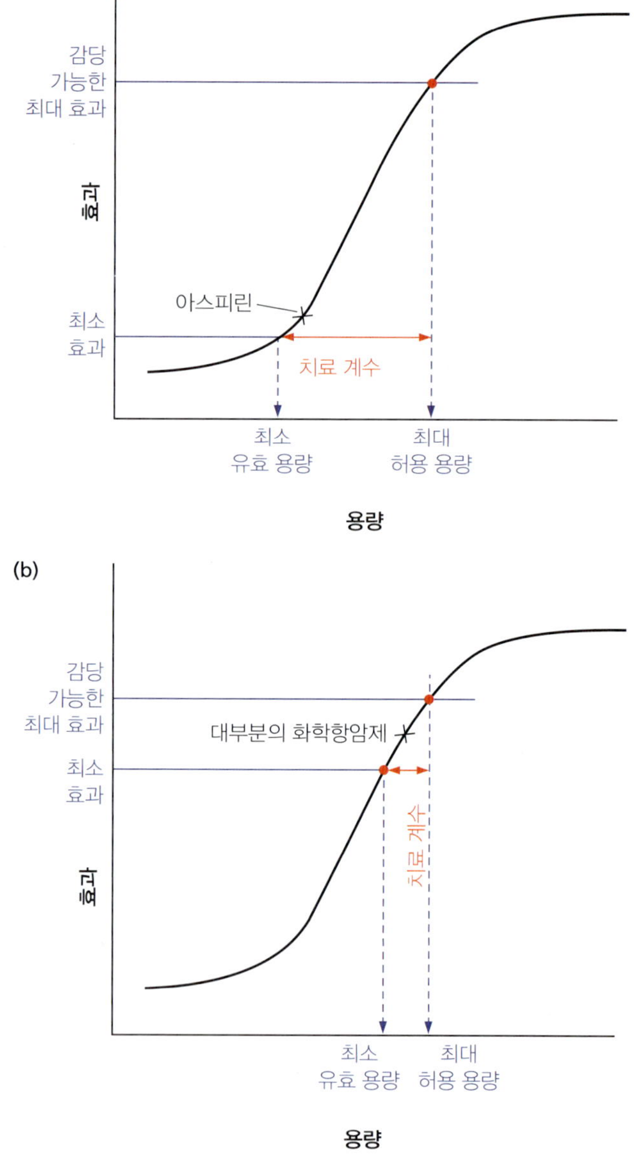

그림 1.6 치료계수는 최소한의 효과 용량과 최대의 허용 용량(MTD) 간의 차이 값이다. (a) 아스피린의 치료계수는 (b) 대부분 화학항암제의 치료계수보다 크다.

화학치료

전통적인 화학요법은 빨리 자라는 암세포의 세포주기를 파괴하기 위해 DNA, RNA 그리고 단백질을 표적하는 화합물을 이용한다. 세포 독성 화학치료요법의 목적은 심각한 DNA 결손을 유발해서 빨리 자라는 세포의 사멸을 유도하는 것이다. 우리 모두 알고 있듯이, 화학치료요법의 부작용인 원형탈모, 궤양, 빈혈은 각각 모근 세포, 위의 상피세포, 혈구세포가 빨리 분열하므로, 항암제에 의해 크게 영향 받기 때문이다. 종종, 처방된 MTD가 민감한 조직에서는 독성을 증가시키므로, 정상 세포가 회복할 시간을 주기 위해 치료를 중지해야 하기도 한다. 우리는 전통적인 화학요법제(제2장에서 논의될 cisplatin이나 methotrexate 같은)가 암을 치료하고 생명을 연장시켜 준 결과들을 인정해야 한다. 그러나 동시에 우리는 더 나은 효과와 덜 심각한 부작용만울 수반하는 약물을 추구해야 하고, 이런 기대를 충족시킬 수 있는 약물을 개발하기 위해 노력해야 한다.

1.5 임상시험

새로운 약물을 사람에서 시험하는 것은 몇 가지 단계별 과정을 거쳐야만 한다(표 1.1). 1상 시험은 약물 안전성을 확보하기 위한 용량별 반응의 시험이며, 적은 수(20~80명)의 건강한 자원자나 환자에서 수행한다. 체내 약물 대사상의 많은 변수들(얼마나 오래 체내에 남아 있는지 등)이 이때 얻어진다. 제1상에 시도된 약물의 70% 정도만 2상 시험에 진입한다. 2상 시험은 더 큰 집단(100~300명)의 사람들에서 그 효용이 시험되기 위해 고안된다. 여기서 효과적인 용량이 확인되기 전까지는 3상 시험을 시작할 수 없다. 3상 시험은 큰 집단에서(1,000~3,000명) 약물 효과를 확인하고, 부작용을 관찰하고, 기존의 다른 약물들과 비교하기 위한 시험이다. 많은 나라에서 다른 치료법이 없는 환자들에게만 이 시험이 법으로 허락된다. 이는 특정 약물 시험의 결과에 영향을 미치는데, 이에 대해서는 뒤에서 다룬다. 대략 30% 정도의 3상 시도 약물만이 시험을 완성한다. 약물은 대조군에서도 시험되는데, 이들은 처리를 받지 않거나, 플라시보 약물 혹은 비활성 물질을 제공 받게 된다. 편견(Bias)을 방지

표 1.1 임상시험

	목표	환자 수
1상	안전성	20~100
2상	효능	수백 명 이하
3상	종종 기존 치료제와 비교하며 효능 확인	수백에서 수천 명

하기 위해 시험은 무작위로 이루어진다. 즉, 환자는 무작위로 선택되어 실험군과 대조군으로 편입됨으로써, 두 집단이 동일하다는 것을 담보해야 한다. 또한 시험은 환자들 본인이 어느 집단에 포함된지 모르게 하는 한 방향 암맹연구나, 누가 약물을 받았고 누가 위약을 받았는지 여부를 시험을 마칠 때까지 암호가 풀리기 전에는 환자와 연구자 모두 모르게 진행되는 양방향 암맹연구로 이루어진다. 전통적인 화학치료제와는 달리, 표적 약물들은 MTD를 필요로 하지 않는다. 경험에 기반해 볼 때, 분자 표적 치료제에 대한 임상시험을 디자인할 때는 깊은 고려가 필요하다. 치료 대상인 암의 단계와 암종, 분자적 특성과 함께하는 환자들의 집단(이 환자들이 특정 돌연변이를 포함하는 지 등), 화합물이 분자 표적을 잘 저해하는지의 여부, 분자 수준의 저해 효과와 임상적 반응과의 연관 등을 모두 고려해야 하는 것이다.

잠시 멈춰 생각하기

종양 크기가 줄어드는 것은 세포 증식억제제(cytostatic drugs)의 적절한 평가인가? 아니다. 왜냐하면 직접적인 세포 사멸은 이런 약물에서 기대되지 않기 때문이다. 그 대신 세포 독성 약물(cytotoxic drugs)이 종양 세포를 죽일 것으로 기대된다.

1.6 암 치료에서 분자 표적들의 역할

대부분의 전통적 치료 방법의 주된 문제점은 정상 세포들 속에서 암세포를 선택적으로 골라내기 어렵다는 것이다. 따라서 앞에서 기술했듯이, 이들 치료의 대부분은 부작용이 매우 심각하다. 암 특이적인 분자 표적을 찾아내기 위해서는 정상 세포와 암화된 세포의 차이점을 분자 수준에서 알 필요가 있다. 이렇게 함으로써 우리는 암세포에 더 특이적이고, 향상된 효과와 적은 부작용을 가진 약물을 고안해 낼 수 있다.

널리 알려진 분자들

우리가 암화 과정을 조사해 볼 때, 각 신호 경로는 혼자 독립적으로 움직이는 게 아니라 서로 연결되어 있음을 명심해야 한다(부록 1 참조). 그리고 암화 과정에 수백 개의 분자들이 포함되어 있음에도 불구하고 몇 가지 각광 받는 분자 집합들이 존재한다. 이들 각광 받는 분자는 여러 경로로부터 신호를 받아 각 신호에 반응하는 효과를 나타내는 연결점(nodes) 역할을 한다.

진핵세포에서 가장 큰 유전자군 중 하나인 단백질 인산화(Phosphorylation) 효소족(kinases)은 암생물학의 모든 서론에서 언급되어야 할 것이다. 단백질 인산화효소는 인산기를 단백질 특정 아미노산의 수산기에 붙인다. 타이로신 인산화효소는 타이로신, 세린/트레오닌 인산화효소는 세린/트레오닌 아미노산 잔기를 각각 인산화시킨다. 인산화는 단백질의 활성을 조절하는 데 중요한 역할을 하는 구조적인 변화를 야기한다. 인산화효소는 세포 표면의 막관통 수용체, 세포 내의 신호 매개체 혹은 핵내 단백질로 발견된다. 이들 인산화효소는 세포주기의 진행, 신호 전달(signal transduction), 전사(transcription) 등을 포함하는 주요 세포 기능에서 핵심적 역할을 하므로 암 치료제 개발의 주요 표적이 된다. 인산화는 또한 탈인산효소에 의해 조절된다. 알려진 모든 인간 탈인산효소의 돌연변이들을 조사했을 때, 이들 중 몇 종은 특정 암종의 암억제 인자였다(제6장 참조).

Ras족은 또 다른 하나의 "각광 받는" 분자군인데, 일부 암종(예, 대장암)에서 돌연변이가 발견되는 유전자이다. Ras는 세포 내에 존재하는 중계 단백질로 세포 성장 인자가 그 수용체에 결합한 후 시작된 신호를 세포 내로 전달하는 역할을 한다. Ras는 세포막 안쪽에 상주하면서 GDP를 GTP로 바꿨을 때 활성화하는 G 단백질이다.

종양억제 단백질 p53(TP53; p53)과 그 가까운 종류들은 여러 다른 형태의 스트레스로부터[저산소(hypoxia), DNA 결손 등] 세포의 여러 반응들(세포 주기 정지, DNA 수선, 자살)을 통합 조절하여 유전체의 안정성을 유지하는 중요한 역할을 한다. *p53* 유전자는 암억제 유전자로서 암화 과정을 억제하는 데 있어 매우 중요한 역할을 한다. 이는 모든 암의 절반 이상에서 돌연변이가 발생하며, 1,000여 가지 이상의 다른 돌연변이가 발견되었다. 이 *p53*은 전사 인자로서 암억제 기능을 수행하는 데 필요한 유전자들의 발현을 조절한다.

Retinoblastoma(망막모세포종) 유전자(*Rb*) 또한 종양억제유전자로서 세포주기의 조절에 중심적인 역할을 하며, 많은 암종에서 공통적으로 변이되어 있다. 이 단백질은 보통 세포주기 진행에 반드시 필요한 전사 인자에 결합해서 그 작용을 방해하는 역할을 한다. 이의 활성은 cyclin D와 cyclin 의존 인산화효소(CDK) 4/6에 의한 인산화로 조절된다.

암 유전체학의 소개

인간 유전체의 모든 염기서열을 해독하여 위치를 분석한 인간 유전체 프로젝트(HGP)의 완성은 암 유전체학(genomics)을 향한 길을 제공하였다. 암의 유전체에 대하여 깊이 배우고, 이것들이 정상 세포들과 어떻게 다른지를 알게 된다면, 더 강력하고 선택적인 약물을 디자인하는 데 필요한 정밀 능력을 갖게 될 것이다(Straton, 2011). 특정 암에 공통적인 변이 그리고 같은 암종에서도 개인 간에 다르게 나타나는 변이 모두 중요하다. 암 유전체 연구에서 발견된 가장 중요한 것 중 하나는 각 개인 종양의 유전체 프로필이 모두 독특하고 "개인적"이라는 것이다. 이는 각 환자의 종양 유전체가 의사로 하여금 각 개인에게 맞는 최선의 치료 방법을 찾을 수 있게 해 주는 개인맞춤형 치료 시대로 이끌 것이다.

HGP 이래로 차세대 염기서열 분석(next-generation sequencing, NGS)이라는 새로운 염기서열 분석 기술이 개발되었고, 이는 유전체를 읽는 시간을 엄청나게 단축시켜 새로운 연구를 촉진시켰다. 국제 암 유전체 컨소시움(ICGC)이 조직되어, 최소 50종 이상의 암에서 각 종류당 수백 개에 달하는 종양의 염기서열 분석을 포함하여 그 유전체의 특성을 분석하는 거대한 유전체 연구를 전 세계적으로 조직하였고,

모든 연구 집단에 결과를 공유하였다. 이러한 노력에 따라 얻어진 정보는 암을 이해하는 데 중요한 실마리를 제공해 줌으로써, 더 나은 분자수준 연구를 통해 약물의 발견을 이끌 것으로 보인다. 4종류의 만성 골수성 백혈병의 전장유전체 분석과 같은 특정 ICGC 프로젝트들은 이미 논문으로 발표되었다(Puente *et al.*, 2011). 게다가, 인체 유전체는 기능적인 하위 그룹으로 더 분류되었는데, 예를 들면 유전체 중 518개의 단백질 인산화효소들의 완전한 집합을 찾아내서 "Kinome"으로 구분하는 것이다. 이들 유전자 돌연변이 또는 비정상적 조절이 암화 과정에 포함되어 있으므로, 이는 새로운 분자 수준의 치료에 중요한 도구가 될 것이다. 국제 SNP 지도 워킹그룹은 단일염기 **다형성**(single nucleotide **polymorphisms**, SNPs)을 분석하여 암과 연계되는 유전체 내의 돌연변이를 식별해 내고자 한다. 전장유전체 연관 분석(GWAS) 연구는 전체 유전체를 연구해서 각 개인들의 공통적인 유전적 변이를 찾아낸 후, 특정 SNP와 암 같은 질병(혹은 특성)에 있어서의 연관 여부를 알아보고자 한다. 최근 발표된 췌장암 SNP의 **전장유전체 연관 분석(genome-wide association study)**에서 새로운 좌위들이 췌장암 발생 위험과 연관되어 있음을 발견했고, 이 중 일부는 췌장 발생과 당뇨병 발병 소인에 관여하는 것도 알게 되었다(Wolpin *et al.*, 2014).

기능유전체 연구들은 암생물학의 실마리를 제공하는 데 중요하다. 지난 4반세기 동안 상동재조합을 이용한 생쥐의 유전자 적중 기술은 결정적으로 중요한 Knock-Out 생쥐를 만들게 해줌으로써 유전자의 기능 연구를 가능하게 하였다. 그러나 최근의 연구들은 암세포에서 유전자의 기능 연구를 위한 새로운 접근법을 제시하였다. 유전자 발현 조절에 있어 RNA의 역할에 대한 지식은 RNA 간섭 방법을 고안해 냈는데, 이는 작은 간섭 RNA(siRNA)를 이용해서 상보적인 단일가닥 표적 RNA의 분해를 유도함으로써 특정 단백질의 발현을 막는 것이다. 더 획기적인 것은 CRISPR 시스템인데(14.3절에서 논의), 이는 유전체의 교정을 위해 염기서열 특이적 핵산분해효소를 효과적으로 이용한다. 이들 핵산분해효소는 왓슨–크릭의 염기짝 형성에 의해 표적을 찾아낸 작은 안내 RNA(gRNA)에 의해 자리 잡게 된다. 이 시스템은 많은 돌연변이들을 동시에 도입될 수 있게 하므로, 암화 과정을 연구하는 데 매우 유용한 도구가 될 것이다.

작은 간섭 RNA(siRNA)에 의한 유전자 기능 분석

유전자의 기능은 종종 유전자 산물의 발현을 못하게 한 후, 그 결과적인 현상을 관찰함으로써 결정 된다. RNA 간섭은 진핵세포에서 특정 **유전자 발현(gene expression)**을 조절하는 방법이다. siRNA라고 불리는 짧은 이중나선 RNA(대략 21 염기 정도에 2개의 염기가 3′ 쪽으로 나온)는 상동 단일가닥 표적 RNA의 분해를 유발하여 유전자 발현을 방해한다. →

➜ 실험적으로 siRNA를 원래 포유류 세포가 갖고 있는 유전자를 표적하는 데 사용할 수 있다. 표적 mRNA 조각의 알려진 염기서열을 이용하여 sense와 antisense RNA가 고안, 합성, 결합하여 siRNA 이중나선을 만든다. siRNA는 고전적인 이동 방법으로 세포에 전달되어 (예, 전자 형질주입) 표적 단백질의 발현을 줄이고, 표적 단백질에 대한 항체는 표적 단백질의 발현이 줄어들었음을 확인하는 데에 이용된다.

좋은 소식

"현재"의 약물들은 기본적으로 작은 화학물질 또는 선택적인 유전자 산물에 결합하는 항체이다. 앞으로는 특정 유전자 발현을 방해하는 방법들(siRNA, antisense RNA) 또한 임상에 이용될 것으로 보인다. 뿐만 아니라 우리의 면역계를 활성화시켜 암과 싸울 수 있게 해 주는 약물들이 이미 우리 앞에 있고, 가장 희망적이다. 이들 약물의 조합에 기초한 몇 가지 치료가 후반부에 논의될 것이다. 좋은 소식은 지난 1998에서 2011년 사이에, 미국에서 남녀 모두 암에 의한 사망률이 감소하고 있고, 비슷한 진전이 다른 나라에서도 일어날 수 있다는 것이다. 진전이 막 보이기 시작하고 있다.

단원 요점—되짚어 보기

- 암은 세계적으로 3명 중 1명에게 나타날 수 있는 일반적인 병이다.
- 암은 비제한적인 세포 분열과 침윤 그리고 돌연변이 세포들을 신체 전체로 퍼뜨리는 것을 특징으로 하는 일련의 질병이다.
  - 자율적인 세포 성장 신호
  - 세포 성장 억제 신호의 탈피
  - 면역 파괴의 회피
  - 제한되지 않는 복제 능력
  - 암 촉진 염증
  - 침윤과 전이
  - 혈관 신생
  - 유전체 불안전성과 돌연변이
  - 세포 사멸의 회피
  - 에너지 대사의 신규 프로그래밍
- 대부분의 발암원은 돌연변이원이다.
- 대부분의 경우 암화 작용은 다단계 과정으로 몇 개의 변이를 요구한다. 그러나 적은 종류의 암의 경우에는 한 세포의 치명적 단일 사건이 즉각적이고 많은 돌연변이들을 유발하고 암을 발생시킬 수 있다
- 암은 세포 수준의 유전체 질병이다.
- 성장, 분화, 세포 사멸에 관여하는 유전자들이 잘못 조절되었을 때 암이 생길 수 있다.
- 세포 성장에 부적절한 활성화를 유발하는 우성 변이를 포함하는 유전자는 암유발유전자이다.
- 종양억제유전자는 보통 돌연변이에 의해 두 대립유전자가 모두 불활성화 변이되어 (열성) 성장 억제의 불활성화를 낳는다.
- 반수부족성은 한쪽 대립유전자의 종양억제유전자가 불활성화될 때 암화 작용이 일어나는 경우이다.
- 생활습관 인자의 변화는 암 발생 위험에 관여한다.

- 많은 전통적인 암 치료제들은 폭 넓게 작용하는 약물로 MTD까지 투여되어 몇 가지 심각한 부작용을 낳는다.
- 단백질 인산화효소는 단백질을 인산화시키며, 암화 과정에 중요하다.
- 암유전체학은 암 특이적인 기능을 가진 분자 표적을 찾아내기 위해 쓰인다.
- 어떤 암종은 이미 선택적인 분자 접근법으로 치료되고 있다.

탐구 활동

1. Globocan 2012 웹사이트에 익숙해지고 역학적 데이터가 어떻게 다른 형태로 제시되는지 관찰하시오(http://globocan.iarc.fr/). 맨 위의 내비게이션 메뉴에서 **Online Analysis**를 선택하고, 원형 도표에서 **Cancer by population**을 선택하시오. 다른 나라들의 데이터를 조사하시오. 다른 대륙의 다른 나라들 간에 암 프로파일이 어떻게 다른가? 당신의 결론은?

더 읽을거리

Alison, M.R. (2007) *The Cancer Handbook*, 2nd edn. John Wiley and Sons, Inc., New York.

Gilbert, S.F. (2013) *Developmental Biology*, 10th edn. Sinauer Associates, Inc., Sunderland, MA.

Jemal, A., Bray, F., Center, M.M., Ferlay, J., Ward, E., and Forman, D. (2011) Global cancer statistics, 2011. *CA Cancer J. Cli.* **61**: 69–90.

Peto, J. (2001) Cancer epidemiology in the last century and the next decade. *Nature* **411**: 390–395.

Stratton, M.R., Campbell, P.J., and Futreal, P.A. (2009) The cancer genome. *Nature* **458**: 719–724.

웹사이트

American Cancer Society.*Cancer Facts* and *Statistics* http://www.cancer.org/Research/CancerFactsStatistics/index

GLOBOCAN 2012 http://globocan.iarc.fr/

Cancer Research UK.*Latest UK Cancer Incidence(2008)*and *Mortality (2008) Summary* (2011) http://info.cancerresearchuk.org/prod_consump/groups/cr_common/@nre/@sta/documents/generalcontent/cr_072108.pdf

The U.S. Food and Drug Administration. Running Clinical Trials http://www.fda.gov/ScienceResearch/SpecialTopics/RunningClinicalTrials/default.htm

The International Cancer Genome Consortium http://www.icgc.org/

선택된 특별한 주제

Adams, D.S. (2003) Teaching critical thinking in a developmental biology course at an American liberal arts college. *Int. J. Dev. Biol.* **47**: 145–151.

Colditz, G.A, Wolin, K.Y., and Gehlert, S. (2012) Applying what we know to accelerate cancer prevention. *Sci. Transl. Med.* **4**: 65–71.

Ferlay, J., Soerjomataram, I., Dikshit, R., Eser, S., Mathers, C., Rebelo, M., *et al.* (2015) Cancer incidence and mortality worldwide: sources, methods and major patterns in GLOBOCAN 2012. *Int. J. Cancer* **136**: E359–E386.

Fodde, R. and Smits, R. (2002) A matter of dosage. *Science* **298**: 761–763.

Greaves, M. and Maley, C.C. (2012) Clonal evolution in cancer. *Nature* **481**: 306–313.

Hanahan, D. and Weinberg, R.A. (2011) Hallmarks of cancer: the next generation. *Cell* **144**: 646–674.

Oeppen, J. and Vaupel, J.W. (2002) Broken limits to life expectancy. *Science* **296**: 1029–1030.

Puente, X.S., Pinyol, M., Quesada, V., Conde, L., Ordóñez, G.R., Villamor, N., *et al.* (2011) Whole-genome sequencing identifies recurrent mutations in chronic lymphocytic leukemia. *Nature* **427**: 101–105.

Siegel, R., Miller, K., and Jemal, A. (2015) Cancer statistics, 2015. *CA Cancer J. Clin.* **65**: 5–29.

Song, Q.K., Li, J., Huang, R., Fan, J.H., Zheng, R.S., Zhang, B.N., *et al.* (2014) Age of diagnosis of breast cancer in China: almost 10 years earlier than in the United States and the European Union. *Asian Pac. J. Cancer Prev.* **15**: 10021–10025.

Stratton, M.R. (2011) Exploring the genomes of cancer cells: progress and promise. *Science* **331**: 1553–1558.

Wolpin, B.M., Rizzato, C., Kraft, P., Kooperberg, C., Petersen, G.M., Wang, Z., *et al.* (2014) Genome wide association study identifies multiple susceptibility loci for pancreatic cancer. *Nat. Genet.* **46**: 994–1002.

Chapter 2

DNA 구조와 안정성: 돌연변이와 수선

도입

DNA에 들어 있는 유전적 정보는 안정성 유지가 꼭 필요하다. DNA는 RNA라는 중간체를 이용하여 세포가 일생동안 구조와 기능을 유지하는 데 필요한 단백질의 합성을 지령한다. RNA와 단백질은 합성되고 없어지면서 제한된 시간 동안만 존재하는 것과 달리, DNA는 일생동안 그 완전성(integrity)을 유지해야만 한다. 그러나 우리의 유전자는 돌연변이와 절단을 일으키는 무수히 많은 공격을 환경적 인자와 자생적인 내부 과정들로부터 받게 된다. DNA 서열의 변화는 세포와 그 자손세포에게 심각한 결과를 낳을 수 있다. 세포 수준에서, 암은 유전자의 구조와 발현에 변화를 포함하는 질병이다. 시간에 따라 점점 쌓여 가는 돌연변이의 역할은 암화 과정에서 잘 정립되어 있으나, 염기서열 분석 기술의 급속한 발전에 따른 최근의 많은 증거는 이런 정립된 시각을 흔들고 있다. **카테기(kataegis**, 그리스어로 천둥을 뜻하는)라는 돌연변이가 집중되는 작은 영역들이 암세포 유전체에서 발견된다(Nik-Zainal *et al*., 2012). 또한 소수의 암종에서는 단 하나의 재앙적인 사건이 다른 암화 과정의 기반 돌연변이를 일으킨다는 증거도 있다(Stephens *et al*., 2011). 단 1개의 위험한 사건이 염색체를 조각내어 수십 수백 개의 유전자를 재배열하게 하는 **염색체 산산조각화(chromothripsis**, 염색체의 작은 조각화 과정)를 낳게 된다. 이 장에서는 유전자의 구조와 암화 과정에서 일어나게 되는 돌연변이에 대해 기술하게 될 것이다.

암화 과정에 대해 생각해 볼 때, 세포는 DNA의 손상을 발견하고 수선하는 돌연변이에 대한 방어 기전을 갖추고 있음을 인식해야 한다. DNA 손상의 검출과 수선은 세포의 분열이 일어나기 전에 꼭 필요한데, 이는 복제 과정에 존재하는 돌연변이가 딸세포에도 넘겨질 것이기 때문이다. DNA 손상을 수선하는 기전은 세포주기의 정지와 연결되기도 한다. 세포자살이라는 더 과격한 방어 기전이 마지막 수단으로 존재하는데, 이는 DNA 결손이 지속되어 개체가 암화 과정으로 진행되는 것을 막기 위해서, 그 세포가 스스로 죽는 쪽을 기꺼이 선택하는 것이다(제7장). 이 장에서 우리는 한편으로 발암원에 노출됨에 따라 돌연변이가 어떻게 발생되는지와 다른 한편으로 유전체의 완전성을 유지하고 암화 과정을 억제하기 위해서 이를 어떻게 수선해 내는지에 대해서도 다루도록 한다.

2.1 유전자 구조—유전자의 두 부분: 조절 부분과 암호 부분

우리는 약 20,000개의 단백질 암호 유전자를 갖고 있다! 그들은 우리의 DNA에 암호화되어 있는데, 이는 뉴클레오티드의 두 사슬로 이루어진 매우 간단한 이중나선 구조이다. 한 뉴클레오티드는 당, 인산, 질소 염기(아데닌, 구아닌, 시토신, 티민 중)로 이루어져 있으며, 이는 우리 유전자의 정보를 내재하고 있는 염기의 서열이다. 분자생물학의 센트럴 도그마(중심원리)는 DNA는 RNA로 전사되고, RNA는 단백질로 번역(translation)된다고 서술한다. 유전자 발현은 이 전사 작용을 말한다. 간단히 표현하기 위해서, 유전자(gene)에는 2개의 기능적 부분이 있다는 것으로 기억하자(그림 2.1). 유전자 5′말단은 프로모터(promoter) 부위를 형성하는 뉴클레오티드 서열을 포함하고, 이 부분이 유전자의 발현 조절을 담당하게 된다. 이들 5′말단 뉴클레오티드 서열은 RNA 중합효소 활성에 영향을 미치는 단백질과 상호작용해서, 그 유전자가 언제 어디서 발현될지를 결정한다. [그러나 여기에는 예외가 있다: 많은 유전자에서 어떤 조절 부위는 하위부(downstream, 유전자에서 DNA의 3′말단 쪽을 향하는 방향)에도 자리한다.] TATA 박스(TATAAAA)는 전사 개시자리 가까이에 있으며, 대부분의 유전자에 있어서 가장 중요한 조절 부위 중 하나이다. TATA 박스 결합단백질(TBP)이 TATA 박스에 결합하는 것은 전사 개시에 있어 결정적으로 중요

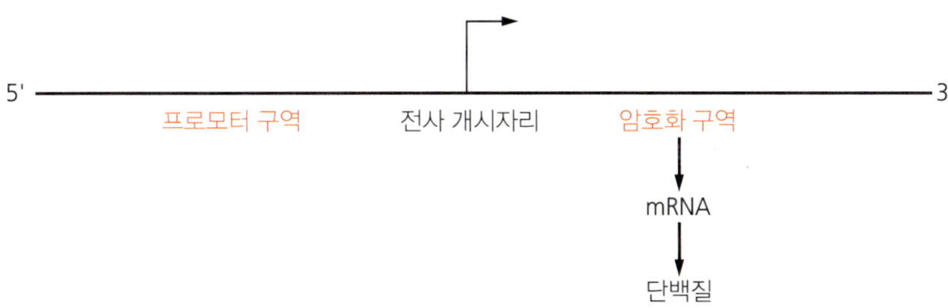

그림 2.1 간단하게 표현된 유전자: 2개의 기능 단위.

하다. 특정 단백질에 의해 인식되고, 유전자 발현에 공헌하는 프로모터 부위 안의 짧은 DNA 서열을 **반응 요소(response element**, RE)라고 한다. 공통된 조절을 받는 유전자에는 공통된 반응 요소들이 작동한다. 예를 들어, 염기서열 CCATATTAGG를 혈청 반응요소(SRE)라고 하며, 혈청에 대해 반응하는 유전자에서 발견된다. 또한 세포주기 조절에 필수적인 전사 인자 E2F의 반응 요소는 다른 세포주기 조절 주요 인자인 cyclin E와 cyclin A 유전자의 프로모터에서도 발견된다. 인핸서(enhancer) 요소는 부가적인 조절 DNA 서열로서 프로모터 부위보다 위치와 방향으로부터 영향을 받지 않으며, 조직 특이적 및 시기 특이적 조절에 있어서 중요하다. **수퍼인핸서(super-enhancers)**라는 인핸서 요소 집합이 최근에 발견되었다(Pott and Lied, 2015). 프로모터 하위 부위는 단백질로 번역될 엑손을 암호화하고 있어 RNA로 전사되는 뉴클레오티드이다. 이들 하위 부위 뉴틀레오티드 서열은 유전자의 **암호화 부위(coding region)**를 반영한다.

2.2 돌연변이

앞에서 기술한 바와 같이, 대부분의 발암원은 돌연변이원이다. 이들 물질은 DNA를 변형하거나(예: DNA 부가생산물 형성) 혹은 염색체의 손상을 일으켜(예: DNA 가닥 절단) 돌연변이를 형성한다. 몇 가지 형태의 돌연변이가 그림 2.2에 그려져 있다: **전이(transition)**, **전환(transversion)**, 삽입, 결실, 그리고 염색체 전좌 등이다. 전이와 전환은 염기 치환의 2가지 예이다. 전이는 한 **퓨린(purine)**을 다른 퓨린으로 대체하는 것이고, 전환은 퓨린을 **피리미딘(pyrimidine)**으로 혹은 그 반대로 치환하는 것으로, 복제 과정에서 염기 치환은 몇 가지 이유로 인해 일어날 수 있다. 첫째, DNA 복제는 항상 100% 정확하지 않다. DNA 합성 과정에서 효소는 실수로 잘못된 염기를 넣을 수 있다. 또한 산화와 공유결합에 의한 염기의 변이, 그리고 **염색질**

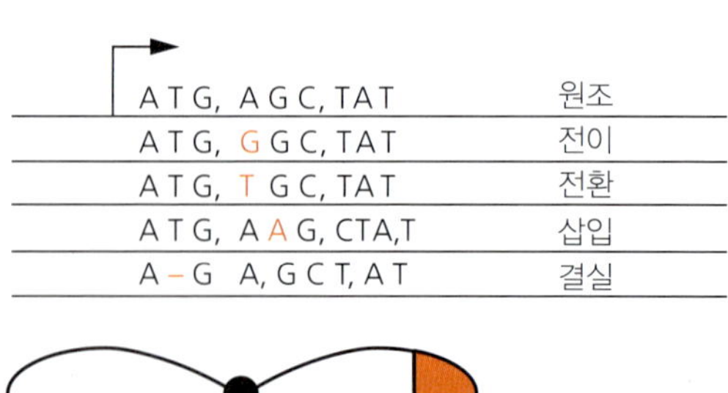

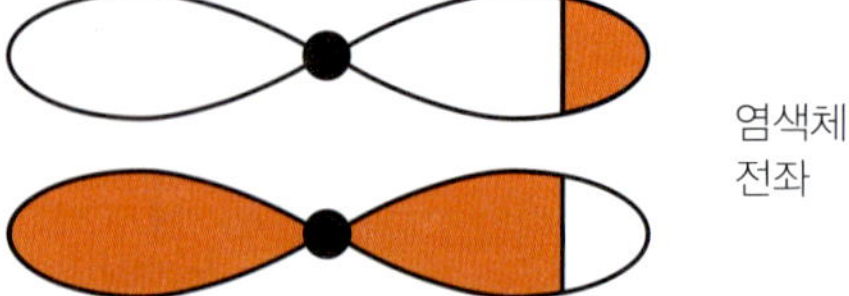

그림 2.2 돌연변이의 종류.

(chromatin) 구조의 변이는 DNA 중합효소가 DNA 주형을 잘못 읽게 할 수 있다. 유전자 암호는 연속적이고 겹치지 않은 3단위 암호임을 기억하라. 한 염기의 삽입이나 결실은 리딩프레임(틀-골격; 그림 2.2에 " , "로 표시)을 바꾸고, 따라서 틀이동 돌연변이로 언급된다. 이는 대부분의 경우에서 기능 상실 혹은 미성숙 절단 단백질 산물을 낳게 된다. 염색체 전좌는 한 염색체의 일부와 다른 염색체 일부 사이의 맞교환으로 DNA의 염기서열 변화를 초래한다. 유전자 증폭은 정상 2가 유전체에서 두 벌 있던 유전자의 수가 가끔 수백 벌까지 증가하는 것으로, 암세포에서 일어날 수 있다(표시되지 않음).

이론적으로 특정 유전자의 어느 부위에든 일어날 수 있지만, 그 발생 위치는 이들 돌연변이가 성장에 유리한 점을 제공해서 암화 작용에 공헌할 수 있는지를 결정한다. 예를 들어, 어떤 돌연변이는 사이클린 단백질의 형태를 변화시켜서 조절 실패에 의한 세포주기 진행을 낳는 반면에, 다른 어떤 돌연변이는 단백질 아미노산의 서열에 효과를 야기하지 않기 때문에 단백질의 구조와 기능에 아무 변화를 주지 않게 된다. 유전자 코돈의 "흔들림: wooble"과 "퇴화: degeneracy" 개념을 상기해 보면, 코돈의 세 번째 염기서열은 다른 염기로 변화가 가능하고 새 코돈이 같은 아미노산을 암호화하기도 한다. "운전자 변이(driver mutation)"는 말 그대로 발암유전자에 위치해서 세포 성장의 이점을 제공하고, "승객 변이(passenger mutation)"는 이점 없이 그냥 "타고 있는" 것이다. 어떤 조사에 의하면, 어떤 암종에서는 5~7개의 운전자 변이가 요구되는 반면에, 어떤 암종에서는 20개의 운전자 변이가 요구되기도 한다. 일부 돌연변이는 세포의 돌연변이 확률을 더 높게 하는데, DNA 수선 효소의 결손 같은 경우가 그 예이다. 이는 또한 "변이 유발 표현형"을 갖고 있다고 언급된다.

한 유전자에서 돌연변이의 결과는 2개의 기능 부위 중 어디에 발생하였는지에 따라 결정된다. 프로모터 부위에 발생하는 변이는 유전자 발현을 변화시켜서 유전자 산물의 시간적/공간적 발현 수준에 영향을 미치게 된다. 이런 돌연변이의 결과는 과도하게 높거나 또는 낮은 단백질의 발현 또는 단백질 산물이 잘못된 시간이나 잘못된 조직(잘못된 세포 형태)에 존재하게 한다. 다른 한편으로 암호화 부위에서 일어나는 돌연변이는 유전자 산물의 구조와 기능을 변화시키거나 기능을 완전히 없애게 되는 조기 중단(예, 종료 코돈이 들어오는 경우)을 야기하게 된다.

뒷장에서 다루겠지만, 암화 과정에 포함된 세포의 성장, 분화, 사멸을 조절하는 유전자에서 이런 돌연변이의 많은 예가 발견된다. 대부분의 암에서 다른 형태의 돌연변이들이 오랜 시간이 흐름에 따라 각각의 세포 내에 축적돼서 이 세포를 암세포로 형질전환시킨다. 그러나 어떤 암의 경우, 특히 뼈암(25%까지)과 대장암에서는, 한 개 혹은 몇 개의 염색체에서 일어난 한 건의 염색체 산산조각화(chromothripsis)가 많은 유전자의 재배열을 불러오고(어떤 경우는 수백 건), 이는 암억제 유전자의 불활성화 그리고/혹은 발암성 융합 유전자를 만들 수 있다. 염색체 파편(shatters)과

이를 수선하려는 시도들이 옳지 않은 융합을 많이 만들어낸다(그림 2.3). 염색체 산산조각화는 몇 개의 암 촉진 사건들이 순차적이 아닌 동시에 일어날 수 있다는 것을 시사한다. 특정 지역에 재배열들이 모여 있는 패턴은 순차적인 사건으로 일어나기 매우 어렵다.

어떻게 알 수 있을까?

염색체 산산조각화

염색체 산산조각화의 증거로 신장암 세포주 TK10에는 염색체 5번에만 55개의 재배열이 있다는 사실을 염기서열 분석 방법으로 보였다. (주목: TK10 세포는 46개보다 많은 염색체를 갖는 과배수체 세포이다) 세포주 내 1개의 염색체에서 재배열이 일어났음을 보이므로 염색체 산산조각화를 증명하기 위해, Stephens와 동료들은 염색체 5번에서 5개의 넓게 분리된 부분들에 대한 형광제자리부합법(FISH) 탐침자(probe)를 개발해서 TK10 세포를 분석하였다[형광제자리부합법(FISH)에 대한 자세한 설명은 5.6절의 설명을 참조]. 탐침자는 각각 다른 색으로 표지돼서 TK10 세포에 결합되었다. 그림 2.3에 나온 바와 같이, 기대되는 순서(하얀색, 노란색, 붉은색, 보라색, 초록색) 배열의 정상 5번 염색체가 몇 개 보였고, 2개의 염색체 5번 유도체들은 5개 모두의 FISH 탐침자가 밀접하게 붙어서 재배열되어 있었다(보라색, 붉은색, 노란색, 초록색, 하얀색). 이는 염색체 산산조각화의 강력한 증거이다.

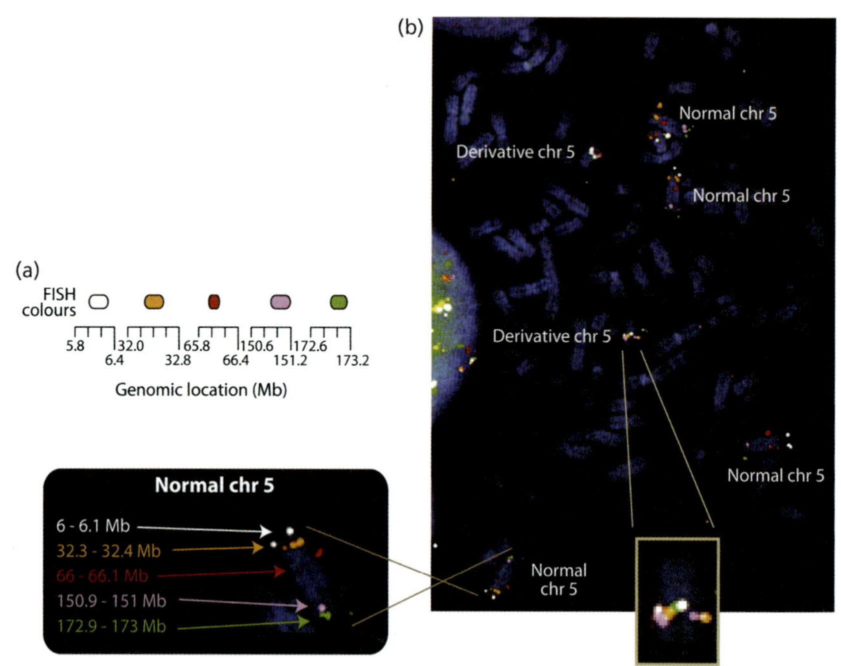

그림 2.3 염색체 산산조각화의 증거. 정상 염색체에서의 위치가 각각 다른 색으로 표지된 FISH 탐침자(a)가 대량의 염색체 재배열이 일어났음을 보여준다(b, 유도 염색체 5). Reprinted from Stephens, P.J. *et al.* (2011) Massive genomic rearrangement acquired in a single catastrophic event during cancer development. *Cell* 144:27−40.

비록 염색체 산산조각화의 원인은 아직 알려져 있지 않지만 몇 가지 가능성이 제시되었다: 염색체 절단을 낳는 전리방사선; 말단-말단 염색체 융합을 낳게 하는 텔로미어 기능 상실(둘 모두 Stephens *et al.*, 2011에서 제안); 혹은 DNA 조각화가 시작된 세포의 세포자살 과정이 막혀서 살아나게 되는 것(Tubio와 Estivill, 2011에서 제안); 또한 손상되거나 혹은 지연된 DNA 복제와 손상된 DNA 손상 반응 또한 고려되고 있다(Forment *et al.*, 2012). 이 분야는 앞으로 연구 가능성이 높은 분야이다.

2.3 발암성 물질

암생물학의 주요 분야는 돌연변이를 일으키는 발암 물질을 발견하고, 암화 과정에 원인 인자로 작동하는 특정 돌연변이를 식별하며, 이들이 변화시키는 신호 경로를 규명하는 것을 포함한다. 방사선, 화합물, 감염성 병원체, 그리고 특정 자발적 반응 등 몇몇 종류의 발암원에 대해 설명할 것이다.

잠시 멈춰 생각하기

이 장의 논의가 핵의 DNA에 맞추어져 있기는 하지만, 미토콘드리아 DNA와 암 간의 가능한 연결에 대해 생각해 보면 재미있을 것이다. 미토콘드리아 DNA는 히스톤이 없고, DNA 수선 능력이 낮아서 돌연변이가 일어나기 쉽다. 현재 미토콘드리아 DNA가 암 발생에서 하는 역할은 논쟁적이지만, 최근 Science에 출판된 증거들에 따르면 미토콘드리아의 특정 돌연변이는 암세포의 전이 능력을 향상시킨다(Ishikawa *et al.*, 2008).

발암원으로서의 방사선

방사선은 에너지이다. 2가지 형태의 방사선이 있다: 파동으로의 에너지 이동과 원자 입자의 흐름이다. 에너지 파동은 고에너지 **전자기 방사선(electromagnetic radiation)**인 감마(γ) 선을 포함하는데, 이는 X-선과 매우 유사하다. 원자 입자는 알파(α)와 베타(β) 입자이며, 방사성 원자에 의해 방출된다. (알파 입자는 2개의 양성자와 중성자로, 베타 입자는 전자로 이루어져 있다)

전자기성 방사선은 자연적으로 발생하는 방사선으로 넓은 범위의 에너지 영역에 걸쳐 이루어져 있다. 전자기성 방사선은 에너지 파동으로 움직이고, 바다의 파도처럼 "마루"와 "골"로 이루어진다. 계속적인 마루 간(혹은 골 간)의 거리를 "**파장(wavelength)**"이라 부른다. 우주 방사선과 같은 고에너지의 전자기성 방사선은 짧은 파장으로 이뤄져 있고, 라디오파 같은 저에너지 방사선은 긴 파장으로 이뤄져 있다. **전자기성 스펙트럼(electromagnetic spectrum)**은 그림 2.4에서 보는 바와 같이, 다양한 파장에 걸쳐져 있다. 전자기성 스펙트럼은 긴 파장 방사선에서(그림에서는 안 보임)부터 X-선이나 감마선 같은 극히 짧은 파장의 방사선까지 걸쳐 있다. 가시성 스펙트럼은 우리의 시각으로 볼 수 있는 가시광선 파장에 걸쳐 있다. 자외선(UV)은 태양에서 방사되어 나오는데, 가시광선에 비해 짧은 파장과 높은 에너지를 갖는다.

몇 가지 형태의 방사선(에너지 방사선과 원자 입자를 포함하여)들은 발암원으로 DNA를 손상시킨다. 특정 방사선에 의해 나오는 에너지의 양은 DNA 손상의 기전과 양을 결정한다. 특정 방사선에 의해 나오는 에너지와 인체 조직에 의해 흡수되는

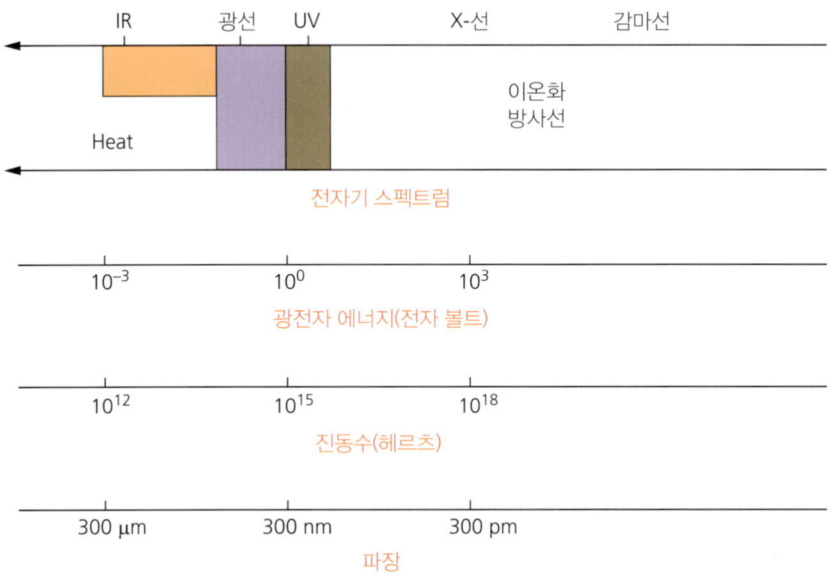

그림 2.4 전자기성 스펙트럼과 그에 대응하는 특성들(적외선, IR; 적외선, UV).

에너지의 양은 그레이(Gy)로 측정한다. 1그레이는 1 Kg의 조직에 1 주울(J)의 에너지를 줄 수 있는 양이다. 중요한 것은 얼마나 많은 방사선이 인체 조직에 의해 흡수되는가가 아니라 방사선이 흡수되었을 때 얼마나 많은 손상이 일어났는가이다. 발생한 손상의 양은 특정한 방사선원이 에너지를 방출하는 비율에 의존한다. 만약 어떤 방사선원이 에너지를 높은 비율로 방출한다면, 이는 에너지를 천천히 방출하는 방사선원에 비해 더 많은 손상을 일으킬 것이다.

에너지가 방출되는 비율을 기술하기 위해 **선형 에너지 전이(linear energy transfer**, LET)가 이용된다. 이는 방사선원에서부터 일정 거리를 이동하는 동안 방출되는 에너지의 양을 말한다. 고-LET 방사선은 저-LET 방사선에 비해 더 많은 에너지를 방출한다. 따라서 알파 입자와 같은 고-LET 방사선은 X-선 같은 저-LET 방사선에 비해 더 많은 생물학적 손상을 초래한다. 특정 방사선원에 의한 DNA 손상 양과 형태는 그것이 고-LET인지 저–LET인지에 따라 다르다. DNA 이중나선 절단은 고-LET 방사선에 의해 일반적으로 일어나며, 염색체 전좌와 결실을 초래한다.

특정 선원에 의한 생물학적 손상의 양은 시버트(Sv)로 측정된다. (이 수로 표시되는 값은 그레이 단위를 특정 선원의 LET 관련 값으로 곱한 것으로 결정)

2종류의 방사선, 즉 이온화 방사선과 UV 방사선이 DNA를 손상시키고 발암원임이 보였다. 다음에서 이들 2가지의 형태를 알아보자.

이온화 방사선

이온화 방사선에는 원자 입자인 알파 입자와 베타 입자, 그리고 에너지 파동인 감마선 등이 있다. 감마선과 같은 고-LET가 진행 중에 분자와 부딪히면 분자 안의 전자가 방출될 수 있다. 하나 혹은 그 이상의 전자 손실은 전기적으로 중성이던 그 분자를 전기적 전하를 띠는 분자로 전환시킨다. 전하를 띤 분자는 이온이라 불리고, 이온을 형성 시키는 방사선을 이온화(혹은 전리) 방사선이라 부른다.

전리방사선은 DNA를 구성하고 있는 원자들의 이온화를 일으킴으로써, 직접 혹은 물 분자와의 상호작용으로 위험한 중간체인 활성산소종(reactive oxygen species, ROS; BOX, "ROS에 대한 짧은 수업" 참조)을 만들어내서 DNA를 간접적으로 손상시킨다. ROS는 DNA 또는 다른 생물학적 분자들과 반응해 세포 내에서 손상을 유발한다.

ROS에 대한 짧은 수업

어떤 방사선은 방사선과 물의 상호작용 혹은 방사선 분해로 만들어지는 위험한 중간체를 만들어냄으로써 자신의 생물학적 효과를 발휘한다. 우리 몸의 55~60%는 물이므로, 방사선은 어떤 물질보다도 물과 많이 반응한다. 방사선과 물 분자의 충돌은 물이 전자를 잃어 매우 높은 반응성을 띠게 만든다. 이는 연쇄적인 반응을 개시시키고, 3단계를 거쳐 물은 산소로 전환된다. 방사선은 물 한 분자와 작용하므로, H_2나 O_2 같은 2원자 기체 분자로 바로 나누어질 수는 없다. 반응식 (1)은 균형이 맞지 않으므로 성립되지 않는다.

$$H_2O \rightarrow H_2 + O_2 \quad (1)$$

균형 잡힌 반응식(반응식 2)은 방사선이 물 분자 하나하고만 반응하고, 반응식은 2분자의 물을 필요로 하므로 방사선에는 적용될 수 없다.

$$2H_2O \rightarrow 2H_2 + O_2 \quad (2)$$

대신에 방사선 분해는 각 단계마다 전자(e^-) 하나씩을 잃어버림으로 인해서 순차적으로 3개의 위험한 활성 산소종(ROS)을 만들어낸다. 이들 3개의 ROS는 순서대로 생성되는데, 각각 수산라디칼(·OH), 과산화수소(H_2O_2), 초산화물라디칼 ($O_2^{\cdot-}$)이다.

$$H_2O \xrightarrow{e^-} \underset{\text{수산 라디칼}}{\cdot OH} \xrightarrow{e^-} \underset{\text{과산화수소}}{H_2O_2} \xrightarrow{e^-} \underset{\text{초산화물 라디칼}}{O_2^{\cdot-}} \xrightarrow{e^-} O_2$$

수산라디칼은 극히 반응성이 높은 분자로서[사실 이는 알려진 분자들 중 가장 반응성 높은 (따라서 위험한) 분자이다!], 이는 어떤 분자든 접촉하면 즉시 전자를 빼앗아 그 분자를 라디칼로 만들고 연쇄 반응이 일어나게 한다. (자유라디칼은 짝지어지지 않은 전자를 보유하므로 매우 불안정하고 반응성 높은 분자이다. 수산라디칼과 초산화물라디칼이 자유라디칼이다.)

과산화수소도 초산화물라디칼도 수산라디칼만큼 반응성이 높지는 않다. 그러나 수산라디칼보다 과산화수소가 사실 DNA에 더 위험하다. (수산라디칼에 비해) 낮고 늦은 과산화수소의 반응성이 과산화수소로 하여금 핵까지 이동하게 하고, DNA에 자유롭게 작용함으로써 엄청난 파괴를 일으킨다. →

➜ DNA의 산화(앞에서 언급한 자유라디칼 같은 것에 의해 전자를 빼앗기는 것)는 돌연변이의 주요 원인 중 하나이고, 자유라디칼이 왜 이렇게 강력한 발암원인지를 설명해 준다. 산화는 산화된 염기를 포함한 여러 형태의 DNA 손상을 야기한다. 관찰된 다양한 산화염기 중 8-산화구아닌은 가장 많이 발견된다. DNA 중합효소는 복제 중에, 8-산화구아닌에 아데닌을 잘못 짝지우고, G→T 전환 돌연변이를 일으킨다. 철의 존재는 과산화수소의 생산 결과를 악화시킨다. 만약 철 원자를 만나고, 전자를 받게 되면, 과산화수소는 다시 수산라디칼로 돌아가서 DNA를 공격하게 된다. 펜톤 반응(반응식 3)이 이를 나타낸다.

$$H_2O_2 + Fe^{2+} \rightarrow OH^- + \cdot OH + Fe^{3+} \quad (3)$$

$$O_2^- \cdot + Fe^{3+} \rightarrow O_2 + Fe^{2+} \quad (4)$$

초산화물라디칼은 산소 분자 형성 전에 세 번째로 나타나는 중간체이다. 이는 다른 것들만큼 매우 반응성이 높지는 않으나, 앞에서 언급한 펜톤 반응에 필요한 철의 형태를 재생하므로 다른 두 중간체의 생산을 돕게 된다(반응식 4). 따라서 ROS 중간체는 서로서로 영향을 미치게 된다.

(Lane, 2002).

사람들은 다양한 양의 전리방사선에 노출된다. 우주선으로부터 오는 감마선에 대한 노출은 당신이 살거나 여행하는 곳의 고도에 따라 다르다. 높은 고도의 비행에서 오는 평균 노출은 대략 0.005에서 0.01 mSv h^{-1}이다. 의학 진단용 흉부 X-선 촬영은 환자를 0.1 mSv 만큼 노출시킬 수 있다. 이들 다양한 정도의 일상적 노출이 축적되어 암에 어떤 위험도로 영향을 미치는지는 잘 알려져 있지 않다.

일본에서의 원자폭탄 피폭자에 대한 연구는 발암원으로서 전리방사선의 역할에 대해 지속적으로 지식을 제공하고 있다. 증거들에 따르면, 전리방사선에 의한 발암 과정에서 가장 중요한 결손은 DNA 이중나선 절단이다. 80,000명의 원폭 생존자에 대한 장기간이고, 포괄적 연구(생애 연구: 나중에 Presron *et al.*, 2007에서 보고)는 3가지를 밝혀냈다: (1) 백혈병은 가장 빈번한 전리방사선에 의한 암이다: (2) 어린이들이 가장 많이 영향을 받으므로 피폭 나이는 중요한 위험 인자이다: (3) 고형암의 위험도는 선형 비례 관계로 선량에 따라 증가한다. 30세의 나이로 피폭된 이는 각 피폭 그레이에 따라 70세에 고형암을 가질 확률이 남자의 경우 35%, 여자의 경우 58% 증가한다. 이들 연구는 방사선 이용 제한에 대한 지침 마련에 도움이 되었다. 미국 방사선보호 및 측정협회(NCRP)와 국제 방사선보호기구는 일반인들의 연당 방사선 피폭 선량을 1 mSv(100 mrem)으로 제한할 것을 추천하고 있다.

자외선

태양에서 나오는 자외선 또한 발암원이자, 피부암의 주요 원인이다. 3가지 자외선

중—UVA(파장 320~380 nm), UVB(파장 290~320 nm), UVC(파장 200~290 nm)—UVB가 가장 효과적인 발암원이다. DNA의 질소 포함 염기의 이중결합은 자외선을 흡수한다. UVB는 직접적으로 그리고 독특하게 특징적인 자외선 광산물을 만든다: 즉 고리형 부탄 피리미딘 이량체와 피리미딘-피리미돈 광산물(그림 2.5a, b)이다. 고리형 부탄 피리미딘 이량체는 가장 빈번하게 나타나는 것으로 다른 광산물들보다 20에서 40배 더 많이 나타난다. 피리미돈(6−4)광산물은 탈염기 자리와 비슷하므로, 고리형부탄 피리미딘 이량체보다 더 효과적으로 수선된다. 피리미딘 이량체 형성은 DNA 나선에 접힘을 유발하고, 결과적으로 DNA 중합효소가 DNA 주형을 잘 읽지 못하도록 한다. 이 조건하에서는 DNA 중합효소가 우선적으로 A 염기를 집어넣게 된다. 결과적으로, TT 이중합체는 종종 복구되지만 TC나 CC는 전이(transition: TC→TT, CC→TT)를 초래한다(그림 2.5c). 포유류 세포에서의 결과를 보면, 고리형 부탄 피리미딘 이량체가 최소한 80%의 UVB 유도 돌연변이 산물에 해당한다. 피리미딘 이량체에서 유발한 정밀한 돌연변이는 피부암의 독특한 분자적 시그니

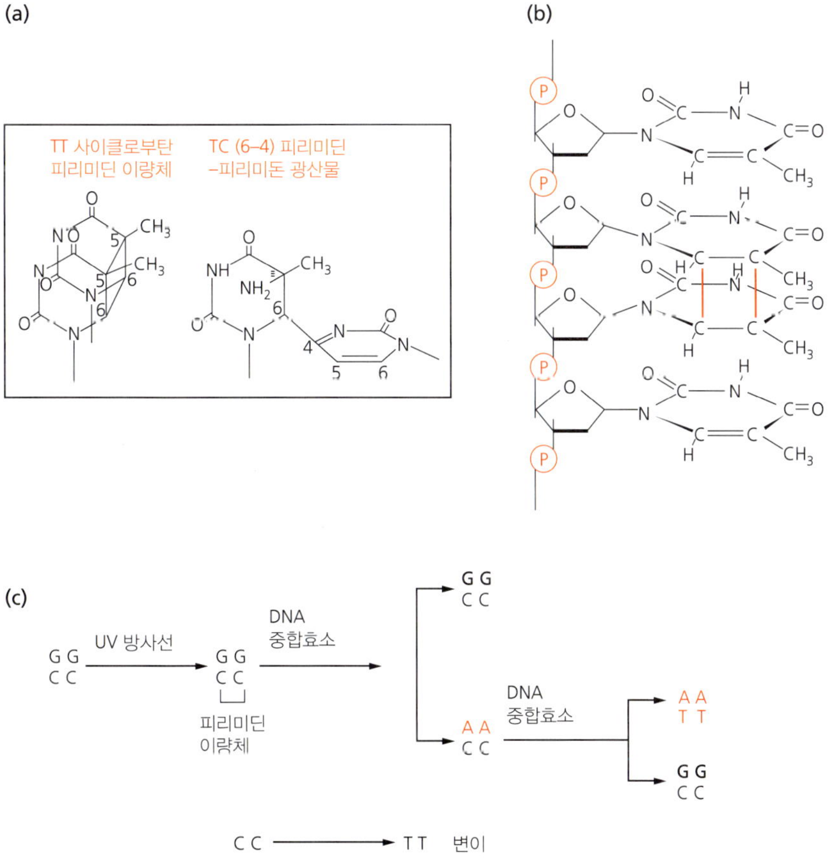

잠시 멈춰 생각하기

전 생애를 방사선 연구에 바친 Marie Curie는 혈액암으로 67세에 사망하였다. 발암원에 노출된 후 다단계 암화 과정이 개시되었고, 상당히 긴 배양시간 이후 암이 발생되었다.

생활 속 정보

2009, 국제암연구단체(IARC)는 UV를 발산하는 태닝기구(역주: 피부를 햇빛에 그을린 것처럼 만들어 주는 기구)를 "사람에게 암을 일으킴"이라고 분류하였다. 이는 카테고리 상에 가장 높은 수준이고, 정상적인 사용자에서 흑색종 위험이 증가된 것에 기반한다(El Ghissassi *et al*., 2009). 짧은 시간의 태닝기구 노출도(2주간 10번) 고리형 부탄 피리미딘의 형성을 유발한다. 자연적인 외관은 당신의 DNA보다 덜 중요하다!

그림 2.5 (a) UV 광생성물. (b) 다중 뉴클레오티드 사슬가닥 상에서의 피리미딘 이량체. (c) UV 유도 전이의 단계들.

처(특성)이며(BOX, "피부암" 참조), 다른 암종에서는 보이지 않는다.

UVA는 자유라디칼 매개 손상을 통해 간접적으로 DNA를 손상시킨다. 물은 UVA에 의해 조각나 전자를 찾는 ROS(앞에서 언급한 수산라디칼 같은)를 만들어서 DNA 손상을 일으킨다(예: 산화된 염기). G→T 전환은 UVA 손상의 특성이다.

피부암

자외선은 피부보다 깊이 몸 안으로 들어갈 수 없으므로 피부에서 암을 일으킨다. 피부는 편평세포, 기저세포, 그라고 멜라닌세포로 이루어져 있고, 피부암은 그들이 영향을 미친 세포의 특성에 따라 편평세포암(SCC), 기저세포암(BCC), 흑색종으로 각각 분류된다. 각각 자외선의 파장에 따라 얼마나 깊이 침투되는지가 결정되며, 긴 파장일수록 더 깊이 침투한다: UVC는 거의 완전히 오존층에 의해 흡수되고 피부에 거의 닿지 않지만, 사람들은 가끔 살균 램프에 의해 노출될 수 있다: UVB는 피부의 기저층에 도달하고, UVA는 더 깊은 세포층까지 침투한다. 자외선 차단제(sunscreen)는 기본적으로 자외선 흡수 유기물들(예, cinnamates), 무기 아연 포함 색소, 티타늄옥사이드를 성분으로 하며, 피부에 자외선 흡수를 최소화한다(주목: 대부분의 사람들에게 태닝으로 알려진 멜라닌 형성이 자외선에 대한 방어 작용으로 형성된다). 자외선 차단제의 부가적인 포함 성분들은 주의해서 사용하여야 하는데, 이는 우리가 배웠듯이 어떤 화합물의 경우에는 자외선에 의해 활성화돼서 발암성으로 전환되는 광활성화 발암원이기 때문이다. 예를 들면, 초기의 어떤 자외선 차단제에는 베르가모 오일이 포함되었는데, 이 오일은 5-메톡시소라렌이라는 광활성화 발암원을 함유하고 있었다. 플루로퀴놀론계 항생제 같은 일부 약물 또한 광활성화 발암원이며, 이 때문에 의사가 이 약물을 처방할 때에 햇빛을 멀리하라고 설명해 주는 것이다.

자외선에 손상된 세포들을 없애는 세포 작용은 세포자살을 시작하는 것이다. 우리 대부분은 햇빛에 과다노출된 후에 피부 조직이 떨어져 나오는 경험을 겪어 보았기에 이 현상에 친숙하다. 종양억제유전자 p53 단백질(제1장에서 소개되고, 제6장에서 자세히 다룸)은 세포자살의 중요한 조절자이다. *p53* 유전자의 돌연변이는 SCC와 BCC에서 중요하지만, 흑색종에서는 그렇지 않다. *p53*에서 특이적인 돌연변이(CC→TT 전이)는 단지 자외선에 의해 발생하며, 아직 다른 발암원에 의해서는 알려지지 않았다. *p53* 유전자의 돌연변이는 정상적인 *p53*의 기능을 방해하고, 세포의 성장 이점을 제공해서 종양 형성을 촉진한다. 돌연변이의 특징들은 무작위적으로 산재되어 있지 않고, 핫스팟이라고 불리는 9개의 구역에 집중되어 있다. 이는 *p53*의 돌연변이가 피부암의 원인이라는 사실을 뒷받침한다. *p53* 유전자 내에 산재하는 수백 개의 인접하는 피리미딘 이량체에서 왜 이처럼 적은 핫스팟이 존재하는지에 대한 연구가 그 답을 이끌어냈다. *p53*의 핫스팟들은 잘 수선되지 않는 부위였다. 고리형 부탄 피리미딘 이량체의 제거는 특히 이들 자리에서 늦게 일어났다. 결과적인 *p53* 기능 손실은 세포자살을 멈추게 하고, 결과적으로 *p53* 변이 세포의 계속적 분열을 가능하게 한다. 따라서 UV 조사는 *p53*의 변이를 증가시키는 것뿐만 아니라, 정상 *p53* 보유 세포들의 세포자살을 통해 *p53* 변이 세포의 클론 증식을 돕게 된다.

흑색종의 경우는 다른 경로가 중심에 있어 보인다. 이들 중 하나의 규명은 암유전체 →

→ 프로젝트의 첫 성공으로 이루어졌다. 66%의 악성 흑색종에서 BRAF의 돌연변이가 발견되었다(Davis *et al.*, 2002). BRAF는 세린/트레오닌 인산화효소로 멜라닌세포 성장 호르몬의 하위 신호전달 경로 상에 작용하는데, 이는 다른 암종에 비해 흑색종에 왜 유독 BRAF 돌연변이가 많이 일어나는지를 설명해 줄 것이다. 놀랍게도, 인산화 활성 영역에서 발견되는 돌연변이(T→A)는 전형적인 UV에 의한 변이(CC→TT)가 아니었다. 제4장에서 BRAF 표적을 위해 개발되고, 새로 승인된 약물들에 관해 알아본다.

화합물 발암원

우리 생활환경과 음식의 많은 화합물은 사람의 암화 과정에 중요한 역할을 한다. 화합물 발암원의 공통적인 작용 기전은 핵산의 퓨린과 피리미딘 고리의 친핵성(전자를 줄 수 있는) 자리에 친전자성(electrophilic, 전자가 없어서 받을 수 있는) 형태가 반응하는 것이다. 어떤 화합물 발암원은 직접 DNA에 작용하는 반면에, 다른 것들은 체내에서 대사된 후에야 활성을 갖게 되어 궁극적인 발암원으로 바뀌고 손상을 일으킬 수 있다. cytochrome P450이라고 불리는 효소족은 간에서 화합물의 대사를 담당하고, 발암원이 궁극적으로 활성화되는 데 중요하다. 유전적 다형성(Polymorphism)과 다양한 발현 정도는 발암원에 대한 개개인의 반응 차이를 나타낼 수 있다. 예를 들면, CYP1A1(Aryl 탄화수소 수산화효소)라고 하는 P450 효소는 사람의 폐 조직에서 50배의 발현 차이가 있으므로, 흡연자 사이에서 담배가 최종적으로 발암원이 되는 농도가 달라질 수 있다(Alexandrov *et al.*, 2002).

발암원은 10개의 그룹으로 분류될 수 있다.

(i) 다고리 방향족 탄화수소
(ii) 방향족 아민
(iii) 아조 염료
(iv) 나이트로스아민과 나이트로스아미드
(v) 하이드라조 및 아족시 화합물
(vi) 카바메이트
(vii) 할로겐화 화합물
(viii) 자연산물
(ix) 무기물 발암원
(x) 기타 화합물(알킬화 물질, 알데히드, 페놀릭)

4개의 주요 그룹이 다음 절에서 기술된다. 다고리 방향족 탄화수소(PAH), 방향족 아민, 나이트로스아민, 그리고 알킬화 물질 등이다. 이들 발암원은 DNA에 공유

생활 속 정보

국제암연구단체(IARC)는 담배연기에 포함된 81개의 주요 화합물을 발암원으로 규정하였다(Smith *et al.*, 2003). 벤조피렌(BP)은 지질친화성(세포 안으로 쉽게 들어갈 수 있는 특징)에서 높은 순위에 있고, 발암성에 연계되어 있다. 니코틴의 존재는 흡연을 습관적으로 만든다. 흡연은 암을 일으키는 원인이므로, 금연은 암발생을 막는다. 부디 흡연을 선택하지 않기를...

결합으로 작용기를 붙임으로써 그 효과를 보인다. 화학적으로 변형된 염기는 DNA 부착물로 불리고, 염기를 가리거나 DNA 나선을 비틂으로써 복제 상의 실수를 유도한다. 이렇게 발생된 돌연변이는 암을 개시시킨다.

다고리 방향족 탄화수소(PAH)

화합물이 동물에서 암을 유도할 수 있다는 첫 결과가 1915년에 보고되었다. 콜타르는 발암성 PAH를 포함하고 있으며, 토끼의 귀에서 피부암을 유도하였다. 발암성 PAH은 phenanthrene에서 유도된다(그림 2.6a). 3개의 방향적 고리의 bay(만) 쪽에 부가적인 고리 및/또는 메틸기는 불활성 phenanthrene을 활성을 띤 발암원으로 전환시킨다. 벤조피렌(BP)은 가장 잘 알려진 흡연 발암원이고, 7,12-디메틸벤즈안트라센(DMBA)은 가장 강력한 발암원 중 하나로서 PAH들이다. 궁극적인 발암원으로 발전하여 DNA의 퓨린 염기에 부착물을 형성하려면, PAH는 대사되어야만 한다. P450 효소인 CYP1A1은 BP를 높은 반응성의 발암원인 BP 디올에폭사이드로 변환시키는 핵심 효소이다(그림 2.6b). BP는 주로 G→T 전환을 초래한다.

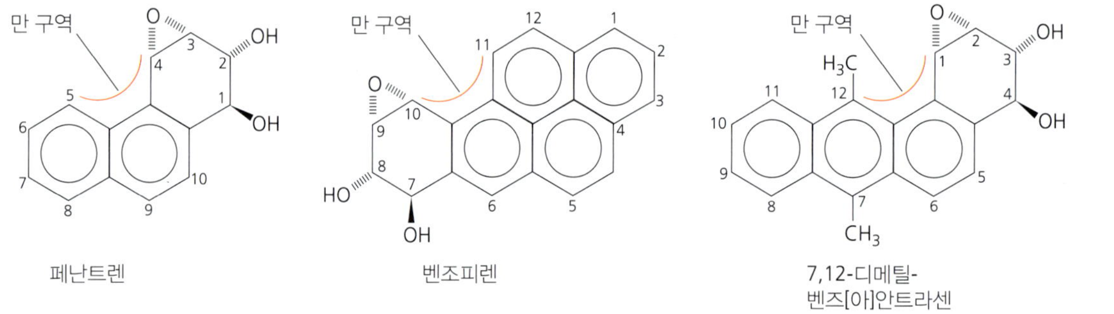

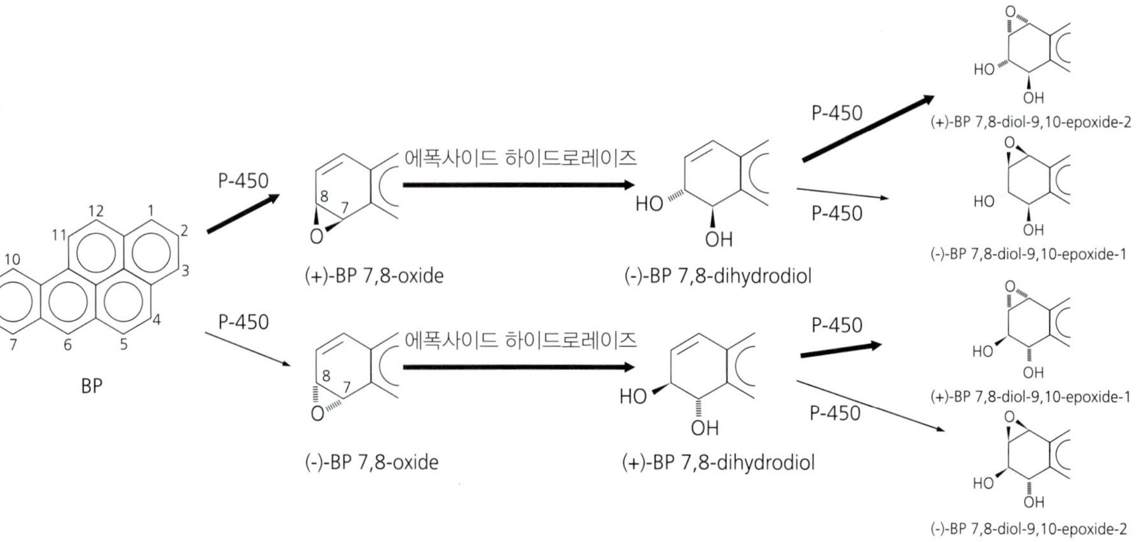

그림 2.6 (a) 다고리 방향족 탄화수소(역주: 원서에 amine으로 표기되어 있으나 hydrocarbon의 오기로 보임). (b) 대사를 통한 BP의 활성화.

방향족 아민

이종고리형 아민(HCAs)은 육류의 요리에서 만들어지는 발암원으로, 아미노산과 단백질에 열을 가함으로써 생성된다. 약 20개의 HCA들이 알려졌고, 그 중 3개의 예, Phe-P-1, IQ, Mel Q를 그림 2.7에 나타냈다. 우리가 매일 노출되고, 우리의 주방에서 만들어지는 발암원의 예로서 제시된 이들 물질을 인식하는 것은 우리의 건강을 지킴에 있어 중요하다.

분야에서의 개척자...... 분자 암화 과정: Gerd Pfeier

Gerd Pfeier는 암의 분자 기전을 결정하는 데 큰 공헌을 하였다. 피부암과 폐암 연구는 UV 조사와 담배에 포함된 발암원이 각각의 암의 원인 인자임을 보여주는 증거들을 제공하였다. Pfeier와 그의 동료들은 피부암에서 자주 발견되는 *p53*의 돌연변이 핫스팟이 그 부위의 낮은 수선율에 기인함을 보였다(BOX, "피부암"에서 다룸). 벤조피렌 디올에폭사이드(강력한 담배 발암원)에 노출된 후 발생되는 DNA 부착물의 위치를 *p53* 유전자에서 찾아냄으로써, Pfeier와 그의 동료들은 이들 부위의 분포가 흡연자의 폐암에서 발견되는 *p53* 돌연변이들과 일치한다는 것을 보여주었다. 이 기념비적인 일은 1996년에 Science에 발표되었고, 특정 발암원과 폐암 사이의 원인-결과적 상관관계를 보여주었다.

나이트로스아민과 나이트로스아미드

많은 나이트로스아민과 나이트로스아미드가 담배에서 발견되고, 보존성 아질산염은 생선이나 육류가 훈제될 때 형성된다. 나이트로스아민의 예인 알킬나이트로소 유레아의 구조는 그림 2.8(a)과 같다. 이들에 의해 생성된 발암성 산물은 구아닌의 O^6 알

잠시 멈춰 생각하기

IQ와 Mel Q가 구조적으로 어떻게 다른가?

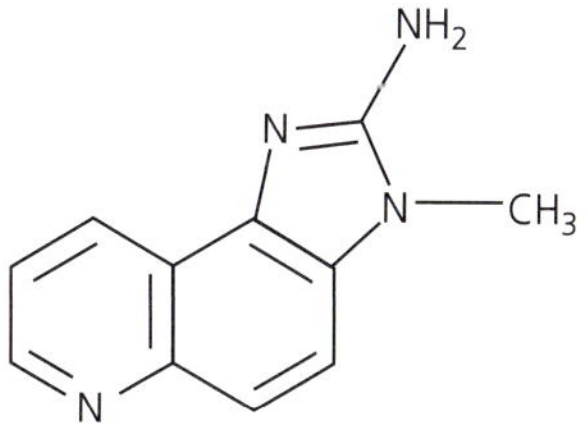

2-아미노-3 메틸아미다조
[4,5-f] 퀴놀린 (IQ)

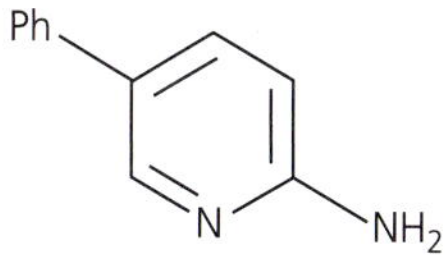

2-아미노-5 페닐피리딘
(Phe-P-1)

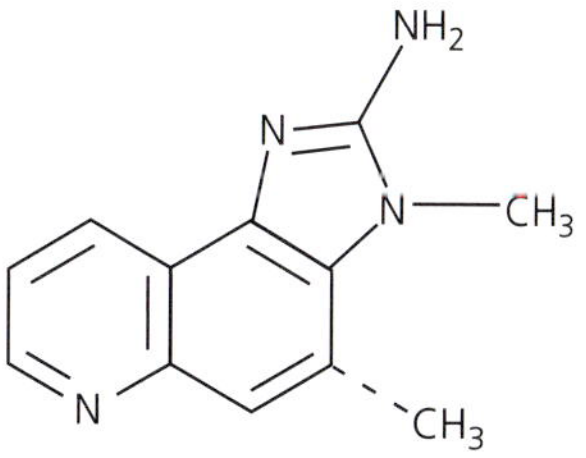

2-아미노-3,4 디메틸아미다조
[4,5-f] 퀴놀린 (Mel Q)

그림 2.7 이종고리형 아민.

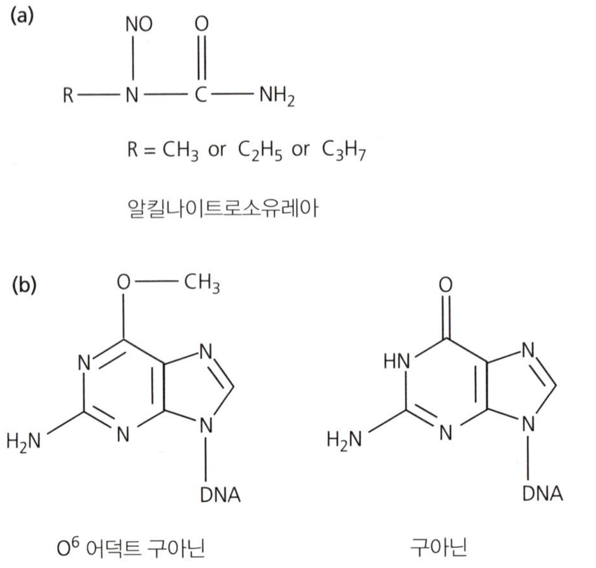

(a)

$R = CH_3$ or C_2H_5 or C_3H_7

알킬나이트로소유레아

(b)

O^6 어덕트 구아닌

구아닌

그림 2.8 (a) 나이트로스아민의 예: 알킬나이트로소 유레아 (b) 나이트로스아민의 잠재적인 발암원 산물: 구아닌 O^6 부착물. 비교를 위해 구아닌이 함께 보였다.

킬화 유도체이다[그림 2.8(b), 구아닌이 비교를 위해 바로 옆에 보임].

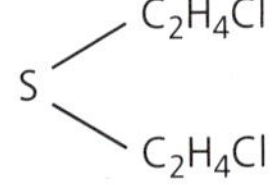

그림 2.9 겨자 가스 구조.

생활 속 정보

음식물을 준비하는 방법을 바꾸면 HCA의 양을 줄일 수 있다는 것이 알려졌다. 오븐에서 굽기, 마리네이트 시키기, 빵가루 등으로 코팅해서 튀기기 등은 HCA의 형성을 줄일 수 있는 변형된 방법들이다.

알킬화 물질

제1차 세계대전 기간 동안 무기로 사용되었던 겨자 가스(황화겨자: 그림 2.9)는 가장 잘 알려진 알킬화 화합물이다. 이는 이중 작용성(2개의 활성화 그룹을 갖는) 발암원으로 DNA에 직접적으로 가닥 내 혹은 가닥 간 교차연결(cross link)을 형성할 수 있다.

섬유성 광물: 석면과 에리오나이트

석면과 에리오나이트는 자연적으로 발생하는 섬유성 광물로서 화학적/물리적 발암원으로 작용하는 발암원이자 돌연변이원이다. 2009년 국제암연구조직(IARC)은 작업장에서 과량으로 석면에 노출된 여성들을 대상으로 한 연구를 통해, 석면이 질병의 과정에서 돌연변이성, 염색체 이상, 염색체 **이수성(aneuploidy)**, 염색체 배수성 그리고 후성유전학적 변이를 증가시킨다고 결론 내렸다. 석면은 섬유성 규소 광물 그룹으로 그 단열 특성 때문에 건축 자재로 널리 쓰였지만, 지금은 여러 나라에서 사용이 금지되어 있는데(개발도상국에서는 아직 쓰이고 있다), 그 이유는 폐암과 중피종 등 폐의 여러 질병과 연관되어 있기 때문이다. 에리오나이트는 섬유성 제오라이트 광물로 화산암에서 형성된다. 정확한 발암 기전은 밝혀져 있지 않으나, 그들은 아마도 유전적 후성유전학적 변화에 추가해서 ROS를 생성하고, 세포 분열 기구들과 접촉하며, 만성적인 염증을 유도하는 것과 연관있어 보인다(제13장 참조). 이들 섬유성 물질이 특정인에서 발암성 효과가 더 높은 것은 유전과도 관계있어 보인다.

어떻게 알 수 있을까?

가족 가계도

악성 중피종은 섬유성 광물과 연관된 희귀암이다. 이 질환은 미국과 영국에서는 드물지만, 지역적인 호발성이 터키의 작은 마을에서 나타나는데, 이는 에리오나이트 노출과 연관되어 있다. 이 지역 사망 원인의 50%는 악성중피종 때문이다. 이 마을에 사는 사람들의 가계도 연구를 통해 유전학과 섬유 암화 작용 사이의 연관점이 발견되었다. 주사전자현미경, 질량분석, X-선 회절 같은 화학적 그리고 물리적 분석은 중피종 호발성을 보이는 지역의 에리오나이트와 그렇지 않은 것 사이에서 차이가 없음을 보였다. 또한, 악성 중피종은 특정 가족에서 많이 나타났지만, 다른 가족에서는 나타나지 않았다. 이들 가족 사이의 결혼에 의해 일부 자녀에서는 암이 나타났다. 따라서 이 결과는 유전적인 소인이 광물 섬유에 의한 암화 과정에 영향을 미침을 보였다.

Dogan(2006)과 그 안에 있는 가족 가계도(http://cancerres.aacrjournals.org/cgi/reprint/66/10/5063, 온라인으로 접근 가능).

감염성 병원체와 발암원

20세기 초, 바이러스가 동물에서 암을 일으킬 수 있다는 사실이 밝혀졌다. 제4장에서 보게 될 것처럼, 바이러스는 세포 형질전환의 분자적 기전을 연구하기 위해 너무나도 중요한 도구로 사용되었다. 발암성 바이러스는 그들의 유전체를 구성하는 핵산의 종류에 따라 DNA 종양 바이러스와 RNA 종양 바이러스(또한 역전사 바이러스)로 나눠진다. 이들 2종류의 바이러스가 암을 일으키는 기전은 서로 다르다. DNA 종양 바이러스는 종종 단백질–단백질 상호작용(제6장에서 다룸)으로 세포의 종양억제유전자를 억제하는 바이러스 단백질을 암호회하고 있다. 많은 역진사 바이러스가 숙주 세포에서 지배적인 기능을 보이는(제4장에서 다룸), 정상 유전자(즉, 발암유전자)의 변이된 형태를 암호화하고 있음으로 해서 암을 유발한다. DNA 바이러스와 RNA 바이러스의 복제 기전 또한 다르다. 인간유두종바이러스나 엡스타인-바 바이러스 같은 DNA 바이러스는 세포 내에서 마치 에피좀처럼 복제한다. 역전사 바이러스는 자신의 게놈을 숙주의 DNA에 삽입함으로써 복제하고, 숙주의 번역 기구를 이용해서 바이러스 단백질을 생산한다. 이 삽입 과정에서 유전자의 이상 조절이 일어날 수 있다.

특정 바이러스나 박테리아에 의한 직접적인 암 유발에 관해서는 이미 기술한 바 있으며, 제13장에서 자세히 다룬다. 몇 가지 유명한 예가 아래에서 제시된다. IARC는 12종(16, 18, 31, 33, 35, 39, 45, 51, 52, 56, 58, 59형)의 인간유두종바이러스가 사람에서 발암원으로 작용해 자궁경부암을 유발한다고 규정했다. 또한 카포시 육종 연계 헤르페스바이러스(KSHV)는 카포시 육종을 유발하고; B형 간염 바이러스는 간암과 연계되며, 엡스타인-바 바이러스는 비인두성암에 연계된다. 인간 T 세포 림프암 바이러스 유형 1(HTLV-1)은 인체에서 암을 일으키는 것으로 알려진 유일한 역전사 바이러스이다. 헬리코박터 필로리는 그람 음성 나선형 세균으로 위장에서 만성적 감염과 궤양을 일으키고, 암화와 관련된 숙주 세포의 기능을 변형시킨다. IARC는 헬리코박터 필로리를 인간의 발암원으로 규정하고, 위암의 원인 중 하나로 분류하였다. 장티푸스 세균 중 하나인 살모넬라 엔테리카 혈청형 티피(*S. typhi*)는 담낭(쓸개)에 만성적 감염을 유발하며, 간암이나 쓸개암에 연결된다. 이들 세균 유도 형질전환의 기저 분자 기전은 현재 연구 중에 있다. 숙주 세포의 증식, 산소 자유라디칼의 생성과 그에 따른 DNA 손상, 그리고 발암유전자의 활성화 등이 이런 연구 분야이다.

내재적 발암성 반응

발암원에 더해서 자발적으로 일어나는 세포내 반응도 돌연변이를 유발할 수 있다. 산화적 인산화와 지질 과산화는 정상적인 세포 대사 과정으로, ROS를 만들어 DNA와 지질에 반응하고, 방사선 노출에서 살펴 본 산화물(예, 8-oxoguanine)을 야기할 수 있다(BOX, "ROS에서 배우는 것" 참조). 호흡 과정인 산화적 인산화 과정에서 NADH의 환원과 유비세미퀴논의 형성 과정에서 개시 라디칼인 초산화물 음이온($O_2^{-}\cdot$)이 만들어진다. 따라서 우리의 호흡 작용은 방사선 조사처럼 ROS 중간체를 만들 수 있는 것이다! 그러나 이들 중간체의 분포는 두 경우에서 서로 다르다: 방사선은 매우 강력한 반응성의 수산라디칼을 즉각적이고 무작위적으로 세포 내에 분포시키지만, 호흡은 그보다 약한 반응성의 초산화물 음이온을 즉시 그리고 세포내 특정 위치에서 만들어낸다.

내재적 화학반응들(예, 탈염기 자리를 만들어내는 염기와 디옥시리보즈 사이의 글리코시딕 결합의 가수분해) 또한 돌연변이 형성에 공헌한다. 시토신의 탈아미노 반응에 의한 유라실 형성은 가장 빈번하다. 사이티딘탈아민효소족(APOBEC; 아포리포 단백질 B mRNA 교정 효소, catalytic polypeptide like)은 많은 암종에서 돌연변이가 나타난다. APOBEC은 HIV 같은 바이러스에 대항하는 면역 반응에서 중요한 역할을 한다. 그러나 이 효소는 숙주 유전체의 C도 탈아민화시킨다. 이 효소에 의한 C의 탈아민화는 TAC와 TCT 염기 부위에 더 선택적으로 일어나서 C를 U로 바꾸게 된다. U는 유라실-DNA 당화효소에 의해 DNA에서 이탈되어 탈염기 부위가 만들어지고, DNA 중합효소가 탈염기 자리 상대 위치에 A를 삽입하게 됨으로써, C→T 전이가 일어난다.

APOBEC 활성에 기인하는 국소 부위 DNA의 동일 가닥 내에 TC→TT 전이 밀집부 발생은 카테기(도입부에 다룸)를 형성하는 한 기전이다. 일부 APOBEC은 몇몇 암종에서 과발현된다. 비록 DNA 중합효소의 교정 능력으로 발생하는 돌연변이를 최소화하기는 하지만, DNA 복제와 DNA 재조합 과정에서의 실수들이 돌연변이의 발생에 기여한다. 교정 능력은 DNA 중합효소의 3′→5′ 엑소뉴클레이즈 활성에 주로 의존한다. 만약 신합성 중인 가닥의 성장하고 있는 3′말단에 부적절한 뉴클레오티드가 삽입되면, DNA 이중나선은 그 부위가 "melt"(그 부위의 두 가닥이 벌어진 채로 남는 것)된다. 중합효소는 그 melt 부위에서 중지되고, 그 가닥에 엑소뉴클레이즈가 이동해 온다. 여기에서 부정확한 뉴클레오티드는 제거되며, 그 가닥은 중합효소가 돌아와 DNA 중합을 재개한다. 전체적으로 매일 1개의 인체 세포에서 10^4~10^6개의 돌연변이가 생기는 것으로 측정된다. 하지만 대개의 정상적인 환경에서 이 거대한 양의 부담스러운 돌연변이는 고도로 효과적인 세포 DNA 수선 기전에 의해서 성공적으로 수선되고 있다.

2.4 DNA 수선과 발암 경향성

DNA 수선은 외래 발암원이나 내재적 기전에 의한 돌연변이에 대해 매우 중요한 방어 기제로 작용한다. 만약 발암원에 의해 만들어진 DNA 손상부위가 세포의 분열 전에 수선되지 않는다면, 이들은 발암 과정을 촉진하는 역할을 하게 된다. 다양한 종류의 DNA 손상은 몇 가지 다른 종류의 수선 기전들에 의해 고쳐진다. 즉, 5종류의 DNA 손상 수선 기전이 다음 절에서 다루어진다: 한-단계 수선, 뉴클레오티드 절제 수선, 염기절제 수선, 잘못짝지움 수선, 그리고 재조합 수선 등이다. 이들 수선 기전의 손상은 대부분 발암 과정의 촉진을 야기시킨다.

한-단계 수선

한-단계 수선(One-step repair)은 직접적인 DNA 손상의 회복 과정이다. 수선효소인 일킬전이효소는 *N*-methylnitrosourea 같은 알킬화 발암원에 노출된 DNA의 구아닌 O^6 원자에서 알킬기를 직접 떼어내는 역할을 한다. 이 경우, 메틸기가 알킬전이효소의 시스틴 잔기에 옮겨지고, 이 효소는 불활성화된다.

뉴클레오티드 절제 수선

뉴클레오티드 절제 수선(Nucleotide excision repair, NER)은 UVB나 PAH 같은 환경 인자에 의해 각각 만들어지는 피리미딘 이중합체와 거대 DNA 부착물에 의해 야기되는 이중나선 뒤틀림 손상부에 특이적으로 작용한다. 앞에서 언급한 바와 같이, 손상은 전사와 복제를 방해한다. 이러한 손상 수선 기전에는 두 종류가 있는데, 유전체 전체의 나선 뒤틀림을 조사하는 전반적인 유전체 NER과 전사 과정 중에 방해를 일으키는 손상을 인식하는 전사짝지움 수선이 있다. 손상부와 그 주변 뉴클레오티드들(24~32)은 endonuclease에 의해 잘려나가고, DNA 중합효소 δ/ε가 반대쪽 가닥을 주형으로 사용해 빈 공간을 메꾸게 된다. 분열 세포 핵 인자(Proliferating Cell Nuclear Factor: 역주, Proliferating Cell Nuclear Antigen으로 주로 불림)는 중합효소 완전체(holoenzyme)의 구성요소로 손상된 부위에 결합해서 이를 둘러싸는 원형 구조를 구성한다. 색소성 건피증(XP)은 NER이 결손된 유전병이다. NER 매개 유전자가 손상 받은 이들은 햇빛에 민감하게 반응하여 피부암 발생 위험이 1,000배 증가한다. 이런 유전병 환자에서 NER 과정에 관여하는 단백질 25개 중 7개의 XP 원인 유전자 산물(XPA~XPG)이 발견되었다.

염기절제 수선

염기절제 수선(Base excision repair, BER)은 대부분 내재적 기전에 의해 야기된 화학적 변형 염기(예, 8-oxo 구아닌)를 표적하며, BER 결손시 이 변형은 점돌연변이를 야기한다. 8-oxo 구아닌 병소는 기능적으로 T와 유사하게 작용해서 안정적인 8-oxo 구아닌:A 염기쌍을 초래하지만, 복제 DNA 중합효소가 종종 이를 검출하지 못한 채 지나치게 된다. 복제 전에 8-oxo 구아닌을 제거하지 못하면 결과적으로 G→T 전환 돌연변이를 야기한다. BER의 첫 단계는 DNA 손상 특이적 글리코실레이즈 효소족(OGG1이나 MUTYH 같은)에 의해 수행되는데, 이 효소는 초당 수백만의 염기를 스캔해서 8-oxo 구아닌 부위를 찾아낸다. 이들 글리코실레이즈는 이 손상부를 뒤집어 나선 밖으로 끄집어내고, 염기를 나선 골격에서 떼어내어 탈염기 자리를 만들어낸다. 결과적으로, 이 탈염기 자리를 포함해서 나선 부위는 DNA endonuclease에 의해 잘리고, DNA 중합효소 β와 라이게이즈에 의해 빈 부위가 다시 채워지게 된다. 폴리(ADP-리보즈) 중합효소(PARP)는 BER 과정에서 생기는 단일가닥 절단 중간체와 작용해 폴리(ADP-리보즈) 사슬을 합성하고, 이는 다른 DNA 수선 단백질에 신호를 제공하며, 또한 히스톤에 수식을 유발하여 이끌어 염색질 구조를 느슨하게 함으로써 DNA에 접근성을 증가시키게 된다. 글리코실레이즈 활성을 담당하고, 8-oxo 구아닌:C 염기쌍을 수선하는 *OGG1* 유전자의 변이는 아직 종양에서 발견되지 않고 있다. BER 담당 유전자에 관한 유전적 변이도 사람에서 발견되지 않았으나, 최근 *MUTYH*(공식 표현은 *hMYH*)의 돌연변이가 다중대장선종 신드롬을 유발하는 주요 원인 일 수 있다고 발표되었는데, 이 효소는 8-oxo 구아닌과 잘못 짝지워진 아데닌을 제거하는 데 관여하는 DNA 글리코실레이즈를 암호화하고 있다(David *et al.*, 2007).

잘못짝지움 수선

잘못짝지움 수선(Mismatch Repair, MMR)은 중합효소 자신의 자가 교정 작용을 빠져나간 복제상의 실수를 수선한다. 이는 복제 상의 뉴클레오티드 잘못짝지움과, 반복 염기 복제시 미끄러짐에 기인한 삽입과 결실을 수선한다. 이에 관련된 일련의 분자 수준 과정은 다음과 같다.

- 잘못된 짝염기가 hMSH2/6와 hMSH2/3에 의해 인식됨.
- hMSH1/hPMS2와 hMLH1(역주, 원서에 hMHL 오기 수정)/hPMS1이 불러 모

아짐.

- 새로 합성된 가닥을 구별(복제 기구에 의해 표지되어 있음)함.
- endonuclease와 exonuclease가 잘못짝지움 부위 주변의 뉴클레오티드를 제거함.
- DNA 중합효소가 새로 복제된 가닥을 다시 합성함.

유전성비용종성 대장암(HNPCC)은 사람에서 가장 빈번한 종양 신드롬 중 하나이다. HNPCC 환자 중 절반 정도는 *hMLH1*과 *hMSH2*의 **생식세포 변이(germline mutation)**를 갖고 있다. 이들 유전자에 암호화된 기능 손실 변이 산물은 잘못짝지움 수선 능력을 완전히 상실한다. 따라서 이들은 돌연변이에 취약하게 된다.

재조합 수선

상동재조합과 비상동성 말단 접합은 이중나선 절단을 수선하기 위한 2가지의 형태의 재조합 수선이다. 상동재조합은 DNA 합성 중에 형성되는 딸 염색분체의 존재에 의존하며, 이는 재조합시 형성되는 말단의 주형가닥으로 작용한다. 같은 단백질족에 속하는 여러 구성원들이 복합체를 형성하여 일명 DNA 체조라고 하는 고난도의 작용을 수행한다. 그림 2.10에 나타낸 작용을 간단히 기술한다.

(a) 이중나선 절단은 변이 혈관 확장성 운동실조증(ataxia telangiectasia mutated, ATM) 인산화효소를 활성화시킨다.

(b) RAD50/MRE11/NBS1 복합체(ATM 효소기질)는 그들의 5′-3′ exonuclease 활성을 이용해서(그림 2.10에 가위로 표시) 단일가닥 3′말단을 만들어낸다.

(c) BRCA1/2가 RAD51(회색 원으로 표시)의 핵 내 이동을 돕는다.

(d) RAD52는 RAD51이 노출된 말단에 결합해서 핵단백질 섬유를 형성하게 한다.

(e) RAD51은 노출되어 있던 단일가닥을 딸 염색분체의 이중나선(붉은색으로 표시)에서 짝지어지는 단일가닥에 결합시킨다.

(f) 이중나선의 결합된 가닥은 이제 DNA 중합을 위한 주형으로 쓰인다.

(g) 이제 상동재조합으로 인해 생기는 홀리데이(Holliday) 접합점을 Resolvase라는 효소가 풀어낸다.

(h) 두 벌의 완전한 DNA 분자가 거의 실수 없이 만들어진다.

변이 혈관 확장성 운동실조증은 유전병으로, ATM 인산화효소 유전자의 돌연변이를 보유하고 있다. 환자들은 X-선에 매우 민감하고, **림프종(lymphoma)**에 걸릴 위험이 높다. *BRCA1*과 *BRCA2* 유전자의 생식세포 변이는 유방암과 난소암의 확률을 증가시킨다. 이를 보유하여 발병한 사람은 살아가면서 두 번째 변이를 갖게 되었던 것이고, 이는 *BRCA1*과 *BRCA2*가 종양억제유전자임을 보여준다. 상동재조합 능

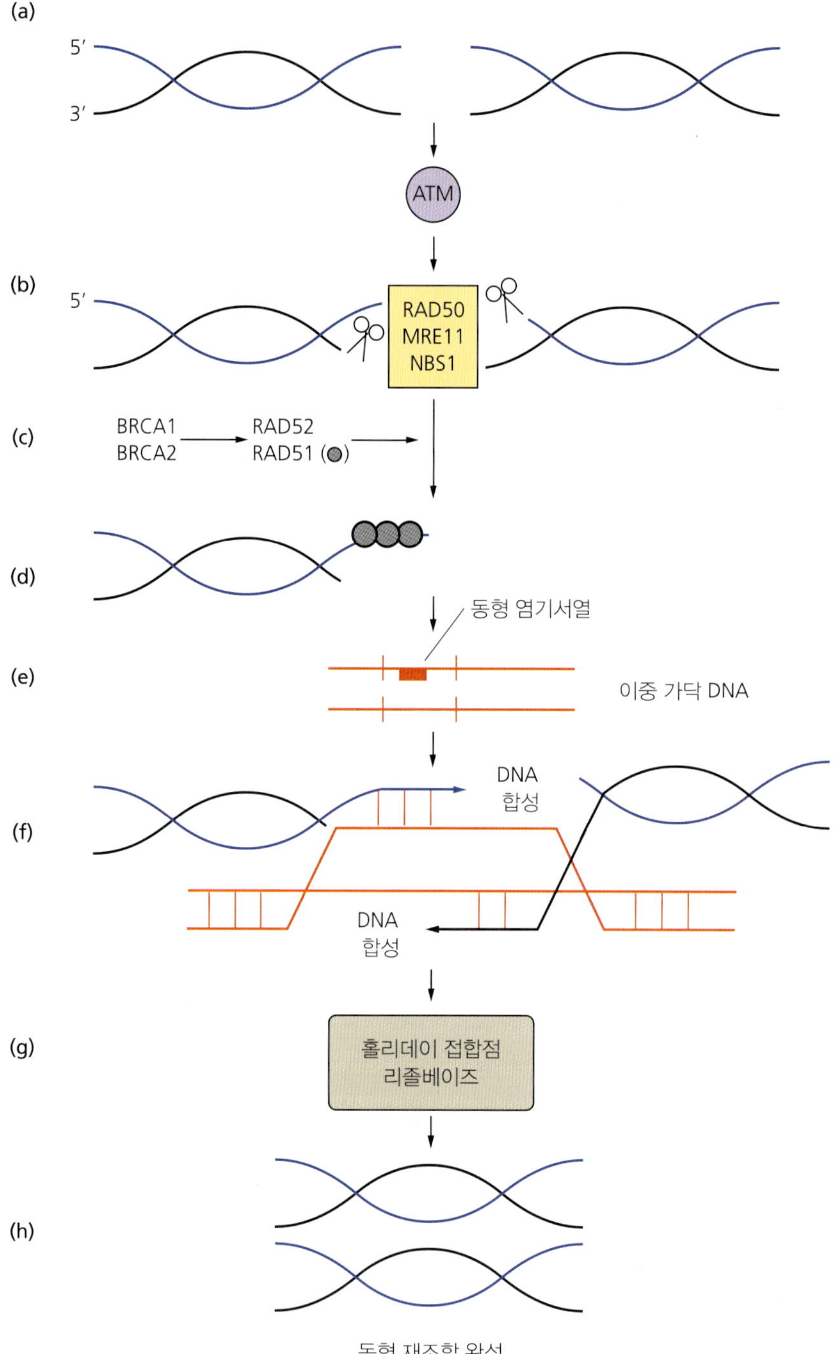

그림 2.10 재조합 수선.

력의 상실은 암화 과정에서 유전체를 불안정하게 만든다. 이들 유전자의 기능 소실 돌연변이는 비유전성 종양에서도 발견됨을 주목하라.

다른 형태의 재조합 수선인 말단 결합은 상동성이 아닌 가닥 말단을 결합시키는 것으로, 종정 결합이 동반되고, 염색체 전좌를 잘 생성한다.

암화 과정에서 매우 중요한 분자들 중 하나인 p53에 관해 여기서 언급한다. p53은 "유전체 수호자"로, DNA의 완전성을 보호하는 분자 기전에서 중요한 역할을 한다. 이 중요한 종양억제유전자의 역할에 대해서는 제6장에서 다룰 것이다.

잠시 멈춰 생각하기

DNA 수선 단백질은 어떤 방법으로 30억 개의 염기쌍으로 이루어진 유전체 상에서 DNA 손상 부위를 찾아낼 수 있는가? 오래된 가설은 이들이 계속적인 순찰을 통해 DNA 손상을 찾는다는 것이다. 그러나 이것이 정말 가능할까? 최근의 다른 가설은 *Science*(12월, 2014)에 발표되었듯이, DNA가 살아있는 전선으로 작용해서 전류를 전달할 수 있다는 데 초점을 맞추었다. DNA 염기는 방향족 고리로 이루어져 있어 겹쳐진 전자구름을 형성함으로써 전자들의 통로를 제공한다(잘못짝지움 같은). 비정상적인 DNA 구조에 의해 생성된 전기이동 시스템의 절단은 DNA 손상의 센서로 작용하여 DNA의 완전성을 감시할 수 있다. 이 가설을 뒷받침하는 결과를 따라가 보는 것은 흥미로운 일일 것이다(Grodick *et al.*, 2015).

치료 전략

2.5 전통적인 치료: 화학요법과 방사선 치료

전통적인 치료법은 그 영역을 계속 넓히고 있으며, 많은 생명을 구하고 있다. 나중에 분자적인 접근법에 대해 더 깊이 논의하기 전에 이들의 논리에 대해 알아본다. 몇몇 전통적인 요법은 과량의 DNA 손상을 야기해서 세포자살을 유도하는 것에 목표를 두고 있으며, 역설적으로 발암원이 되기도 한다. 다른 전통적인 요법은 급속히 증식하는 암세포의 DNA 합성대사를 억제한다. 왜냐 하면, 세포 분열에서 딸세포가 나누어 가질 염색체를 생산하는 데 있어 DNA 합성은 매우 중요하기 때문이다. 또 다른 요법은 세포 분열 메커니즘을 방해한다. 여기에서는 화학요법과 방사선 치료 모두 다룬다.

화학요법

다음의 3가지 주요 형태의 고전적인 화학요법의 예에 대해 간단히 설명한다.

알킬화 약물과 백금 기반 약물

알킬화 약물과 백금 기반 약물은 비슷한 행동양식으로 작용한다. 알킬화 약물은 알킬기를 통해 공유결합으로 DNA 부착물을 만들어 낼 수 있다. 이들은 모든 세포 주기에서 기능할 수 있다. 클로람부실(그림 2.11a)은 질소겨자족 약물의 한 예이다. 일반적인 이의 표적은 구아닌 염기의 N7 위치이다. 이중 작용(2개의 작용기를 갖는

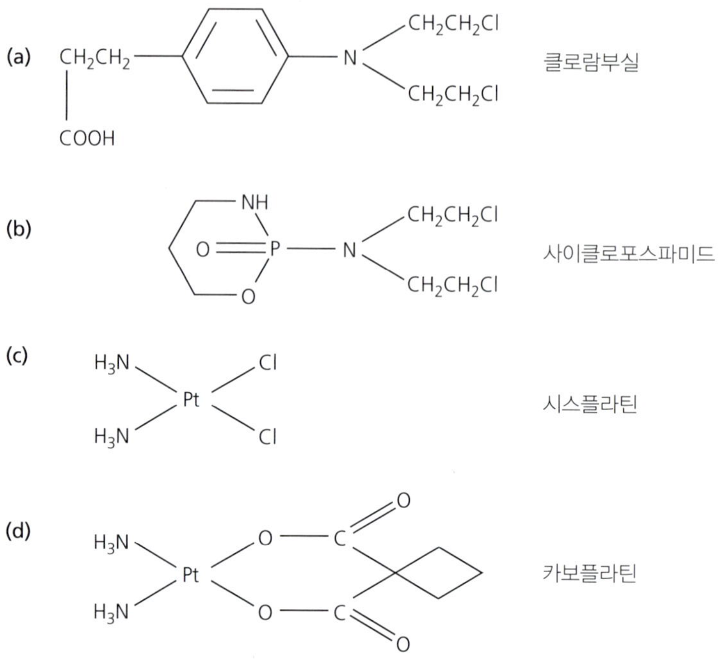

(a) 클로람부실

(b) 사이클로포스파미드

(c) 시스플라틴

(d) 카보플라틴

그림 2.11 알킬화 물질과 백금 기반 약물들.

잠시 멈춰 생각하기

이와 비슷한 기전이 특정 발암원에 의해 일어나던 것을 기억하는가?

화합물) 알킬화 약물은 가닥 간 혹은 가닥 내 교차연결을 DNA 내에서 만들어, 이중나선의 구조를 변형하거나 이중가닥의 분리를 막아 DNA 복제를 방해한다. 이들이 교차연결을 할 수 없는 단일 작용 유사체 보다 훨씬 강력히 작용한다는 것은 교차연결 형성이 이들 작용에 중요 부분이라는 것을 시사한다.

어떤 약물은 몸 안에서 대사를 통해 활성화되어야 한다. 알킬화 약물인 사이클로포스파미드(그림 2.11b)가 한 예이다. 간의 산화효소에 의해 알데히드 형태로 전환되고, 더 분해되면 생물학적 활성체인 포스파미드 겨자가 만들어진다.

백금 기반 약물인, 시스플라틴[$Pt(II)(NH_3)_2Cl_2$]과 카보플라틴(각각 그림 2.11c와 2.11d)은 백금 원자를 통해 공유결합을 한다. 시스플라틴은 수용성으로 백금 원자가 4개의 작용기와 결합해 있다. 백금–질소 결합은 공유결합으로 비가역적인 반면에 염소는 분리되기 쉽다. 이 분자가 표적 DNA의 아데닌과 구아닌의 N7 자리에 결합하기 전에, 세포질과 세포액에서 염소는 물에 의해 치환되어 있다. GG, AG, GXG(X는 아무 염기나 가능) 부착물이 90%를 차지한다. 결과적인 DNA 손상은 세포자살을 촉발한다. 비록 시스플라틴은 난소암과 같은 고형암에 우수한 항암 효과를 보이지만, 비가역적인 신장 손상을 가져온다. 나중에 약한 독성을 갖는 백금 약물 유사체로 카보플라틴이 개발되었다.

항대사제

항대사제(antimetabolites)는 내재하는 자연 분자(예, DNA의 질소염기)와 구조적으로 비슷한 화합물로서, 그들의 역할을 본 따 작용하여 핵산 생성을 저해할 수 있다. 2개의 예로서, 그림 2.12에 플루로데옥시유리딜레이트(F-dUMP)와 메토트렉세이트가 각각의 유사 자연 분자인 데옥시유리딜레이트(dUMP)와 디하이드로폴레이트와 나란히 표시되었다. 5불화 유라실(5-FU)은 유라실의 유도체로, F-dUMP로 전환된다. F-dUMP는 dTMP를 합성하는 타이미딜레이트 합성효소의 촉매자리를 두고서, 자연에 존재하는 정상 기질인 dUMP와 경쟁하여 결합한다(그림 2.13). F-dUMP는 이 효소와 공유결합을 만들어 자살 저해 작용(효소에 결합, 공유결합한 중간체를 만듦으로서 효소 활성이 없게 함)을 한다. 결과적으로 dTMP와 dTTP 총량이 고갈되고, dUMP와 dUTP가 축적되어 급속히 분열하던 세포의 DNA 합성이

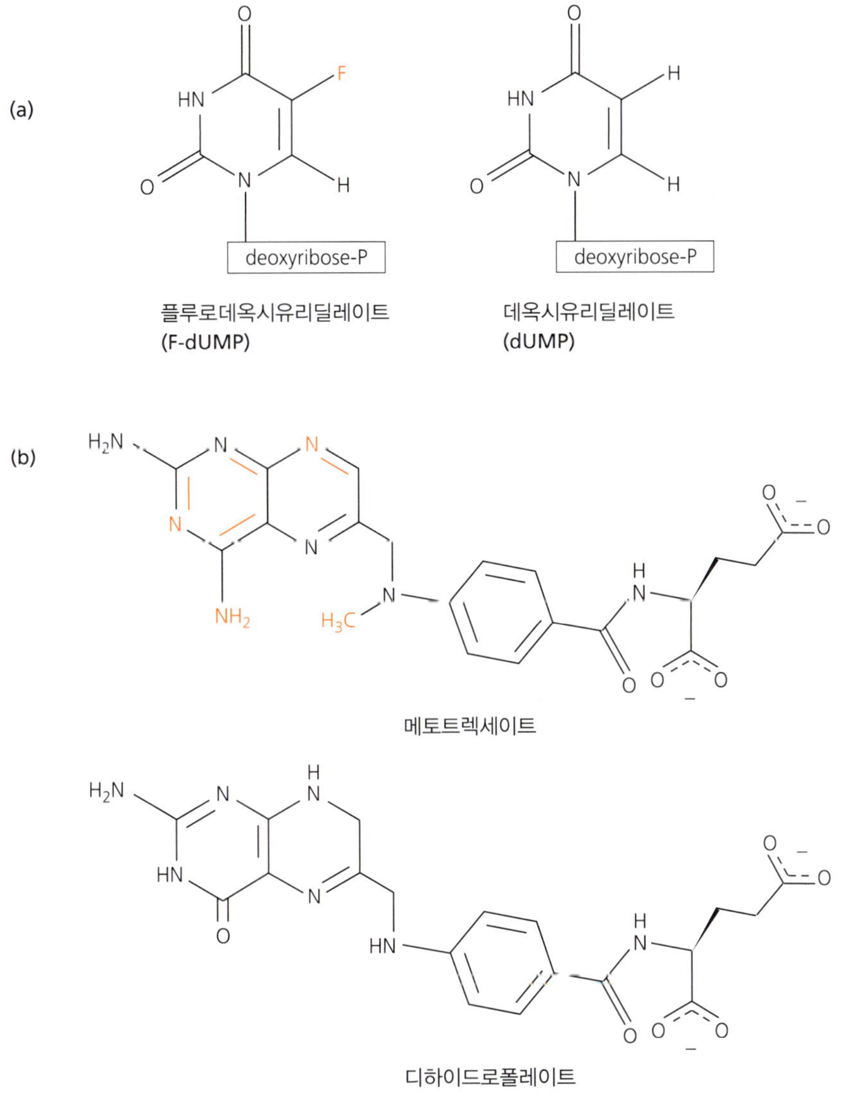

(a)

deoxyribose-P

플루로데옥시유리딜레이트
(F-dUMP)

deoxyribose-P

데옥시유리딜레이트
(dUMP)

(b)

메토트렉세이트

디하이드로폴레이트

그림 2.12 항대사제: (a) 플루로데옥시유리딜레이트(F-dUMP). (b) 메토트렉세이트. 항대사제와 붉은색으로 표지한 내재하는 자연 분자를 함께 보임.

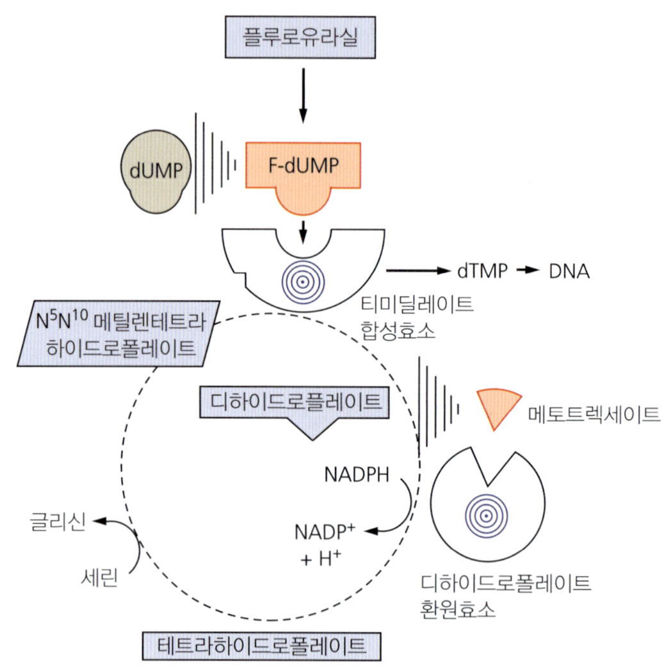

그림 2.13 항대사제인 플루로데옥시유리딜레이트(F-dUMP)와 메토트렉세이트의 작용(붉은색 음영으로 표시). 티미딜레이트 합성효소는 N^5N^{10} 메틸렌테트라하이드로폴레이트를 메틸 공여자로 사용하고, dUMP의 메틸화를 통해 dTMP를 생성한다. 암치료제인 플루로유라실은 항대사제인 F-dUMP(붉은색 사각형 모양)로 전환되고, dUMP와 경쟁해(/////) 티미딜레이트 합성효소(표적 표시, ◎)에 결합한다. 메토트렉세이트(붉은색 삼각형)는 항대사제로서 디하이드로폴레이트와 경쟁(/////)하고, 디하이드로폴레이트 환원효소(표적 표시, ◎)에 작용한다.

심각하게 손상된다. 또 하나의 중요한 항대사제는 메토트렉세이트로, 같은 반응에서의 부속 효소를 표적한다. 디하이드로폴레이트의 유사체인 메토트렉세이트는 디하이드로폴레이트 환원효소의 경쟁적 저해제이다. 이 효소는 테트라하이드로 폴레이트를 재생하는 역할을 한다. 테트라하이드로 폴레이트는 N^5N^{10} 메틸렌테트라하이드로폴레이트로 바뀌어 타이미딘 합성에 사용된다(그림 2.13, 테트라하이드로폴레이트는 제11장에서 다시 다룬다.)

유기약물

독소루비신은 미생물의 안트라사이클린 항생제로, DNA 단일가닥과 이중가닥의 중간체를 잡음으로써 DNA 복제 상의 구조적 뒤틀림 스트레스를 풀어내는 위상이성질체화효소(Topoisomerase) II를 저해한다. 이는 또한 DNA 부착물을 만들고, DNA 안에 끼어 들어간다. 독소루비신은 세포막을 통과하며, 대부분의 세포에 축적된다. 심장 손상이 가장 큰 부작용이지만, 심장 독성이 없는 새 약물(예, ICRF-187)들이 개발 중에 있다. 이들 약물은 주로 고형 암(폐암이나 유방암 등)에 사용된다.

식물의 알칼로이드(식물 염기)인 빈크리스틴과 빈블라스틴(일일초—마다카스카라 프리윙클—에서 분리)은 튜블린에 결합해서 미세소관의 중합체 형성을 막고, 반대로 파클리탁셀(taxol)은 중합체의 베타 튜블린 단위체에 결합해 미세소관을 안정시킴으로써 중합체 분해를 막는다. 따라서 2개의 반대 전략이 유사분열 스핀들을 방해하여 세포분열을 차단한다.

방사선 치료

방사선 치료는 단독 혹은 다른 치료와 병행하여, 미국에서 60% 정도의 환자에 시행된다. 전자선형 가속기에 의해 전리방사선이 종양으로 전달된다. 방사선이 세포 내에서 물과 반응하여 만들어진 ROS는 DNA를 손상시킨다. 다량의 DNA 손상을 축적한 세포는 세포자살로 이어진다. 산소 공급은 전리방사선의 효과에 영향을 미치는데, 이는 ROS의 생성에 기인하는 것으로 보인다. 산소는 방사선 유도 손상을 지속되게 한다. 또한 산소가 있는 상태에서 방사선 조사를 하면, 산소가 없을 때보다 이중가닥 절단이 더 심하다. 따라서 고형암에서의 저산소 영역은 치료 결과에 영향을 미치게 된다. 종양의 표적치료는 인체 내부의 종양 위치를 3차원 영상으로 보여주는 자기공명영상(MRI)이나 컴퓨터단층촬영(CT)같은 현대 기술로 인해 더 정밀화되었다.

이질적으로 다양한 세포 민감성과 약물 저항성; 항암 치료에 대한 장애물

화학요법의(그리고 분자 표적치료 또한) 장기적인 효과를 막는 가장 큰 장애물은 약물 저항성이다. 종양 저항성은 치료 전에 이미 존재하던(내인성) 저항성이거나 혹은 처리 중에 획득된(외인성) 저항성이다. 약물 동태학적 효과(흡수, 분포, 대사, 배출; ADME)는 전신에 투여된 약물이 종양에 도달하는 양에 영향을 준다. 종양의 세포는 약물의 노출 정도나 세포 각각의 돌연변이 차이 같은 내재적 특성 관점에서 이질적이다. 종양 덩어리 안에 있는 암세포는 덩어리 안의 위치에 따라 각기 다른 약물 용량을 받게 된다. 종양 내부 깊숙이 자리해 혈관으로부터 가장 먼 세포는 종양 표면에 자리하는 세포에 비해서 더 적은 약물을 받게 된다. 같은 종양 안의 세포라도 다른 돌연변이를 획득할 수 있고, 그중 일부는 저항성에 관여하게 된다. 종양 내부에 있는 암 줄기세포는 본래 여러 치료에 저항성이 있다(제8장에서 다룸).

항암 약물의 효과는 암세포 내부에서도 영향을 받는다. 항암 약물은 약물 저항성을 획득한 세포를 골라내는 강력한 힘이 된다. 몇 가지 메커니즘으로 암세포는 화학치료에 저항성을 갖게 된다(그림 2.14). 약물의 방출을 늘리거나, 흡수를 줄이거나, 표적이 되는 분자를 세포 내에서 늘리거나, 약물 대사의 변화 혹은 DNA 수선 과정의 변화 등이다. 약물 방출의 증가 조절은 세포 표면에서 일어난다. ATP 의존성 수

잠시 멈춰 생각하기

우리는 항생제의 과다 사용 내성 세균 발생을 유도할 수 있다는 사실을 안다. 세균의 급속한 증식과 높은 돌연변이 확률은 약물 존재 하에서도 살아남을 수 있는 세균 종으로 진화하는 것을 가능케 한다. 유전적으로 불안정한 암세포에서 약물 내성을 가진 클론이 만들어지는 것도 비슷한 방법으로 가능하다.

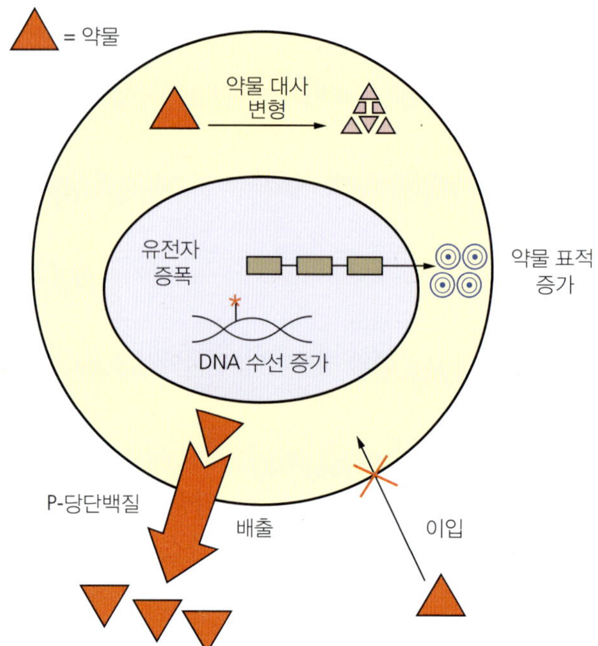

그림 2.14 약물 저항성 기전. *Annu. Rev. Med.* 53(2002)에 기초하여 그림(http://www.annualreviews.org/).

송체 족들이 영양소나 다른 물질을 세포막을 가로질러 이동시킨다. 다중 약물 저항성 유전자(*MDR1*)는 이들 중 하나인 P-당단백질(P-gp)을 암호화하는데, 이를 다중 약물 수송체라고도 부른다. 평상시에 염소 이온의 방출 펌프인 이 단백질은, 다양한 화학요법제(독소루비신, 빈블라스틴, 탁솔 등)와도 결합한다. 약물 결합과 함께 ATP가 분해되면, P-gp의 형태 변화가 일어나고, 그 결과 약물은 세포 밖으로 방출된다. 수송체는 두 번째 ATP의 분해로 재사용돼서 약물의 방출을 계속적으로 증가시킨다. 어떤 약물은 세포 내로 들어가기 위해 특정 수송체를 사용한다. 이들 수송체의 돌연변이는 그들이 작용하지 못하게 하고, 약물의 흡수를 낮추게 된다. 메토트랙세이트에 대한 저항성은 주로 폴레이트(엽산) 수송체의 돌연변이로 생긴다. 유전자 증폭을 통한 약물 표적 분자의 개수 증가는 메토트랙세이트에 대한 저항성을 획득하는 또 다른 방법이다. *DHFR* 유전자는 일부 암에서 증가되어 있다. 알킬수송효소의 활성화를 통한 DNA 수선 효율의 증가는 독소루비신과 같은 알킬화 약물에 대한 저항성을 갖게 할 수 있다. 이 효소의 발현 수준은 종양에 따라 매우 다양하다.

2.6 DNA 수선 경로를 표적하는 전략

합성치사 전략

"합성치사 전략"이라는 이름은 마치 007 영화에서나 나올 듯 한 느낌이다. 이는 특정 돌연변이가 존재할 경우 또 다른 유전자의 기능 저해가 합쳐져서 세포 독성을 띠는 것을 말한다. *BRCA1/2* 돌연변이 포함 종양에 사용하기 위해 개발된 PARP 저해제를 합성치사의 예로 살펴보자. PARP는 단일가닥 절단을 수선하는 염기 절제 수선(BER)의 중요 효소이다. 이 효소에 의해 중합된 폴리-ADP-리보즈는 DNA 가닥 절단 부위에 신속히 부착해 DNA 손상 신호를 증폭함으로써, DNA 수선 단백질을 불러 모으게 된다. PARP의 저해는 염기 절제 수선을 억제하고, 단일가닥 절단이 축적되어 이중가닥 절단으로 이어진다. 이중가닥 절단은 보통 상동재조합 수선 경로로 수선된다. 합성치사 전략은 종종 유전적인 유방암에서 발견되는 돌연변이에 의해 생기는 특정 DNA 수선 기전의 결함을 이용한다. 이들 환자 중 일부는 *BRCA1*이나 *BRCA2* 종양억제유전자 중 하나에서 생식세포 돌연변이를 갖고 있고, 살아가는 동안 *BRCA1/2*의 다른 하나의 정상 대립유전자(allele)에 추가적인 체세포 변이를 획득한다. 이로 인해 종양은 이중가닥 절단의 상동재조합 수선이 불가능하게 된다: 이 환자의 정상 세포는 *BRCA1/2*의 동형접합 돌연변이를 갖지 않으므로, 아직 상동재조합 수선 능력을 유지하고 있다. BRCA1/2의 기능이 없는 종양에 PARP 저해제가 처리되면 상동재조합 수선과 염기 절제 수선 양쪽 모두 할 수 없게 되는데, 이는 치명적이다: 반면 약물 처리된 건강한 세포는 남아있는 상동재조합 수선 기능으로 살아남게 된다(그림 2.15). 경구투여용 저분자 PARP 저해제인 올라파립(Lynparza™, AstraZeneca)이 임상시험에 성공하였고, 이에 *BRCA1* 혹은 *BRCA2* 변이를 갖는 난소암 환자에 대한 사용 승인을 2014년에 미국 식품의약품안전청(FDA)과 유럽 위원회로부터 받았다. BRCA-변이 보유 난소암의 진단과 그에 따른 올라파립의 사용 승인은 개인 맞춤형 치료에 있어 한 획을 그은 것이다. 추가적인 PARP 저해제가 다른 암종에서 임상시험되고 있다(역주; 올라파립 이후 이미 여러 종이 승인되었고 추가 임상 시험 중임). *BRCA1*과 *BRCA2* 돌연변이 혹은 특정 유전자 융합

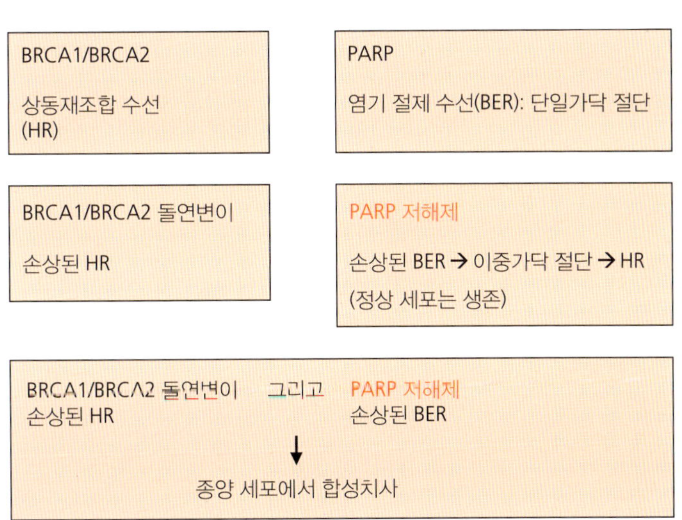

그림 2.15 합성치사의 이론적 근거: PARP 저해제.

잠시 멈춰 생각하기

재조합 수선에 포함되는 다른 분자들을 보시오. *ATM*이나 *MRE11*과 같이 유전자에 손상을 갖고 있는 종양을 보유한 환자에서도 PARP 저해제의 치료 효과가 있으리라 보는가?

(TMPRSS2:ERG)을 갖는 전립선암에서 PARP 저해제는 합성치사를 보였으며, PARP 저해제가 이들 변이를 갖고 있는 전립선암 환자 코호트에서 임상시험이 진행 중이다(Tangutoori *et al.*, 2015).

병용 치료

화학치료요법과 방사선 치료가 효과를 보이기 위해서는 DNA에 손상을 가해야 한다. 따라서 이들의 효과를 최대화하기 위해 DNA 수선 기전을 표적하여 억제하고자 하는 전략은 희망적으로 보인다. 전통적인 DNA 손상 화학치료제(백금 기반 그리고 알킬화 물질 등)와 방사선 치료에 더해져 PARP 저해제를 함께 적용하고자 하는 시도들이 많은 임상시험에서 시험되고 있다. 그러나 건강한 세포에서 독성을 증가시키지 않기 위해서는 관찰을 통한 약물 혼합물의 치료 지수의 결정이 중요할 것이다.

단원 요점—되짚어 보기

- 간단히 요약하면, 유전자는 조절 부위와 암호화 부위로 구성된다. 전자의 변이는 유전자 발현을 변화시키고, 후자의 변이는 유전자 산물에 영향을 미친다.
- 대부분의 발암원은 돌연변이원이다.
- 주요 형태의 돌연변이는 염기치환(전이와 전환), 틀이동 돌연변이(삽입과 결실) 그리고 염색체 전좌를 포함한다.
- 오랜 기간 동안의 돌연변이 축적은 정상 세포를 암세포로 형질전환하는 데 관여하고, 어떤 암의 경우 한 번의 염색체 산산조각화 과정이 그 시초가 될 수도 있다.
- 암유전체 상에서 카테기(그리스어로 천둥을 의미)라고 불리는 고빈도 돌연변이가 나타나는 좁은 부위가 발견되었는데, 이는 아마 APOBEC 활성 때문일 것이다.
- 발암원은 방사선, 화합물, 그리고 병원생물체를 포함한다.
- 방사선은 직접 혹은 ROS를 통해 간접적으로 DNA를 손상한다.
- 방사선에 의한 물의 분해 작용에서 수산라디칼, 과산화수소, 초산화물라디칼 등 3개의 ROS족 중간체가 형성된다.
- 수산라디칼은 가장 반응성이 높은 물질 중 하나이다.
- 많은 발암원은 DNA에 직접 결합하는 궁극적 발암원으로 대사되어야 한다.
- 많은 화학적 발암원은 작용기를 DNA에 공유결합시킨다.
- DNA 부착물은 특정 염기쌍을 가리거나 DNA 나선을 뒤틀어 복제 과정에서 잘못 읽히게 함으로써 돌연변이를 유발한다.
- 바이러스와 세균은 특정 암에서 발암원으로 분류된다.
- 한 단계 수선, 뉴클레오티드 절제 수선, 염기 절제 수선, 잘못짝지움 수선, 그리고 재조합 수선은 5종류의 손상 DNA 수선 기전 체계이다.
- XP 환자는 유전된 NER 결손을 갖고 있고, 피부암 위험이 1,000배 증가되어 있다.
- 많은 유전성 비용종성 대장암(HNPCC) 환자는 잘못짝지움 수선에 유전된 결함을 갖고 있다.
- 주요 화학요법제 :
  - 알킬화 물질 — 클로람부실과 시스플라틴 등
  - 항대사 물질 — 5-FU와 메토트렉세이트 등
  - 유기 약물 — 빈크리스틴과 빈블라스틴 등
- 약물 저항성의 개발은 화학치료요법의 주요 난제이다.
- DNA 복제 기전을 표적하는 것은 종양을 화학치료요법에 더 잘 반응하도록 할 수 있고, 합성치사 작용을 유발할 수 있다.

탐구 활동

1. 5개의 발암원을 나열하고, 이들이 유발하는 돌연변이를 작성하시오. 각각의 돌연변이를 수선하는 기전에 대해 기술하시오.

더 읽을거리

Alexandrov, L.B., Nik-Zainal, S., Wedge, D.C., Aparicio, S.A.J.R, Behjati, S., Biankin, A.V., *et al.* (2013) Signatures of mutational processes in human cancer. *Nature* **500**: 415–421.

Burns, M.B., Temiz, N.A., and Harris, R.S. (2013) Evidence for APOBEC3B mutagenesis in multiple human cancers. *Nat. Genet.* **45**: 977–983.

Chabner, B.A. and Roberts, T.G. (2005) Chemotherapy and the war on cancer. *Nat. Rev. Cancer* **5**: 65–72.

Evers, B., Helleday, T., and Jonkers, J. (2010) Targeting homologous recombination repair defects in cancer. *Trends Pharmacol. Sci.* **31**: 372–380.

Hecht, S.S. (2003) Tobacco carcinogens, their biomarkers and tobacco-induced cancer. *Nat. Rev. Cancer* **3**: 733–737.

Holohan, C., Van Schaeybroeck, S., Longley, D.B., and Johnston, P.G. (2013) Cancer drug resistance: an evolving paradigm. *Nat. Rev. Cancer* **13**: 714–726.

Huang, S.X.L., Jaurand, M.-C., Kamp, D.W., Whysner, J., and Hei, T.K. (2011) Role of mutagenicity in asbestos fiber-induced carcinogenicity and other diseases. *J. Toxicol. Environ. Health B Crit. Rev.* **14**: 179–245.

Ichihashi, M., Ueda, M., Budiyanto, A., Bito, T., Oka, M., Fukunaga, M., *et al.* (2003) UV-induced skin damage. *Toxicology* **189**: 21–39.

Jackson, S.P. and Bartek, J. (2009) The DNA-damage response in human biology and disease. *Nature* **461**: 1071–1078.

Pfeifer, G.P., You, Y.-H., and Besaratinia, A. (2005) Mutations induced by ultraviolet light. *Mut. Res.* **571**: 19–31.

Stratton, M.R. (2009) The cancer genome. *Nature* **458**: 719–724.

Williams, G.M. and Jeffrey, A.M. (2000) Oxidative DNA damage: endogenous and chemically induced. *Regul. Toxicol. Pharmacol.* **32**: 283–292.

선택된 특별한 주제

Alexandrov, K., Cascorbi, I., Rojas, M., Bouvier, G., Kriek, E., and Bartsch, H. (2002) CYP1A1 and GSTM1 genotypes affect benzo[a]pyrene DNA adducts in smokers' lung: comparison with aromatic/hydrophobic adduct formation. *Carcinogenesis* **23**: 1969–1977.

David, S.S., O'Shea, V.L., and Kundu, S. (2007) Base-excision repair of oxidative DNA damage. *Nature* **447**: 941–950.

Davies, H., Bignell, G.R., Cox, C., Stephens, P., Edkins, S., Clegg, S., *et al.* (2002) Mutations of the *BRAF* gene in human cancer. *Nature* **417**: 949–954.

Dogan, A.U., Baris, Y.I., Dogan, M., Emri, S., Steele, I., Elmishad, A.G., *et al.* (2006) Genetic predisposition to fiber carcinogenesis causes a mesothelioma epidemic in Turkey. *Cancer Res.* **66**: 5063–5068.

El Ghissassi, F., Baan, R., Straif, K., Grosse, Y., Secretan, B., Bouvard, V., *et al.* (2009) A review of human carcinogens—Part D: radiation. *Lancet Oncol.* **10**: 751–752.

Fong, P.C., Boss, D.S., Yap, T.A., Tutt, A., Wu, P., Mergui-Roelvink, M., *et al.* (2009) Inhibition of poly (ADP-ribose) polymerase in tumors from *BRCA* mutation carriers. *N. Engl. J. Med.* **361**: 123–134.

Forment, J.V., Kaidi, A., and Jackson, S.P. (2012) Chromothripsis and cancer: causes and consequences of chromosome shattering. *Nat. Rev. Cancer* **12**: 663–670.

Grodick, M.A., Muren, N.B., and Barton, J.K. (2015) DNA charge transport within the cell. *Biochemistry* **54**: 962–973.

Henderson, S., Chakravarthy, A., Su, X., Boshoff, C., and Fenton, T.R. (2014) APOBEC-mediated cytosine deamination links PIK3CA helical domain mutations to human papilloma-driven tumor development. *Cell Rep.* **7**: 1833–1841.

Ishikawa, K., Takenaga, K., Akimoto, M., Koshikawa, N., Yamaguchi, A., Imanishi, H., *et al.* (2008) ROS-generating mitochondrial DNA mutations can regulate tumor cell metastasis. *Science* **320**: 661–664.

Lane, N. (2002) *Oxygen—The Molecule that Made the World*. Oxford University Press, Oxford.

Nik-Zainal, S., Alexandrov, L.B., Wedge, D.C., Van Loo, P., Greenman, C.D., Raine, K., *et al.* (2012) Mutational processes molding the genomes of 21 breast cancers. *Cell* **149**: 979–993.

Pott, S. and Lieb, J.D. (2015) What are super-enhancers? *Nat. Genet.* **47**: 8–12.

Preston, D.L., Ron, E., Tokuoka, S., Funamoto, S., Nishi, N., Soda, M., *et al.* (2007) Solid cancer incidence in atomic bomb survivors:1958–1998. *Radiat. Res.* **168**: 1–64.

Smith, C.J., Perfetti, T.A., Garg, R., and Hansch, C. (2003) IARC carcinogens reported in cigarette mainstream smoke and their calculated log P values. *Food Chem. Toxicol.* **41**: 807–817.

Stephens, P.J., Greenman, C.D., Fu, B., Yang, F., Bignell, G.R., Mudie, L.J., *et al.* (2011) Massive genomic rearrangement acquired in a single catastrophic event during cancer development. *Cell* **144**: 27–40.

Tangutoori, S., Baldwin, P., and Sridhar, S. (2015) PARP inhibitors: a new era of targeted therapy. *Maturitas* **81**: 5–9.

Tubio, J.M.C. and Estivill, X. (2011) Cancer: When catastrophe strikes a cell. *Nature* **470**: 476–477.

Chapter 3

유전자 발현의 조절

도입

암은 세포 수준에서 유전체의 질병이며, 유전자의 발현 조절의 변화에 의해 발암유전자와 종양억제유전자 산물의 양, 발현 시간 및 존재 위치를 변화시키며 시작된다.

유전자의 프로모터 부뷰의 돌연변이는 이런 변화를 발생시킨다. 최근 의외의 발견에 의하면 유전체의 70%가 RNA로 전사되고 있지만, 유전체의 2%만이 단백질을 암호화하고 있다! 사실 많은 질병 연관 변이들은 비암호화 DNA 서열에서 발견된다. 단백질을 암호화하지 않는 RNA를 **비암호화 RNA**(**non-coding RNA**, ncRNA)라고 하는데, 이들 중 어떤 것은 유전자 발현 조절에서 중요한 역할을 한다. ncRNA는 암호화 가닥과 비암호화 가닥, 인트론 서열, 유전자 간 서열 등 다양한 부위에서 전사된다. 그림 3.1은 암 연관 SNP들이 유전체의 비암호화 부위(유전자 간 및 인트론 부위)에서 대부분 발견되며, 암호화 부위에는 아주 일부만이 자리함을 보여준다. 우리가 앞으로 알아야 할 부분이 너무나 많다.

유전자 발현은 다양한 방법에 의해 조절될 수 있다: 전사의 조절, 염색질 구조의 조절, 전사후 조절. 이 장에서는 유전자 발현을 담당하는 분자 구성(전사 인자, 염색질 수식, 염색질 결합 단백질, ncRNAs, 그리고 텔로미어 등)과 이들이 암의 토대를 쌓는 과정에 어떻게 공헌하는지에 대해 볼 것이다. 제2장에서 언급 한 바와 같이, 유전자 프로모터 부위의 돌연변이들은 유전자 발현 조절에 변화를 줄 것이고, 암화 과정을 유도할 것이다. 다른 방법의 유전자 발현 조절인 후성유전학 또한 암화 과정에 중요하다. 이는 유전체와 염색체 구성원들의 변이를 통해 유전자 발현을 변화시키지만, 그 염기서열은 변화되지 않으면서도 유전되는 변화를 포함한다. 유전자와 염색질 구조가 유전자 발현에 어떻게 영향을 미치는지 설명하기 위해 염색질 내에서의 유전자 구조를 기술하였다. 이 장을 통틀어 전사 조절, 염색질 구성, 텔

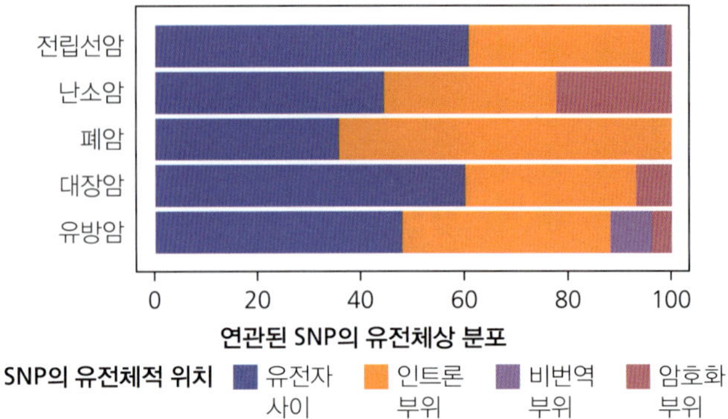

그림 3.1 일부 암종에서 SNP의 유전체 수준 분포(%). "UK의 암연구" 대신 Macmillian 출판사의 허락을 받아서 수정[*British Journal of Cancer*, from Cheetham, SW *et al.* (2013) Long noncoding RNAs and genetics of cancer, *Br. J. Cancer* **108:** 2419–2425, copyright(2013)].

로미어 신장에 관여하는 DNA–단백질 상호작용들에 대해 집중적으로 설명할 것이다. 또한, 긴 ncRNA(lncRNA), 마이크로 RNA(miRNA)처럼 전사 후 유전자 발현 조절에 관여하는 ncRNA의 기능도 다룬다.

3.1 전사 인자와 전사 조절

전사 인자는 유전자의 프로모터 부위에 결합하여 전사를 조절하는 단백질이다. 대략 3,000개 정도의 전사 인자가 인간 유전체에 암호화되어 있는 20,000여 개 정도의 유전자의 발현을 조절한다. 전사 인자는 독립적인 단백질 모듈이나 부위들의 조합으로 이루어져 있고, 이들은 각각 전사 인자의 기능에 중요한 기능을 담당한다. 이는 DNA 결합 도메인, 전사 활성화 도메인, 이량체 형성 도메인, **리간드(ligand)** 결합 도메인 등이 포함된다.

일반적으로 발견되는 4종의 DNA 결합 도메인에는 나선–turn–나선 모티프, **류신 지퍼(leucine zipper)** 모티프, 나선–loop–나선 모티프, 아연 손가락 모티프 등이 있다. 이들 모티프는 전사 인자가 DNA에 결합할 수 있게 해 주는 특징적

잠시 멈춰 생각하기

도메인(부위, 영역)이 어떻게 일하는지 그려보기 위해 도메인을 전기 플러그라고 가정해 보자. 토스터나, 다리미, TV 같은 다양한 전기기구들이 있다. 그러나 각각의 기구에는 기구의 나머지 기능과는 관계 없는 독립적인 구조인 플러그가 있다. 플러그는 전기 소켓에 맞는 특정 형태를 가지고 있으며, 이를 통해 전기를 기구에 공급해 준다. DNA 결합 도메인은 전사 인자에서 DNA 프로모터 염기서열을 인식하고 결합하는 부분이다. 여기에는 미국과, 영국, 유럽의 플러그 구조 차이와 같은 약간의 다양성이 존재한다.

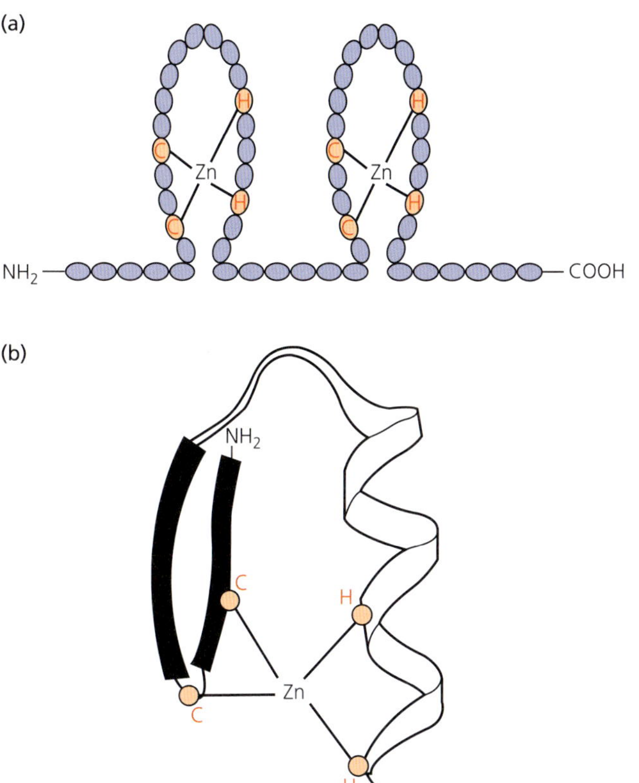

그림 3.2 아연손가락 DNA 결합 도메인: (a) 1차. (b) 2차 구조.

인 단백질 구조이다. DNA에 결합이 쉽게 해 주는 것이 이들 도메인인 것이다. 나선–turn–나선 모티프와 아연 손가락 모티프를 예로 보자. 나선–turn–나선 모티프의 알파 나선 아미노산 잔기 곁사슬은 DNA의 주홈(major grove)에 위치하여 특정 DNA 염기들과 수소결합한다. 아연 손가락 도메인은 (대략 30개의 아미노산 길이: 그림 3.2a) 2개의 시스틴과 2개의 히스티딘(붉은 색) 혹은 2개의 시스틴과 2개의 시스틴에 각각 연결되어 있는 아연 이온으로 이루어진다. 이는 간단한 ββα 접힘으로 이루어지고 있다(그림 3.2b). 특정 아미노산 잔기의 곁사슬은 5개 정도의 특정 염기서열을 인식한다. 전사활성화 도메인은 전사 기구의 다른 구성성분들과 결합함으로써 필수 효소인 RNA 중합효소에 의한 전사를 증가시킨다. 일부 전사 인자는 쌍으로 작용하는데('이량체'를 형성), 이에 따라 이량체 형성 부위가 필요하며, 이 부위는 두 단백질 간의 단백질–단백질 상호작용을 쉽게 한다. 전사 인자들 간의 상호작용은 전사 조절에서 공통적인 작용이다. 어떤 전사 인자는 리간드가 결합해야만 작용하므로 이 결합 도메인이 필요하다(동전 오락기에 동전 삽입 위치와 비슷한 개념이다). 전사인자의 활성은 여러 방법으로 조절 가능하다: 특정 세포 종류에서만 발현, 인산화 같은 공유결합, 리간드의 결합, 세포내 위치 및/또는 (이량체라면) 파트너 단백질의 교환 등.

앞으로 다룰 장들에서 보게 될 것처럼, 제어되지 않는 성장, 세포자살의 회피, 비

어떻게 알 수 있을까?

전사 인자들의 결합을 알아보기 위한 실험 방법(그림 3.3)

전사 인자와 그들의 DNA 반응 요소와의 결합은 몇 가지 분자 생물학적 방법들에 의해 조사될 수 있다. 이들 단백질-DNA 결합은 종종 1차적으로 겔/밴드 이동 분석(또한 전기영동 이동성 움직임 분석, EMSA로 불림)으로 검출된다. 이 분석은 먼저 세포나 핵 추출물 등의 단백질을 관심 있는 프로모터 염기서열을 포함하고 표지되어 있는 DNA 조각과 함께 둔다. 이후 비변성 폴리아크릴아마이드 젤에서 전기영동한다. 단백질이 결합하지 않은 DNA보다 단백질이 결합한 DNA가 더 늦게 이동하는(retarded) 밴드로 나타난다(그림 3.3a). 관계없는 염기서열 DNA로 경쟁시키거나 알려진 비결합 단백질을 이용한 실험으로 선택성을 검사한다.

단백질-DNA 상호작용을 알아보는 또 하나의 기술은 DNase footprinting이다. DNA를 잘라주는 효소인 DNase로 프로모터 부위를 추적한다. 말단 표지된 DNA에 단백질이 처리되고 효소를 처리한 후 전기영동해서 현상한다. 단백질 결합에 의해 보호된 DNA 영역은 발자국(footprint)이라고 불리는 깨끗한 부분으로 나타난다(그림 3.3b).

전사 인자를 연구하는 세 번째 방법은 결실이나 점돌연변이를 프로모터 조각에 도입시킨 후 이들을 리포터 유전자(그 활성이 잘 검출되는 루시퍼레이즈 등)와 결합시킨 후 플라스미드에 넣고, 세포에 형질주입한 다음 그 돌연변이의 효과를 관찰하거나 시험관내 전사 분석법으로 검사한다(그림 3.3c). 프로모터의 중요한 부위의 결실이나 돌연변이는 전사 감소로 나타난다.

정상적인 분화를 야기하는 많은 암화 신호전달 경로들은 형질전환의 특성을 만들어 내는 유전자 세트를 조절하는 1개의 전사 인자로 촛점이 맞추어진다. 따라서 이 하나의 전사 인자의 잘못된 조절이 암을 일으키게 되는 것이다.

전사 조절과 암화 과정에 대한 여러 중요한 내용을 다음 2가지 예를 통해 설명할 수 있다: AP-1 전사 인자군과 스테로이드 호르몬 수용체군. AP-1 전사 인자는 세포의 성장, 분화, 사멸에 과정에 중요하며, 따라서 암화 과정에 중요한 역할을 한다. AP-1은 표적유전자 프로모터의 TPA(12-*O*-tetradecanoylphorbol-13-acetate) 반응 요소 혹은 cAMP 반응 요소에 결합한다. AP-1 전사 인자는 사실 2개의 인자로 이루어지며, Jun과 Fos family 단백질(Jun, Jun B, Jun D, Fos, Fos B, FRA1, FRA2)의 이량체에 의해 만들어진다(그림 3.4). 18개의 가능한 조합이 있다. Fos와 Jun 종류 모두는 염기성 류신 지퍼 이량체 형성 도메인을 갖고 있다. 성장, 분화, 세포사멸의 과정은 매우 주의 깊게 조절되어야 하기 때문에, AP-1은 성장 인자, ROS, 방사선과 같은 특정 신호들에 의해 자신의 발현을 활성화시킨다. 특정 이량체 조합은 특정 생물학적 반응들을 조절한다. 특정 종류 세포의 세포 분열에서 Jun과 Jun B 서로 간의 길항적(반대의) 작용은 이를 뒷받침한다: Jun은 세포 증식을 촉진하는 반면, Jun B는 Jun이 있을 때 이를 억제한다.

AP-1을 구성하는 Fos와 Jun family 전사 인자는 암화 과정에서 중요한 역할을 한다(Milde-Langosch, 2005). TPA는 발암 촉진자이고, AP-1 복합체는 TPA 반응성 전사 조절 요소에 결합하므로, AP-1과 암화 과정의 연관성은 일찍부터 연구되어

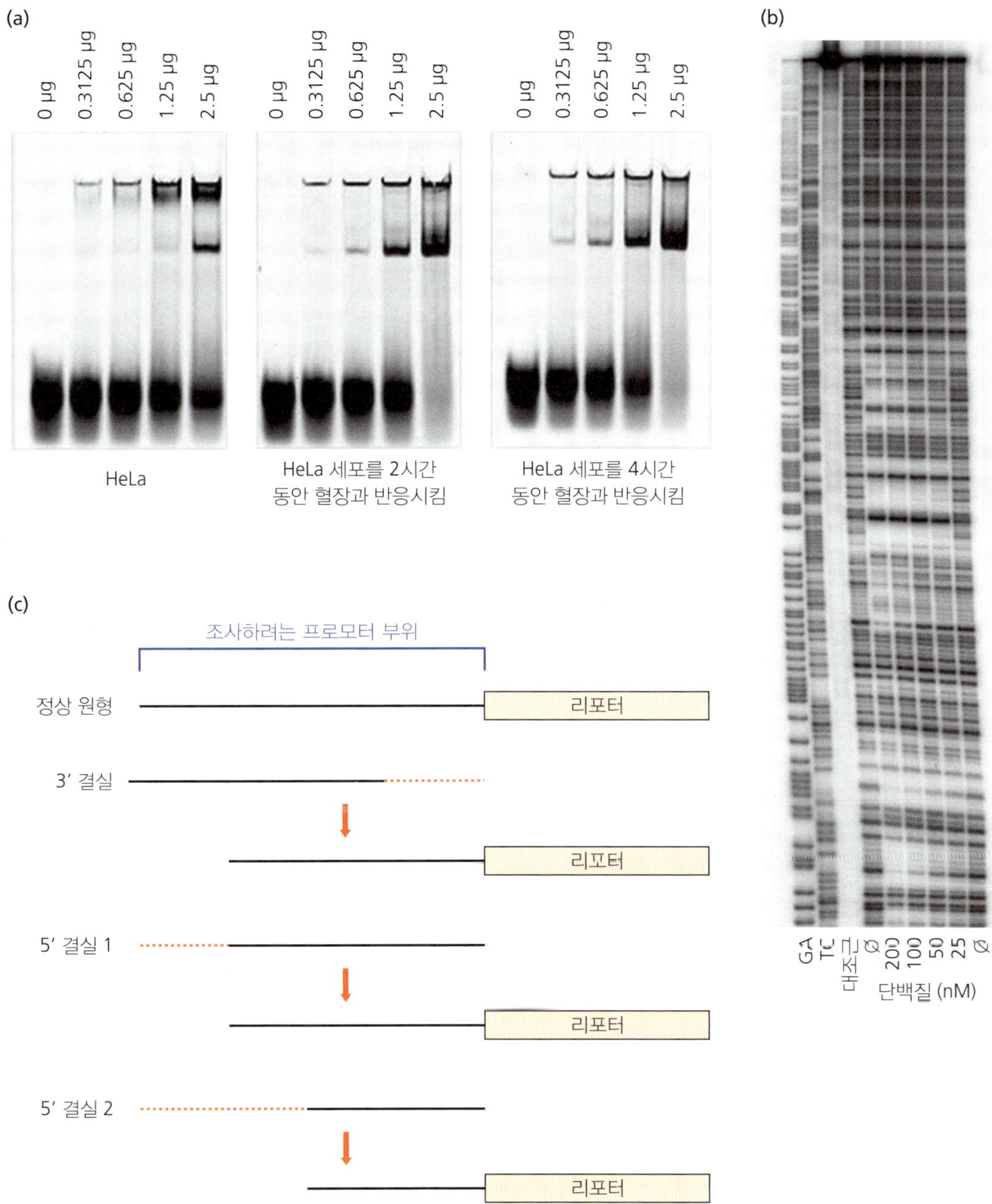

그림 3.3 전사 인자 결합을 조사하기 위한 방법. (a) Hela 세포에 다른 처리를 한 후, AP-1 결합의 변화를 보기 위해 EMSA를 사용: Hela(대조군), Hela 2시간 혈청 반응, Hela 4시간 혈청 반응 각각의 핵 물질이 순서적으로 희석되면서 AP-1 반응 요소를 포함하는 적외선 염색 말단 표지 DNA 조각과 결합하고 전기영동과 이미징으로 분석되었다. (b) DNA footprinting 결과 예. George P. Munson 제공. (c) 프로모터의 활성 연구에 이용되는 리포터 유전자에 연결된 가능한 돌연변이 프로모터의 모식도 프로모터 염기이 변이 효과는 전사 활성의 변화로 표시되었다. 유전자가 세포 내로 도입되고 리포터 효소 활성이 전사 활성의 지표로서 이용된다.

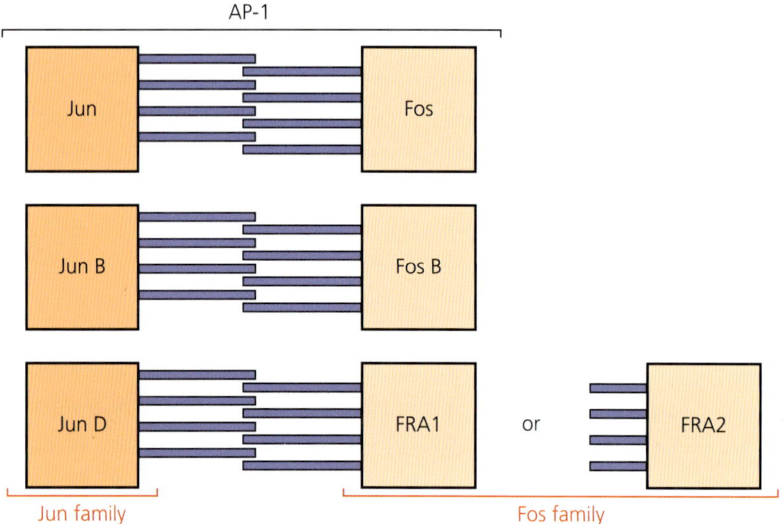

그림 3.4 Jun과 Fos 전사 인자 패밀리의 구성원들.

왔다. 처음 발견된 AP-1 구성 인자는 c-Fos와 c-Jun이었는데, 이들은 정상 세포를 암세포로 형질전환시키며, 종양세포에서 자주 과발현된다.

스테로이드 호르몬들은 지용성 신호전달 분자로, 특정 수용체를 통해 일련의 유전자 전사를 조절하면서 그 작용을 나타낸다(표 3.1). 이들 스테로이드 호르몬 수용체의 수퍼패밀리는 리간드 의존적 전사 인자로서 작용한다. 이들은 현재까지 48개의 핵 수용체군으로 구성되는 것으로 알려져 있다(핵수용체 신호전달 지도 웹사이트 참조. http://www.nursa.org/: 역주; 2020년부터 https://signalingpathways.org/로 전환). 이들은 아연손가락형 DNA 결합 도메인, 특정 스테로이드 호르몬 리간드 결합 도메인, 이량체 결성 도메인 등으로 구성된다. 각각 도메인들은 독립적으로 기능하며 특정 스테로이드 수용체마다 특이적인 방법으로 작용한다. 이 특성은 각각의 부위를 서로 바꾼 후, 키메라 수용체를 만드는 도메인 교체라는 분자생물학적 방법에 의해 규명되었다. 예를 들면, 만약 갑상선 호르몬 수용체의 리간드 결합 도메인이 레티노익산 수용체의 리간드 결합 도메인과 교체되면 새로 형성된 키메라 수용체는

표 3.1 스테로이드 호르몬 수용체군의 구성원들

스테로이드 수용체	TR/RAR/PPAR/VDR-유사 수용체
안드로겐 수용체(AR)	페록시솜 증식자 활성화 수용체(Peroxisome proliferator activated receptor, PPAR)
에스트로겐 수용체(ER)	레티노익산 수용체(RAR)
글루코코르티코이드 수용체(GR)	갑상선호르몬 수용체(TR)
무기질코르티코이드 수용체(MR)	비타민 D 수용체(VDR)
프로게스트론 수용체(PR)	

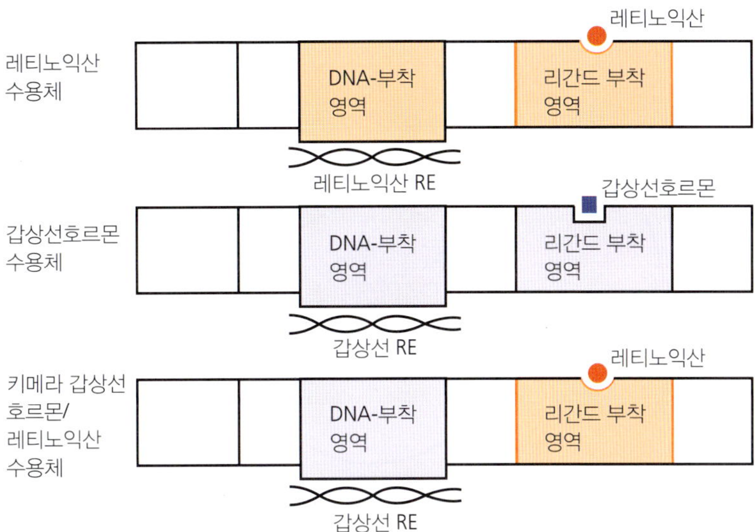

그림 3.5 키메라 스테로이드 호르몬 수용체가 맨 아래에 그려져 있다.

(그림 3.5) 갑상선 호르몬의 DNA 결합 도메인을 아직 유지하여 갑상선 호르몬 반응성 유전자들을 활성화시킨다. 그러나 그 활성은 갑상선호르몬이 아니라, 레티노익산이 레티노익산 리간드 결합 도메인에 결합함으로 인해 활성화된다. 이들 실험은 이들 도메인이 기능적으로 독립되어 있음을 잘 보여 준다.

스테로이드 호르몬은 세포막을 통과하여 세포질 내에 존재하는 세포내 수용체에 결합한다(단, 스테로이드 호르몬 수용체 수퍼패밀리내 어떤 종류는 핵 내에서 리간드와 결합하기도 한다). 결합과 함께 수용체들은 핵으로 이동하고 특이적인 **DNA 반응 요소(DNA response elements)**를 통해 표적 유선사의 선사를 활성화시킨다(그림 3.6).

스테로이드 호르몬 수용체 패밀리로서 레티노익산 수용체(RAR)들은 레티노익산(RA) 의존적 전사 조절자로서 작용하는데, 이는 분화 과정에서 매우 중요하다. RA는 비타민 A로부터 유도된다. RAR은 항시 핵에 존재하면서, RA가 없을 시에는 전사 억제제로 작용한다. 이는 같은 패밀리의 구성원인 RXR과 **이종이량체(heterodimer)**를 형성하면서 RA 반응성 요소(RARE)에 결합한다. 비정상적인 RAR은 몇몇 백혈병의 특징이다. 본문을 통해서 계속 보겠지만, 스테로이드 호르몬 수용체 수퍼패밀리 구성원(에스트로겐 수용체, 비타민 D 수용체 등)들은 여러 종류의 암에서 중요한 역할을 한다.

위에서 우리는 돌연변이에 의한 비정상적 전사 인자의 기능에 대해 논의하였다. 또 다른 측면으로 프로모터 부위의 체세포 돌연변이는 발암유전자의 조절 변이를 야기한다. 염기성 나선-loop-나선 전사 인자인 *TAL1* 발암유전자의 프로모터에 위치한 체세포 변이는 T 세포 백혈병에서 이 유전자의 발현을 증가시키는 수퍼

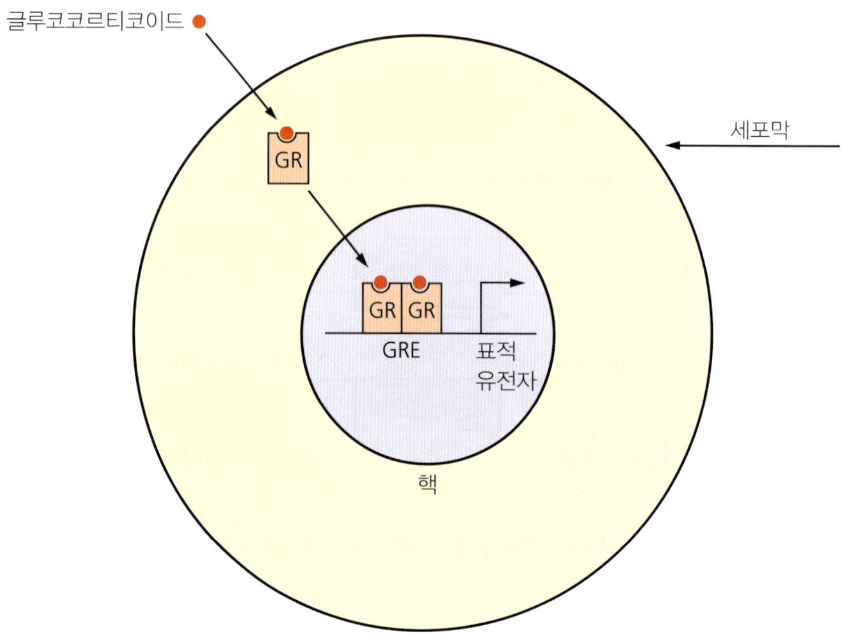

그림 3.6 글루코코르티코이드 수용체(GR, 붉은색) (GRE, 글루코코르티코이드 반응 요소).

인핸서를 만들어내게 된다(Mansour *et al*., 2014). 수퍼인핸서는 전사 조절 및 염색질 변형 단백질들을 불러 모으는 DNA 요소들의 집합으로, RNA로 전사될 수 있다. 이들 중 많은 것들이 세포의 상태를 조절하는 중요 유전자들과 연계되어 있다. 즉, 삽입 돌연변이에 의해 MYB 전사 인자에 새로운 DNA 반응 요소가 생겨난다. MYB은 TAL1 발암유전자의 강력한 발현을 조절하는 중요한 전사 인자들(GATA3, PolII 등)과 후성유전학적(예, 히스톤 리신 아세틸화 효소) 조절 인자들을 불러 모은다(BOX, '어떻게 알 수 있을까?' 참조). 비슷하게, 다양한 조직에서 널리 발현되는 *STIL* 유전자의 프로모터 부위 뒤에 *TAL1* 암호 부위가 결합하게 되는 결실 돌연변이가 발생했을 때도 유사한 현상이 나타난다.

어떻게 알 수 있을까?

염색질 면역침강(ChIP)-염기서열 분석은 단백질–DNA 상호작용을 정밀한 염기서열 수준에서 알아보기 위해 사용된다. 전형적인 프로토콜은 단백질을 DNA에 교차결합시키고, 초음파로 DNA를 작은 조각으로 분해해서, 구슬이 결합된 특정 단백질 검출 항체를 넣어 침강시킨 후 단백질을 떼어 낸 다음에 DNA의 정제와 염기서열 분석으로 이어진다.

Mansour 등은 (2014) Jurkat T 세포와 관심 있는 도입 변이를 갖고 있는 MOLT-3 세포주에 MYB-선택적 항체를 이용하여 유전체 상의 MYB 결합자리 지도를 만들었다. 이에 MYB이 GATA나 Pol II 와 같은 다른 전사 인자, 후성유전학적 조절 인자와 결합하는 정밀한 MYB 결합 지도가 확인되었다(Mansour, 2014 그림 3A). 이들 데이터는 수퍼인핸서의 결성을 보여 준다. 우리는 이 염기서열이 발암유전자 *TAL1*의 과발현을 일으키는지 어떻게 알 수 있을까? 이 부분의 염기배열을 →

➜ 정상 세포에서 확인할 수 있을까? 이 염기서열이 유전자 발현을 이끌 수 있는지 어떻게 확인할 수 있을까? 힌트: "전사 인자 결합을 조사하기 위한 실험 방법"에 있는 세 번째 방법을 보라.

그렇다, 변이 인핸서를 리포터 유전자(루시퍼레이즈 같은)에 결합시키고 비슷한 구조의 정상형 프로모터의 활성과 비교한다.

3.2 염색질 구조

인간의 DNA는 세포의 핵에 46개의 염색체 형태로 존재한다. 염색체를 구성하는 것은 염색질[DNA 실타래(60%)와 부가된 RNA(5%) 그리고 단백질(35%)이다. 세포 핵내 DNA의 실제 길이는 완전히 풀렸을 때 1 meter가 넘는다는 사실은 실로 놀랍다. DNA가 세포 핵 안으로 잘 들어가고, 전사와 복제에 필요한 수준의 구조로 잘 조직되기 위해서는 고도의 중첩이 필요하다(그림 3.7). 이들 두 과정은 모두 이중나선의 풀림과 주형가닥의 해독에도 필요하다.

잠시 멈춰 생각하기

재봉틀에서 긴 실타래를 어떻게 배열하는가? 대부분의 실은 규칙적으로 그리고 쉽게 풀리도록 실패에 감겨 있다. 실들을 비조직적으로 놓아둬서 엉키게끔 하는 사람은 거의 없다.

가장 간단하거나 기초적인 수준의 염색질 조직은 단백질 '실패'에 DNA를 감는 것으로 이는 "실에 꿴 구슬"의 나열로 설명된다. 구슬은 뉴클레오솜을 나타내는데, 이는 147 염기쌍의 DNA가 히스톤 중심을 1.7회 감는 것을 포함한다. 히스톤 중심은 히스톤의 8량체인데, 이는 2개씩의 H2A, H2B, H3, H4 히스톤을 포함한다. 각각의 **히스톤(histone)**들은 히스톤–히스톤과 히스톤–DNA 상호작용 도메인, 그리고 NH_2 말단 리신 리치 부위, COOH 말단 "꼬리" 부위: 번역 후 수식되는 부위(아세틸

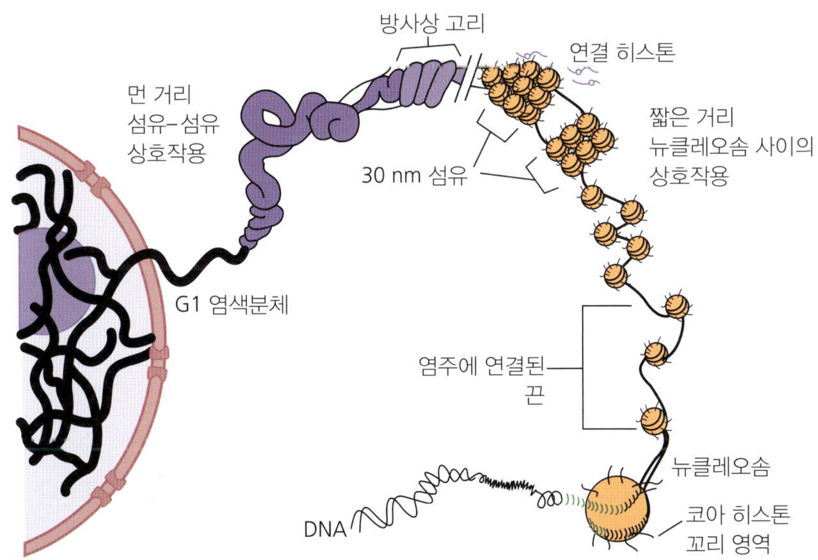

그림 3.7 다양한 수준의 염색질 구조(*Ann. Rev. Biophys. Biomolec. Struct.* 31, p. 362, 2002 by Annual Revew 허락에 의해 게재) (http://www.annualreviews.org).

화, 메틸화 혹은 인산화)를 포함한다. 히스톤 H1은 연결자(linker) 히스톤으로 중심 바깥쪽의 DNA에 결합한다. 10에서 60개의 염기가 각 구슬 사이에 있다. 이차 수준의 조직은 30 nm 섬유의 형성이며, 이들은 모여서 방사성 loop인 3차 구조를 형성한다.

염색질은 구조적인 골격 이상의 중요한 역할을 한다. 염색질의 압축 혹은 느슨한 정도는 염색질 안의 DNA가 얼마나 쉽게 전사되는지를 결정한다: 강하게 압축된 염색질은 전사되지 않고(전사 수준으로 '침묵'), 더 느슨한 염색질은 전사를 위해 접근 가능하다. 염색질의 구조—압축에서 느슨함까지—는 변화될 수 있어서, 전사에서 조절 역할을 가능하게 하는 특성을 가진다. 염색질 구조는 유전 가능한(즉, 한 세포에서 다음 세대의 딸세포로 넘겨질 수 있는) 후성유전학적 수식으로 결정되는데, 이는 다음 절에서 다룬다.

3.3 전사의 후성유전학적 조절

후성유전학이란 유전체와 염색질 구성성분의 수식에 의해 암호화되는 유전적인 정보를 말한다. 이들 수식은 염색질의 형태와 구조에 영향을 미치고, 결과적으로 전사를 조절한다. 유전자 발현에서의 후성유전학적 변이는 DNA의 염기 순서를 바꾸지는 않으므로 돌연변이가 아니다. 안정된 후성유전학적 스위치는 정상적인 세포 분화에 중요하다. 예를 들어, 줄기세포에서는 분화의 중요한 유전자를 후성유전학적으로 침묵화시킴으로써 줄기세포의 상태를 유지한다(노트: 하나의 세포를 다른 세포와 다르게 만드는 것은 차별적인 전사에 기인한다). 두 형태의 후성유전학적 과정이 다음 절에서 논의된다: 히스톤 수식과 DNA 메틸화. 양쪽 모두 새로 획득되거나 유전되며, 전사 인자들이 프로모터의 적절한 DNA 염기서열에 접근하는 것을 조절함으로써 전사에 영향을 미친다. 모든 후성유전학적 과정은 함께 작용해서 염색질의 상태를 열거나 닫게 하고, 전사 인자의 결합 조절은 후성유전학적 기전과 밀접하게 연결되어 있다는 것을 기억해야 한다.

히스톤 수식

히스톤 단백질은 아세틸화, 메틸화, 인산화, 유비퀴틴화 등의 다양한 번역 후 수식 과정이 일어나는 기질이 된다. 히스톤 암호 가설은 이들 다수의 히스톤 수식 패턴들이 전사 조절 기전 분자의 구성과 활성을 특정하게 조절할 것이라고 예상한다. 먼저 아세틸화부터 살펴보자.

히스톤의 아세틸화 패턴은 염색질 구조를 변화시키고, 유전자 발현을 조절한다(그림 3.8). 아세틸화는 염색질 수식 인자를 유치하거나 배척하는 데 결합(docking)

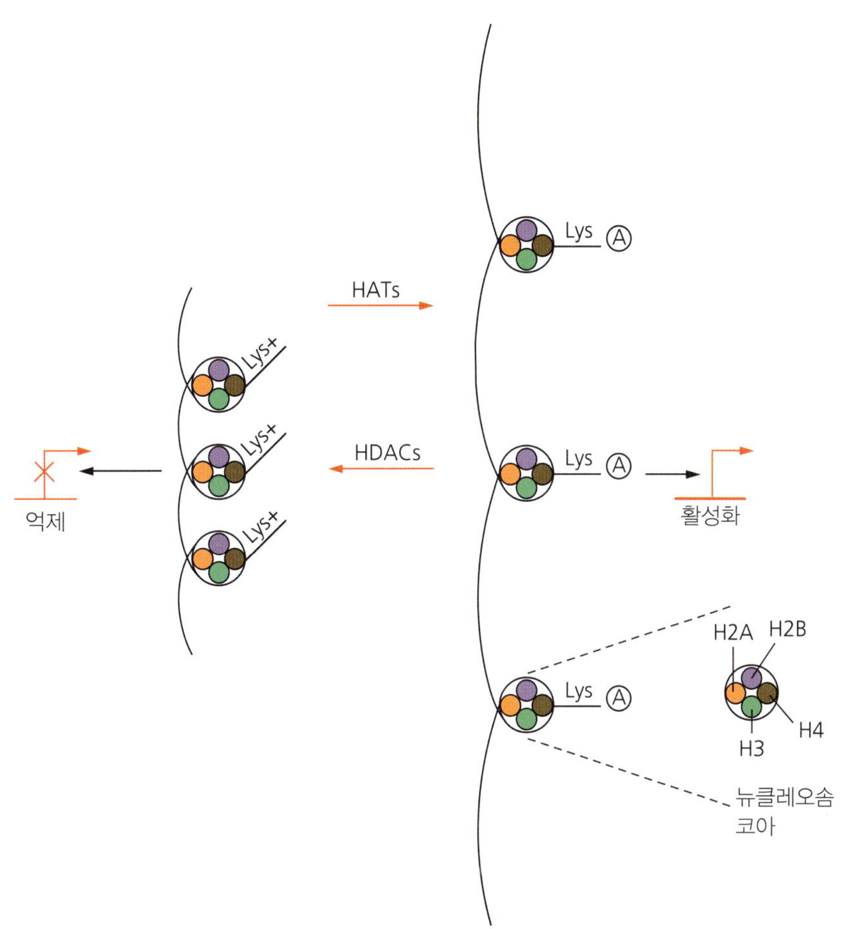

그림 3.8 히스톤 아세틸화는 유전자 발현에 영향을 준다.

신호로 작용한다. 히스톤 아세틸화효소(HAT: 아세틸기를 부착)와 히스톤 탈아세틸화효소(HDAC: 아세틸기 탈착)는 이들 패턴을 만드는 2가지 효소족이다. HAT은 특정 히스톤-꼬리 리신과 전사 인자(예, E2F, p53 등) 등 다른 비히스톤 단백질을 아세틸화시킨다. 히스톤의 아세틸화는 리신의 "+" 전하를 중화시켜 염색질 접힘을 느슨하게 한다. 이는 RNA 중합효소 II에 의한 전사 신장 과정과 연계된다. HDAC는 아세틸기를 떼어내고 히스톤 꼬리의 리신 잔기의 "+" 전하를 복구시키며, 고차원의 염색질 압축을 안정화시킨다. 이런 염색질의 구성은 전사 인자들의 접근을 제한하고, 전사를 억제한다.

추가적으로, 진사 인자는 종종 HAT와 다른 염색질 재구성 효소들을 프로모터 부위로 불러온다. 제1장에서 "각광 받는 분자 "로 일컬어진 Retinoblastoma 암억제 분자는 그의 효능의 일부를 표적 프로모터에 HDAC을 끌어옴으로써 나타낸다(제5장에서 다룸). 따라서, 신호전달계들은 염색질 구조 구성에 기초를 제공하는 것으로 보인다.

잠시 멈춰 생각하기

일반적으로 HATs은 전사를 활성화하고, HDAC은 억제한다.

DNA 메틸화

전사 조절에 영향을 주는 또 하나의 후성유전학적 과정은 DNA 메틸화이다. DNA 메틸화는 메틸기를 시토신 염기의 5번 자리에 붙이는 것이다. 일반적으로 DNA 시토신의 3~4%만이 메틸화되어 있다. 메틸화는 구아닌 염기의 5번 쪽에 위치한 시토신 염기에서만 일어난다(CpG). 메틸시토신은 자연적으로 탈아미노화되어 C→T 전이(Transition)를 야기한다(그림 3.9). CpG는 유전체 전체에서 적게 발견되고, 고루 분포되지 않는 것으로 보아, 아마 잦은 돌연변이 때문에 이들 이중염기들이 진화 과정에서 배척된 듯 하다. **CpG 섬(CpG island)**이라고도 불리는 CpG 군집(cluster)은 50%의 사람 유전자 프로모터 영역에서 발견된다. 일반적으로, 프로모터 영역에서 발견되는 CpG 섬은 정상 조직에서는 메틸화되어 있지 않고 전사가 일어날 수 있다. 메틸화 된 시토신은 주로 반복되는 염기들과, X 염색체 불활성 유전자, 낙인 유전자, 일부의 조직특이적 유전자 등 억제되는 유전자의 프로모터 영역의 CpG 섬에서 발견된다. 이런 경우, 메틸화는 압축된 유전체와 유전자 발현의 억제 유지와 관련이 되며, 후손으로 전달이 된다.

DNA 메틸전달효소(DNMT)는 S-아데노실 메티오닌이라는 운반자에서 메틸기를 떼다가 DNA에 공유결합시키는 역할을 한다. 3개의 효소(DNMT1, DNMT3a, DNMT3b)가 있다. DNMT1는 복제 과정에서 반쪽 메틸화 DNA를 완전 메틸화 DNA로 바꾸는 데 필요하다. 이 기전은 메틸화 형태가 유전되는 데 필요하며, 만약 한쪽 DNA 나선만 메틸화되어 있으면, 복제 후 하나의 딸세포에서는 그 신호가 사라질 것이다. 다른 2개의 효소들은 *de novo*(아무것도 없는 상태에서 처음 부착) 메틸화 활성을 갖는다.

메틸화가 발현 억제를 낳는 현상은 HDAC을 포함한 다른 염색질 재구성 효소들과 상호작용하는 메틸 결합 도메인(MBD) 단백질을 불러옴으로써 일어난다고 생각

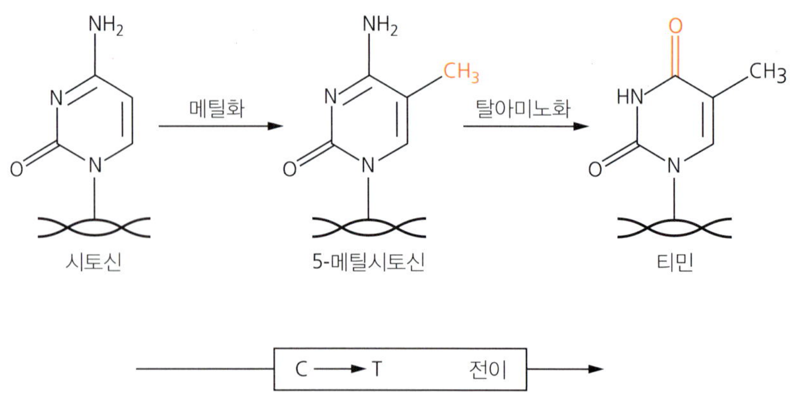

그림 3.9 메틸시토신의 자발적인 탈아미노화에 의해 C→T 전환이 일어남.

된다. 따라서 후성유전학적 전사 조절은 메틸화, 염색질 재구성 효소, 히스톤 수식의 복잡한 상호작용으로 이루어지는 것이다.

3.4 암화 과정에서 후성유전학적 작용의 중요성에 관한 증거들

제2장에서 다루었듯이, 암 돌연변이는 유전체 상에 골고루 분포되어 있지 않다. 새로운 증거들은 염색질의 특징(압축 정도나 히스톤 수식 같은)들이 암세포의 돌연변이 배치도의 중요한 결정 인자임을 제시한다. 느슨해서 활발한 전사가 일어날 것으로 보이는 영역은 낮은 돌연변이 밀도를 나타내고, 반면에 압축되어 유전자 발현 억제가 일어날 듯한 영역은 높은 돌연변이 밀도를 나타낸다. 종양의 후성유전학적 패턴은 그 종양의 세포 유래를 보여 준다(Pollak *et al.*, 2015). 그러나 원래의 유래를 모르는 암의 임상적 증례도 있다. Pollak 등에 의한 연구(2015)에 의하면 암이 유래한 세포를 유전체상의 돌연변이 분포로 추적 조사할 수 있다고 보고하였다.

잘못 조절된 후성유전학적 침묵은 암에서 중요한 역할을 한다. 비정상적인 후성유전학적 프로그램은 많은 그룹의 유전자들을 불활성화한다. 후성유전학적 사건은 또 다른 후성유전학적 사건을 불러오고, 유전체 전장의 변화와 유전적 불활성을 낳게 된다. 최근의 연구들은 수백 개의 후성유전학적 침묵화 유전자들이 각각의 종양에 포함되어 있음을 보여주고 있다. 후성유전학적 불활성화와 돌연변이에 의한 유전자 불활성하는 암화 과정에서 서로 협업한다. 한쪽 편에서는 돌연변이가 후성유전학적으로 매우 중요한 효소들을 불활성화하고, 다른 편에서는 후성유전학적 침묵이 종양억제유전자가 열성 유전 형태로 불활성화되기 위해 필요한 이차 타격(128쪽, 6.1절 '종양억제유전자의 정의'에서 더 다룸)을 제공할 수 있다(그림 1.3). 다음 절에 축적되고 있는 여러 증거들의 일부를 간단히 기술한다.

히스톤 수식과 암

변화된 HAT와 HDAC 활성은 여러 암에서 관찰된다. 흥미롭게도 *EP300* 유전자는 HAT을 암호화하고 있고, 상피세포 암에서 그 돌연변이가 관찰된다. 이들 중 몇 개는 미성숙 절단된 돌연변이이다. 6개 중 5개가 두 번째 대립유전자(Allele)에서도 불활성화된 것으로 보아 이는 종양억제유전자로 보인다. 일부 림프종에서 종양 DNA 의 유전체 분석은 히스톤 수식 유전자의 돌연변이를 자주 보였는데, 이는 후성유전학적 변이가 림프종 발생에서 중요한 역할을 함을 제시한다(Morin *et al.*, 2011).

급성 전골수성 백혈병(PML)은 PML−RAR이라고 불리는 융합 단백질을 만드는 염색체 전좌로 특징지워진다. 이 독특한 융합 단백질은 PML 서열에 더해서 RAR의 DNA 결합 도메인과 리간드 결합 도메인을 갖고 있다. PML−RAR은 HDAC을

잠시 멈춰 생각하기

RAR는 어떤 전사 인자 패밀리의 구성원인가? 54쪽, 3.1절 "전사 인자와 전사 조절"을 보라.

RA 표적 유전자의 프로모터 영역에 불러오고 이들 유전자를 억제한다. RAR 표적 유전자들의 활성화 부재는 백혈병의 특징인 분화 억제를 가져온다. 또한 다른 여러 종양에서도 HDAC의 비정상적인 프로모터 유치가 관찰된다.

메틸화와 암

암 특이적인 DNA 메틸화 변화가 인식되었고, 일반적으로 비메틸화되어 있던 정상 세포의 프로모터 CpG 섬이 암세포에서 과메틸화되는 것이 다수 보고되었다(BOX, "이황화소듐 처리와 메틸화 특이적 PCR" 참조). 메틸화에 의한 유전자 침묵은 암화 과정에서 중요한 작용으로, 일반적으로 암 억제를 담당하는 결정적인 유전자의 스위치가 꺼지게 된다. 이들 유전자의 프로모터 영역의 메틸화에 의한 유전자 발현 억제는 종양 조직과 암세포주에서 모두 관찰된다. 예를 들어, 에스트로젠 수용체 프로모터의 과메틸화와 발현 억제가 자주 일어나는 것과 같은 후성유전학적 조절이 유방암과 다른 암에서 다수 보고되었다(Harnover *et al.*, 2013 참조). 유방암의 30%에는 에스트로젠 수용체 알파가 없다. 이들의 40%에서 발현이 없는 이유는 DNA의 과메틸화 때문이다. 다른 예로, 유방암 감수성 유전자인 *BRCA1*은 유전성 유방암에서 돌연변이가 종종 열성 유전의 형태로 나타난다. 따라서 이 유전자의 기능 소실 돌연변이는 정상 BRCA1이 유방암 발생을 억제한다는 사실을 시사한다. 비유전성 유방암에서는 *BRCA1* 변이가 매우 드물게 관찰된다. 그러나 재미있게도, 이들 비유전성 유방암에서 *BRCA1*의 과메틸화가 그 발현 억제와 연결되어 발견되는데, 이는 또 다른 경로로 기능 손실을 일으킨 것이다. 이들은 후성유전학이 암화 과정의 중요 과정이라는 가설을 지지해 준다. 메틸화에 의해 영향을 받는 몇 가지 중요 유전자의 또 다른 예는 *retinoblastoma* (*Rb*) 유전자, 세포주기 억제 인자 *p16 INK4a*, *APC*, 세포자살 촉진성 관련 인산화효소(*DAPK*) 등이다. 일련의 전암성 세포에서도 비정상적 메

이황화소듐 처리와 메틸화 특이적 PCR을 이용한 DNA 메틸화 분석

일반적인 유전학적 분석에 이용되는 분자생물학적 분석은 DNA 메틸화 정보를 지워버리므로, 메틸화 분석을 위해 특별한 방법이 개발되었다. 유전체 DNA에 이황화소듐(sodium bisulfite)을 처리하면 탈아미노 반응에 의해 비메틸화 시토신이 유라실로 전환된다. 반면에 5-메틸시토신은 같은 조건 하에서 변화하지 않는다. 처리된 비메틸 DNA는 더 이상 원래의 PCR 프라이머에 상보적이지 않으므로 새롭게 고안된 프라이머가 필요하다. 가장 일반적으로, 프라이머는 이황화소듐으로 전환된 염기서열(즉, C 대신에 U)에 상보적으로 결합하게 만들어진다. 이런 형태의 프라이머를 이용하는 PCR을 메틸화 특이적 PCR이라고 한다. 메틸화 특이적 PCR은 단일 후보 유전자의 특정 메틸화에 대한 정보만을 제공한다. 이 한계는 현재 유전체 전장에서 DNA 메틸화 지도를 그릴 수 있는 접근법으로 보완된다.

틸화가 관찰된다. 이는 아마 세포가 신호전달 체계를 변형함으로써 뒤따르는 돌연변이가 쉽게 축적되게 할 것이고, 따라서 세포들은 종양 형성의 이점을 갖게 되는 하나의 전환점일 것이다.

메틸화된 DNA는 히스톤 수식효소, 메틸시토신 결합 단백질, DNMT와 같은 추가적인 후성유전학적 조절 단백질과 결합한다. 이들 단백질은 염색질의 구조를 결정하기 위해 서로 협조한다. (앞에서 설명하였던) HDAC을 불러오는 것에 더하여, PML−RAR은 메틸화효소를 불러와 특정 유전자의 프로모터에 DNA 메틸화를 낳는다(Di Croce *et al.*, 2002). *RARβ2* 유전자는 RARE를 그 프로모터에 갖고 있으며, PML-RAR의 표적 유전자 중 하나이다. PML−RAR이 *RARβ2* 프로모터에서 DNMT와 안정된 복합체를 형성하고, 결과적인 과메틸화는 암화 과정에 기여한다. DNMT는 메틸화 반응의 매개에 더해서, 염색질 재구성 인자를 모으는 작업장(platform)이 될 수 있다고 생각된다.

모든 발암원이 돌연변이원은 아니므로, 일부 **비유전독성 발암원(nongenotoxic carcinogens**: 돌연변이를 일으키지 않는)은 후성유전학적 발암원이 될 수 있을 것이다. 설치류에서 비유전독성 발암원인 phenobarbital을 종양이 잘 생기는 쥐에 처리하였을 때 과메틸화가 관찰되었다. 한 생쥐 모델에서 간암 유발을 위해 phenobarbital을 처리한 후 메틸화가 변형된 부분을 조사해 본 결과, 정상적인 메틸화 부분들이 파괴되었는데, 이는 비유전독성 발암원이 메틸화를 통해 작용할 수 있음을 보여 주는 예이다(Phillips *et al.*, 2017). 이에 더하여, 영양 결핍(메티오닌, 콜린)은 세포 내부에서 중요한 메틸기 공급원인 *S*-아데노실메티오닌의 농도에 영향을 준다. 이는 메틸화의 정밀한 변화가 섭식에 의해 변할 수 있음을 보여 준다(제11장 참조). 또한 정상 줄기세포나 소상 세포의 주요 특징인 후성유전학적 유전자 침묵이 만성적 조직 손상과 염증 과정에서 "고정"됨으로써, 암화 과정에 공헌할 수 있음을 보여 준다(암 줄기세포에 대해서 8장, 178쪽에서 더 다룸).

변형된 메틸화를 직접 유도하는 DNA 메틸화 효소의 돌연변이는 여러 암에서 발견되었다. 25%의 급성골수성 백혈병 환자의 암세포 전장 염색체 염기서열 분석에서 *DNMT3A*의 돌연변이가 발견되었다. 형질전환에서 메틸화의 역할은 돌연변이를 촉진하는 것일 것이다. 메틸화된 시토신은 자발적으로 탈아미노화되는 경향이 있고, C→T 전이를 유발한다. 이는 메틸화된 CpG 섬 근처에서 관찰되는 증가된 돌연변이율의 이유를 설명해 준다.

역설적으로, 암세포의 유전체는 정상 세포보다 20~60% 적은 메틸화 양상을 보인다. 암세포에서 이 유전체 전장의 저메틸화(암호화 영역, 전이 인자, 반복 DNA 서열)는 앞에서 설명한 특정 프로모터에서의 과메틸화와 함께 발견된다. 이 현상들이 아직까지 집중적으로 연구되지 못했지만, 몇 가지 기전이 제시되었다: 이는 암유전자와 전이에 관한 유전자의 활성화, 유전적 재배열을 증가시키는 전이 인자의 활성화, 반복 부위에서 전사 인자의 격리 효과의 변화 등을 포함한다. 저메틸화와 암의 연관을 연구하기 위해 많은 동물 모델이 사용되었다. 여기에는 *DNMT1* 유전자의 결손, 혹은 약물 유도 탈메틸화 등이 포함된다. 다양한 동물 모델에서의 결과들은 대조적인 결과를 야기한다: 일부 모델은 증가된 저메틸화에 의한 전암 병소의 감소, 다른 모델은 저메틸화의 증가에 의한 종양의 증가를 보여 준다. 종합해 보면, 많은 후성유전학적 과정들의 잘못된 조절은 암의 발달 과정에 밀접하게 연결 되어 있다.

3.5 긴 비암호화 RNA

긴 비암호화 RNA(lncRNA)는 유전체에 암호화되어 있는 RNA로서 길이는 200 bp보다 길며, 오픈 리딩 프레임(ORF: 단백질 암호화 틀)을 갖고 있지 않다(적어도 100 아미노산 이상은 없다). 그들은 3′ A기 반복 부위를 갖고(mRNA처럼), 스플라이싱 변이체를 갖는다. 이들은 암의 주요 특징을 포함한 광범위한 세포 작용에 관여한다. 특이하게도, 유전자의 인핸서 부위에서 전사되어 유전자 발현에 중요한 역할을 하는 것도 확인된다. 또한 후성유전학적 수식과 전사 후 조절에 중요한 역할을 한다. 몇 가지 유명한 분자들과 암과의 연관을 들여다보자. DNA가 손상되면, 핵심적인 암억제인자 P53 종양 억제자는 lncRNA-p21의 프로모터에 결합한다. 이 lncRNA는 p53 반응으로 억제되는 유전자의 전사억제자로 작용하면서 암 억제의 중요한 역할을 한다. 그리고 HOTAIR와 XIST는 염색질 재구성 인자들을 특정 위치로 안내하여 후성유전학적 조절을 용이하게 하는 lncRNA이다. 이들 lncRNA의 잘못된 발현은 유방암과 여성암에 각각 연계되어 있다. 또한 세포주기 유전자 프로모터의 lncRNA는 주기적인 발현을 보여주는데, 암세포에서는 이것이 깨져 있다. 마지막으로, 어떤 암 연계 SNP들은 암억제 lncRNA의 발현을 변화시킨다.

3.6 마이크로 RNA와 mRNA 발현의 조절

마이크로 RNA(MicroRNAs, miRNA)는 짧은(18~25 염기 길이), 비단백질 암호 RNA로서 mRNA의 발현을 조절한다. 각각의 miRNA는 수백 개 유전자 표적의 발현을 전사 후 수준에서 조절할 수 있다. 따라서 그들은 유전자 발현의 강력한 조절자이다.

성숙한 miRNA로 되기 위해서는 몇 가지 과정이 필요하다. 유전자 사이 부위나 인트론 부위에서 RNA 중합효소 II에 의해 전사된 후, 그 1차 전사산물은 핵 내에서 Drosha나 DGCR8 같은 RNA 절단 효소에 의해 잘리게 된다. 이 과정은 70~100 염기 정도의 머리핀 모양 pre-miRNA를 만든다. Exportin5는 pre-miRNA를 세포질로 수송해서, RNA 분해효소인 Dicer가 이를 더 절단하여 이중나선 miRNA로 만들게 한다. 이 이중나선은 분리되고, 성숙한 단일가닥 분자는 RNA 유도 침묵 복합체(RISC)에 포함된다. 이 miRNA 경로의 효능 복합체는 miRNA와 특정 단백질들로 만들어진다.

miRNA에 의해 표적 유전자를 억제하는 과정은 아래 2가지 중 하나의 과정에 의한다. 첫 번째 과정에는 miRNA가 표적 유전자 mRNA의 3′ 말단 비번역 부위(UTR) 부분과 완전히 결합한다. RISC 내에서의 이 중합체 형성에 의해 mRNA의 절단과 분해가 일어난다. 다른 방법으로, miRNA는 표적 mRNA의 3′ UTR에 불완전한 상보적 자리에 결합한다. RISC 내에서의 이 결합 형성은 번역을 억제한다. 두 과정 모두에서, 최종 결과물은 mRNA가 전사되었던 유전자의 단백질 양의 감소이다.

miRNA는 성장, 분화, 세포사멸을 아우르는 다양한 세트의 생물학적 과정을 조절한다. 놀랍지도 않게, 어떤 miRNA는 암에서 발암유전자로서의 역할을 (발암유전자 성격의 miRNA는 **oncomir**라고 부른다) 하고, 다른 것은 종양억제유전자의 역할을 한다. 증폭되어 있거나 혹은 증가되어 있는 종양억제유전자 mRNA를 억제하는 miRNA는 oncomir로 작용한다. mir-155라고 불리는 miRNA의 과다 발현은 생쥐에서 암을 일으킨다. 그러나 miRNA는 일반적으로 발암유전자의 발현을 억제하여 종양억제유전자의 역할을 하고 종종 암에서 결실된다. 내재적인 miRNA는 또한 전이의 억제에도 적용된다(Tavazoie *et al.*, 2007).

miRNA가 잘못 조절되는 기전은 염기의 치환, 결실, 비정상적인 후성유전학적 수식 등으로 전통적인 발암유전자의 그것과 비슷하다(24쪽의 2.2절, 돌연변이 참조). 그러나 miRNA 발현은 또 한 가지의 추가적인 과정인 프로세싱 수준에서 변형될 수 있다. 발암유전자의 산물은 miRNA의 전사를 조절할 수 있다는 보고도 있는데, 이는 발암유전자와 miRNA의 상호작용이 복잡할 수 있음을 보여준다. 또한 lncRNA와 miRNA 간에도 상호작용이 있을 수 있다. 종양억제유전자 PTEN(제6장에서 자세히 다룸)은 **위유전자(pseudogene)** *PTENP1*을 갖는데, 이는 잘 보존되어 3′ UTR을 갖고 있는 lncRNA이다. 이 부분은 PTEN을 저해하는 miRNA에 대한 가짜 미끼로 작용해서 PTEN 종양억제유전자의 발현을 촉진한다.

특정 miRNA의 선별된 그룹들은 특정 암에 공통적으로 변형되어 있고, 최근의 데이터는 종양 miRNA 발현 프로파일이 다른 암종들 간에 구별됨을 보인다. 따라서 명확하지 않아 보이는 mRNA 프로파일보다 암의 진단과 예후에 miRNA 프로파일이 유용하게 쓰일 수 있다(Esquelea-Krescher and Slack, 2006; Yanaihara *et al.*, 2006).

3.7 텔로미어와 텔로머레이즈

암세포의 대표적인 특징 중 하나는 제한되지 않은 복제 능력이다(그림 1.1). 정상 세포는 제한되어 있는 수의 복제 주기를 위한 자동적인 프로그램이 있다. 이 현상은 정상 세포들이 배양될 때 그들이 분열을 중단하고 **노화**(**senescence**, 영속적인 성장 정지) 단계로 들어가기 전에 단지 제한된 수 만큼만 분열이 가능하다는 현상으로 잘 알려져 있다. 텔로미어는 반복적인 DNA 염기서열과 특성화된 단백질로 이루어진 염색체 끝부분 구조이고, 세포 복제 능력의 분자 계수기로 작용한다고 알려져 있다(Verdun and Karlseder, 2007). 텔로미어는 염색체의 끝을 핵산분해효소가 분해하는 것으로부터 보호하고, 또한 DNA 이중나선 절단 수선 작용의 증가를 방해한다. 텔로미어는 TTAGGG 염기의 수천 개의 반복으로 이루어져 있고, 텔로미어의 길이를 조절하고 염색체의 끝을 보호하는 기능을 하는 쉘터린 복합체라는 연관 단백질 세트에 의해 결합되어 있다. 텔로미어는 말단 복제 문제라고 하는 DNA 복제 과정에서 DNA 중합효소의 한계 때문에 각 회의 DNA 복제마다 100~200 염기쌍씩 짧아진다(BOX, "DNA 복제에서 배우는 것" 참조). DNA 중합효소는 단지 5′→3′ 방향으로만 진행하고, DNA 중합 시작을 위해서는 RNA로 이루어진 프라이머가 필요하다. RNA 프라이머는 복제가 완성되면서 없어진다. 결과적으로 3′ 말단 부위의 주형 염색체 DNA는 복제되지 않게 되고, 매번의 복제 과정마다 염색체는 점진적으로 침식되어 간다(그림 3.10). 염색체가 역치 길이에 도달하게 되면, 세포는 안정되고 불가역적인 상태의 성장 억제 상태인 세포 노화로 들어간다. 만약 세포가 돌연변이 때문에 이 시기를 지나치게 되면 텔로미어는 극단적으로 짧아지고 염색체 불안정성이 야기되며, 세포사멸(혹은 세포 형질전환은 뒤에서 다룬다)이 증가된다.

재생되는 조직에서 줄기세포에 있는 텔로미어의 길이를 유지하는 것(예, 표피의 기저층)은 더 긴 복제 능력을 공급하기 위해 중요하다. 텔로미어는 인간 텔로미어 역전사효소(hTERT)와 인간 텔로머레이즈 RNA(hTR)을 갖는 리보뉴클리어 단백질로 줄기세포 같은 특정 세포에서 텔로미어의 길이를 유지한다. 역전사효소는 RNA에서 DNA를 합성하는 효소로 RNA가 DNA로부터 만들어진다는 분자생물학의 central dogma의 예외이다. hTR은 TTAGGG 반복 부위에 대한 11개의 상보적 염기쌍을 포함하고, 새로운 반복 부위(붉은색 글자)를 텔로미어 DNA의 3′ 말단에 첨가하기 위한 주형으로 작용한다(그림 3.11).

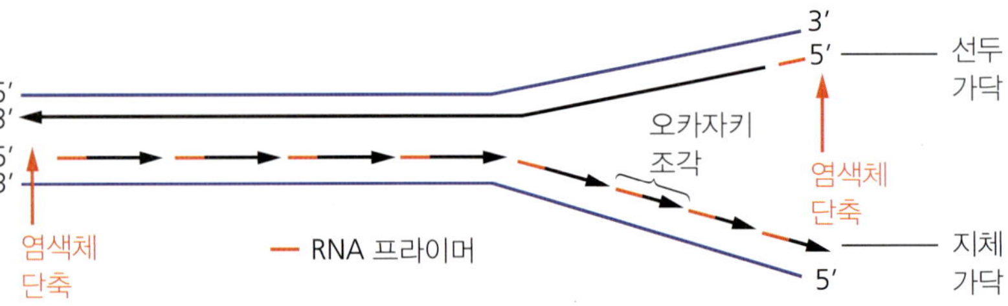

그림 3.10 DNA 복제 후의 염색체 말단 단축.

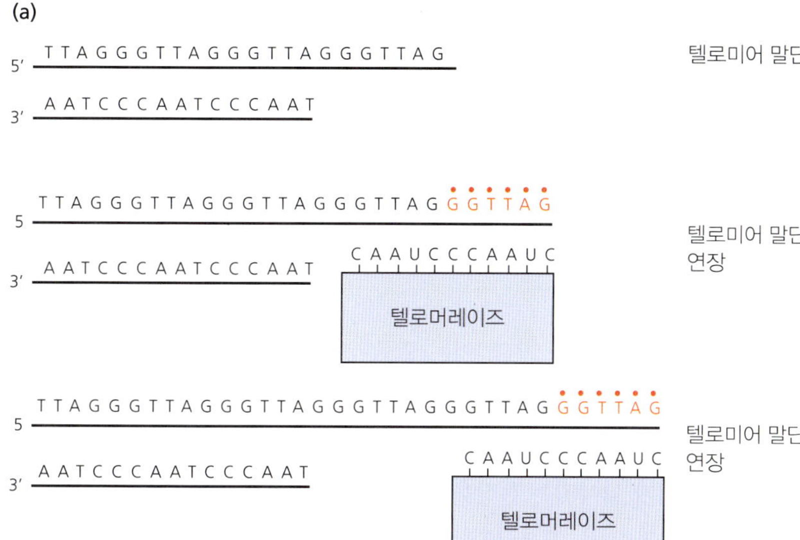

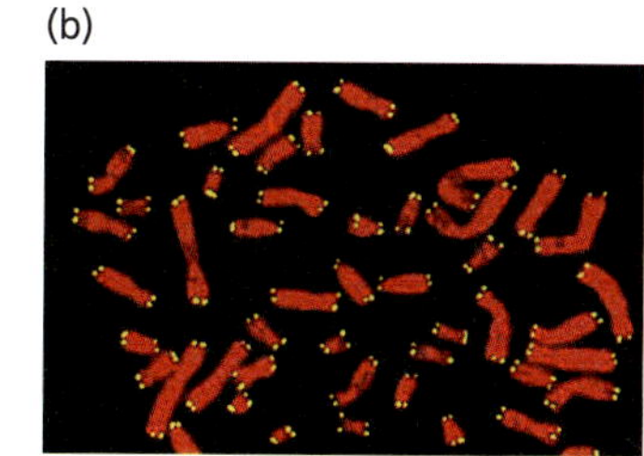

그림 3.11 텔로머레이즈와 텔로미어. (a) 텔로머레이즈에 의한 텔로미어 신장. (b) 텔로미어들은 노란색 형광으로 표시(UT Southwestern 의과대학 Jerry Shat 제공).

DNA 복제에서 배우는 것

DNA 복제는 반보존적 방식으로 진행된다. 각각의 두 부모 가닥은 새로운 복제 가닥의 합성을 위한 주형으로 작용한다(그림 3.12: 새로 합성된 DNA 가닥은 붉은색으로 표시). 이중나선을 구성하는 각각의 핵산가닥은 방향성을 갖는다: 각각은 5′ 말단과 3′ 말단을 갖는다. 2개의 가닥은 서로 반대 극성 방향으로 자리잡는다. DNA 중합효소는 5′–3′ 방향으로만 작용하므로, DNA 나선이 풀리면서 각각의 나선은 서로 달리 복제된다. 한쪽 가닥-선도가닥(leading strand)의 복제 과정은 5′ 말단에서 3′ 말단으로 연속적인 복제가 일어난다. 다른 쪽 가닥-지체가닥(lagging strand)의 복제는 짧은 오카자키 단편 5′–3′ 합성을 통해 불연속적인 형태로 일어난다. RNA 프라이머들을 제거하고 그 빈 공간을 메꾼 후, 이들 단편들은 DNA 라이게이즈라고 불리는 효소에 의해 접착되어 하나의 긴 연속적인 가닥을 만든다. DNA 중합효소는 RNA 프라이머를 필요로 하고, 이 프라이머는 이후 제거됨으로써 그 각각 염색체의 맨 끝은 복제마다 짧아지게 된다.

시험관 내에서 텔로미어의 끝은 선형이 아니라 t-loop을 형성하며, 4중나선 DNA 형태인 G quadruplex를 형성하는 것으로 알려져 있다. 염색체 끝이 DNA 이중나선의 끊김과 구별될 수 있다는 점은 중요하다. 만약 그게 아니었다면, DNA 수선 기전들이 염색체 융합이나 다른 비정상적인 시도를 통해 이 결손을 수선하려고 할 것이다.

텔로미어는 텔로미어형 반복 포함 RNA(TERRA)를 포함하는 lncRNA로 전사될 수 있다. 즉, TERRA는 UUAGGG 반복 염기를 포함한다. TERRA는 텔로미어 길

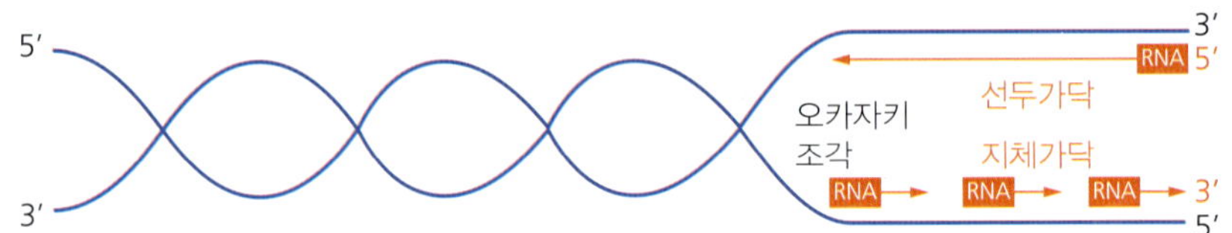

그림 3.12 반보존적이고 반-비연속적 DNA 복제.

이를 조절하는 데 중요한 역할을 한다. 이는 텔로미어 DNA와 DNA−RNA 교잡을 형성하고, 이질염색질 단백질과 접촉하며, 텔로머레이즈 효소 RNA와 TERT와도 결합한다. 이들 상호작용은 텔로미어 이질염색질을 안정화시키고, 텔로머레이즈 작용을 억제하며, 텔로미어가 짧아지는 현상을 촉진한다(Wang *et al.*, 2015).

텔로머레이즈 활성과 암을 연결시키는 몇몇 증거들이 있다. 텔로미어의 길이를 유지시키는 것은 암세포의 비사멸성과 종양의 성장에 중요한 것 같은데, 90% 정도의 종양은 **텔로머레이즈(telomerase)**의 발현 증가를 통해 이를 달성한다. 흑색종과 다른 암에서는 TERT 프로모터 영역에서 생식세포 변이와 체세포 돌연변이가 발견되었다. 이들 변이는 새로운 전사 인자(Ets/TCF) 결합 자리를 TERT 프로모터에 만들어 냈는데, 이는 암세포에서 텔로머레이즈 효소 활성을 증가시키는 한 가지 방법이다(Heidenreich *et al.*, 2014). TERT 프로모터의 체세포 돌연변이에서 C→T와 CC→TT 이중 전이는 흑색종에 기저를 이루는 UV 유도 암화 과정의 특성이다. 한 고전적(유명한) 실험에서 텔로머레이즈 활성이 배양 중인 세포주(98/100)와 종양 조직 생검(90/101)에서 검출된 반면에, 정상 **체세포(somatic cells)**(22)나 정상 조직(50)에서는 검출되지 않았으므로 분명 암으로 구별할 수 있는 특징이다. 정상 섬유아세포를 암세포로 전환(transform)시키기 위해서는 2개의 발암유전자에 더해 텔로머레이즈가 포함되어야 하는 것으로 알려져 있는데, 텔로머레이즈와 종양 형성 과정은 밀접히 연결되어 있을 것이다. 몇몇의 발암 유전자들이 텔로머레이즈의 발현을 조절하는 것으로 알려져 있다. 예를 들면, 전사 인자 c-myc(나중에 다룰 발암유전자)은 프로모터 특정 반응 요소 염기를 통해 *hTERT* 유전자의 발현을 증가시킨다. 앞에서 이야기 한 대로 만약 돌연변이 때문에 복제 노화 시기를 지나친다면, 텔로미어는 위험할정도로 짧아지게 되고 염색체 불안정성이 야기된다. 이 유전적 파국은 암억제 기전의 상실과 세포사멸의 회피를 가져온다. 결과적으로 형질전환된 세포가 출현한다. 대부분의 형질전환된 세포는 텔로머레이즈 활성을 증가시켰고, 이는 세포의 불멸성을 나타낼 수 있게 한다.

재미있게도, 앞에서 기술된 노화에서 텔로미어 가설은 최근에 수정되었고 암 연구에 강력한 영향을 미쳤다. 텔로미어 가설에 의하면 세포는 각 세포의 유래에 따른 복제 수명의 다양한 이질성(즉, 어떤 세포는 몇 번의 분열 후에 정지하고 어떤 세포는 매우 많이 분열 후에 정지하는)에도 불구하고, 텔로미어 길이는 일정한 비율로 짧아지는 것 같다. 텔로미어의 짧아짐은 산화 스트레스에 의해 가속되며, 이는 염색체 말단의 복제 문제가 텔로미어 길이를 결정하고 복제 능력을 결정하는 유일한 원인이 아니라는 사실을 시사한다. 전체 유전체적 DNA에 비해 텔로미어 DNA는 산화적 피해에 반응하여 덜 효과적으로 수선된다. 그 기전은 잘 알려지지 않았으나, 수선되지 않은 단일가닥 절단은 텔로미어의 단축을 가속화시킨다. 이는, 텔로미어 DNA가 DNA 손상의 센서로 작용할 수 있고, 개별 세포마다 텔로미어의 단축 속도의 이질성이 존재하는 이유에 대한 설명이 될 수 있다. 따라서 텔로미어 단축 과정은 유전체 손상에 반응해서 복제 능력을 제한함으로써 암억제 기전으로 작용할 수 있다.

치료 전략

3.8 후성유전학과 히스톤 약물들

암화 과정에서 후성유전학적 침묵이 돌연변이만큼 중요할 것이라는 것은 최근의 시각이다. 체세포 돌연변이는 비가역적이므로 이를 환원시키는 개념은 상상하기 어렵다. 그러나 후성유전학적 변화는 가역적이므로 이를 생각해 볼만하다. 암화 과정에서 중요한 역할을 하는 것으로 알려진 많은 유전자들은 프로모터 영역에 과메틸화를 보인다. 암세포에서 보여 주는 과메틸화가 정상 세포에서는 보이지 않는 특징은 DNA 메틸화 저해제가 종양 특이적으로 작용할 수 있다는 가능성을 제공한다. 유사하게 히스톤을 수식하는 HDAC 같은 유전체 구조 변형 효소는 또 다른 분자 표적을 제공한다. 전술한 바와 같이 몇 가지 형태의 림프종과 백혈병은 프로모터에 HDAC을 유치하여 생기는 전사 억제 작용과 연결되어 있다. 따라서 후성유전학적 억제를 되돌리는 것은 새로운 치료 방법에 이를 수 있는 전략이 될 것이다.

DNA 메틸화 억제제

메틸화에 의한 종양억제유전자의 불활성화가 암화 과정의 중요한 기전이 될 수 있으므로 DNA 메틸화를 저해하는 약물은 항암 작용을 보일 것으로 예측된다. DNA 메틸화가 시토신의 5번 탄소 위치에서 일어난다는 것을 기억하자. 2개의 deoxycytidine의 5′ 변형 유사체인 5-azacytidine(5-azaC)와 5-aza-deoxycytidine이 DNA 메틸화효소를 표적하기 위해 개발되었다(그림 3.13). 이들 약물은 DNA나 RNA에 끼어 들어간다. 이들은 DNA 메틸화효소(DNMTs, 그림 3.13 왼쪽 파란색)와 공유결합으로 연결되어 그 작용을 못하도록 격리시켜서 몇 번의 복제 후에 탈메틸화가

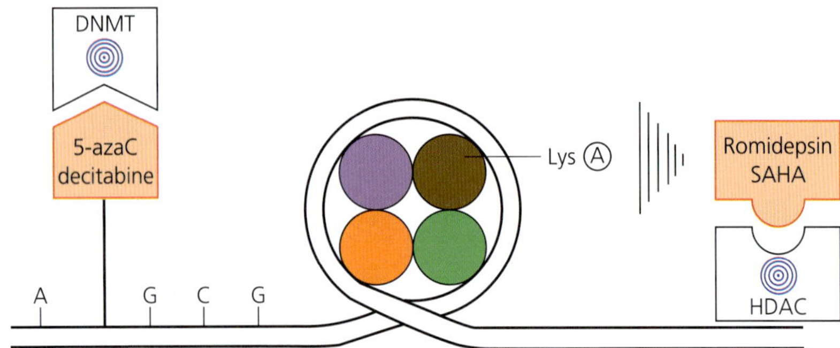

그림 3.13 후성유전학적 기전을 표적하기 위해 고안된 약물(붉은색 표시).

일어나도록 한다. 이들 약물은 대사 저해 화학요법 약물과 함께 DNA 불안전성을 일으킨다. 약물 처리가 중단되면 비정상적인 메틸화와 유전자 발현 억제가 돌아온다는 것 때문에, 이들 약물을 계속해서 섭취해야 하는 것은 매우 큰 취약점이다. 이들 약물 모두 임상시험에서 백혈병에는 항암 활성을 보여주었지만 고형암에서는 성공적이지 못하였다. 이는 백혈병 환자들에서 DNMT3A와 같은 DNA 메틸화 조절 유전자들의 돌연변이가 종종 발견된다는 사실로 설명될 것이다. 5-azaC(azacitidine: Vidaza™)와 5-aza-2′-deoxycytidine(decitabine)는 미국식품의약국(US FDA)로부터 백혈병 치료에 사용할 수 있게 승인 받았다.

히스톤 탈아세틸화효소의 억제제

새로운 암치료제의 개발을 하는 데에 히스톤 수식효소가 관심을 끌었다(그림 3.13). HDAC은 일반적으로 유전자 발현을 억제하는데, 이의 비정상적인 활동은 백혈병 같은 암종의 특성임을 기억하자. HDAC의 저해제로 암을 치료하는 데는 성장, 분화, 사멸을 조절하는 침묵되었던 유전자의 재활성이 이론적 근거가 된다. HDAC의 촉매 자리(그림 3.13 파란색 표적)에 결합하고, 그들 기질(히스톤의 아세틸화된 리신잔기)의 결합을 방해하는 몇 가지 종류의 약물이 임상에서 시험되었다: *n*-butyrate염 같은 짧은 나선 지방산; SAHA 같은 수산아민산; Romidepsin 같은 원형 펩티드(정식 이름은 FK-228); entinostat 같은 benzamide 유도체. 일반적으로 이들 약물은 환자가 잘 견뎌낼 수 있고 (부작용이 너무 심하지 않고: 역주) 많은 것들이 구강투여가 가능하다. 유전자 발현의 변환은 선별적으로 일어난다. 흥미롭게도 많은 HDAC 저해제는 세포주기의 정지에 중요한 사이클린 의존적 인산화효소인 $p21^{WAF1}$를 증가시킨다. 이들 약물은 정상 세포에는 효과가 거의 없거나 전혀 없다. 특정 백혈구와 종양 세포에서 임상적 개선과 연계된 아세탈화 히스톤 분자가 발견됨으로써 분자 수준에서 이들의 효과가 보여졌다. Romidepsin(FK-208)과 SAHA(보리노스타트: Zolonza™)는 미국 FDA에 의해 임상 사용이 승인되었다.

잠시 멈춰 생각하기

히스톤의 아세틸화에 더해, 히스톤의 메틸화는 또 다른 차원의 후성 유전학적 조절이다. 이 과정을 표적하는 약물 전략을 생각할 수 있는가? 사실 히스톤의 메틸화 및 탈메틸화효소를 표적하는 저해제가 약물로 개발되고 있다. 그중 리신 특이적 탈수소효소 1(LSD1) 저해제인 ORY-1001이 임상시험에 진입할 수 있는 약물이다(역주: 2상 시험 중).

3.9 진단을 위한 비암호 RNA

PCA3라는 lncRNA는 95%의 전립선 암 조직에서 정상 조직보다 66배 이상 강력히 발현한다. 이것은 다른 건강한 조직에서는 발현되지 않는다. 이는 현재까지 알려진 것 중 가장 전립선암 특이적인 유전자이다. 이 사실에 기반하여 전립선암 환자의 진단에 RNA 기반 소변 검사인 PROGENSA PCA3 테스트가 개발되어, 미국 FDA에 의해 승인되었다(Ronnau *et al.*, 2014).

3.10 텔로머레이즈 억제제

텔로머레이즈는 비교적 암 특이적으로 발현되며 암세포의 무제한적인 분열에서 결정적인 역할을 하므로 좋은 암치료 표적이 될 수 있을 것이다. 그러나 텔로머레이즈 억제제를 암치료제로 사용하기 위해서는 몇 가지 변수가 검정되어야 한다. 그 효과는 시작 시점의 텔로미어 길이에 의존하므로 치료 이전에 종양 조직의 생검을 통해서 그 길이가 측정되어야 한다. 또한 암세포의 세포 노화나 세포자살 등을 촉발할 정도로 텔로미어 길이가 짧아지기까지 걸리는 시간으로 인해 그 치료효과가 느리게 나타날 수 있으므로 장기간 투여가 필요하다. 일반적으로 장기 약물 투여는 약물 저항성의 발현 가능성을 증가시킨다. 촉매부 단백질 구성 부위나 RNA 부위를 표적하는 등 몇 가지 다른 전략이 전임상 시험에서 시도되었다. 텔로머레이즈는 그것이 속한 RNA 분자의 기능에 의존하므로, **안티센스 올리고뉴클레오티드(antisense oligonucleotides)**나 RNA 효소(리보자임)는 hTR을 표적하기 위해 적합한 물질이 되어 왔다. 안티센스 올리고뉴클레오티드는 표적 RNA 일부에 상보적이고 왓슨-크릭 염기-결합으로 이중나선을 형성한다. 이중나선 형성은 식섭석으로 작용을 억제하거나 RNA 분해효소를 불러와 분해된다. 망치머리 리보자임은 표적 인식을 위한 안티센스 RNA 염기를 보유하고 표적 RNA 절단을 위한 내인적 핵산분해효소 활성을 포함한다. hTERT의 촉매 도메인에 대한 역전사효소 억제제와 뉴클레오시드 유사체들도 연구되었다. BIBR1532는 hTERT에 비경쟁적으로 직접 결합하는 합성 화합물 억제제로 텔로미어 의존적 세포 노화를 유도한다고 알려졌다. 그러나 용해도와 생물학적 가용성 문제 때문에 임상시험으로 더 진행되지 못하였다. 효소와 기질의 결합을 방해하는 G-사중나선(quadruplex) 결합 분자 또한 개발되었다(예, telomestatin). 자연 화합물 고속 대량 스크리닝(HTS)으로 텔로머레이즈 효소의 억제제로서, 겨우살이(mistletoe)의 구성성분과 녹차의 카테킨 등이 발견되었다.

임상시험 2상에 들어간 항텔로머레이즈 약물 후보는 이메테스타트(GLN163L: Geron)다. 이메테스타트는 13개 길이의 염기 핵산으로, TERT의 촉매 자리에 존재하는 hTR의 RNA 성분 주형 영역에 직접 결합한다. 이메테스타트의 hTR 결합은 텔로머레이즈의 효소 활성에 직접적이고 경쟁적인 저해를 야기한다. 이 약물의 전임상 연구에 의하면 어린이의 사망률이 매우 높은 소아 뇌암에 효과적일 것으로 보인다(Castelo-Branco *et al.*, 2011).

단원 요점—되짚어 보기

- 암은 유전자 발현의 변화에 의해 생긴다.
- 70%의 유전체는 RNA로 전사되지만, 단지 2%의 유전체가 단백질을 암호한다: 어떤 ncRNA는 유전자 발현 조절에 포함된다.
- 전사 인자들은 DNA 반응 요소를 인식하며, 유전자 발현에 필수적이다.
- 스테로이드 호르몬 수용체는 리간드 의존적 전사 인자이다.
- 염색질은 여러 수준의 DNA 압축으로 이루어진다: 뉴클레오솜, 30 nm 섬유, 방사성 루프
- 후성유전학적 변이 또한 유전자 발현을 조절한다. 이는 염색질 구성분과 뉴클레오티드의 수식을 포함한다.
- 히스턴 메틸화와 DNA 메틸화는 2가지 형태의 후성유전학적 조절 기전이다.
- HAT는 아세틸기를 히스톤에 붙이고 전사를 활성화한다.
- HDAC은 아세틸기를 떼어내고 전사를 억제한다.
- CpG 섬의 메틸화는 전사를 억제한다.
- 암화 과정에서 후성유전학적 변형은 유전체 수준으로 일어난다.
- lncRNA는 전사 조절, 염색질 변형, 텔로머레이즈에 중요한 역할을 한다.
- miRNA의 발현은 암에서 탈조절된다.
- 텔로미어는 세포의 복제 능력에 중요한 역할을 한다.
- 텔로미어는 매 복제 주기마다 짧아지지만, 짧아지는 비율은 산화적 스트레스에 영향 받는다.
- 텔로머레이즈는 텔로미어의 길이를 유지시키는 효소이고, 90%의 암에서 그 활성이 증가한다.
- DNMTs, HDACs, 텔로머레이즈를 표적으로 하는 약물 개발 전략이 시도되고 있다. 후성유전학적 약물은 일부 승인되었다.
- 어떤 ncRNA은 진단과 예후에 있어서 중요하다.

탐구 활동

1. 후성유전학이 돌연변이만큼 암화 과정에서 중요하다는 것에 대한 당신의 관점에 대해 증거를 제시하시오. 암의 위험의 증거로 연결되는 후성유전학적 질환(Feinberg 2007)에 대한 시험을 포함하시오. 이 논쟁에 대한 수업 토론에 참여하시오.
2. 암에서 oncomir의 역할을 뒷받침하는 증거를 확인해 보시오. Esquela-Kerscher and Slack(2007)과 Yanihara *et al.*,(2006)으로 시작하시오. 암에서 miRN를 표적하는 약물을 고안하는 전략과 문제점을 비판적으로 논하시오(Garzon *et al.*, 2010).

더 읽을거리

Baylin, S.B. and Ohm, J.E. (2006) Epigenetic silencing in cancer—a mechanism for early oncogenic pathway addiction? *Nat. Rev. Cancer* **6**: 107–116.

Buseman, C.M., Wright, W.E., and Shay, J.W. (2012) Is telomerase a viable target in cancer? *Mut. Res.* **730**: 90–97.

Chen, H., Li, Y., and Tollefsbol, T.O. (2009) Strategies targeting telomerase inhibition. *Mol. Biotechnol.* **41**: 194–199.

Dawson, M.A. and Kouzarides, T. (2012) Cancer epigenetics: from mechanism to therapy. *Cell* **150**: 12–27.

Ehrlich, M. (2009) DNA hypomethylation in cancer cells. *Epigenomics* **1**: 239–259.

Gutschner, T.C and Diederichs, S. (2012) The hallmarks of cancer: a long non-coding RNA point of view. *RNA Biol.* **9**: 703–719.

Helin, K., and Dhanak, D. (2013) Chromatin proteins and modifications as drug targets. *Nature* **502**: 480–488.

Herman, J.G. and Baylin, S.B. (2003) Gene silencing in cancer in association with promoter hypermethylation. *N. Engl. J. Med.* **349**: 2042–2054.

Houben, J.M., Moonen, H.J., van Schooten, F.J., and Hageman, G.J. (2008) Telomere length assessment: biomarker of chronic oxidative stress? *Free Radic. Biol. Med.* **44**: 235–246.

Jones, P.A. and Baylin, S.B. (2007) The epigenomics of cancer. *Cell* **128**: 683–692.

Laird, P.W. (2003) The power and the promise of DNA methylation markers. *Nature* **3**: 253–266.

Marks, P.A., Richon, V.M., Breslow, R., and Rifkind, R.A. (2001) Histone deacetylase inhibitors as new cancer drugs. *Curr. Opin. Oncol.* **13**: 477–483.

Orom, U.A. and Shiekhattar, R. (2013) Long ncRNAs usher in a new era in the biology of enhancers. *Cell* **154**: 1190–1193.

Rodriguez-Paredes, M. and Esteller, M. (2011) Cancer epigenetics reaches mainstream oncology. *Nat. Med.* **17**: 330–339.

Schreiber, S.L. and Bernstein, B.E. (2002) Signaling network model of chromatin. *Cell* **111**: 771–778.

Shaulian, E. and Karin, M. (2002) AP-1 as a regulator of cell life and death. *Nat. Cell Biol.* **4**: E131–E136.

Thorne, J.L., Campbell, M.J., and Turner, B.M. (2009) Transcription factors, chromatin, and cancer. *Int. J. Biochem. Cell Biol.* **41**: 164–175.

웹사이트

Nuclear Receptor Signaling Atlas http://www.nursa.org/

선택된 특별한 주제

Castelo-Branco, P., Zhang, C., Lipman, T., Fujitani, M., Hansford, L., Clarke, I., *et al.* (2011) Neural tumor-initiating cells have distinct telomere maintenance and can be safely targeted for telomerase inhibition. *Clin. Cancer Res.* **17**: 111–121.

Cheetham, S.W., Gruhl, F., Mattick, J.S., and Dinger, M.E. (2013) Long noncoding RNAs and the genetics of cancer. *Br. J. Cancer* **108**: 2419–2425.

Di Croce, L., Raker, V.A., Corsaro, M., Fazi, F., Fanelli, M., Faretta, M., *et al.* (2002) Methyltransferase recruitment and DNA hypermethylation of target promoters by an oncogenic transcription factor. *Science* **295**: 1079–1082.

Esquela-Kerscher, A. and Slack, F.J. (2006) Oncomirs—microRNAs with a role in cancer. *Nat. Rev. Cancer* **6**: 259–269.

Feinberg, A.P. (2007) Phenotypic plasticity and the epigenetics of human disease. *Nature* **447**: 433–440.

Garzon, R., Marcucci, G., and Croce, C.M. (2010) Targeting microRNAs in cancer: rationale, strategies and challenges. *Nat. Rev. Drug Discov.* **9**: 775–789.

Gaudet, F., Hodgson, J.G., Eden, A., Jackson-Grusby, L., Dausman, J., Gray, J.W., *et al.* (2003) Induction of tumors in mice by genomic hypomethylation. *Science* **300**: 489–492.

Heidenreich, B., Rachakonda, P.S., Hemminki, K., and Kumar, R. (2014) *TERT* promoter mutations in cancer development. *Curr. Opin. Genet. Dev.* **24**: 30–37.

Hervouet, R., Cartron, P.-F., Jouvenot, M., and Delage-Mourroux, R. (2013) Epigenetic regulation of estrogen signalling in breast cancer. *Epigenetics* **8**: 237–245.

Mansour, M.R., Abraham, B.J., Anders, L., Berezovskaya, A., Gutierrez, A., Durbin, A.D., *et al.* (2014) An oncogenic super-enhancer formed through somatic mutation of a noncoding intergenic element. *Science* **346**: 1373–1377.

Milde-Langosch, K. (2005) The Fos family of transcription factors and their role in tumourigenesis. *Eur. J. Cancer* **41**: 2449–2461.

Morin, R.D., Mendez-Lago, M., Mungall, A.J., Goya, R., Mungall, K.L., Corbett, R.D., *et al.* (2011) Frequent mutation of histone-modifying genes in non-Hodgkin lymphoma. *Nature* **476**: 298–303.

O'Doherty, A.M., Church, S.W., Russell, S.E.H., Nelson, J., and Hickey, I. (2002) Methylation status of oestrogen receptor—a gene promoter sequence in human ovarian epithelial cell lines. *Br. J. Cancer* **86**: 282–284.

Phillips, J.M., Yamamoto, Y., Negishi, M., Maronpot, R.R., and Goodman, J.I. (2007) Orphan nuclear receptor constitutive active/androstane receptor-mediated alterations in DNA methylation during phenobarbital promotion of liver tumorigenesis. *Toxicol. Sci.* **96**: 72–82.

Polak, P., Karlić, R., Koren, A., Thurman, R., Sandstrom, R., Lawrence, M.S., *et al.* (2015) Cell-of-origin chromatin organization shapes the mutational landscape of cancer. *Nature* **518**: 360–364.

Ronnau, C.G.H., Verhaegh, G.W., Luna-Velez, M.V., and Schalken, J.A. (2014) Noncoding RNAs as novel biomarkers in prostate cancer. *BioMed Res. Int.* **2014**: 591703.

Tavazoie, S.F., Alarcon, C., Oskarsson, T., Padua, D., Wang, Q., Bos, P.D., *et al.* (2007) Endogenous human microRNAs that suppress breast cancer metastasis. *Nature* **451**: 147–152.

Verdun, R.E. and Karlseder, J. (2007) Replication and protection of telomeres. *Nature* **447**: 924–931.

Wang, C., Zhao, L., and Lu, S. (2015) Role of TERRA in the regulation of telomere length. *Int. J. Biol. Sci.* **11**: 316–323.

Yanaihara, N., Caplen, N., Bowman, E., Seike, M., Kumamoto, K., Yi, M., *et al.* (2006) Unique microRNA molecular profiles in lung cancer diagnosis and prognosis. *Cancer Cell* **9**: 189–198.

Chapter 4

성장 인자 신호전달과 종양 유전자

도입

세포의 기본 특성 중 하나는 자기 재생 능력이다. 세포 분열 과정(세포 증식 또는 세포 성장이라고도 함)은 세심하게 조절되어야 하며, DNA 복제는 각 세포 생성에 대한 유전체의 완전성을 유지하기 위해 정밀하게 조정되어야 한다. 이 책의 앞부분에서 앞서 강조했듯이, 조절되지 않은 성장은 암의 본질적인 특성이다.

일반적으로, 세포 분열은 세포 외부로부터의 신호에 대한 반응에 의해서만 시작된다. 세포 바깥의 성장 인자는 세포 분열을 위해 필수적인 단백질을 생산하기 위해 세포내, 궁극적으로는 핵으로 신호를 전달해 유전자 발현을 조절함으로써 세포 성장을 자극한다. 성장 인자 신호의 전달에 관여하는 단백질은 4가지 유형이 있다: 성장 인자, 성장 인자 수용체, 세포내 신호 전달기(signal transducers), 유전자 발현 조절을 통해 유사분열을 유도하는 핵 전사인자. 정상적인 성장 기전을 조사하면 발암 중에 발생하는 이상을 더 잘 이해할 수 있을 것이다.

많은 성장 인자 신호전달 경로에서 공통된 맥락—많은 성장 인자 수용체는 타이로신 인산화효소이다—을 식별하는 것이 중요하다. 모든 인산화효소는 ATP/GTP로부터 표적 단백질의 특정 아미노산 잔기의 수산기로 γ-인산기의 전달을 촉매한다. 타이로신 인산화효소는 표적 단백질에서 타이로신 아미노산을 인산화한다(그림 4.1). 세린/트레오닌 인산화효소는 세린 및 트레오닌 잔기를 인산화한다. 부피가 큰 전하 분자인 인산기의 첨가는 단백질의 구조 변화를 야기해서 효소의 활성화 또는 비활성화를 초래하고/또는 새로운 단백질–단백질 상호작용을 위한 인식 부위로서 작용할 수 있다. 이에 대한 예는 다음 절에서 볼 수 있다.

잠시 멈춰 생각하기

인산화의 결과를 단순화하기 위해 시각을 분자에서 사람으로 넓혀보자. 사람들은 종종 추가 물품이나 액세서리를 사용하여 다른 사람들에게 인지도를 높이고자 한다; 여행 가이드는 여행 단체가 쉽게 알아볼 수 있도록 우산을 들고 다닐 수 있다. 다른 추가 물품은 사람의 활동을 변화시킬 수 있다; 무거운 배낭을 메는 것은 그 사람의 활동을 제한한다. 인산기의 첨가는 단백질에 유사한 영향을 미칠 수 있다.

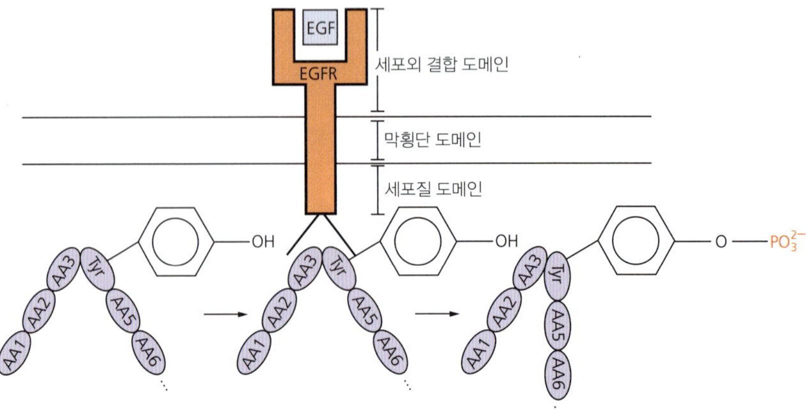

그림 4.1 타이로신 인산화효소 수용체는 표적 단백질 상에 타이로신 잔기를 인산화시킨다. 인산화는 일반적으로 표적 단백질의 구조 변화를 초래한다.

4.1 표피 성장 인자 신호: 중요한 패러다임

표피 성장 인자(Epidermal growth factor, EGF)와 그 수용체 타이로신-인산화효소 계열은 세포외 성장 인자의 신호가 어떻게 세포를 통해 변환될 수 있고, 유전자 발현을 조절하며, 세포 증식을 촉발할 수 있는지에 대한 중요한 패러다임의 역할을 한다. 이는 우리가 많이 알고 있는 모델이다. EGF 수용체(EGFR; ErbB1 또는 HER1으로도 알려져 있음)는 타이로신 인산화효소 수용체이며 최초로 발견되었다. 그 후 ErbB2(HER2), ErbB3(HER3), ErbB4(HER4) 등 3개의 수용체가 추가로 확인됐다. 이 수용체들은 타이로신 인산화효소 수용체 계열의 구성원으로서, 세포외 리간드 결합 도메인, 단일 막횡단 도메인 및 세포질 타이로신 인산화효소 도메인(그림 4.1)을 포함한다. 2가지 예외로, HER2의 경우 알려진 리간드에 결합하지 않고 다른 수용체에게 공동수용체 역할을 하며, HER3의 경우는 단지 약한 인산화효소 활성을 가진다. 세포 외부의 성장 인자에서 유전자 발현이 조절되는 핵 내부로 신호를 전달하려면 아래의 몇 가지 단계가 필요하다.

- 성장 인자가 수용체에 결합
- 수용체의 이량체화(dimerization)
- 자가 인산화(autophosphorylation)
- 세포내 전달기의 활성화("스타 플레이어" RAS 포함)
- 세린/트레오닌 인산화효소의 단계적 활성화(Raf, MEK, MAPK)
- 유전자 발현을 위한 전사 인자 조절(세포 성장에 필요한 단백질 생성)

EGF의 신호전달 과정과 관련된 각 단계는 그림 4.2와 다음 절에 설명되어 있다. 이해를 돕기 위해, 전체 EGF 경로는 세포막에서 발생하는 초기 단계(그림 4.5)와 세포

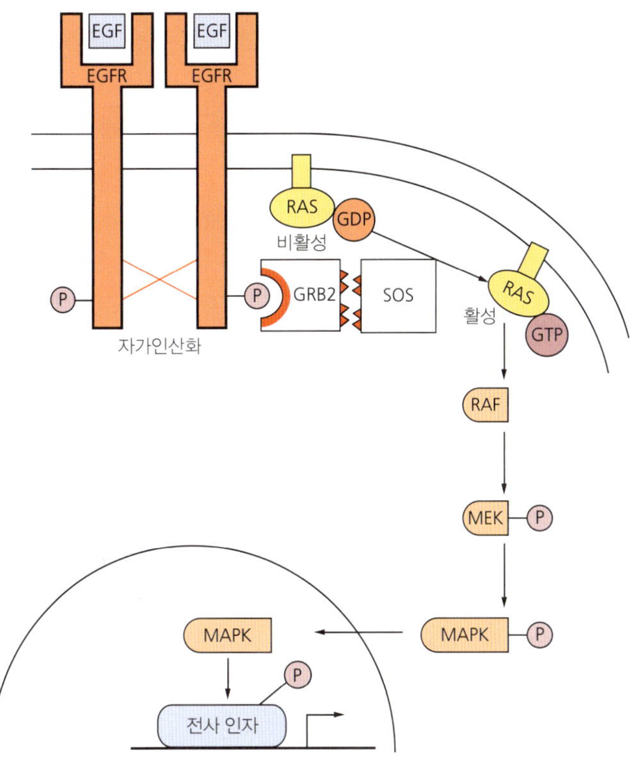

그림 4.2 EGF의 신호전달 경로. 이 경로는 성장 인자 결합, 수용체 이량체화, 자가 인산화, 세포내 전달기의 활성화, 세린/트레오닌 인산화효소의 연쇄 반응(cascade) 및 전사 인자와 유전자 발현의 조절의 순차적인 단계가 특징이다. 자세한 내용은 본문에 서술되어 있다.

막으로부터 떨어진 곳에서 발생하는 이후 단계(그림 4.6), 두 부분으로 나뉘어져있다. EGF 경로 모델 시스템을 이해하는 것은 다른 많은 신호전달 경로의 이해와 발암 발생의 기전을 설명하는 기초가 되기 때문에 필수적이다. 무엇보다 흥미롭게도, 이 경로의 구성 요소들은 새로운 암 치료제 설계의 표적이 되었고, 이 중 일부는 이 장의 마지막 부분에서 다루고 있다.

성장 인자 결합

EGF 신호전달 경로의 첫 번째 단계는 EGF가 그 수용체인 EGFR에 결합하는 것이다. EGFR의 세포외 도메인(I와 III)은 리간드에 대한 결합 포켓을 형성한다. EGF 외에도 amphiregulin, neuregulin 1–4 등 EGFR 계열에 결합할 수 있는 리간드들이 있지만, 간략화를 위해 다음 절에서는 다루지 않을 것이다.

이량체화

이량체화는 두 EGFR 단량체가 상호작용하여 이량체를 형성하는 과정이다. 수용체의 구조 연구에서 제안된 수용체 이량체화 기전은 이 절과 그림 4.3에 설명되어있다. 하나의 수용체에 하나의 EGF 분자가 결합하면, 세포외 수용체 이량체화 영역(회색

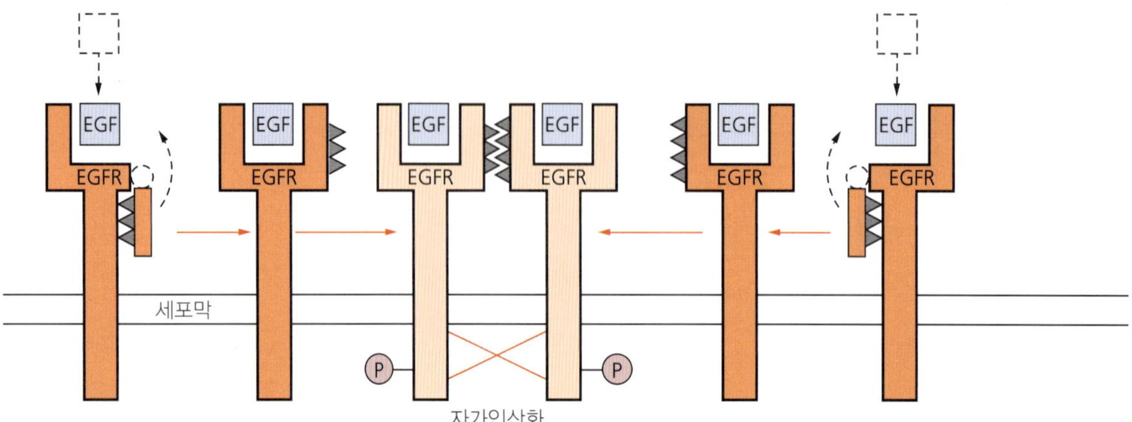

그림 4.3 EGF 수용체 이량체화. 성장 인자의 결합은 수용체 이량체화에 필요한 이량체화 영역(회색 삼각형으로 표시됨)을 드러내는 구조적 변화를 일으킨다.

으로 표시)을 드러내는 구조적 변화를 일으킨다. 이는 다른 EGF가 결합된 수용체 단량체에서 유사한 영역에 대한 결합을 촉진해서 수용체 이량체를 생성한다. EGFR은 또한 ErbB 계열의 다른 구성원과 이종이량체(heterodimer)를 형성할 수 있다는 점에 유의해야 한다.

자가인산화

리간드 결합에 따른 수용체의 입체 구조 변화는 또한 분자내(cis) 자가 억제 상호작용을 방해해서 인산화효소 활성화를 일으킨다. 수용체 형태의 변화는 촉매 인산화효소 영역에 ATP와 기질이 접근할 수 있게 한다. 이량체화에 의해 촉진되는 두 수용체의 근접성은 이량체 수용체 중 한 쪽의 인산화효소 영역이 다른 한 쪽을 인산화

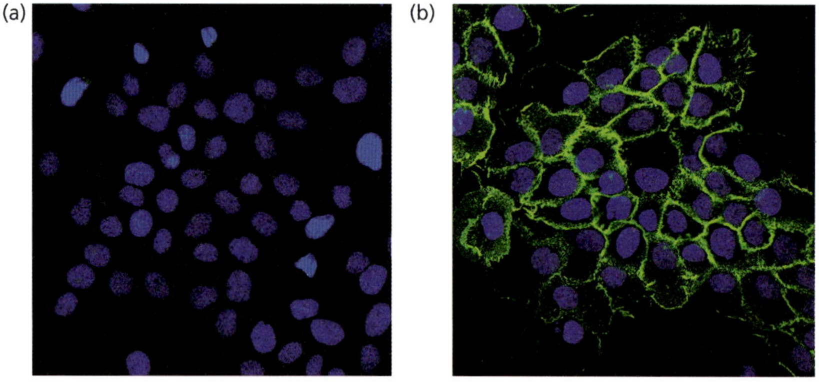

그림 4.4 인산화된 EGFR(Tyr992)에 대한 항체(No.2235; 녹색)를 사용해 검출된 EGF 처리 후 EGFR의 인산화. 인간 상피암종 세포주를 공초점 면역형광현미경법으로 분석하였다. (a) 처리되지 않은 세포. (b) EGF 처리된 세포. DNA를 청색 형광 염료로 염색했다. Courtesy of Cell Signaling Technology, MA, USA(http://www.cellsignal.com).

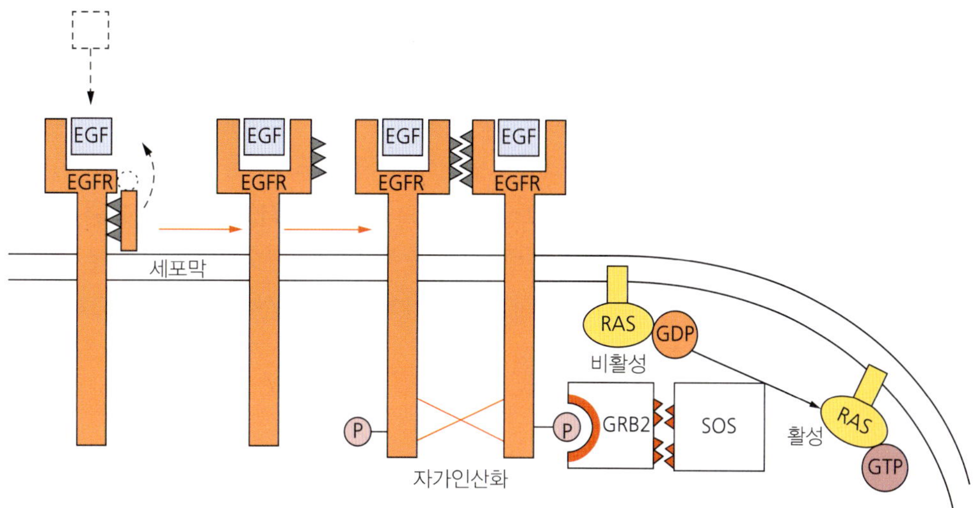

그림 4.5 EGF 경로의 초기 단계. EGF 성장 인자는 그 수용체에 결합해서 수용체의 구조를 변화시킨다. 형태의 변화는 2개의 수용체가 모여 인산화효소 활성화를 유도한다. 수용체는 자가인산화("P"로 표시)를 겪는다. 인산화된 수용체는 GRB 및 SOS 단백질을 막으로 모집한다. SOS는 GDP를 GTP로 교환해 RAS를 활성화한다. "P"와 상호작용하는 GRB2의 SH2 영역과 GRB2 및 SOS의 인터페이스에서 SH3 영역은 붉은색으로 표시되어 있다.

할 수 있게 하며, 그 반대의 경우도 가능하다(그림 4.4의 항체 염색에 의한 인산화된 EGFR 검출 참조). 수용체의 세포질 영역(그림 4.2, 4.3, 4.5에서 붉은색 교차선으로 표시)에서 일어나는 분자간 자가인산화는 여러 타이로신 잔기에서 발생하며, 수용체에서 신호 전달기로 신호를 전달할 세포질의 기질 단백질 모집에 중요하다. 이 단계에서는 세포 외부에서 온 신호가 세포 내부로 변환된다.

타이로신 인산화효소 수용체의 활성은 특정 시간이 지나면 꺼져야 한다는 점에 유의히도록 하자. 인산화효소 활성의 종료를 위한 작용 기전에는 세포외 리간드 결합 및 인산화효소 활동을 억제하는 구조 변화를 유발하는 추가적인 인산화, 타이로신 탈인산화효소에 의한 인산화된 조절 타이로신 잔기의 탈인산화, 인산화효소 영역에 대한 음의 조절기(예, RALT)의 결합 및 수용체의 세포내함입(endocytosis)과 분해가 있다. 그러나 일부 연구결과는 수용체가 엔도좀(endosome)에서 신호를 전달할 수 있으며, 수용체의 내재화(internalization)가 수용체를 핵으로 수송하고 특정 유전자를 유도하는 역할을 할 수 있음을 시사한다.

특정 단백질의 세포막으로의 위치 변경

자가인산화에 따른 일부 인산화된 타이로신 잔기는 Src homology 2(SH2) 도메인을 포함하는 단백질에 대한 높은 친화성 결합 자리를 생성한다.

SH2 도메인(약 100개의 아미노산 길이)과 Src homology 3(SH3) 도메인(약 50개의 아미노산 길이)은 타이로신 인산화효소에 의해 활성화되는 경로에서 단백질-단백질 상호작용을 매개한다. SH2 도메인은 인산화된 타이로신 잔기 C-말단의 구별되는 아미노산 서열(1~6개 잔기)을 인식하고 결합하며, SH3 도메인은 파트너 단백질의 프롤린 및 소수성 아미노산 잔기를 인식하고 결합한다. SH2와 SH3 도메인

잠시 멈춰 생각하기

도메인은 전기 플러그와 유사한 특정 기능을 가진, 특정 구조로 된 단백질의 일부라는 것을 기억하자(제3장, 54쪽 참조).

은 모두 같은 단백질에서 자주 발견된다. 이후 본문에서 언급될 SH2, SH3 도메인을 포함하는 단백질에는 Grb2, SRC, ABL, PI3-K 등이 있다.

SH2 및 SH3 도메인을 포함하고 있는 세포내 단백질인 Grb2는 SH2 도메인을 통해 인산화된 EGFR을 인식하고, SH3 도메인을 통해 막으로 특정 단백질의 동원을 촉진한다. 구체적으로는 Grb2의 2개의 SH3 도메인이 교환 단백질 SOS(son of sevenless)의 SH3 도메인과 상호작용해서, 세포내 전달기의 중심이 되는 RAS의 활성화를 촉진한다. 따라서 RAS의 활성제인 SOS는 성장 인자 자극에 반응해 세포질에서 막으로 이동한다(그림 4.5).

RAS 활성화

RAS 단백질은 신호전달 경로에서의 위치 때문에 세포 성장을 조절하는 데 있어 “스타 플레이어”이며, 막에서 시작하는 성장 인자 신호와 세포질을 통과해 핵으로 신호를 전달하는 여러 중요 신호전달 경로를 통합하는 중추적 역할을 한다. N-, H-, K-RAS가 3개의 구성원이다. 이들은 GTP 결합 단백질로, GDP와 결합할 때는 비활성 상태이고, GTP와 결합할 때는 활성 상태이다. SOS와 같은 구아닌 뉴클레오티드 교환 인자(guanine nucleotide exchange factor)는 RAS의 구아닌 뉴클레오티드 결합 포켓에서 GDP의 방출을 촉진하여 GTP와 GDP의 교환을 매개한다. GTP의 양은 세포질에서 10배 더 많기 때문에, 그 후에 RAS에 결합된다. GTP 결합은 구조 변화를 일으켜 RAS 활성화를 초래함으로써, 후속 신호 전달기와 상호작용을 가능하게 한다(그림 4.5).

비록 RAS 단백질은 자체 조절(self-regulation)이 가능하게끔 고유 GTPase 활성을 일부 가지고 있지만, GTPase 활성화 단백질(GAP)은 GTP의 가수분해를 촉매하여 신호를 종결한다.

RAS 단백질은 세포내 이동을 지시하는 일련의 번역후 수식(post-translational modification)을 거친다. C-말단의 CAAX 모티프(여기서 C는 시스틴, A는 지방족 아미노산, X는 임의의 아미노산을 나타냄)에 C15 farnesyl isoprenoid 지질을 첨가하는 farnesylation은 RAS를 세포막에 위치하도록 하는 데 필요한 수식이다. 그리고 내인성(endogenous) RAS가 세포내 막 구획[예를 들어, 소포체, 골지(Golgi)]으로부터 후속 신호전달 경로를 활성화할 수 있고, 세포 하위 위치가 기능을 지시할 수 있다는 것이 입증(Fehrenbacher *et al.*, 2009)되었다는 사실에 주목할 필요가 있다. 이는 이전에 원형질 막으로의 위치가 RAS 활동에 필수적이라고 생각되었던 기존 지식에 새로운 차원이 추가된 것이다. 또한 RAS는 세포막뿐만 아니라 세포내 하위 위치에서도 세포를 형질전환시킬 수 있음이 입증되었다. 이러한 관찰은 새로운 암 치료법을 설계하기 위한 이론적 근거에서 고려되어야 한다.

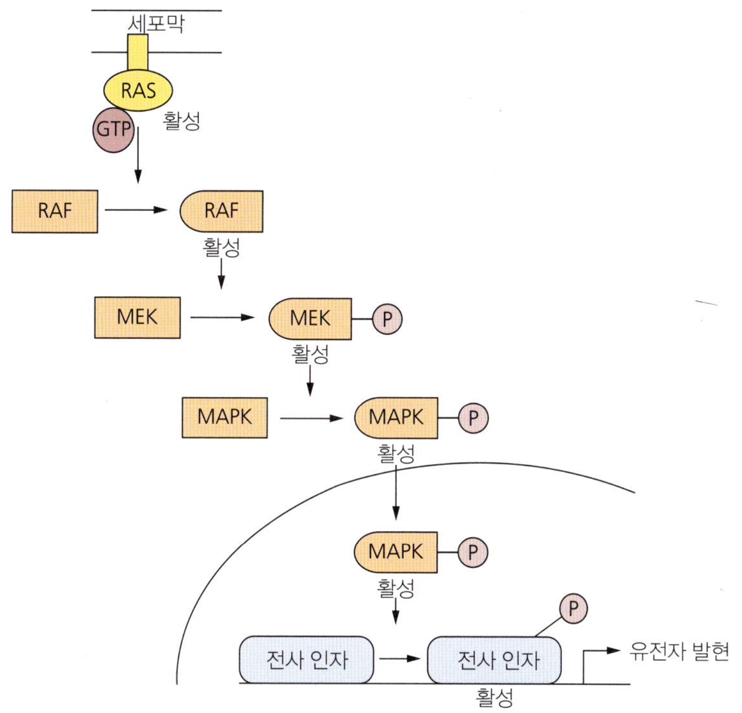

그림 4.6 EGF 경로의 이후 단계. 활성화된 RAS는 신호전달기 RAF를 활성화한다. RAF는 MEK를 인산화하여 활성화시키고, 활성화된 MEK은 MAPK을 인산화하여 활성화시킨다. 일련의 과정은 세린/트레오닌 인산화효소 연쇄 반응을 보여준다. 활성화된 MAPK는 핵으로 들어가 세포 성장에 필요한 특정 유전자군을 발현하는 전사 인자(transcription factors, TF)를 인산화 및 활성화시킨다.

Raf 활성화

RAS−GTP는 주요 반응기(effector) 중 세린/트레오닌 인산화효소인 Raf에 결합해서 활성화에 기여한다. RAS-GTP에 의한 활성화를 위해서는 세포막으로 Raf의 이동이 필요하다. 활성화에는 Raf의 자가 억제(auto-inhibitory) 기진의 완화가 필요하다. 활성화된 Raf는 막으로부터 신호를 전달하는 신호 전달기로 작용한다(그림 4.6). 인산화효소로서, Raf는 mitogen-activated protein kinase kinase(MAPKK; MEK)를 인산화한다.

MAP 인산화효소 족(family)에 대한 약간의 교훈: MAP 인산화효소 인산화효소 인산화효소, MAP 인산화효소 인산화효소 및 MAP 인산화효소 . . .

MAP 인산화효소 족의 명명법은 처음에는 혼란스러워 보일 수 있지만, 이는 신호전달에 일련의 인산화 단계가 필요하기 때문이다. 인산화효소(MAPKKK)는 다른 인산화효소(MAP-KK)를 인산화하며, 인산화된 MAPKK는 또 다른 인산화효소(MAPK, 원래는 ERK로 명명)를 인산화한다. MAP 인산화효소 활성화의 독특한 특징은 타이로신 및 트레오닌 인산화가 모두 필요하다는 것이다. MAPKK는 타이로신 및 트레오닌 잔기 모두를 인산화하는 2중 특이성(dual-specificity) 인산화효소이다. Raf는 MAPKKK이고, MEK는 MAPKK이다.

MAP 인산화효소 연쇄 반응

활성화된 MAPKKs(MEK), 2중(dual) 타이로신 및 세린/트레오닌 인산화효소는

유사분열촉진물질(mitogen) 활성 단백질 인산화효소(mitogen-activated protein kinase, MAPK) (extracellular signal-regulated kinase, ERK라고도 함)를 인산화한다. MAPK는 원형질막 상의 활성화된 RAS와 유전자 발현 조절(활성화된 MAPK가 핵에 들어갈 수 있기 때문) 사이에 세포질 연결을 제공하는 세린/트레오닌 인산화효소이다. 많은 전사 인자의 활성은 인산화에 의해 조절되므로 MAPK는 인산화를 통한 전사 인자의 활성에 영향을 줄 수 있다(그림 4.6).

MAPK에 중점을 두고 살펴보고 있지만, 실제로는 MAPK, JNK 및 p38의 구분되는 3가지 병렬 MAP 인산화효소 경로가 있다. 앞에서 언급했듯이 MAPK는 성장 인자에 의해 활성화된다. JNK 및 p38은 UV 및 이온화 방사선과 같은 다양한 환경 스트레스 신호에 의해 활성화된다. JNK 및 p38 경로는 일반적으로 세포자살(apoptosis)을 유발한다. 3가지 MAPK 경로는 모두 다중 신호 경로를 제공하는 공통 기전으로 작용하며 다양한 세포 반응을 일으킨다.

전사 인자의 조절

AP-1 전사 인자는 MAPK 연쇄 반응의 중요한 표적이다. 전사 인자로서, AP-1은 DNA에 결합하여 세포의 성장, 분화 및 죽음에 관여하는 유전자의 발현을 조절한다. AP-1이 세포주기 진행을 유도하는 하나의 작용 기전은 세포 주기의 중요한 조절 인자인 cyclin D 유전자에 결합하여 활성화하는 것이다. AP-1은 단일 단백질이 아니라 *jun*과 *fos*라는 두 유전자 계열의 산물로 이루어져 있다. 이들 단백질은 표적 유전자의 cAMP 반응 요소(CRE) 또는 12-*O*-tetradecanoylphorbol-13-acetate(TPA) 반응 요소에 이량체로서의 결합을 촉진하는 염기성 류신 지퍼 영역을 포함하고 있다. AP-1 활성은 2가지 기전에 의해 유도된다. 먼저, MAPK에 의한 Fos 계열 구성원의 직접적인 인산화는 그들의 DNA-결합 활성에 영향을 미친다. 둘째, MAPK 인산화 및 다른 전사 인자의 후속 활성화는 *fos* 및 *jun* 유전자 둘 모두의 발현을 증가시킨다. 그 결과, AP-1 활성이 증가하고 전사 조절이 진행된다.

Myc 전사 인자(Myc, Max, Mad, Mxi) 계열은 다른 방식으로 이량체화 될 수 있으며 성장, 분화 및 죽음의 뚜렷한 생물학적 영향을 초래할 수 있다. 몇몇은 MAPK의 표적으로 보인다. Myc은 특정 표적 유전자의 발현을 조절함으로써 증식을 촉진하는, 수명이 짧은 단백질이다. Myc의 유전자 표적에는 *N-Ras* 및 *p53*이 포함되지만, 추가 표적을 찾기 위한 연구가 계속 진행되고 있다. Myc은 그 기능을 위해 구성원인 Max를 필요로 한다. Myc과 Max는 염기성 나선-loop-나선 류신 지퍼 도메인을 통해 이종이량체(heterodimer)를 형성하고, 이들의 표적 유전자에서 E-박스라 불리는 조절 요소에 결합한다. 이종이량체 형성 및 DNA 결합은 Myc의 발암성, 유사분열성 및 세포자살 효과에 중요하다. Max 및 Mad/Mxi와 같은 다른 이종이량체는 Myc의 기능을 억제한다. 이들도 또한 유전자 프로모터의 E-박스에 결합할 수 있으나 전사를 억제한다. 따라서 Myc 전사 인자 계열은 상호작용하는 염기성 나선-loop-나선 류신 지퍼 단백질의 네트워크를 형성하고, 이종이량체 구성원의 정체성에 의해 생물학적 효과가 결정된다.

잠시 멈춰 생각하기

분자 용어의 3글자 용어는 처음에는 특이하게 들리지만, 연습하면 익숙해져서 분자 어휘를 구축할 수 있다.

자가 진단 책을 덮고서 그림 4.2를 다시 그려보시오. 답을 확인 후 수정하시오. 책을 덮고서 다시 한 번 시도하시오.

이제 여러분이 배운 기초 위에 복잡한 수준을 어떻게 구축할 수 있는지 설명하기 위해 되돌아가보자. RAS는 여러 중요한 신호전달 경로와 성장 인자 신호의 통합에 있어 "주인공"으로 주목되어 왔다. 실제로 모든 수용체 타이로신 인산화효소는 RAS를 활성화시킨다. Raf는 앞서 MAPK 연쇄 반응의 활성화를 유도하는 하나의 반응기 단백질로 설명되었지만, RAS 활성화에는 다른 여러 반응기 단백질이 있다. 지질 인산화효소인 PI3K(Phosphatidylinositol 3-kinase)는 또 다른 RAS의 후속 반응기 단백질로, 이 시점에서 소개할 수 있다("잠시 멈춰 생각하기" 참조).

단백질 결정 구조 연구에 따르면, RAS는 PI3K의 촉매 구조와 직접 상호작용한다. 이차 신호전달 물질인 PIP3의 생성은 세린/트레오닌 인산화효소인 PDK-1을 세포막으로 불러들인다. 또 다른 세린/트레오닌 인산화효소인 Akt도 또한 세포막으로 영입되어 PDK-1에 의해 인산화되고 활성화된다. 활성화된 Akt는 별개의 표적 단백질을 인산화해 세포자살 억제 및 생존에 관여한다. 세린/트레오닌 인산화효소인 m-TOR(mammalian target of rapamycin)는 지질 및 뉴클레오디드 합성과 같은 동화 작용의 촉진에 관여하는 Akt의 후속 표적이다. 또한 활성화된 Akt는 핵으로 이동할 수 있으며, 여기서 FOXO(forkhead box O)와 같은 전사 인자 등의 핵 기질을 인산화시킨다.

잠시 멈춰 생각하기

지질 인산화효소란 무엇일까? 지질을 인산화하는 효소이다. PI3K는 PIP2(phosphatidylinositol-4,5-bisphosphate)의 3′ OH 그룹을 인산화하여 이차 신호전달 물질인 PIP3(phosphatidylinositol-3,4,5-trisphosphate)를 생성한다. 이 거추장스러운 이름에 낙담하지 말자. 둘 사이의 차이는 하나의 인산기 뿐이다.

자가 진단 RAS 활성화의 2개 반응기 단백질을 포함하는 성장 인자 신호전달 경로도를 작성하시오. 그림 4.7을 통해 답을 확인한 후 수정하시오.

세포 신호가 세포 행동에 미치는 영향

우리는 이 장의 앞부분에서 성장 인자 신호전달이 핵으로의 신호전달을 통해 세포 증식으로 이어질 수 있음을 보았다. 또한 세포 신호는 세포 행동에 영향을 미칠 수 있다. 이는 세포내 타이로신 인산화효소인 SRC(유전자 *src*는 다음 절에서 다룬다)에 의해 명확하게 입증된다. 세포 증식에 역할을 하는 것 외에도, SRC는 세포 부착, 침윤 및 운동성의 조절에 중요한 역할을 한다. SRC는 SH2와 SH3 도메인을 포함하는 SRC 상동성 도메인(SRC homology domain)을 가지고 있는 인단백질(phosphoprotein)이다. 또한 C-말단 근처에 음성 조절 도메인(negative regulatory

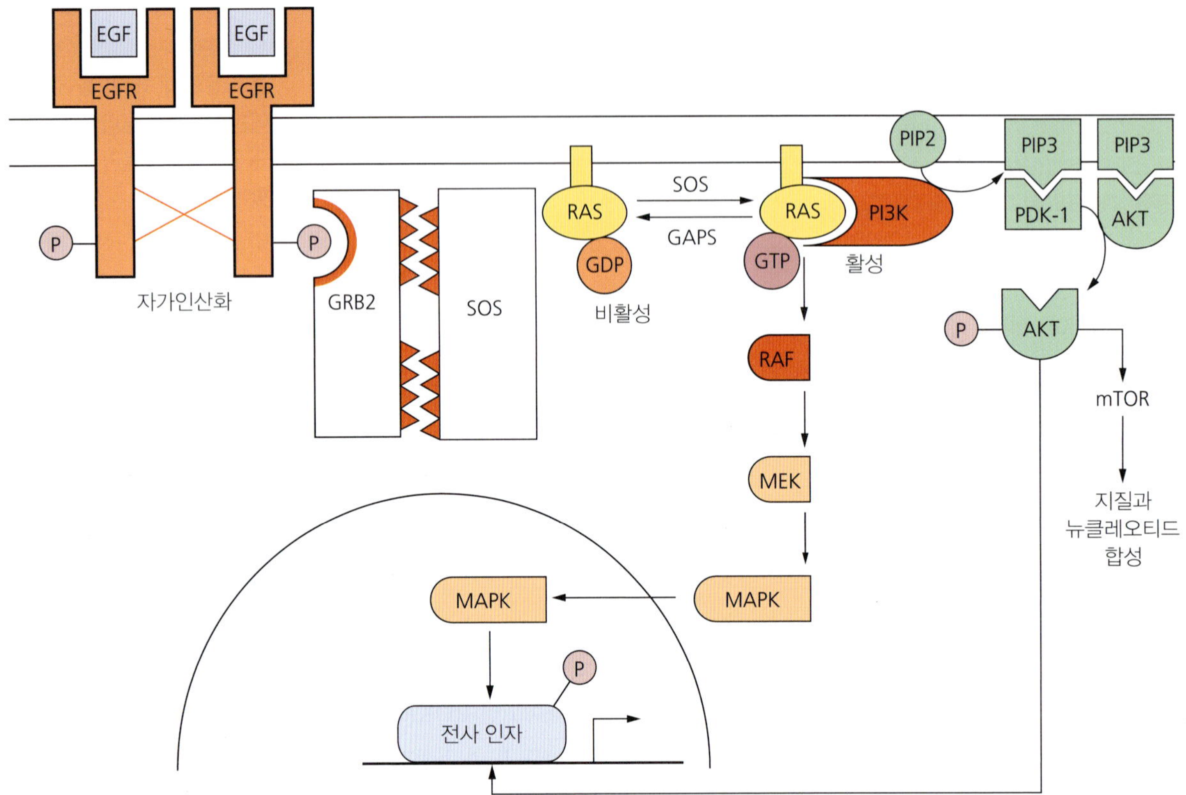

그림 4.7 RAS의 두 반응기(붉은색으로 표시)를 보여주는 EGF 신호전달 경로. PI3K 신호전달에 대한 자세한 내용은 본문 및 Fruman과 Rommel의 논문(2014)을 참조하라.

domain)을 가지고 있다. 이 음성 조절 도메인의 Tyr530이 인산화되면 내부 SRC SH2 도메인에 결합해서 인산화효소 도메인을 억제하고 SRC를 비활성 상태로 유지하는 분자내 결합을 초래한다(그림 4.8). SRC가 활성화될 수 있는 한 가지 방법은 EGF 수용체와 같은 수용체 타이로신 인산화효소를 통하는 것이다. 성장 인자에 의한 EGF 수용체의 자극시, 자가인산화된 수용체는 SRC의 SH2 도메인과 상호작용해서 음성 조절 분자내 입체 형태를 방해한다. 마찬가지로 초점 접착 인산화효소(focal adhesion kinase, FAK)도 SRC의 SH2 도메인에 직접 결합해 SRC를 활성화할 수 있다. 생성된 SRC–FAK 복합체는 초점 접착 단백질(focal adhesion protein), 연결자 단백질(adaptor protein)과 전사 인자를 포함한 광범위한 표적 단백질과 상호작용한다. 초점 접착(focal adhesion)이라고 불리는, 세포골격 섬유와 연관된 세포 기질 결합(cell matrix junction)의 조절은 세포 형태와 운동성에 특히 중요하다. 초점 접착의 집합은 세포 부착을 용이하게 하는 반면, 분해는 운동성을 촉진시킨다. SRC의 활성화는 초점 접착의 분해로 이어져 운동성을 높일 수 있다. SRC는 또한 E-cadherin을 억제해 세포 침윤을 조절하고(제9장 참조), 증식과 생존에 영향을 미친다.

따라서 타이로신 인산화효소 수용체를 통한 성장 인자 세포 신호전달의 효과는 SRC 활성화시 발생하는 많은 후속 효과에 의해 예시된 바와 같이 실제로 여러 가지이다.

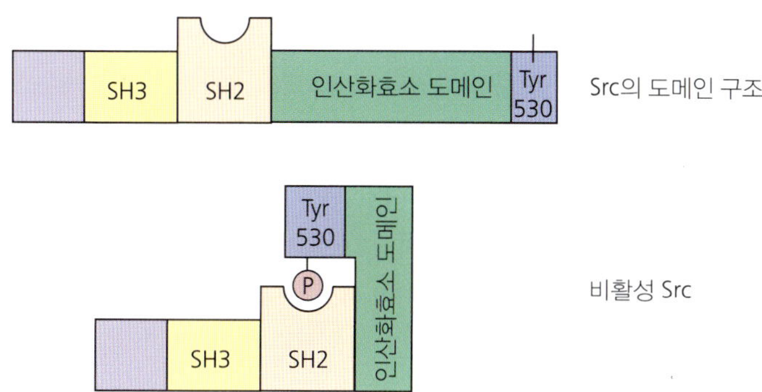

그림 4.8 SRC의 단백질 도메인과 음성 조절 분자내 상호작용.

EGFR 경로는 선형 신호전달 경로로 표시되지만, 복잡하고 동적인 신호 네트워크와 상호 연결되어 더 복잡하다는 것을 인식해야 한다. 다양한 리간드에 의한 광범위한 입력과, 서로 다른 반응기 단백질들에 대한 광범위한 출력을 기억하자. 시스템 생물학의 분석에 따르면, EGFR은 무려 211개의 다른 반응에 영향을 미치는 것으로 나타났다. 여러 구성 요소 외에도, 반응의 정도와 지속 시간에 영향을 주는 양성 및 음성 피드백 기전으로부터 오는 다양한 조절 신호가 있다. 수학적 모델링이 유용한 도구가 되고 있지만, 아직까지 신호전달 경로의 양적 측면의 이해에는 미치지 못하고 있다(Kolch *et al*., 2015).

4.2 발암유전자

암은 성장, 분화, 또는 죽음에 관여하는 유전자의 돌연변이로부터 발생한다. 암 발생에 기여하는 돌연변이 유전자는 크게 2가지로 분류되는데, 발암유전자와 종양 억제 유전자이다. 발암유전자는 정상적으로 생성되는 단백질이 더 많이 만들어지거나, 증가된 활성을 가지는 변형된 단백질이 우세하게 작용하도록 돌연변이가 일어난 유전자이다. 하나의 대립 유전자에서만 돌연변이가 일어나도 그 효과는 충분하다. 이에 비해 종양억제유전자(제6장에서 논의)는 돌연변이가 기능 상실을 일으키는 유전자이므로 두 대립 유전자가 모두 변이되어야 하기 때문에 자연적으로 열성이다. 100개 이상의 발암유전자와 최소 15개 이상의 종양억제유전자가 확인되었다.

레트로바이러스에 관한 연구

레트로바이러스에 관한 연구는 암생물학에 대한 훌륭한 통찰을 이끌어 내었고, 발암유전자에 대한 지식의 기초가 되었다(역사적 검토는 Vogt, 2012 참조). 바이러스가 동물에서 암을 유발할 수 있다는 초기 관찰에 기초하여 몇 가지 획기적인 실험이 수행되었고, 그 결과는 발암유전자의 발견으로 이어졌다. 1911년 Peyton Rous는 닭

육종(sarcoma)으로부터 세포가 없는 여과액을 준비하였고, 이 여과액이 건강한 닭에서 육종을 유도할 수 있음을 증명하였다. 여과액의 원인 물질이 라우스 육종 바이러스(Rous Sarcoma Virus)로 확인되었다. 수십 년 후, 이 바이러스에 의한 발암성 형질 전환은 바이러스 게놈에 포함되었지만 바이러스 복제에는 필요하지 않은 "추가" 유전자에 의해 일어나는 것으로 밝혀졌다. 최초의 소위 "발암유전자"는 *v-src*("v sark"로 발음됨)로 확인되었다. 발암유전자의 생성물은 60 kDa의 세포내 타이로신 인산화효소임이 밝혀졌다.

1976년에 놀라운 발견이 이루어졌다. Michael Bishop과 Harold Varmus는 바이러스가 감염되지 않은 닭에서 *v-src*에 대한 상동 서열을 가진 유전자가 있음을 발견했다. 또한 추가적인 조사를 통해 초파리에서 인간에 이르기까지 이 유전자를 가지고 있음을 발견하였다. 추가 연구를 통해, 거의 모든 발암유전자는 변형된 형태의 정상 유전자 또는 원발암유전자(proto-oncogene)라는 암생물학의 기본 원리가 밝혀졌다.

예외: DNA 종양 바이러스의 일부 단백질 생성물은 발암유전자처럼 행동하지만 세포 발암유전자의 바이러스 버전은 아니다. 이들은 종양 억제 단백질의 활동을 차단함으로써 작용한다. 제6장과 13장을 참조하라.

원발암유전자라는 이름은 암생물학에서 정상적인 세포(c) 유전자(예, *c-src*)와, 레트로 바이러스(v)에 의해 형질 도입되어 변형된 형태(예, *v-src*)를 구별하기 위해 가끔 사용된다. *v-src* 서열은 *c-src*에 존재하는 카르복시 말단의 음성 조절 도메인이 없고, 유전자 전체에 점 돌연변이(point mutation)가 있다.

발암유전자 분야의 선구자: Harold Varmus

Harold Varmus는 J. Michael Bishop과 함께 University of California, San Francisco에서 수행한, 발암 과정에서 돌연변이의 역할에 대한 연구를 인정 받아 1989년 노벨 생리의학상을 수상하였다. 그들은 암을 유발하는 바이러스의 일부 유전자가 바이러스 성 유전자가 아닌 정상 세포 유전자의 돌연변이 형태라는 것을 발견하였다. 이는 발암유전자가 기능 획득 돌연변이(gain-of function mutation)와 같은 활성화에 의해 세포를 형질전환시킬 수 있는 세포 유전자라는 것을 의미한다. 이 장에서 볼 수 있듯이, 이러한 사실은 원발암유전자의 개념과 암분자생물학의 탄생으로 이어졌다.

Varmus는 클린턴 대통령에 의해 미국 국립보건원(National Institutes of Health)의 원장으로 임명되어 6년간 재직하면서 많은 발전을 이뤄냈다. 또한 그는 뉴욕시의 Memorial Sloan-Kettering Cancer Center의 소장 겸 CEO였다. 2010년 오바마 대통령의 지명을 수락한 뒤 5년 가까이 국립암연구소(National Cancer Institute)의 소장을 지냈다.

이쯤에서 레트로바이러스의 생활사에 대한 간단한 검토가 필요하다. 레트로바이러스는 에너지와 바이러스 단백질 합성을 위해 숙주 세포에 의존한다는 점에서 세포내 기생체로 분류된다. 감염성 핵산(RNA)이 숙주 세포에 진입한 후, 바이러스 RNA는 먼저 DNA로 역전사되어, 프로바이러스(provirus)가 된다. 이는 DNA → RNA → 단백질이라는 유전 정보의 단방향적 흐름의 중심 원리(central dogma)에 대한 예외라는 점에 유의하자. 이 프로바이러스 DNA는 숙주 염색체에 무작위로 삽입되어 숙주 DNA로써 복제, 전사 및 번역된다. 바이러스 RNA는 번역되어 새로운 바이러스 입자의 합성을 위한 바이러스 단백질을 생산한다. 진화하는 동안 바이러스는 삽입 부위에서 숙주로부터 유전자의 파편을 획득하며, 이 과정에서 발암유전자가 생성될 수 있다. Rous Sarcoma Virus의 경우에는 잘린 형태의 *c-src*를 획득하였다. 또는 삽입 부위에 따라, 바이러스 DNA는 세포 DNA와 함께 융합 단백질로 번역돼서 새로운 융합 단백질을 생성하거나, 바이러스 조절 서열에 의해 숙주 유전자가 조절될 수 있다. 숙주 유전자 발현의 중단은 바이러스 유도 암 발생의 또 다른 기전이다. 비록 바이러스가 사람에서 암 발생의 주요 원인은 아니지만, 원발암유전자의 종양 유발 활성화 기전과 유사하기 때문에, 레트로바이러스로부터 얻은 지식은 일반적인 발암 기전을 이해하는 데 도움이 된다. 예를 들어, 염색체 전좌(chromosomal translocation)는 바이러스가 숙주 염색체에 삽입되는 것과 같은 결과를 가져올 수 있거나, 중요한 유전자가 새로운 조절 서열의 영향을 받아 유전자 생성물의 양이 비정상적으로 변할 수 있다. 또한 새로운 유전자 구성은 발암유전자로서 작용할 수 있다.

바이러스 연구로부터 얻은 교훈을 통해 발암유전자의 예를 잘 이해하는 것이 중요하다. 알려진 거의 모든 발암유전자는 정상적인 유전자의 변형된 형태이다.

성장 인사 신호전달 경로에 관련된 모든 유형의 단백질에 발암유전자의 예가 있는데, 그중 몇 가지를 다음 절에서 다룬다.

성장 인자

원발암유전자의 역할에 대한 첫 번째 증거는 바이러스성 발암유전자인 *v-sis*의 분석에서 나왔다. 이 유전자의 단백질 생성물은 세포질에 존재하며, 혈소판에 의해 정상적으로 분비되는 혈소판 유래 성장 인자(platelet-derived growth factor, PDGF)의 잘린 형태인 것으로 밝혀졌다. 따라서 원발암유전자 또는 세포 유전자 *c-sis*의 생성물의 정체는 PDGF이다. PDGF는 상처 반응의 구성 요소로서 상처 가장자리 주변의 상피 세포를 자극해 증식시켜 손상 부위를 치료하는 것이 정상적인 역할이다. 발암성 형태의 주요 작용은 비정상적인 위치(세포 바깥으로 분비가 아닌 세포질 내) 및 조절되지 않은 성장을 초래하는 부적절한 시간(예, 상처에 대한 반응 이외의 시간)에 PDGF 신호 경로의 후속 활성화이다.

성장 인자 수용체

발암유전자 *v-erbB*는 원래 조류 적아구증 백혈병 바이러스로부터 확인(및 명명)되었으며, 세포외 영역이 제거된 EGFR의 절단된 형태이다. 따라서 원발암유전자 또는 세포 유전자 *c-erbB*의 생성물의 정체는 EGFR이다. 돌연변이 수용체는 EGF가 없어도 세포 분열을 유발한다. 성장 인자 결합을 방해하고 항시 활성화("항상 켜짐")를 유도하는 것과 동일한 효과를 나타내는 점 돌연변이가 인간 암에서 확인되었다. 유전자 증폭에 의해 정상 *c-erbB* 생성물의 양을 증가시키는 것도 암 발생, 특히 유방암의 원인이 되는 또 다른 작용 기전이다. 유전자 증폭은 DNA 복제 분기점(fork)에서의 오류로 인해 DNA 서열을 여러 벌 생산하는 것을 포함한다.

RET 신호는 배아 발생 동안 신장 발달과 신경 분화에 중요한 역할을 한다. 원발암유전자 *ret*은 세포 표면 공동 수용체(co-receptor)인 GFR-α1−4와 이종이량체를 형성해서, 신경교세포 유래 신경 영양 인자(glial-derived neurotrophic factor, GDNF) 계열 리간드에 대한 신호를 전달하는 또 다른 성장 인자 타이로신 인산화효소 수용체를 암호화한다(Mulligan, 2014). 리간드는 RET와 직접 결합하지 않고, 먼저 공동 수용체와 복합체를 형성한 후 RET와 결합한다. 이 복합체 내에서 RET는 구조 변화를 겪으며 이량체를 형성하고, 자가인산화가 일어난다.

유두 갑상선 암종 세포는 종종 수많은 유전자의 아미노 말단 부분과 타이로신 인산화효소 도메인을 암호화하는 *ret*의 서열을 포함하는 체세포 염색체 재배열을 가지고 있다. 이러한 융합 단백질 생성물은 GDNF 신호전달과 무관한 세포질 인산화효소 활성을 나타낸다. 이러한 RET 염색체 재배열은 우크라이나의 체르노빌 또는 일본의 히로시마처럼 환경 방사선 피폭량이 높은 곳에서 더 빈번하게 발생한다.

> **잠시 멈춰 생각하기**
>
> 어떤 유형의 유전자가 일반적으로 암에 대한 유전적 소인에 관여하는가? 종양억제유전자가 가장 많이 관여하지만, 여기서 암 소인에 영향을 미치는 유전적 발암유전자(*ret*)의 특이한 예를 볼 수 있다.

생식선 돌연변이는 다발성 내분비성 종양 2A(multiple endocrine neoplasia 2A, MEN2A), MEN2B, 가족성 수질 갑상선암 등 3가지 가족성 염색체 우성 종양 증후군과 관련이 있다. 확인된 돌연변이는 발암성 활성화에 대한 상이한 기전을 설명한다. 거의 모든 MEN2A 환자들은 세포외 시스틴 잔기에서 돌연변이를 가지고 있다. 이로 인한 분자간 이황화 결합에 의해, RET은 항시 이량체를 이뤄서 비정상적으로 활성화된다. MEN2B 환자의 경우, 타이로신 인산화효소 영역의 기질 결합 포켓이 변경되어 발암 활성화가 일어난다. 보존된 메티오닌 잔기는 수용체 타이로신 인산화효소의 기질 결합 도메인의 특징이며, 트레오닌 잔기는 세포질 타이로신 인산화효소에서 보존되어 있다. MEN2B의 특징적인 돌연변이는 트레오닌이 이러한 보존된 메티오닌 잔기를 대체(Met918Thr)하는 치환 돌연변이이다. 이러한 돌연변이는 기질의 접근을 변화시켜 인산화효소 활성을 증가시키고, 수용체 타이로신 인산화효소 대신 세포질 타이로신 인산화효소의 특징인 기질 특이성을 변화시킨다. 따라서 신호전달 경로는 크게 교란된다.

수용체 타이로신 인산화효소의 발암성 활성화는 타이로신의 상시 활성화, 이량체화 또는 기질 특이성 변화를 유발하는 특정 돌연변이를 통해 발생한다.

세포내 신호전달기

*ras*의 발암성 활성화는 인간 종양의 약 30%에서 관찰되며, 인간 암에서 가장 흔하게 돌연변이된 발암유전자이다. 대부분의 돌연변이는 12, 13, 61 코돈에 위치해 있다. 이들 각 돌연변이의 결과는 활성 RAS-GTP를 비활성 RAS-GDP로 되돌리는 데 필요한 RAS 단백질의 GTPase 활성의 손실이며, 그 효과는 유사분열 촉진 물질(mitogen)이 없는 경우에도 RAS 단백질의 상시 활성화이다. *ras* 유전자의 일부 특정 돌연변이는 특정 암에서 잘 나타난다. 글리신(GGC)에 대한 발린(GTC)의 치환을 야기하는 코돈 12 내의 점 돌연변이(G12V)는 방광암의 특징인 반면, 시스틴의 치환은 담배 연기에 의한 돌연변이로 폐암에서 더 흔하다.

어떻게 알 수 있을까?

형질 전환 분석 및 돌연변이 분석

Reddy 등의 초기 고전 논문(1982)은 발암유전자와 유전자 변형을 확인하는 데 사용된 기본 실험 방법을 보여준다. *ras* 발암유전자(T24 DNA의 6.6 *Bam*H1 단편에서 확인됨)의 세포 형질 전환 능력은 프로토 타입의 시험관내 세포 형질 전환 분석에서 입증되었다(그림 4.9a; "암 세포는 세포 배양 조건에서 정상 세포와 구별될 수 있음" 참조). 이 분석은 암 세포가 단층의 정상 세포에 비해 다층의 증식소(foci)로 성장한다는 특징을 바탕으로 한다. 유전자 변형을 포함하는 유전자의 작은 단편을 확인하기 위해, 일련의 결실(deletion) 돌연변이들을 NIH3T3 세포에 도입해서 증식소 형성에 대해 분석 하였다(형질 전환 활성은 Reddy 등의 1982년 논문의 그림 1에 각 결실 구조 옆에 +/− 부호로 표시됨). 연구팀은 이어 결실 분석으로 확인된 작은 단편을 비교 서열 분석법을 활용해 분석함으로써, 인간 방광암 세포의 작은 단편 내에서 단일점 돌연변이를 확인했다. 서열 분석 방법은 Maxam(맥삼)과 Gilbert(길버트)의 실험방법(그림 4.9b)을 따라 수행하였다.

생체내 실험에서도 발암에서 *ras* 발암 유전자의 역할이 증명되었다. 높은 수준의 *c-ras*를 발현할 수 있는 플라스미드가 도입된 세포는 쥐에서 종양을 형성하는 능력을 부여 주었고(Chang *et al.*, 1982), *ras*가 결핍된 쥐에서는 피부 발암 과정에서 종양 형성이 감소하였다(Ise *et al.*, 2000).

B-Raf는 종양을 형성할 수 있는 또 다른 신호전달기이다. B-Raf의 발암성 활성화는 흑색종에서 흔하다. 흑색종 환자에서 발견되는 일반적인 돌연변이 형태인 B-Raf[B-Raf (V600E)]는 지속적 인산화효소 활성 및 되먹임 기전에 대한 무감응을 유발한다. 따라서 외부 성장 인자 신호가 아닌 신호전달기에서 시작된 성장 신호는 부적절한 시기에 발생하고, 비정상적인 세포 성장을 초래한다.

잠시 멈춰 생각하기

9쪽의 1.2절, "어떻게 알 수 있을까? 증거의 유형"에서 논의된 "관계", "억제" 및 "획득" 기준에 따라 위의 각 유형의 증거를 분류해 보시오.

SRC와 같은 세포질 타이로신 인산화효소, RAF 및 MAPK와 같은 세린/트레오닌 인산화효소 및 ABL과 같은 핵 인산화효소를 암호화하는 유전자도 발암성 활성화를 겪을 수 있다. 앞서 논의한 바와 같이, 분자 내 결합은 일반적으로 c-SRC 인

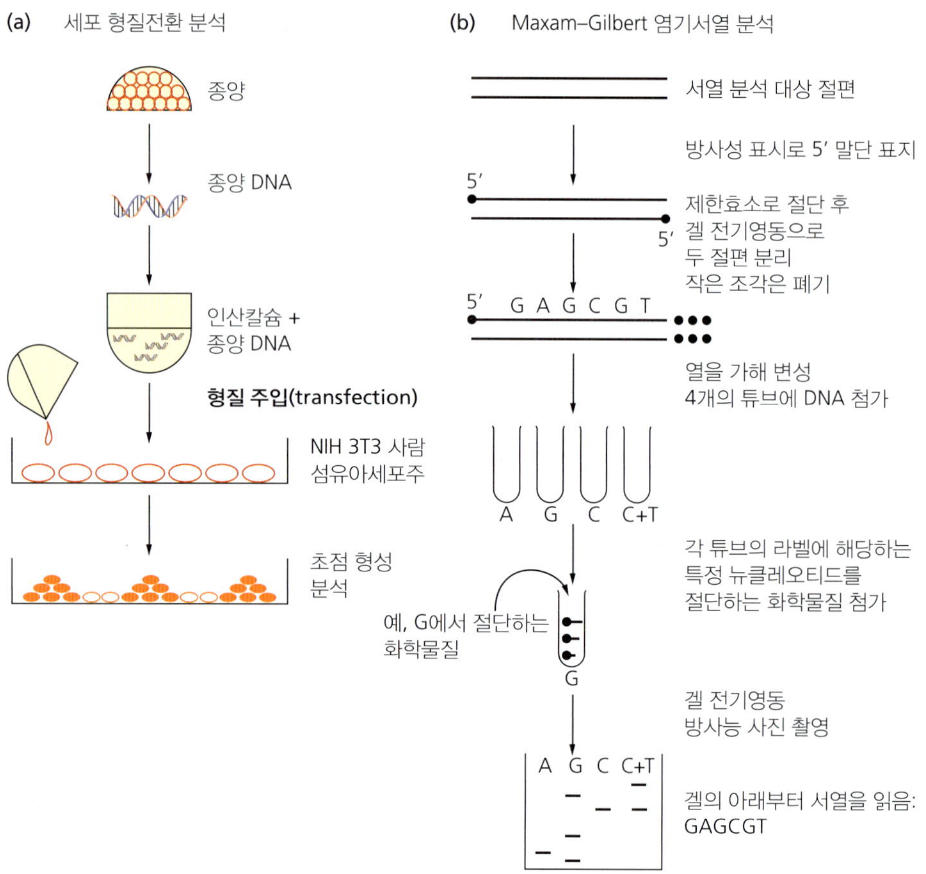

그림 4.9 (a) 세포 형질전환 분석. (b) Maxam–Gilbert 방법에 의한 DNA 염기서열 분석. 화학 물질을 사용하여 특정 뉴클레오티드에서 말단에 표지된 DNA 조각을 절단하고, 그 단편을 겔 전기영동 및 방사능 사진 촬영(authoradiography)에 의해 분석한다. T에서만 자르는 특정 효소가 아니라 C와 T 둘 다(C + T)에서 자른다는 점에 유의한다. 따라서 C 열 및 C + T 열에 모두 밴드가 있으면 뉴클레오티드는 C이고, C + T 열에만 밴드가 있으면 뉴클레오티드는 T이다.

산화효소 활성을 조절한다. SRC SH2 도메인은 C-말단의 인산화된 타이로신 잔기(Tyr530)에 결합해 SRC 인산화효소 활성 부위를 차단하는 형태를 취한다. SRC 인산화효소 활성의 억제는 Tyr530의 탈인산화를 통해 또는 SH2 도메인을 특정 활성화된 타이로신 인산화효소 수용체에 결합함으로써 완화될 수 있다(95쪽의 “잠시 멈춰 생각하기” 참조). 대장암에서 발암성 *src*의 단백질 생성물은 Tyr530에서 잘린 것이 특징이다. 이러한 비정상적 단백질은 앞에서 설명한 비활성 구조를 취할 수 없으므로, 인산화효소 활성은 항시 활성화(“항상 켜짐”)된다.

또 다른 예로 *abl*을 살펴보자. *c-abl*은 DNA 손상에 의한 세포자살에 작용하는 핵 타이로신 인산화효소의 유전자다. 일반적으로 세린/트레오닌 인산화효소인 ATM을 통해 전리방사선과 특정 약물에 의해서 활성화된다. 발암 활성화는 염색체 전좌 t(9;22)를 통해 발생하며, 여기서 *abl*은 절단점군 영역(breakpoint cluster region,

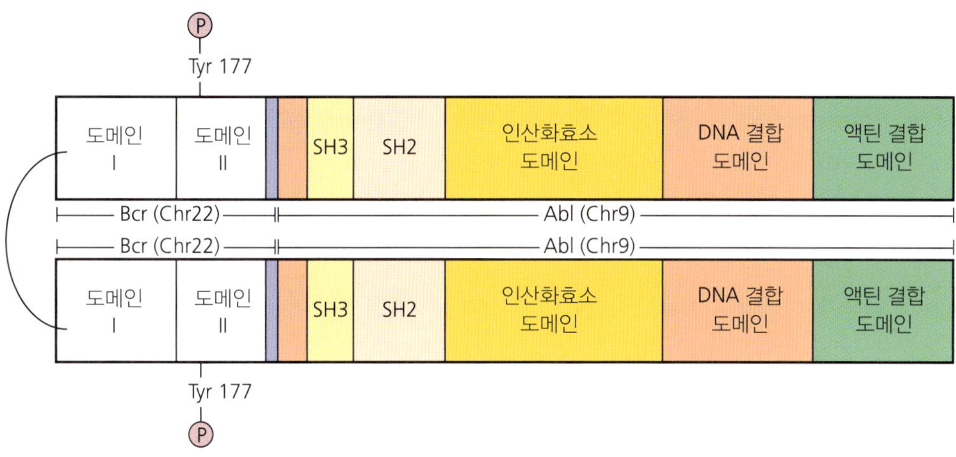

그림 4.10 BCR–ABL 융합 단백질.

bcr)과 나란히 놓인다. 따라서 일반적으로는 서로 옆에 있지 않은 DNA 서열이 염색체 전좌에 의해 융합하고 전사되어 새로운 특징을 갖는 융합 단백질을 생성한다(그림 4.10). 전좌된 BCR은 도메인 I과 II(흰색으로 표시됨)를 유지하고, ABL은 SH3 및 SH2 도메인, 인산화효소 도메인, DNA 결합 도메인, 액틴 결합 도메인(색상으로 표시됨)을 유지한다. BCR–ABL 분자는 서로 연결되어 BCR 도메인 I의 코일 모티프에 의해 매개된 동종-올리고머 복합체(homo-oligomeric complexes)를 형성한다. 올리고머화는 영역 II 내의 Tyr177에서 자가 인산화를 일으키는데, 이는 ABL 타이로신 인산화효소의 활성화를 유발한다. 융합 단백질 BCR–ABL은 세포질 내에 위치한다. 결과적으로, 핵 인산화효소는 세포질에서 항시 활성화되며, 세포의 정상적인 신호전달 경로를 방해하는 다양한 새로운 기질에 접근한다.

잠시 멈춰 생각하기

SRC의 SH2 도메인과 Grb2의 SH2 도메인의 역할은 어떻게 비교하나? 두 경우 모두 SH2 도메인은 인산화된 타이로신 잔기를 인식한다. SRC의 SH2 도메인은 분자 내 상호작용을 조절하지만, Grb2의 SH2 도메인은 자신과 수용체 타이로신 인산화효소 사이의 분자 간 상호작용을 조절한다.

전사 인자

세포 성장, 분화 및 사망의 중요한 조절 인자인 전사 인자 AP-1이 또한 형질 전환에 관여한다는 것은 놀라운 일이 아니다. AP-1의 성분인 Jun 및 Fos는 원발암 유전자인 *c-jun* 및 *c-fos*에 의해 암호화되고, 이들 유전자의 발암성 활성화에 대해서는 여러 기전이 있다. 일반적으로, *c-fos* mRNA는 수명이 짧아 유사분열 촉진 물질에 대한 반응이 일시적이다. *v-fos*의 3′ 말단 절단에 의해 mRNA 불안정성(ATTTATTT)과 관련된 모티프가 제거되고 반감기가 더 긴 mRNA를 생성하게 된다. *v-fos* mRNA의 이상 발현은 *v-fos* 유전자 생성물을 증가시키고, 이에 따라서 AP-1에 의해 조절되는 유전자의 전사도 부적절하게 증가한다. 또한 발암성 활성화는 혈청 유사분열 촉진 물질이 없는 경우에도 *fos* 유전자의 전사가 일어나도록 조절 프로모터 염기 요소인 혈청 반응 요소의 결실을 수반할 수 있다.

*c-myc*의 발암성 활성화는 c-Myc 단백질의 상시 활성화 및 과발현으로부터 발생

한다. *myc*(염색체 8)이 면역 글로불린 유전자(염색체 14)의 강력한 프로모터의 조절을 받게 되는 위치로 염색체 전좌가 일어나게 되면, *myc* 유전자의 발현량이 증가한다. *c-myc*의 발암 활성화 기전은 버킷 림프종(Burkitt's lymphoma)에서 흔히 관찰된다. Myc 단백질의 증가는 Myc에 의해 조절되는 유전자의 전사를 부적절하게 증가시킨다.

스테로이드 호르몬 수용체는 리간드 의존적인 전사 인자로 작용한다는 것을 기억하자. 이전에 논의된 *v-erbB*에 더하여, 또 다른 발암유전자인 *v-erbA*는 원래 조류 적혈구 아세포증 백혈병 바이러스로부터 확인(및 명명)되었다. 원발암유전자 또는 세포 유전자 *c-erbA*의 생성물은 갑상선 호르몬(triiodothyronine, T3) 수용체이다. 갑상선 호르몬의 결합을 막고 전사 활성화를 억제하는 돌연변이에 의해 발암 활성화가 일어난다. 이 돌연변이의 생성물은 DNA에 결합할 수 있고, 갑상선 수용체와 이종이량체를 형성할 수 있는 다른 스테로이드 호르몬 수용체군 구성원을 비롯한 야생형 수용체의 접근을 차단할 수 있는 수용체를 암호화하기 때문에 이러한 유형의 돌연변이를 **우성음성** 돌연변이(**dominant negative** mutation)라고 한다. *v-erbA*의 생성물은 **동종이량체(homodimer)**를 형성할 수 있기 때문에(원발암유전자 *erbA*의 생성물은 동종이량체를 거의 생성하지 않는 것에 주목), 이러한 동종이량체는 반응 요소에 대한 우성음성 효과를 매개하는 것으로 생각된다. 인간 암에서 확인된 갑상선 호르몬 수용체의 체세포 돌연변이는 갑상선 호르몬에 결합해서 전사를 조절하는 능력을 상실한 생성물을 만들고, 일부는 우성음성 돌연변이체를 생성해 인간 암에 관여할 가능성이 있음을 시사한다. 과메틸화에 의한 갑상선 호르몬 수용체 유전자의 침묵도 또한 일부 암과 관련이 있다. 갑상선 호르몬 수용체가 없는 유전자 도입 쥐 모델에서 갑상선 암이 발생하므로, 이는 암에서 갑상선 수용체가 중요한 역할을 수행함을 보여준다(Kim and Cheng, 2013) ("잠시 멈춰 생각하기" 참조).

잠시 멈춰 생각하기

3가지 특정 전사 인자에 관한 이전 논의에서, 일부 암에서는 AP-1과 Myc의 전사 활성이 증가하는 반면, 일부 암에서는 갑상선 호르몬 수용체 전사 활성이 감소함을 알 수 있다. 이러한 전사 인자의 표적 유전자에 대해 무엇을 추정할 수 있을까? AP-1 및 Myc의 표적 유전자는 성장을 촉진시키는 단백질을 암호화하는 경향이 있는 반면, 갑상선 호르몬 수용체의 표적 유전자는 성장을 억제할 가능성이 높다.

발암 활성화의 기전

앞의 절에서 볼 수 있듯이, 원발암유전자가 발암유전자가 되게끔 활성화하는 여러 기전이 있다(그림 4.11). 암호화 영역에서의 점 돌연변이 및 결실은 일반적인 기전이며, 종종 원발암유전자 생성물의 구조 및/또는 기능을 바꾼다. 발암유전자 활성화의 두 기전은 *EGFR* 유전자에서 볼 수 있다. 유전자 프로모터 영역에서의 돌연변이는 원발암유전자의 과발현을 초래할 수 있다. 염색체 전좌 및 삽입 돌연변이는 일반적으로 서로 옆에 있지 않은 서열의 병치(juxtaposition)를 유발하며, 종종 이러한 구조는 발현량에 변화를 일으킬 수 있다. 95쪽의 "전사 인자"에 언급된 *c-myc*과 면역글로블린 조절 서열 간의 전좌가 그 예다. 또는 융합 단백질은 새로운 특성을 가질 수 있다. 필라델피아 염색체 t(9:22)는 핵 인산화효소인 c-Abl을 활성화하고, 세포질로 위치를 이동해 새로운 기질과 마주치도록 한다. **유전자 증폭(Gene amplifica-**

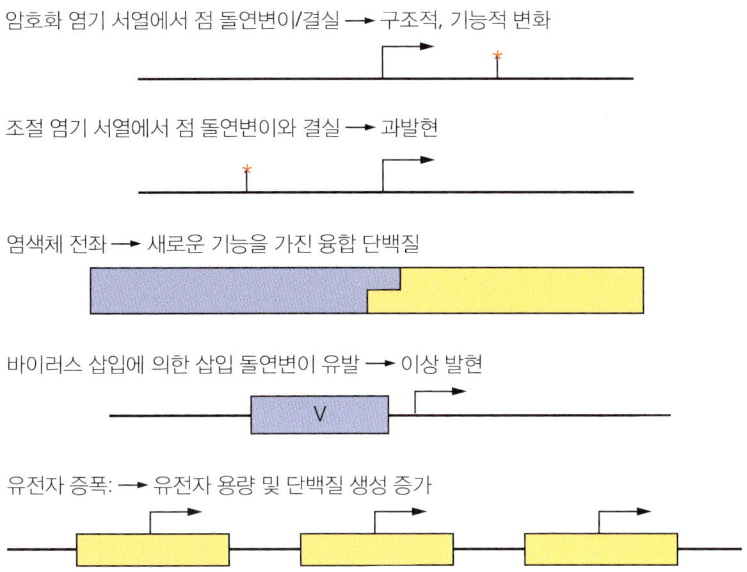

그림 4.11 원발암유전자를 발암유전자로 활성화하는 기전.

tion)은 *erbB2* 활성화의 또 다른 기전으로, 유방암에서 관찰된다.

치료 전략

EGFR 신호전달 경로 및 관련 경로 분자들의 세부 사항에 대한 지식을 토대로, 개별 구성 요소를 표적으로 하는 많은 새로운 암 치료법이 출시되었다. 일부에서는 큰 성공이 있었고, 다른 표적에서는 값진 교훈을 얻었다. 신호전달 경로의 분자생물학을 계속 풀어나가고, 새로운 치료법을 추가로 설계하면서 앞으로 나아간다면, 미래는 희망적이다. 이러한 경로 내에서 분자 표적을 목표로 하는 일부 치료제의 전략은 다음 절에서 다룬다.

4.3 약물 표적으로서의 인산화효소

막 횡단 타이로신 인산화효소, 세포질 인산화효소 및 핵 인산화효소 등 많은 유형의 인산화효소가 우리가 앞에서 보았듯이 암과 관련 있다. 따라서 인산화효소는 새로운 암 치료제 설계의 주요 표적이 되었다. 이론적으로, 인산화효소가 활성 상태에 있을 때 서로 다른 인산화효소의 촉매 도메인의 구조가 매우 유사하기 때문에, 인산화효소의 하위 그룹에 대해 큰 특이성을 갖는 약물을 설계하는 것은 어려울 것으로 예측할 수 있다. 그러나 특정 인산화효소 억제제의 합성이 명백하게 입증되었으며, 그 예는 다음 절과 그림 4.12에 설명되어 있다.

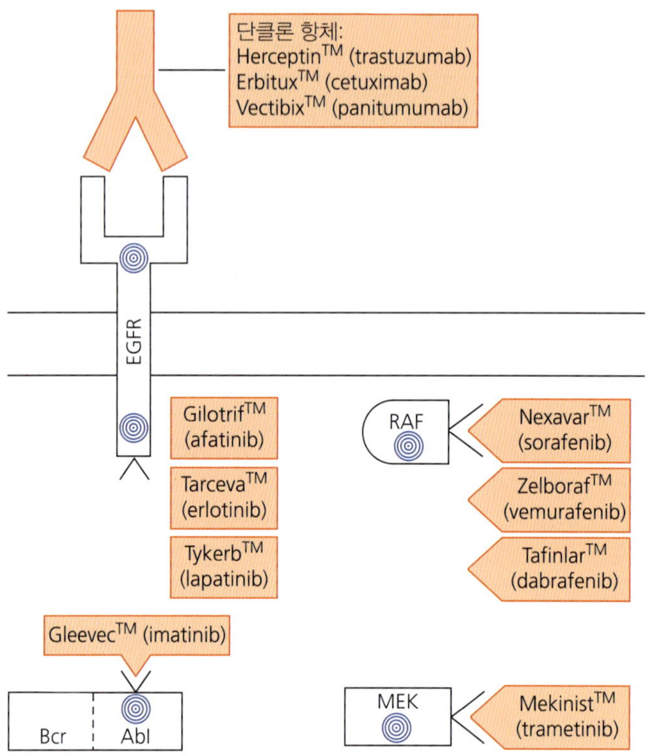

그림 4.12 치료 전략으로서의 인산화효소 억제제. 분자 표적은 표적 기호(◎)로 표시되어 있으며, 치료제는 빨간색으로 음영 처리되어 있다. 표시된 모든 약물은 임상 용도로 승인되었다.

항-EGFR 약물

EGFR 계열의 구성원인 *ErbB2* 유전자는 유방암 환자의 30%에서 증가되었다. 세포 배양 실험 및 형질전환 생쥐(BOX, "형질전환 생쥐를 사용한 유전자 기능 분석" 참조)에서 이 유전자의 과발현은 각각 세포 형질 전환 및 유방암의 발생을 초래하였다. 이는 ErbB2가 유방암과 인과 관계가 있음을 시사한다. 후에 EGFR 돌연변이는 폐암의 일부에서 확인되었다.

IressaTM(Gefitinib), TarcevaTM(erlotinib), TykerbTM(lapatinib)을 포함해, EGFR 계열 구성원의 타이로신 인산화효소 활성을 억제하는 몇 가지 소분자 인산화효소 억제제 약물이 개발되었다(Pao *et al.*, 2004; Sequist, 2015). IressaTM (gefitinib)와 TarcevaTM(erlotinib)는 1세대 억제제로서, 인산화 효소와의 결합이 경쟁적이고 가역적이므로 결합을 위해 ATP와 경쟁할 수 있다. GilotrifTM(afatinib)는 EGFR과 공유 결합을 형성할 수 있는 2세대 억제제이며, 이 결합은 비가역적이다. TarcevaTM(erlotinib)과 GilotrifTM(afatinib)은 진행된 비소세포 폐암(non-small-cell lung cancer)의 치료제로 승인되었다. IressaTM(gefitinib)는 미국에서 그 사용이 중단 되었다(역주: gefitinib은 미국 FDA에 의해 이후 2015년 EGFR 돌연변이 보유 폐암에 대해 승인 받았음; 자세한 내용은 BOX, "약물유전체학에서 얻은 교훈" 참조). Erlotinib과 afatinib의 경우, 반응률은 상당히 높지만(70%) 대부분 약물에 대한 내성이 발생한다. EGFR T790M의 단일 돌연변이는 내성 사례의 50~60%를 차지한다. 초기 전임상 시험에서는 afatinib이 T790M 돌연변이에 효과가 있었으나, 두 약물 모두 이 돌연변이에 효과가 없었다. T790M을 표적으로 하는 rociletinib(C0-1686) 및 AZD9291과 같은 2세대 돌연변이 선택적 공유결합(비가역적) 억제제가 개발되어 임상시험에 들어갔다(Jänne *et al.*, 2015; Sequist *et al.*, 2015). 이러한 2세대 약물은 야생형 EGFR 수용체에 결합할 수 없기 때문에 부작용을 줄일 수 있다. Lapatinib 은 유방암 치료제로 승인되었다.

형질전환 생쥐를 이용한 유전자 기능 분석

유전자의 기능을 조사하기 위한 전략 중 하나는 유전자를 정상적으로 위치하지 않는 곳에 두거나, 정상적으로 존재하는 곳에서 제거하고 변화를 관찰하는 것이다. 형질전환 생쥐는 모든 세포에 추가 또는 변형된 유전자가 포함되어 있다. 유전자 도입 쥐는 수정란에 DNA를 직접 주입해서 만들 수 있다. 보다 일반적으로, 외래 DNA는 초기 배아(blastocyst)에 이식되기 전에 배양된 배아 줄기 세포에 도입된다. Founder 동물은 유전자 도입 동물이 아닌 키메라(생물의 모든 세포가 변형된 DNA를 포함하지는 않음)이기 때문에, 완전히 동종 접합성 형질전환 생쥐(homozygous transgenic mice)를 생성하기 위해서는 일련의 번식 단계가 뒤따라야 한다. 쥐를 생성하기 전에 세포 배양 단계에서 DNA 도입의 선택 및 분석이 가능하다. 유전자 결핍 쥐를 만들기 위해 벡터가 동종 재조합(homologous recombination)에 의해 특정 유전자 위치에 삽입되고(41쪽의 "재조합 수선" 참조), 내인성 유전자를 저지함으로써 유전자 기능을 억제한다. 복잡한 유전자 도입 실험은 특정 위치나 특정 시간에 외래 유전자의 발현을 유도하기 위해서 조직 특이적 또는 유도성 프로모터를 사용할 수 있다.

다른 접근 방식도 성공적이었다. ErbB2 수용체의 타이로신 인산화효소 도메인을 표적으로 하는 대신, 단클론 항체를 사용해서 고유한 세포외 도메인을 표적으로 하였다(286쪽의 12.6절, "치료 항체" 참조). Herceptin™(trastuzumab)은 인간화된(인간 재조합 면역 글로불린 유전자에서 생성되는) 단클론 항체로, ErbB2의 세포외 도메인에 높은 친화력으로 결합한다. Herceptin™은 수용체 분해 촉진, 혈관 신생 억제 및 면역 세포 모집 등의 작용 기전의 조합을 통해 항암작용을 나타내며, 항체 의존적 세포 독성을 유발한다. Herceptin™은 1998년 미국 식품의약국(FDA)에서 ErbB2를 과발현하는 전이성 유방암 치료제로 승인되었고, 종양의 분자 프로파일을 바탕으로 선택적으로 투여하는 최초의 유전체학 기반 치료제이다.

Erbitux™(cetuximab)과 Vectibix™(panitumumab; ABX-EGF)는 EGFR을 표적으로 하는 단클론 항체로 대장암 치료제로 승인되었다. 종양에 *KRAS* 돌연변이가 있는 환자는 cetuximab(Erbitux™)과 panitumumab(Vectibix™)에 반응하지 않는다. EGF 신호전달 경로의 세부 사항을 상기하면(4.1절, 80쪽과 그림 4.2의 "표

피 성장 인자 신호: 중요한 패러다임" 참조) KRAS 돌연변이가 있는 환자가 반응하지 않는 이유를 이해하는 데 도움이 된다. EGFR이 발암성 신호인 경우, 이를 차단하는 것은 성공적인 전략이 될 것이다. 그러나 경로에서 더 아래에 있는 분자가 발암성 신호일 경우에는 EGFR을 차단하는 것은 효과가 없다. *KRAS* 유전자는 대장암 환자의 약 40%에서 돌연변이를 일으킨다. 2009년 미국 FDA는 *KRAS* 돌연변이 스크리닝에 대한 권고사항을 포함하도록 cetuximab(Erbitux™) 라벨을 갱신하였다. 이는 약물유전체학 정보가 의약품 라벨에 포함된 최초의 사례 중 하나이다. *KRAS* 스크리닝에 대한 권고사항은 panitumumab(Vectibix™)에도 포함되었다. 약물에 대한 개인의 반응과 관련된 유전자 정보인 **약물유전체학(pharmacogenomics)**의 영향은 의사가 개인에게 가장 적합한 치료법을 선택하도록 돕는다(BOX, "약물유전체학에서 얻은 교훈" 참조). 종양 DNA의 게놈 특성은 표적화된 치료에 다르게 반응하는 암종(예, 유방암)에서 분자적으로 구별되는 세부 종양 유형이 있음을 나타낸다. 이는 개별 맞춤형 치료를 위한 중요한 단계로서, 환자의 종양 분자 구성에 맞는 치료를 할 수 있고, 이를 통해 주어진 약물의 성공률을 높일 수 있다.

약물유전체학에서 얻은 교훈

약물유전체학은 약물에 대한 개인의 반응에 대한 게놈의 차이에 대한 연구이다. 개인과 종양의 유전자 가변성은 개인마다 약물 반응의 차이를 초래할 수 있다. 다음은 약물 반응에 영향을 미치는 것으로 알려진 EGFR 신호전달 경로에서 돌연변이의 몇 가지 예이다. 종양의 유전자형과 관련하여 약물을 처방하는 것은 "개인 맞춤(personalized)" 또는 "정밀(precision)" 의료의 시작이다.

EGFR을 표적으로 하는 타이로신 인산화효소 억제제인 gefitinib(Iressa™; Astra Zeneca) (98쪽의 "Anti-EGFR 약물" 참조)는 혼합된 임상 반응이 보고되었다. 비소세포 폐암 치료를 위해 미국과 일본에서 처음 승인된 gefitinib(Iressa™)은 인상적이고 성공적인 종양 퇴행을 유발하였으나, 흥미롭게도 10%의 환자에서만 효과가 나타났다. 비소세포 폐암은 전체 폐암의 80%를 차지하기 때문에 gefitinib(Iressa™)에 반응하는 환자의 수(10%)는 상당하다. 현재는 gefitinib(Iressa™)에 반응하는 환자는 *EGFR* 유전자의 특정 돌연변이를 가지고 있다는 것이 입증되었다(Lynch *et al*., 2004; Paez *et al*., 2004).

임상시험 결과, 일본인은 미국인보다 gefitinib(Iressa™)에 반응할 가능성이 3배 더 높은 것으로 나타났다. 과학자들은 일본 병원과 미국 병원의 2 그룹의 비소세포 폐암 종양 시료에서 *EGFR* 유전자의 돌연변이를 검사했다. *EGFR* 유전자의 체세포 돌연변이는 일본 환자에게서 더 자주 발견되었다. 돌연변이는 gefitinib(Iressa™) 결합 부위의 인근 지역인 수용체 타이로신 인산화효소 활성 부위에 대한 암호화 영역에 위치한 미스센스 돌연변이 또는 작은 결실 중 하나였다. 그런 다음 이 돌연변이가 치료 반응과 관련이 있는지 확인하였다. 소규모 환자군을 분석한 결과, gefitinib(Iressa™)에 반응한 환자들도 확인된 돌연변이를 가지고 있었던 것으로 나타났다. ➜

잠시 멈춰 생각하기

왜 *EGFR* 유전자의 이러한 특정 돌연변이가 미국인보다 일본인에게 더 흔한가? 특정 발암물질에 노출되거나 유전적 소인, 또는 이 둘의 혼합과 같은 생활양식 요인 때문일 수 있다.

➜ 돌연변이는 야생형 수용체에 비해 EGF 유도 신호전달의 양과 지속 기간을 증가시키는 변형 단백질을 생성한다. 다시 말해, 수용체는 과잉 활성화(hyperactive)되지만 항상 활성화(constitutive)되지는 않는다. 비정상적인 타이로신 인산화효소 신호전달과 발암을 유발하는 이러한 돌연변이는 gefitinib(Iressa™)이 결합하는 부위를 암호화하는 염기 서열에 모여 있기 때문에 종양이 gefitinib(Iressa™)에 더 민감하게끔 만든다. 이는 종양의 특정 분자 특성(예, *EGFR* 유전자의 돌연변이)을 아는 것이 개인에게 가장 적합한 치료법을 선택하는 데 중요하다는 것을 시사한다.

약물에 반응하지 않게 하는 *KRAS* 돌연변이와는 대조적으로, 이러한 *EGFR* 돌연변이는 약물 반응을 가능하게 한다. 이러한 결과들에 의해 정밀 의학의 시대가 실제로 시작되었다.

Ras와 Raf에 대한 전략

암에서 가장 흔하게 돌연변이된 발암유전자인 Ras는 이상적으로 가장 중요한 약물 표적이다. 그러나 수십 년 동안 소분자 억제제를 찾지 못해, Ras는 약물 표적이 될 수 없다고 분류되어 왔다. 막 삽입을 방지하기 위해 RAS의 C-말단 CAAX 모티프와 경쟁하는 farnesyltransferase 억제제 및 RAS−RAF 상호작용을 방해하는 억제제를 만드는 등의 많은 전략이 성공하지 못했다. 이러한 실패는 주로 지식의 빈 틈에서 기인한 것이다. 예를 들어, RAS를 변형시키는 대체 효소는 farnesyltransferase 억제 효과를 보상했다. 국립암연구소(National Cancer Institute)가 이 문제에 연구 노력을 집중하기 위해 국가적인 Ras 프로그램(이 장의 끝에 나열된 웹사이트 참조)을 시작함에 따라 이러한 추세는 바뀔 것이다. 또한 G12C K-Ras 돌연변이체에 대한 선택적인 억제제가 개발되었다(Ostrem *et al.*, 2013). 이 물질은 알로스테릭 억제제로서, 돌연변이 단백질에 비가역적으로 결합하고, 종양 단백질의 GDP 형태에 선택적으로 결합하며, Raf 결합을 방해한다. 추가적인 개발이 필요하지만, 이러한 억제제들은 Ras 표적화를 위한 전략의 또 다른 길을 열게 되었다.

Ras의 하위 반응기를 표적으로 하는 것이 암 치료법으로서 가치가 있음이 입증되었다.

다른 인산화효소를 표적으로 하는 일반적인 전략이 세린/트레오닌 인산화효소인 Raf에 적용되었다. Sorafenib(Nexavar™, 이전에 BAY43-9006으로 불림)으로 불리는 Raf의 ATP 결합 부위를 표적으로 하는 다중 인산화효소 억제제는 진행성 신장세포암과 간암의 치료에 대해 승인을 받았다(미국 2005, 스위스와 멕시코 2006; Wilhelm *et al.*, 2006). 분자 표적인 Raf가 조절되었는지 확인하기 위해, Raf 표적의 인산화 여부를 모니터링하였다. 그 결과, 효과적인 경구 투여 치료를 받은 환자의 혈액에서 그 하위인 MAPK 인산화가 감소한 것을 확인하였다. 임상적 평가점

(endpoint; 항종양 활성) 외에도 분자적 평가점(MAPK 활성)을 모니터링하는 것은 중요하다. 다중 인산화효소 억제제인 sorafenib(Nexavar^{TM})은 또한 여러 수용체 타이로신 인산화효소(VEGFR-1, -2, -3, PDGFRb, c-Kit, RET)도 저해한다. Sorafenib(Nexavar^{TM})의 다른 표적과 비교했을 때, Raf 억제가 임상 효과에 미치는 실제 기여는 Raf 특이적 억제제를 조사하는 것을 통해 알 수 있을 것이다.

흑색종의 치료를 위해 승인된 2개의 다른 Raf 억제제는 vemurafenib(Zelboraf^{TM}; PLX4032) 및 dabrafenib(Tafinlar^{TM}; GlaxoSmithKline)이다. 전체 흑색종의 절반은 상시 활성화된 인산화효소 활성을 유발하는 V600E 돌연변이를 가지고 있다. B-Raf(V600E)의 인산화효소 도메인에 대한 단백질 결정 구조는 약물 최적화에 도움을 주었다. Vemurafenib(Zelboraf^{TM})는 초기 임상시험에서 B-Raf(V600E) 돌연변이가 있는 흑색종 환자의 81%에서 부분적 또는 완전한 종양 퇴행을 유도했다(Flaherty *et al.*, 2010). 이는 매우 유망한 약물이었지만, 많은 환자들에서 약물 내성이 발생하였다. 내성은 인산화효소 영역에서 새로운 돌연변이가 나타나기 보다는 다른 MEK 인산화효소로의 전환으로 인해 발생하며, 이는 병용 치료가 더 효과적일 수 있음을 시사한다. Dabrafenib과 승인된 MEK 억제제(trametinib; "MEK 억제제" 참조)의 병용 투여는 FDA의 승인을 받았다.

MEK 억제제

MEK 억제는 *ras* 또는 *raf* 유전자에 돌연변이가 있는 환자에게 적용할 수 있는 전략이다. *MEK* 유전자의 돌연변이는 드물다. 종양의 약 1%가 *MEK* 돌연변이를 포함하고 있으며, 현재까지 *MAPK*에서는 어떤 돌연변이도 확인되지 않았다(Fremin and Meloche, 2010). 몇몇 알로스테릭 MEK 억제제(ATP와 경쟁하지 않는 억제제)는 임상시험 중(예, AZD6244, RDEA119)에 있으며, trametinib(Mekinist^{TM}; GlaxoSmithKline) 한 종류는 승인되었다.

Imatinib(Gleevec^{TM}; STI571)

만성 골수성 백혈병(chronic myelogenous leukemia, CML)은 전체 백혈병의 15~20%를 차지한다. 골수 이식은 치료법의 유일한 희망이지만 대다수의 환자에게 다양한 이유로(기증자 매칭 포함) 실현 가능하지 않다. 최근까지 표준 치료법으로 사용된 interferon-α는 심각한 부작용을 동반한다. CML의 분자 생물학적 지식은 특정 분자의 표적화 성공과 이에 대한 가장 성공적인 약물의 개발로 이어졌다. 대부분의 CML 환자(95%)는 BCR−ABL 융합 단백질을 생성하는 염색체 전좌 t(9;22)(q34;q11)의 산물인 필라델피아 염색체를 가지고 있다. 이러한 전좌의 결과, ABL의 타이로신 인산화효소 활성은 항시 활성화되며, 핵이 아닌 세포질에 위치한다. 비정상적인 인산화효소 신호의 결과, 백혈병의 특징인 백혈구의 비정상적인 증식이 일어나게 된다. 형질 전환은 BCR–ABL 인산화효소 활성에 따라 달라지며, 따라서 완벽한 치료 표적이 된다.

소분자 타이로신 인산화효소 억제제인 imatinib(Gleevec^{TM})은 CML의 치료에 효과적으로 초기 환자의 96%에서 **완화**를 보였다. 임상시험에서 승인(2001년)까지 3년 이내에 신속하게 진행된 표적 암 치료제 개발의 대표적인 예(제14장에서 더 자세히 다룸)이다. 화합물 라이브러리의 고속 대량 탐색(high-troughput screening)을 통해 확인된 phenylaminopyrimidine으로 불리는 관련 **선도 화합물(lead compound**, 인산화효소 억제 등 원하는 활성을 나타내는 화합물)을 토대로 억제제가 모델링되고 합성되었다. 이 화합물은 원래 PDGF 수용체(PDGFR) 타이로신 인산화효소 활성 억제에 최적화되었으나, 이후 ABL과 c-Kit도 억제하는 것으로 밝혀졌다. Imatinib(Gleevec^{TM})은 촉매 도메인 내의 ATP-결합 포켓에 결합하지만 상당히 좁은 특이성을 보이는데, 이는 결정 구조 분석에서 입증된 바와 같이, 인산화효소의 비활성 상태에 대한 약물의 선택적 결합에 의한 것으로 보인다(Schindler *et al.*, 2000). Gleevec^{TM}(imatinib)은 인산화효소 활성을 조절하는 단백질의 활성화 루프(activation loop)의 자가 억제 입체 구조(auto-inhibitory conformation)를 인식한다. 비활성 상태의 구조는 서로 다른 인산화효소 사이에서 구별된다. 이 약물의 반감기는 약 15시간으로 매일 경구 투여할 수 있다.

배양된 세포와 필라델피아 염색체를 가진 CML 환자에서 얻은 세포의 증식 억제와 쥐에서의 종양 퇴행이 전임상 시험을 통해 입증되었다. 이러한 결과를 토대로 임상 시험이 진행되었다. 임상 I상 시험에서 유의미한 치료 효과를 위한 역치 용량은 300 mg으로 밝혀졌다. 효능 평가점인 약물이 얼마나 잘 작용하는지에 대한 기준 척도는 세포 유전학적(염색체) 및 혈액학적(혈구 수치) 반응의 정도에 의해 측정되었다. 완전한 세포 유전학적 반응은 중기에서 0% 필라델피아 염색체 양성 세포로 정의된다(부분, 1~35%; 미미, 36~65%; 최소, 66~95%; 또는 무반응 > 95%가 추가 분류에서 사용). 혈액 반응은 백혈구 수치에 의해 등급이 간단히 매겨진다. 분자 표적 억제 또한 중요하게 분석되었다. 호중구에서 발견되는 BCR–ABL의 기질인 CRKL의 인산화 정도의 정량은 인산화효소 활성 억제의 평가와 효과적인 투여량의 결정에 도움이 되었다. 앞에서 언급했듯이, 분자 표적(BCR–ABL)의 변화를 모니터링하는 것도 중요하다.

CML에는 만성화(chronic, 3~5년 지속), 가속화(accelerated, 3~9개월 지속) 및 아세포 위기(blast crisis, 3~6개월 지속)의 3단계가 있다. 세포 증식의 증가로 인해 질환이 진행됨에 따라 백혈구 수가 증가한다. Gleevec^{TM}(imatinib)의 효과는 진전된 질병 진행 단계에서는 감소(가속 단계에서는 53% 반응, 아세포 위기에서는 30% 반응)한다. 초기 환자의 경우 9%만 **재발**했지만, 말기 환자의 경우에는 78%가 재발했다. 이러한 경우에서 대부분의 기전은 돌연변이 또는 *Bcr–Abl* 증폭으로 인한 인산화효소 활성의 재활성화로 인한 것이다. 임상 시료 분석 결과, 9명의 환자 중 6명이 결정 구조에서 확인된 약물과의 접촉 잔기에서 단일 아미노산 치환을 가지고 있는 것으로 나타났다(Gorre *et al.*, 2001). 이러한 기전은 초기 염색체 전좌가 암의 시작뿐만 아니라 암 표현형의 유지에도 중요하며, 암세포의 유지를 위해 특정 발암유전자에 대한 암세포의 의존성을 나타내는 **발암유전자 중독(oncogene addiction)**의 개념을 뒷받침한다. 내성을 치료하기 위한 imatinib과 2세대, 3세대 약물의 개발은 제14장에서 다룬다(339쪽의 14.7절과 340쪽의 14.8절 참조). Imatinib은 또한 위장관 기질 종양(gastrointestinal stromal tumor)에서 c-Kit을 표적으로 하는 치료법으로 승인되었으며, 추가적으로 교모세포종(glioblastoma)에서 PDGFR에 대한 효과를 연구하고 있다("잠시 멈춰 생각하기" 참조).

잠시 멈춰 생각하기

이 절에서 설명된 분자 표적 유형의 차이점은 무엇인가? 이들은 각각 3가지 서로 다른 종류의 인산화효소(막 횡단 수용체 타이로신 인산화효소, 세포질 세린/트레오닌 타이로신 인산화효소, 핵 타이로신 인산화효소)를 포함한다.

결론

암은 조절되지 않는 성장이 특징인 질병이다. 따라서 성장 조절에 대한 명확한 이해는 발암 기전을 밝히는 데 도움이 된다. 성장에 관여하는 정상 유전자의 변형된 버전을 포함하는 발암유전자의 존재에 대한 설명을 통해 이를 알 수 있다. 발암유전자는 흔히 성장 인자 신호전달 과정에서 작용한다. 성장 인자 신호전달 경로의 복잡성에 대한 지식은 분자 표적을 대상으로 하는 성공적인 저독성 암 치료제의 설계에 꼭 필요하며, 앞으로도 필수적일 것이다.

단원 요점—되짚어 보기

- 성장 인자, 성장 인자 수용체, 세포 내 신호전달기 및 핵 전사인자는 성장 인자 신호전달에 역할을 한다.
- 많은 성장 인자 수용체는 타이로신 인산화효소이다. 인산화효소는 표적 단백질에서 특정 아미노산 잔기를 인산화시킨다.
- 인산화된 단백질은 특정 단백질 도메인(예, SH2)에 의해 인식될 수 있어 모집 플랫폼으로서 작용할 수 있다.
- RAS는 EGFR 경로에서 타이로신 인산화효소 수용체의 활성화를 아래 신호전달 경로와 연결시키는 중추적인 역할을 한다.
- RAS에 의해 활성화된 세린/트레오닌 인산화효소인 Raf는 MEK과 MAP 인산화효소에 의한 단계적 인산화를 개시한다.
- 성장 인자에 의해 시작된 신호전달의 궁극적인 결과는 핵에서 전사 인자의 조절이다. 또 다른 결과는 세포 행동에 영향을 미치는 것이다.
- 레트로 바이러스는 발암유전자의 규명에 중요한 역할을 해왔다.
- 대부분의 발암유전자는 정상 유전자의 변형된 버전이다.
- 인산화효소의 상시 활성화는 타이로신 인산화효소 수용체의 발암성 돌연변이의 일반적인 결과이다.
- 비정상적인 세포내 위치도 또 다른 발암성 활성화의 결과이다.
- 성장 인자 신호전달 경로의 많은 분자 구성 요소는 새로운 암 치료제의 표적이 되어 왔다.
- 타이로신 인산화효소 수용체의 다른 도메인들은 새로운 암

치료제의 표적이 되어 왔다.

- Iressa[TM]는 *EGFR* 유전자에서 특이적 돌연변이를 가진 환자에서 좋은 효과를 보였으나 미국에서는 더 이상 승인되지 않는다(역주: 2015년 승인되었음; https://www.accessdata.fda.gov/drugsatfda_docs/label/2018/206995s003lbl.pdf.)
- 약물에 대한 환자의 반응에 있어서, 게놈이 미치는 영향에 대해 연구하는 학문을 약물유전체학이라고 한다.
- 새로운 치료제의 시험에는 분자 표적의 조절에 대한 분석이 포함되어야 한다.

탐구 활동

1. 섬유아세포 성장 인자 수용체는 발암유전자로서 기능할 수 있다. 방광암의 약 50%에서 섬유아세포 성장 인자 수용체 3(FGFR3)의 체세포 돌연변이가 확인되었다. 발암 활성화의 가장 일반적인 기전과 그 결과(FGFR3의 기능에 어떤 영향이 있는가?)를 확인하시오. 활성화되는 신호전달 경로의 구성 요소를 설명하고, 이를 EGFR 경로와 비교하시오. 이 분자 표적에 맞는 새로운 항암제를 설계하기 위한 치료 전략을 제안하시오. Touat *et al.* (2015), Turner와 Grose(2010) 참조.
2. 성장 인자 신호전달 경로에서 단백질–단백질 상호작용의 중요성에 대해 논의하시오.
3. PI3K 신호 경로 내에서 가능한 약물 전략과 대상을 제안하시오(그림 4.6 참조). 임상에서 시험 중이거나 승인된 의약품에 대한 문헌을 검색하시오. m-TOR를 표적으로 하는 승인 약물인 everolimus를 포함하시오. Fruman과 Rommel(2014)에서 시작할 수 있다.

더 읽을거리

Arteaga, C.L. and Engelman, J.A. (2014) ERBB receptors: from oncogene discovery to basic science to mechanism-based cancer therapeutics. *Cancer Cell* **25**: 282–303.

Brognard, J. and Hunter, T. (2011) Protein kinase signalling networks in cancer. *Curr. Opin. Genet. Dev.* **21**: 4–11.

Caunt, C.J., Sale, M.J., Smith, P.D., and Cook, S.J. (2015) MEK1 and MEK2 inhibitors and cancer therapy: the long and winding road. *Nat. Rev. Cancer* **15**: 577–592.

Druker, B.J. (2002) STI571 (Gleevec) as a paradigm for cancer therapy. *Trends Mol. Med.* **8**: S14–S18.

Grant, S. (2009) Therapeutic protein kinase inhibitors. *Cell Mol. Life Sci.* **66**: 1163–1177.

Greuber, E.K., Smith-Pearson, P., Wang, J., and Pendergast, A.M. (2013) Role of ABL family kinases in cancer: from leukaemia to solid tumours. *Nat. Rev. Cancer* **13**: 559–571.

Holdergield, M., Deuker, M.M., McCormick, F., and McMahon, M. (2014) Targeting RAF kinases for cancer therapy: BRAF-mutated melanoma and beyond. *Nat. Rev. Cancer* **14**: 455–467.

Krause, D.S. and Van Etten, R.A. (2005) Tyrosine kinases as targets for cancer therapy. *N. Engl. J. Med.* **353**: 172–187.

Lemmon, M. A., and Schlessinger, J. (2010) Cell signaling by receptor tyrosine kinases. *Cell* **141**: 1117–1134.

Maurer, G., Tarkowski, B., and Baccarini, M. (2011) Raf kinases in cancer—roles and therapeutic opportunities. *Oncogene* **30**: 3477–3488.

Ogunleye, F., Ibrahim, M., Stender, M., Kalemkerian, G., and Jaiyesimi, I. (2015) Epidermal growth factor receptor tyrosine kinase inhibitors in advanced non-small cell lung cancer. *Am. J. Hematol. Oncol.* **11**: 16–25.

Pylayeva-Gupta, Y., Grabocka, E., Bar-Sagi, D. (2011) RAS oncogenes: weaving a tumorigenic web. *Nat. Rev. Cancer* **11**: 761–774.

Sawyers, C.L. (2002) Rational therapeutic intervention in cancer: kinases as drug targets. *Curr. Opin. Genet. Dev*. **12**: 111–115.

Schlessinger, J. (2014) Receptor tyrosine kinases: legacy of the first two decades. *Cold Spring Harb. Perspect. Biol.* **6**: a 008912.

Seshacharyulu, P., Ponnusamy, M.P., Haridas, D., Jain, M., Ganti, A., and Batra, S.K. (2012) Targeting the EGFR signalling pathway in cancer therapy. *Expert Opin. Ther. Targets* **16**: 15–31.

Stephen, A.G., Esposito, D., Bagni, R.K., and McCormick, F. (2014) Dragging Ras back in the ring. *Cancer Cell* **25**: 272–281.

Walter, A.O., Sjin, R.T., Haringsma, H.J., Ohashi, K., Sun, J., Lee, K., *et al.* (2013) Discovery of a mutant-selective covalent inhibitor of EGFR that overcomes T790M-mediated resistance in NSCLC. *Cancer Discov*. **3**: 1404–1415.

Yeatman, T.J. (2004) A renaissance for Src. *Nat. Rev. Cancer* **4**: 470–480.

Zandi, R., Larsen, A.B., Andersen, P., Stockhausen, M.-T., and Poulsen, H.S. (2007) Mechanisms for oncogenic activation of the epidermal growth factor receptor. *Cell Signal*. **19**: 2013–2023.

Zhang, J., Yang, P.L., and Gray, N.S. (2009) Targeting cancer with small molecule kinase inhibitors. *Nat. Rev. Cancer* **9**: 28–39.

웹사이트

Cancer Research UK. *Cancer growth blockers*. http://www.cancerresearchuk.org/about-cancer/cancers-in-general/treatment/biological/types/cancer-growth-blockers

The National Cancer Institute. Introducing the NCI Ras Program www.youtube.com/watch?v=wDhdJXJUDYo

American Association for Cancer Research. *Webcasts*. http://webcast.aacr.org/portal

선택된 특별한 주제

Bollag, G., Hirth, P., Tsai, J., Zhang, J., Ibrahim, P.N., Cho, H., *et al.* (2010) Clinical efficacy of a RAF inhibitor needs broad target blockade in *BRAF*-mutant melanoma. *Nature* **467**: 596–599.

Chang, E.H., Furth, M.E., Scolnick, E.M., and Lowy, D.R. (1982) Tumorigenic transformation of mammalian cells induced by a normal human gene homologous to the oncogene of Harvey murine sarcoma virus. *Nature* **297**: 479–483.

Fehrenbacher, N., Bar-Sagi, D., and Philips, M. (2009) Ras/MAPK signaling from endomembranes. *Mol. Oncol.* **3**: 297–307.

Flaherty, K.T., Puzanov, I., Kim, K.B., Ribas, A., McArthur, G.A., Sosman, J.A., *et al.* (2010) Inhibition of mutated, activated BRAF in metastatic melanoma. *N. Engl. J. Med.* **363**: 809–819.

Fremin, C. and Meloche, S. (2010) From basic research to clinical development of MEK1/2 inhibitors for cancer therapy. *J. Hematol. Oncol.* **3**: 8–19.

Fruman, D.A. and Rommel, C. (2014) PI3K and cancer: lessons, challenges and opportunities. *Nature Rev. Drug Discov.* **13**: 140–156.

Gorre, M.E., Mohammed, M., Ellwood, K., Hsu, N., Paquette, R., Nagesh Rao, P., *et al.* (2001) Clinical resistance to STI-571 cancer therapy caused by BCR-ABL gene mutation or amplification. *Science* **293**: 876–880.

Ise, K., Nakamura, K., Nakao, K., Shimizu, S., Harada, H., Ichise, T., *et al.* (2000) Targeted deletion of the *H-ras* gene decreases tumor formation in mouse skin carcinogenesis. *Oncogene* **19**: 2951–2956.

Jänne, P.A., Yang, J.C., Kim, D.W., Planchard, D., Ohe, Y., Ramalingam, S.S., *et al.* (2015) AZD9291 in EGFR inhibitor-resistant non-small-cell lung cancer. *N. Engl. J. Med.* **372**: 1689–1699.

Kim, W.G. and Cheng, S.Y. (2013) Thyroid hormone receptors and cancer. *Biochim. Biophys. Acta* **1830**: 3928–3936.

Kolch, W., Halasz, M., Granovskaya, M., and Kholodenko, B.N. (2015) The dynamic control of signal transduction networks in cancer cells. *Nat. Rev. Cancer* **15**: 515–527.

Lynch, T.J., Bell, D.W., Sordella, R., Gurubhagavatula, S., Okimoto, R.A., Brannigan, B.W., *et al.* (2004) Activating mutations in the epidermal growth factor receptor underlying responsiveness of non-small cell lung cancer to gefitinib. *N. Engl. J. Med.* **350**: 2129–2139.

Mulligan, L.M. (2014) RET revisited: expanding the oncogenic portfolio. *Nat. Rev. Cancer* **14**: 173–186.

Ostrem, J.M., Peters, U., Sos, M.L., Wells, J.A., and Shokat, K.M. (2013) K-Ras (G12C) inhibitors allosterically control GTP affinity and effector interactions. *Nature* **503**: 548–551.

Paez, J.G., Janne, P.A., Lee, J.C., Tracy, S., Greulich, H., Gabriel, S., *et al.* (2004) EGFR mutations in lung cancer: correlation with clinical response to Gefitinib therapy. *Science* **304**: 1497–1500.

Pao, W., Miller, V.A., and Kris, M.G. (2004) 'Targeting' the epidermal growth factor receptor tyrosine kinase with gefitinib (Iressa) in non-small cell lung cancer (NSCLC). *Semin. Cancer Biol.* **14**: 33–40.

Reddy, E.P., Reynolds, R.K., Santos, E., and Barbacid, M. (1982) A point mutation is responsible for the acquisition of transforming properties by the T24 human bladder carcinoma oncogene. *Nature* **300**: 149–152.

Schindler, T., Bornmann, W., Pellicena, Miller, W.T., Clarkson, B., and Kuriyan, J. (2000) Structural mechanism for STI-571 inhibition of Abelson tyrosine kinase. *Science* **289**: 1938–1942.

Sequist, L.V. (2015) The role of third-generation epithelial growth factor receptor inhibitors in non-small cell lung cancer. *Clin. Adv. Hematol. Oncol.* **13**: 147–149.

Sequist, L.V., Soria, J.-C., Goldman, J.W., Wakelee, H.A., Gadgeel, H.M., Varga, A., *et al.* (2015) Rociletinib in EGFR-mutated non-small-cell lung cancer. *N. Engl. J. Med.* **372**: 1700–1709.

Touat, M., Ileana, E., Postel-Vinay, S., Andre, F., and Soria, J.C. (2015) Targeting FGFR signaling in cancer. *Clin. Cancer Res.* **21**: 2684–2694.

Turner, N. and Grose, R. (2010) Fibroblast growth factor signaling: from development to cancer. *Nat. Rev. Cancer* **10**: 116–129.

Vogt, P.K. (2012) Retroviral oncogenes: a historical primer. *Nat. Rev. Cancer* **12**: 639–648.

Wilhelm, S., Carter, C., Lynch, M., Lowinger, T., Dumas, J., Smith, R.A., *et al.* (2006) Discovery and development of sorafenib: a multikinase inhibitor for treating cancer. *Nat. Rev. Drug Discov*. **5**: 835–844.

Chapter 5

세포주기

도입

암세포의 가장 큰 특징은 비정상적인 세포 증식이다. 세포 증식은 하나의 모세포에서 2개의 딸세포가 생성되는 과정이 반복되어 일어난다. 하나의 세포가 2개의 세포로 증식되는 순차적 과정을 **세포주기(cell cycle)**라 부르며, G_1기, **S기(S phase)**, G_2기, **M기(M phase)**의 순차적인 4단계로 나누어진다. G_1, S, G_2기는 세포분열을 준비하는 간기(interphase)에 해당하며, S기 동안 DNA 복제가 일어난다. M기는 실제 세포가 분리되는 분열기로서, S기에서

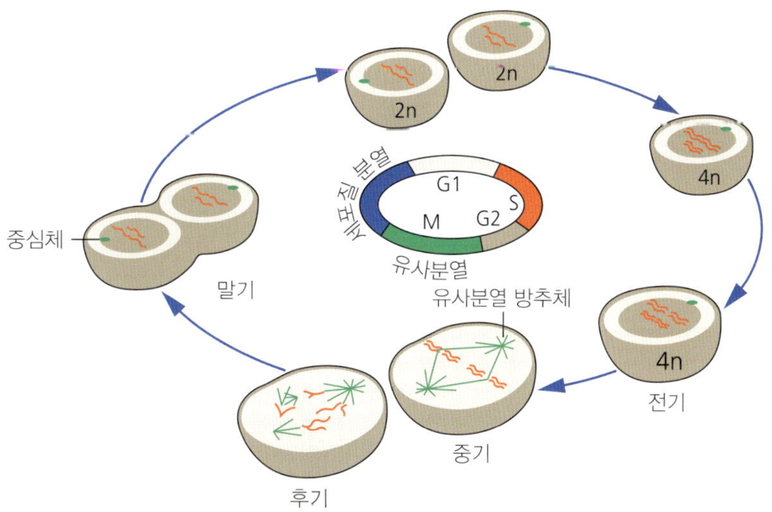

그림 5.1 세포주기. 4개의 기 G_1, S, G_2, M기(세포질 분열도 포함)를 그림의 중앙에 그려 놓았다. 또한 세포주기에 따른 세포 모양과 염색체 양을 표시해 놓았다. 세포는 각 기마다 다른 DNA 양을 가진다. G_1: $2n$(모든 염색체가 복제된다). S: $2n$으로 시작해 $4n$이 된다. G_2: $4n$; M: $4n$으로 시작해 $2n$의 딸핵(daughter nuclear)을 생성한다. David O. Morgan의 *The Cell Cycle: Principles of Control*에서 발췌.

복제된 유전 정보가 2개의 핵으로 분리되는 **유사분열(mitosis)**과 세포질 분열(cytokinesis)을 통해 2개의 딸세포를 생성하는 시기이다. G_1, G_2기는 S기와 M기 앞에 있는 '간격(gap)'으로 유전 정보의 복제와 세포분열 단계를 준비하는 역할을 한다.

우리는 제4장에서 성장 인자 신호전달에 의해 세포 증식을 조절하는 유전자들의 발현이 증가되는 기전에 대해 알아보았다. 이번 단원에서는 그 중 세포주기 조절에 핵심적인 역할을 하는 사이클린과 사이클린 의존성 카이네이즈(cyclin-dependent kinase, cdk)에 의해 세포주기가 조절되는 기전에 대해 알아볼 것이다. 또한, 세포주기에 영향을 주는 특정 돌연변이들에 의해 암이 촉발되는 기전과, 이들을 표적으로 한 항암 치료 방법들에 대해서도 소개할 것이다.

5.1 사이클린 및 사이클린 의존성 카이네이즈

세포주기 시간은 세포의 종류에 따라 다양하지만, 평균적으로 한 주기당 약 16시간 정도의 시간이 걸린다. 그 중 간기가 15시간, 분열기가 1시간이다. 간기에서는 유전자 복제를 위해 염색체가 실처럼 풀어진 상태로 존재하는 반면, 분열기에서는 염색체가 응축되어 뚜렷한 형체를 띠므로, 간기와 분열기의 세포들의 모양은 현미경으로도 구분이 가능하다.

그림 5.2와 같이 세포주기는 G_1기부터 M기까지 비가역적으로 순환하는 시계 모형으로 표현될 수 있다. 하지만 우리 몸의 성체 세포들은 대부분 분열을 하지 않으므로, 세포주기 밖의 휴면 상태인 G_0기에 머물고 있다(그림 5.2). **유사분열촉진제(mitogen)**나 성장 인자는 G_0기에 있던 세포들이 다시 세포주기로 들어가 G_1 제한

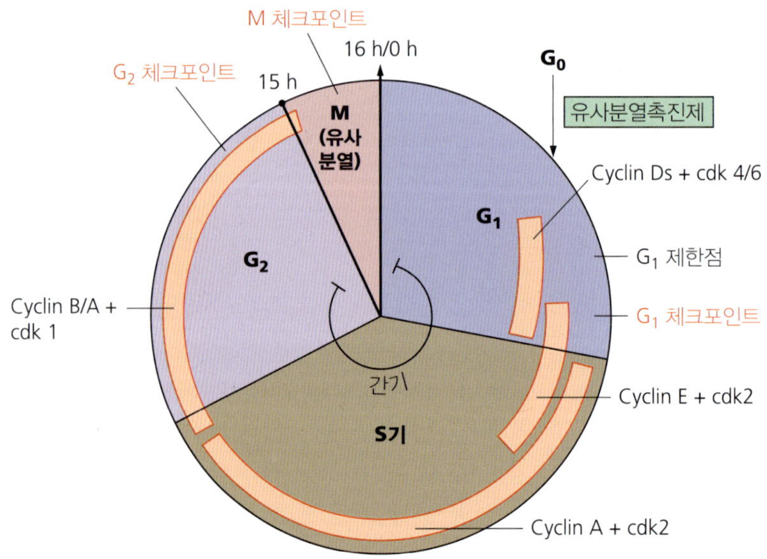

그림 5.2 세포주기 동안의 사이클린-cdk의 활성 양상(붉은 띠) 및 세포주기 체크포인트(G_1, G_2, M).

점(restriction point)을 지나도록 한다(그림 5.2에서 제한점을 찾아보시오). 제한점을 통과하기 전까지는 세포분열은 유사분열촉진제에 의존한다. 제한점을 지나면 성장 인자의 도움 없이도 세포주기는 비가역적으로 진행된다. 세포주기 내 G_1, S, G_2, M기에서 각 다음 기로의 진행은 사이클린(cyclin)과 사이클린 의존성 카이네이즈(cyclin-dependent kinase, cdk) 단백질들에 의해 조절된다. 사이클린은 세포주기에 따라 농도가 주기적으로 조절되는 특성 때문에 사이클린이라는 이름이 붙여졌다. 사이클린의 농도는 유전자 전사와 단백질 분해를 통해 조절된다. 사이클린은 특정 cdk와 짝을 이루어 cdk의 활성을 조절한다. Cdk는 사이클린과의 결합에 의해 형태 변형이 일어나 활성화 구역이 밖으로 노출된다. 참고로, cdk의 농도는 사이클린과 달리 세포주기에 따라 변화하지 않고 일정하게 유지된다.

다양한 종류의 사이클린-cdk 복합체들은 세포주기의 각각 특정한 시점에 존재하여 세포주기의 진행을 조절한다(그림 5.2에서 붉은 띠로 표시). 우리는 제4장에서 EGF 신호전달 경로에 의해 사이클린 D 발현이 증가되는 기전을 살펴보았다. 이는 성장 인자에 의해 세포주기가 조절되는 대표적인 예이다. 사이클린 D는 cdk4/6과 결합하여 G_1기의 진행을 조절하며, G_1기에서 S기로의 전환을 담당하는 사이클린 E의 발현도 증가시킨다. 이어지는 S기의 진행은 사이클린 A-cdk2에 의해 조절되며, G_2기의 진행 및 M기로의 전환은 사이클린 A, B-cdk1에 의해 조절된다.

세포주기는 비가역적인 방향으로 순차적으로 일어나므로, 문제가 생긴 경우 비정상적인 세포가 만들어지게 될 것이다. 이러한 문제점을 방지하기 위해 세포주기에는 DNA 손상을 감지하고 복구하는 체크포인트가 존재한다(그림 5.2). 총 3개의 체크포인트(검문소)가 존재하며, 각각 다음 단계로 넘어갈 준비가 되었는지를 확인하고 이상이 발견되면 세포주기 진행을 차단한다. G_1 체크포인트는 DNA 손상이 생겼을 때, 세포주기가 S기로 넘어가는 것을 방지하여 잘못된 유전정보가 복제되는 것을 차단한다. G_2 체크포인트는 손상되었거나 복제되지 않은 DNA가 감지되면 세포 주기를 세움으로써 S기 임무가 완수되었는지를 확인한다. M 체크포인트는 유사분열 과정에서 방추사 정렬을 확인하여, 문제가 있을 경우 염색체 분리를 정지시킨다. 이러한 역할 때문에 체크포인트는 주로 DNA 손상을 감지하거나, 신호전달을 유발하는 단백질들로 구성되어 있다. 체크포인트 기능에 이상이 있으면 암화 과정을 유도하는 돌연변이가 발생한다.

사이클린-cdk 복합체는 기질 단백질의 인산화를 통해 세포주기를 조절한다. 제4장에서 보았듯이, 인산화는 단백질의 활성을 조절하는 데 중요한 역할을 한다. 사이클린-cdk 복합체는 세포주기 동안 전사 조절자, 세포골격 단백질, 핵공(pore) 및 막(envelope) 단백질, 히스톤 등 광범위한 종류의 단백질들을 인산화한다. 구체적인 예로, 염색체 응축을 담당하는 콘덴신(condensin), 핵의 라민(lamin) 단백질, 골지체의 GM130, 유명한 전사 조절 인자인 망막모세포종 단백질(retinoblastoma, RB

또는 pRB), 전사 인자인 E2F, Smad 3 등을 인산화하여, 염색체 응축, 핵 분리, 골지체 분리, 유전자 발현 조절, 방추사 조립과 같은 현상들을 조절한다. 결과적으로 염색체의 응축, 핵막 분해, 골지 조각화, 유전자 발현 조절, 유사분열방추체 조립 등 세포주기에 필수적인 사건들이 진행되게 된다. 새로운 사이클의 세포주기 시작을 위한 리셋 과정에 탈인산화가 중요한 기전임을 주목 해야한다.

어떻게 알 수 있을까?

단백질 교차결합과 면역정제법(immuno-purification)

(Sancherz and Dynlacht, 2005 참조)

Cdk의 기질 단백질을 찾아내는 실험 방법 중의 하나는 단백질 교차결합(cross-linking)을 이용하는 방법이다. 카이네이즈 단백질들을 이용해 면역정제한 후 질량 분광 분석을 통해 카이네이즈에 결합한 단백질들을 알아낸다. cdk2 항체를 이용한 면역 침전법을 통해 RB가 cdk2의 기질 단백질임이 밝혀졌다.

Cdk 기질 단백질을 알아내는 또 다른 방법으로는 고체상 인산화(solid-phase phosphorylation) 분석을 이용하여 cDNA 발현 라이브러리를 탐색하는 방법이 있다. 세균성 발현 cDNA를 여과지에 옮긴 뒤 이것을 활성화된 cdk와 ATP가 포함된 용액과 반응시킨다. cDNA 라이브러리에서 단백질이 만들어지고, 이 중 일부는 cdk와 반응한다. Cdk가 표적 단백질을 인산화할 때 방사선 신호 표식자가 붙은 ATP가 사용된다. 반응이 된 단백질들은 자가 방사능 검출을 이용하여 볼 수 있다.

이렇게 찾아 낸 후보 분자들은 다음과 같은 기준을 통해 검증한다.

1) 인산화 상태가 시험관 내(*in vitro*)와 생체 내(*in vivo*)에서 동일해야 한다.
2) 인산화는 세포주기에 의존적이어야 한다.
3) 인산화는 세포주기에 기능적으로 영향을 미쳐야 한다.

세포주기 분야의 선구자: Tim Hunt(팀 헌트), Lee Hartwell(리 하트웰), Paul Nurse(폴 너스)

Tim Hunt, Lee Hartwell, Paul Nurse, 이 3명의 과학자는 과학 발전에 지대한 공로를 인정받아 2001년에 노벨 생리의학상을 받았다. 이들은 세포주기 조절 기전을 연구하던 중 사이클린을 발견하였다. 이 과학자들은 각기 다른 실험 모델을 사용하였다. Hunt는 성게(sea urchin)를, Hartwell은 발아 효모(budding yeast)를, Nurse는 분열하는 효모(fission yeast)를 사용하여 실험하였다. 세포주기 연구에서 한 초기 실험이 뒤의 많은 실험의 기반이 되었다. 호르몬을 처리한 개구리 난모세포(oocyte)의 세포질이 호르몬 처리 않은 난모세포의 분화(1차 감수분열 포함)를 유도하는 것을 발견하였다. 처음에는 이러한 세포질 내의 분화를 유도하는 물질들을 maturation-promoting factor(MPF)라고 명명하였다. 이후, 이 물질들은 유사분열 세포에서도 발견됨에 따라 유사분열 촉진 인자(mitosis-promoting factor)라고도 불렸다. 이 과학자들은 MPF와 사이클린-cdk이 유사하다는 것을 알아냈고, 마침내 MPF가 사이클린-cdk 복합체라는 것이 밝혀졌다. Hunt, Hartwell, Nurse에 의해 밝혀진 세포주기의 조절 기전은 암 분자생물학의 새로운 장을 열었다.

5.2 cdk 조절 기전

성체에서는 1초에 약 2,500만 개 이상의 세포가 동시에 분열한다. 이렇게 많은 수의 세포분열이 이상 없이 일어나기 위해서는 정확한 조절 기전이 존재해야 한다. 세포주기는 기본적으로 2가지 기전에 의해 조절된다. 1) 카이네이즈 및 탈인산화효소에 의한 단백질 인산화/탈인산화, 2) 유비퀴틴 프로테아좀에 의한 특정 단백질 분해. cdk는 세린/트레오닌 카이네이즈로 인산화를 통해 세포주기 진행을 조절한다. cdk의 활성 조절은 정확한 세포 증식을 위해 매우 중요하다.

cdk 활성은 4가지 방법에 의해 조절된다. 1) 사이클린과의 결합, 2) 사이클린 억제자와의 결합, 3) 인산화에 의한 cdk 활성화, 4) 인산화에 의한 cdk 비활성화(그림 5.3). 한편, 세포주기 조절 인자는 세포주기 동안 특정 시기에만 나타나는 것이 중요하기에, 조절 인자가 정확한 시기에 사라지는 '소멸' 역시 중요하다. 즉, 단백질 분해 기전 역시 세포주기를 조절하는 데 있어서 매우 중요한 역할을 한다(Teixeira와 Reed, 2013). cdk 조절 기전은 다음 절에서 자세히 다룬다.

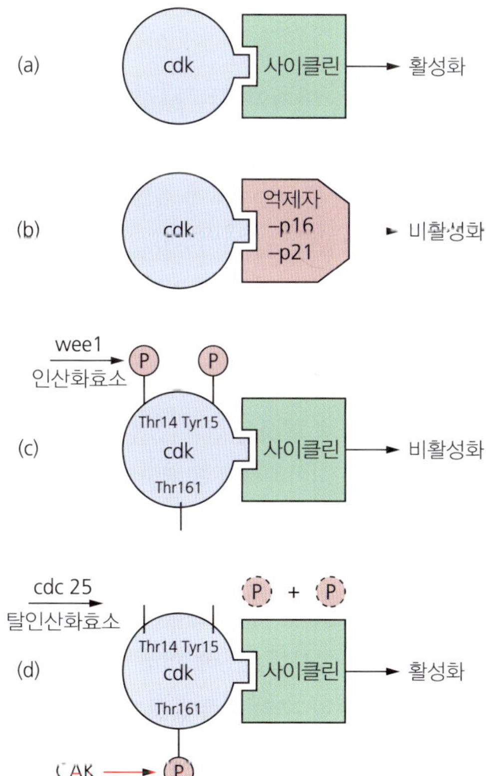

그림 5.3 Cdk 조절 기전. (a) cdk는 사이클린과의 결합에 의해 활성화된다. (b) cdk는 억제자와의 결합을 통해 비활성화된다. (c) cdk는 wee1 인산화효소에 의한 Thr14, Thr15 잔기의 인산화에 의해 비활성화된다. (d) cdk 탈인산화효소에 의해 비활성화 인산화가 제거되고 cdk 활성화 인산화효소(cdk-activating kinase, CAK)에 의해 인산화되면 cdk는 활성화된다.

사이클린과의 결합

비활성화 상태의 cdk는 기질 단백질이나 ATP와 결합하기 힘든 구조를 가지고 있다. 하지만 사이클린과의 결합은 cdk의 구조를 기질 단백질과 ATP에 잘 결합할 수 있는 형태로 변화시킨다. 어떤 사이클린은 cdk 가 특정 기질에 결합하기 쉽게 한다. 앞서 말했듯이, 사이클린 단백질의 농도는 유전자 발현 및 단백질 분해 기전에 의해 세포주기에 따라 조절된다. 제4장에서 보듯이, EGF는 사이클린 D의 발현을 증가시켜, 세포주기 제한점을 통과하여 세포주기가 진행되도록 한다. 이후 사이클린 D는 프로테아좀에 의한 단백질 분해 과정을 통해 다시 양이 감소한다. 유비퀴틴-단백질 연결효소(ubiquitin-protein ligase)에 의해 사이클린 D의 리신 잔기에 유비퀴틴(ubiquitin)이라는 작은 폴리펩티드가 와서 결합하면, 이 폴리펩티드를 단백질 분해 복합체인 프로테아좀(proteasome)이 인지하여 분해한다. 결국, 이러한 단백질 분해 과정은 cdk 단백질들이 세포주기 동안 항상 활성화되어 있는 것을 막는 역할을 한다. 유비퀴틴은 줄기세포나 혈관신생에서도 중요한 역할을 하는데, 이에 대해서는 제8장과 10장에서 다룬다.

억제자와의 결합

사이클린−cdk 결합을 억제하는 억제자에는 $p16^{ink\text{-}4a}$(INK) 계열과 p21(Cip/Kip) 계열 2종류가 있다. $p16^{ink\text{-}4a}$ 계열에 속하는 단백질로는 $p16^{ink4a}$, $p15^{ink4b}$, $p18^{ink4c}$, $p19^{ink4d}$가 있으며, 이들은 cdk 4/6에 결합하여 사이클린 D와 cdk 4/6의 결합을 방해한다. p21 계열 단백질로는 $p21^{cip1}$, $p27^{kip1}$, $p57^{kip2}$가 있는데, 이들은 사이클린과 그에 연결된 cdk에 모두 결합할 수 있다. 주로, 사이클린 E와 cdk2에 결합하며, ATP와의 결합을 저해하여 활성을 억제한다. 유사분열 촉진 신호에 의해 사이클린 D의 양이 증가될 때, 사이클린 D 의존적 인산화효소는 Cip/Kip 억제자들을 격리시켜 사이클린 E−cdk2 복합체 형성을 돕는다. 한편, 억제자는 유비퀴틴에 의해 분해되므로 세포주기에서 일정한 시간대에만 존재한다.

인산화에 의한 조절

cdk는 인산화에 의해 활성화 또는 비활성화될 수 있다. cdk 아미노산 말단의 Thr14, Tyr15 두 잔기가 Wee1 인산화효소에 의해 인산화되면 cdk는 비활성화된다. Thr14, Tyr15 잔기는 ATP 결합 부위 안쪽에 존재하는데, 이 부위가 인산화되면 ATP가 결합하지 못한다. cdk가 다시 활성화되려면 2단계를 거쳐야 한다. 1) cdc25에 의한 Thr14, Thr15의 탈인산화, 2) cdk 활성화 인산화효소(cdk-activating kinase, CAK)에 의한 Thr161 인산화. 여기서 주목할 점은, cdk가 활성을 띠기 위해서는 사이클린과의 결합 외에도 Thr161 잔기의 인산화가 꼭 필수적으로 이루어져야 한다는 것이다. 또한 CAK는 세포주기 내내 일정한 양을 유지하고 있으므로, cdk

의 인산화가 세포주기의 특정기에 일시적으로 일어나는 것은 아니다.

5.3 G_1 체크포인트

RB 단백질은 사이클린 D−cdk 4/6의 가장 대표적인 기질 단백질이다(제6장에서 좀 더 논한다). RB는 중요한 종양 억제(tumor suppressor) 단백질로 알려져 있으며, G_1−S기 전환을 조절한다. RB는 특정 DNA 염기에 직접 결합하는게 아니라, S기에 필요한 유전자의 발현을 담당하는 E2F 전사 인자군의 활성을 조절한다. RB는 E2F 전사 인자의 전사활성화 도메인에 직접 결합하여 활성을 억제한다. 현재까지는 8종류의 E2F와 2종류의 연관된 단백질(DP라 불림)이 알려져 있다. RB의 활성은 사이클린−cdk에 의한 순차적인 인산화에 의해 조절된다. 아래에서 RB 단백질에 대해 자세히 알아보도록 하겠다.

RB 단백질의 구조

핵의 RB 단백질은 p107, p130 2개의 단백질로 구성되어 있는 '주머니 단백질(pocket protein)'이다. 주머니 단백질은 다양한 세포내 단백질들과 결합할 수 있는 공통된 구조와 기능 도메인을 가지고 있다. 주머니 단백질은 양쪽 끝의 A, B 도메인과 이 둘을 연결하는 연결 부위로 구성되어 있다. 이 주머니 부위에 E2F와 히스톤 탈아세틸화 효소(histone deacetylase, HDAC)가 결합하며 그 활성이 조절된다

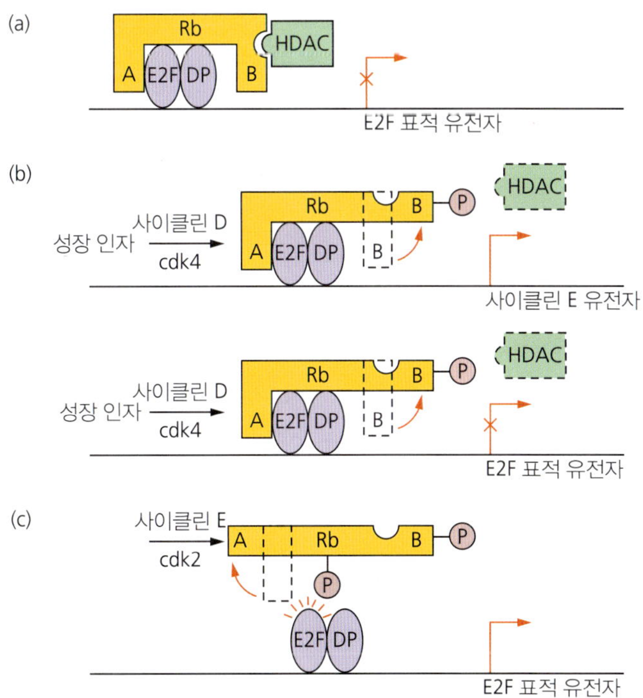

그림 5.1 RB 단백질의 구조와 기능. (a) 저인산화된 RB는 E2F/DP와 HDAC에 결합해서 전사를 억제한다. (b) 사이클린 D−cdk4에 의해 부분적으로 인산화된 RB는 형태 변화를 일으켜 HDAC을 방출한다. E2F/DP는 방출되지 않는다. 이로 인해 사이클린 E와 같이 억제되어 있던 일부 유전자들의 전사가 일어나지만(위), 아직 다수의 E2F의 표적 유전자는 여전히 발현하지 못한다(아래). (c) 사이클린 E−cdk2에 의해 RB가 추가적으로 인산화되면, RB는 형태 변화를 일으켜 E2F/DP를 방출하고, 이로 인해 E2F의 표적 유전자들이 발현된다.

(그림 5.4). HDAC과 E2F는 RB의 다른 부위에 동시에 결합할 수 있다. HDAC은 LXCXE 모티프(X는 임의의 아미노산 서열)를 통해 RB의 B영역에 결합한다. DP는 E2F의 연관 단백질인데, 이들 둘은 RB의 주머니에 HDAC과 동시에 결합한다. 이는 E2F와 DP가 주머니 A-B 연결부의 서로 다른 보존 부위를 인식하기 때문이다. 이제 HDAC과 E2F의 결합에 의해 RB의 기능이 어떻게 조절하는지를 살펴보도록 하겠다.

RB 작용의 분자 기전

세포주기 중 RB의 주요 임무는 G_1기에서 S기로의 전환이다(그림 5.2). 그리고, RB의 기능은 전사 인자 E2F와 HDAC의 결합에 의해 조절된다(제3장에서 다룬 HDAC이 후성유전학적 기전을 통해 유전자 발현을 조절하는 내용을 상기하자). RB, E2F, HDAC의 결합은 세린/트레오닌 인산화에 의해 조절된다. 성장 신호가 없는 경우, RB는 대부분 저인산화 상태(즉, 적은 수의 인산기 결합)로 존재하며, E2F, HDAC과 결합한다(그림 5.4a). RB와 E2F의 결합은 E2F의 활성 부위를 가로막아 E2F가 TATA 결합 단백질 같은 다른 전사 인자와 결합하는 것을 억제한다. 동시에 RB는 HDAC를 불러와 탈아세틸화를 통해 염색질을 응축하여 E2F에 의한 유전자 발현을 억제한다. 결과적으로, RB, E2F, HDAC의 3중 복합체는 사이클린 *E*, 사이클린 *A*, *cdk 2* 등과 같은 세포주기 진행에 필요한 인자들의 전사를 억제한다.

세포에 성장 촉진 신호가 오면, 사이클린 D, E와 cdk에 의해 RB는 순차적으로 인산화된다. 그림 5.4에서 보듯이 인산화에 의해 RB의 구조가 변형되고, 이로 인해 HDAC과 E2F가 RB로부터 분리된다. 분리된 HDAC은 더 이상 전사를 억제하지 못하고, RB에서 떨어진 E2F 역시 세포 증식에 필요한 전사 활동을 시작할 수 있게 된다. RB의 인산화는 2단계에 걸쳐 일어난다. 첫 단계는 사이클린 D−cdk4에 의한 RB의 C-말단 잔기의 인산화이다. 인산화에 의한 음전하 증가는 HDAC, LXCXE 영역 근처의 리신 잔기(양전하를 띤 아미노산)와 분자 간의 상호작용을 유발하여 형태를 변화시키고, 형태 변화에 의해 HDAC은 RB로부터 떨어져 나온다. 떨어져 나온 HDAC에 의해 억제되어 있던 사이클린 E의 발현이 증가된다(그림 5.4b 위). 하지만, E2F는 여전히 RB와 결합한 상태로 남아있어 E2F의 표적 유전자들은 발현이 억제되어 있는 상태로 남아있다(그림 5.4b, 아래). 발현된 사이클린 E는 cdk2와 복합체를 형성하고, 사이클린 E−cdk2 복합체에 의해 RB의 중간 연결 부위 근처인 S567 세린 잔기에서 두 번째 단계의 인산화가 일어난다. S567의 인산화는 주머니 부분의 형태 변화를 야기해서 RB와 E2F의 결합을 분리한다. 분리된 E2F에 의해 사이클린 A, 티미딜레이트 합성효소(thymidylate synthase), 디하이드로폴레이트 환원제(dihydrofolate reductase)와 같이 S기 진행에 필요한 인자들의 발현이 증가된다(그림 5.4c). 활성화된 E2F는 G_1-S기 전환 외에도 세포주기 후기에 작용하는 다른 인자들의 발현에도 영향을 미친다. 유사분열에 중요한 방추사 형성 확인 단백질인 MAD2가 그러한 예이다.

요약하자면, RB의 활성 조절에는 사이클린–cdk에 의한 두 단계의 인산화 기전이 중요하다. 사이클린 D–cdk4에 의한 첫 번째 인산화는 RB의 형태 변화를 유발해 사이클린 *E*에 의해 인산화되는 두 번째 인산화 잔기를 노출시키고, 동시에 사이클린 E가 발현되도록 해서 사이클린 E–cdk2 복합체를 형성한다. 두 번째 인산화인 사이클린 E–cdk2에 의한 인산화는 E2F에 의한 전사를 가능하게 한다. 그림 5.4에서는 대표적인 2가지 인산화 잔기만 보여주었지만, 실제로 RB에는 이 외에도 다양한 인산화 잔기들이 존재하며, 다양한 종류의 사이클린–cdk 복합체들이 여기에 관여할 것이라고 예상된다. 한 예로, 최근에 C-말단의 인산화 잔기가 E2F의 결합을 조절하는 데 관여하는 것으로 알려졌다(Rubin *et al.*, 2005).

자가 진단 책을 덮고서 그림 5.4를 그리시오. 답을 확인한 후 틀린 부분을 수정하시오. 책을 다시 덮고서 한 번 더 시도하시오.

5.4 G_2 체크포인트

G_2 체크포인트는 DNA가 손상되었거나 S기에서의 문제가 고쳐지지 않은 세포들이 M기로 넘어가지 않고 DNA 수선 작업을 수행하도록 한다(Medema와 Macurek, 2013). G_2–M기 전환은 cdc25 타이로신 탈인산화효소에 의해 조절된다. DNA 손상은 ATR, ATM이라는 2가지 인산화효소를 활성화시키고, 이는 각각 인산화를 통해 체크포인트 인산화효소인 Chk1, Chk2을 활성화시킨다. 참고로, Chk1이 완전히 활성화되기 위해서는 인산화 외에도 claspin이라는 매개체와의 결합이 필요하다. 타이로신 탈인산효소인 Cdc25는 Chk1의 기질 단백질로서 cdk의 활성을 억제하는 인산기를 제거하여 cdk 단백질들의 활성을 증가시키는 역할을 한다. G_2 체크포인트가 작동하면 chk1이 활성화되고, 이는 다시 cdc25를 비활성화 상태로 만들어 세포주기 진행을 막는다. 손상된 DNA가 모두 수선되면, 세포는 체크포인트 회복을 통해 멈추었던 세포주기를 다시 진행한다. 체크포인트 회복은 Plk1이라는 단백질에 의해 조절되는데, Plk1는 claspin과 Wee1을 분해시키고 Chk2를 직접적으로 억제한다.

멈추고 생각하기

이 경로를 그려보시오. 그린 그림을 그림 5.5와 비교해 보시오.

이 외에도 G_2 체크포인트는 새로운 DNA가 합성된 후, DNA 꼬임을 풀어주는 일도 담당한다. 이 과정은 유사분열 후기에 염색분체의 분리를 도와주는데, 꼬인 나선 풀림을 위해 이중나선 절단을 만들어주는 위상이성질화효소 II(Topoisomerase II)가 이 과정의 핵심 분자이다.

멈추고 생각하기

제2장에서 다룬 바와 같이, 전통적인 화학요법제 중에 위상이성질화효소 II를 표적으로 하는 약물이 있다. 이 약물의 이름은? 답은 진균 안트라사이클린 항균제인 독소루비신이다.

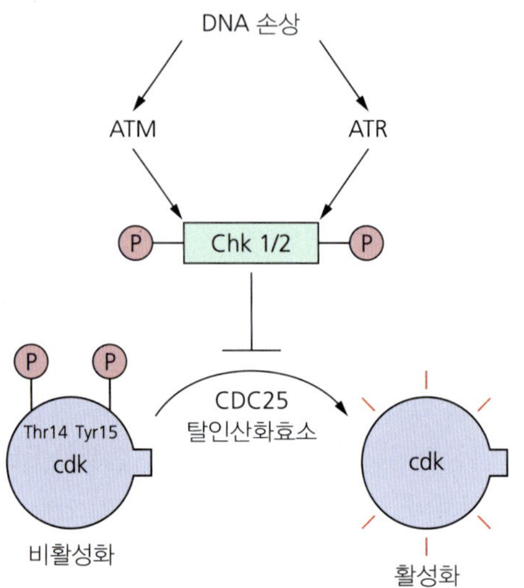

그림 5.5 G_2 체크포인트의 기전. DNA 손상에 의해 ATM 또는 ATR이 활성화된다. ATM과 ATR 인산화효소는 Chk1/2 인산화효소를 인산화시켜 활성화시킨다. Chk1/2는 Cdc25를 방해한다. 이로 인해 Cdc25는 cdk의 비활성화 인산기를 제거하지 못하므로 cdk가 활성화되지 않는다. Cdk는 DNA 손상에 반응하여 비활성 상태를 유지한다.

5.5 유사분열 체크포인트

유사분열 체크포인트는 방추체 조립 체크포인트라고도 불리며, 유사분열기에서 정확한 염색체의 분리와 유전적으로 동일한 2개의 핵으로 만들어지는 것을 검정한다.

유사분열에 대해 알아보기

유사분열에는 전기, 중기, 후기, 말기의 4기가 있다(그림 5.6).

전기에는 염색체 응축, 핵막 분해, 2배가 된 중심체의 분리, 유사분열 체크포인트 단백질의 조립이 일어난다.

중기에는 염색체가 중기 플레이트에 정렬되고, 유사분열 방추체를 형성하기 위한 미세소관이 조립된다. 미세소관이 염색분체 쌍의 중심절 부분에 결합하면 체크포인트 침묵(checkpoint silencing)이 일어난다. 마지막 쌍이 방추체에 부착하면 중기가 끝나고 후기가 시작된다.

후기에는 방추체가 염색분체를 끌고 가서 염색분체 쌍이 분리가 된다.

말기에는 염색체가 각자의 극 부위로 가서 쌓이고, 핵막이 다시 형성되며, 염색체가 다시 풀리고, 세포질 분리가 일어난다(2개의 세포로 분리).

방추체 미세소관(spindle microtubules)은 유사분열 중기에 염색체의 동원체(centromere) 부분에 부착해서 자매 염색분체(sister chromatid)를 후기에 반대 방향으로 끌려가도록 한다. 이때 결합하지 못한 염색분체에는 체크포인트 단백질들이

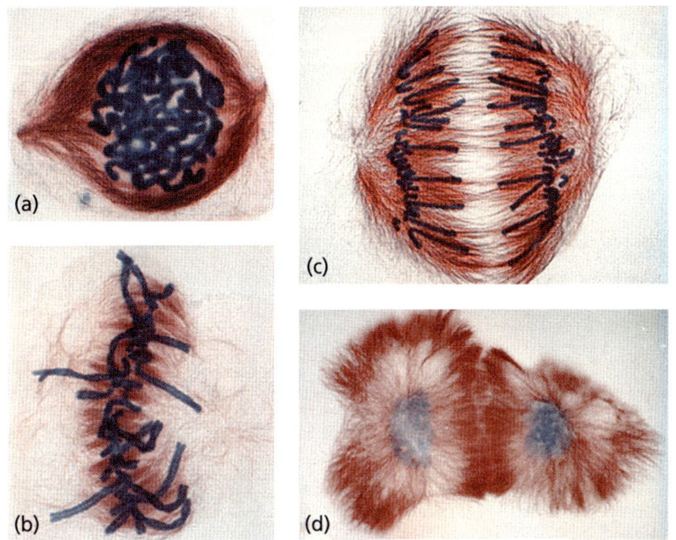

그림 5.6 유사분열기의 세포 모양 (a) 전기, (b) 중기, (c) 후기, (d) 말기(X2700). www.micro.utexas.edu에서 제공.

결합하여 "후기 촉진 복합체"를 억제하는 물질들을 만들어낸다. 이 단백질 복합체는 유비퀴틴-단백질 연결효소로 작용하여, 후기가 진행하기 위해 분해가 필요한 특정 단백질을 표적으로 한다. 모든 염색분체가 방추사에 제대로 붙으면, 후기 진행 복합체의 기능은 다시 활성화된다. 후기 촉진 복합체의 중요한 표적 단백질 중 하나는 세쿠린(securin)이다. 세쿠린이 분해되면 세파레이스(separase)라는 단백질 분해효소가 활성화된다. 세파레이스는 자매 염색분체의 연결 부위를 절단하여 2개의 염색분체가 반대 방향으로 이동할 수 있게 한다. 한편, 사이클린 역시 후기 촉진 복합체에 의해 조절된다. 이러한 일들을 통해, 유사분열 체크포인트는 각 염색체가 제대로 분리되지 않는 것을 방지하는 중요한 역할을 한다.

오로라 카이네이즈

오로라(Aurora) 카이네이즈(A, B, C)는 STK15, STK12, STK13으로도 불리며, 염색체 분리 및 방추체 점검과 같은 유사분열 진행에 중요한 역할을 담당한다. 오로라 카이네이즈는 히스톤 H3와 같이 염색체 구조 및 방추체 조립에 중요한 단백질들의 세린/트레오닌 잔기를 인산화한다. 그림 5.7에서 보듯이, 오로라 카이네이즈의 활성 및 위치는 세포주기 동안 특이적으로 조절된다. 오로라 카이네이즈 A는 간기에 중심체(centrosome)에 위치하다가, 분열기 양이 증가되면서 방추체 극(spindle pore)과 방추체 미세소관(spindle microtubule)에 주로 존재하게 된다. 이러한 위치 변화로 인해 오로라 카이네이즈 A는 중심체 성숙과 방추체 기구의 조립을 조절하는 데 관련이 있을 것이라고 생각된다. 오로라 카이네이즈 B의 활성은 유사분열 후기에 가장 높으며, 위치는 중심체, 방추체 중간, 분열하는 세포의 사이로 순차적으로 변한다. 이는 오로라 카이네이즈 B가 양극 방추체의 동원체 부착, 방추체 점검 및 염색체 및

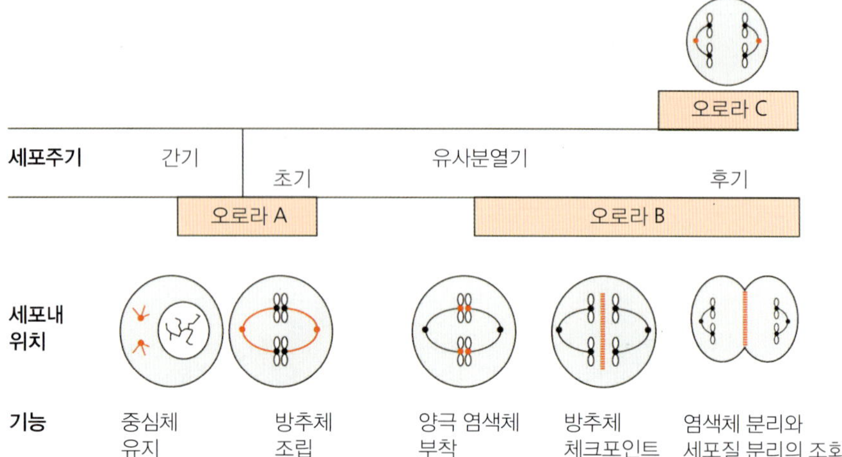

그림 5.7 세포주기 동안의 오로라 카이네이즈 A, B, C의 세포내 위치 및 관련 기능.

세포질 분리의 검정을 담당할 것이라는 것을 암시한다. 오로라 카이네이즈 C는 유사분열 말기에 가장 활성화되어 방추체 극에 위치한다. 이러한 오로라 카이네이즈의 활성 및 위치 변화는 단백질 인산화, 억제자, 분해 작용을 통해 정확하게 조절된다.

5.6 세포주기와 암

세포주기를 조절하는 유전자들의 돌연변이가 암에서 흔히 발견된다는 사실은 세포주기의 이상이 암을 유발할 수 있음을 시사한다. 제1장에서 보았듯이, 성장 신호의 자율성은 암세포의 6가지 특징 중 하나이다. 성장신호 경로나 세포주기를 조절하는 유전자들의 돌연변이는 비정상적인 세포 증식을 유발할 수 있다. RB의 돌연변이에 의해 암이 유발되는 기전은 제6장에서 자세히 다룬다.

암세포에서 cdk의 돌연변이는 잘 알려져 있다. 한 예로, 흑색종(melanoma) 환자에서 발견되는 Arg24Cys 돌연변이는 cdk4가 INK4에 결합하는 것을 방해한다. 이 돌연변이는 생쥐 실험에서도 다양한 종류의 암을 유발하였다. 염색체 전좌(translocation)에 의한 cdk6의 과발현은 백혈병(leukemia) 환자에서 많이 나타난다. 뿐만 아니라, 최근에는 전형적인 cdk의 발현 패턴이 특정 타입의 세포나 암에서는 변화되었다는 것이 밝혀지고 있다. 한 예로 cdk4는 유방의 발생 과정에는 필수적이지 않으나, 유방암의 발생에는 필요하다. 따라서 유방암에서는 cdk4를 억제하는 것이 치료 전략이 될 수 있다.

사이클린 D, E와 같은 사이클린의 유전자 과발현 역시 암과 밀접한 연관이 있다. 사이클린 D 유전자의 증폭은 약 15%의 유방암 환자와 피부암의 한 종류인 편평세포암종(squamous cell carcinoma, SCC) 20%에서 나타난다.

유방암에서는 약 50%의 환자에서 사이클린 D 유전자가 과발현되어 있다. 과형

어떻게 알 수 있을까?

형광제자리부합법(Fluorescent *in situ* hybridization, FISH)

(Utikal *et al.*, 2005 참조)

FISH는 유전자 증폭을 검사하는 방법이다. 연속적으로 절단된 조직이나 세포를 슬라이드에 놓고 높은 온도에 집어넣어 DNA를 한 가닥으로 만든다. 찾고자 하는 유전자의 상보적인 한 가닥의 DNA 탐침자(probe)에 직접 형광을 달거나 바이오틴과 같은 소분자로 표식을 한 후, 조직의 염색체와 부합(hybridization) 반응을 일으킨다. 부합 반응이 일어나지 않은 탐침자는 모두 씻어낸다. 형광 표식을 한 탐침자는 바로 형광현미경에서 결과를 볼 수 있다. 바이오틴을 사용한 경우에는 바이오틴에 결합하는 단백질에 형광 표식을 하여 관찰할 수 있다. 형광 신호를 이용하여 유전자의 복제 수(copy number)를 양적으로 측정할 수 있다. 대조군으로 정상 조직과, 보고자 하는 유전자와 상관이 없는 다른 유전자의 탐침자를 사용한다. 이러한 예를 그림 5.8에 나타내었다. 그림 5.8의 사진을 보면, 암종의 핵에서 사이클린 D 유전자의 복제 수(붉은 색)가 염색체 11번의 동원체 구역 수(파란색)보다 많은 것을 알 수 있다.

성(hyperplasia)과 선암(adenocarcinoma)을 유발한 생쥐 모델을 통해, 사이클린 D가 암을 유발하는 원발암유전자(proto-oncogene)임이 알려졌다. 또한 EGFR 및 에스트로겐은 사이클린 D의 발현을 증가시킴으로써 유사분열 촉진 효과를 나타내었다. EGFR과 에스트로겐 모두 사이클린 D의 전사 활성화를 통해, 세포분열 촉진 효과를 나타낸다. 제3장에서 보았듯이, EGFR과 에스트로겐 수용체는 사이클린 D 유전자의 프로모터에 직접 결합하지 않고 전사 보조인자로 작용하여 사이클린 D1의 발현을 촉진시킬 것이라고 여겨진다. 사이클린 D가 암을 유발하는 기전은 알려져 있지 않으나, cdk와 무관한 기전으로 보인다(Roy and Thompson, 2006). 에스트로

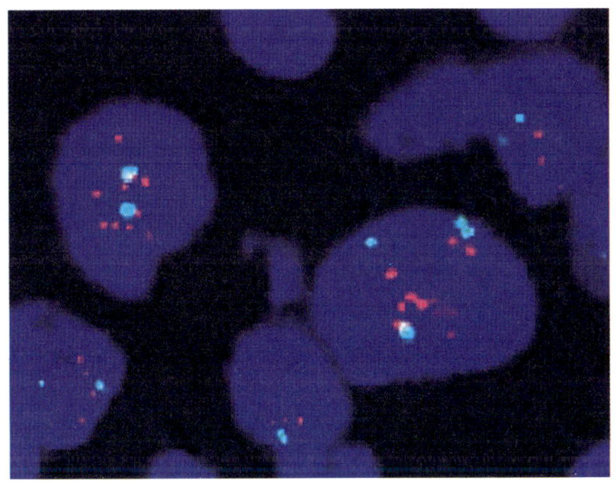

그림 5.8 형광제자리부합법(Fluorescent *in situ* hybridization, FISH)을 이용한 사이클린 D1의 유전자 증폭 확인. 비-흑색종(non-melanoma) 피부암 조직을 FISH로 분석하였다. 표식된 DNA 탐침자를 이용하여 사이클린 D의 유전자 복제 수(붉은색)를 염색체 11번의 동원체 구역의 복제 수(파란색)와 비교해 보았다. Utika *et al.*, (2005) Numerical abnormality of the Cyclin D1 gene locus on chromosome 11q13 in non-melanoma skin cancer. Cancer Lett. **219**: 197−204에서 발췌.

겐은 (역주: 원서의 cycD는 오기임) 에스트로겐 수용체에 직접 결합하여 전사 보조 인자들과 에스트로겐 수용체와의 결합력을 증진시키고, 이로 따른 에스트로겐 수용체에 의한 유전자 발현을 증가시킨다.

$p16^{ink4a}$ 유전자의 결실은 석면 노출과 연관된 중피종(mesothelioma)이나 췌장암과 밀접한 연관이 있다. 생쥐 모델에서 $p16^{ink4a}$ 유전자를 삭제하면 암이 자연적으로 발생하였으며, 암 유발 물질(carcinogen)에 의한 암의 발생빈도 역시 증가하였다(Sharpless *et al*., 2001). RB 유전자의 돌연변이는 제6장에서 자세히 다룬다.

G_2 체크포인트에 이상이 생기면 염색체 손상을 야기하는데, 이는 유전적으로 불안정한 상태를 발생시킨다. 이에 대해서는 다양한 암세포주들에서 실험적으로 증명되었다(Kaufmann, 2006, Doherty *et al*., 2003, Nakagawa *et al*., 2004).

최근에는, 비정상적인 염색체 개수를 가진 염색체 이수성(aneuploidy)이 암을 유발하는지에 대해서 논란이 많다. 결론이 어찌되었건 간에, 염색체 이수성은 고형 암들에서 나타나는 가장 흔한 특징이다. 염색체 이수성은 유사분열 방추체를 조직하는 중심체의 이상 또는 세포질 분열의 이상에 의해 발생한다. 유사분열 체크포인트의 이상 역시 염색체 이수성을 유발한다. 유사분열 체크포인트의 기능이 완전히 상실되기보다는 기능이 감소된 상태에 의해 유발될 것으로 보인다. 유사분열 체크포인트를 구성하는 단백질의 종류가 다양하기에, 어느 특정 인자에 이상이 생겨도 체크포인트의 기능은 감소된 상태로 어느 정도 유지될 것이기 때문이다. 염색체에 심각한 손상이 생긴 세포는 사멸하지만, 기능이 단순 저하된 상태에서는 염색체 손상이 심각하지 않으므로 세포사멸이 일어나지 않는다.

실제, 암환자에서 방추체를 구성하는 인자들의 유전자 돌연변이는 찾아보기 힘들지만, 체크포인트를 구성하는 유전자의 발현 저하는 비정상적 유사분열 체크포인트와 염색체 이수성 상태를 가진 암세포에서 자주 관찰된다. 이들 유전자의 발현은 종양억제유전자(tumor suppressor)나 발암유전자(oncogene)의 이상에 의해 감소되어 있을 것이라 여겨진다. Mosaic variegated aneuploidy라 불리는 열성 형태의 질환은 유사분열 체크포인트 단백질 유전자의 이상으로 발생한다. 염색체 이수성은 이 질환의 특징으로 높은 소아기 암 발생률과 관련이 있다. 이러한 사실은 유사분열 체크포인트의 기능 감소가 암 발생과 연관되어 있음을 보여주는 증거이다.

오로라 카이네이즈는 림프종(lymphoma)을 비롯한 다양한 종류의 암에서 흔하게 과발현되어 있다. 염색체 20q13에 존재하는 오로라-A 유전자는 유방암, 대장암, 췌장암과 같은 다양한 상피세포 계열의 암에서 증폭되어 있다. 오로라-A가 과발현된 생쥐는 유사분열 체크포인트에 이상을 보이고 유방의 과형성(mammary hyperplasia)이 발생하였다. 오로라-A의 아미노산 Phe31→Ile 돌연변이를 야기하는 T91A 뉴클레오티드 다형성(polymorphism)은 다양한 암의 발생과 관련이 있다. 이러한 결과들은 오로라 카이네이즈가 암 발생에 중요한 역할을 하며, 좋은 항암제 타겟이 될 수 있음을 보여준다.

치료 전략

현재 세포주기를 조절하는 많은 항암제들이 개발 중이거나 임상시험 중이다. 특히, 카이네이즈는 세포주기 조절 및 발암 과정에서 중요한 역할을 하므로, 카이네이즈 억제제의 개발이 많이 이루어지고 있다. 또한, 유사분열기의 방추체 형성에 관련된 단백질들 또한 중요한 항암제 표적이다. 이에 대한 다양한 치료 전략에 대해 알아보자.

5.7 cdk 억제제

앞서 5.1절(p110)에서 보았듯이, cdk에 의한 인산화는 세포주기 조절에서 중요한 역할을 하며, 실제 cdk는 다양한 암에서 발현이 증폭되어 있어서 항암 치료에서 중요한 표적이다. 1세대 cdk 억제제는 다양한 종류의 cdk를 동시에 억제하는 비선택적 억제제였다. 플라보피리돌(flavopiridol)이라 불리는 반합성 계열의 플라보노이드(flavonoid)가 대표적이 예인데, 이 약물은 cdk 1, 2, 4, 6, 7, 9의 ATP 결합 부위에 작용하여 cdk 활성을 억제한다. 흥미롭게도 인도에서 전통적으로 쓰이던 약용 식물의 성분과 유사하다. 플라보피리돌은 G_1/S, G_2/M기에서 세포주기를 멈춘다. 플라보피리돌은 cdk 계열에 의한 전사 조절을 억제하고, 사이클린 D1, D3의 유전자 발현을 억제한다. 플라보피리돌은 cdk 억제제 중 임상시험에 들어간 첫 번째 약물이다. 경구로 흡입이 어려워 정맥주사로만 투여가 가능하며, 림프종에서는 효과를 보였지만 그 외 대부분의 고형 암에서는 제2상 시험에서 효과를 보여주지 못했다. 단독으로는 효과가 미비하였지만, 다른 약물과의 병용투여 방식을 통해서는 여전히 사용 가능성이 남아있다. 전임상 시험에서 플라보피리돌을 시스플라틴이나, 5-FU와 같은 세포 독성 항암제와 같이 사용하였을 때, 시너지 효과를 나타냈다(Musgrove *et al.*, 2011). 이는 아마 세포들이 정지되거나 동기화되어 cdk 억제제들에 더 잘 반응하기 때문인 것 같다(Musgrove *et* al., 2011). 차세대 약물로, 특정 cdk에만 선택적으로 작용하는 cdk 억제제가 개발되었다. 그중 cdk 2, 7, 9에 작용하는 셀리시클립(seliciclib, R-roscovitine)과 cdk 1, 2, 5, 9에 작용하는 디나시클립(dinaciclib)이 임상시험 중에 있다(그림 5.9). cdk 4, 6에 작용하는 팔보시클립(Palbociclib, Ibrance™; Pfizer) (Cadoo *et al.*, 2014)은 현재 임상에서의 사용이 승인되었다. 임상 2상 시험 결과, 항에스트로겐 호르몬 치료(표준 호르몬 치료제인 letrozole)를 받는 ER^+/$HER2^-$ 유방암 환자에게 팔보시클립을 추가로 투여하면 환자의 질병 진행 없는 생존 기간이 증가되었다. cdk4/6를 표적하는 리보시클립(ribociclib)과 아베마시클립(abemaciclib) 역시 임상에서의 사용이 승인되어 유방암 치료제로 사용되고 있다(역자주: 2020 현재 상황으로 수정).

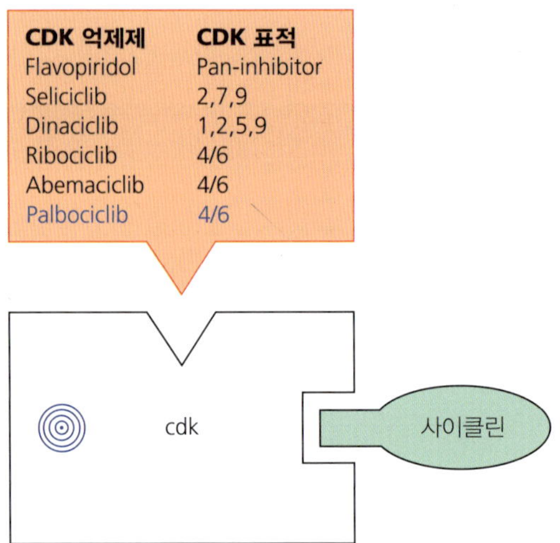

그림 5.9 임상시험 중인 사이클린 의존성 카이네이즈(cyclin-dependent kinase, cdk) 억제제들. 억제제들 중 현재 팔보시클립(Palbociclib), 리보시클립(ribociclib), 아베마시클립(abemaciclib)(역자주: 2020 현재 상황으로 수정)이 승인되었다. 억제제들은 붉은색으로 표시하였다.

5.8 그 외 세포주기 카이네이즈 표적

세포주기 체크포인트 조절인자인 Chk1, Chk2의 억제제 역시 항암 치료제로 적용될 수 있다(Ma *et al.*, 2011). ATP 경쟁적 저해제, AZD7762(Chk1, Chk2 억제제)와 SCH900776(Chk1 억제제)는 최근 임상시험을 시작했다. 이 약물들은 세포주기 체크포인트에 의해 세포주기가 멈추는 것을 방해하여, DNA 손상을 통해 세포사멸을 유도하는 기존 화학약물들의 효율을 증대시킨다. 특히, p53에 돌연변이를 가지고 있는 세포는 항암제에 의한 DNA 손상이 유발되면 G_1 체크포인트가 제대로 작동하지 않으므로, ATR/Chk에 의해 조절되는 G_2 체크포인트에 의존적일 수 밖에 없다. 따라서, Chk1 억제제는 p53 돌연변이를 가진 암에서 항암제 효과를 증대시킬 수 있다.

최근 오로라 카이네이즈의 ATP 결합을 경쟁적으로 저해하는 억제제들이 활발히 개발되고 있다. 개발된 억제제들은 모든 종류의 오로라 계열에 작용하는 것(예, danusertib, Nerviano Pharm; tozasertib, Merck and Vertex Pharm), 오로라 A, 오로라 B 동시에 작용하는 것(예, AT-9283), 오로라 A에 선택적으로 작용하는 것(예, alisertib, MLN8237; Millennium Pharm) 등이 있으며, 대부분의 약물들이 현재 임상 시험 중에 있다.

5.9 유사분열 방추체 억제제

제2장에서 언급했듯이, 기존의 항암제 중에는 미세소관과 방추체 형성을 억제하는 약물이 있다. 파크리탁셀/탁솔(pacritaxel/taxol)은 미세소관을 안정화시키고, 빈카

알카로이드(vinca alkaloid)(예, vinblastine, vincristine)은 미세소관 조립을 방해한다. 이들 약물은 모두 염색분체가 방추체에 부착하지 못하게 함으로써 유사분열 체크포인트를 작동시킨다. 이들 약물은 세포 성장 억제(cytostatic) 약물에 속하지만, 결과적으로 세포자살을 유발해서 암세포를 제거한다. KSP는 ATP 의존성 미세소관 모터 단백질로서 최근 새로운 항암제 개발 표적으로 주목받고 있다. KSP 억제제 이시프네시브(ispinesib)는 방추체의 극 분리를 억제함으로써 유사분열 체크포인트를 만성적으로 작동시키는데, 임상시험 결과 전이된 유방암 환자의 약 10%가 이 약물에 반응하는 결과를 보였다.

단원 요점—되짚어 보기

- 세포주기는 G_1, S, G_2, M기 4개의 주기로 되어 있다.
- 세포주기에는 G_1, G_2, M 3단계의 체크포인트가 있다.
- 세포주기의 진행은 사이클린과 cdk에 의해 철저하게 조절된다.
- Cdk는 사이클린 또는 억제자와의 결합에 의해 조절되며, 활성화 또는 비활성화 인산화에 의해서도 조절된다.
- 단백질 분해는 세포주기 진행을 조절하는 주요 인자들의 활성을 조절하는 데 중요한 역할을 한다.
- RB 단백질은 사이클린 D−cdk 4/6의 중요한 표적으로 G_1에서 S기로 진행되는 데 핵심적인 역할을 한다
- RB는 E2F 전사 인자와 HDAC과의 단백질−단백질 결합을 통해 그 기능을 나타낸다.
- RB의 활성은 서로 다른 사이클린−cdk에 의한 인산화에 의해 조절된다.
- 저인산화된 RB는 E2F를 비활성화시키고 HDAC을 불러 모은다.
- RB가 인산화되면 E2F와 HDAC이 방출되어 전사를 돕고 세포주기를 S기로 진행시킨다.
- G_2 체크포인트는 DNA 손상 및 비정상적인 DNA 합성에 의해 작동하며, M기로 진행되는 것을 막는다.
- 유사분열 체크포인트는 후기에서 염색체의 분열 오류를 막아준다.
- 오로라 카이네이즈는 중심체와 유사분열 방추체의 기능에 중요한 역할을 한다.
- 세포주기가 비정상적으로 조절되면 암이 발생한다.
- 사이클린 D의 증폭은 유방암과 편평세포암종에서 흔히 발견된다.
- 여러 종류의 cdk 저해제들이 임상시험에 들어갔으며, 그 중 하나는 승인을 받았다.
- 기존의 항암제 중에 유사분열 체크포인트를 활성화시킴으로써 항암 효과를 나타내는 약물이 많다.

탐구 활동

1. Cdk 억제제로 어떠한 연구를 할 것인지, 그리고 어떠한 전략으로 사용할 것인지에 대해 논의하시오. 자신의 의견을 전임상, 임상시험 결과들과 비교하시오.
2. 이번 장에서 유비퀴틴 매개 단백질 분해가 세포주기를 조절하는 데 중요한 역할을 한다는 것을 배웠다. 세포주기에서 단백질 분해가 제대로 조절되지 않아 암이 유발되는 증거를 찾아보시오. 우선, Teixeira와 Reed의 논문(2013)을 참조하시오.

더 읽을거리

Bryere, C. and Meijer, L. (2013) Targeting cyclin-dependent kinases in anti-neoplastic therapy. *Curr. Opin. Cell Biol.* **25**: 772–779.

Burkhart, D.L. and Sage, J. (2008) Cellular mechanisms of tumor suppression by the retinoblastoma gene. *Nat. Rev. Cancer* **8**: 671–682.

Chinnam, M. and Goodrich, D.W. (2011) RB1, development, and cancer. *Curr. Topics Devel. Biol.* **94**: 129–169.

Collins, I. and Garrett, M.D. (2005) Targeting the cell division cycle in cancer: CDK and cell cycle checkpoint kinase inhibitors. *Curr. Opin. Pharmacol.* **5**: 366–373.

Dick, F.A. and Rubin, S.M. (2013) Molecular mechanisms underlying RB protein function. *Nat. Rev. Mol. Cell Biol.* **14**: 297–306.

Dickson, M.A. (2014) Molecular pathways: CDK4 inhibitors for cancer therapy. *Clin. Cancer Res.* **20**: 3379–3383.

Kitzen, J., de Jonge, M., and Verweij, J. (2010) Aurora kinase inhibitors. *Crit. Rev. Oncol. Hematol.* **73**: 99–110.

Kops, G.J.P.L., Weaver, B.A.A., and Cleveland, D.W. (2005) On the road to cancer: aneuploidy and the mitotic checkpoint. *Nat. Rev. Cancer* **5**: 773–785.

Lapenna, S. and Giordano, A. (2009) Cell cycle kinases as therapeutic targets for cancer. *Nat. Rev. Drug Discov.* **8**: 547–566.

Malumbres, M. and Barbacid, M. (2009) Cell cycle, CDKs and cancer: a changing paradigm. *Nat. Rev. Cancer* **9**: 153–166.

Manning, A.L. and Dyson, N.J. (2012) RB: mitotic implications of a tumour suppressor. *Nat. Rev Cancer* **12**: 220–226.

Massagué, J. (2004) G1 cell-cycle control and cancer. *Nature* **432**: 298–306.

Meraldi, P., Honda, R., and Nigg, E.A. (2004) Aurora kinases link chromosome segregation and cell division to cancer susceptibility. *Curr. Opin. Genet. Dev.* **14**: 29–36.

Shah, M.A. and Schwartz, G.K. (2006) Cyclin dependent kinases as targets for cancer therapy. *Update Cancer Ther.* **1**: 311–332.

Sherr, C.J. and Roberts, J.M. (2004) Living with or without cyclins and cyclin-dependent kinases. *Genes Dev.* **18**: 2699–2711.

Swanton, C. (2004) Cell-cycle targeted therapies. *Lancet Oncol.* **5**: 27–36.

Weaver, B.A.A. and Cleveland, D.W. (2005) Decoding the links between mitosis, cancer and chemotherapy: the mitotic checkpoint, adaptation, and cell death. *Cancer Cell* **8**: 7–12.

Zhu, L. (2005) Tumour suppressor retinoblastoma protein Rb: a transcriptional regulator. *Eur. J. Cancer* **41**: 2415–2427.

선택된 특별한 주제

Cadoo, K.A., Gucalp, A., and Traina, T.A. (2014) Palbociclib: an evidence-based review of its potential in the treatment of breast cancer. *Breast Cancer (Dove Med Press)* **6**: 123–133.

Choudary, I., Barr, P.M., and Friedberg, J. (2015) Recent advances in the development of Aurora kinases inhibitors in haematological malignancies. *Ther. Adv. Hematol.* **6**: 282–294.

Kaufmann, W.K. (2006) Dangerous entanglements. *Trends Mol. Med.* **12**: 235–237.

Ma, C.X., Janetka, J.W., and Piwnica-Worms, H. (2011) Death by releasing the breaks: CHK1 inhibitors as cancer therapeutics. *Trends Mol. Med.* **17**: 88–96.

Medema, R.H. and Macurek, L. (2013) Checkpoint control and cancer. *Oncogene* **31**: 2601–2613.

Morgan, D. (2006) *The Cell Cycle: Principles of Control.* Oxford University Press, Oxford.

Musgrove, E.A., Caldon, C.E., Barraclough, J., Stone, A., and Sutherland, R.L. (2011) Cyclin D as a therapeutic target in cancer. *Nat. Rev. Cancer* **11**: 558–572.

Roy, P.G. and Thompson, A.M. (2006) Cyclin D1 and breast cancer. *Breast* **15**: 718–727.

Rubin, S.M., Gall, A.-L., Zheng, N., and Pavletich, N.P. (2005) Structure of the Rb C-terminal domain bound to E2F-D P1: a mechanism for phosphorylation-induced E2F release. *Cell* **123**: 1093–1106.

Sanchez, I. and Dynlacht, B.D. (2005) New insights into cyclins, CDKs, and cell cycle control. *Semin. Cell Dev. Biol.* **16**: 311–321.

Sharpless, N.E., Bardeesy, N., Lee, K.H., Carrasco, D., Castrillon, D.H., Aguirre, A.J.,*et al.* (2001) Loss of p16Ink4a with retention of p19Arf predisposes mice to tumorigenesis. *Nature* **413**: 86–91.

Teixeira, L.K. and Reed, S.I. (2013) Ubiquitin ligases and cell cycle control. *Annu. Rev. Biochem.* **82**: 387–414.

Utikal, J., Udart, M., Leiter, U., Kaskel, P., Peter, R.U., and Krahn, G. (2005) Numerical abnormalities of the Cyclin D1 gene locus on chromosome 11q13 in non-melanoma skin cancer. *Cancer Lett.* **219**: 197–204.

Chapter 6

성장 억제와 종양억제유전자

도입

인체는 일반적으로 세포 수를 조절하는 과정을 "통제"하고, 새로운 세포가 정확하게 복제된 DNA를 전달받도록 하는 종양억제유전자가 작용하는 기전을 가지고 있다. 제1장에서 다룬, 세포 증식, 분화 및 세포자살(apoptosis) 사이의 균형으로 인해 적절한 세포 수가 유지된다고 설명했던 사실을 상기하자. 다수의 종양억제유전자 생성물은 제어되지 않은 성장에 대한 정지 신호로서 작용하므로, 세포주기를 억제하거나, 분화를 촉진시키거나, 세포자살을 유발할 수 있다. 종양억제유전자의 두 사본 모두가 돌연변이 또는 후성 유전학적 변화에 의해 비활성화되면 억제 신호가 상실되고, 그 결과는 암의 특징인 조절되지 않은 세포 성장이 될 수 있다. 다른 종양억제유전자 생성물은 DNA 수선에 관여한다. 비활성화하면 DNA 수선에 결함이 있을 수 있으며, DNA 수선에 실패하면 암을 유발하는 돌연변이가 발생할 수 있다. 인간 게놈에는 모든 유전자에 2개의 대립 유전자가 존재(성 염색체의 유전자를 제외)하며, 대부분의 경우 종양억제유전자 기능의 상실은 두 사본을 모두 비활성화해야 한다. 이러한 비활성화는 흔히 하나의 사본에서는 돌연변이, 나머지 야생형 대립 유전자는 상실(**이형접합성 상실**, **loss of heterozygosity**, LOH)되는 것에 의해 발생한다. 이 규칙에는 예외가 있다.

잠시 멈춰 생각하기

이론적으로, 오직 하나의 대립 유전자에서의 돌연변이는 다른 대립 유전자가 종양 억제 단백질을 만들게 하므로, 종양 억제는 여전히 일어날 수 있다. 대부분의 경우, 종양 억제 기능을 상실하려면 두 대립 유전자가 모두 비활성화되어야 한다.

6.1 종양억제유전자의 정의

사람에서 암 발생에 취약한 유전 증후군은 하나의 종양 억제 대립 유전자에서 생식세포 돌연변이(난자/정자 DNA에서 전달되어 개체의 모든 세포에 존재)의 유전과,

이후 발생하는 두 번째 대립 유전자의 체세포 돌연변이 또는 다른 비활성화를 획득하는 것으로 설명될 수 있다. 이는 Knudson에 의해 처음 제안되었으며, Knudson의 이중 충격 가설(Knudson's two-hit hypothesis)로 알려져 있다. 이 가설은 생식세포 돌연변이가 그 개체를 암에 걸리기 쉽게 만드는 유전자라는 종양억제유전자에 대한 엄밀한 정의를 명시한다. 이 정의에 해당하는 종양억제유전자의 예는 표 6.1에 나와 있다.

이 가설은 대부분 종양억제유전자의 돌연변이가 영향을 미치는 기전을 설명하지만, 예외와 추가적인 복잡성이 존재하며, 이에 대해서는 나중에 다룰 것이다.

유방암과 난소암 감수성 유전자인 *BRCA1*과 *BRCA2*를 예로 들어보자. 일부 가족은 유방암 및 난소암 발병 위험이 높아지는 경향이 있다. 유전성 유방암 및 난소암 감수성 유전자인 *BRCA1*과 *BRCA2*는 전체 유방암 환자의 약 5~7%를 차지하고 이러한 유전성 증후군에서 역할을 하는 잘 알려진 종양억제유전자이다(Roy *et al.*, 2012). 이들 종양억제유전자의 작용 기전은 하나의 생식세포 돌연변이가 유전성 유방암과 난소암 증후군을 초래하고, 돌연변이를 가진 사람은 유방암과 난소암에 취약하다는 Knudson의 가설을 따른다. 이 증후군을 가진 사람은 평생 유방암에 걸릴 위험이 50~80%, 난소암 발병 위험은 30~50%이다. 이러한 사람에서 발생하는 유방 및 난소 종양은 이형 접합성 상실을 나타낸다. 일부 **산발적(sporadic**, 비유전적) 유방암의 경우, BRCA1 단백질 수준은 돌연변이 때문이 아니라 후성유전적 기전의 결과로 감소한다. BRCA1과 BRCA2 사이의 암호화 영역에 대한 명확한 상동성은 없지만, 두 BRCA 단백질은 상동성 재조합 및 이중가닥 절단 수선에 관여(그림 2.10)하므로 게놈의 무결성을 유지하는 데 도움이 된다. BRCA2의 주요 기능은 재조합효소 RAD51을 이중가닥 절단 부위로 모집하고, BRCA1은 RAD51의 모집을 포함해 상동 재조합에서 다양한 역할을 한다. BRCA1은 또한 전사 조절에도 작용한다. *BRCA* 유전자의 돌연변이는 상동 재조합의 결함을 야기하고 게놈을 불안정하게 하여 염색체 재배열 및 돌연변이를 초래할 수 있다. 에스트로겐 신호 전달에서 BRCA 단백질의 역할에 관한 또 다른 제안은 제11장에서 다룬다.

역사적으로, 종양억제유전자를 "항암 유전자(anti-oncogenes)"라고 불렀는데, 그 중 일부는 종양 유전자 활성화 경로를 "차단"하는 것처럼 보였기 때문이다. 비록 이 용어는 더 이상 사용되지 않지만, 일부 종양억제유전자의 기능을 설명하는 데 유용한 도구가 될 수 있다.

암이 발생하는 동안 인산화효소에 의한 비정상적 인산화의 역할이 제4장에서 강조되었다. 따라서 인산화효소 활성을 길항하는 탈인산화효소(phosphatase)를 암호화하는 일부 유전자는 "항암 유전자"로서 작용할 수 있을 것으로 예측할 수 있다. 돌연변이에 의한 이들 탈인산화효소 유전자의 비활성화는 억제 신호를 제거하고, 인산화효소 활성은 조절되지 않는다. 모두는 아니지만, 많은 탈인산화효소가 종양 억제제이다.

잠시 멈춰 생각하기

BRCA1 또는 BRCA2의 상실이 왜 유방암과 난소암을 유발하는가? 한 가지 가설(Roy *et al.*, 2012에서 논의)은 각 월경주기 동안 호르몬에 의해 유도된 이들 조직의 성장이 활성산소종을 생성하고 DNA의 산화를 일으킨다는 것이다. 이러한 손상은 상동성 재조합과 BRCA1 및 BRCA2를 필요로 하는 복제 스트레스와 이중가닥 파손을 야기할 수 있다.

잠시 멈춰 생각하기

인산화효소는 인산화하는 효소인데, 어떤 유형의 효소가 "항" 인산화효소일까? 탈인산화효소는 인산기(phosphate group)를 제거하는 효소이다.

표 6.1 종양억제유전자

종양 억제 유전자	인간 염색체 위치	유전자 기능	산발적 돌연변이와 관련된 인간 종양	관련 암 증후군	knock-out 마우스 돌연변이체(hetero-/homozygotes)의 종양 표현형
RB1	13q14	세포 주기의 전사 조절	망막 모세포종, 골육종	가족성 망막 모세포종	MTC, 뇌하수체 선암종, 갈색 세포종
Wt1	11p13	전사 조절	신장 모세포종	윌름스 종양	없음
p53	17q11	전사 조절/성장 정지/세포자살	육종, 유방암/뇌종양	리-프라우메니	림프종, 육종
NF1	17q11	RAP-GAP 활성	신경 섬유종, 육종, 신경교종	폰 레클링하우젠 신경 섬유종증	DKO chimera의 갈색 세포종, 골수성 백혈병, 신경섬유종
NF2	22q12	ERM 단백질/세포골격 조절	신경초종, 수막종	2형 신경 섬유종증	육종: p53 배경에 전이
VHL	3p25	단백질 분해 조절	혈관종, 신장, 갈색 세포종	폰 히펠-린다우	없음
APC	5q21	β-catenin에 결합, 활성 조절	대장암	가족성 선종성 용종증	Apc^{Min}에서 장 폴립
INK4a	9p21	cyclinD–cdk (4/6)에 대한 $p16^{Ink4a}$ cdki, $p19^{ARF}$는 mdm2에 결합하고 p53을 안정화	흑색종, 췌장암	가족성 흑색종	림프종, 육종
PTC	9q22.3	sonic hedgehog의 수용체	기저세포암종, 수모세포종	골린 증후군	수모세포종
BRCA1	17q21	전사 조절/DNA 수선	유방암/난소암	가족성 유방암	없음
BRCA2	13q12	전사 조절/DNA 수선	유방암/난소암	가족성 유방암	없음
DPC4	18q21.1	TGF-β 신호 전달	췌장, 결장, 과오종	청소년 용종	대장암종에서 $Apc^{\Delta716}$과 협력

잠시 멈춰 생각하기

세포막 수용체의 자극은 막으로 PI3 인산화효소를 불러들인 후 PIP2를 인산화시켜서 세포 분열과 세포자살 억제에 중요한 단백질들을 단계적으로 활성화시키는 강력한 2차 신호전달 물질인 phosphatidyl-inositol-3 phosphate (PIP3)를 생성한다는 것을 상기하자. 이 신호는 통제되지 않은 성장을 막기 위해서 엄격하게 조절되어야 한다.

많은 암에서 빈번하게 돌연변이되는 탈인산화효소를 암호화하는 유전자 중 하나는 *PTEN*(phosphatase and tensin homolog on chromosome 10)이다. *PTEN*은 단백질 및 지질 탈인산화효소 둘 다로서 작용할 수 있는 이중 특이성을 갖는 탈인산화효소를 암호화한다. 종양 억제에서 지질 탈인산화효소로서의 역할이 가장 잘 알려져 있다. PTEN은 막 지질 phosphatidyl-inositol-3 phosphate(PIP3)를 탈인산화해서 PIP2를 형성하며, 이를 통해 PI3 인산화효소 경로를 길항한다(그림 6.1에서 역방향의 빨간색 화살표로 표시).

PTEN 돌연변이의 표현형에서 PTEN의 억제적 탈인산화 활성의 상실은 단백질 인산화효소인 Akt 및 m-TOR(mammalian target of rapamycin)의 활성화를 수반하는 PI3 인산화효소 경로의 항시 활성화를 초래할 수 있고, 그 최종 결과는 세포자살의 억제 및 세포 증식의 유도이다. 이는 종양 형성을 선호하게 한다. *PTEN*의 생식세포 돌연변이가 암에 잘 걸리게 하는 Cowden 증후군을 유발하기 때문에, 이 유전자는 앞서 설명한 종양 억제제 정의에도 부합한다는 점에 유의하자. Cowden 질

표 6.1 종양억제유전자 (계속)

종양 억제 유전자	인간 염색체 위치	유전자 기능	산발적 돌연변이와 관련된 인간 종양	관련 암 증후군	knock-out 마우스 돌연변이체(hetero-/homozygotes)의 종양 표현형
FHIT	3p14.2	Nucleoside 가수분해 효소	폐, 위, 신장, 자궁 경부암	가족성 투명세포 신장암종	보고되지 않음
PTEN	10q23	이중 특이성 탈인산화효소	아교 모세포종, 전립성, 유방	코든 증후군, BZS, Ldd	림프종, 갑상선, 자궁 내막, 전립선
TSC2	16	세포 주기 조절	신장, 뇌종양	결절성 경화증	보고되지 않음
NKX3.1	8p21	Homeobox 단백질	전립선	가족 전립선 암종	보고되지 않음
LKB1	19p13	세린/트레오닌 인산화효소	과오종, 대장암, 유방	포이츠-제거스 증후군	보고되지 않음
E-cadherin	16q22.1	세포 부착 조절	유방, 대장, 피부, 폐암	가족성 위암	지배적 음성, 침윤/전이 촉진
MSH2	2p22	*mut S* 상동체, 잘못짝지움 수선	대장암	HNPCC	림프종, 대장/피부 암
MLH1	3p21	*mut L* 상동체, 잘못짝지움 수선	대장암	HNPCC	림프종, 장 선종/암종
PMS1	2q31	잘못짝지움 수선	대장암	HNPCC	없음
PMS2	7p22	잘못짝지움 수선	대장암	HNPCC	림프종, 육종
MSH6	2p16	잘못짝지움 수선	대장암	HNPCC	림프종, 장 선종/암종

이 표에는 운동 실조성 모세혈관 확장증(ataxia telangiectasia, *ATM/ATR*), xeroderma pigmentosum(뉴클레오티드 절제 수선 유전자), 블룸 증후군(Bloom's syndrome, *BLM*), 베르너 증후군(Werner's syndrome, *WRN*) 또는 판코니 빈혈(Fanconi's anemia, *FAA, FAC, FAD*)과 관련된 감수성 유전자는 돌연변이의 경우, 암 소인과 관련이 있음에도 불구하고 포함되어 있지 않다. 또한 *PML*과 같은 염색체 전좌에 의해 파괴되는 추정 종양억제유전자도 제외되었다. *MADR2, TGF-β* 수용체 *2, IRF-1, p73,* $p33^{ING1}$, *PPARγ, BUB1* 및 *BUBR1*과 같은 유전자는 특정 인간 종양에서 돌연변이 되는 것으로 나타났지만, 이들 유전자의 생식세포 돌연변이는 아직 유전성 인간 암 증후군과 관련되지 않았기 때문에 여기에 포함되지 않는다.

BZS, Bannayan–Zonana 증후군; HNPCC, 유전성 비용종성 대장암; Ldd, Lhermitte–Duclos 증후군; MTC, 갑상선수질암.

Macleod, K. (2000)) Tumor suppressor genes. *Curr. Opin. Genet. Dev.* **10**: 81–93, 저작권 (2000). Reprinted with permission from Elsevier.

환 환자에서 발견되는 돌연변이의 상당수는 탈인산화효소 코어 모티프에서 발견되지만, 일부 돌연변이는 프로모터 영역 또는 스플라이싱 접합부(splice junction)에서 발견되며, 각각 발현의 감소 또는 절단된 단백질을 초래한다.

또 다른 단백질-타이로신 탈인산화효소인 수용체 PTPRT는 암에서 자주 돌연변이된다(즉, 대장암의 26%). 이 PTPRT 유전자 결핍 쥐는 발암 물질에 의해 유발되는 대장암에 매우 취약하며, 이러한 결과는 종양 억제제로서의 역할에 대한 생체 내 증거가 된다. 또한 몇몇 다른 단백질-타이로신 탈인산화효소도 종양억제유전자로서 작용한다.

모든 인산화효소가 암을 유발하는 것은 아니며, 모든 탈인산화효소가 종양 억제제는 아니라는 점에 유의하자. 변이혈관확장성 운동실조증(ataxia telangiectasia mutated, ATM) 인산화효소는 제2장에 언급 된 바와 같이, DNA 수선에 작용하며 종양 억제 역할을 한다. 그 밖에도 많은 예가 있다. 생체 내 증거는 하나의 단백질-

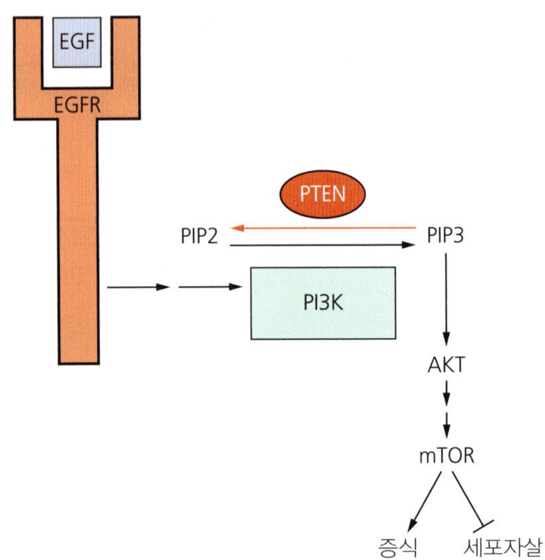

그림 6.1 PTEN은 PI3 인산화효소 경로를 길항한다.

타이로신 탈인산화효소(PTPN1)가 조직 유형 및 세포 상황에 따라 발암성 단백질 또는 종양 억제 단백질로서 작용할 수 있음을 시사한다. *PTPN1*/*Trp53* 유전자 결핍 쥐(종양 억제 활성)의 분석에서 림프종의 발달이 가속화된 것이 보고된 반면, 유방 종양은 유선에서 PTPN1 과발현(발암 활성)에 의해 유발된다. 다른 단백질-타이로신 탈인산화효소의 암 유전자 또는 종양억제유전자로서의 역할은 Julien *et al*., (2011)에서 확인할 수 있다. 또한 아래 "어떻게 알 수 있을까?"를 참조하자.

종양억제유전자의 세계에서 2개의 "스타 플레이어"인 망막 아세포종(retinoblastoma, *Rb*) 유전자(제5장에서도 다룸)와 *p53* 유전자의 검토가 이 장의 핵심 내용이다. 암화 과정 중 두 유전자 산물의 역할은 다음 절에 설명되어 있다.

어떻게 알 수 있을까?

효소 반응속도론(enzym kinetics)과 세포 성장 측정

(Wang *et al*., 2004에 보고된 데이터 참조)

여러 단백질-타이로신 탈인산화효소 유전자의 돌연변이가 인간의 대장 종양에서 확인되었다. 이는 종양 게놈 DNA로부터 87개의 상이한 단백질-타이로신 탈인산화효소 유전자의 엑손을 증폭시키고, 이 엑손들의 염기서열을 분석함으로써 이루어졌다. 같은 환자의 정상 조직으로부터 얻은 DNA를 체세포(종양 특이적) 돌연변이를 확인하기 위한 대조군으로 사용하였다. 생화학적 분석은 이들 돌연변이가 탈인산화효소 활성이 감소된 단백질을 생성한다는 것을 입증하였다. 이러한 연구는 박테리아에서 돌연변이 단백질-탈인산화효소 촉매 영역을 발현해 수행하였다. 정제 후, 효소 반응속도론을 연구하였다. 기질의 가수분해 속도를 기질 농도에 대해 플롯팅하고, Michaelis-Menten 방정식을 사용해서 K_m 및 K_{cat} 값을 결정하였다. 배양에서 세포의 성장은 야생형 단백질 유전자 도입에 의해 억제되었지만, 돌연변이 단백질 유전자 도입에서는 그렇지 않았다. 형질 주입 2주 후 크리스탈 바이올렛으로 세포를 염색해서 세포 성장을 조사하고, 콜로니 수를 세었다. 이러한 유전적, 생화학적, 세포학적 증거는 이들 단백질-타이로신 탈인산화효소 유전자가 종양에서 돌연변이되어 기능 상실 단백질(loss-of-function proteins)을 생성하는 것을 보여줌으로써, 이들이 종양 억제단백질로서 작용함을 시사한다.

6.2 망막아세포종 유전자

망막아세포종(retinoblastoma)은 전 세계적으로 2만 명당 1명이 발생하는 희귀 소아암으로, 가족형(유전형)과 산발형 등 2가지 형태가 있다(그림 6.2). 모든 망막아세포종 환자의 약 40%는 가족형이며, 약 60%가 산발형이다. 가족형 질환에서는 하나의 *Rb* 유전자의 생식세포 돌연변이가 자녀에게 전달되며 모든 세포에 존재한다. 두 번째 돌연변이는 특정 망막 모세포에서 생성되며, 결과적으로 망막의 종양을 일으킨다. 유전된 돌연변이 유전자는 두 번째 돌연변이가 발생할 가능성을 충분히 높이게 된다. 두 번째 돌연변이는 대부분 체세포의 유사분열 재조합에서 비롯되는 경우가 가장 많으며, 이 과정에서 정상적인 유전자 사본이 돌연변이 사본으로 대체된다. 이에 비해 산발성 망막아세포종에서는 2개의 돌연변이 모두 동일한 망막아세포에서 체세포적으로 발생한다. 망막에는 대략 10^8개의 망막아세포가 있기 때문에, 산발성 망막아세포종이 개인에서 2번 이상 발생할 가능성은 낮다. 따라서 산발성의 경우에는 대개 한쪽 눈에만 영향을 미치는 반면, 가족형의 경우에는 양쪽 눈 모두에 있는 경우가 종종 발생한다. 따라서 이 질병은 Knudson의 이중 충격 가설을 증명한다. 즉, 2개의 망막아세포종 대립 유전자 각각에 하나씩 있는 2개의 분리된 돌연변이가 *Rb* 대립 유전자의 두 사본을 비활성화하고, RB 단백질의 발현을 방지하는 데 필요하다. 하나의 *Rb* 대립 유전자에서의 돌연변이는 기능적 RB를 제거하기에 불충분하며, 따라서 암을 유발하는 돌연변이는 열성이다. 이 질환의 기초가 되는 유전자 생성물의 분자 기전에 대한 이해는 종양 억세 난백실에 대한 중요한 원리를 알게 해준다.

망막아세포종 단백질(RB, 때때로 pRB라고 불리기도 함)은 망막아세포종 종양억

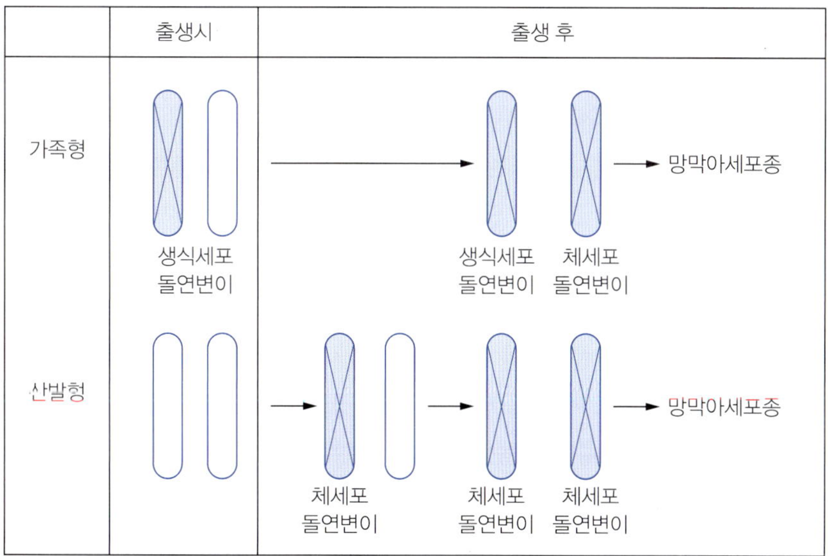

그림 6.2 가족형, 산발형의 망막아세포종: 생식세포 대 체세포 돌연변이.

잠시 멈춰 생각하기

종양 억제 단백질로서, RB가 세포 증식에 필요한 전사인자를 억제 또는 활성화한다고 생각하는가? RB는 세포주기 진행에 필요한 인자의 전사 활성을 억제한다. 따라서 세포 성장에 중요한 표적 유전자는 발현되지 않는다. 그러나 종양 억제 단백질인 RB의 손실로 인해 억제력이 상실되고, 결과적으로 세포주기 진행과 분열이 제어되지 않는다. 분화에서 RB의 역할에 대해 생각해보자. RB가 세포 유형 특이적인 유전자를 켜는 전사인자를 억제하거나 활성화한다고 생각하는가? 종양 억제 단백질로서 RB는 분화에 관여하는 유전자를 활성화시키는 Myo D와 같은 전사인자의 활성을 자극한다. RB의 손실은 세포 수의 증가와 분화의 실패로 이어진다.

제유전자(*Rb*)의 산물이다. RB는 수백 가지의 단백질 결합 파트너가 알려져 있는 다기능성 단백질이다. 이 단백질은 전사 인자에 결합하고 전사인자의 활성을 억제 또는 유도할 수 있는 전사 보조 인자(transcriptional co-factor)로 간주된다. 제5장에서 논의했듯이, 주요 역할은 G_1에서 S단계로의 전이를 억제함으로써 세포주기를 조절하는 것이다. 세포 증식은 세포 분열에 필요한 단백질(예를 들어, thymidylate synthase, dihydrofolate reductase)을 생성하기 위한 표적 유전자 집합의 전사에 의존한다. RB는 세포 증식과 분화에 영향을 미치는 특정 유전자 발현에 대한 전사의 간접 조절 인자이다. 단백질-단백질 상호작용은 전사 조절 인자로서 RB의 기능을 촉진하며, RB는 주요 전사 인자(E2F)와 염색질 리모델링 효소에 결합하고 그 활성을 조절한다(그림 5.4). 또한 Cdk 억제 인자인 p27의 안정화를 통해서 RB는 세포주기의 정지를 유도할 수 있다. RB는 p27의 억제제인 S phase kinase-associated protein 2(SKP2)와 SKP2를 분해하는 단백질을 모집하는 골격으로서 작용하여 p27을 안정화시킨다.

6.3 RB 경로의 돌연변이와 암

망막아세포종은 양쪽 *Rb* 유전자가 모두 손실되면서 시작된다. 확인된 돌연변이의 유형은 Knudson의 이중 충격 가설에서 예측한 바와 같이, 대부분 RB 기능을 중단시키는 DNA 결실, 틀 이동 돌연변이 또는 **넌센스 돌연변이(nonsense mutations)**이다. 또한 포켓 영역 내에 존재하는 **미스센스 돌연변이(missense mutations)**도 보고되었다. Ser567(앞서 설명)의 돌연변이가 인간 종양에서 발견된 것은 흥미로운데, 보통 이 아미노산의 인산화가 E2F의 방출을 일으키기 때문이다. 따라서 Ser567의 돌연변이는 이러한 기능을 방해할 수가 있다. RB 경로가 세포주기 조절에서 중심이기 때문에, 성장 신호의 유무에 관계없이 RB 기능을 차단하고, E2F가 전사를 활성화시키는 임의의 돌연변이를 통해 종양 개시를 유도할 수 있다.

비록 *Rb* 유전자는 모든 성인 조직에서 발현되지만, 망막아세포종, 소세포 폐암종 및 골육종과 같은 매우 소수의 암이 RB의 손실에 의해 직접 유발된다. 그러나 이 RB 경로는 대부분의 인간 종양에서 비활성화되어 있고, 인간 종양 바이러스의 표적이 되고 있다(145쪽의 6.6절, “RB 및 p53과 DNA 바이러스 단백질 생성물의 상호작용” 참조). 이러한 관찰은 RB의 손실이 암의 개시 외에도 암 진행에 필요한 역할을 하고 있음을 시사한다. 예를 들어, RB의 불활성화는 E2F 표적 유전자(예를 들어, MAD2, VEGF)의 발현 증가를 통해 염색체 불안정성 및 혈관 신생을 각각 촉진한다. 일부 연구는 RB가 세포주기 진행뿐 아니라 망막세포의 분화에도 역할을 할 수 있다고 제안하고 있다. 그러므로, RB의 다른 종양 억제 기능과 다른 세포 유형에서의 역할에 대해서 앞으로 더 많이 연구되어야 한다.

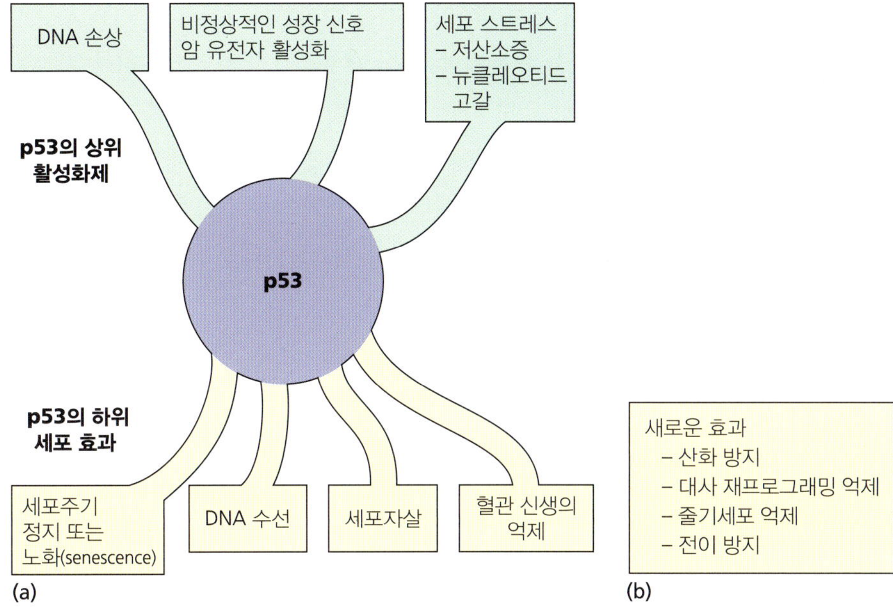

그림 6.3 (a) p53의 상위 활성화제(upstream activator) 및 하위 효과-고전적 견해. (b) 새로운 효과.

6.4 p53 경로

p53 유전자는 최초로 확인된 종양억제유전자이며, 발견 이후 p53 경로가 대부분의 인간 암에서 변형된다는 사실이 연구를 통해 밝혀졌다. 2개의 *p53* 상동체(homolog)인 *p73* 및 *p63*도 또한 확인되었지만, 암 세포에서의 돌연변이는 드물다. 이 유전자의 단백질 생성물인 p53은 세포의 종양 억제 기전의 중심에 있어 "게놈의 수호자"라는 별명을 얻었다. 세포 스트레스가 없으면, 낮은 수준의 p53은 항산화 활성을 유도해서 활성산소종(reactive oxygen species, ROS)을 감소시키고, 그에 따른 DNA 손상을 감소시킨다(Budanov, 2014). 제2장에서 언급했듯이, 정상적인 세포 대사는 DNA와 반응할 수 있는 ROS를 생성한다. 내인성 ROS는 단일 세포에서 하루에 대략 20,000개의 DNA 염기를 변형시키는 것으로 추정되었다. p53은 과산화수소 대사에 관여하는 단백질인 glutathione peroxidase 1과 sestrin과 같은 항산화 기능을 가진 단백질에 대한 유전자의 발현을 증가시킴으로써 ROS로부터 보호한다. 이러한 항산화 작용은 돌연변이를 방지하고, 암 예방에 도움이 될 수 있다.

세포 스트레스와 DNA 손상과 같은 많은 유형의 "위험 신호"는 p53을 활성화시키고, 종양 형성을 억제하는 몇 가지 중요한 세포 반응을 유발할 수 있다(그림 6.3a). 상위 스트레스 활성제로는 방사선, 약물 또는 발암원에 인한 DNA 손상, 발암 활성화, 저산소증 및 낮은 리보뉴클레오티드 풀(pool) 등이 있다. 이 조건들은 종양의 시작을 촉진할 수 있다. 이러한 스트레스 신호에 대응해서, p53은 일시적 또는 영구적 세포주기 정지, DNA 수선, 세포자살 및 혈관신생 억제를 포함한 하위 세포 효과를 이끌어 낼 수 있다(제10장 참조). 세포주기를 정지시키는 능력은 가벼운 DNA 손상을 회복하게 하고, 게놈 내에서 돌연변이의 확산을 방지한다. 더 심각한 DNA 손상은 노화(senescence)라고 불리는 되돌릴 수 없는 세포주기 정지를 유도한다. 세포자살은 돌연변이의 확산을 방지하는 또 다른 수단으로, DNA 손상을 복구할 수 없는 경우에는 세포자살이 개체 생물체 전체에 이롭다. 즉, 돌연변이된 세포는 죽는 것이 더 이롭다. 세포자살은 p53의 종양 억제제 기능을 매개하는 중요한 생물학적 기능이다. 다른 새로운 하위 효과로는 산화 방지, 대사 재프로그래밍 억제(제11장 참조), 줄기세포 억제 및 전이 방지 등이 있다(그림 6.3b).

자가 진단 책을 덮고서 그림 6.3을 그리시오. 답을 확인한 후 틀린 부분을 수정하시오. 책을 덮고서 한 번 더 시도하시오.

---

p53 경로의 전체적인 조절은 조절 작용의 각 단계를 해명해야 하는 엄청난 복잡성을 가지고 있다. p53 단백질의 구조 및 억제제와의 상호작용을 살펴본 다음, 그 활성이 어떻게 켜지고, 어떻게 효과를 발휘하는지에 대해 알아보자.

p53 단백질의 구조

염색체 17p13에 위치한 *p53* 유전자는 53 kDa의 인산화단백질(phosphoprotein)을 인코딩하는 11개의 엑손을 포함하고 있다. p53 단백질은 N-말단 전사활성화(transactivation) 도메인, Zn^{2+} 이온을 포함하는 DNA-결합 도메인, 4량체화 도메인 및 C-말단 조절 도메인(그림 6.4)의 4가지 구분되는 도메인을 가지고 있는 전사인자이다. p53 단백질은 표적 유전자의 전사를 조절하기 위해 2개의 직접적인 반복서열[5′-RRRCWWGYYY(0에서 14개의 spacer)RRRCWWGYYY-3′, R은 퓨린(A 또는 G), Y는 피리미딘(T 또는 C), W는 아데닌 또는 티민]을 포함하는 p53 반

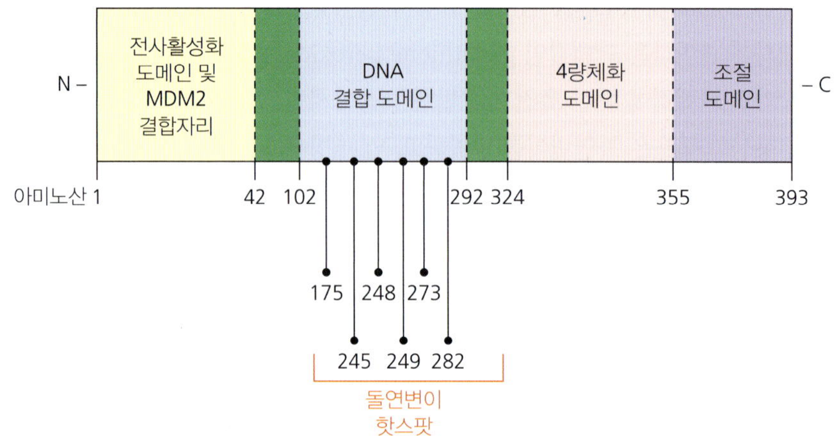

그림 6.4 p53 단백질의 영역 및 돌연변이 핫스팟의 위치(빨간색으로 표시).

응 DNA 요소에 4량체(tetramer)로서 결합한다. Oligonucleotide array 실험은 p53이 대략 300개의 상이한 유전자 프로모터 영역에 결합한다는 것을 입증하였는데, 이는 p53이 강력한 조절 역할을 한다는 것을 시사한다. p53 표적 유전자는 단백질 및 miRNA를 암호화한다. miRNA는 강력한 전사 후 조절 인자임을 기억하자. p53의 인산화 패턴 및 결합 파트너와의 상호작용은 서로 구별되는 전사 프로그램과 상관관계가 있다. 몇 가지 특정 p53 표적 유전자와 그 효과를 발휘하는 기전에 대해서는 이 장의 뒷부분에서 다룰 것이다.

MDM2에 의한 p53 단백질의 조절

일반적으로 정상 세포에서 p53 단백질의 발현 정도는 낮다. 세포 내 p53의 활성은 *p53* 유전자의 발현 수준이 아닌 단백질 분해 수준에서 조절된다. 유비퀴틴 ligase인 MDM2 단백질이 주요 조절자이다. 유비퀴틴 ligase는 단백질에 유비퀴틴이라 불리는 작은 펩티드를 부착해 프로테아좀(proteosome)에서 **단백질 분해(proteolysis**, 펩티드 결합을 절단하는 효소적 단백질 분해)가 일어나도록 표시를 하는 효소이다. MDM2는 p53의 C-말단 도메인을 변형시켜 세포질에서 프로테아좀에 의해 분해되도록 한다. 또한 MDM2는 p53의 N-말단의 전사활성화 도메인에도 결합하고, 이를 억제해 p53의 활성을 변형시키고, 핵 DNA로부터 멀리 떨어진 세포질 내로 단백질을 운반한다. 따라서 전사인자로서의 p53 활성은 일어나지 않는다. p53에 대한 MDM2의 결합은 자동 조절 피드백 루프(autoregulatory feedback loop)의 일부이다(그림 6.5, 빨간색 화살표로 표시). *Mdm2* 유전자는 p53의 전사 표적이다. 따라서

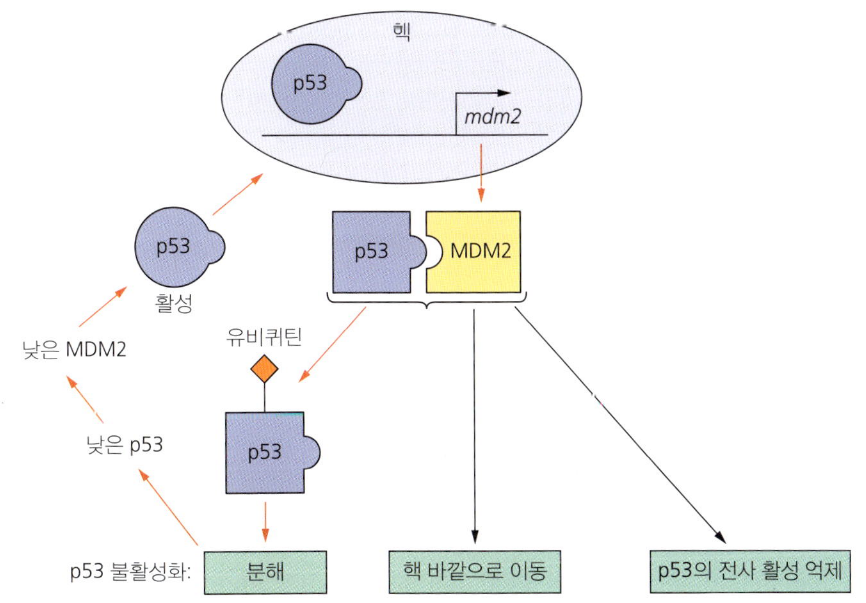

그림 6.5 p53–MDM2 피드백 루프. p53은 *Mdm2* 유전자의 전사를 유도하는데, *Mdm2* 유전자의 생성물은 p53의 음성 조절자이다. MDM2는 유비퀴틴 ligase로서 p53에 유비퀴틴을 부착해서 분해되도록 한다. p53의 양이 적으면, *Mdm2* 유전자의 발현이 감소하고, 따라서 p53의 음성 조절이 감소한다. 그 결과 증가된 활성 p53은 *Mdm2* 유전자의 프로모터에 결합해서 *Mdm2*의 생성을 증가시켜 피드백 루프가 이루어진다.

p53은 자신의 분해를 유발하는 음성 조절자인 MDM2의 생성을 촉진한다. p53의 양이 적으면, *Mdm2* 유전자의 전사와 MDM2 단백질의 양이 감소되며, 이로 인해 p53 활성이 증가해 루프가 완성된다. 내인성 ligase 활성이 없는 음성 조절 단백질인 MDMX, p53에서 유비퀴틴을 제거하는 안정화 인자인 HAUSP를 포함한 p53의 추가 조절자가 있다는 점에 유의하자.

상위: p53 활성화의 분자 경로

p53이 활성화되는 기전은 스트레스 신호의 특성에 따라 달라진다. 스트레스는 세포 단백질에 의해 "감지"되며, 이들 중 다수는 인산화를 통해 p53에 위험 신호를 전달하는 인산화효소이다. p53–MDM2 상호작용의 중단은 상위 인자에 의한 p53 활성화에 필수적이다.

p53의 상위 활성제는 3가지 주요 독립적인 분자 경로를 사용해서 세포의 스트레스를 전달한다(그림 6.6). 이온화 방사선으로 인한 DNA 손상은 2개의 단백질 인산화효소에 의해 신호를 받는다. DNA 이중가닥 절단에 의해 자극된 첫 번째 인산화효소인 ATM은 두 번째 인산화효소 Chk2를 인산화해서 활성화시킨다. ATM 및 Chk2 인산화효소는 p53의 N-말단 부위를 인산화하는데, 이러한 인산화는 MDM2의 결합을 방해한다. p53에 세포 스트레스를 알리는 두 번째 분자 경로는 2가지 다른 인산화효소인 ATR과 casein kinase II에 의해 실행된다. 이들 단백질 또한 p53을 인산화하고 MDM2와의 상호작용을 방해한다. 마지막으로, Ras와 같은 활성화된

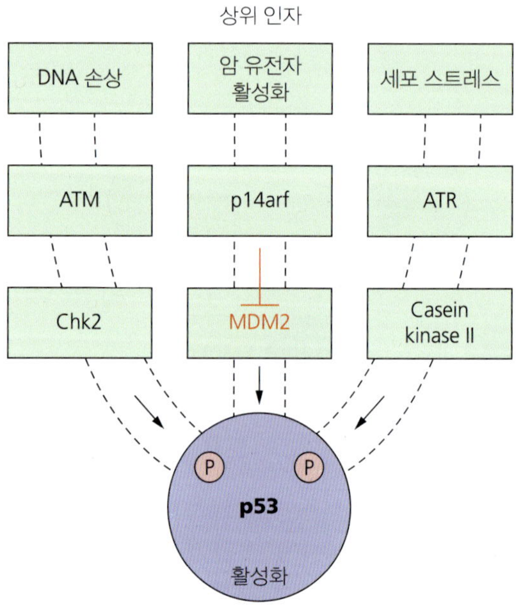

그림 6.6 p53의 상위 활성제. 첫 번째와 마지막 경로는 인산화효소가 작용해서 p53의 인산화(P로 표시됨)를 초래한다. 모든 경로는 p53과 MDM2의 상호작용을 방해한다.

암 유전자는 p53–MDM2 복합체의 또 다른 조절자인 p14arf 단백질의 활성을 유도한다. p14arf는 *INK4a/CDKN2A* 유전자의 2가지 번역 산물 중 하나이다(cyclin 인산화효소 억제제인 p16이 또 하나의 산물이다). p14arf는 p53–MDM2의 인터페이스에 결합하지 않지만, MDM2를 세포의 인에 격리시키는 작용을 가진다. 3가지 경로는 모두 MDM2에 의한 p53의 분해를 방지한다.

하위: p53 세포 효과의 분자 기전

p53이 종양 억제 효과를 발휘하는 주요 기전은 특정 표적 유전자의 발현을 유도하는 것이다. 결과적인 단백질 네트워크가 이러한 반응을 어떻게 유발하는지 살펴보자(그림 6.7).

세포주기의 억제

p53의 주요 기능 중 하나는 DNA 손상에 대응해서 일시적인 세포주기 정지 또는 노화를 일으켜 다음 번 복제 전에 손상을 수선하거나 세포 분열을 완전히 억제하

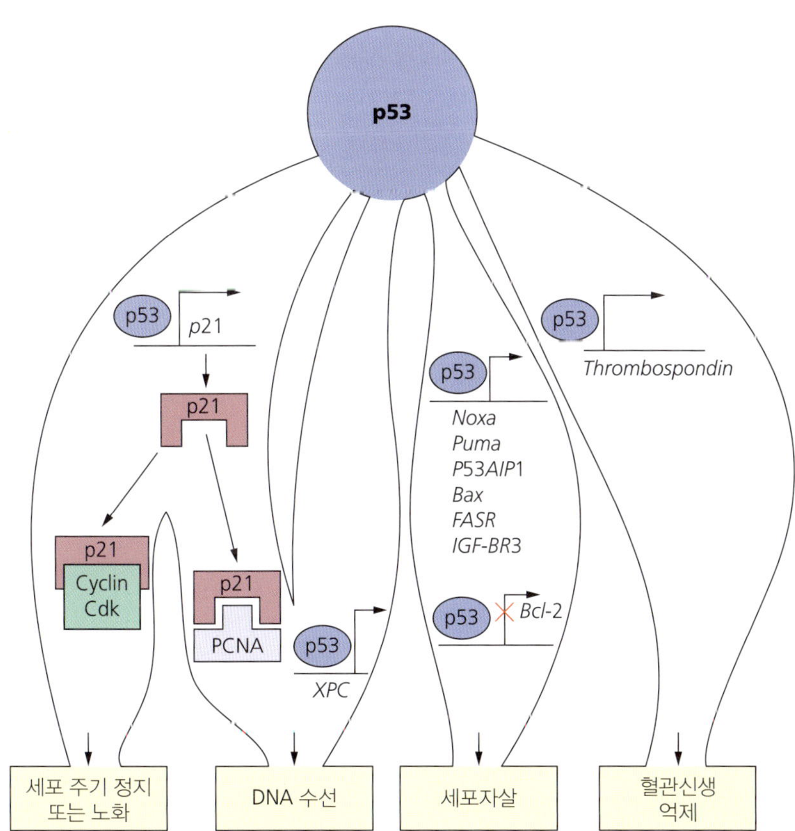

그림 6.7 p53의 하위 효과. p53은 그림으로 나타낸 바와 같이 표적 유전자를 조절함으로써 많은 효과를 발휘한다.

잠시 멈춰 생각하기

cyclin-cdk 복합체의 억제제가 왜 G_1에서 S로의 전환을 멈추게 하는가? 세포주기에서 cyclin-cdk 복합체의 역할(중요하게도 인산화효소로 작용)을 상기하라. 인산화효소로서 이들 단백질은 인산화를 유발한다. 이들은 무엇을 인산화하는가? RB. cdk 복합체가 RB를 인산화하지 못하면, 전사인자 E2F를 구속하여 S로의 전환은 차단된다.

는 것이다. 따라서 손상된 DNA가 복제돼서 딸세포로 전달되는 것을 방지하고, 게놈의 유지가 촉진될 것이다. 이러한 세포 반응을 담당하는 분자 기전은 *p21* 유전자(*Cdkn1a* 유전자라고도 함)의 전사 유도를 포함한다. 그 생성물인 p21 단백질은 여러 cyclin-cdk 복합체를 억제하고, 세포주기의 G_1에서 S(및 G_2에서 M)로의 전환에서 일시 중지를 일으킨다("잠시 멈춰 생각하기" 참조).

또한 p21은 DNA 합성 및 DNA 수선에 작용하는 단백질인 PCNA(proliferating cell nuclear antigen)에 결합한다. p21과의 상호작용은 DNA 복제에 있어서 PCNA의 역할을 억제하지만, DNA 수선작용을 억제하지 않는다. 따라서 p21은 세포주기의 일시 중단을 초래하는 동시에 DNA 수선을 가능하게 하는 p53의 능력을 촉진하는 분자 기전의 중요한 부분이다. p53에 의해 조절되는 miRNA인 miR-34a도 또한 세포주기 정지 및 노화를 유발할 수 있다(그림 6.7에는 표시되지 않음).

세포자살

세포자살(apoptosis)의 여러 매개체의 발현은 p53에 의해 전사적으로 직접 조절된다(표 6.2). 표적에는 각각 외부 및 내부 신호에 반응하는 2개의 세포자살 경로에 관련된 단백질을 암호화하는 유전자가 포함된다(세포자살은 제7장에서 다룬다). 일반적으로, 세포자살을 촉진하는 단백질인 세포자살 유도(pro-apoptotic) 단백질을 암호하는 유전자는 유도되는 반면, 세포자살을 길항하는 단백질인 세포자살 억제(anti-apoptotic) 단백질을 암호하는 유전자는 억제된다. Cytochrome *c*의 방출을 유발하고, apoptosome을 활성화시키는 미토콘드리아의 세포자살 유도 단백질인 NOXA, PUMA 및 p53AIP1이 유도된다. 또한 p53은 세포자살 유도 단백질인 Bax의 유전자 발현을 유도하고, 세포자살 억제 단백질인 Bcl-2의 발현을 억제함으로

표 6.2 p53에 의해 유도되는 세포자살 표적 유전자

유전자	유전자 생성물의 위치
Bax	내인성 경로
NOXA	내인성 경로
PUMA	내인성 경로
P53AIP1	내인성 경로
FAS	외인성 경로
IGF-BP3	외인성 경로
DR5	외인성 경로
PIDD	외인성 경로
PERP	소포체

써, Bcl-2 단백질 패밀리에 의해 조절되는 세포자살에 결정적인 역할을 한다. Fas 수용체(FASR)는 세포외 자극을 받아 세포자살을 자극하는 막횡단 수용체이다. *FASR* 유전자의 발현은 p53에 의해 유도된다. p53에 의한 IGF-BP3(insulin-like growth factor-binding protein 3)의 유도에 의해 생존 신호가 차단되는 경우에도 세포자살이 유발된다. IGF-BP3는 insulin-like growth factor 1(IGF-1)의 수용체로의 신호전달을 차단한다. 완전한 세포자살 반응을 위해서는 이러한 서로 다른 경로들이 협력해서 활성화되는 것이 필요하다. p53에 의한 세포자살 유도를 위한 전사 비의존적 기전 또한 존재하는데, 이에 대해서는 제7장에서 다룰 것이다.

DNA 수선과 혈관신생 및 기타 새로운 역할

DNA 수선과 신생 혈관 생성은 이 책의 다른 부분에서 심층적으로 다루어진다(각각 제2장과 제9장 참조). 일반적으로 이러한 과정에서 p53에 의한 주요 유전자의 전사 조절에 대한 역할이 확립되었다. 예를 들어, 뉴클레오티드 절제 수선에 관여하는 유전자인 *XPC*는 프로모터의 p53 반응 DNA 요소를 통해 p53에 의해 조절된다. 혈관신생을 억제하는 thrombospondin도 또한 p53에 의해 전사적으로 조절된다. 이는 다른 생물학적 반응에서 전사 조절 인자로서 p53의 역할을 더욱 뒷받침한다.

p53의 새로운 역할에 관여하는 유전자의 전사 활성화가 확인되었으며, 몇 가지 예는 다음과 같다. 항산화에서의 역할은 *glutathione peroxidase* 유전자(Gpx1) 및 *sestrin* 유전자(Sesn)의 유도에 의해 이루어진다. 대사 재프로그래밍을 차단하고 포도당 분해를 억제하는 것은 *Tigar*의 유도에 의해 뒷받침된다. miRNA의 유도는 줄기세포의 특성을 억제(mir-145)하고 전이를 방지(mir-34)하는 데 중요하다. 이중 mir-34는 암 세포 이동에 중요한 전사인사(Snail)의 발현을 감소시킨다.

하위 결과를 결정하는 요인: 세포주기 정지 또는 세포자살

게놈의 수호자로서, p53은 세포주기를 억제하거나 세포자살을 유도함으로써 손상된 DNA가 딸세포로 전달되는 것을 방지한다. 세포주기 정지와 세포자살은 p53의 2가지 독립적인 효과이다. 세포주기 정지 또는 세포자살의 발생 여부에 대한 생물학적 결과를 결정하는 몇 가지 분자 요인이 있다(Murray-Zmijewski *et al.*, 2008). 프로모터 선택성 및 p53 결합 친화력은 세포 운명에 영향을 미치는 기전이다. 이는 p53 반응 DNA 요소(이 요소내 spacer의 가변 길이 참고)의 뉴클레오티드 서열, 프로모터 내부의 상황 또는 p53의 번역 후 수식에 의해 결정될 수 있다. 예를 들어, Ser46의 인산화는 p53의 세포자살 유도 유전자 발현을 선호하도록 한다. p53의 절대적인 양은 결과에 영향을 미치는 또 다른 요소이다. 세포자살이 발생하기 위해서는 역치가 필요하다는 결과들이 있다. p53의 세포내 위치도 하위 효과에 중요한 역할을 한다. 앞서 논의한 바와 같이, p53은 전사 인자이고, 이 기능을 위해 핵 내에 존재해야 하지만, 세포의 다른 곳에서 수행되는 전사 이 외에 독립적 역할도 가지고 있다. 마지막으로, 전사인자의 상이한 조합과 같이 p53과 상호작용하는 인자의 존재는 생물학적 반응에 영향을 미친다. 요약하면, 표적 유전자 선택성, p53 단백질 양, 세포내 위치 및 보조 인자는 p53의 하위 효과에 영향을 미치는 중요한 요소이다.

p53이 세포주기 정지 또는 세포자살을 어떻게 지향하는지에 대한 하나의 예를 살펴보자. 암 유전자 활성화(예, Myc)는 세포자살을 유발하는 p53의 상위 유도제이다. 이 스트레스 신호의 기전은 세포주기 정지의 중요한 작용자이며, 또한 세포자살의 억제제인 cyclin-cdk 억제제 p21을 암호화하는 유전자의 전사적 조절자를 통해 작용한다(그림 6.8). *p21* 유전자(*CDKN1A*라고도 함)의 조절은 p53 기능 결정 과정에서 중추적인 지점이다. *p21* 유전자 발현에는 p53과 Miz-1이라는 전사인자가 모두 필요하다. 이제 Miz-1과의 결합을 위해, p53과 경쟁하는 암 유전자 Myc을 도입해 보자. Myc는 Miz-1과 상호작용하고, *p21*의 전사를 억제한다. *p21*의 발현을 방지하는 이러한 기전을 통해, Myc는 p53에 의해 조절되는 세포주기 진행의 차단을 중단할 뿐만 아니라, p21이 매개하는 세포자살의 억제를 차단한다. p53은 변형되지 않으며, 세포자살 유도 표적의 발현을 자유롭게 유도할 수 있다. p53의 인산화와 세포자

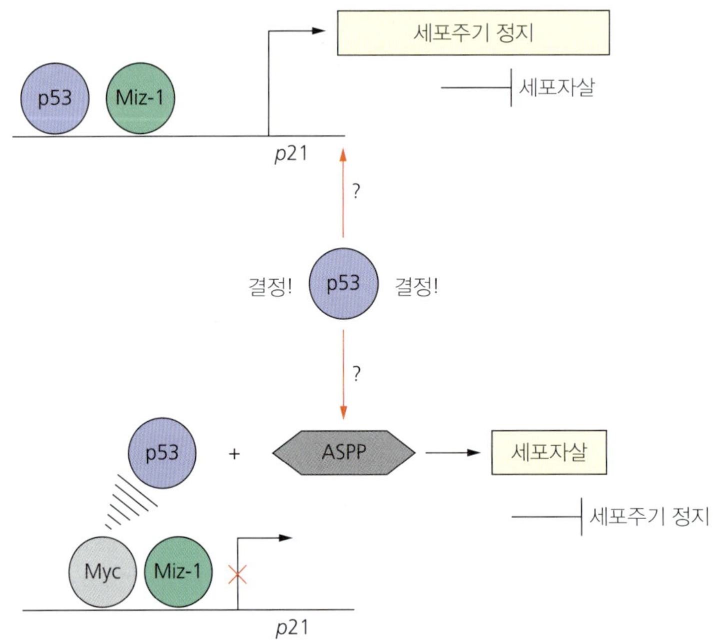

그림 6.8 p53의 하위 효과를 매개하는 분자 인자의 예: 세포주기 정지 또는 세포자살? Cyclin-cdk 억제제인 *p21* 유전자를 암호화하는 유전자의 조절은 중추적인 역할을 한다. 위: Myc와의 경쟁 없이 p53과 Miz-1은 *p21*의 프로모터에 결합하고, 전사를 유도해서 세포주기 억제를 초래한다. 아래: 발암 활성화시 Myc는 p53의 결합과 경쟁한다. Myc과 Miz-1은 *p21* 프로모터에 결합해서 전사를 억제하고, 세포주기 억제를 차단한다. ASPP는 p53에 결합해서 세포자살 유전자의 활성화를 촉진시켜 세포자살을 유도한다.

살 보조 인자가 일부 세포자살 유전자의 유도에 필요하기 때문에, 세포자살의 완전한 활성화를 위해서는 추가적인 작용이 필요하다. 산화 스트레스와 같은 p53의 상위 스트레스 유도 인자의 작용 기전을 밝히기 위해서는 추가 연구가 필요하다.

Apoptosis-stimulating proteins of p53(ASPP) 계열의 단백질은 p53 기능결정에서 중요한 역할을 하는 세포자살 보조 인자이다. 이 단백질은 p53의 DNA-결합 도메인에 결합하며, 세포주기 정지가 아닌 세포자살에 관여하는 유전자를 활성화하는 p53의 능력을 향상시키는 것으로 밝혀졌다. 성장 억제 유전자(*CDKN1A* 등)가 아닌 세포자살 유전자(*Bax* 등)의 선택은 기능적으로 구별되는 유전자 클래스를 구별하는 역할을 하는 특정 프로모터 서열에 의해 잠재적으로 일어날 수 있다. p53과 ASPP 단백질 억제제(iASPP)의 결합에서는 반대 결과가 나타난다. 종양세포에서 *p53* 유전자의 ASPP 결합자리의 돌연변이와 *ASPP* 유전자의 후생유전학적 전사억제 현상이 확인되었다. 이 종양세포들은 ASPP에 의해 일반적으로 증강되는 세포자살 프로그램으로부터 벗어났기 때문에 시작되었을 수도 있다.

6.5 p53 경로의 돌연변이와 암

p53이 종양 억제 인자이자 게놈의 수호자로서 중심적인 역할을 수행하기 때문에 기능적인 p53 경로를 유지하는 세포에서는 세포의 형질전환이 발생할 가능성이 적다. p53 돌연변이 세포는 세포 분열에서 돌연변이가 유지될 가능성이 높기 때문에 게놈 불안정성이 특징이며, 이는 종양 개시가 가능한 환경을 제공한다. 종양세포에서 발견되는 p53 경로에서 돌연변이의 높은 빈도는 종양 억제를 피하도록 하는 돌연변이 세포에 유리한 선택압(selective pressure)의 결과일 가능성이 높다. 전체 *p53* 돌연변이의 75% 이상이 미스센스 돌연변이로 단일 아미노산 치환을 초래한다. 미스센스 돌연변이의 90% 이상이 DNA 결합 도메인(아미노산 102-292)에 위치하며, 이들 중 30% 이상은 6개의 코돈에만 영향을 미치므로, "핫스팟"이라고 불린다(그림 6.4).

따라서 p53은 "전형적인" 종양 억제제가 일반적으로 넌센스 또는 틀 이동 돌연변이의 결과로 불활성화된 짧은 단백질을 초래하는 특징을 가진다는 점과는 다른 특성을 나타낸다. 많은 돌연변이 p53 분자는 야생형 p53 단백질보다 더 안정하고, 세포에 축적돼서 "기능의 획득(gain of function)"을 나타낼 수 있다. 즉, 일부 돌연변이 p53 단백질은 발암성 능력을 나타내는데, 이 효과는 표적 유전자 프로파일 변경이나 부적절한 단백질-단백질 상호작용에 의해 유발될 수 있다. 일부 기능 획득 돌연변이 p53 단백질은 세포 성장을 향상시키는 몇몇 유전자의 전사를 후성적으로 증가시키는 히스톤-수식 효소를 유도하기도 한다(Zhu *et al.*, 2015).

p53 유전자의 돌연변이 외에도 p53 경로를 방해하는 다른 방법이 있다. *chk2* 유전자의 돌연변이와 같이 스트레스에 반응해서 p53의 활성화를 유발하는 경로의 결

함이 *p53* 유전자에 돌연변이가 없는 암 세포에서 확인되었다. 이 경우 스트레스 신호는 정상 세포에서와 같이 인산화를 통해 p53으로 전달되지 않는다(그림 6.6). 또한 MDM2 단백질의 과발현은 p53의 조절을 변경시켜 “p53이 불활성화된” 표현형을 유발하는 것으로 입증되었다. Bax 및 FASR과 같은 하위 반응기의 불활성화는 세포자살 반응을 교란시킨다. 이러한 다른 p53 경로 장애 중 일부는 *p53* 돌연변이만큼 심각한 영향을 초래하지 않을 수 있지만, p53 단백질이 많은 스트레스 신호와 생물학적 반응을 수신하고 도출하는 중심 연결점이기 때문에, p53 불활성화와 유사하게 종양이 형성될 수 있다.

리–프라우메니 증후군

리–프라우메니(Li–Fraumeni) 증후군은 주로 *p53* 유전자의 생식세포 돌연변이를 특징으로 하며, 다양한 암에 걸리기 쉽다. 상염색체 우성 질병이기 때문에 영향을 받은 개인이 각각의 자손에게 돌연변이를 전달할 확률은 50%이다. 환자들은 50세 이전에 암 발병 위험이 정상인과 비교해서 25배 증가한다. 젊은 나이에 암이 발생하고, 다발성 원발성 종양이 자주 발생하는 것이 리-프라우메니증후군의 특징이다. 돌연변이가 있는 가족 내에서 보이는 암의 유형에는 육종, 유방암, 백혈병 및 뇌종양 등이 있다. 암은 몇 세대에 걸쳐 이른 나이에 발병한다. 주목할 점은 리-프라우메니 증후군 환자의 종양이 항상 야생형 *p53* 대립 유전자의 소실을 나타내는 것은 아니라는 점인데, 이는 p53의 반수불충분성(haploinsufficiency)이 종양 형성을 가능하게 한다는 것을 시사한다.

Knudson의 이중 충격 가설보다 더 복잡

일부 종양억제유전자의 기전은 Knudson의 이중 충격 가설이 제시하는 것보다 더 복잡하다. 이는 *p53*의 경우에서 특히 명확하다. 앞서 언급한 바와 같이, 리–프라우메니 증후군 환자의 종양에서 **이형접합성 상실(loss of heterozygosity)**은 일반적으로 관찰되지 않으며, p53의 감소된 양(haploinsufficiency)이 형질전환을 유발할 수 있음을 시사한다. 또한, 특정한 돌연변이는 다양한 양의 종양억제유전자 발현을 유발할 수 있고, 따라서 종양 억제제의 “용량”은 암의 결과에서 역할을 할 수 있다. RNA 간섭(18 쪽의 “small interfering RNA(siRNA)에 의한 유전자 기능 분석” 참조)을 사용해서 p53 hypomorphs(p53 발현 수준이 감소된 동물)를 발생시킨 최근의 실험 결과가 이 기전을 뒷받침한다(Hemann *et al.*, 2003).

대부분의 다른 종양억제유전자와는 달리, 일부 *p53* 돌연변이는 기능 상실로 이어지지 않는다. 일부 미스센스 돌연변이는 이량체화를 통해 정상 p53 대립 유전자의 생성물과 상호작용해서 그 기능을 불활성화하는 변형된 단백질을 생성한다. 이러한 유형의 효과는 돌연변이된 유전자 생성물이 야생형 유전자 생성물을 불활성화하도록 우세하게 작용하는 지배적 음성(dominant negative)으로 불린다. 이러한 상황에서, p53은 그 억제제인 MDM2를 유도하지 못해 자동 조절 루프가 영향을 받게 되고, 그 결과 p53 돌연변이 단백질이 축적된다. p53에 일어나는 또 다른 돌연변이는 세포 내부에 축적되어 세포를 변형시킬 수 있는 "기능 획득" 표현형을 초래할 수 있다. 이런 경우 돌연변이 *p53*(야생형 *p53* 아님)은 발암 유발 역할을 하는 암 유전자로 간주될 수 있다.

종양 억제의 연속체 모델

이 규칙에 대한 예외를 설명하는 더 넓은 개념과 이중 충격 가설을 통합하는 종양 억제에 대한 연속체 모델이라 불리는 새로운 모델이 제안되었다(Berger *et al.*, 2011). 이 모델에서는 발현 수준 또는 단백질 활성 변화의 결과로서, 종양 억제제의 미묘한 용량(dosage) 효과가 발암에서 중요한 역할을 할 수 있다고 명시하고 있다. 앞서 p53에 대해 설명한 바와 같이, 야생형 단백질에 대한 단일 지배적 음성 돌연변이는 Knudson의 2회 충격 가설과 맞지 않는 종양 억제를 가능하게 하는 기전이다. 종양 억제제 용량은 다른 종양 억제제에 대해 영향을 미친다. PTEN의 경우, 완전한 손실은 p53이 유도하는 노화를 유발하기 때문에, PTEN 반수불충분성은 일부 상황에서 완전한 손실보다 종양을 더 잘 형성하는 것으로 보고되었다. 종양 억제 인자인 *Pax5* 유전자의 돌연변이는 종종 하나의 대립 유전자에 영향을 미치고, hypomorphs로서 기능하는 것으로 보인다. 이 용량 개념은 암 유전자에서 새로운 것은 아니다. 돌연변이된 *EGFR*의 유전자 증폭은 암에서 변화된 암 유전자량의 한 예이다. 또한 단일 염기 다형성(single nucleotide polymorphisms)이 microRNA에 의한 조절에 영향을 미치고, 단백질 수준의 변화를 초래할 수 있다는 것을 쉽게 예상할 수 있다. 암에서 microRNA 및 그 이상 조절에 대한 추가 연구는 암에서 종양 억제제의 유전자량에 대한 이해를 더욱 명확히 하는 데 도움이 될 수 있다.

6.6 DNA 바이러스 단백질 산물과 RB 및 p53의 상호작용

바이러스는 숙주 세포 단백질을 이용해 생명주기를 유지하는 세포 기생체이다. 바이러스 증식을 위해서는 숙주 세포를 S기로 진입시키는 것이 필수적이다. 몇몇 DNA 바이러스는 인간에게 발암성이 있는 것으로 밝혀졌다. 가장 주목할 만한 것은 파포바바이러스, 아데노바이러스, 헤르페스 바이러스 및 B형 간염이다. 흥미롭게도, 몇몇 DNA 바이러스는 종양 억제의 2가지 주요 조절제인 RB/p53과 상호작용을 하여 종양을 유발시키는 기전을 공유한다(그림 6.9). 즉, 바이러스 단백질인 아데노바이러스 E1A, 유두종바이러스 E7 및 SV40 대형 T 항원은 RB(그림 6.9b)를, 아데노바

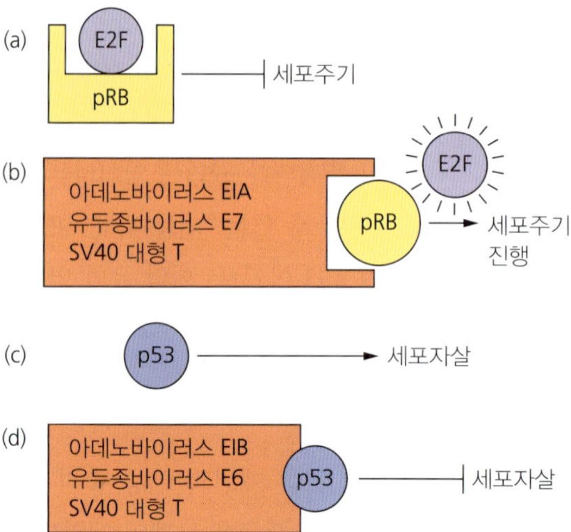

그림 6.9 바이러스성 단백질 산물(빨간색)은 RB(pRB) 및 p53과 상호작용(각각 b 및 d)하고, 정상 기능(a 및 c에 표시)을 억제한다.

이러스 E1B, 유두종바이러스 E6 및 SV40 대형 T 항원은 p53을 불활성화한다(그림 6.9d).

유비퀴틴–프로테아좀 시스템을 사용해서 p53과 RB를 각각 분해하는 E6과 E7의 능력은 이들의 종양 유발 가능성과 상관관계가 있다. E6에 의한 p53 분해에 관여하는 생화학적 반응은 다음과 같다: E6은 유비퀴틴-protein ligase(E6-AP)에 결합하고, 이후 p53에 결합하는 이량체를 형성한다. 이어서 p53은 유비퀴틴과 결합하고, 분해를 위해 프로테아좀에 인식되도록 표지된다. RB의 E7 표적 분해 및 p53의 E1B 표적 분해에 대해서도 유사한 기전이 있을 가능성이 있다.

세포자살 분야의 선구자: David Lane

David Lane의 암 연구에 대한 공헌은 2000년 1월 엘리자베스 2세 여왕으로부터 기사 작위를 받음으로써 인정되었다. 그는 바이러스 형질 전환과 종양억제유전자 기능의 기전을 규명하는 데 도움이 되는 p53 단백질–SV40 T 항원 복합체를 발견했다. 그는 "게놈의 수호자"로서 p53의 중요성을 알리는 데 중요한 역할을 했다.

인간 유두종바이러스(papillomavirus, HPV)는 자궁경부암을 유발한다

p53 유전자는 자궁경부암에서 거의 변이되지 않으므로, 원인 물질인 HPV가 기능적으로 *53* 돌연변이와 동등할 수 있음을 시사한다. p53에 대한 HPV 단백질인 E6의 결합은 기능상 야생형 p53 대립 유전자의 손실과 동등하게 p53의 분해를 유발하기 때문에 실제로 동등한 효과를 나타낸다. 인간의 *p53* 유전자에서 아미노산 72의 다형

성(polymorphism)은 HPV에 노출된 후 자궁경부암 발생 위험의 차이로 이어진다. 이 위치에서 아르지닌을 암호화하는 2개의 대립 유전자를 갖는 환자는 이 부위에서 프롤린을 암호화하는 대립 유전자를 갖는 환자보다 자궁경부암에 걸릴 위험이 7배 더 높다. 그 이유는 아르지닌을 함유한 p53 단백질은 HPV E6에 의해 분해되기 더 쉽기 때문이다(아마도 단백질 형태의 변화로 인해). 따라서 이들 세포에서 p53 활성이 감소된 결과, 돌연변이 속도가 증가하고, 종양 형성 가능성이 증가할 수 있다.

◎ 치료 전략

6.7 p53 경로의 표적화

종양 형성을 억제하는 "스타 플레이어"로서의 p53의 역할 및 종양에서 발견된 *p53* 유전자에서 높은 돌연변이 발생으로 인해 p53 경로는 유망한 암 치료 표적으로 관심을 받아 왔다. 그 결과, p53 경로를 목표로 하는 많은 항암 전략들이 개발되었다(Bykov and Wiman, 2014; Chen *et al.*, 2010; Hoe, Verma and Lane, 2014; Muller and Vousden, 2014). 그중 몇 가지는 다음 절에 설명되어 있다. 기능 상실 및 기능 획득 *p53* 유전자 돌연변이와 p53의 조절 결합을 포함한 다양한 p53 경로 이상은 이러한 치료법의 향후 성공이 치료 전 환자의 종양 유전자형(genotype)을 아는 것에 좌우됨을 시사한다—돌연변이가 *p53* 유전자 자체에 또는 조절자에 있는가? *p53*에 돌연변이가 있는 경우 어떤 유형의 돌연변이가 존재하는가? *p53*의 상이한 돌연변이는 서로 다른 기능을 가지며, 현재 DNA와 접촉하는 것(접촉 돌연변이) 또는 단백질 구조를 변화시키는 것(구조적 돌연변이)의 2가지 범주로 분류된다. 치료제는 *p53* 돌연변이를 교정하거나, p53 경로의 다른 변경이 그 기능에 영향을 미치는 경우에는 정상적인 p53 단백질 기능을 강화할 수 있다. 아래에 여러 가지 다른 전략이 설명되어 있으며, 일부 전략은 그림 6.10에 설명되어 있다(치료제는 빨간색으로 표시됨).

p53 돌연변이를 교정하기 위한 전략

유전자 치료는 *p53* 돌연변이를 교정하는 가장 확실한 접근법 중 하나이다. 실제로 여러 다양한 벡터가 전임상 및 임상 환경에서 시험되었다(Bouchet *et al.*, 2006). 레트로 바이러스는 여러 전임상 연구에서 사용되었고, 항종양 활성을 보여주었다. 그러나 레트로 바이러스 매개 p53 유전자 요법을 사용한 단 하나의 임상 1상 시험이 현재까지 발표되었고(Bouchet *et al.*, 2006에서 논의), 폐암 환자들에서 일부 임상 반응이 관찰되었지만, *p53*의 발현은 검출되지 않았다. 게놈에 통합되어 삽입 돌연

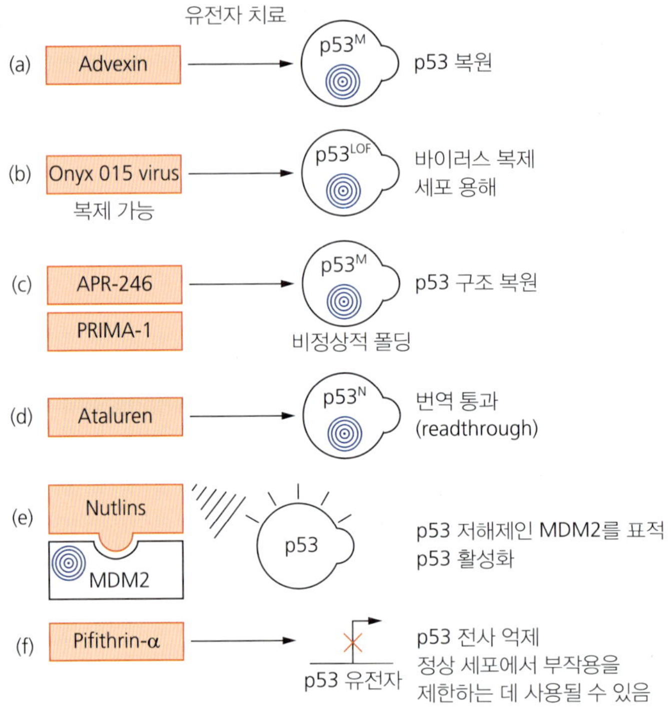

그림 6.10 p53 경로를 표적으로 하는 치료 전략. 세포 표적은 ◎ 기호로 표시되었다. 치료제(빨간색); $p53^{LOF}$, 기능 손실 p53 돌연변이; $p53^{M}$, 미스센스 돌연변이 p53; $p53^{N}$, 넌센스 돌연변이 p53; nutlins는 p53과 경쟁(///)한다.

변이를 유발할 위험이 있는 레트로 바이러스와 달리, DNA 바이러스인 아데노바이러스는 게놈에 손상을 주지 않는다. 자주 사용되는 아데노바이러스 벡터는 다량의 DNA를 운반할 수 있으며, 콕사키바이러스 및 아데노바이러스 수용체를 통해 높은 효율로 다양한 세포 유형을 감염시킬 수 있다. 복제에 결함을 갖도록 변형된 아데노바이러스는 널리 사용되는 벡터이다. Advexin™(Introgen Therapeutics; Gendicine™, Shenzhen SiBonoGene Tech Co. Ltd.)은 E1이 삭제된 영역 내에, 바이러스 프로모터(cytomegalovirus (CMV) 프로모터)에 의해 구동되는 인간 *p53* 유전자를 포함하는 복제 결함 아데노바이러스 벡터이다(그림 6.10a). 많은 임상시험에서 안전성과 낮은 독성을 입증했다. 최근에 리–프라우메니 증후군을 가진 환자를 치료하기 위해서, Advexin™이 아데노바이러스 매개 *p53* 유전자 치료제로 사용되었다고 보고되었다. Gendicine™은 중국에서 의약품 허가를 받았으며, 세계 최초의 암에 대한 상업용 유전자 치료제이다.

복제 가능한 아데노바이러스는 새로운 암 치료제의 기초로서 또 다른 전략을 제공한다. 앞서 언급했듯이, 야생형 아데노바이러스는 p53과 RB를 불활성화시킴으로써 세포 내에서 복제할 수 있다. Onyx 015 복제-선택적 아데노바이러스는 *p53* 돌연변이를 포함하는 암 세포를 선택적으로 사멸시키도록 설계되었다(Larson *et al.*, 2015). RB와 p53 경로와의 간섭은 바이러스와 암 세포 모두에 의해 사용된다는 점을 이용한다. Onyx 015 바이러스는 *E1B* 유전자의 결실을 포함한다. E1B가 없기 때

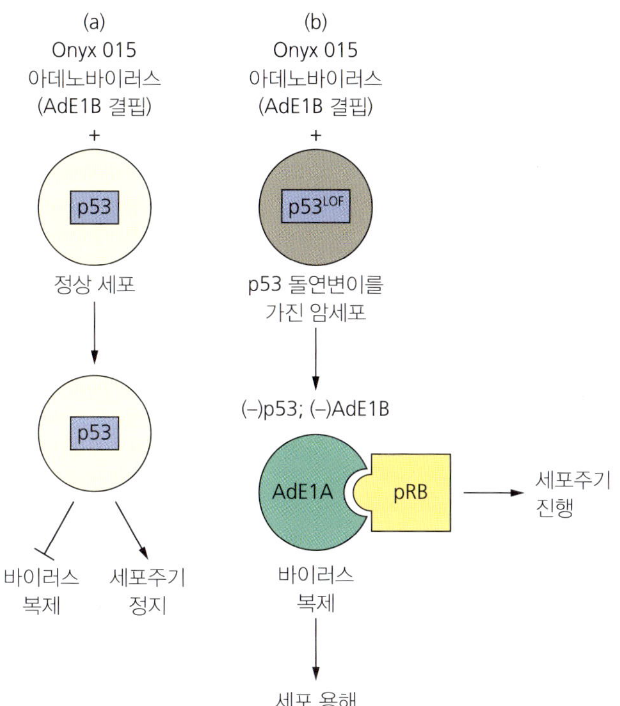

그림 6.11 Onyx 015 아데노바이러스는 *p53* 돌연변이를 가진 암세포를 선택적으로 사멸시킬 수 있다. (a) 정상 세포. (b) 기능 상실 p53을 가진 암세포.

문에 Onyx 015 바이러스는 정상 세포에서 p53 반응(세포자살과 성장 억제)을 유발하므로, 바이러스 복제가 방해되게 된다(그림 6.11a). 비활성 p53 경로를 갖는 암세포는 세포사살이나 성장 억제를 유도할 수 없지만, Onyx 015 바이러스에 존재하는 E1A 생성물은 p53 돌연변이 암세포의 RB에 결합해서 이를 비활성화시키고, 결과적으로 G_1에서 S로의 세포 주기의 전환을 유도해서 바이러스 복제와 세포 파괴를 가능하게 한다. 따라서 Onyx 015는 비활성 p53 경로를 갖는 세포 내에서만 복제될 수 있으며, 이어서 세포는 용해될 수 있다(그림 6.11b). 이러한 선택적 복제는 부작용을 최소화하면서 치료하도록 한다. 임상 1상 및 2상 시험에서 고무적인 결과가 나왔고, 종양내 주사(intratumoral injection)에서 안전성과 특정 항종양 효과가 입증되었다. Onyx 015의 추가 개발은 중단되었지만, Onyx 015와 유사한 종양 용해성 아데노바이러스인 H101은 2005년 중국 국가 식품의약국(Chinese State Food and Drug Administration)으로부터 비인두암 치료에 화학 요법과 병용하여 사용할 수 있게 승인을 받았다.

p53 유전자 돌연변이 생성물에 야생형 기능을 회복시킬 수 있는 소분자가 연구되고 있다. *p53*의 많은 미스센스 돌연변이는 비정상적인 단백질 구조를 초래하고, 이후 p53 단백질의 DNA 결합 기능을 방해한다. 그 결과, p53 억제제인 MDM2와 세포자살에 필수적인 표적 유전자는 유도되지 않는다. 이러한 돌연변이를 가진 종양은 세포자살 유도를 통해 작용하는 기존의 화학 요법 및 방사선 요법에 내성이 있

을 가능성이 더 높다. 야생형 단백질 형태의 복원에 의한 *p53* 돌연변이의 재활성화는 세포자살 유도를 통해 종양 세포를 제거하는 것을 목표로 한다. 화학물질 라이브러리에서 확인된 PRIMA-1(및 그 유도체 APR-246)(그림 6.10c)은 단백질의 리폴딩을 돕는 샤페론 역할을 하는 것으로 생각된다. 핫스팟에 돌연변이가 있는 단백질을 포함한 여러 돌연변이 p53 단백질에서 야생형 p53 구조와 DNA 결합의 복원을 보여준다(그림 6.4). 두 약물 모두 p53 돌연변이 단백질 안의 시스틴에 공유 결합하도록 변환될 수 있다. PRIMA-1은 인간 종양을 이종 이식한 동물 모델에서 돌연변이 p53-의존적 항종양 효과를 나타내었고, APR-246은 임상 1상 시험에서 안전성을 입증하였다(Lehmann *et al.*, 2012). 또한 APR-246은 폴딩이 풀린(unfolded) 야생형 단백질과 돌연변이 p63(p53과 p63 사이의 높은 서열 상동성으로 인해)을 복원할 수 있다.

절단된 p53 단백질을 발생시키는 넌센스 돌연변이는 암 관련 p53 돌연변이의 8%를 차지한다. 낭포성 섬유증 환자를 대상으로 임상 3상 시험에 있는 ataluren(PTC Therapeutics)과 같은 "번역 통과(readthrough)" 약물을 사용하는 전략은 p53 넌센스 돌연변이가 있는 암 환자를 대상으로 시도될 수 있다(그림 6.10d).

잠시 멈춰 생각하기

p53–MDM2 상호작용의 억제제를 설계하기 위해 어떤 유형의 정보가 필요한가? p53과 MDM2 간의 상호작용에 대한 구조적 연구는 약물 설계에 중요한 정보를 제공하였다. MDM2에 복합체화된 p53 펩티드의 결정 구조는 MDM2의 깊은 소수성 포켓 및 상호작용에 중요한 p53 펩티드의 3개의 아미노산(Phe19, Trp23, Leu26)을 밝혔다. 분자 모델링과 결합한 구조 기반 스크리닝을 통해 신약 개발이 가능해졌다. 다수는 p53의 주요 아미노산 잔기를 모방해서 MDM2에 결합한다.

내인성 p53을 활성화시키는 전략

많은 종양에서 야생형 *p53*은 발현되지만, p53 단백질의 조절에 결함이 있어서, 그 결과로 p53 경로가 변경된다. 앞서 언급한 바와 같이, p53 억제제인 MDM2의 과발현은 조절의 결함 및 p53의 불활성화를 초래한다.

야생형 p53 단백질을 활성화하기 위한 접근 방식은 p53–MDM2 상호작용 억제제의 개발이다("잠시 멈춰 생각하기" 참조).

p53–MDM2 복합체에 대한 상세한 구조적 정보는 핵자기 공명 및 X-선 결정학에 의해 얻어졌으며, MDM2는 p53에 대해 명확한 결합 부위를 가지고 있다는 것이 밝혀졌다. 그 반대로 p53은 결합 부위가 확실하지 않다. 따라서 p53-MDM2 복합체의 저해제는 p53의 아미노산 잔기를 모방하는 것이 가장 좋은 전략이다. 또한 결합 면은 비교적 작은 것으로 밝혀져, 경구 복용할 수 있는 작은 억제제를 설계하는 것이 가능하다는 것을 시사한다. 합성 화학 물질의 고속 대량 탐색(high-troughput screening) 및 컴퓨터 모델링 전략에 따라 nutlins(그림 6.10e)라는 약물이 확인되었고, 전임상 시험에서 유망한 결과를 보였다(Hoe, Verma, and Lane, 2014). 이러한 결과는 야생형 p53을 가진 암세포에서 p53의 활성화와 생물학적 반응을 촉발하는 것을 포함한다. 또한 동물 모델에서 종양 성장이 90%까지 억제되는 것이 입증되었다. Nutlins는 단백질–단백질 상호작용이 암 치료제를 위한 좋은 표적이라는 개념을 제시하였고, 2세대 nutlin인 RG7112(Roche)는 현재 초기 임상시험에 있다.

MDM2와 MDMX 모두의 이중 억제제의 개발도 시도되고 있다. 이러한 약물 후보 중 하나는 stapled peptide인 ATSP-7041(Aileron Therapeutics)이다. Stapling은 결합에 중요한 나선형 모티프를 안정화시키는 기법으로, 2개의 비인접 아미노산 사이에 탄화수소 링커를 도입한다. 이 종류의 분자는 뛰어난 약효를 나타내었다.

잠시 멈춰 생각하기

p53의 억제가 임상적으로 언제, 어디서 유익할 것인가?

내인성 p53을 억제하기 위한 전략

p53이 종양 세포의 폐기에 중요하다는 것은 분명하다. 화학 요법과 방사선 요법의 사용은 종종 정상 조직에서의 부작용으로 인해 제한된다. 화학 요법 및 방사선 요법의 많은 부작용은 부분적으로 p53에 의해 매개된다. 조혈(hematopoietic) 기관 및 장 상피처럼, 이러한 종래의 치료법에 민감한 조직에서 p53의 발현이 일반적으로 높으며, 화학 요법이나 방사선 요법에 의한 DNA 손상은 p53을 유도해서 부작용의 기전인 세포자살을 유발한다. 따라서 정상 조직에서 p53을 일시적이고, 가역적으로 억제하면, p53 기능을 상실한 종양 환자에서 기존 치료법의 부작용을 완화하는 데 도움이 될 수 있다. 세포 독성 약물로부터 정상 조직을 보호하기 위해 약물을 사용하는 이러한 개념을 cyclotherapy라고 한다. 화학물질 스크린에서 pifithrin-α(**p** **fi**fty **three** **in**hibitor)가 이 접근법을 시험하기 위한 잠재적 약물로 발굴되었다(그림 6.10f). Pifithrin은 *p53* 유전자 전사를 억제한다. 방사선 조사를 한 생쥐에서 이 약물을 투여한 경우 탈모 방지 및 허용 선량의 증가가 관찰됨에 따라 향후 임상 적용의 가능성을 보였다.

단원 요점—되짚어 보기

- 종양억제유전자는 조절되지 않은 성장에 대한 정지 신호로서 작용하기니, DNA 수선에 역할을 할 수 있다.
- Knudson의 이중 충격 가설에 따르면, 하나의 종양 억제 인자 대립 유전자의 생식세포 돌연변이가 있을 경우 암에 걸리기 쉽다. 이후 두 번째 대립 유전자에서 두 번째 돌연변이를 얻게 되면 암을 유발한다.
- *BRCA1* 및 *BRCA2*의 생식세포 돌연변이가 있을 경우, 유방암과 난소암에 걸리기 쉽다.
- *PTEN*은 잠재적 발암성 인산화효소의 활성을 조절하는 탈인산화효소를 암호화하는 종양억제유전자이다.
- 망막아세포종의 *Rb* 종양억제유전자는 Knudson의 이중 충격 가설을 따른다. 생식세포 돌연변이는 보유한 사람을 암에 취약하게 하고, 두 대립 유전자의 돌연변이는 종양의 시작을 위해 필요하다.
- 종양 억제인자인 *p53*은 세포의 DNA의 무결성을 유지하는 데 핵심적인 역할을 하기 때문에 "세놈의 수호자"라는 별명으로 불린다.
- p53 단백질은 세포주기 억제, DNA 수선, 세포자살 및 혈관신생에 관여하는 유전자를 조절하는 전사인자이다.
- 항산화 반응, 대사 재프로그래밍 차단, 줄기세포 특성 억제 및 전이 차단 등이 p53의 추가적인 새로운 역할이다.
- *p53* 미스센스 돌연변이의 90% 이상이 DNA 결합 도메인에 위치한다.
- MDM2는 p53 단백질 활성의 주요 조절자이다. Ligase로서 p53을 분해 표적으로 한다. MDMX는 추가적인 조절자이다.
- cdk 억제제인 *p21* 유전자의 단백질 산물은 세포주기 억제의 p53 반응을 이끌어내는 데 핵심적이다.

- Bax와 IGF-BP3을 포함한 여러 유전자 산물이 p53의 세포자살 반응을 유발하는 데 중요하다.
- 세포주기의 억제 또는 세포자살과 같은 p53에 의해 발생되는 생물학적 반응은 여러 요인에 의해 매개되며, *p21*의 조절과 ASPP 계열에 대한 결합을 포함할 수 있다.
- 리-프라우메니 증후군은 *p53* 유전자의 유전적 돌연변이가 특징인 질환이다. 이런 환자는 다양한 암에 걸리기 쉽다.
- 종양 억제에 대한 연속체 모델이 최근에 제안되었으며, 발현 수준 또는 단백질 활성으로 인한 종양 억제제의 미묘한 용량 효과가 발암에서 중요한 역할을 할 수 있다고 명시하고 있다.
- 아데노바이러스, 유두종바이러스 및 SV40 바이러스의 바이러스성 단백질은 일반적인 발암 메커니즘으로 p53과 RB를 비활성화한다. 몇몇은 유비퀴틴-프로테아좀 시스템을 이용한다.
- RB 경로와 p53 경로 모두 새로운 암 치료제 설계를 위한 분자 표적을 제공한다.

탐구 활동

1. 암에 걸리기 쉬운 유전 증후군을 선택하시오(가족성 유방암과 리-프라우메니 증후군은 제외). 관련된 분자 기전을 자세히 설명하시오.
2. 종양 억제에 대한 연속체 모델의 스펙트럼을 예시하는 특정 종양억제유전자의 증거를 찾으시오(Berger *et al.*, 2011 참조).

더 읽을거리

Bieging, K.T., Mello, S.S., and Attardi, L.D. (2014) Unravelling mechanisms of p53-mediated tumor suppression. *Nat. Rev. Cancer* **14**: 359–370.

Brown, C.J., Lain, S., Verma, C.S., Fersht, A.R., and Lane, D.P. (2009) Awakening guardian angels: drugging the p53 pathway. *Nat. Rev. Cancer* **9**: 862–873.

Burkhart, D.L. and Sage, J. (2008) Cellular mechanisms of tumour suppression by the retinoblastoma gene. *Nat. Rev. Cancer* **8**: 671–682.

Goh, A.M., Coffill, C.R., and Lane, D.P. (2011) The role of mutant p53 in human cancer. *J. Pathol.* **223**: 116–126.

Goldstein, I., Marcel, V., Olivier, M., Oren, M., Rotter, V., and Hainaut, P. (2011) Understanding wild-type and mutant p53 activities in human cancer: new landmarks on the way to targeted therapies. *Cancer Gene Ther.* **18**: 2–11.

Levitt, N.C. and Hickson, I.D. (2002) Caretaker tumour suppressor genes that defend genome integrity. *Trends Mol. Med.* **8**: 179–186.

Manning, A.L. and Dyson, N.J. (2012) RB: mitotic implications of a tumour suppressor. *Nat. Rev. Cancer* **12**: 220–226.

Sherr, C.J. (2004) Principles of tumor suppression. *Cell* **116**: 235–246.

Song, M.S., Salmena, L., and Pandolfi, P.P. (2012) The functions and regulation of PTEN tumor suppressor. *Nat. Rev. Mol. Cell Biol.* **13**: 283–296.

Volgelstein, B., Lane, D., and Levine, A. (2000) Surfing the p53 network. *Nature* **408**: 307–310.

Vousden, K.H. and Prives, C. (2009) Blinded by the light: The growing complexity of p53. *Cell* **137**: 413–431.

웹사이트

International Agency for Research on Cancer. Database of p53 mutations http://p53.iarc.fr/

A web resource for tumor suppressor genes http://bioinfo.mc.vanderbilt.edu/TSGene/ (see Zhao, M., Sun, J., and Zhao, Z. (2013) TSGene: a web resource for tumor suppressor genes. *Nucleic Acids Res.* **41**: D970–976. doi:10.1093/nar/gks937)

선택된 특별한 주제

Berger, A.H., Knudson, A.G., and Pandolfi, P.P. (2011) A continuum model for tumor suppression. *Nature* **476**: 163–169.

Bouchet, B.P., de Fromentel, C.C., Puisieux, A., and Galmarini, C.M. (2006) P53 as a target for anti-cancer drug development. *Crit. Rev. Oncol. Hematol.* **58**: 190–207.

Budanov, A.V. (2014) The role of tumor suppressor p53 in the antioxidant defense and metabolism. *Subcell. Biochem.* **85**: 337–358.

Bykov, V.J.N. and Wiman, K.G. (2014) Mutant p53 reactivation by small molecules makes its way to the clinic. *FEBS Lett.* **588**: 2622–2627.

Chen, F., Wang, W., and El-Deiry, W.S. (2010) Current strategies to target p53 in cancer. *Biochem. Pharmacol.* **80**: 724–730.

Hemann, M.T., Fridman, J.S., Zilfou, J.T., Hernando, E., Paddison, P.J., Cordon-Cardo, *et al.* (2003) An epi-allelic series of p53 hypomorphs created by stable RNAi produces distinct tumor phenotypes. *Nat. Genet.* **33**: 396–400.

Hoe, K.K., Verma, C.S., and Lane, D.P. (2014) Drugging the p53 pathway: understanding the route to clinical efficacy. *Nat. Rev. Drug Discov.* **13**: 217–236.

Julien, S.G., Dubé, N., Hardy, S., and Tremblay, M.L. (2011) Inside the human cancer tyrosine phosphatome. *Nat. Rev. Cancer* **11**: 35–49.

Kang, M.Y., Kim, H.-B., Piao, C., Lee, K.H., Hyun, J.W., Chang, I.Y., and You, H.J. (2013) The critical role of catalase in prooxidant and antioxidant function of p53. *Cell Death Differ.* **20**: 117–129.

Larson, C., Oronsky, B., Scicinski, J., Fanger, G.R., Stirn, M., Oronsky, A., *et al.* (2015) Going viral: a review of replication-selective oncolytic adenoviruses. *Oncotarget* **6**: 19976–19989.

Lehmann, B.D., Bykov, V.J., Ali, D., Andrén, O., Cherif, H., Tidefelt, U., *et al.* (2012) Targeting p53 in vivo: a first in human study with p53-targeting compound APR-246 in refractory hematologic malignancies and prostate cancer. *J. Clin. Oncol.* **30**: 3633–3639.

Macleod, K. (2000) Tumor suppressor genes. *Curr. Opin. Genet. Dev.* **10**: 81–93.

Muller, P.A.J. and Vousden, K.H. (2014) Mutant p53 in cancer: new functions and therapeutic opportunities. *Cancer Cell* **25**: 304–317.

Murray-Zmijewski, F., Slee, E.A., and Lu, X. (2008) A complex barcode underlies the heterogeneous response of p53 to stress. *Nat. Rev. Mol. Cell Biol.* **9**: 702–712.

Roy, R., Chun, J., and Powell, S.N. (2012) BRCA1 and BRCA2: different roles in a common pathway of genome protection. *Nat. Rev. Cancer* **12**: 68–78.

Sablina, A.A., Budanov, A.V., Ilyinskaya, G.V., Agapova, L.S., Kravchenko, J.E., and Chumakov, P.M. (2005) The antioxidant function of the p53 tumor suppressor. *Nat. Med.* **11**: 1306–1313.

Vassilev, L.T. (2006) MDM2 inhibitors for cancer therapy. *Trends Mol. Med.* **13**: 23–31.

Vu, B.T. and Vassilev, L.T. (2011) Small molecule inhibitors of the p53-MDM2 interaction. *Curr. Topics Microbiol. Immunol.* **348**: 151–172.

Wang, Z., Shen, D., Parsons, D., Bardelli, A., Sager, J., Szabo, S., *et al.* (2004) Mutational analysis of the tyrosine phosphatome in colorectal cancers. *Science* **304**: 1164–1166.

Zhu, J., Sammons, M.A., Donahue, G., Dou, Z., Vedadi, M., Getlik, M., *et al.* (2015) Gain-of-function p53 mutants co-opt chromatin pathways to drive cancer growth. *Nature* **525**: 206–211.

Chapter 7

세포자살

도입

세포자살(apoptosis)은 발달 과정에서 형태를 이루거나, 체 내의 세포 수를 일정하게 유지하기 위해 손상된 세포를 제거하는 고도로 발달된 세포사멸 과정이다. 세포자살은 종양 생성을 억제하는 역할도 한다. 제1장에서 언급했듯이, 세포 증식, 분화, 세포자살 간의 균형은 개체 내 세포 수를 일정하게 유지하는 데 있어 매우 중요하며, 이 과정에 문제가 생기면 종양이 발생하게 된다. 세포자살은 광범위하게 손상된 DNA로 인해 종양으로 발달할 수 있는 가능성을 가진 세포를 제거하는 중요한 기전이다. 햇볕에 그을린 피부가 벗겨지는 것 역시 자외선에 의해 DNA가 손상된 세포를 제거하는 세포자살 과정이다. 이 과정은 피부암의 발생을 억제하는 데 매우 중요하다. 손상된 DNA를 가진 세포를 제거하는 일은 개체를 암으로부터 보호하는 역할을 한다. 세포자살 기전의 이상은 세포사멸을 유도하는 전통적인 항암 치료법의 효과에도 영향을 미친다. 이 장에서는 세포자살의 분자 기전과 세포자살 신호 경로에 영향을 미치는 특정 돌연변이와 이에 의한 암 발생에 대해 다룬다. 또한 이들 돌연변이에 의해 항암치료에 대한 저항성이 나타나는 기전에 대해서도 알아본다. 마지막으로는 세포자살을 표적으로 하는 새로운 항암제 개발 전략에 대해서도 소개한다. 먼저, 세포자살에 대해 알아보자.

세포자살은 세포에 내재되어 있는 독특한 형태의 "세포의 자살" 과정이다. 세포자살은 모든 세포가 수행 가능한, 유전적 발현을 필요로 하는 능동적 활동이다. 세포자살 과정은 조직적이며, 깔끔하게 잘 정돈돼서 기존 세포의 흔적을 남기지 않는다. 세포자살이 진행되는 세포는 **대식세포(macrophagy)**나 이웃 세포에 의해 인식될 수 있는 표지(예, phosphatidylserine)를 발현하여 대식작용(phagocytosis)에 의해 깨끗이 제거된다. 세포자살이 일어나는 세포는 세포 모양이 위축되고, 세포막의 물집과 돌출, 염색체가 응축돼서 조각난 특징을 보인다. 이러한 현상은 세포가 팽창하고 헐거워진 세포막을 통해 세포내 물질이 밖으로 누출

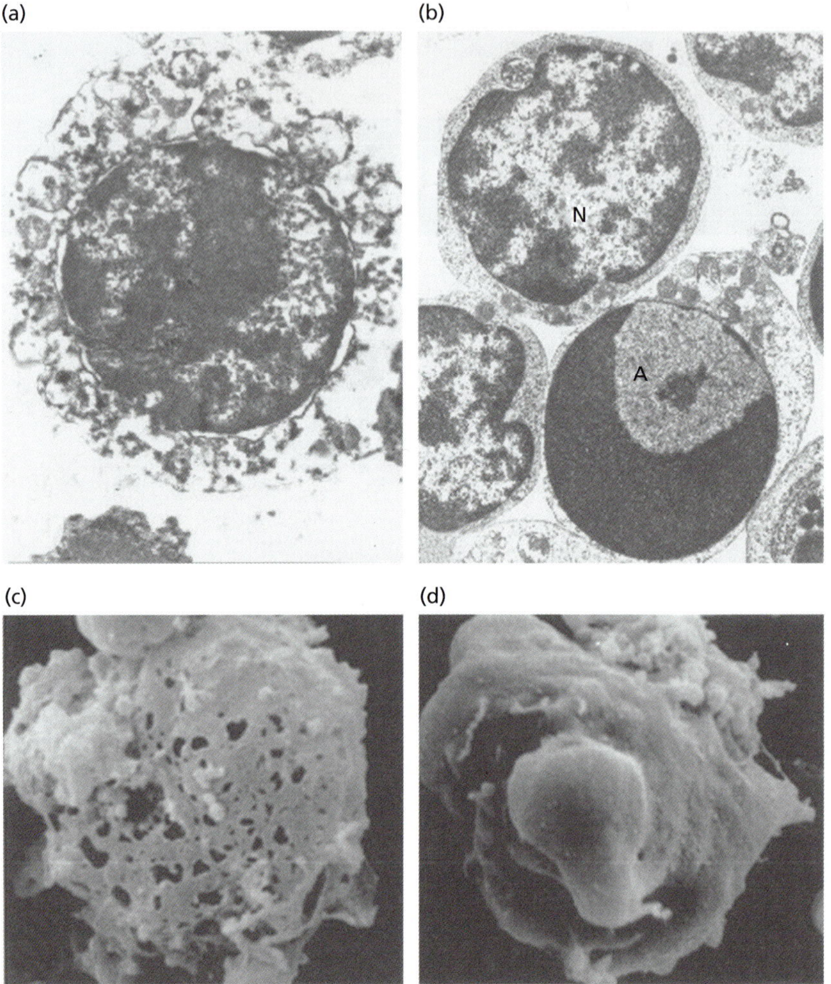

그림 7.1 (a) 괴사 세포의 투과전자현미경(transmission electron microscopy, TEM) 사진. 원형질막과 소기관들이 파괴되어 있는 것이 보인다. 핵의 모양은 비교적 정상적으로 보인다(×10,000). (b) 세포자살이 일어나는 세포(A)와 정상 세포(N)의 투과전자현미경 사진. 정상 상태의 염색체(N)와 다르게 세포자살의 특징인 염색체 재배열이 A에서 나타나고 있다. 세포막과 핵은 잘 보존되어 있다(×8,000). (c) 괴사 세포의 주사현미경(scanning electron microscopy, SEM) 사진. 수많은 병변이 세포막에서 관찰된다(×5,000). (d) 세포자살이 일어나는 세포의 주사현미경 사진. 세포 표면에 물집(blebbing)이 보인다(×5,000). Watson. (1997) *The Purdue Cytometry CD-ROM*, Vol 4, guest ed. J. Paul Robinson. Purdue University Cytometry Labortories, West Lafayette, IN-(ISBN 1-890473-03-0).

됨으로써, 주변 조직에 염증 반응을 유발하는 '엉성한' **괴사(necrosis)** 현상과는 확연하게 다르다. 세포자살과 괴사의 형태학적 차이는 그림 7.1에서 볼 수 있다.

성장인자 경로에서 인산화효소가 중요한 역할을 하듯이, 세포자살에서는 **캐스페이즈(caspase)**라 불리는 특정 **단백질 분해효소(protease)**가 중추적인 역할을 한다. 캐스페이즈에 의한 단백질 분해 작용은 세포자살의 특징인 세포내 구성 성분들을 흔적 없이 깔끔하게 처리하는 역할을 한다. 한 예로, 캐스페이즈는 핵막의 구조를 지탱하는 라민을 분해하여 핵을 위축시킨다.

7.1 세포자살의 분자 기전

세포자살은 '사멸 인자(death factor)'라고 불리는 세포 외부의 인자 또는 DNA 손상, 산화 스트레스와 같은 세포 내부의 물리적, 화학적 인자에 의해 유도된다. 이러한 외인성 경로 및 내인성 경로는 서로 연관되어 있으며, 캐스페이즈는 2가지 경로

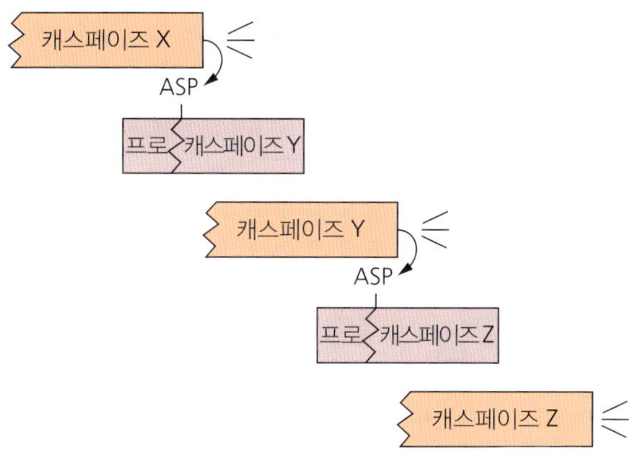

그림 7.2 간단하게 정리된 캐스페이즈 연쇄 활성 단계.

에서 중추적인 역할을 한다. 캐스페이즈는 세포내 단백질의 아스파르트산(aspartate, 20종류 아미노산 중의 하나) 잔기를 가위처럼 절단한다. '캐스페이즈'라는 명칭은 cysteine-rich **asp**artate protease인 이 효소의 3가지 특징에서 유래되었다. 포유류에서는 현재까지 13가지 이상의 캐스페이즈가 발견되었다. 이들 단백질은 우선 비활성 상태의 프로캐스페이즈(procaspase) 형태로 합성되고, 이후 아스파르트산 잔기 연결부가 절단되어 활성을 띤 상태가 된다. 프로캐스페이즈는 비활성화된 상태로 여겨지지만, 실제로는 활성화된 캐스페이즈의 약 2% 정도의 활성을 가지고 있다. 이 정도의 활성은 중요하지 않게 보일 수 있지만, 실제로 캐스페이즈 경로를 활성화시키는 데 있어서 매우 중요한 역할을 한다. 캐스페이즈는 아스파르트산 잔기를 절단하고, 프로캐스페이즈는 아스파르트산 잔기가 절단되어야 활성화되므로, 하나의 캐스페이즈는 또 다른 캐스페이즈를 활성화시키는 연쇄 반응을 일으킨다(그림 7.2). 이러한 기전을 통해 캐스페이즈는 다른 프로캐스페이즈를 활성화시키고 세포자살 신호를 증폭할 수 있으며, 처음에 활성화된 소수의 캐스페이즈로도 신속하고 완벽한 프로캐스페이즈들의 활성화를 유도할 수 있다. 이제 세포자살의 외인성 및 내인성 경로를 알아보자.

외인성 경로: 막 사멸 수용체에 의한 경로

세포사멸을 유발하는 외인성 경로(그림 7.3)는 제4장에서 다룬 세포 성장 신호 경로와 유사한 점을 가지고 있다. Fas 리간드나 TNF(tumor necrosis factor, 파란색 다이아몬드)와 같은 사멸 인자가 세포막의 Fas 수용체나 TNF 수용체에 각각 결합한다. TNF는 용해성 인자인 반면, Fas는 주변 세포의 막에 부착된 형태로 존재한다. 리간드가 사멸 인자에 결합하면, 수용체는 세포 내로 신호를 전달하기 위해 형태를 변형하고 동종삼중체(homotrimer)를 형성한다. 이러한 형태 변화에 의해 세포질에 있는 수용체 말단의 사멸 영역(death domain, 파란색 사각형)이 노출되고, 세포 내부의 어댑터 단백질인 FADD(Fas-associated death domain protein)나 TRADD

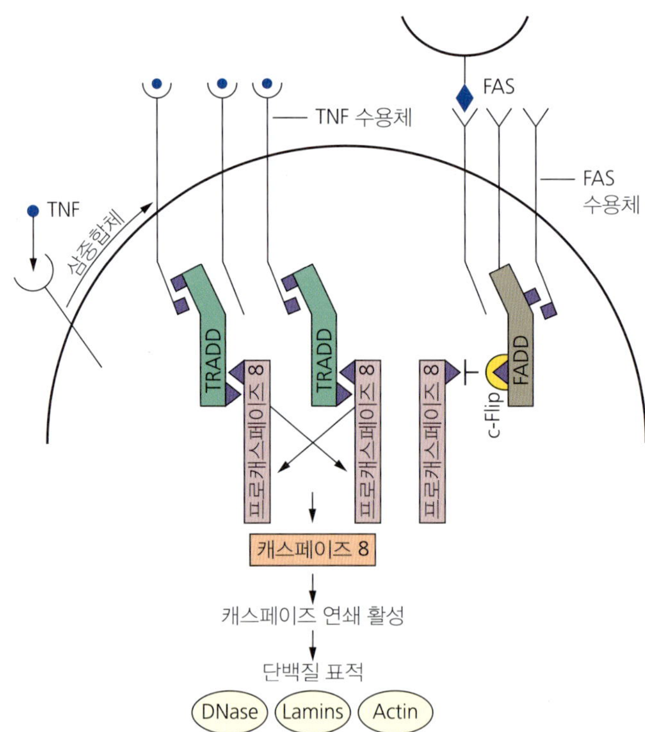

그림 7.3 세포자살의 외인성 경로. 사멸 신호인 TNF, Fas에 의해 사멸 수용체인 TNF 수용체, Fas 수용체가 각각 활성화된다. 리간드와의 결합에 의해 수용체의 모양이 바뀌면서 삼합체(trimer)를 형성한다. 어댑터 단백질이 활성화된 수용체를 인식하고 프로캐스페이즈-8을 불러 모은다. 모집된 프로캐스페이즈-8 의해 캐스페이즈-8이 활성화된다(붉은색). 이에 의해 캐스페이즈 연쇄 활성이 일어나고, 단백질 분해, 세포자살이 유발된다. c-Flip 단백질(노란색)은 프로캐스페이즈-8과 어댑터 단백질의 결합을 막는다.

(TNF receptor-associated death domain)과 결합할 수 있게 된다("잠시 멈춰 생각하기" 참조).

어댑터 단백질은 수용체로부터 전달된 사멸 신호를 캐스페이즈로 전달하는 역할을 한다. 어댑터 단백질은 사멸 효과 도메인(death effector domain, DED; 파란색 삼각형)을 통해 프로캐스페이즈-8(procaspase-8) 분자를 모집한다. 모집된 프로캐스페이즈-8은 서로 근접한 거리에 존재하게 되고, 낮은 효소 활성을 통해 서로를 절단하여 활성화된다. 캐스페이즈-8은 사멸 신호와 세포자살 분해효소의 첫 번째 연결고리이며, 캐스페이즈 시발자로서 외인성 경로의 열쇠를 쥐고 있는 효소이다. 사멸 수용체, 어댑터 단백질, 캐스페이즈를 모두 합쳐 사멸 유도 신호 복합체(death-inducing signaling complex, DISC)라 부른다. 캐스페이즈-8은 캐스페이즈 연쇄 반응을 활성화시킨다. 활성화된 캐스페이즈는 연쇄 반응을 통해 실행 캐스페이즈(executioner caspase)라 불리우는 다른 캐스페이즈(캐스페이즈-3, -6, -7)를 절단하여 활성화시킨다. 활성화된 캐스페이즈는 궁극적으로 특정 표적 단백질을 절단하

잠시 멈춰 생각하기

사멸 도메인의 기능이 무엇이라고 생각하는가? 사멸 도메인은 약 70 아미노산으로 이루어진 단백질의 한 부분으로서 특정 단백질-단백질 결합을 허용한다. 또한 성장인자 신호전달 경로에서 중요한 역할을 하는 SH2 구역의 특성과 유사하다.

(a)

(b)

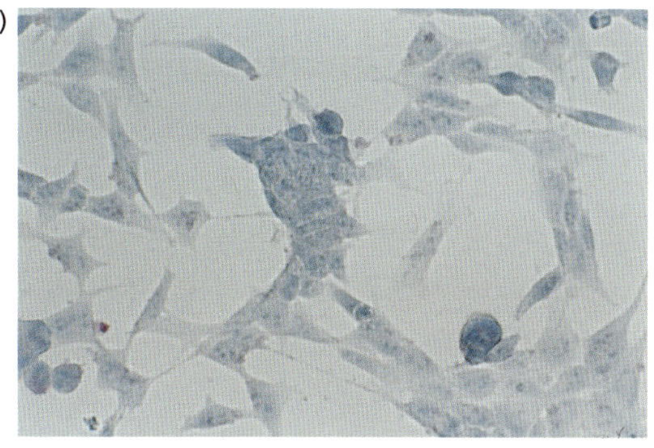

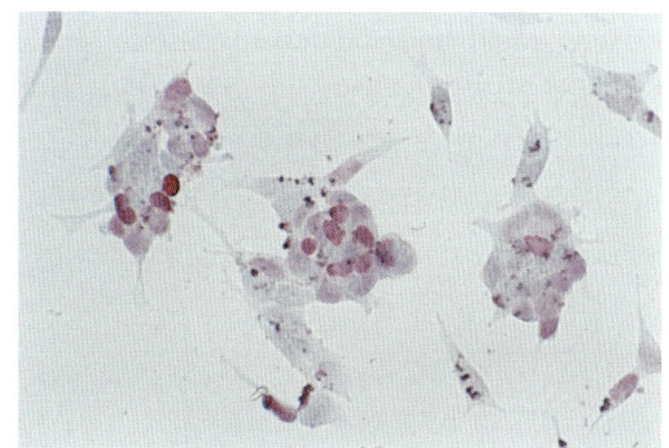

그림 7.4 세포의 세포자살을 확인하는 방법. (a) 세포자살이 일어난 세포의 전형적인 DNA 사다리(ladder). 아가로즈 겔(agarose gel)에 전기영동한 후, 에티디움 브로마이드(ethidium bromide)로 염색하여 UV 선에서 확인한 것. Otuki와 Shibata (2003) Apoptotic detection methods—from morphology to gene. *Progress in Histochemistry and Cytochemistry* **38:** 275–339. (b) 터넬(TUNNEL) 염색법. 인체 신경모세포종 세포주에서 세포자살을 유발한 후 터넬 염색을 하였다. 정상 세포(위)와 세포자살을 유발하는 세포(아래). 세포자살이 일어난 세포는 alkaline phosphatase-conjugated anti-fluorescein 항체를 이용해 확인하였다. F.M., and Kagan, E. (2006), RNA interference targeting Akt promotes apoptosis in hypoxia-exposed human neuroblastoma cells. *Brain Research* **1070:** 24–30.

여 세포자살을 유발한다.

이러한 과정은 c-Flip(그림 7.3에서 노란색 부분)이라는 캐스페이즈-8 상동체(homolog)에 의해 차단될 수 있다. c-Flip은 효소 활성은 없지만, FADD나 프로캐스페이즈-8의 DED에 결합하여 캐스페이즈-8의 모집과 활성을 막는다.

표적 단백질이 분해되면 세포는 파괴된다. 표적 단백질 중 핵 라민이 분해되면 핵이 수축되고, 세포 뼈대 단백질인 액틴과 중간 필라멘트(intermediate filament)들이 분해되면 세포 구조가 변하게 된다. 세포 신호를 조절하는 인산화효소도 분해되고, DNase 효소는 캐스페이즈에 의해 활성화되어 염색체를 분해한다. 캐스페이즈에 의해 활성화된 DNase가 뉴클레오솜 사이의 DNA를 절단하여 만든 DNA 사다리(180 bp 간격으로 절단된 DNA 조각들; 그림 7.4a)는 실험적으로 세포자살이 일어난 세포의 분자 지표로 사용되어 왔다. 세포자살을 확인할 수 있는 다른 실험 기법으로는 아래 상자에 설명된 터넬(TUNNEL) 기법이 있다. 캐스페이즈는 종양억제 단백질인 RB도 절단한다(제5장, 제6장에서 다룸), 이 과정은 TNF에 의해 유발된 세포자살로 인해 일어나며, 이를 통해 RB가 세포자살을 방해하는 역할을 한다는 것을 알 수 있다.

자가 진단 책을 덮고서 7.3을 그려보시오. 답을 확인하고 틀린 부분을 수정하시오. 책을 다시 덮고서 한 번 더 시도하시오.

터넬(TUNNEL) 기법을 이용한 세포자살의 분석

세포자살이 일어난 세포는 terminal deoxynucleotidyl transferase-mediated deoxyuridine triphosphate nick end labelling(TUNNEL) 기법을 이용해 확인할 수 있다. 앞에서 언급한 바와 같이, 뉴클레오솜 사이의 특정 DNA 조각은 세포자살의 특징이다. 핵산분해효소(endonuclease)는 조각난 DNA의 말단 부위에 3′-OH기를 만들어내는데, 여기에 표식자가 붙은 뉴클레오티드를 다시 붙일 수 있다. Terminal deoxynucleotidyl transferase(TdT) 효소는 조각난 DNA 말단의 3′-OH 부분에 표식자가 붙은 deoxynucleotide를 붙일 수 있다. 비오틴(biotin)과 형광이 주로 표식자로 이용된다. 비오틴 표식자는 diaminobenzidine과 streptavidin-horseradish peroxidase conjugate를 이용해 DNA 조각 말단 부위에서 색 반응을 일으켜 확인할 수 있다. 형광 표식자는 형광현미경이나 유세포분석기(flow cytometry)로 확인할 수 있다. 다른 방법으로는 alkaline phosphatase-conjugated fluorescein 항체를 이용해 색 반응을 일으킬 수 있다. 세포자살이 일어난 세포에 alkaline phosphatase-conjugated fluorescein를 이용해 TUNNEL을 수행한 예를 그림 7.4(b)에서 볼 수 있다.

내인성 경로: 미토콘드리아에 의한 경로

세포자살의 내인성 경로는 사멸 인자와 같은 세포 외부 자극에 의해 일어나지 않는다(그림 7.5). DNA 손상 및 산화 스트레스와 같은 세포 내부의 자극은 미토콘드리아 외막에 작용하는 Bcl-2 계열 단백질을 통해 세포자살 내인성 경로를 유발한다.  Bcl-2 계열 단백질은 서로 반대 기능을 하는 2개 그룹으로 나누어진다. 한 그룹은 세포자살을 억제하고, 다른 그룹은 세포자살을 촉진한다(표 7.1). 미토콘드리아 내부에 저장되어 있던 세포자살 촉진 물질이 미토콘드리아 외막을 투과하여 세포질로 방출되는 것이 내인성 경로의 핵심 단계이다.

Bcl-2 계열 단백질은 약 25가지가 있으며, 이들 모두는 단백질-단백질 상호작용을 매개하는 Bcl-2 homolog(BH) 도메인을 가지고 있다. 대부분의 Bcl-2 단백질은 3~4개의 BH 도메인을 가지고 있다. 하지만 세포자살을 촉진하는 Bcl-2 단백질 중에는 Bim과 같이 BH3 도메인을 하나만 가지고 있는 것도 있는데, 이들은 BH3-only 단백질로 분류된다. BH3-only 단백질은 세포자살을 촉진하는 단백질을 활성화시키는 역할(BH-3 activator)을 하거나, 세포자살을 저해하는 Bcl-2 단백질에 결합하여 활성을 저해하는 역할(BH-3 sensitizer)을 한다. 세포자살을 촉진하는 Bcl-2 단백질은(예, Bax, Bak) 미토콘드리아 외막의 통로를 만들어 세포자살을 촉진하는 물질이 세포질로 나갈 수 있도록 하며, 반대로 세포자살을 억제하는 Bcl-2 단백질은(예, Bcl-2, Mcl-1) 세포자살 촉진 인자에 결합하여 세포자살 유발을 막는다. 미토콘드리아로부터 세포자살 촉진 물질의 분비는 이러한 2종류의 단백질 활성 간의

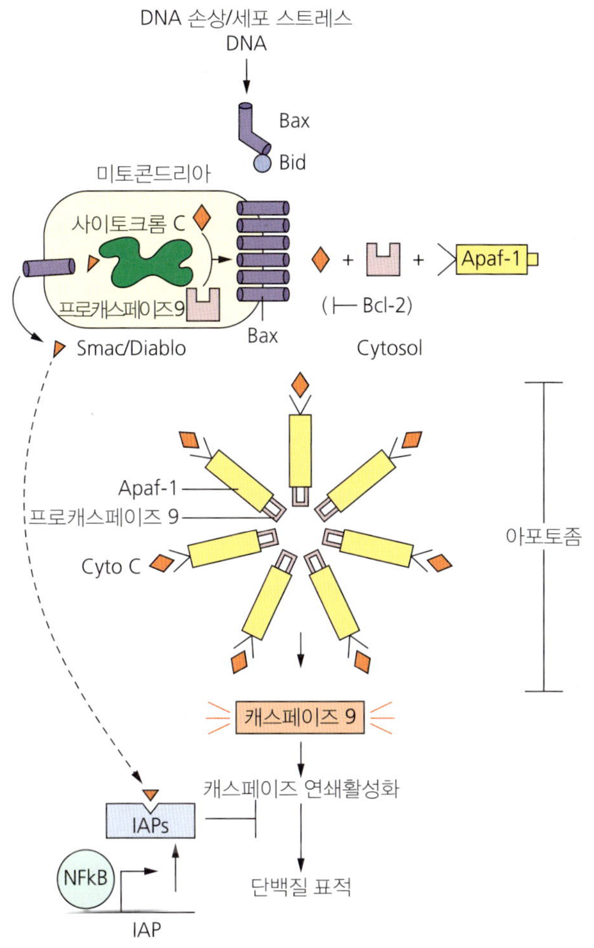

그림 7.5 세포자살의 내인성 경로. 스트레스 신호가 오면 BH3-only 단백질인 Bid가 Bax에 순간적으로 결합하여 활성화시킨다. 이는 Bax의 형태 변화를 일으키고, Bax는 미토콘드리아 외막으로 이동하여 다중합체를 형성한다(6~8분자). 이를 통해 주요 조절 인자가 막사이 공간에서 방출된다(붉은색과 분홍색). 사이토크롬 *c*는 어댑터 단백질인 Apaf-1에 결합하고, 프로캐스페이즈-9을 모아 아포토좀을 형성한다. 모집된 캐스페이즈에 의해 프로캐스페이즈-9가 활성화되고 결과적으로 캐스페이즈 연쇄활성화가 일어난다. Smac/DIABLO(붉은색 삼각형) 또한 미토콘드리아에서 방출되어 캐스페이즈를 방해하는 IAP를 억제한다.

표 7.1 Bcl-2 계열의 단백질

항-세포자살 단백질	촉진-세포자살 단백질	촉진-세포자살 단백질—BH3-only 단백질
Bcl-2	Bax	Bad
Bcl-x_L	Bok/Mtd	Bik/Nbk/Blk
Bcl-w	Bcl-x_S	Bid
A1	Bak	Hrk/DP5
Mcl-1	Bcl-G_L	Bim/Bod
Boo		Bmf
		Noxa
		Puma/Bbc3, BNIP3, BNIP3L

균형에 의해 조절된다. Bcl-2는 단백질–단백질 상호작용을 할 수 있으며, 이들 단백질의 활성화되어 있는 비율에 의해 최종 활동이 결정된다. 예를 들어, 항-세포자살(anti-apoptotic) 인자의 억제가 적어 촉진-세포자살(pro-apoptotic) 인자의 활성이 높아지면, 세포자살이 유발된다. Bcl-2 단백질의 활성은 인산화에 의해 조절되기도

한다.

미토콘드리아의 외막과 내막 사이의 공간에는 세포자살을 매개하는 물질이 존재한다. 세포자살을 촉진하는 Bcl-2 단백질은 미토콘드리아 외부막 투과(mitochondrial outer membrane permeabilization, MOPP)라는 과정을 통해 세포자살 매개 물질의 방출을 돕는다. 세포자살 신호가 전달되면, BH3-only 단백질인 Bid나 Bim이 Bax에 결합한다. 이 결합은 일시적이지만('kiss and run') Bax의 형태 변화를 일으켜 세포질에 있던 Bax가 미토콘드리아 외막으로 이동하게 한다. 미토콘드리아 외막에서 Bax는 2개가 모여 이량체(dimer)를 이루고, 다시 여럿이 모여 형태가 중합체(oligomer)로 전환된다(Subburaj *et al.*, 2015)(그림 7.5에서는 6개로 나타냄). 이러한 형태 변화는 미토콘드리아 외막에서의 통로를 만드는데, 이를 통해 미토콘드리아 내부에 있던 세포자살 매개 물질이 세포질로 방출된다. Bax의 BH3 도메인은 이러한 Bax의 활성화 과정에 꼭 필요한 부분으로, 항-세포자살 단백질도 이 부위에 결합한다. 항-세포자살 단백질인 Bcl-x_L은 Bax가 중합체 형태가 되는 것을 막는다.

그림 7.5에서 보듯이, 산소 호흡 과정의 전자 전달계에서 기능을 하는 사이토크롬 *c*(cytochrome *c*)와 프로캐스페이즈-9도 미토콘드리아에서 세포질로 분비되어 dATP, Apaf-1과 함께 아포토좀(apoptosome)이라 불리는 복합체를 형성한다. 사이토크롬 *c*는 세포질에 있는 Apaf-1과 결합하여 바퀴 모양의 8합체(heptamer)를 형성하는데, 이 복합체는 Apaf-1과 프로캐스페이즈-9의 CARD 도메인 간의 결합을 통해서 프로캐스페이즈를 모집한다. 구조 연구를 통해서, 프로캐스페이즈-9은 고리 중앙 부분에 위치하는 것으로 드러났다. 사이토크롬 *c*는 바큇살 끝 부분의 나선 부위에서 β 프로펠러 쌍에 의해 만들어진 틈을 통해 Apaf-1에 1:1의 비율로 결합한다(아래 BOX, "어떻게 알 수 있을까" 참조).

Apaf-1은 프로캐스페이즈-9을 활성화하는 보조인자이다. 프로캐스페이즈의 응집에 의해 활성화된 캐스페이즈-9은 캐스페이즈-3, -6 및 -7 연쇄 활성을 일으키는 시발점이다. 따라서 캐스페이즈-9이 내인성 경로의 열쇠를 쥐고 있다.

? 어떻게 알 수 있을까?

전자현미경

(Yu *et al.*, 2005 참조)

Yu 등(2005)은 인체 아포토좀 구조를 12.8 Å의 해상도로 보기 위해 전자냉동현미경(electron cryomicroscopy)과 단입자(single-particle) 방법을 이용했다. 이 책은 첫 판에는 그 당시 과학적 증거에 기초한 모형을 표시하였는데, 그것은 현재의 모형과는 반대로 된 모형이었다. 당시 모형에서는 프로캐스페이즈-9가 바퀴 모양의 8합체 구조 바깥쪽에 있었고, 사이토크롬 *c*가 중앙에 있었다. 이 모형은 화학량(stoichiometry)에 근거한 그림이었다. 그 당시에는 구조에 대해 알려진 정보가 없었다. 그림 7.5에 있는 현재의 모형은 세포자살에 대한 이해가 발전되었음을 보여준다.

이 외에도 내인성 경로를 조절하는 인자로는 세포자살 단백질 억제제(inhibitor of apoptosis protein, IAP; 포유류에는 8종의 IAP가 존재한다)와 Smac(second mitochondria-derived activator)/DIABLO이 있다(그림에서 회색 상자와 붉은색 세모로 표시됨). X 염색체와 연관된 XIAP는 IAP계 단백질의 한 종류로서 캐스페이즈-3과 -7의 활성 자리에 직접 결합하여 억제한다. XIAP는 캐스페이즈-9에도 결합하여 비정상적 형태로 캐스페이즈-9의 활성 자리를 차단한다. 전사 인자인 NF-κB는 염증 반응에 중요한 역할을 하는데(제13장 참조), 세포자살의 강력한 억제제이다.

미토콘드리아에서 분비되는 Smac/DIABLO는 IAP에 의한 억제 작용을 방해하는 조절 인자이다. Smac/DIABLO는 캐스페이즈-9과 경쟁적으로 XIAP에 결합한다. Smac과 캐스페이즈-9은 XIAP에 결합하는 비슷한 테트라펩티드 도메인을 가지고 있다. 따라서 캐스페이즈-9와 Smac에 함께 보존된 IAP 결합 모티프에 의해 반대되는 효과가 캐스페이즈 활성 조절에 나타난다.

자가 진단 표 7.1을 공부하시오. Bcl-2가 세포자살을 억제한다는 사실을 반드시 기억하시오. 이러한 사실은 다른 Bcl-2 계열의 단백질의 기능을 이해하는 데 도움을 준다. 책을 덮고서, 그림 7.5를 다시 그려보시오. 답을 확인 후 틀린 부분을 수정하시오. 책을 다시 덮고서 한 번 더 시도하시오.

외, 내 경로의 연결

주목할 점은 외, 내인성 경로가 서로 연결되어 캐스페이즈를 활성화시킬 수 있다는 것이다. 예를 들면, 외인성 경로의 주요 조절자인 캐스페이즈-8은 세포자살을 촉진하는 Bcl-2 계열 단백질 중 하나인 Bid를 절단하여 활성화시킨다(그림 7.6). 그러면 Bid는 다시 Bax와 Bak를 활성화시키고, 이는 다시 미토콘드리아에서 사이토크롬 *c*

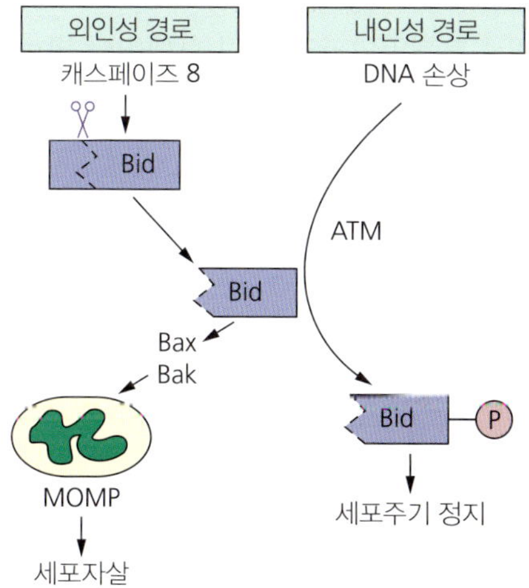

그림 7.6 Bid는 세포자살의 외인성 경로와 내인성 경로를 연결한다.

를 방출하게 하고, 하위 경로인 캐스페이즈를 연속적으로 활성화시켜 세포자살 내인성 경로를 자극한다. 또한 Bid는 DNA 손상에 대한 반응으로 세포자살 내인성 경로와 세포주기 진행 조절을 연결시킨다. 제2장에서 다룬 것처럼, DNA 손상에 의해 ATM이 활성화된다는 것을 상기하자. 일부 연구들에 의해, ATM에 의한 Bid의 인산화는 DNA 손상에 의한 세포주기 정지에 필요하다는 것이 밝혀졌다(그림 7.6; Kamer *et al.*, 2005; Zinkel *et al.*, 2005).

세포자살의 선구자: Stanley Korsmeyer(스탠리 코스메이어)

Stanley Korsmeyer는 세포자살 조절과 관련하여 선구적인 업적을 남겼다. Bcl-2 계열 촉진-세포자살 단백질인 Bax를 최초로 발견하였고, Bcl-2 homology 도메인의 구조 분석을 통해 단백질 간의 이종이량체 형성 기전을 규명했다. 또한 Stanley Korsmeyer 그룹은 Bcl-2 계열 단백질의 분자 기전과 암에서의 역할을 규명했다. 이들은 이러한 발견을 통해 암 치료제 개발의 기반을 마련하였다.

p53과 세포자살

제6장에서 보았듯이, 종양억제유전자 p53은 DNA 손상이나 스트레스 상황에서 세포자살을 유발하여 유전체를 관리하는 역할을 한다. p53은 전사 과정을 통해서 또는 전사 과정과 무관하게 이 작용을 수행한다. p53은 전사 인자로 작용하여 *Fas*와 같은 사멸 수용체나 *Bax*, *Bak*와 같은 촉진-세포자살 Bcl-2 계열 단백질의 발현을 유도한다(표 6.2). 이들 유전자의 프로모터에는 p53의 결합 자리가 있다. 또한 p53은 Bcl-2, Bcl-x, IAP와 같은 항-세포자살 인자의 발현을 저해하기도 한다. 최근에는 p53에 의해 세포자살이 유발되는 데 있어서 PUMA(**p**53 **u**pregulated **m**odulator of **a**poptosis)라 불리는 Bcl-2 계열의 p53 표적 단백질의 발현이 중요하다는 것이 밝혀졌다. PUMA의 발현이 저해된 유전자 적중 생쥐(knock-out mice)에서는 DNA 손상을 유래하는 약물, 방사선, 발암유전자 활성, 스트레스에 의한 세포자살이 일어나지 않았다. 한편, p53은 전사 과정과 무관하게 세포자살을 조절할 수 있다. 이러한 사실은 돌연변이가 생겨 정상적인 전사 과정을 수행할 수 없는 p53에 의해서도 세포자살이 유발되는 것을 통해 알 수 있다. DNA 결합 도메인의 돌연변이에 의해 표적 유전자에 결합하지 못하는 p53, 핵 이동 신호 부위의 결손으로 인해 핵내 유전자까지 도달하지 못하는 p53 돌연변이, 전사 활성 도메인의 변이로 전사를 유도하지 못하는 p53 돌연변이에 의해서도 모두 정상적인 세포자살이 일어난다. 또한 핵으로의 이동을 차단하는 wheatgerm agglutinin을 처리하여 정상 p53을 세포질에만 국한시켜 놓은 경우에도 방사선에 의한 세포자살이 정상적으로 유발되었다. 이렇게 전

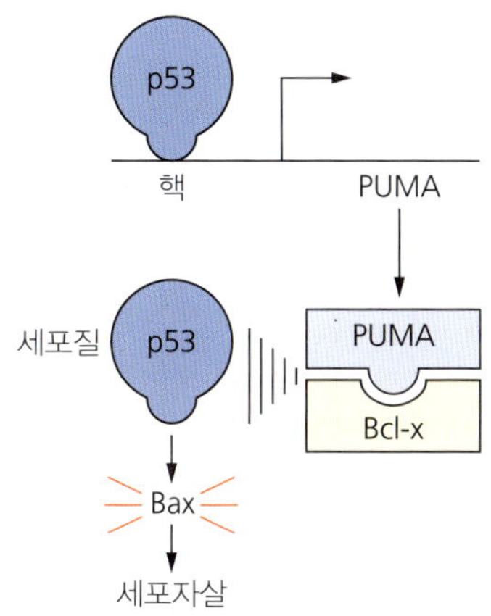

그림 7.7 p53의 전사 의존적인 기능과 전사와 무관한 기능은 PUMA로 연결되어 있다.

사 과정과 무관하게 p53이 세포자살을 조절하는 기전으로는 p53이 세포질에서 Bax를 활성화시키고, 이에 의해 미토콘드리아에서 cytochrome *c*가 방출되어 캐스페이즈가 활성화된다(Chipuk *et al.*, 2004). p53은 또한 Bid와 같은 촉진-세포자살 인자를 Bcl-x_L와 같은 항-세포자살 인자로부터 분리하여 활성을 가지게 함으로써, Bcl-2 계열 단백질 간의 균형을 변형시키는 역할도 한다. PUMA 단백질은 p53의 전사 기능과 세포질에서의 기능을 연결해 준다(Chipuk *et al.*, 2005). p53은 핵에서 PUMA의 전사를 촉진하고, 발현된 PUMA 단백질은 세포질에서 p53을 Bcl-x_L로부터 분리시켜 p53이 Bax를 활성화시킬 수 있게 한다(그림 7.7). 즉, p53은 핵과 세포질에서 각각 전사 과정을 통해서 또는 전사 과정과 무관하게 작용하는데, 이러한 기능은 PUMA에 의해 연결되어 있다.

어떻게 알 수 있을까?

면역침강법

(Chipuk *et al.*, 2005)

세포를 UV에 노출하면 DNA 손상과 세포자살이 유발된다. Chipuk 등은(2005) Bcl-x_L-p53 복합체의 조절자를 탐색하였다. 그들은 UV에 노출된 세포의 추출물을 면역침강법으로 분석했다. Bcl-x_L 항체를 이용해 Bcl-x_L과 복합체를 이루는 단백질을 분리한 다음, SDS-폴리아크릴아마이드 겔 전기영동(polyacrylamide gel electophresis)해서 실버 염색(silver staining)과 웨스턴 블롯(western blot)으로 확인했다. 그 결과 p53과 PUMA가 모두 확인되었다(Chipuk *et al.*, 2005 논문의 그림 1과 S1A를 주의 깊게 살펴보시오.)

다른 실험으로는 UV 처리 후, p53-Bcl-x_L 복합체가 형성되는 동역학(kinetics) 연구를 수행하였다. UV 처리 후 시간에 따라 Bcl-x_L을 면역침강법으로 분석하였다. 결과에 의하면 UV 처리 후 시간이 지남에 따라 Bcl-x_L과 복합체를 이루는 p53의 양은 감소하였다. 이것은 세포자살 유발과 관련이 있다(Chipuk *et al.*, 2005 논문의 그림 S2C). p53으로 표지된 5번째 밴드 위의 별표는 무엇을 의미하는가? 실험 방법을 읽고 세포자살이 유발되는 시간을 어떻게 결정했는지 알아보시오.

7.2 세포자살과 암

세포자살로부터의 이탈은 암세포의 특성 중 하나이다(그림 1.1). 암세포는 DNA 손상과 발암유전자 활성에 대한 반응으로 많은 신호 경로가 활성화되어 정상적으로 세포자살을 유도한다. 인체 내에는 암억제 경로가 있어 정상적인 세포가 암세포의 특성을 획득할 경우 세포자살에 의해 대부분이 제거된다. 그러나 이러한 경로에 돌연변이를 가지고 있는 암세포는 세포자살 과정을 회피하여 생존하고 증식하게 된다. 세포자살을 회피한 암세포는 더욱 많은 돌연변이를 축적한다. 여기서 우리는 암세포와 정상 세포의 차이를 알 수 있다. 암세포는 산화 스트레스나 발암유전자 활성 등과 같은 세포자살을 유발하는 신호를 받고 있으므로, 정상 세포에 비해 세포자살 반응을 시작할 위치에 더욱 근접해 있다고 볼 수 있다. 하지만 세포자살 경로에 결함을 가지고 있다. 이러한 개념은 p53을 표적으로 하여 세포자살 경로를 복구하는 것이 새로운 암 치료법이 될 수 있음을 보여준다(제6장 참조).

암세포와 정상 세포는 근본적으로 캐스페이즈 활성에 다른 차이가 있다. 앞에서 언급했듯이, 암세포는 스트레스 상황에서 살아가기 때문에 캐스페이즈가 활성화되어 있으며, 이는 IAP에 의해 억제되어 있는 상태로 존재한다. 반면, 정상 세포는 비활성화된 캐스페이즈를 가지고 있으며, 이 것이 활성화되기 위해서는 먼저 프로캐스페이즈의 절단이 일어나야 한다. 다시 말해, 암세포는 정상 세포에 비해 세포자살에 더욱 가까운 상태로 존재한다. 암세포는 활성화된 캐스페이즈-3를 가지고 있는데, 이는 이러한 사실을 뒷받침한다. 암세포의 이러한 특성은 초파리에서의 세포자살 과정과 유사하다. 초파리에서도 활성화된 캐스페이즈가 IAP에 의해 억제되어 있으므로, 세포자살이 일어나기 위해서는 활성화된 캐스페이즈가 IAP로부터 풀려나야 한다. 요약하자면, 세포자살 신호는 정상 세포에서는 프로캐스페이즈를 활성화시키지만, 암세포에서는 활성화된 캐스페이즈가 IAP로부터 풀려나는 것을 촉진한다.

TRAIL 수용체

TNF 수용체의 계열의 하나인, TRAIL 수용체는(TRAILR1, TRAILR 2는 death receptor 4, death receptor 5—DR4, DR5로도 알려져 있다) 암세포와 정상세포에서 세포자살에 대해 다른 감수성을 나타낸다. 수용체의 리간드인 TRAIL(TNF-related apoptosis-inducing ligand)는 암세포에서(*p53* 유전자와 무관하게) 세포자살을 일으키지만, 정상 세포에서는 세포자살을 유발하지 않는다. TRAIL는 TNF에 의해 유도되는 어댑터 단백질(예, FADD)과 프로캐스페이즈-8의 세포막으로의 모집과 유사한 형태로 세포자살 신호를 전달한다(그림 7.3). TRAIL과 TRAIL 수용체는 인체 내 대부분의 기관에서 발현되는 것으로 보아, TRAIL에 의해 세포자살 유발을 조절하는 추가적인 조절 단백질이 존재할 것이며, 이 단백질의 유무에 따라 특정 세포에서만 TRAIL에 의한 세포자살이 일어나도록 하는 것으로 추측된다.

암세포와 정상 세포에서 세포자살이 다르게 일어난다는 점은 암세포 특이적 세포자살 경로를 표적으로 함으로써, 정상 세포에는 영향을 주지 않는 새로운 치료법을 개발하는 데 도움이 될 수 있다. 이는 약물의 부작용도 줄일 수 있을 것이다. 항암제 개발에 대한 내용을 언급하기 전에 암세포에서 발견되는 세포자살 경로의 돌연변이부터 살펴본다.

외인성 경로에 영향을 주는 돌연변이

태양광에 의한 피부 화상은 UV에 의해 피부 세포의 세포자살을 유발하는데, 이는 DNA가 손상된 세포를 제거하여 암 발생을 막는 중요한 작용이다. UV에 노출되면 세포 내의 외인성, 내인성 세포자살 경로가 모두 활성화된다. UV는 Fas 사멸 수용체를 모으고 캐스페이즈를 활성화시킨다(Raj *et al.*, 2006). Fas 수용체에 돌연변이가 있을 경우 이러한 세포자살 반응이 일어나지 않게 되므로 피부암의 발생 위험이 증가된다. 실제로 Fas 돌연변이가 흑색종(melanoma)과 편평세포암종(SCC)에서 발견된다.

캐스페이즈 유전자의 발현 억제는 소세포폐암(small-cell lung carcinoma), 신경모세포종(neuroblastoma)의 발생과 연관이 있다. 캐스페이즈-8은 사멸 수용체에 의해 가장 먼저 활성화되어 가장 상위에서 캐스페이즈 연쇄 반응을 일으킨다는 것을 기억하자(그림 7.3). 암세포에서 발견되는 캐스페이즈-8의 발현 억제는 주로 에피제네틱과 돌연변이에 의한 것으로, 캐스페이즈 프로모터 부위의 메틸화 증가, 유전자 손실, 과오돌연변이(missense mutation)가 확인되었다. 캐스페이즈-8의 결핍은 소세포암과 신경모세포종의 특징이기도 하다. 캐스페이즈 프로모터 부위의 메틸화는 암세포에서 캐스페이즈의 발현을 억제하는 기전이다. 또한 Leu62 잔기의 삭세는 음문 편평세포암종(vulval SCC)에서 발견되는데, 이 돌연변이는 캐스페이즈-8이 FADD와 결합하지 못하게 함으로써 세포사멸 신호전달을 차단한다.

내인성 경로에 영향을 주는 돌연변이

암 발달 과정에서 세포자살 내인성 경로에 영향을 주는 돌연변이는 외인성 경로에 영향을 주는 돌연변이보다 훨씬 흔하게 발견된다. DNA 손상에 의해 유발된 세포자살 신호를 피할 수 있는 돌연변이는 암세포가 가지고 있는 특성이며, 자연선택설의 입장에서도 암세포의 생존에 필수적인 역할을 한다. 내인성 경로에 영향을 주는 돌연변이는 주로 p53에 영향을 미친다. *p53* 유전자의 돌연변이는 암세포에서 가장 흔하게 발견되는 돌연변이로, 현재까지는 주로 엑손 5~9 사이의 돌연변이를 분석했지만, 유전자 전체를 포함하면 훨씬 더 많은 돌연변이가 존재할 것으로 여겨진다. *p53*의 돌연변이는 세포자살을 방해하여 암세포가 더 잘 생존할 수 있는 기회를 제공한다. *p53* 계열의 단백질 중 하나인 *p73*은 세포자살을 유발하는 인자인데, 이 유전자의 비정상적인 메틸화와 이형접합체 소실은 림프종에서 흔히 발견된다. 또한 *p73*은 유전자의 대체 스플라이싱(alternative splicing)을 통해서 변형된 RNA를 만들어내는데, 이 중 아미노 말단 부위가 손실된 형태의 변종 *p73*은 *p53*의 기능을 방해한다. 이 변종 *p73*은 많은 암 종에서 발현이 증가되어 있다. 뿐만 아니라, ATM과 Chk2와 같은 *p53*의 상위 조절 인자들(예, *ATM* and *Chk2*; 제6장, 그림 6.6)과 p53의 하위 표적 인자들의 돌연변이도 암에서 발견된다. p53의 활성을 조절하는 가장 중요한 인자인 MDM2에 영향을 주는 분자 요소의 돌연변이도 정상 p53 유전자를 가지고 있는 암에서 흔하게 발견된다.

Bcl-2 단백질 중 가장 최초로 발견된 Bcl-2 계열은 B-세포 림프종(B-cell lymphoma)의 염색체 전좌 t(14;18)에서 처음 발견되었으며,이 때문에 *Bcl*(**B**-**c**el**l** lymphomas)이라는 명칭이 붙여졌다. 염색체 전좌 t(14;18)에서 *Bcl-2* 유전자는 면역글로빈의 중사슬(heavy chain) 인핸서(enhancer) 옆으로 이동하게 된다. 이러한 자리 이동의 결과로 *Bcl-2* 유전자는 강력한 프로모터의 영향을 받아 발현이 증가하게 된다. 항-세포자살 인자인 Bcl-2의 발현 증가는 세포자살을 억제하여 B-cell이 축적되는 결과를 야기한다. 이 염색체 전좌는 소포 B-세포 림프종(follicular B-cell lymphoma)뿐만 아니라 위암, 폐암, 전립선암에서도 발견된다. 일부 만성 백혈병에서는 miR-15a, miR-16-1의 감소에 의한 *Bcl-2*의 과발현이 흔하게 보인다. 이때 miR-15a, miR-16-1은 암 억제 인자로 작용하며, 이를 통해 miRNA에 의한 전사 후 과정의 조절이 세포사멸에서 중요한 역할을 함을 알 수 있다.

Bcl-2 계열 유전자의 비정상적인 발현은 대부분 암 발생과 관련이 있다. Bcl-2 계열 유전자 중에서 항-세포자살 유전자는 발암유전자로 기능을 하고, 촉진-세포자살 유전자는 종양억제유전자로 기능을 한다. *Bak*와 *bid* 유전자의 손실과 같은 촉진-세포자살 유전자의 돌연변이는 여러 암에서 나타나는 특징이다. 특정 계열의 대장암에 50%에서는 *Bax*의 돌연변이가 발견된다. 여기서, p53이 Bcl-2 계열의 유전자 발현을 조절한다는 것을 상기할 필요가 있다. 여러 암에서 발견되는 *p53*의 돌연변이는 결국 Bcl-2 계열의 단백질과 같은 다양한 표적 유전자의 전사 조절에 영향을 미친다.

미토콘드리아에서 세포자살 인자가 분비되는 과정에 관여하는 단백질도 암 발생에 일정 역할을 한다. Apaf-1은 미토콘드리아에서 분비된 캐스페이즈-9의 보조활성인자로서 세포자살을 유도하는데, 전이성 흑색종에서 Apaf-1 유전자의 돌연변이나 발현 억제가 관찰된다. 이러한 돌연변이 외에도, 후성유전학적 불활성화 역시 세포자살 억제에 기여한다.

세포자살을 방해하는 유전자의 발현도 암 발생과 관련이 있다. XIAP은 백혈병, 폐암, 전립선암과 같은 다양한 종류의 암에서 발현이 유도된다. XIAP은 캐스페이즈-9, -3, -7을 억제하므로, 세포자살 내인성, 외인성 경로에 모두 영향을 미친다.

대체 사멸 경로

많은 세포자살 자극이 캐스페이즈를 필요로 하지 않는 것이 발견되면서, 대체 사멸 경로에 대한 연구가 시작되었다. 세포자살 외에 세포사멸을 유도하는 기전으로는 괴사가 있고, 그 외에 자가포식 작용(autophagy)과 유사분열 재앙(mitotic catastrophe)이 있다. 자가포식 작용(self-eating의 뜻을 가짐)은 손상된 기관의 구성 성분과 단백질을 리소좀에서 분해하고 다시 재생하는 장치이다. 세포는 분해된 산물을 다시 사용할 수 있다. 이 과정은 기아 상태의 세포나 손상된 기관을 제거해야 하는 세포에서 중요하게 작용한다. 제거의 표적이 된 단백질과 기관은 자가포식체(autophagosome)라 불리는 이중막 구조로 둘러싸인다. 자가포식체가 리소좀과 합쳐지면서 안의 내용물이 분해된다. 과도한 자가포식 작용은 비-세포자살 세포사멸을 유도한다. 다른 종류의 세포사멸인 유사분열 재앙은 비정상적인 유사분열 과정에 의해 일어난다. *BECN1*과 같이 유사분열 과정에 관여하는 유전자의 돌연변이는 암 발생에 기여한다(175쪽의 "탐구 활동" 참조).

캐스페이즈와 무관하게 일어나는 세포사멸의 분자 기전에 대해서는 아직 명확하게 알려진 바가 없다. 하지만 여기에도 단백질분해효소가 관여하고 미토콘드리아 외막의 투과성이 조절된다는 것은 밝혀져 있다. 대체 단백질분해효소인 칼페인(calpain), 카셉신(cathepsin), 세린 단백질분해효소는 표적 단백질을 절단해서 프로그램화된 세포사멸의 특징인 형태학적 변화들을 초래한다. 칼페인은 캐스페이즈와 같이 세포 내에서 불활성화된 효소원(zymogen)으로 발견된다. 카셉신은 리소좀에서 활성화되어 세포질이나 핵으로 이동한다. 세포자살 유도 인자(apoptosis-inducing factor, AIF)는 미토콘드리아 막사이 공간에서 방출되어 캐스페이즈와 무관하게 DNA를 분해한다.

암세포에서는 대체 사멸 경로에 관여하는 분자가 비정상적으로 발현된 것을 볼 수 있다. 한 예로, 대체 사멸 경로를 유발하는 종양억제유전자인 Bin 1과 전구골수성 백혈병(PML) 유전자의 돌연변이가 인체 암에서 관찰된다. Bin은 세린 단백질분해효소 억제제에 의해 차단된 세포자살 경로를 활성화시킨다. 앞으로 대체 사멸 경로에 관여하는 분자에 대한 이해가 더해질수록, 약물 개발의 새로운 표적들도 점차 드러날 것이다. 실제로 현재 개발된 많은 약물(예, EB1089/seocalcitol, 비타민 D 유사체)이 캐스페이즈와 무관하게 칼페인에 의존하여 세포자살을 유도한다.

7.3 세포자살과 항암 화학요법

세포자살 경로의 와해는 항암 화학요법의 임상적 결과에 중요한 영향을 미친다. 항암 화학요법이 성공하려면, 암세포에서 세포자살이 일어나야 한다. 화학요법제는 일차적으로 DNA 손상을 유발하는데, 이는 세포자살 내인성 경로를 활성화한다. 특정 화학요법제는 면역 세포에서의 TNF 분비를 촉진해서 세포자살 외인성 경로를 촉발한다. 다양한 구조의 약물은 모두 세포자살의 전형적인 특징인 세포 형태 변화를 유발한다. 하지만 여기서 기억해야 할 점은 암세포는 세포자살 기전을 이탈해 있다는 것이다. 대부분의 암세포는 이전에 약물에 노출된 것과 무관하게 세포자살 경로에 결함을 가지고 있고, 이로 인해 화학요법제에 내성을 보인다. 이러한 종류의 내성은 P-당단백질(P-glycoprotein) 펌프에 의해 조절되는 약물 축적 및 안정성에 의해 획득되는 내성과는 기전이 다르다(제2장 참조). 화학요법제에 의한 내성은 임상에서 매우 중요한 문제이므로, 약물 반응에서 세포자살의 역할을 규명하는 것은 치료 전략을 세우는 데 있어 중요하다.

약물 내성은 세포자살을 조절하는 유전자의 돌연변이에 의해 발생할 수 있다. 이러한 돌연변이는 약물에 의한 손상으로 세포자살이 유도되는 것을 막는다. 앞에서 언급했듯이, p53 경로의 돌연변이는 암세포에서 매우 흔하게 보이는 돌연변이로서 암세포가 약물에 대한 내성을 가지는 데에도 기여한다. *p53* 유전자가 발현되지 않도록 제작된 암 세포는 약물에 의해 유도되는 세포자살에 내성을 보인다. 또한 '기능 획득' *p53* 돌연변이에 의해서도 특정 화학요법에 대한 내성이 생긴다. 그 예로, p53 돌연변이에 의해 *dUTPase* 유전자가 발현되면 5-FU에 대한 내성이 생긴다. 결국, p53은 돌연변이에 의해 그 기능을 소실하거나 획득하게 되면 약물에 대한 내성을 보인다. 반대로, p53 돌연변이 중에는 탁센(taxane)에 대한 반응을 증가시키는 것도 있다.

암세포에서는 Bcl-2 계열 중에 항-세포자살 유전자의 과발현이나 촉진-세포자살 유전자의 발현 감소는 항암 화학요법에 대한 내성을 증가시킨다. 한 예로, 촉진-세포자살 단백질인 Bax의 결손은 대장암에서의 항대사성 화학요법제인 5-FU와 암 예방물질로 사용되는 비스테로이드 소염제(NSAID)에 대한 내성을 증가시킨다(Zhang *et al.*, 2000). 전이된 종양에서 Bcl-2의 발현이 증가되면 화학요법제에 대한 내성이 생긴다. Bcl-2는 유방암의 75%에서 발현이 증가되어 있으므로, Bcl-2를 표적으로 하는 약물(예, BH3 유사체)을 사용하여 화학요법에 대한 반응을 높이는 시도가 임상에서 행해지고 있다(Merino *et al.*, 2015).

전반적으로, 이러한 사실들은 종양의 유전자 유형이 임상 치료에 있어 중요하다는 점을 시사한다. 특히, p53이나 Bcl-2 계열의 유전자들의 유형은 치료 효과에 지대한 영향을 준다.

항암 화학요법에 의해 세포자살이 유발되지 않는 세포는 또 다른 측면에서 중요한 의미를 갖는다. DNA 손상을 유발하는 **유전자 독성(genotoxic)** 약물에 의해 DNA가 광범위하게 손상된 세포에서 세포자살이 일어나지 않으면 오히려 돌연변이가 더욱 축적되고, 이로 인해 암 발생의 위험이 높아진다. 실제로, 백혈병 치료에서 화학요법제 투여 후에 오히려 새로운 암이 발생되는 것이 임상적으로 문제가 되고 있다. 이처럼 치료와 연관되어 발생하는 백혈병은 비교적 잠복기가 짧다. 그리고 사용하는 약물의 종류에 따라 세포 유전학적 이상의 특징이 다르게 나타난다. 예를 들어, 알킬화 약물에 의해서는 염색체 5, 7번의 결손이 특징적으로 나타난다.

치료 전략

7.4 세포자살 유발 약물

암세포의 세포자살을 유발시키는 것은 항암 치료에 있어 중요한 전략이다. 실제로, 항암 치료에 많이 사용되어 오던 약물은 비록 간접적일지라고 해도 세포자살을 유발시킨다. 세포자살 경로에 관여하는 분자들에 대한 이해를 통해, 우리는 직접적으로 세포자살을 유발시키거나 세포자살을 방해하는 단백질을 억제하는 약물을 개발할 수 있다. 이러한 치료 방법은 유전자에 돌연변이를 일으키지 않으므로 치료와 관련돼서 백혈병이 발생할 위험이 적다. 또한 정상 세포는 세포자살이 활성화된 상태가 암세포와 다르기 때문에, 암세포에서 세포자살을 유발하게 하는 인자는 정상 세포에 영향을 거의 주지 않는다("잠시 멈춰 생각하기" 참조).

잠시 멈춰 생각하기

세포자살 약물을 개발한다면 어떠한 분자를 표적으로 하겠는가? 이 장에서 언급하지 않은 하나의 방법은 아포토좀을 표적으로 하는 것이다. 아포토좀 형성에 필요한 분자들을 생각하고 어떻게 아포토좀을 형성을 유도할 수 있을지를 생각해 보자. 한 가지 방법은 사이토크롬 c 유사체를 만들어 Apaf-1의 변화와 캐스페이즈-9 활성을 유도해 아포토좀을 형성하는 것이다. 다른 방법으로는 미토콘드리아 막사이공간에서 사이토크롬 c와 프로캐스페이즈-9의 방출을 유도하는 약물을 찾는 것이다.

다음은 TRAIL과 그 수용체, Bcl-2 계열, 캐스페이즈를 표적으로 하는 치료 전략에 대해 알아보도록 하겠다. 참고할 점은, 이러한 전략을 통해 개발된 많은 약물이 현재 임상시험 단계에 있을 뿐 사용을 허가 받은 약물은 아직까지 없다는 사실이다.

TRAIL과 그 수용체를 표적으로 하는 약물

TRAIL과 그 수용체는 정상 세포와 암세포에서 활성이 다르기 때문에 세포자살 유발 약물을 개발하는 데 좋은 표적 단백질이다. 약 80%의 암세포주가 TRAIL 리간드에 반응하여 세포자살이 유발될 수 있다. 이때 유발되는 세포자살은 p53과 무관하게 일어난다고 여겨지며, 이로 인해 비활성화된 p53 돌연변이를 가지고 있는 암은 이러한 접근법으로 치료가 가능할 것으로 생각된다.

TRAIL 리간드 재조합 단백질의 투여는 동물 시험에서 훌륭한 항-종양 활성을 보여주었으며, 고형 암의 치료제로서 임상 1상이 시작되었다(deBruyn *et al.*, 2013). 그러나 Fas나 TNF-α 리간드의 투여가 간 독성과 연관이 있다는 것이 알려졌으며, 배양된 인간 간 세포에서 TRAIL에 의한 세포자살이 일어난 연구 결과가 있으므로 주의가 필요하다. 한편, 이러한 독성이 생쥐나 비인간 영장류 동물에서는 나타나지 않았는데, 이는 항암제 개발에서 동물 실험을 통해 약물의 독성을 예측하는 것에는 한계가 있음을 나타낸다. 또 한 가지 주목할 점은, 수행된 연구 마다 서로 다른 구조 형태의 TRAIL 리간드 재조합 단백질이 사용되었는데, 아마도 이 중의 일부 형태가 독성을 유발할 가능성도 있다는 것이다. 외부 아미노산 잔기가 없는 TRAIL은 비인간 영장류에서 독성을 나타내지 않았다(Fesik, 2005). 하지만 임상 2상 시험에서 2명의 육종(sarcoma) 환자에서만 부분적인 반응이 나타났을 뿐이며, 병용 치료제로서의 효과는 실망스러웠다.

현재 개발된 다른 약물로는 TRAIL 수용체 유사 단일 항체(예, mapatumumab)가 있는데, 이 항체는 TRAIL 수용체의 세포외 부분을 인식한다. 하지만 이 약물은 임상시험에서 큰 효과를 나타내지는 못하였다(Bate and Lewis, 2013; Bremer *et al.*, 2006).

Bcl-2 계열 단백질의 조절 약물

Bcl-2 계열 단백질은 약물 개발의 또 다른 표적이다(Kang and Reynold, 2009). 주로 사용되는 3가지 치료 전략을 그림 7.8에 나타내었다: (a) 안티센스 RNA, (b) 항-세포자살 단백질의 기능 및 단백질–단백질 결합을 방해하는 소분자, (c) 촉진-세포자살 단백질의 활성을 유발하는 약물. Bcl-2는 여러 종양에서 발현이 증가되어 있으므로 안티센스 RNA를 이용하여 발현을 억제하는 것은 새로운 약물 개발의 전략이 될 수 있다. G-3139(oblimersen sodium, Genasense™)는 Bcl-2 mRNA의 첫 번째 6개 코돈과 상보적인 18-mer 안티센스 올리고뉴클레오티드이다. mRNA와 중합(hybridization) 반응이 일어나면, Bcl-2의 번역이 방해되고 mRNA는 분해된다. 이로 인해 촉진-세포자살과 항-세포자살 간의 균형이 깨지면서 세포자살이 일어난다. G-3139는 단독 또는 병용 치료제로서 임상 3상 시험까지 진행되었으나, 효과가 나타나지 않아 FDA의 승인을 얻지 못하였다.

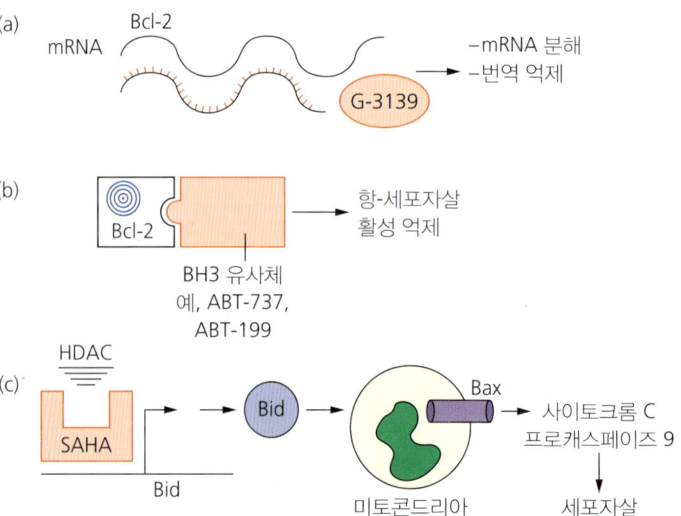

그림 7.8 Bcl-2 계열 단백질을 표적으로 하는 약물 전략. 약물은 붉은색 안에 표시하였다.

구조 연구를 통해 Bcl-2가 촉진-세포자살 Bcl-2 계열 단백질의 BH3 영역과 결합하는 소수성 홈(hydrophobic groove)을 가지고 있다는 것이 밝혀졌다. Bcl-2/Bcl-x_L에 결합하여 촉진-세포자살 단백질과의 결합을 방해함으로써, 세포자살을 유발하는 소분자들이 개발되었다(예, ABT-737, Abbott Laboratory). 이 소분자들은 항-세포자살 단백질의 BH3 소수성홈에 결합하는 BH3 단백질들과 유사하여 BH3 **유사체(mimetics)**라고도 불린다. 소분자에 의해 촉진-세포자살 단백질이 분리되어 세포자살을 유발한다. ABT-737과 경구 투여가 가능한 나비토클락스(navitoclax, ABT-263)는 Bcl-2, Bcl-x_L, Bcl-w를 표적한다. 이 약물은 구조-기반 디자인 및 핵자기 공명 실험을 통해 스크리닝 되었으며, 항-세포자살 단백질에 대해 높은 결합력을 가진다. 그 외에도 AT-101(Ascenta) 및 GX15-070(Gemin X)와 같이 Bcl-2에 특이적으로 결합하는 다른 소 분자들도 개발되고 있다. Bcl-2에 대한 선택적 결합력이 더 높은 ABT-199는 소포 림프종(follicular lymphoma)에 있어서 뛰어난 항암 효과를 나타내었다.

Suberoylanilide hydroxamic acid(SAHA)는 비선택적이고 반대되는 기전을 통해 작동한다. 항-세포자살 인자를 억제하는 것이 아니라, 촉진-세포자살 인자의 활성을 증가시킨다. SAHA는 HDAC 저해제로서 후성유전학적 기전을 통해 유전자의 발현을 증가시킨다. SAHA는 촉진-세포자살 단백질인 Bid의 발현을 유도하고, Bid는 다시 Bax를 활성화시킨다. Bax는 미토콘드리아로 이동하여 세포자살 인자인 사이토크롬 *c*를 방출시킨다. SAHA(vorinostat)는 비-호지킨 림프종(non-Hodgkin lymphoma) 치료제로 승인되었다.

잠시 멈춰 생각하기

Bim이나 Bid와 같은 촉진-세포자살 Bcl-2계열 단백질이 BH3 유사체에 대한 세포의 감수성에 영향을 줄 수 있겠는가? 이 가설을 시험한 Renault 등(2014)의 논문 결과를 살펴보시오.

캐스페이즈의 직접 및 간접적 활성화

캐스페이즈의 선택적인 활성은 세포사살의 가장 확실한 표적이다. 하지만 캐스페이즈에 속하는 효소는 13종 이상이나 되고 또한 모든 종류의 세포에 존재하기 때문에 선택적인 약물을 만드는 것이 쉽지 않다. 하지만 캐스페이즈를 활성화시키는 소분자를 찾는 연구는 현재까지도 계속 진행되고 있다. 캐스페이즈 조절의 핵심 인자인 프로캐스페이즈-3는 분자 내의 “안전장치(safety-catch)”라 불리는 3개의 아스파르트산 잔기 간의 결합에 의해 비활성화되어 있다. 현재 이러한 프로캐스페이즈 비활성화 구조를 방해할 수 있는 소분자를 찾는 연구가 활발히 진행되고 있다. 최근에는 캐스페이즈-8에 선택적인 소분자가 *in silico* 스크리닝을 통해 개발되었다(Bucur *et al*., 2015). 이 소분자는 캐스페이즈-8의 이량체 형성면(dimerization interface)에 직접 결합하여 TRAIL에 의한 세포자살을 유발한다. 한편, 간접적인 방식으로 캐스페이즈를 활성화시키는 전략은 고무적이다. XIAP를 표적하면 캐스페이즈에 의한 세포사멸의 마지막 단계를 나타낼 수 있다. 이러한 방법은 XIAP의 억제제나 XIAP의 억제를 해방시키는 Smac 유사체에 의해 가능할 것이다(그림 7.9). 캐스페이즈 억

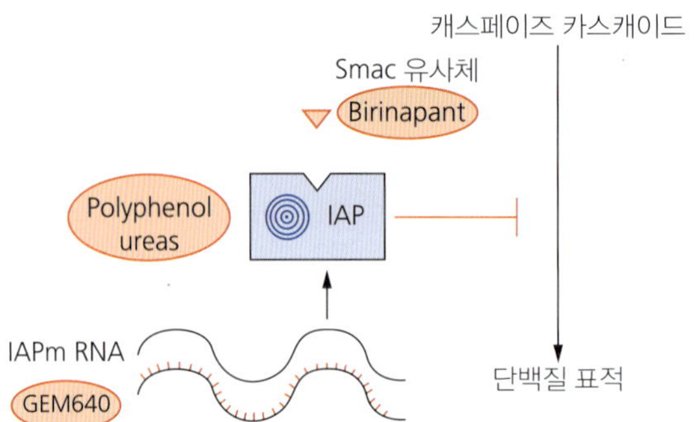

그림 7.9 IAP를 표적하여 간접적으로 캐스페이즈를 활성화하는 약물 전략. 약물은 붉은색 안에 표기하였다.

제제인 XIAP는 많은 종양에서 발현이 증가되어 있으므로, XIAP는 새로운 항암 치료의 좋은 표적 분자이다. XIAP 활성을 억제하는 합성 화합물을 스크리닝한 결과 폴리페닐우레아(polyphenylurea) 계열의 약물이 발견되었다. 이 약물들은 XIAP에 의해 억제된 캐스페이즈-3과 캐스페이즈-7은 해방시켰으나, 캐스페이즈-9는 해방시키지 못했다(Schimmer *et al.*, 2004). 이는 XIAP 내에서 캐스페이즈-3과 캐스페이즈-7의 활성을 차단하는 부위와, 캐스페이즈-9를 억제하는 부위가 서로 다르기 때문이다. XIAP의 기능을 억제하는 소분자는 캐스페이즈-3과 캐스페이즈-7의 활성 부위를 차단한다고 알려진 XIAP 부위에 결합한다. 이 약물은 다양한 종류의 암세포에서 세포자살을 유발하였으며, 동물 실험에서도 항암 효과를 나타내었다. 반면, 정상 세포에 대해서는 독성을 나타내지 않았다. 이는 억제된 캐스페이즈가 해방되면 종양 세포에서 세포사멸이 일어날 수 있음을 보여주는 최초의 증거이다. XIAP의 mRNA와 단백질 발현을 저해하는 IAP 안티센스 뉴클레오티드가 개발되고 있으나 아직까지는 그 효과가 입증되지 않았다. IAP를 표적하는 또 다른 종류의 약물로는 비리나판트(birinapant, TL32711)와 같은 Smac 유사체가 있다. 이 약물은 현재 전임상 또는 임상시험에서 효능을 확인하는 중이다.

세포자살을 유발하는 약물이 암 치료를 위한 훌륭한 표적이 될 수 있는지 알기 위해서는 시간이 더 필요하다.

단원 요점—되짚어 보기

- 세포자살은 중요한 암 억제 기전이다.
- 아스파르트산 단백질분해효소인 캐스페이즈는 세포자살에서 주된 역할을 하는 분자이다.
- 세포자살은 세포 외부의 사멸 신호에 의한 외인성 경로와 세포 내부의 자극에 의한 내인성 경로를 통해 유발된다.
- TNF/TNF 수용체와 Fas/Fas 수용체 신호전달은 외인성 경로의 전형적(paradigm)인 예이다.
- 미토콘드리아는 내인성 경로에 관여하는 세포자살 분자를 저장하고 있다.
- Bcl-2 계열 단백질은 미토콘드리아 외막의 투과성을 조절한다.
- P53은 전사에 의존하거나 또는 전사와 무관하게 세포자살을

유도한다.

- 세포자살로부터의 이탈은 암세포의 특징이다.
- 세포자살 경로가 제대로 작동한다면, 암세포는 정상 세포에 비해 세포자살 반응을 유발하기 위한 더 근접한 상태에 있다.
- 캐스페이즈 활성은 정상 세포와 암세포에서 다르게 조절된다. 정상 세포는 프로캐스페이즈 과정이 필요한 반면, 암세포는 절단된 캐스페이즈의 IAP로부터의 해방이 필요하다.
- P53과 Bcl-2 연관 경로에서의 변형은 발암 과정에서 주요 역할을 한다.
- 항암 화학요법은 DAN 손상을 통해 세포자살을 간접적으로 유도하는 방법이다.
- 세포자살 경로에 결함이 있는 종양은 항암 화학요법에 저항을 보인다.
- 세포자살 단백질의 돌연변이는 약물 치료에 대해서 암세포가 생존하고 내성을 갖게 한다.
- 항암 화학요법은 치료-연관성 백혈병을 유발할 수 있다.
- 세포자살 약물은 세포자살을 직접적으로 유발시키는 것을 목표로 하며, 유전자에 독성을 나타내지 않는다.

탐구 활동

1. Smac/DIABLO를 표적으로 하는 치료 전략에 대해 생각하고, 그러한 약물을 개발하기 위한 계획을 기술하시오(힌트: begin with Martinez-Ruiz *et al.*, 2008).
2. Beclin-1은 기아에 대한 자가포식 현상에 관여한다. Beclin에 대한 *BECN1* 유전자 연구에 의하면 자가포식 현상의 결함이 종양 형성과 관련이 있다고 한다. 이러한 사실을 뒷받침하는 실험적인 증거들에 대해 논의하시오(우선, White, E., 2015 논문을 참조하시오).

더 읽을거리

Constantinou, C., Papas, K.A., and Constantinou, A.I. (2009) Caspase-independent pathways of programmed cell death: the unraveling of new targets of cancer therapy? *Curr. Cancer Drug Targets* **9**: 717–728.

Danial, N.N. and Korsmeyer, S.J. (2004) Cell death: critical control points. *Cell* **116**: 205–219.

Delbridge, A.R.D. and Strasser, A. (2015) The BCL-2 protein family, BH3-mimetics and cancer therapy. *Cell Death Differ*. **22**: 1071–1080.

Elkholi, R., Renault, T.T., Serasinghe, M.N., and Chipuk, J.E. (2014) Putting the pieces together: how is the mitochondrial pathway of apoptosis regulated in cancer and chemotherapy? *Cancer Metab*. **2**: 16–31.

Er, E., Oliver, L., Cartron, P.-F., Juin, P., Manon, S., and Vallette, F.M. (2006) Mitochondria as the target of the pro-apoptotic protein Bax. *Biochim. Biophys. Acta* **1757**: 1301–1311.

Fulda, S. and Debatin, K.M. (2006) Extrinsic versus intrinsic apoptosis pathways in anticancer chemotherapy. *Oncogene* **25**: 4798–4811.

Indran, I.R., Tufo, G., Pervaiz, S., and Brenner, C. (2011) Recent advances in apoptosis, mitochondria and drug resistance in cancer cells. *Biochim. Biophys. Acta* **1807**: 735–745.

Johnstone, R.W., Ruefli, A.A., and Lowe, S.W. (2002) Apoptosis: a link between cancer genetics and chemotherapy. *Cell* **108**: 153–164.

Kirkin, V., Joos, S., and Zornig, M. (2004) The role of Bcl-2 family members in tumorigenesis. *Biochim. Biophys. Acta* **164**: 229–249.

Ledgerwood, E.C. and Morison, I.M. (2009) Targeting the apoptosome for cancer therapy. *Clin. Cancer Res.* **15**: 420–424.

Okada, H. and Mak, T.W. (2004) Pathways of apoptotic and non-apoptotic death in tumor cells. *Nat. Rev. Cancer* **4**: 592–603.

Ow, Y.P., Green, D.R., Hao, Z., and Mak, T.W. (2008) Cytochrome c: functions beyond respiration. *Nat. Rev. Mol. Cell Biol.* **9**: 532–542.

Reed, J.C. (2006) Proapoptotic multidomain Bcl-2/Bax-family proteins: mechanisms, physiological roles, and therapeutic opportunities. *Cell Death Differ.* **13**: 1378–1386.

Shiozaki, E.N. and Shi, Y. (2004) Caspases, IAPs and Smac/DIABLO: mechanisms from structural biology. *Trends Biochem. Sci.* **39**: 486–494.

Vousden, K.H. and Lu, X. (2002) Live or let die: the cell's response to p53. *Nat. Rev. Cancer* **2**: 594–604.

Walensky, L.D. and Gavathiotis, E. (2011) Bax unleashed: the biochemical transformation of an inactive cytosolic monomer into a toxic mitochondrial pore. *Trends Biochem. Sci.* **36**: 642–652.

Wong, R.S.Y. (2011) Apoptosis in cancer: from pathogenesis to treatment. *J. Exp. Clin. Cancer Res.* **30**: 87.

Zhivotovsky, B. and Orrenius, S. (2003) Defects in the apoptotic machinery of cancer cells: role in drug resistance. *Semin. Cancer Biol.* **13**: 125–134.

웹사이트

Apoptotic Pathways (Genentech)—animation of both the intrinsic and extrinsic apoptotic pathways. https://m.youtube.com/watch?v=SyvOPXeg4ig

선택된 특별한 주제

Bates, D.J.P. and Lewis, L.D. (2013) Manipulating the apoptotic pathway: potential therapeutics for cancer patients. *Br. J. Clin. Pharmacol.* **76**: 381–395.

Bremer, E., van Dam, G., Kroesen, B.J., de Leij, L., and Helfrich, W. (2006) Targeted induction of apoptosis for cancer therapy: current progress and prospects. *Trends Mol. Med.* **12**: 382–393.

Bucur, O., Gaidos, G., Yatawara, A., Pennarun, B., Rupasinghe, C., Roux, J., *et al.* (2015) A novel caspase 8 selective small molecule potentiates TRAIL-induced cell death. *Sci. Rep.* **5**: 9893.

Chen, D.J. and Huerta, S. (2009) Smac mimetics as new cancer therapy. *Anticancer Drugs* **20**: 646–658.

Chipuk, J.E., Bouchier-Hayes, L., Kuwana, T., Newmeyer, D.D., and Green, D.R. (2005) PUMA couples the nuclear and cytoplasmic proapoptotic function of p53. *Science* **309**: 1732–1735(supporting online material: http://www.sciencemag.org/cgi/content/full/309/5741/1732/DC1).

Chipuk, J.E., Kuwana, T., Bouchier-Hayes, L., Droin, N.M., Newmeyer, D.D., Schuler, M., *et al.* (2004) Direct activation of Bax by p53 mediates mitochondrial membrane permeabilization and apoptosis. *Science* **303**: 1010–1014.

De Bruyn, M., Bremer, E., and Helfrich, W. (2013) Antibody-based fusion proteins to target death receptors in cancer. *Cancer Lett.* **332**: 175–183.

Fesik, S.W. (2005) Promoting apoptosis as a strategy for cancer drug discovery. *Nat. Rev. Cancer* **5**: 876–885.

Frantz, S. (2004) Lessons learnt from Genasense's failure. *Nat. Rev. Drug Discov.* **3**: 542–543.

Kamer, I., Sarig, R., Zaltsman, Y., Niv, H., Oberkovitz, G., Regev, L., *et al.* (2005) Proapoptotic BID is an ATM effector in the DNA-damage response. *Cell* **122**: 593–603.

Kang, M.H. and Reynolds, C.P. (2009) Bcl-2 inhibitors: targeting mitochondrial apoptotic pathways in cancer therapy. *Clin. Cancer Res.* **15**: 1126–1132.

Lui, X.-H., Yu, E.Z., Li, Y.-Y., Rollwagen, F.M., and Kagan, E. (2006) RNA interference targeting Akt promotes apoptosis in hypoxia-exposed human neuroblastoma cells. *Brain Res.* **1070**: 24–30.

Martinez-Ruiz, G., Maldonado, V., Ceballos-Cancino, G., Grajeda, J.P., and Melendez-Zajgla, J. (2008) Role of Smac/DIABLO in cancer progression. *J. Exp. Clin. Cancer Res.* **27**: 48.

Merino, D., Lok, S.W., Visvader, J.E., and Lindeman, G.J. (2015). Targeting BCL-2 to enhance vulnerability to therapy in estrogen receptor-positive breast cancer. *Oncogene* doi:10.1038/onc.2015.287 [Epub ahead of print]

Otsuki, Y., Li, Z., and Shibata, M.A. (2003) Apoptotic detection methods—from morphology to gene. *Prog. Histochem. Cytochem.* **38**: 275–339.

Raj, D., Brash, D.E., and Grossman, D. (2006) Keratinocyte apoptosis in epidermal development and disease. *J. Invest. Dermatol.* **126**: 243–257.

Renault, T.T., Elkholi, R., Bharti, A., and Chipuk, J.E. (2014) B cell lymphoma-2 (BCL 2) homology domain 3 (BH3) mimetics demonstrate differential activities dependent upon the functional repertoire of pro- and anti-apoptotic BCL-2 family proteins. *J. Biol. Chem.* **289**: 26481–26491.

Schimmer, A.D., Welsh, K., Pinilla, C., Wang, Z., Krajewska, M., Bonneau, M.-J., *et al.* (2004) Small-molecule antagonists of apoptosis suppressor XIAP exhibit broad anti-tumor activity. *Cancer Cell* **5**: 25–35.

Subburaj, Y., Cosentino, K., Axmann, M., Pedrueza-Villalmanzo, E., Hermann, E., Bleicken, S., *et al.* (2015) Bax monomers form dimer units in the membrane that further self-assemble into multiple oligomeric species. *Nat. Commun.* **6**: 8042.

White, E. (2015) The role of autophagy in cancer. *J. Clin. Invest.* **125**: 42–46.

Yu, X., Achehan, D., Menetret, J.-F., Booth, C.R., Ludtke, S.J., Riedl, S., *et al.* (2005) A structure of the human apoptosome at 12.8 Å resolution provides insights into this cell death platform. *Structure* **13**: 1725–1735.

Zhang, L., Yu, J., Park, B.H., Kinzler, K.W., and Vogelstein, B. (2000) Role of BAX in the apoptotic response to anticancer agents. *Science* **290**: 989–992.

Zhivotovsky, B. and Orrenius, S. (2003) Defects in the apoptotic machinery of cancer cells: role in drug resistance. *Semin. Cancer Biol.* **13**: 125–134.

Zinkel, S.S., Hurov, K.E., Ong, C., Abtahi, F.M., Gross, A., and Korsmeyer, S.J. (2005) A role for proapoptotic BID in the DNA-damage response. *Cell* **122**: 579–591.

Chapter 8

암 줄기세포와 자가증식 그리고 분화 경로: 대장암과 백혈병을 중심으로

도입

제1장에서 기술 된 바와 같이, 세포의 성장, 분화, 사멸은 인체의 전체 세포 수에 영향을 미치고, 그 비정상적 조절은 종양을 만들어 낼 수 있다. 이 장에서 우리는 각기 다른 수준의 분화 과정에서 세포의 특성을 기술하고 암과의 관계에 대해서 논의하고자 한다. 이는 줄기세포의 특성을 갖는 소수의 세포가 암을 시작하고 유지한다는 "암 줄기세포 모델"에 대한 고찰을 포함한다. 또한 자가복제와 분화를 제어하는 분자 기전을 살펴보고, 이 기전의 돌연변이가 암을 일으키는 것에 대해 알아본다. 마지막으로, 자가복제와 분화 경로를 표적하는 새로운 암 치료제에 대해 다룬다. 먼저 발생 과정과 성체에서의 분화 과정에 대해 살펴보는 것으로 논의를 시작하겠다.

우리는 우리 자신의 **개체 발생** 과정을 잘 투영해 보지 않는다. 한 수정란에서부터 완전한 사람으로 되어 가는 발생은 거의 마술 같은 과정이다. 수백 개의 특성화된 세포 종류들이 그 수정란과 내부세포괴(inner cell mass) 부분에 존재하는 **배아줄기세포(embryonic stem cells)**로부터 만들어져야 한다. 세포가 점점 특성화되어 특정 기능을 할 수 있도록 하는 이 과정을 **분화(differentiation)**라고 하며, 이는 특정 세포 형태를 정의하는 일련의 유전자 발현의 조절에 의해 일어난다. 체내의 모든 세포는 (적혈구 세포와 생식 세포 제외) 인간 유전체 전 유전자군을 포함하고 있으나, 한 세포를 다른 세포로부터 구별되게 하는 것은 일련의 유전자의 발현이다: 예를 들어, 뇌세포는 간세포와는 다른 유전자를 발현한다. 세포 특이적인 유전자 발현 스위치를 켜는 역할을 담당하는 Lineage specific(계보특이적) 전사인자는 후성유전학적 기전과 함께 이 과정에서 중요하다. 우리의 발생 과정에서 다른 형태의 세포는 패턴(pattern) 형성 과정을 통해 다양한 조직(tissue)을 형성한다. 비록 같은 종류의 세포가 팔과 다리에 존재하지만, 형태 혹은 구조의 모양 등은 다르다. 유전자 발현의 조절은 발생 과정에서의 패턴 형성(patterning)에 중요하다.

배아줄기세포에 더하여 성체에도 줄기세포가 존재하는데, 이는 개인의 일생 동안 조직의 재생에 관여한다. 사실, 줄기세포는 모든 조직에 존재하는 것으로 보인다. 어떤 줄기세포는 성숙돼서 죽어 사라지는 세포를 계속적으로 대체하는 활성을 가진다. 예를 들어, **조혈모세포(hematopoietic** stem cells, HSC)는 혈액을 만들어 내는 줄기세포로서 자가복제와 분화를 통해 개인의 일생 동안 각종 다른 형태의 혈구세포를 유지한다. 골수이식의 성공은 HSC의 우수한 재생 능력을 보여준다. 다른 줄기세포는 생리적인 신호가 주어지기까지 휴지(dormant) 상태로 있는다. 모낭(hair follicle)의 줄기세포는 상처에 반응한다. 유방 줄기세포는 임신시의 호르몬에 강력히 반응하고, 여성의 월경주기에도 약하게 반응한다. 최근에 알려진 바에 의하면, 줄기세포는 분화에 가소성을 갖는다—예를 들면, HSCs는 비혈구세포로도 분화할 수 있다.

하지만 이는 그리 놀랄 일은 아니다. 최근의 클로닝 실험에서 보면 분화된 세포의 핵이 다른 개체로 발생될 수 있게 재프로그램될 수도 있다. 젖샘세포의 핵에서 만들어진 양, Dolly는 분화된 세포의 유전자 발현이 영원히 고정되어 있지 않다는 것을 명확히 보여주고 있다.

배아에서도 성체에서도 분화 과정은 줄기세포의 공급에 의해 힘을 받는다. 특별한 세포 리니지를 따라 분화해 나가는 방향으로 결정된 다른 세포와 자신과 같은 줄기세포를 함께 만들어 내는, 즉 2가지 다른 세포를 낳는 특이한 세포분열(역주; 비대칭분열)이 줄기세포에 의해 일어난다. 세포주기에서의 탈출은 분화된 세포의 특징이다. 예로써, 백혈병은 분화 과정을 막음으로써 더 많은 수의 세포를 낳는 과정을 통해 형성된다.

이 장은 암화 과정에 영향을 미치는 분화 경로의 2가지 특징에 대해 집중해 보겠다: 첫째, 정상 조직과 암조직에서의 줄기세포 특성. 둘째, 분화 과정에서 유전자 세트의 마스터 스위치 역할을 하는 리니지 특징적 전사 인자와 후성유전학.

8.1 암 줄기세포

줄기세포를 정의하는 2가지 특성은 자기 자신의 자가복제 능력과 1개 이상의 리니지 세포로 분화할 수 있게 결정된(committed) 조상세포(progenitor cell)를 만들어 낼 수 있는 것이다. 세포 분열에서 1개의 딸세포는 자가 분열을 포함하는 줄기세포의 특성을 유지하고, 다른 딸세포는 분화를 진행하는 특성을 갖게 된다(그림 8.1). 이들 특성들은 **암 줄기세포(cancer stem cells**, CSC)에서도 공유되는데, 이는 종양 내에 자리하는 아주 소수의 세포로 줄기세포의 자가복제와 동시에 한정된 분열 능력으로 종양의 나머지 부분을 구성하는 다양한 형태의 암세포도 만들어 낸다.

CSC는 동물에 이식되었을 때 기능적으로 새로운 종양을 유발할 수 있는 능력을 가진 세포로 정의되며, 종양내 이런 세포가 존재한다는 사실에 의해 CSC 모델이 뒷받침된다(178쪽의 "도입" 참조).

여러 종류의 암에서 단지 적은 수의 특정 세포들만이 계속 자라나는 암적 상태를 유지하면서 종양을 유지하고 있음이 보여졌다. 예를 들면, 급성골수성백혈병(AML)에서 대략 100만 개 중 하나만이 *in vivo*로 이식되었을 때 새로운 백혈병을 일으킬 수 있고, 이들 세포는 정상 HSC와 같은 표면 마커($CD34^{+}$, $CD38^{-}$)를 발현한다는 사실이 잘 알려져 있다. 일반적으로 CSC는 마커라고 불리는 표면단백질을 갖는데, 이들은 정상적으로 조직에 존재하는 줄기세포의 특성이며, CSC가 풍부한 집단을 분리하는 데 이용된다. 뇌의 CSC는 정상 신경계 줄기세포 마커를 갖고 있다. 흥미롭게도, 많은 수의 뇌종양에서 발견된 뇌암 줄기세포의 함유율은 질병의 진로 혹은 **예후**와 연관되어 있다. 교아세포종(Glioblastoma)과 같이 빨리 자라는 종양은 별아교세

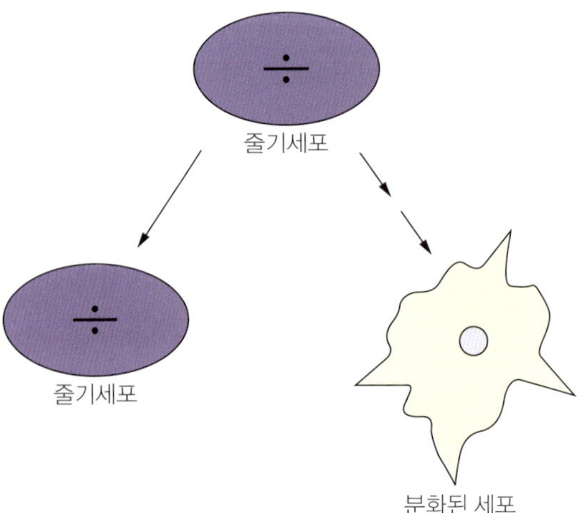

그림 8.1 암 줄기세포의 특성은 줄기세포와 공유된다. 암 줄기세포는 자가복제하고 또한 분화돼서 종양의 대부분을 형성하도록 결정된 딸세포를 만든다(역주: 비대칭분열 과정).

포종처럼 천천히 자라는 종양보다 더 많은 뇌 CSC를 갖고 있다. 유방암 CSC의 존재에 대한 증거는 인간 유방암세포를 면역부전 생쥐에 이식했을 때 종양 형성능을 시험해 봄으로써 얻어졌다(Al-Hajj *et al.*, 2003). 세포 표면 마커(CD44^{+}, CD24$^{-/low}$) 발현에 기초하여 소집단인 유방 CSC가 분리되었으며, 이들 세포는 유방암 종양의 전체 세포에 비해 10배에서 50배 정도의 종양 형성 능력 증가를 실험 동물에서 보였다. 거기에 더해 이들 세포는 자가증식 능력을 보였을 뿐 아니라 또한 종양 전체를 구성하는 여러 특성과 표현형을 가지는 세포로 분화할 수 있었다. 이런 관찰은 이들 세포가 유방 CSC라는 개념을 뒷받침한다. 이어서 CSC는 대장암과 췌장암을 포함하는 여러 고형암에서 발견되었다(Visvader Lindeman, 2008에서 리뷰). 대장 CSC와 전립선, 뇌 CSC는 세포 표면 항원인 CD133을 과발현한다. 췌장과 유방의 CSC는 CD44를 발현한다. 최근까지 정확한 CSC의 정의에 관한 논쟁이 있어 왔고, 다른 생쥐와 인체 모델에서 서로 상반되는 결과가 보고되었는데, Rosen과 Jordan(2009)은 이것이 "암의 선천적 불안정 상태"로 설명될 수 있으리라 제안하였다.

요약하면, CCS 가설은 적은 수의 성체 줄기세포가 정상적인 조직의 성장을 유도하는 것과 같이, 다수 암의 종양 형성 과정을 유발하는 적은 수의 CSC를 식별해 냄으로써 지지되고 있다.

암화 작용에 대한 줄기세포 생물학적 타당성

다음 두 가지 가능성이 암화 작용에 대한 줄기세포 생물학적 타당성으로 제시되었다. 첫째, 자가복제가 암화 과정으로의 변화가 일어나는 기회를 늘려준다는 것이다. 둘째, 자가복제의 변형된 조절이 직접적으로 암화 과정을 일으킨다는 것이다. 우리는 이들 각각을 논의하는 과정에서, 두 가지 가능성이 서로 얽혀 있음을 발견하게 될 것이다.

자가복제는 돌연변이에 필요한 시간을 신장해 준다

분화되어 며칠 혹은 몇 달 후에 죽는 많은 세포에 비해 오래 사는 줄기세포는 암돌연변이에 좋은 표적이다. 암화에 필요한 돌연변이의 축적은 개인의 일생 동안 자가복제하는 줄기세포에서 일어나는 것이, 세포주기에서 벗어나거나 짧은 시간 후에 세포사멸을 하는 성숙한 세포에서 일어나는 것보다 쉬울 것이다. 이 개념은 종양이 줄기세포에서 일어날 것이라는 가정을 지지한다. 조상세포는 짧은 시간 동안 한정된 자가복제를 하므로 줄기세포보다 암이 되기 어렵다. 피부암의 암화 과정을 살펴보자. 피부는 잘 정리된 계급적인 분화 조직으로 구성된다. 분화 경로는 기저층에서 일어나고, 죽은 각질화된 피부는 바깥 세포층을 형성한다. 피부의 상피세포들은 사람에서 60일의 교환 수명을 갖는다. 그러나 특정 돌연변이의 축적을 포함하는 악성종양화 과정은 18개월이나 그 이상을 요하므로 60일 동안의 분화 과정인 세포 수명은 필요한 숫자의 돌연변이가 축적되기에 충분히 길지 않다. 그러나 줄기세포의 자가복제 과정에서 개별적인 돌연변이는 딸세포에게 전달될 것이고, 이 딸세포에서 일어나는 추가적인 돌연변이는 미래의 조상세포에게 전달될 것이므로, 자가복제는 형질전환 돌연변이의 축적을 가능하게 하는 줄기세포의 특성이다. 이 이론에 의하면 피부암을 시작하게 하는 돌여변이의 축적은 정상 줄기세포 혹은 초기 조상세포에서 일어날 것으로 생각된다.

자가복제의 잘못된 조절

줄기세포는 자가복제와 분화 사이에서 균형을 유지해야 한다. 암화 과정에 있어서 줄기세포 생물학의 타당성에 대한 가정 중 하나는 이 균형의 상실에 의해 암의 전형적 특징인 비정상적인 자가복제 조절이 야기된다는 것이다. 따라서 종양세포는 줄기세포에서 생겨날 수 있다. 다른 방법으로, 분화된 세포는 자가복제 프로그램을 깨워서 재활성화시키는 돌연변이를 획득할 수 있다. 이 개념은 몇 가지 특정 유전적 변이가 분화된 세포를 유도만능 줄기세포(iPSC)로 만들 수 있다는 실험 결과에 의해 지지받는다(Takahashi *et al.*, 2007, 이외). 이는 분화된 세포도 유사 줄기세포로 변화될 수 있음을 나타낸다.

이 논의는 암화 과정을 시작할 수 있는 세포의 본성에 관한 질문으로 이어진다. 종양은 조직 내의 줄기세포에서 발생한다는 것과 한편으로, 더 분화된 세포가 줄기세포 수준의 자가복제능을 획득하여서도 생길 수 있다는 가설을 세울 수 있다. 양쪽 모두 지지하는 증거가 존재한다. 또 다른 방법으로, 다른 정도의 분화상태인 암화 가능한 세포도 연속적으로 존재한다: 줄기세포, 조상세포, 최종 분화세포 모두 형질전환의 표적이 될 수 있다. 또한 이들 세포의 분화 상태는 암의 심각한 정도와 악성 상태에 영향을 미칠 수 있다.

암이 자가복제의 조절능을 잃어버린 줄기세포에서 시작되거나 혹은 자가복제능을 획득한 분화된 세포에서 시작된다는 가설 모두 CSC의 발견에 의해 지지받고 있다.

잠시 멈춰 생각하기

젖샘 줄기세포는 호르몬과 같은 생리학적 신호에 반응해서 분열과 분화를 통해 임신기간 동안 모유를 생산하는 유방을 만들게 된다. 여성을 유방암으로부터 보호하는 주요 인자는 조기의 첫 출산(제11장 참조)이다. 임신기간 동안 일어나는 왕성한 분화에 의한 줄기세포의 고갈은 임신이 왜 유방암으로부터 여성을 보호해주는지에 대한 이유가 될 수 있을 것이다. 성인 초기에 아이를 출산한 여성에서는 시간에 따라 암 줄기세포가 될 가능성을 가진 젖샘 줄기세포가 적게 존재할 것이다.

자가복제의 분자 기전

자가복제의 분자 기전에 대해 살펴보자. 줄기세포의 자가복제를 조절하는 분자 기전에 대해서는 이제 이해하기 시작한 시점이다. 발생상에서 패턴(pattern) 형성 조절에 중요한 역할을 하는 Wnt 신호계가 발생상, 성체 그리고 암의 줄기세포 자가복제 과정에 포함되어 있다는 증거들이 있다. Wnt-조절 전사인자 Tcf(아래의 "Wnt 신호 경로"를 참조)가 유전자 적중 방법으로 생쥐에서 결실되었을 때의 결과는 장 내의 줄기세포 결핍이다. 추가하여 HSC는 *in vivo*에서 Wnt 신호계에 반응하고, 자가복제를 위해서 Wnt 신호계를 필요로 한다. cDNA array 데이터를 통해 본 Wnt 신호계에 반응하는 유전자 발현 패턴은 대장 줄기세포와 대장암 세포가 비슷하지만 분화된 대장 세포와는 다른 것으로 봐서, Wnt 신호계는 줄기(암)세포의 자가복제에 중요한 역할을 하는 것으로 보인다. 배아의 패턴 형성 조절에 중요한 Hedgehog 신호전달 경로 또한 줄기세포의 자가복제 과정에 중요한 역할을 한다. Wnt와 Hedgehog 신호계 모두 뒤에서 다룬다.

Wnt 신호전달 경로

Wnt 단백질(19개로 구성됨)은 세포 사이에 분비되는 분자로서 특정 신호전달계를 촉발하는 리간드로 작용한다(그림 8.2). Wnt 단백질의 지질 수식은 호저(Porcupine)라는 단백질에 의해 이루어지고, 이는 세포에서 분비되는 데에 중요한 역할을 한다. 먼저 Wnt 리간드 없는 상대의 세포에서 시작하는 것이 이해하기 쉽다(그림 8.2a). 이 상태에서 세포질 내의 몇몇 단백질은 모여서 분해 복합체를 형성한다. 이 분해 복합체는 Axin, 선종성 coli(APC), 글리코겐 합성효소 인산화효소 3β(GSK3β), 그리고 카제인 인산화효소 I(CKI)로 이루어져 있다. Axin과 APC는 세린/트레오닌 인산화효소인 GSK3β와 CKI의 골격지지체이다. 중요한 전사 보조 활성 인자인 β-catenin(그림 8.2a에서의 노란색 삼각형)이 복합체 내의 CKI와 GSKβ에 의해 연속적으로 인산화된다. 또한 인산화된 β-catenin은 새로이 불러 모아진 라이게이스에 의해 유비퀴틴화된다. 유비퀴틴은 β-catenin을 **프로테아좀(proteasomes)**이라는 분해 작용 기구로 끌고 가는 분자 깃발로 작용한다. 자극전 세포에서는 β-catenin이 분해되어 Tcf/LEF(T 세포 인자/림프구 활성화 인자) 전사인자족과 결합할 수 없으므로, β-catenin-Tcf의 표적유전자의 발현은 억제된다(붉은 "x"로 표시). β-catenin이 없을 때는 Tcf가 전사 억제 인자인 Groucho와 결합한다.

Wnt 신호는 (G protein coupled 수용체와 타이로신 인산화효소 수용체를 포함한) 10개의 구성원으로 이루어진 막관통 Wnt 수용체와의 결합을 통해 이루어진다. 7 막관통 수용체인 Frizzled와 공동수용체인 LRP(저밀도 지질 단백질 수용체 관계 단백질)에 Wnt 리간드가 결합함에 따라 형태 변화가 유도되고, LRP의 세포질 꼬리

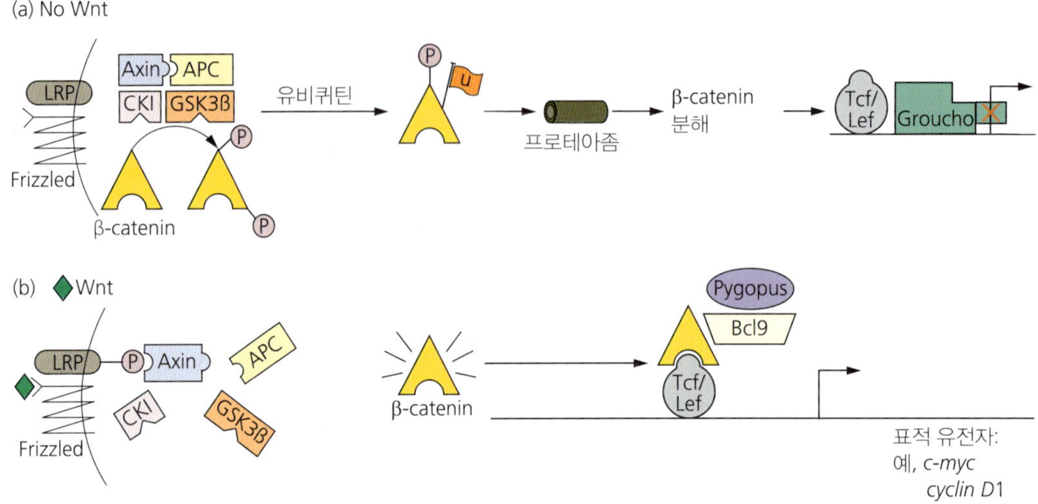

그림 8.2 Wnt 신호 경로. 자세한 내용은 본문을 보시오. (P)와 (u) 표시는 인산화와 유비퀴톤화를 나타낸다.

는 GSKβ와 CKI에 의해 인산화된다. 이에 Axin이 인산화된 LRP와 결합됨으로써 분해 복합체가 해체된다(그림 8.2b). 이에 더해 GSK3β의 저해분자인 dishelved 단백질은 인산화를 통해 활성화된다(그림에서 나타내지 않음). 이들 사건은 β-catenin으로 하여금 분해로부터 벗어나 핵으로 들어가서 Tcf/LEF 족 전사인자와 함께 전사 보조 활성 인자로 작용하여 특정 표적 유전자[예, *c-myc*, *cyclin D* 그리고 ephrin (Eph) 수용체족의 결합 분자를 암호하는 유전자들]를 발현하게 한다. β-catenin 표적 유전자의 활성화는 또한 핵 단백질인 Bcl9(legless로도 알려짐)과 Pygopus에도 관여한다("잠시 멈춰 생각하기" 참조).

잠시 멈춰 생각하기

이 신호전달계와 앞서 설명한 것과는 몇 가지의 분자적 공통점이 있다. 이들은 무엇인가? 인산화는 많은 신호전달 과정에서 (예, EGF) 중요한 조절 과정이나 Wnt 경로에서는 인산화가 단백질 분해와 깊이 연관된 유비퀴틴의 결합효소를 불러온다. 또한 전사인자 E2F 처럼, β-catenin은 특정 신호를 받기 전까지 일하지 못하도록 억제된다: E2F의 경우 RB 단백질의 인산화가 이 신호이고, β-catenin에게는 Wnt 신호계 활성화가 이 신호이다.

자가 진단 책을 덮고서, 그림 8.2를 그리시오. 답을 확인한 후 틀린 부분을 수정하시오. 책을 다시 덮고서 한 번 더 시도하시오. 이 신호계는 β-catenin에 의존하며 "표준적인" 경로로 언급되지만, Wnt는 또한 "비표준적"이라고 불리는 β-catenin-비의존적 경로도 활성화한다.

Wnt 신호계와 암

*Wnt1*은 처음 발견된 발암 유전자 중 하나이다. 생쥐의 젖샘세포에서 유전체로의 바이러스 끼어듦은 발암 유전자 활성화와 뒤따르는 암화 과정을 낳는다. Wnt 신호계를 지속적으로 활성화시키는 돌연변이는 몇몇 암종에서 발견되었다.

Wnt 경로를 상시적으로 활성화시키는 돌연변이는 90%의 대장암 발생과 관련이 있다. 이는 미국에서만 매년 50,000명의 환자에 해당한다. 대부분의 돌연변이는 APC의 기능을 불활성화하거나, β-catenin을 활성화하지만 드물게 Wnt 리간드를 변화시키기도 한다. 대장암은 다음 2종류로 나누어진다: 가족성 혹은 산발성. 유전적으로 물려받은 암발생 증가 질환인 가족성 선종형 용종증(FAP) 환자는 *APC* 유전자의 생식세포 돌연변이를 갖고 있고, 초기 성년기에 이미 수많은 **폴립**이 대장에 생긴다(polyposis). 이들은 많은 폴립에 의해 결국 대장암으로 발전할 가능성이 높다. *APC* 유전자는 진정한 종양억제유전자로서 대장암에서 양쪽 대립유전자의 모두가 불활성화되어 있다. 대부분의 이들 변이는 조기 절단 변이로서 APC 단백질의 중간 부위(1250부터 1500 사이)의 암호화 부위에서 일어나는데,이 부위는 생식세포와 체세포 변이 모두의 경우에서 돌연변이 클러스터로 불린다("잠시 멈춰 생각하기" 참조).

잠시 멈춰 생각하기

불활성인 APC를 갖게 되었을 때 궁극적인 분자수준의 결과는 무엇인가? Tcf 전사인자의 상시적 활성화이다.

소장과 대장은 모두 줄기세포와 Wnt 경로 그리고 암과의 연관 관계가 잘 연구된 모델이다. 장조직은 재생이 활발한 조직이다: 줄기세포와 상피 조상세포[소낭부(Crypt)에 있고, 더 분화하여 vili(융모)쪽으로 이동하며, 잠시 증식하는 세포라고도 불림]가 있다(그림 8.3a와 8.4). 줄기세포는 개인의 일생 동안 재생되는 반면에, 조상세포는 제한된 자기복제 능력을 갖는다(대략 4번 분열). Vili의 꼭대기에 도달하게

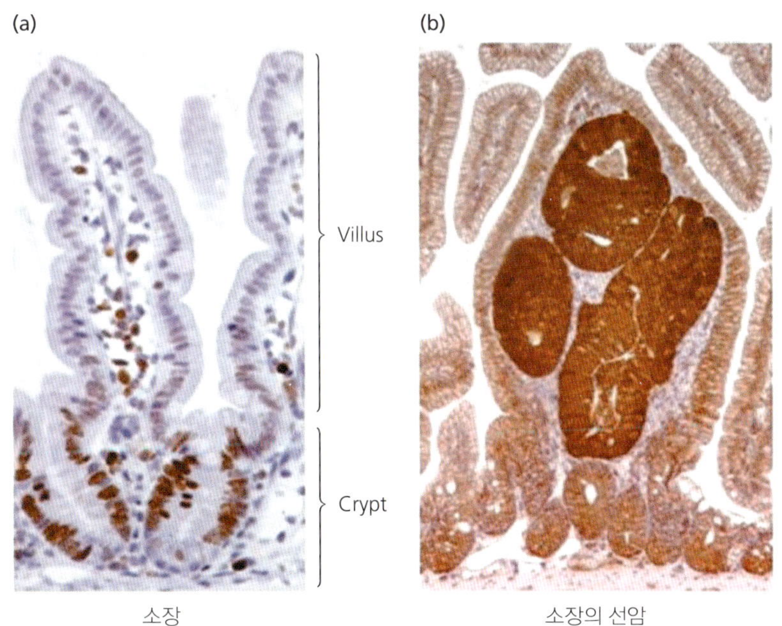

그림 8.3 생쥐의 소장에서 정상 표피와 선종의 비교. (a) 소장 정상 표피. 증식 중인 세포는 세포주기 마커로 염색(갈색). (b) 생쥐 소장 vili 안에 자리잡고 있는 선종. 조직은 β-catenin에 의해 염색(갈색)되어 있다. 선종 전체의 세포와 이상 형태의 vili에 β-catenin이 축적되어 있는 것이 보임. Radtke, F. Clever, H. (2005) 장에서 자가복제와 암: 동전의 양면 *Science* **307**: 1904–1909. AAAS의 허락을 득함.

되면 세포자살을 수행한다. 장내 상피는 며칠 이내에 재생된다. 일반적으로 Wnt 신호계는 줄기세포와 crypt 내의 조상세포를 유지시키는 데 필요하다. *Lgr5*는 Wnt 경로의 표적 중 하나로서 장내 줄기세포에서만 발현된다. 이의 단백질 산물인 Lgr5는 막통과 수용체 단백질로 리간드인 R-spondin과 결합하고, Frizzled/LRP 복합체와 물리적으로 상호작용해서 Wnt/β-catenin 신호를 증강시킨다. 이는 성체 줄기세포의 중요 마커이다.

대장암은 양성 용종에서 선종을 거쳐 제자리암과 침윤성 선암으로 발전하는 암화 순서를 따르는 것으로 보인다(그림 8.3b). 이 순서는 돌연변이의 축적과 나란히 진행된다.

암화 시작의 위치, 즉 상시활성화된 Wnt에 의해 증가되는 선종의 원류 세포는 소장의 줄기세포임이 보여졌다(Barker *et al.*, 2009). Barker 등은 발암유전자/종양억제유전자를 다른 세포에서 시험할 수 있도록 유전적으로 조작된 생쥐를 이용하여 *Apc* 유전자를 소장 줄기세포에서 결실시켰다(이 장 마지막의 "탐구 활동"을 참조). 몇 주 안에 이 쥐에서 선종이 만들어졌다. 이들은 또한 *Apc* 유전자를 조상세포-잠시증식세포와 분화된 세포에서 결손시킬 경우 암 형성이 안 되는 것을 보였다(그림 8.4). 따라서 이 데이터는 적은 수의 세포가 자가복제하고 종양을 유지시킨다는 암 줄기세포 개념을 뒷받침한다.

Apc의 상실은 대부분 대장암의 암화 시작으로 생각되며, 생쥐에서 선종을 유발하기에 충분하다.

Apc는 대장암의 유지에도 결정적인데, 더 놀랍게도 APC 발현을 대장암 세포에 복구시키면 암세포들이 K-ras나 p53 돌연변이 발암성 변이들을 갖고 있음에도 불구하고 정상 기능을 하는 세포로 돌려놓을 수 있다는 사실이 *in vivo*에서 확인되었다(Dow *et al.*, 2015; BOX, "어떻게 알 수 있을까?" 참조). 본문의 첫 부분에서, 우리는 발암 유전자의 중독에 관해 언급하였다. 이 연구는 종양억제유전자의 불활성화에

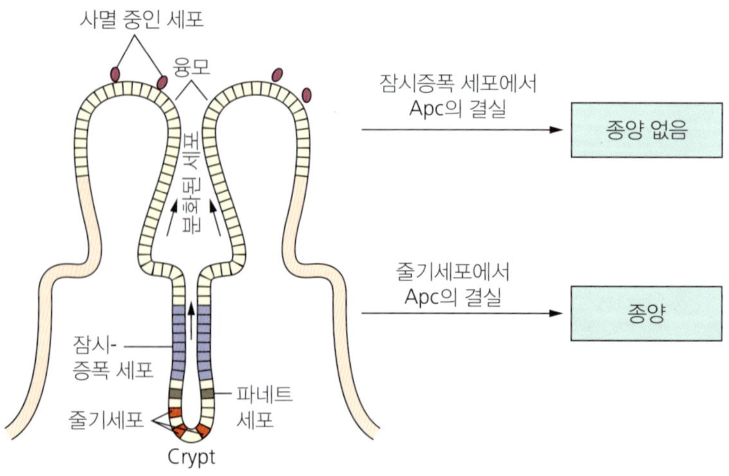

그림 8.4 장 내의 crypt와 villi(융모) 세포의 모식적 그림. 종양은 줄기세포에서 시작되고, 잠시-증폭되는 세포에서는 일어나지 않는다.

대한 중독을 기술하였다. 이는 종양이 종양억제유전자 APC의 불활성화에 그들의 유지를 의존하게 되었음을 말한다. 주목할 만하게도, APC가 재활성되었을 때 종양 세포는 정상 crypt 줄기세포의 기능을 회복하였다.

어떻게 알 수 있을까?

유전자 변환 생쥐에서 조건적이고 가역적인 유전자 발현 조절

(Dow *et al.*, 2015을 참조)

대장암에서의 첫 번째 사건은 Apc의 결손이다. 뒤따라서 K-ras와 p53 같은 유전자에 부가적인 돌연변이가 축적된다. 생쥐에서 APC 불활성화가 소장과 대장에서 선종을 유도할 수 있다는 사실은 잘 알려져 있다. Apc가 암의 유지와 암 진행에도 필요한지를 알아보기 위해서 K-ras와 p53의 변이를 갖고서 Apc의 발현을 조건적이고 가역적으로 조절 가능한 유전자 변환 생쥐를 만들었다. Apc 발현을 조건적이고 가역적으로 조절하는 것은 유도 가능한 짧은 머리핀 RNA(shRNA)를 통해 이루어졌다. 특이적 shRNA는 상보적인 mRNA에 결합하여 그들의 번역을 막는다는 사실을 기억하라. 간단히, shRNA가 초록형광단백질(GFP)에 연결된 DNA를 만들어 doxycycline의 처리에 따른 shRNA 발현은 Apc 침묵화를 유도한다. GFP는 shRNA의 발현 표지자가 된다. doxycycline을 다시 제거하면, shRNA 발현이 정지하고 내재적인 Apc 유전자 발현이 재개된다. doxycycline의 처리와 제거시 Apc, GFP, Wnt 표적, 대조군 단백질을 웨스턴 블롯팅(단백질 검출 기법)을 통해 관찰하면 어떻게 될 것인가? (그림 8.5b). doxycycline의 처리 동안의 면역 조직화학 및 면역 형광염색은 염기성 탈인산화효소와 케라틴 20이 없는 조상세포와 과분열(Ki67) 세포, Lgr5 양성 줄기세포를 그들의 정상적인 위치인 crypt의 기저층 바깥쪽에서 발견하였고, doxycycline을 없앴을 때는 이 현상이 정상적으로 돌아갔다(그림 8.5a). 자세한 내용은 Dow *et al.*(2015)을 참조. 이들 결과는 Wnt 경로가 대장암에서 효과적인 약물 표적으로서의 가치를 보여준다.

Wnt 신호 전달계 경로의 돌연변이는 또한 다른 종류의 암도 촉진한다. β-catenin의 표적된 분해 조절 부위에 영향을 주는 활성화 돌연변이는 피부암을 일으킬 수 있었다. 그리고 Axin 유전자의 돌연변이는 간세포 암에서 발견되었다. 많은 Axin 유전자 변이는 Axin-β-catenin 결합 부위를 결실시키는 미성숙 절단을 유발하였다. 이런 결과는 어떤 형질전환 돌연변이가 자가복제를 재활성화시키는 기능을 한다는 것을 제시한다. 이들 변이를 갖고 있는 세포들은 "자발적 생성" 줄기세포로 생각될 수 있는데, 이는 다른 줄기세포의 자가복제로부터 만들어지지 않고, 돌연변이에 의해 줄기세포의 특성을 갖게 된 것을 말한다.

Hedgehog 신호전달 경로

Hedgehog(Hh) 신호전달 경로 또한 배아 발생, 조직 자가복제, 암화 과정에서 중요한 역할을 한다. 성체에서는 조직의 재생과 유지 이외에는 이것이 주로 불활성화되어 있다. 단백질은 신경관, 피부, 장을 포함하는 많은 조직의 pattern 형성에 필수적이다. Wnt 단백질처럼 Hh 단백질(Sonic, Desert, Indian 3종류임)은 세포 간의 분비 신호 분자로서 특이적인 신호전달 경로를 촉발하는 리간드로 작용한다(그림

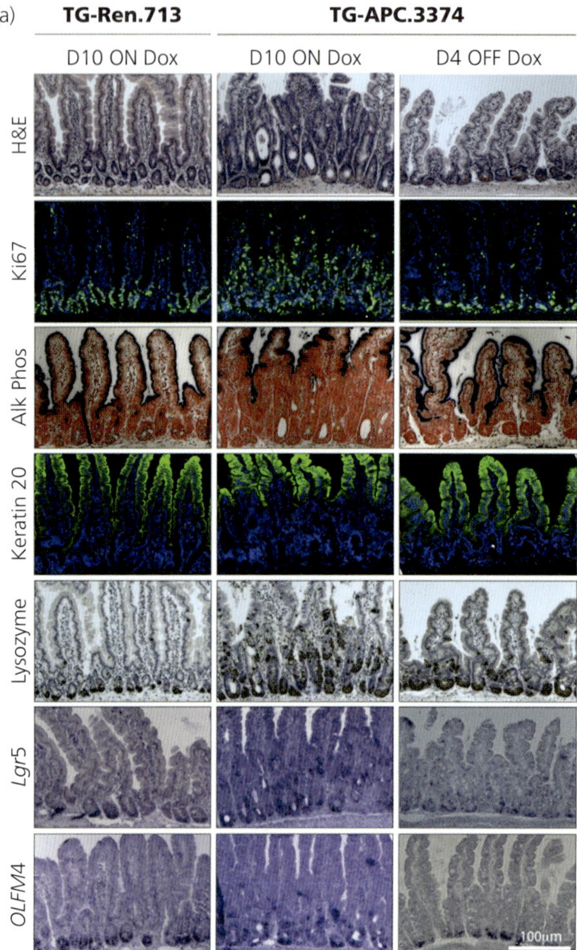

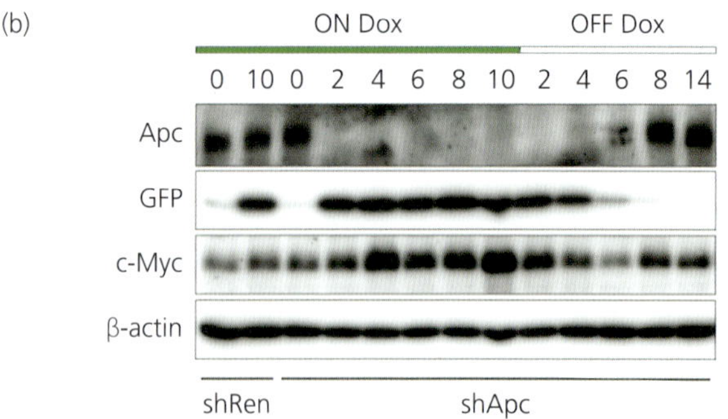

그림 8.5 대장암에서 Apc 재발현은 세포의 분화를 촉진하고 crypt의 항상성을 재구성시킨다. (a) 면역 조직 화학 및 형광 염색과 형광제자리부합(Lgr5); TG-Ren.713 (shRen:control)과 TG-Apc.3374 (shApc) 생쥐에 소장 dox 처리 후(왼쪽 두 패널)와 dox의 제거 후(오른쪽 패널). (b) 앞에서 표시된 조직의 융모 웨스턴 블롯 분석(187쪽의 "어떻게 알 수 있을까?" 참조). Dow *et al.* (2015); (대장암에 APC 재발현은 세포 분화와 crypt 항상성을 촉진)에서 재게시. *Cell* **161:** 1539−1552. Copyright (2015) with permission from Elsevier.

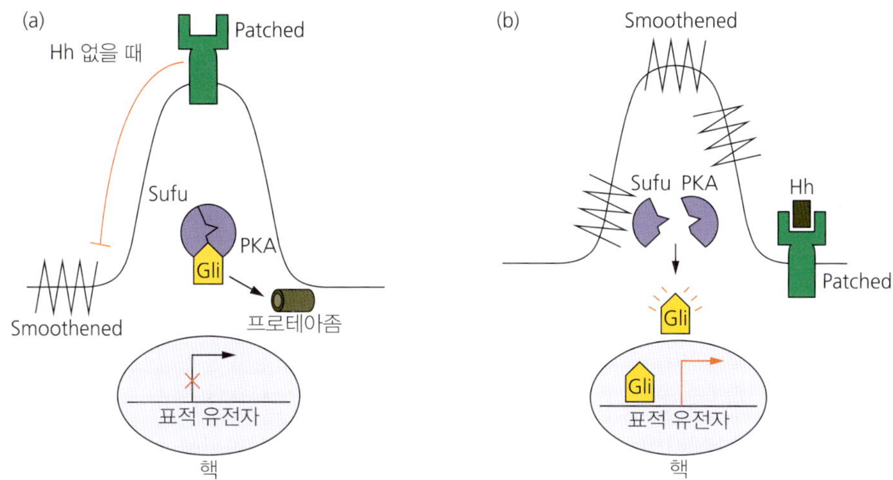

그림 8.6 Hedgehog (Hh) 신호전달 경로. 자세한 내용은 본문 참조.

8.6a). 2개의 막관통 단백질인 Patched와 Smoothened(앞에서 기술한 Frizzled와 관련되어 있음)가 Hh에 의한 신호전달계를 담당한다: 이들 두 단백질의 작용은 섬모(cilium) 내에서 조절된다. Hh가 없을 때는(그림 8.6a), Patched가 섬모에 자리하여 Smoothened가 섬모로 오는 것을 막음으로써 그 경로를 방해한다. 중요한 아연 손가락 단백질 전사인자인 Gli는 세포질 내의 단백질 복합체에 의해 둘러 싸여 프로테오좀으로 분해된다. 그 결과 억제자가 만들어져서 핵으로 이동해 Hh 표적 유전자의 발현을 억제한다. Hh가 Patched에 결합하면(그림 8.6b), Patched는 섬모를 떠나게 되고 Smoothened의 섬모 이동 억제가 해제돼서 Smoothened는 섬모로 이동한다. Smoothened는 세포 내부로 신호를 전달함으로써, 앞에서 언급한 단백질 복합체가 전사 인자 Gli를 놓아주게 되고, Gli는 핵 내로 이동, Hh 표적 유전자를 발현할 수 있게 한다. Hh 초기신호를 전사 수준에서 증폭할 수 있게 Hh 표적 유전자들에는 *Gli*가 포함된다. 비록 Hh 표적 유전자는 세포 특이적이지만, 이들 표적들은 *Cyclin D*, *Bcl2*, *VEGF*, *Snail*(뒤쪽 2종류는 혈관신생과 전이에 중요하다. 제9장 10장 참조)를 포함한다. 포유류에서 Smoothened 아래의 신호 전달계는 아직 잘 규명되어 있지 않다. 그러나 'fused의 억제자'(Sufu)와 단백질인산화효소 A(PKA)는 앞서의 단백질 복합체 안에 있는 음성 조절 인자로 식별되었다.

자가 진단 책을 덮고서 그림 8.6을 그리시오. 답을 확인한 후 틀린 부분을 수정하시오. 책을 다시 덮고서 한 번 더 시도하시오.

Hedgehog 신호계와 암

*Patched*는 종양억제유전자로 정의된다: Gorlin 신드롬 환자는 *Patched* 유전자 한 사본에 생식세포 돌연변이를 갖고, 피부, 소뇌, 근육(순서대로, BCC/기저세포암, 수

모세포종, 횡문근육종)에서 암이 발생되는 경향이 높다. *Patched*의 불활성화 변이와 *Smoothened*의 활성화 변이는 산발성(가족성이 아닌) BCC에서 발견되고, *Gli-1* 발현은 거의 모든 BCC에서 관찰된다. 사실, 모든 산발성 BCC는 활성화된 Hh 신호 전달계를 갖고 있다.

BCC가 모낭의 분화를 포함하는 종양이므로, 모낭 돌출부(bulge)라는 모낭 구조에 자리하고 있는 줄기세포가 비정상적인 Hh 신호를 획득함으로써 유래되어졌을 것이라는 가설이 제기되었다. 이들 CSC는 자가복제를 하고 BCC 종양에서 관찰되는 분화된 모낭세포를 만들 수 있다. 비슷하게, 수모세포종(meduloblastoma: 어린이에게 가장 흔하게 발견되는 악성뇌종양)은 부적절하게 활성화된 Hh 경로를 소유한 신경 조상세포에서 만들어졌다는 가설도 제기되었다. 돌연변이에 의한 이 경로의 활성화는 30%의 산발성 수모세포종에서 관찰된다. 신경 교종(glioma)에서 Hh 경로의 활성화를 나타내는 분자 수준 증거들이 또한 보고되었다. *Gli*는 원래 배양된 교종세포에서 증폭된 유전자로 발견되었다. 암화작용에서의 돌연변이가 리간드에 영향을 거의 미치지는 않는 Wnt와 달리, Hh는 상부위장관 종양에서 과발현된다. 전임상 시험에 의하면, 종양에서 유래한 Hh는 종양 자신이 아닌, 주변 분비에 의해 주변의 기저조직 세포 *Gli*를 자극한다. 종양으로의 기저조직 되먹임 작용이 암의 성장을 촉진하는 것으로 제시되었다. Hh 신호계의 작용은 만성골수성백혈병(CML)에까지 확장된다. Zhao 등은 (2009) Smoothened 결손이 HSC의 자가복제를 방해하고 BCR-ABL 전좌에 의한 CML 발생을 줄인다는 것을 발표하였다. 그들은 또한 Hh 경로의 억제가 Gleevec 저항성 생쥐 및 인간 CML의 성장을 막는다는 것을 보였다. 이는 Gleevec 내성 암에 대한 약물 개발의 새로운 시도에 직접적인 영향을 미친다. 이들을 종합하면, Hh 신호 전달계는 몇 종의 암에서 중요하고 CSC의 유지에도 영향을 미치는 것으로 보인다.

잠시 멈춰 생각하기

*Smoothened*는 종양억제유전자로 작용하는가, 발암유전자로 작용하는가? 활성 돌연변이가 발견되므로 발암유전자이다. 암세포에서 SuFu 유전자는 기능획득 돌연변이 혹은 기능상실 돌연변이 중 어느 쪽이 발견되리라 보는가? 그렇다, Patched처럼. 기능상실 돌연변이가 수모세포종에서 보고되었다.

아마도 암줄기세포에 의한 부가적인 암의 특성들

종양은 이질성, 가소성, 그리고 이동 능력을 보이는데, 이는 아마도 CSC 때문일 것이다.

CSC는 자가복제 능력에 더해 제한된 증식 능력을 가진 더 분화된 세포를 만들 수 있다. 따라서 종양에는 서로 다른 유전적, 물리적 특성을 가진 세포들이 섞여 있다. 모든 세포는 동일한 클론성 근원을 가짐에도 불구하고 종양은 유전형적으로 그리고 표현형적으로 이질적인 세포들로 이루어진 덩어리이다(1.2절 "증거에 의하면 암은 세포 수준에서 유전체의 질병이다"를 참조). 이 이질성은 아마도 다른 돌연변이들의 축적뿐 아니라 비정상적인 CSC의 분화를 반영하는 것일 것이다. 기형암종(Teratocarcinoma)은 종양이 비분화성 줄기세포와 뼈와 연골 같은 비분열성 분화세포를 동시에 함유하고 있다는 것을 보여주는 명확한 예이다. 다른 암종에서도 분화의 정도는 덜 명확하지만, 여러 종양의 CSC는 다양하게 분화된 특성의 세포를 만들어 낼 수 있다. 비록 CSC가 정상 줄기세포의 몇몇 특성을 공유함에도 불구하고, 이들은 복잡한 유전적 및 후성유전학적 변이를 포함한 형질전환된 세포들로서 정상적인 기관에서 형태를 만들어 내는 정상적인 pattern 형성 능력은 상실된 것이다.

또한 분화의 정도는 발암유전자의 활성화에도 영향을 미친다. 다른 분화 양상을 갖는 서로 다른 세포집단(즉, 줄기세포와 분화가 결정된 조상세포)에서 선별적인 유전자 프로모터에 의한 *Ras* 발암유전자의 발현의 차이는 다른 악성 정도(즉, 악성 혹은 양성)를 갖는 종양을 야기한다. 비록 추가적인 연구가 필요하지만, 이는 발암유전자의 활성화가 특정 리니지 내의 세포의 특정 분화 상태에서는 악성암을 유도할 수 있지만, 다른 경우는 그렇지 않다는 것이다.

정상 및 암줄기세포의 자손은 세포가 2개의 발생상의 경로에서 자리를 바꾸는 발생상의 가소성을 보인다. 이 발생 과정은 상피-간질 전환(EMT)으로 불리며, 세포가 상피세포적 특성을 잃고 간질세포성 특성을 얻는 것을 말한다. 흥미롭게도, 어떤 종양에서 발견되는 EMT는 전이와 연결되고 줄기세포성 특성을 낳게 된다(제9장에서 더 다룸). 이러한 종양세포의 가역적인 표현형 스위칭은 또한 약물저항성의 개발을 설명할 수 있다(Kemper *et al.*, 2014에서 리뷰). 추가해서 비줄기세포가 줄기세포성 상태로 변환될 수 있음도 보여졌다(Chaffer *et al.*, 2011). 이 개념은 생쥐의 고환 같은 특정 정상 조직의 조상세포가 낮은 확률이지만 줄기세포로 역분화됨으로써 증명되었다. 이 놀랄만한 사실은 (클로닝 실험에서 완전 분화 세포와 같이) 종양세포가 정상적인 전분화능 세포로 역분화될 수 있음을 가정하게 하였다. 초기의 생쥐 배아에 도입되었을 때, 기형 암종 세포는 줄기세포처럼 정상적인 발생에 기여할 수 있었다.

또 하나의 CSC 특성은 신체의 다른 조직으로 이동할 수 있는 것이다. 원래 갖고 있던 이동할 수 있는 줄기세포의 능력은 형질전환되었을 경우 더 공격적으로 전이될 수 있게 향상된다. 골수성 백혈병은 이 가설을 지지한다: 형질전환된 줄기세포는 악성이고 형질전환된 조상세포는 양성이다. 1차 조직에서 2차 조직으로 종양세포가 전이되는 것이 암을 치명적으로 만드는 특성이다(제9장에서 자세히 다룸). 1차 종양에서의 CSC 숫자에 의해 전이의 성공 여부는 결정될 수 있다: 아마 1차 종양의 비줄기세포는 멀리 떨어진 조직에서 새 종양을 형성할 수 있는 능력이 없을 것이다.

8.2 유전자 발현에 의한 분화의 조절

분화 과정은 특정 세포 형태를 규정하는 특정 그룹 유전자의 발현에 의존한다. 유전자 발현의 조절은 억제와 촉진 기전 모두를 포함한다. 폴리콤(polycomb) 그룹 단백질 억제자와 조혈 과정 리니지 특이적 전사인자는 줄기세포가 분화된 자손 세포를 형성하는 능력에 관여된 2가지 중요한 조절 기전의 분자들이다.

폴리콤 단백질은 줄기세포와 암에서 유전자 발현을 억제한다

폴리콤 그룹(PcG) 단백질은 후성유전학적 수식에 의해 특정 세트 유전자의 전사를 억제한다(제3장 참조). PcG 단백질은 특정 DNA 염기서열 요소에 직접 결합하는 능력은 없으나, 유전체의 특정 염기서열에 결합한 전사인자 및/또는 lncRNA(긴 비암호화 RNA; 예, HOTAIR)에 결합하게 된다. p53이 "유전체의 수호자"라고 별명이 붙여졌듯이, PcG 단백질은 "줄기세포능의 수호자"라고 별명지었다. 이는 PcG 단백질이 억제하는 표적 유전자에 분화를 촉진하는 여러 발생 조절인자들을 포함하고 있기 때문이다(그림 8.7). PcG 단백질이 인간 DNA에서 억제하는 표적 유전자의 맵핑에서 찾아낸 유전자들 중에는 발생 과정에서 결정적인, 호메오박스 단백질인 Dlx와 Pax족, Fox와 Sox족 전사인자들이 포함되어 있다. 따라서 PcG 단백질은 줄기세포 유지에 필요한 것으로 생각된다. 또한 PcG 단백질은 여러 종양억제유전자를 억제한다. 이는 cdk 억제 인자 INK4a(p16)와 p53의 활성화 인자인 ARF(p14)를 암호화하는 *INK4a/CDKN2A* 좌위의 발현을 억제하는 것으로 확인되어, PcG가 발암유전자적인 활성을 가짐을 알 수 있다.

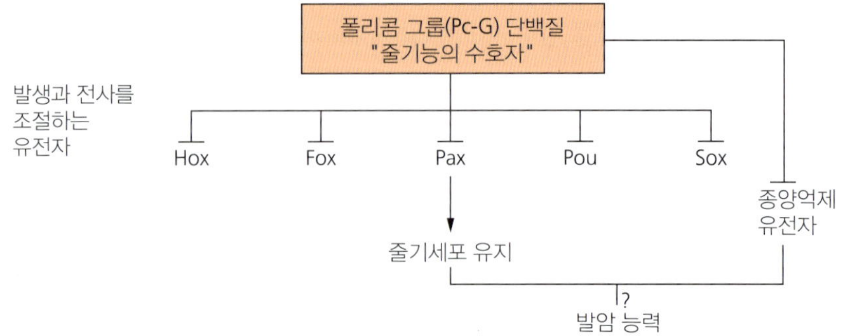

그림 8.7 폴리콤 그룹 단백질은 많은 발생 조절 인자를 억제한다(일부 예만 여기에 제시). 줄기세포 유지와 종양억제유전자를 억제함으로써 PcG 단백질은 발암 능력을 가질 수 있음을 제시한다.

후성유전학적 조절 기전은 2개의 PcG 억제 복합체인 PRC2와 PRC1을 형성하여 이루어진다. PRC2는 EED, EZH1, EZH2 그리고 SUZ12로 구성된다. 이 복합체는 히스톤 H3의 리신 27(그리고 리신 9)을 표적하는 히스톤 메틸화 효소 활성을 포함한다. 3중 메틸화 히스톤 H3는 PRC1을 잡는 닻으로 작용할 수 있다. PRC1은 Bmi-1과 chromobox 단백질 서브유닛을 포함해서 히스톤 H2A의 리신 119에 유비퀴틴 분자를 붙인다. 이 분자 깃발은 10%의 H2A에 발견되며, 가장 흔히 보이는 후성유전학적 수식 중 하나이다. PcG에 의한 발현 억제 기전은 직접적인 전사기구의 억제, 메틸화효소의 유치, 그리고 염색질의 압축을 포함한다.

분화가 진행됨에 따라서 PcG 표적 유전자의 탈억제가 일어난다. 비록 탈억제의 기전은 알려져 있지 않지만, 일부 증거들은 PcG가 표적 유전자의 프로모터 부분에서 이탈되고, PcG 단백질에 의해 시작된 후성유전학적 수식들을 돌려 놓기 위해서 특정 히스톤 리신에서 탈메틸화효소가 작용됨을 보여주고 있다.

PcG 단백질과 암

세포의 비정상적인 분화는 세포를 암으로 이끌 수 있으므로, PcG 단백질이 분화를 억제하고 줄기세포의 자가복제를 촉진한다는 사실은 그들이 암화 과정에 연루되어 있음을 보인다. Bmi-1과 EZH2는 많은 암세포에서 과발현된다. AML에서 대부분의 백혈병 세포는 한정된 증식 능력을 가지나 이들은 적은 수의 암줄기세포에 의해 계속 보충된다(8.1절의 "암줄기세포"를 참조). 따라서 줄기세포의 자가복제 능력은 이 질병의 유지에 중요하다. PcG 단백질 억제자인 Bmi-1은 HSC와 백혈병 CSC의 자가복제를 조절하는 데에 필수적임이 보여졌다(Lessard and Sauvageau, 2003). *In vitro*에서 백혈병 CSC에서 *Bmi-1*을 없애면 세포주기의 G_1기에서 분열 억제가 일어나 분화가 시작된다. *In vivo*에서는 *Bmi-1* 유전자가 결중된 생쥐에서 모든 혈액 세포의 점진적인 고갈이 관찰됨에 따라, HSC에서 Bmi-1가 필수적임을 보여주었다. 이에 더해, Bmi-1이 결손된 백혈병 CSC를 갖는 생쥐 모델에서 대조군에 비해 말초혈액에서 적은 수의 백혈병 세포가 발견된다는 사실은 이들 CSC의 세포 분열이 영향 받았음을 보여준다. 이는 동일 유전자가 정상 줄기세포와 CSC의 자가복제에 어떻게 공통적으로 작용하는지를 보여주는 예이다. 또한 Bmi-1은 염색질 재구성을 통해 2개의 cdk 억제자인 p16과 p14의 발현을 억제하는 것으로 그 효과를 일부 나타낸다. 인간 암 유전자로서의 *Bmi-1* 역할은 일부 림프종에서 *Bmi-1* 유전자들의 증폭이 알려짐으로 인해 지지되있다. 실세로 몇몇 PcG 단백질은 암화 과정에 연결된다: SUZ12는 유방암과 대장암에서 과발현되고, EZH2는 림프종과 유방암, 전립선암에서 과발현된다. 이 증거는 줄기세포 특성을 갖고 있는 세포가 종양 형성과 암 진행을 이끈다는 가설을 뒷받침한다. 따라서 PcG 단백질은 종양억제 경로의 침묵화와 줄기세포 상태의 증진을 통해 암화 과정에 관여할 것이다(그림 8.7).

분화와 암에서 리니지 특이적 전사 인자의 역할

리니지 특이적 유전자의 전사 증가는 리니지 특이적 전사인자에 의존한다. AML은 중요한 분화의 기전을 규명하는 데 핵심적인 패러다임을 제공했다. 이는 전사 인자의 기능을 파괴하였을 때 어떻게 분화가 방해되고 암으로 이끌어지는지를 보여주고 있다.

AML은 과립구와 단핵구 분화 과정의 차단으로 특정지워지는 질병이다(그림 8.8). 이런 AML에는 몇 가지 하위 유형이 있다. 이 질병의 분류 계통은 아직 진화하고 있으나 궁극적으로 분화가 차단되어 있는 시점의 분자 특성을 반영하여야 할 것이다. 이 리니지는 다분화능 HSC에서 시작되는 다층 구조로 구성되어 있다. 이 세포들은 자가복제를 하고 조상세포[공동 림프계 조상세포(CLP)와 공동 골수성 조상세포(CMP)]를 만들어 낸다. 이들 조상세포는 몇 가지 유형의 더 특화된 조상세포로 분화하는데, 이는 과립구/단핵구세포 조상세포(GMP)와 거핵구/적혈구 조상세포(MEP)를 포함한다. GMP는 단핵구와 과립구 리니지에 공통으로 작용한다. 몇몇 전사 인자가 조혈 작용 리니지 발생에 중요한 것으로 밝혀졌다. 그중 한 전사 인자인 Runx-1(또한 AML1으로 알려진; 그림 8.8)은 줄기세포에서 중요한 인자이므로 거의 모든 리니지에 포함되어 있다. 다른 전사 인자는 Pu.1과 CCAAT/인핸서 결합단백질 알파(C/EBPα) 같은 리니지 특이적 인자(분화 인자)이다. 리니지 특이적 전사 인자는 특정 세트의 리니지 특이적 유전자를 활성화하거나 말단 분화 세포에서 세

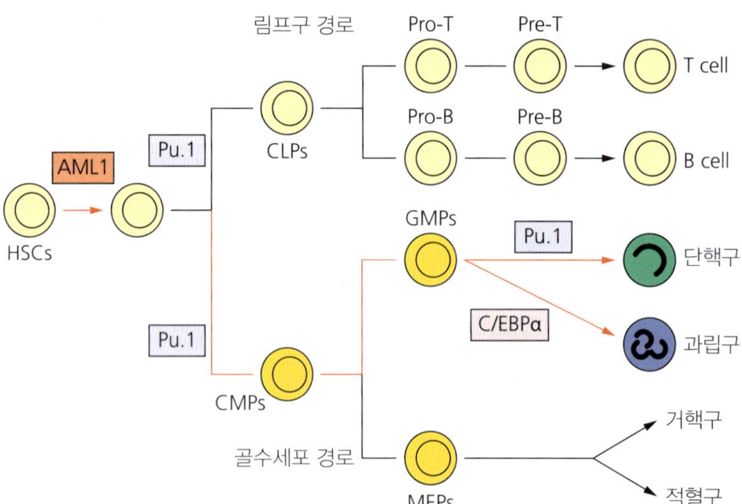

그림 8.8 조혈 리니지: 과립구 혹은 단핵구 리니지(붉은색)의 파괴는 AML을 만들게 된다. AML1은 Runx-1으로도 알려져 있다. Tenen D.G. (2003) 인간 암에서 분화의 파괴: AML이 그 길을 보여 줌. (*Nat. Rev. Cancer* **3:** 89–101, Copyright 2003, with permission from D.G. Tenen. 추가적인 인자들이 이 모식도에 더해질 수 있으나 단순화를 위해 생략하였음, Rosenbauer, Tenen 2007.)

포주기를 억제한다. 골수성 경로에서 Pu.1은 CMP 세포의 분화와 그 후 단핵구/대식세포의 분화에 포함된다. 대부분의 골수세포 특이적 유전자는 그들의 프로모터에 Pu.1 결합 부위를 갖고 있다. C/EBPα는 아연 손가락 전사인자로서 과립구의 분화에 작용한다.

AML에서 발견된 많은 돌연변이는 특정 전사인자에 영향을 미친다: 염색체 전좌[예, t(8;21)] 그리고 암호화 부위 변이가 일반적이다. AML1 전사인자 유전자는 t(8;21) 전좌에서 파괴되고, 이 전좌는 AML을 야기한다. 염색체 전좌 t(8;21)은 환자의 정상 HSC와 더 분화된 세포에서도 발견되었는데, 이는 HSC에서 AML의 형질전환 돌연변이가 일어난다는 증거를 제공해 준다.

리니지 특이적 전사인자의 돌연변이는 그들의 정상적 조혈 과정에서의 역할과 일치하게끔 AML 아형 환자에게서 발견되었다. Pu.1 변이는 가장 초기 시기(M0: 매우 미성숙 백혈병)와 단핵구 백혈병에서 발견되어 골수세포 조상세포와 단핵구, 대식세포에서 Pu.1의 초기 역할을 반영한다. 대략 AML 환자의 10%는 c/EBPα 돌연변이를 갖고 있고, 대부분의 경우는 과립구 아형과 연계되어 있어 과립구 분화에서 c/EBPα의 역할을 반영한다. 따라서 분화에 포함된 전사인자의 돌연변이는 암화 작용을 선도하는 중요한 작용 기전이다.

급성전골수성백혈병(APL)은 AML의 한 아형이며, *PML* 유전자와 레티노익산 수용체 알파(RARα) 유전자의 접합으로 변형된 기능을 하는 잡종 단백질, PML-RAR을 만드는 전좌 t(15;17)에 의해 특징지어진다. 제3장에서 기술하였듯이, RAR(α, β, γ)은 스테로이드 호르몬 수용체 수퍼패밀리의 구성원이고, 리간드 의존적 전사인자들로서 세포 분화에 필수적인 RA의 작용을 나타내는 데 중요하게 작용한다. 성상형 수용체는 표적 유전자의 RARE에 RAR-RXR 이종이량체로 결합한다. RA의 결핍시에 이 수용체는 표적 유전자의 히스톤 탈아세틸화와 뒤따르는 염색질 압축을 이끌어 전사를 억제하는 (그림 8.9a) HDAC-보조 억제 인자 복합체와 결합한다. RA 농도가 생리적 상태로 증가할 때는 수용체는 RA와의 결합에 의해 형태가 변하고 HDAC-보조인자 복합체에서 떨어져 나와 전사 활성화로 작용하게 됨으로써, 표적 유전자의 발현을 촉진하고 분화를 촉진한다(그림 8.9b). 암에서 생성되는 PML-RAR 발암성 융합 단백질(붉은색으로 보임)은 RAR의 DNA 결합 부위와 리간드 결합 부위를 유지하고 있다. 이것은 HDAC에 더 강한 결합력을 갖고 생리적 농도의 RA 존재 하에서는 HDAC과 떨어지지 않는다(그림 8.9c). 이에 더해 융합 단백질의 동종 이량체 형성능은 이 질병의 발생에 필수적인데, 이는 정상적 RAR-RXR 이종 이량체 형성을 방해하거나 새로운 보조억제자를 유치함으로써 지배적 음성 조절자로 작동하는 것이다. PML 단백질의 정상적인 역할 또한 PML-RAR 융합 단백질의 형성에 의해 손상되었을 것이다. PML 단백질은 핵체라고 하는 핵기관에서 일반적으로 발견되며, 세포사멸 촉진인자인 p53을 조절한다. 따라서 PML-

잠시 멈춰 생각하기

암줄기세포를 표적하는 약물의 가능한 부작용을 고려해 보라. 이들 약물은 정상 줄기세포를 파괴할 수 있다. 조직에 따라, 이는 감내할 수도 있고 그렇지 못 할 수도 있다. 예를 들면, 대부분의 유방암은 가임기를 지나서 발생하는데, 유방은 생명에 필수적인 기관이 아니므로 유방의 줄기세포 결손은 대부분의 환자가 감당할 수 있다. 하지만 피부는 재생되지 않으므로, 피부 줄기세포의 결손은 심각한 문제를 낳을 수 있다.

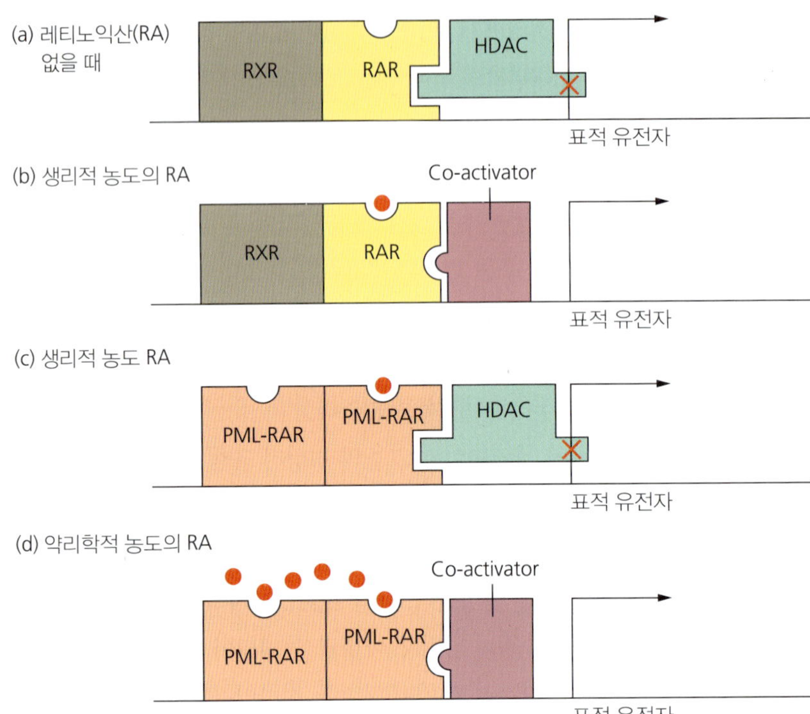

그림 8.9 여러 농도의 레티노익산 조건에 따른 RAR과 PML-RAR 융합 단백질의 활성. 표적 유전자의 발현은 분화를 유발한다.

RAR의 발암성은 분화의 차단과 APL 세포의 자가복제 증가를 포함하는 것으로 생각된다.

치료 전략

암줄기세포의 개념은 새로운 암 치료제를 고안하고 시험하는 데 중요한 의미를 갖는다. 먼저 CSC는 종양의 성장과 이동을 유발하기 때문에 약물은 종양 안에 있는 이 소수의 세포를 표적할 필요가 있다. 많은 기존의 전통적인 약물은 희망적인 초기 반응을 보이지만 곧 실망적인 재발이 뒤따르는데, 이는 아마도 저항성을 갖는 CSC 때문일 것이다. 종양 세포의 가소성 개념을 고려해 보면, 비줄기세포를 표적하는 데 더하여 CSC를 표적하는 약물이 재발을 막고 실질적으로 전이성 암을 치료할 수 있을 것이다.

최선의 시나리오는 같은 조직의 정상적인 줄기세포에는 영향 없이 CSC만 표적할 수 있는 약물을 발견하는 것이다. 실제로, 이것이 가능할 것이라는 증거도 있다(Yilmaz *et al.*, 2006). 생쥐에서 PTEN(탈인산화효소 종양억제유전자)의 결실은, 방사선 조사된 다른 생쥐에 이식되었을 경우에 백혈병을 전달할 수 있는, 백혈병 시작 세포를 만들 수 있었으나, 정상 HSC에서는 초기 증식이 있은 후 HSC의 고갈을 유발하였다. 따라서 CSC와 조혈 과정에서의 정상 줄기세포 간에는 차이가 있음을 알 수 있다: 즉, PTEN 결실은 백혈병 시작 세포의 형성을 촉진하지만 정상 줄기세포의 고갈을 야기한다. 따라서 PTEN 결실 하위의 효과를 역전시킬 수 있는 약물은 백혈병 시작 세포는 고갈시키고, 정상 줄기세포의 고갈은 막을 수 있을 것이다.

이런 새 약물의 효능은 전체 종양의 크기가 아닌 CSC에 대한 효과에 기반해 결정되어야 할 것이다. 왜냐하면 약물이 CSC를 제외한 나머지 모든 종양 세포를 성공적으로 죽일 수 있더라도, 종양의 크기 감소만을 측정하는 것은 가장 위험한 종양세포(CSC)가 영향 받은 정도를 반영할 수 없기 때문이다. CSC와 다른 종양 세포의 약물저항성 차이를 염두에 두어야 한다. 줄기세포는 높은 수준의 ATP-결합 카세트(ABC) 수송체(Transporter; 예, P-당단백질)라는 다약물저항성 유전자족 멤버를 발현한다(제2장 참조). 줄기세포 ABC 수송체의 능력은 형광염색제 Hoechst 33342와 rhodamine 123의 축적을 저해하는데, 이는 줄기세포의 검색 방법으로 사용된다. 이들 염색물질을 축적하지 않은 줄기세포를 주변 집단(side population)이라 하고, 줄기세포는 이 집단에서 지배적으로 발견된다. 이 특성은 긴 수명의 줄기세포를 외부의 독소로부터 보호하기 위한 것으로 보통 분화되어 없어진다. 높은 물질 방출 능력의 이들 주변 집단 세포는 종양세포에서도 발견된다. 이는 CSC가 선천적 약물 저항성을 갖는 것이 제2장에서 논의된 약물저항성 획득의 다른 과정일 수도 있음을 말한다. 따라서 화학요법제와 동시에 ABC 수송체 저해제 처리를 포함하는 치료 전략이 연구되고 있다.

종양세포 집단에서 CSC의 희소성과 그것을 배양하여 늘리기 힘든 요인들은 새로운 약물 개발을 위한 고효율-스크리닝 접근을 어렵게 하였다. 그러나 상피세포의 EMT 유도 과정에서 줄기세포 유사 세포가 생겨난다는 사실은 CSC 특이적 약물 개발을 위한 고효율-스크리닝에 새로운 돌파구를 제공하였다. Gupta 등은 (2009) 이런 방법에 성공했음을 보고하였다.

다음은 자가복제 혹은 분화 경로를 표적하는 약물 개발 전략에 대한 몇 가지 예들이다.

8.3 Wnt 경로의 저해제

특히 대장암을 위시한 여러 암에서 Wnt 경로의 중요성에 의해 이 경로의 분자 구성원이 새로운 약물치료의 표적으로 제시된다(“잠시 멈춰 생각하기” 참조).

잠시 멈춰 생각하기

이 경로의 어느 분자를 표적하겠는가?

많은 암에서 *Apc*와 *Axin* 유전자가 돌연변이되어 있고, 이들 세포의 Wnt 신호 전달계에서 이들 단백질의 상위 인자가 Wnt 신호 활성에 쓰이지 않을 것이므로 약물 표적에 적합하지 않다. 제4장에서 Ras 변이를 갖는 세포에서는 EGFR 표적 약물이 유효하지 않았던 것을 상기하자. 수용체에 Wnt 결합을 막는 항체 이용 전략 등은 Wnt 혹은 그 수용체가 과발현되어 있는 종양에서 유용할 것이다.

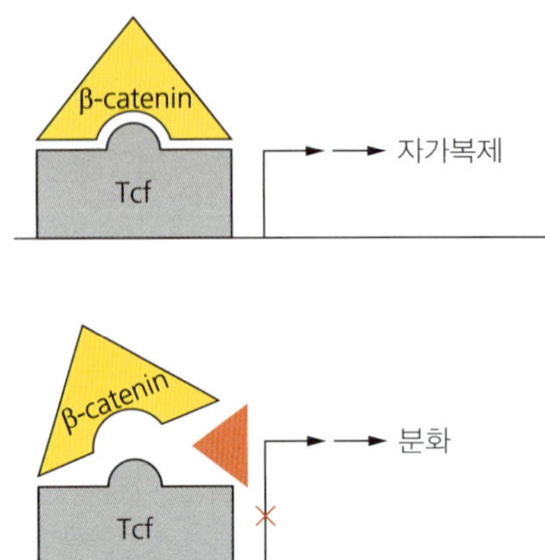

그림 8.10 β-catenin–Tcf 상호작용을 저해하는 약물 전략.

β-catenin과 Tcf 전사 인자(그림 8.10)의 단백질–단백질 상호작용을 방해하는 전략이 연구되고 있다. 이 상호작용은 APC 분해 복합체의 하위에서 이루어지며, Wnt 신호전달계의 최종 효과이다. 이 단계에서 작용하는 약물은 APC, axin, GSK3β의 불활성 돌연변이 혹은 β-catenin의 활성화 돌연변이에 의한 부적절한 β-catenin–Tcf 복합체 형성 모두에 적용할 수 있다. Tcf 저해가 대장암 세포에서 융모 상피세포로의 분화를 유도하는 것은 이런 접근이 유용함을 증명한다. 고효율 스크리닝에서 Lepourcelet 등은 (2004) β-catenin–Tcf 상호작용을 저해하는 자연화합물 3가지를 식별해냈다. 또한 이들 화합물은 핵심 구조를 공유하는데, Tcf 표적 유전자 2개의 발현을 억제하고 대장암의 증식을 억제하였다. 추가적으로 희망적 결과가 간암과 백혈병의 전임상 모델에서 보여졌다(Polakis 2012를 참조). 아직 이들 약물이 임상적으로 시험되거나 더 깊이 개발되지는 않았지만, 새로운 암치료제 개발에 희망적 전략임을 보여준다. 이들 약물이 자가복제의 중요한 분자 경로를 표적하기 때문에 종양의 축소가 아닌 소멸에 대한 큰 기대를 제공한다(역주: Wnt 리간드의 지질 수식을 담당하는 porcupine이나 β-catenin의 전사 활성을 막는 시도 등이 임상 시험 중임).

8.4 Hh 경로의 저해제

Hh 신호전달계의 저해제가 암치료제로 개발되고 있다(그림 8.11). 첫 Hh 경로 저해제는 옥수수백합에서 분리된 스테로이드 알칼로이드인 cyclopamine이다(이 이름은 외눈박이 형성 효과에서 유래하였다—이 물질의 기형 형성 효과. 수태한 양이 야생의 옥수수백합을 다량 섭취한 경우 외눈박이 양을 낳는다). Cyclopamin은 막통과 단백질 Smoothened를 억제함으로써 Hh 경로를 저해한다. Smoothened 저해에 따라 표적 유전자의 전사가 억제된다. 수모세포종 모델에서 cyclopamine 처리는 수모

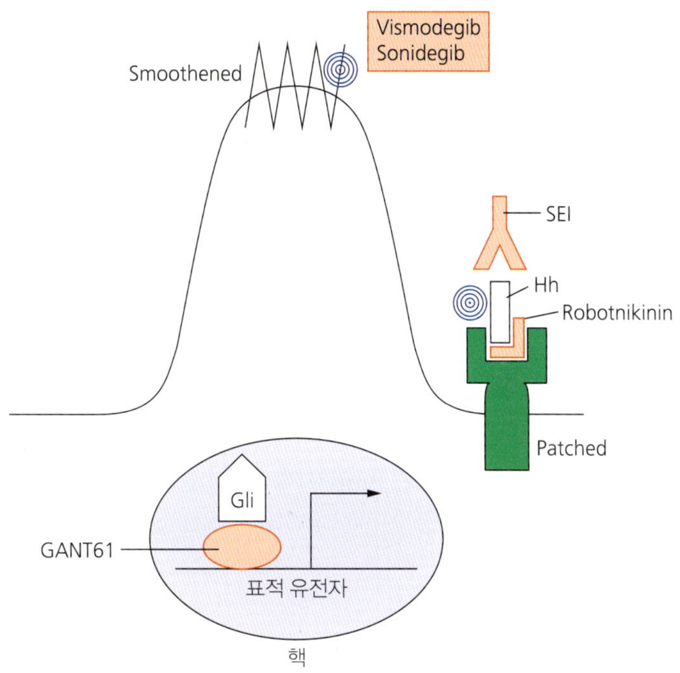

그림 8.11 Hh 경로를 저해하는 약물 전략의 몇 예. 잠재적인 치료 물질이 붉은색으로 표시되었다. Vismodegib(Erivedge™; GDC-0449)은 임상 사용이 승인되었다. (Amakye, Jagani, and Dorsch, 2013에서)

세포종 세포의 성장을 막고 분화에 관여하는 유전자 발현을 증가시킨다("어떻게 알 수 있을까?" 참조). 즉, 신경계 줄기세포 표지자인 신경섬유 nestin 발현이 줄어들고 신경 분화 표지자인 NeuroD의 발현은 증가한다. Cyclopamine은 적절한 약물 특성(예, 생물학적 이용 효능, 적절한 약물동역학)을 갖지 못해 약으로의 개발이 어렵다. 그러나 저분자 화합물 저해제가 발견되었고, 그 중에는 cyclospmine 보다 100배 이상의 활성을 갖고 있는 것도 있다.

저분자 길항제와 Hh- 저해 항체들이 Hh 경로를 억제하는 새로운 암치료 방법으로 개발되고 있다. 구강투여 가능한 저분자 Smoothened 억제제인 vismodigib

잠시 멈춰 생각하기

Hh 신호 전달계를 억제하기 위해 어떤 다른 접근을 제안하겠는가? 세포 밖에서 접근 가능한 분자 표적부터 출발하라. 어떤 종류의 약물이 사용 가능한가?

예를 들면, Hh 리간드에 결합하는 단일클론항체들이 개발되고 있다. Smoothened 아래에서 작용하는 분자 표적은 어떠한가? Gli를 표적하는 분자들이 개발되고 있다. 그중 하나는 GANT61인데, Gli가 DNA에 결합하는 것을 막는다. 그림 8.11참조.

 **어떻게 알 수 있을까?**

수모세포종 모델에서의 전임상 시험

인간 종양의 분자적 결손 상태를 모사하는 형질전환 생쥐 모델이 *Ptc1* 유전자의 **이형접합 변이**와 *p53* 유전자의 결실로 만들어질 수 있다. 이 생쥐는 100%의 수모세포종 발생을 보인다. Hh 경로의 억제제를 통한 성장 억제는 이 종양의 동종이식을 통해 이루어 질 수 있다. **동종이식**이란 한 개체에서 다른 개체로 종양을 이식하는 것을 말한다. 수모세포종 종양세포는 형질전환 쥐에게서 분리되어 다른 면역결핍 쥐의 피하에 이식된다. 뇌로 전달 가능한 약물의 종양 성장에 대한 효과는 또한 *in vivo*에서 시험된다(Lau *et al.*, 2012 참조).

잠시 멈춰 생각하기

항암제 개발을 위해 적절한 실험 모델을 선택하는 것은 환자에서의 결과를 예측하는 데 있어 결정적으로 중요하다. 어떤 것이 임상시험으로 진행할 수 있는 가장 강력한 증거를 제시한다고 생각하는가?

Ex vivo 분석(이종이식, 동종이식)은 종양을 원래 환경에서 제거하고, 세포주 배양은 인체 내의 질병을 바로 반영하기 어렵다. 종양이 원래 있던 해부학적 장소에서 약물의 효과를 보는 것이 더 바람직하다.

(Erivedge^{TM}: GDC-0449)은 BCC 치료에 승인되었다. 몇몇 다른 Smoothened 억제제인 sonidegib(LDE225)(역주: 2017 미국 FDA 승인), LY1940680, BMS833923, PF04449913 등은 임상시험 중이며, saridegib과 IPI-926은 시험이 중지되었다 (Amakye *et al.*, 2013; Ng and Curran, 2011). 이 중 일부는 Smoothened이 섬모로 이동하는 것을 막지만, 다른 것들은 그렇지 않다.

8.5 PcG 단백질의 저해제

PcG 단백질이 "줄기세포능의 수호자"이므로, 이들 저해제는 자가복제를 저해할 수 있다. 이 가설의 증명은 Bmi-1을 억제하는 저분자 화합물의 대장암에 대한 효과를 조사한 연구에 의해 이루어졌다. 즉, Bmi-1 저해제인 PTC-209는 CSC를 감소시키고, 대장암세포의 이종이식 종양 성장을 비가역적으로 억제하였다(Kerso *et al.*, 2014).

8.6 백혈병과 분화 치료

분화 치료는 세포의 성숙과 분화를 촉진해서 악성 특성을 양성 특성으로 바꾸고자 하는 것이다. AML의 아형인 APL에 대한 분화 치료전략은, 처음 생각했던 것 보다는 훨씬 복잡해지기는 했지만, 지난 수십 년간 가장 성공적인 경우 중 하나이다. 전트랜스 레티노익산(ATRA)을 이용한 레티노이드 처리는 완전한 혈액학적 치료효과를 나타낸다. 그러나 대부분의 환자는 소수의 APL 세포들(줄기세포, 백혈병 시작세포라고도 불림)을 아직 가지고 있어서, 몇 달 이내에 재발하게 된다. 이 초기 반응과 장기 결과와의 불일치는 수수께끼였다. 남아있는 세포는 높은 자가복제 기능을 갖고 있고 분화에 저항성이 있었다. 후일 ATRA가 비소(삼산화)와 함께 처리되었을 때 저항성 제거에 서로 상승적 효과를 갖는것이 알려졌고, 이것이 이 질병의 표준 치료 방법이 되었다. 약리학적 용량(고용량)의 레티노이드는 PML−RARα을 억제제에서 전사 활성 인자로 전환하고(그림 8.9d), 단백질 분해를 촉진한다. 일반적으로 핵 호르몬 수용체의 리간드 의존적 활성화는 음성되먹임 조절 과정으로 단백질 분해작용이 뒤따름으로써 그 신호가 꺼지게 된다. 이 맥락에서 레티노이드 처리는 발암유전자 산물의 분해를 야기한다. 비소는 PML에 직접 결합하여 프로테아좀 복합체에 의한 분해 표지 깃발을 표지함으로써 PML과 PML−RARα의 분해를 증가시킨다. PML은 줄기세포의 유지를 조절한다. 요약하면, 레티노이드와 비소의 처리는 RARα의 표적 유전자를 발현하게 하여 분화 저해가 풀리게 된다. 분화 특이적 전사인자인 C/EBP는 레티노이드 처리에 의한 표적 유전자 중 하나이다. 거기에 더해, 프로테아좀에 의한 PML−RARα 발암단백질의 분해가 이루어진다. APL이 발암유전자 산물인 PML−RARα에 의존하므로, 이 약물의 또 다른 중요한 작용 기전 중 하나가 될 것이다. 이 조합 치료는 백혈병의 가장 성공적인 치료 방법 중 하나이다.

단원 요점—되짚어 보기

- 자가복제 기능과 더 분화된 조상세포를 동시에 만들어 내는 능력이 줄기세포의 특징이다. 이 특성은 CSC에도 나타난다.
- CSC 모델은 줄기세포 특성을 갖는 소수집단 세포가 종양을 시작하고 암 특성을 유지시킨다고 본다.
- 줄기세포는 다른 세포에 비해 돌연변이를 축적시킬 수 있고 종종 암의 근원이 될 수 있다.
- 자가증식의 잘못된 조절은 암 시작에 기여할 수 있다.
- Wnt와 Hh 신호 전달계가 자가복제에 기여한다는 증거들이 있다.
- 전사 보조 활성인자 β-catenin은 Wnt가 있을 때 안정화된다.
- 특히 대장암에서 Wnt 신호계를 비정상적으로 활성화하는 돌연변이는 발암 과정을 촉진한다.
- *APC* 유전자의 생식세포 돌연변이는 FAP를 유발한다.
- Hh 신호전달계는 Gli 아연 손가락 전사인자를 통해 그 효과를 나타낸다.
- Hh 경로의 부적절한 활성화는 특히 BCC 등 많은 암과 연결되어 있다.
- *Patched* 유전자의 생식세포 돌연변이는 Gorlin 신드롬을 유발한다.
- 줄기세포와 악성 종양세포는 모두 몸의 다른 조직으로 이동할 수 있다.
- 처음 형질전환된 세포의 분화 정도가 전이 능력을 결정한다.
- PcG 단백질은 "줄기세포능의 수호자"로 불린다.
- AML은 암에서 분화가 가지는 의미에 대한 중요한 패러다임을 보여준다.
- AML에서 리니지 특이적 전사 인자는 공통적으로 변이되어 있다.
- CSC의 자가복제 경로를 표적하는 약물은 완치를 이룰 수 있을 것으로 보인다.
- Wnt 그리고 Hh 신호전달 경로의 간섭은 최근 탐색되고 있는 치료 전략이다.
- 비소와 레티노이드의 병용 치료는 APL의 성공적 분화치료 요법이다.

연구 활동

1. 장내 crypt의 줄기세포는 장에서 생기는 암의 기원으로 알려져 있다(Barker *et al.*, 2009). 그들은 유전적으로 조작되어 유도 가능한 Cre 생쥐 *in vivo* 시스템을 이용하여 소장 내의 다른 세포 구성요소에서 Apc 결실이 미치는 영향을 조사했다. Cre 생쥐 시스템에 관해 공부하고 자세히 기술하시오. (웹사이트 http://cre.jax.org/introduction.html에서 시작) 공부한 내용을 그림으로 나타내시오. Barker *et al.*, 2009 논문으로 돌아가서 그들의 실험 접근에 대해 이해해 보시오.

더 읽을거리

Anastas, J.N. and Moon, R.T. (2013) WNT signalling pathways as therapeutic targets in cancer. *Nat. Rev. Cancer* **13**: 11–26.

Bracken, A.P. and Helin, K. (2009) Polycomb group proteins: navigators of lineage pathways led astray in cancer. *Nat. Rev. Cancer* **9**: 773–784.

Clevers, H. and Nusse, R. (2012) Wnt/b-catenin signaling and disease. *Cell* **149**: 1192–1205.

Dean, M., Fojo, T., and Bates, S. (2005) Tumour stem cells and drug resistance. *Nat. Rev. Cancer* **5**: 275–284.

Dos Santos, G.A., Kats, L., and Pandolfi, P.P. (2013) Synergy against PML-RARa: targeting transcription, proteolysis, differentiation, and self-renewal in acute promyelocytic leukemia. *J. Exp. Med.* **210**: 2793–2802.

Holland, J.D., Klaus, A., Garratt, A.N., and Birchmeier, W. (2013) Wnt signaling in stem and cancer stem cells. *Curr. Opin. Cell Biol.* **25**: 254–264.

Lee, T., Jenner, R., Boyer, L., Guenther, M., Levine, S., Kumar, R., *et al.* (2006) Control of developmental regulators by polycomb in human embryonic stem cells. *Cell* **125**: 301–313.

Magee, J.A., Piskounova, E., and Morrison, S.J. (2012) Cancer stem cells: impact, heterogeneity, and uncertainty. *Cancer Cell* **21**: 283–296.

Morceau, F., Chateauvieux, S., Orsini, M., Trécul, A., Dicato, M., and Diederich, M. (2015) Natural compounds and pharmaceuticals reprogram leukemia cell differentiation pathways. *Biotech. Adv.* **33**: 785–797.

Orkin, S.H. and Zon, L.I. (2008) Hematopoiesis: an evolving paradigm for stem cell biology. *Cell* **132**: 631–644.

Pardal, R., Clarke, M.F., and Morrison, S.J. (2003) Applying the principles of stem-cell biology to cancer. *Nat. Rev. Cancer* **3**: 895–902.

Pattabiraman, D.R. and Weinberg, R.A. (2014) Tackling the cancer stem cells—what challenges do they pose? *Nat. Rev. Drug Discov.* **13**: 497–512.

Perez-Losada, J. and Balmain, A. (2002) Stem-cell hierarchy in skin cancer. *Nat. Rev. Cancer* **3**: 434–443.

Reya, T. and Clevers, H. (2005) Wnt signaling in stem cells and cancer. *Nature* **434**: 843–850.

Richly, H., Aloia, L., and Di Croce, L. (2011) Roles of the Polycomb group proteins in stem cells and cancer. *Cell Death Dis.* **2**: e 204.

Scales, S.J. and de Sauvage, F.J. (2009) Mechanisms of Hedgehog pathway activation in cancer and implications for therapy. *Trends Pharm. Sci.* **30**: 303–312.

Schepers, A. and Clevers, H. (2012) Wnt signaling, stem cells, and cancer of the gastrointestinal tract. *Cold Spring Harb. Perspect. Biol.* **4**: a 007989.

Smalley, M. and Ashworth, A. (2003) Stem cells and breast cancer: a field in transit. *Nat. Rev. Cancer* **3**: 832–844.

Sparmann, A. and van Lohuizen, M. (2006) Polycomb silencers control cell fate, development and cancer. *Nat. Rev. Cancer* **6**: 846–856.

Tang, D.G. (2012) Understanding cancer stem cell heterogeneity and plasticity. *Cell Res.* **22**: 457–472.

Vescovi, A.L., Galli, R., and Reynolds, B.A. (2006) Brain tumor stem cells. *Nat. Rev. Cancer* **6**: 425–436.

Visvader, J.E. and Lindeman, G.J. (2012) Cancer stem cells: current status and evolving complexities. *Cell Stem Cell* **10**: 717–728.

Vries, R.G.J., Huch, M., and Clevers, H. (2010) Stem cells and cancer of the stomach and intestine. *Mol. Oncol.* **4**: 373–384.

Werner, E. (2011) Cancer Networks: A general theoretical and computational framework for understanding cancer. http://arxiv.org/abs/1110.5865: 1–121.

웹사이트

The Wnt homepage http://www.stanford.edu/group/nusselab/cgi-bin/wnt/

선택된 특별한 주제

Al-Hajj, M., Wicha, M.S., Benito-Hernandez, A., Morrison, S.J., and Clarke, M.F. (2003) Prospective identification of tumorigenic breast cancer cells. *Proc. Natl. Acad. Sci. USA* **100**: 3983–3988.

Amakye, D., Jagani, Z., and Dorsch, M. (2013) Unraveling the therapeutic potential of the Hedgehog pathway in cancer. *Nat. Med.* **19**: 1410–1422.

Barker, N., Ridgway, R.A., van Es, J.H., van de Wetering, M., Begthel, H., van den Born, M., *et al.* (2009) Crypt stem cells as the cells-of-origin of intestinal cancer. *Nature* **457**: 608–611.

Bushue, N. and Wan, Y.J. (2010) Retinoid pathway and cancer therapeutics. *Adv. Drug Deliv. Rev.* **62**: 1285–1298.

Chaffer, C.L., Brueckmann, I., Scheel, C., Kaestil, A.J., Wiggins, P.A., Rodrigues, L.O., *et al.* (2011) Normal and neoplastic nonstem cells can spontaneously convert to a stem-like state. *Proc. Natl. Acad. Sci. U.S.A.* **108**: 7950–7955.

Dow, L.E., O'Rourke, K.P., Simon, J., Tschaharganeh, D.F., van Es, J.H., Clevers, H., *et al.* (2015) Apc restoration promotes cellular differentiation and re-establishes crypt homeostasis in colorectal cancer. *Cell* **161**: 1539–1552.

Gupta, P.B., Onder, T.T., Jiang, G., Tao, K., Kuperwasser, C., Weinberg, R.A., *et al.* (2009) Identification of selective inhibitors of cancer stem cells by high-throughput screening. *Cell* **138**: 645–659.

Kemper, K., de Goeje, P.L., Peeper, D.S., and van Amerongen, R. (2014) Phenotype switching: tumor cell plasticity as a resistance mechanism and target for therapy. *Cancer Res.* **74**: 5937–5941.

Kreso, A., van Galen, P., Pedley, N.M., Lima-Fernandes, E., Frelin, C., Davis, T., *et al.* (2014) Self-renewal as a therapeutic target in human colorectal cancer. *Nat. Med.* **20**: 29–36.

Kwok, C., Zeisig, B.B., and So, C.W. (2006) Forced homo-oligomerization of RARalpha leads to transformation of primary hematopoietic cells. *Cancer Cell* **9**: 73–74.

Lau, J., Schmidt,C., Markant, S.L., Taylor, M.D., Wechsler-Reya, R.J. and Weiss, W.A. (2012) Matching mice to malignancy: molecular subgroups and models of medulloblastoma. *Childs Nerv. Syst.* **28**: 521–532.

Lepourcelet, M., Chen, Y.-N.P., France, D.S., Wang, H., Crews, P., Petersen, F., *et al.* (2004) Small-molecule antagonists of the oncogenic Tcf/beta-catenin protein complex. *Cancer Cell* **5**: 91–102.

Lessard, J. and Sauvageau, G. (2003) Bmi-1 determines the proliferative capacity of normal and leukemic stem cells. *Nature* **423**: 255–260.

Ng, J.M.Y. and Curran, T. (2011) The Hedgehog's tale: developing strategies for targeting cancer. *Nat. Rev. Cancer* **11**: 493–501.

Polakis, P. (2012) Drugging Wnt signaling in cancer. *EMBO J.* **31**: 2737–2746.

Radtke, F. and Clevers, H. (2005) Self-renewal and cancer of the gut: two sides of a coin. *Science* **307**: 1904–1909.

Rosen, J.M. and Jordan, C.T. (2009) The increasing complexity of the cancer stem cell paradigm. *Science* **324**: 1670–1673.

Rosenbauer, F. and Tenen, D.G. (2007) Transcription factors in myeloid development: balancing differentiation with transformation. *Nat. Rev. Immunol.* **7**: 105–117.

Schuijers, J. and Clevers, H. (2012) Adult mammalian stem cells: the role of Wnt, Lgr5 and R-spondins. *EMBO J.* **31**: 2685–2696.

Takahashi, K., Tanabe, K., Ohnuki, M., Narita, M., Ichisaka, T., Tomoda, K., *et al.* (2007) Induction of pluripotent stem cells from adult human fibroblasts by defined factors. *Cell* **131**: 861–872.

Tenen, D.G. (2003) Disruption of differentiation in human cancer: AML shows the way. *Nat. Rev. Cancer* **3**: 89–101.

Visvader, J.E. and Lindeman, G.J. (2008) Cancer stem cells in solid tumors: accumulating evidence and unresolved questions. *Nat. Rev. Cancer* **8**: 755–768.

Von Hoff, D.D., Lo Russo, P.M.,Rudin, C.M., Reddy, J.C., Yauch, R.L., Tibes, R., *et al.* (2009) Inhibition of the Hedgehog pathway in advanced basal-cell carcinoma. *N. Engl. J. Med.* **361**: 1164–1172.

Yilmaz, O.H., Valdez, R., Theisen, B.K., Guo, W., Ferguson, D.O., Wu, H., *et al.* (2006) *Pten* dependence distinguishes haematopoietic stem cells from leukaemia-initiating cells. *Nature* **441**: 475–482.

Zhao, C., Chen, A., Jamieson, C.H., Fereshteh, M., Abrahamsson, A., Blum J., *et al.* (2009). Hedgehog signaling is essential for maintenance of cancer stem cells in myeloid leukemia. *Nature* **458**: 776–779.

Chapter 9

전이

도입

우리 몸을 구성하는 대부분의 세포는 보통 특정 조직 혹은 기관에서 떨어져 나와 살아갈 수 없다(조혈 세포는 이러한 현상에 대표적인 예외라고 할 수 있음). 예를 들면, 간세포는 간에서만 살 수 있기에, 폐와 같은 다른 조직에서는 찾아 볼 수 없으며, 마찬가지로 폐 세포는 폐에서만 살며 간에서는 찾아볼 수 없다. 우리 몸의 각 기관은 **기저막(basement membranes)**으로 경계가 잘 구분되어 있다. 기저막은 세포외 구조로서 라미닌(laminins), 콜라젠 타입 4(type IV collagen), 프로테오글라이칸(proteoglycans)와 같은 세포외 기질(extracellular matrix, ECM)로 구성되어 있다. 하지만 암은 온몸에 잘 퍼지는 특별한 성질을 가지고 있다. 암이 일차종양으로부터 조직에 침윤하여 다른 장기로 이동하는 현상을 **전이(metastasis)**라고 한다. 전이는 양성 종양과 악성 종양을 구분하는 근본적인 차이점이며, 암으로 인해 발생할 수 있는 여러 가지 임상적 문제들의 원인이라고 할 수 있다. 일치종양은 비교적 간단하게 수술로 제거될 수 있으나, 일단 전이를 통해 100여 군데로 암세포가 퍼지게 되면, 사실상 수술로 모든 종양을 제거하는 것은 불가능하다. 안타깝게도 많은 경우에서, 암 진단 시에 전이가 된 것을 함께 발견하는 경우가 많다.

암세포가 전이된 경우, 물리적 걸림돌이 되거나, 산소나 영양분이 정상 세포에 전달되는 것을 방해하기도 하며, 실제 기관의 기능을 방해할 수도 있다. 특정 기관의 암세포가 다른 장기로 전이되는 장소가 비교적 일정한 흥미로운 현상이 있는데, 이러한 현상을 암 전이의 **장기친화성(organotropism)**이라고 한다. 1930년대에 James Ewing은 특정 암종이 전이되는 장소의 방향성이 혈액의 흐름과 관련되어 있다고 제안하였다. 혈액의 흐름 자체가 세포의 이동 방향과 관련이 있으므로, 일차종양에서 위치적으로 가까운 장기가 개별 암종의 전이 방향성을 결정할 가능성이 크다. 그러나 선제 암 전이 현상 중 약 3분의 1 정도에서는 혈액의 흐름에 따라 전이 방향이 결정되는 이론만으로 장기친화성을 설명하기는 어렵다. 예를 들면, 특정 신장암의 경우 갑상선으로 전이가 잘 되는데, 이러한 현상은 거리 근접성으로 설명할 수 없다. 거리와 상관없는 전이 장소의 선택성은 지금으로부터 100여 년 전에 Stephen Paget이 제안한 "씨와 토양(seed and soil)" 이론으로 설명할 수 있다. 씨와 토양 이론에서 "씨"는 암세포를 의미하며, 새로운 장기에 전이되기 위해서는 암세포가 성장할 수 있는 조직 환경, 즉 "토양"이 있어야 한다는 것이다. 암세포가 전이되는 것은 전이되는 조직에 존재하는 주변 세포막 단백질 및 세포외 기질과의 적절한 상호작용에 의존한다. 분자 수준의 실험 결과에 의하면, 전이되는 조직의 모세혈관 주변 세포막에 존재하는 수용체가 전이 위치를 결정하는 데 중요한 역할을 하는데, 이러한 실험 결과들은 "씨와 토양" 이론을 뒷받침한다. 또한 "씨와 토양" 이론은 최근 David Lyden 연구팀에 제안한 새로운 개념인 "미리 조성된 **전이 환경(pre-metastatic niche)**" 개념과도 일맥상통하고 있다. "미리 조성된 전이 환경" 개념은 전이가 될 만한 조직에는 전이될 종양 세포가 잘 도착할 수 있는 환경을 미리 준비한다는 개념이다. 하지만 Paget의 "씨와 토양" 이론에서는 전이가 될 장소에 "토양"이 미리 준비되었다는 이론과는 다르게 "미리 조성된 전이 환경" 개념에서는 일차종양에서 분비되는 물질(factors)이 종양이 전이되기 이전에 전이될 장소에 "토양" 혹은 미세 환경을 구축한다는 것을 주장한다. 추가적으로 유전적으로 전달된 유전자 돌연변이가 각 개인의 암 전이 가능성을 높일 수 있다. 이러한 사실은 돌연변이를 갖고 있는 생쥐 동물 모델에서 검증된 바 있다. 추가적인 연구를 통해 암세포 전이와 관련된 여러 가지 인자(factors)를 발굴해 내는 연구가 필요하다. 암조직은 대부분 시간이 지나면 전이에 성공하지만, 세포 수준에서 고려해 보면 전이에 성공하는 암세포는 겨우 10,000분의 1 정도 된다고 볼 수 있다.

잠시 멈춰 생각하기

온몸에 세포가 퍼지는 것이 왜 치명적일까?

9.1 종양은 어떻게 퍼지게 될까?

전이는 유전적으로 단일 세포가 아닌 여러 세포로 이루어져 있는 일차종양으로부터 암세포가 퍼져 나가는 것을 의미한다. 일차종양은 암 세포가 분열하고 성장하는 과정에서 지속적인 돌연변이를 축적하게 되며, 따라서 다수의 유전적으로 동일한 세포군(subclones)으로 이루어져 있다(제1장에서 다룸). 이런 관점에서 유전적으로 다른 암세포가 전이 현상에 어떻게 영향을 미치는지 이해하기 위한 노력이 지속되고 있다. 암세포가 퍼지는 것은 유전적으로 단일클론(monoclonal)에 의한 것일 수도 있고, 다클론(polyclonal)에 의해 일어나는 것일 수도 있다. 또한 암세포의 전이 패턴이 선형 모형(일차종양으로부터 한곳으로만 전이되는 현상)일 수도 있고, 가지 모형(일차종양으로부터 2개 이상의 조직으로 전이되는 현상)일 수도 있다. 일차종양 암세포와 전이 암세포의 전장 유전체 서열 규명 연구에 의해, 위에 기술한 모든 조합의 전이가 일어날 수 있다는 사실이 밝혀졌다(Gundem *et al.*, 2015; 그림 9.1). 전장 유전체 서열 데이터의 흥미로운 사실은 전이 암세포가 일차종양에서 시작된 것도 있고, 전이 암으로부터 재차 전이된 암세포도 있다는 사실이다. 이러한 현상을 교차 씨뿌림(cross-seeding)이라고 하며, 위에 언급한 것처럼 전이 패턴이 선형 모형일 수도 있고 가지 모형일 수도 있다는 것을 뒷받침한다. 동일한 암 환자에서 전이된 몇몇 암세포는 일차종양 암세포보다 더 가까운 관계를 나타낸다.

9.2 전이 과정

암세포의 전이는 침윤(invasion), **혈관내 침입(intravasation)**, 이동(transport), **혈**

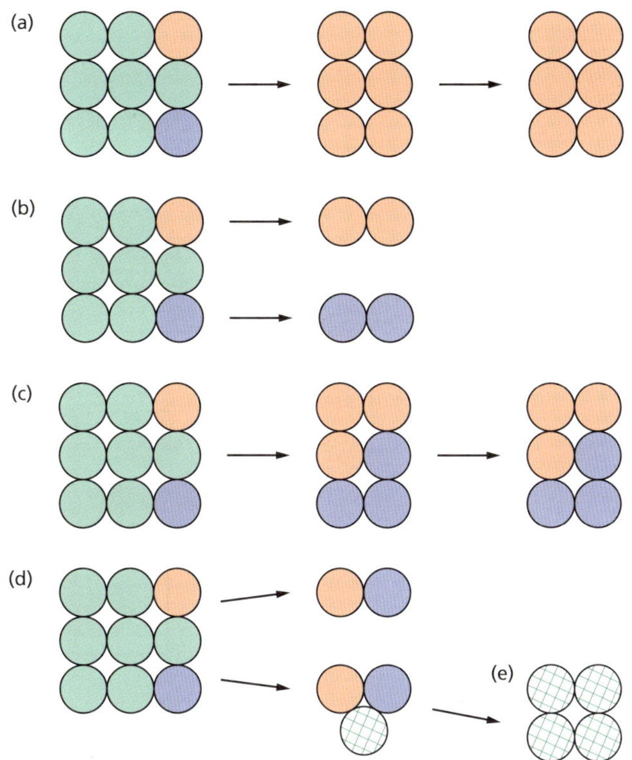

그림 9.1 가능한 암 전이 방식: (a) 단일클론 선형 모형, (b) 단일클론 가지 모형, (c) 다클론 선형 모형, (d) 다클론 가지 모형, 그리고 (e) 교차 씨뿌림 모형. 새로운 전이는 일차종양 또는 앞서 전이된 암세포로부터 발생할 수 있다.

관외 유출(extravasation), 전이성 집락 형성(metastatic colonization)과 같은 몇 가지 중요한 단계로 이루어져 있다(그림 9.2). 여기에 복잡한 고려 사항이 추가되어야 전이를 완벽하게 이해할 수 있다. 이는 종양이라는 것이 다른 조직과 완전히 분리되어 암세포만으로 이루어져 있지 않고, 종양 미세 환경(tumor microenvironment) 혹은 종양과 연계된 기질(tumor-associated stroma)을 이루고 있는 종양 주변 정상 세포들과 상호작용을 하기 때문이다. 종양 세포와 종양 미세 환경과의 상호작용은 각 암세포의 전이 능력에 영향을 미친다. 일차종양의 모든 암세포가 동일한 전이능을 갖고 있지 않다. 일차종양에 있는 암 줄기세포의 일부 세포군 역시 암 전이 능력에 영향을 미친다. 또한 일차종양과 멀리 떨어져 있는 조직과의 신호전달 물질을 이용한 상호작용은 미래에 전이될 조직을 생성한다는 연구결과도 보고된 바 있다(9.7절 참조). 그러므로 개개의 암세포와 종양 미세 환경 2가지 모두 암 전이 과정에 관여한다고 볼 수 있다. 암세포와 미세 환경 간의 상호작용은 복잡하지만, 그 관계가 서서히 이해되고 있다. 우리가 전이 과정의 중요한 단계를 학습하는 동안 암세포 혹은 종양 미세 환경이 어떻게 영향을 미치는 지 잘 이해하는 것이 중요하다. 또한 치료 약물 표적으로 활용될 수 있는 분자 요소가 무엇인지 생각해보고, 이를 이용하여 실제 새로운 항암제를 개발하는 전략을 수립하도록 해보자. 새로운 항암 약물 개발 전략 예시는 이 장의 마지막 부분에서 다룬다.

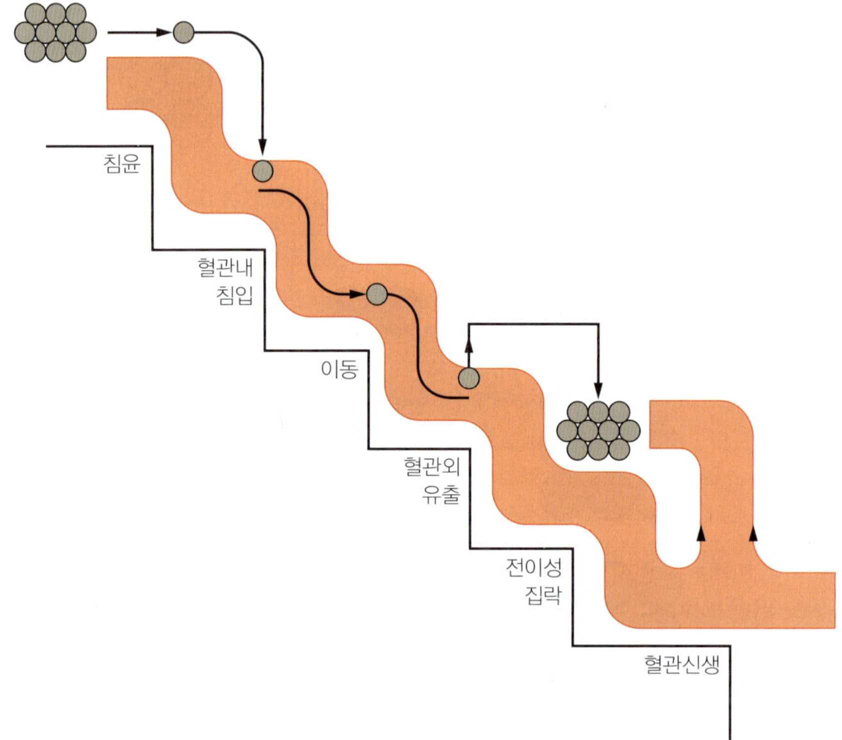

그림 9.2 전이 과정. (노트: 혈관신생은 전이성 집락 형성에 필수적이며, 이에 대해서는 제10장에서 다룬다).

9.3 침윤과 상피간엽이행

일차종양의 암세포가 주변 조직으로 침윤하기 위해서, 암세포는 주변의 세포와 결합되어 있는 분자적 사슬을 절단해서 주변 세포와 접촉이 없어진 자유로운 상태로 존재해야 하며, 이때 전이될 수 있는 능력을 획득하게 된다. 주변 조직 침윤에 필요한 이러한 특성을 획득하는 일련의 분자 기전을 통틀어 상피간엽이행(epithelial-mesenchymal transition, EMT)라고 명명한다. 상피간엽이행은 주변에 존재하는 세포들과 밀접하게 엮여 있어 고정되어 있는 상피세포에서 이동성을 획득한 간엽세포로 전환하는 과정을 의미한다. [상피간엽이행, 즉 EMT 과정은 전이가 된 이후에 **간엽상피이행(mesenchymal–epithelial transition, MET)** 과정을 통해 되돌려지기 때문에, "이행, transition"이라는 용어는 일시적인 현상이라는 의미를 내포하고 있다.] 상피간엽이행은 초기 배발생 과정에서는 흔히 일어나는 데, 이는 초기 배아의 패턴 형성 과정에서 배아 세포의 침윤 능력과 이동성이 필수적이기 때문이다. 예를 들면, 낭배 형성 과정 중, 조화로운 세포의 이동과 분리 및 주변 조직으로 침윤하는 과정이 필수적이다. 사실상 초기 배 발생 과정에 필요한 세포의 성질이 암세포에서 재활성되어 있다고 볼 수 있다. 상피간엽이행은 세포 극성의 손실, 상피세포 간 접합의 붕괴, 세포 모양의 변화, E-cadherin 등 상피 세포성 마커의 감소, N-cadherin 등 간엽세포 단백질의 발현 증가, 특정 단백질 분해효소의 분비 및 세포의 이동성 증가 등의 특성을 나타낸다. 이러한 분자적 특성은 전이성 종양 세포에서 발견된다.

상피간엽이행 유도

종양 기질의 여러 가지 신호[예를 들면, 간세포 성장 인자(hepatocyte growth factor, HGF), EGF, PDGF 그리고 TGF-β]가 주변 종양 세포의 여러 가지 수용체(예를 들면, 위에 나열된 성장 인자 수용체로서 각각 MET 수용체, EGFR, PDGF-R, 그리고 TGFR)와 상호작용하여 상피간엽이행을 유도한다. 여기에 나열된 수용체들은 인산화(kinase) 수용체이다. 리간드에 결합된 수용체는 신호전달 체계(예를 들면, MAPK 혹은 PI3K 신호전달 기전)를 활성화시키며, 최종적으로 특이적인 전사인자(예를 들면, Twist, Snail, Slug, ZEB1, Goosecoid 혹은 FOXC2 등)를 활성화한다. 활성화된 전사인자는 EMT를 유도하는 여러가지 유전자의 발현을 조절한다(그림 9.3). 예를 들면, Snail 단백질은 E-cadherin 프로모터를 포함한 상피세포 특정 유전자에 있는 E-box 서열에 결합해서, Polycomb 유전자 발현 억제 단백질 복합체를 해당 위치로 이동시킨다. 이 Polycomb 유전자 발현 억제 단백질 복합체는 히스톤 단백질을 변형시키고, 후성유전학적 조절을 통해 유전자 발현을 억제한다. 전이 능력이 각기 다른 암세포주의 유전자 발현 양상을 비교한 결과, 전사인자인 Twist 유전자의 발현량이 다르다는 것이 밝혀졌다. Twist 단백질 억제에 의해 혈관 내 침입(intravasation)을 포함한 전이 단계 중 몇 가지 과정이 억제되는 것이 관찰되었다. Twist 유전자는 전이성 피부암을 비롯한 여러 가지 인간 암세포에서 발현되는 것이 밝혀졌으며, 이러한 연구 결과는 Twist 유전자가 전이 과정의 중요한 조절자라는 것을 의미한다.

암세포와 줄기세포의 관계는 이미 제8장에서 다룬 바 있다. 상피간엽이행하는 세포에서 여러 가지 줄기세포의 마커가 발현되는 연구 결과는 상피간엽이행 과정이 줄기세포와 비슷한 종류의 세포를 생산한다는 것을 뒷받침해준다(Mani *et al.*, 2008). 그러므로 EMT는 암세포가 이동할 수 있는 형질을 획득하게 해 줄 뿐만 아

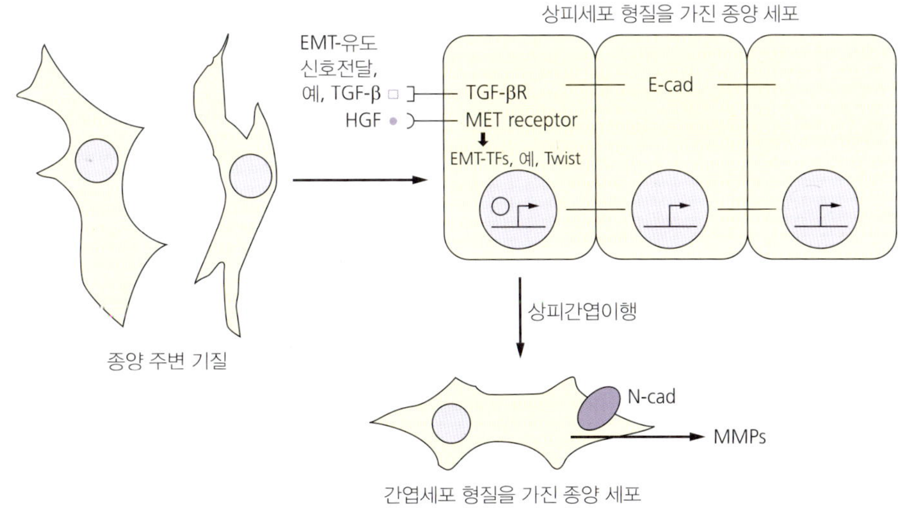

그림 9.3 상피간엽이행(epithelial-mesenchymal transition, EMT). 종양 주변의 기질에 존재하는 세포들이 TGF-β나 HGF와 같은 EMT 촉진 신호전달을 유도한다. 이러한 신호는 종양 세포에 존재하는 파트너 수용체 TGFβR이나 MET 수용체에 결합하여 활성화시키고 해당 신호전달을 세포의 핵까지 전달한다. 이는 Twist를 포함한 EMT 유도 전사인자를 활성화하며, 그 결과 EMT를 유도할 수 있는 유전자 세트의 발현을 촉진한다. 간엽세포는 N-cadherin(N-cad)를 발현하며, matrix metalloproteinases(MMP)을 비롯한 단백질 분해효소를 분비한다.

니라, 전이성 집락 구축 과정 등 전이 과정에서 필수적인 세포의 자가복제 능력(self renewal)을 촉진하게 해준다. 이러한 연구 결과는 전이를 개시하는 세포가 암 줄기세포라는 것을 의미한다고 볼 수 있다. 초기 단계의 전이성 유방암의 유전자 발현양상을 분석한 결과에 따르면, 줄기세포 관련 유전자 그리고 EMT 관련 유전자의 발현이 증가한 것을 알 수 있는데, 이 연구 결과도 역시 전이를 개시하는 세포가 암 줄기세포일 것이라는 주장과 일맥상통한다고 볼 수 있다(Lawson *et al.*, 2015).

침윤 도구: 세포 부착 단백질, 인테그린 그리고 단백질 분해효소

침윤 과정에 필요한 3가지 단백질 그룹을 함께 살펴보도록 하자. 그 3가지 단백질 그룹은 세포 부착 단백질(cell adhesion molecules, CAMs), 인테그린 단백질(integrins) 그리고 단백질 분해효소(proteases)이다.

세포 부착에 필요한 단백질

CAMs(cell adhesion molecules)과 cadherins은 각각 단백질 그룹이며, 동일 세포 간 그리고 다른 세포 간 부착을 매개하는 역할을 한다. 그들은 세포와 세포외 기질 간 결합에도 관여하고 있다(그림 9.4). Cadherins은 세포막에 존재하는 칼슘 의존적 당단백질로, 세포내 골격에 존재하는 catenins라 불리는 단백질과 결합한다.

Catenins 단백질은 또한 전사 인자와 결합해서 특정 유전자 발현을 촉진하기도 한다. 결과적으로 세포와 세포 간 결합은 세포내 유전자 발현을 포함한 여러 가지 기능적 변화를 매개한다.

여러 가지 연구 결과들은 cadherins 단백질이 암의 전이와 관련되어 있다는 사실을 뒷받침하고 있다. E-cadherin은 상피세포에 존재하는 CAM 중에서 가장 많으며, 세포와 세포 간 접합에 중요한 역할을 한다. E-cadherins은 세포 간 접합에 중요한 역할을 하기 때문에 사실상 종양 억제 단백질 역할을 하며, 암세포가 전이되는 것을 억제한다. E-cadherins의 이러한 역할 때문에 EMT 과정 중에서는 E-cadherins의 발현이 낮아지는 것이 확인되었다. E-cadherins에 결합해서 기능을 중화시키는 항체를 처리한 세포의 경우, 콜라겐 젤(collagen gel)에서 침윤 성질을 나타내는데, 이는 세포의 전이 능력

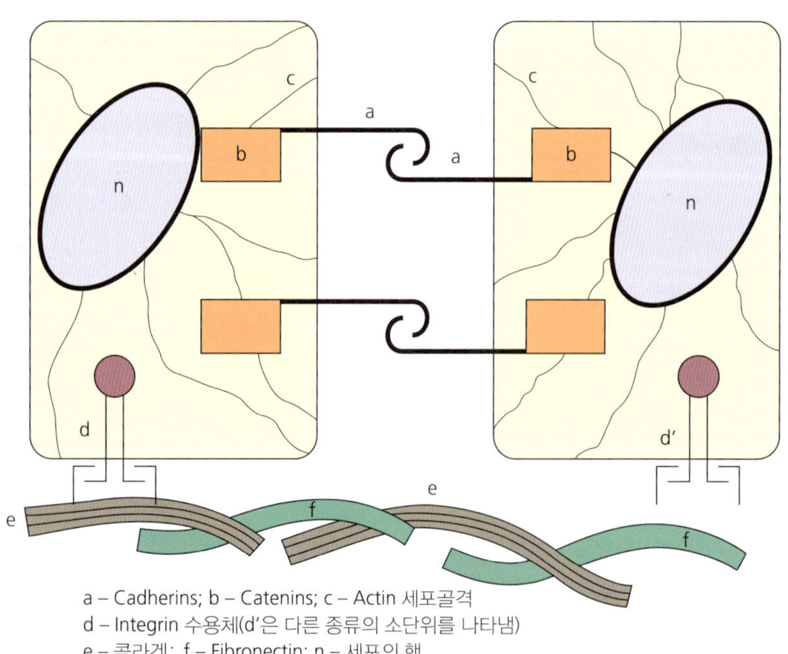

그림 9.4 세포 부착 단백질 및 그와 관련된 요소들.

이 높아진 것을 의미한다. 반대로 전이 능력이 있는 상피세포에 *E-cadherins* 유전자를 발현시켰을 경우 세포의 전이 능력이 감소하는 것으로 확인되었다. E-cadherins의 세포외 도메인에 돌연변이가 존재하는 것과 *E-cadherins*의 유전자 프로모터가 메틸화(methylation) 되어 유전자 발현이 감소되는 현상이 위암과 전립선암에서 발견되었으며, 이러한 연구결과는 *E-cadherins*이 종양억제유전자라는 사실을 뒷받침한다("잠시 멈춰 생각하기" 참조).

세포의 행동 양식이 특정 cadherin 단백질 그룹의 영향을 받는다. Cadherin 단백질의 기능적 변화는 EMT의 특성인 전이성 형질을 결정하게 된다.

잠시 멈춰 생각하기

우리가 공부한 내용에서 *E-cadherin*이 종양 억제 유전자로 역할을 할 것이라는 연구 결과를 분류해보자. 제1장의 9쪽 BOX에 있는 "어떻게 알 수 있을까?" 부분을 참조하여 증거의 분류 방법을 이용해 보자.

인테그린

전이되고자 하는 세포는 또한 세포와 세포외 기질 사이의 결합에 관련된 단백질을 분해하고 이동성을 획득해야 한다. 인테그린(integrins) 수용체는(그림 9.4d) 단백질 그룹으로서 24개 이상의 이종이량체(heterodimers)로 이루어져 있고, 이종이량체는 여러 조합의 알파(α)와 베타(β) 소단위(subunits)으로 구성되어 있으며, ECM과의 상호작용 및 세포내 신호전달 과정에서 역할을 한다. 서로 다른 세포외 기질 구성요소[예를 들면, 콜라젠, 파이브로넥틴(fibronectin) 혹은 라미닌(laminin) 등]의 인식은 알파 그리고 베타 소단위의 다양한 조합에 의해서 결정된다. 인테그린 수용체에 결합하는 많은 리간드 단백질은 Arg(R)−Gly(G)−Asp(D) 아미노산 서열을 포함하고 있으며, 이 아미노산 서열은 인테그린 결합에 중요한 역할을 한다. 리간드가 결합하면, 인테그린은 세포막에서 클러스터를 형성하고, 액틴 결합 단백질 및 특정 인산화효소, focal adhesion kinase(FAK) 등과 결합해서 세포 골격에 영향을 준다. 대부분의 막 수용체와는 다르게 세포 내에 존재하는 인테그린 단백질은 아무런 효소적 활성이 없다. 연구 결과에 의하면, FAK는 Src 단백질을 불러들여 RAS 기전(제4장 참조)을 활성화시킴으로써 세포의 이동성을 매개한다. 이러한 세포외 신호를 세포내로 전달시키는 활성 외에 인테그린은 세포내 신호를 세포외(inside-outside)로 전달하는 역할도 한다. 세포내 존재하는 인테그린 단백질의 일부분에서 매개되어진 세포내 신호는 세포 밖에 존재하는 인테그린 단백질 부분의 구조적 변화를 유도하게 되고, 이로 인해서 인테그린과 ECM 리간드 사이의 상호결합이 조절된다. 인테그린은 또한 일종의 세포사멸 기전인 **아노이키스(anoikis)**와 관련되어 있다. 아노이키스는 ECM 리간드와 결합이 없는 상태에서 세포 부착 능력이 사라진 경우에 촉발되는 세포사멸 기전이다. ECM 리간드와 결합하지 않은 인테그린 단백질은 caspase-8 단백질을 세포막 쪽으로 불러들이고 세포사멸을 시작한다. 그러므로 인테그린 의존적 세포의 정착은 세포의 생명 유지 과정에서 중요한 역할을 한다.

EMT 과정에서 암세포의 인테그린 수용체 유전자 발현의 변화가 확인되었으며,

이러한 발현 변화는 전이 능력이 있는 암세포의 이동성을 증가시킨다. 이러한 암세포의 이동성 변화는 세포막의 분포 변화가 발생하기 때문이거나, 또는 다른 종류의 ECM과 결합을 촉진하기 때문이기도 하다. 암세포에 의한 조절은 세포 이동의 최대 속도를 생성하기 위해 정확한 중간 강도의 접착력을 유도하여, 세포가 그들의 최전방(leading edge)을 전진시키고, 후방(lagging edge)을 수축할 수 있게 한다. 피부암 세포의 이동성 획득 과정에서 인테그린의 역할이 밝혀졌는데, 침윤성이 높은 암세포의 전방에는 정상 세포에서는 발현되지 않는 인테그린 αvβ3가 많이 발현되어 있는 것이 확인되었다. 변화된 특이적 인테그린 이형중합체의 발현은 암세포의 침윤성 획득에 필요한 것으로 여겨지고 있다. 예를 들면, 라미닌과 결합하는 인테그린 α6β4는 기저막 침투를 촉진하게 되는데, 세포외 기질의 라미닌은 종종 상피세포암에서 분비되는 것으로 알려져 있다. 더 나아가, 변경된 인테그린 발현은 침윤 세포가 아노이키스를 극복하는 과정을 촉진할 수 있다.

단백질 분해효소

암세포가 주변으로 침윤되는 과정은 특정 단백질분해효소가 ECM과 기질을 분해하여 길을 뚫는 과정을 필요로 한다. 따라서 특정 단백질 분해효소의 발현 증가는 EMT 과정의 특징이다.

세린 단백질 분해효소[기질의 세린(serine) 아미노산 부분을 절단하는 단백질 분해효소]와 기질 메탈로프로티네이즈(matrix metalloproteinases, MMP)가 EMT 과정에서 중요한 역할을 하는 2개의 단백질 분해효소 그룹이다. MMP는 E-cadherin의 세포외 부분을 분해할 수 있는 특성을 갖고 있으며, 이를 통해 EMT 동안 상피세포 간 접합력을 감소시킨다. 몇몇 암세포는 MMP를 직접 생산할 수 있지만, 대부분의 경우 암세포는 주변 조직을 자극해서 MMP 생산을 유도한다. 암세포의 막에서 발현 증가하는 "세포외 기질 메탈로프로티네이즈 유도 단백질(extracellular matrix metalloproteinase inducer, EMMPRIN)"은 주변 기질에 존재하는 세포에서 MMP의 생산을 촉진한다. MMP 그룹의 단백질은 세포외 기질을 구성하는 구조체의 분해를 촉진할 뿐만 아니라, 세포외에 존재하는 다른 단백질(예를 들면, 혈관내피세포 성장 인자)도 분해한다. 따라서 혈관내 침입과 같은 암 전이 단계에서 중요한 역할을 한다고 볼 수 있다(9.4절 "혈관내 침입"을 참조). 일반적으로 아연(zinc) 의존적인 단백질 분해효소의 활성은 유전자 발현 외에 여러 단계의 조절을 받는다. 첫째, 그들은 비활성 효소 전구체로 발현되어 활성화되기 위해서는 다른 단백질 가수분해효소에 의해 절단되어야 한다. 둘째, 해당 분해효소의 활성은 생체내 존재하는 조직 억제제(TIMPs)에 의해서 조절된다. 조직 내 MMP와 TIMP 사이의 균형이 무너지면 침윤의 신호가 개시된다. MMP는 대부분의 암세포에서 발현이 증대되어 있으며, 그들의 유전자 발현 정도는 몇몇 암 종에서 암의 진행 정도를 판단하는 근거로 활용되고 있다.

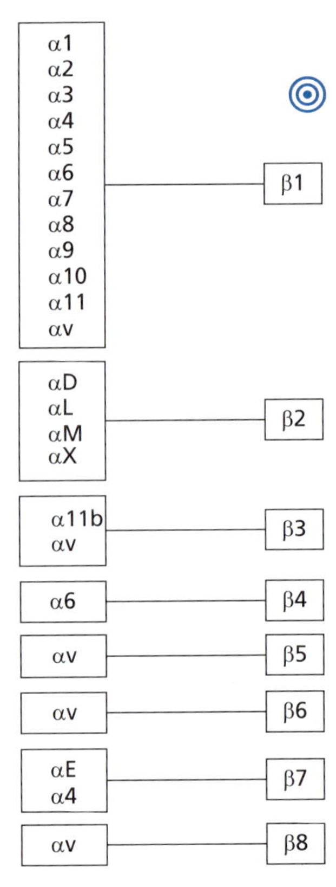

그림 9.5 인테그린(integrin) 단백질 그룹: α 그리고 β 소단위로 구성된 이종이량체.

9.4 혈관내 침입

혈관내 침입(intravasation)은 암세포가 혈관이나 림프관 안으로 들어가는 것을 의미한다. 그 과정은 몇 가지 단계로 이루어진다. 먼저 암세포가 혈관 혹은 림프관의 기질쪽 면에 붙어야 하고, MMP나 세린 단백질 분해효소를 이용해서 혈관 기저막(림프관에는 기저막이 없음)을 분해해야 한다. 그리고 마지막으로 혈관 내피세포 사이를 통과(transendothelial migration)해서 혈관 내로 들어가야 한다. 종양 주변에 형성된 종양 신생혈관의 구조적 특징이 혈관내 침입 메커니즘에 영향을 미친다. 종양 주변에 새롭게 형성된 종양 신생혈관은 정상 혈관에 비해서 균열이 있고, 치밀하지 않고, 구불구불한 모양을 가지는데, 이러한 종양 신생혈관의 구조는 암세포가 혈관으로 들어가는 것을 용이하게 한다. 다광자 현미경(multiphoton microscopy)을 통해 직접 확인된 바에 의하면, 종양 관련 대식세포(tumor-associated macrophage)가 혈관내 침입 과정에서 암세포를 혈관 쪽으로 이동시키는 것을 돕는 것이 관찰되었다(Wychoff *et al.*, 2007—연구 논문의 보충 자료에 촬영된 영상을 무료로 확인할 수 있음). 이 과정에서 종양 관련 대식세포의 colony-stimulating factor 1(CSF1) 수용체와 암세포의 상피세포 성장 인자 수용체(EGFR)가 중요한 역할을 한다. 혈관과 접촉되어 있는 대식세포가 상피세포 성장 인자(EGF)를 제공하게 되는데, 이 성장 인자는 암세포의 상피세포 성장 인자 수용체에 결합하게 된다. 또한 암세포는 CSF1을 생산하는데, 이것이 대식세포의 CSF1 수용체에 결합해서 주화성 매개(chemotaxis-mediated) 암세포 이동 현상이 발생하게 된다. CSF1을 중화시키는 항체를 이용할 경우에 혈관내 침입이 감소하는 것이 확인되었는데, 이 결과는 종양 관련 대식세포에 의한 암세포 이동 이론을 뒷받침한다. 혈관내 침입 과정의 보다 깊은 분자 기진 이해를 위한 추가 연구가 필요하며, 이를 통해 혈관내 침입 과정을 억제하는 항암 전략을 마련할 수 있을 것으로 기대된다.

9.5 이동

혈관내 존재하는 암세포를 순환 암세포(circulating tumor cells, CTCs)라고 부른다. CTCs가 존재한다는 것은 전이가 일어날 가능성이 있다는 뜻으로 해석된다. 혈관내 암세포는 한쪽 방향(one-way)으로만 이동한다. 암세포는 혈관 내에서 혼자 이동하거나, 혈소판과 무리를 지어 다니기도 하는데, 후자를 색전(emboli)이라고도 한다. 암세포가 혈소판과 덩어리를 지어 이동함으로써, 암세포를 전단력(shear force)과 혈관내 면역세포로부터 암세포를 보호해 주는 역할을 한다. 특정 종양은 특정 부위로 전이되는 현상이 있는데, 이러한 현상은 혈관을 통해 **첫 번째로 만나는 기관(first-pass organ)** 개념으로 설명될 수 있다. 첫 번째로 만나는 기관이란 일차종양에서 출발한 암세포가 혈액을 흐르는 과정 중에 처음으로 만나는 기관을 의미한다.

이는 암세포의 크기가 모세혈관보다 크기 때문에 일어나는 현상이다. 큰 크기의 암세포는 직경 20~30 μm 정도 되는 반면에, 암세포가 통과해야 하는 모세혈관의 직경은 그보다 작은 8 μm 정도 밖에 되지 않는다. 따라서 일차종양에서 출발한 암세포가 첫 번째 만나는 기관의 모세혈관을 흐르는 동안, 통과하지 못해 끼임 현상이 발생하거나, 물리적으로 혈관 밖으로 밀리는 현상이 나타날 수 있기 때문에, 첫 번째로 만나는 기관에 전이될 가능성이 높다. 예를 들면, 폐는 유방에서 나온 세포가 상대정맥에 도달해서 첫 번째로 만나는 기관이다. 그렇기 때문에 폐는 유방암이 전이되는 빈도가 높은 장기가 된다. 간은 간문맥을 통해서 세포가 첫 번째로 흐르는 기관이므로, 췌장이나 대장에 발생한 일차종양의 전이 빈도가 높은 장기가 된다. 대체적으로 혈관 내로 진입한 전체 암세포 중, 아주 낮은 비율의 암세포만이 전이에 성공하게 된다.

9.6 혈관외 유출

혈관외 유출(extravasation)은 혈관이나 림프관을 이동하던 암세포가 혈관 밖으로 나오는 것을 의미한다. 혈관외 유출이 일어나는 장소와 해당 장소의 기질 미세 환경이 전이 장소를 결정하는 데 중요한 역할을 한다. 혈관외 유출은 혈관내 침입 과정의 반대로 이루어진다. 먼저 암세포가 혈관 안쪽의 혈관 내피세포에 접착된 후, 혈관 내피세포와 혈관 기저막을 통과한 다음 주변 조직으로 이동하게 된다. 혈관내 침입 과정이나 혈관외 유출 과정이 모두 혈관 내피세포를 통과해서 이루어지지만, 암세포가 혈관 내피세포에 접근하는 방향이 반대이기 때문에 분자 기전이 다르다. 또한 혈관외 유출이 일어나는 장소에 있는 혈관은 정상적인 과정을 통해 만들어진 혈관이다. 이는 혈관내 침입이 일어나는 종양 신생혈관과는 다른 구조적 특징이 있으므로, 혈관외 유출에는 당연히 혈관내 침입과는 다른 기전이 존재하게 된다.

암세포는 상기 언급된 바와 같이, 기계적 포획의 결과로 순환 중 정지되고, 암세포 및 혈관 내피세포에 존재하는 리간드 및 리간드 수용체를 통해서 암세포와 혈관 내피세포 사이에서 분자적 결합이 이루어진다. 셀렉틴(selectin) 그룹의 부착 단백질은 암세포가 혈관 내피세포에 결합하는 데 중요한 역할을 한다. 특히 암세포와 백혈구로부터 생성된 염증 사이토카인이 혈관 내피세포를 자극해서 E-selectin의 발현을 유도하게 되며, 혈관 내피세포에 발현되어 있는 E-selectin이 혈관내 암세포와 혈관 내피세포의 결합을 촉진한다. 셀렉틴 단백질은 칼슘 의존적 막 수용체로서 암세포에 발현되어 있는 다양한 당 단백질 리간드와 상호작용해서, 암세포가 혈관 내피세포에 결합할 수 있도록 해준다. 각기 다른 기관의 혈관 내피세포는 다른 종류의 셀렉틴을 발현함으로써, 위에서 기술된 암 전이 이론 중 하나인 "씨와 토양" 이론을 뒷받침해 준다. 셀렉틴과 셀렉틴에 결합한 리간드 사이의 신호전달은 상호성의 특징을 갖게 되는데, 이는 결합된 2가지 세포 모두에 서로 신호전달이 이루어진다는 사실에 비춰서 알 수 있다. 즉, 신호전달은 셀렉틴의 세포질 부분에서도 시작되고, 활성화된 리간드에서도 시작된다. 예를 들면, 리간드와 결합해 활성화된 E-selectin은 혈관 내피세포에서 타이로신 인산화를 유도하는데, 이 과정을 통해 혈관 내피세포의 모양도 바뀌게 된다. 반면에 암세포에서는 E-selectin에 결합한 리간드 신호전달을 통해 MAPK의 동위체(isoform) 단백질인 stress-activated protein kinase-2(SAPK2/p38)의 발현이 유도되는데, SAPK2는 암세포가 혈관을 통과하는 데 필요하다. 종합해 보면, 암세포의 리간드가 E-selectin과 상호작용하는 것은 암세포와 혈관 내피세포간 결합을 촉진할 뿐만 아니라, 신호전달을 유발해서 암세포의 혈관 내피 이동을 가능하게 한다. (CD44와 MUC1과 같은 리간드는 암세포에 발현되며, 셀렉틴 단백질에 결합한다.)

암세포가 혈관 내피세포를 통과해서 이동(transendothelial migration)하는 것은 혈관 내피세포 사이 접합(endothelial cell junctions) 사이를 이동하는 것이다(paracellular transendothelial migration). 세포 외(*in vitro*) 연구를 통해서 이 과정에 추가로 필요한 단백질이 밝혀졌는데, 그러한 단백질에는 혈관 내피세포 성장인자(vascular endotherlial growth factor, VEGF)와 세포 간 접합 구조에 관련된 단백질(Rho와 Rac GTPases 등)이 포함된다.

(계속해서 관심을 두어야 할 사항: 아직은 논쟁의 여지가 있기는 하나 몇몇 연구결과들은 암세포가 혈관 내피세포를 직접 통과한다는 이론을 제기하고 있는데, 이러한 프로세스를 transcellular transendothelial migration이라고 한다.)

혈관외 유출의 마지막 단계는 혈관 기저막을 통과하는 단계이다. 혈관내 침입 과정에서는 기저막을 분해하는 단백질 분해효소가 알려졌지만, 혈관외 유출 과정에서 중요한 역할을 하는 단백질 분해효소가 아직 밝혀지지 않았다. 추가 연구를 통해서 밝혀져야 할 내용이다.

9.7 전이성 집락

전이가 일어나는 장소는 혈관외 유출 위치에 영향을 받기도 하지만, 전이된 암세포가 특정 기관의 미세 환경에 잘 적응해서 전이성 집락(Metastatic colony)을 형성하는 능력에 의해 결정된다. 전이성 집락이라는 용어는 마지막 단계의 전이 과정을 정확하게 표현한 용어라고 할 수 있다. 먼저 우리가 잘 알고 있는 집락 형성(colonization)이라는 개념에 대해서 생각해보자. 과거 영국은 멀리 떨어져 있는 새로운 세상에 집락을 형성하였는데, 그 집락의 성장은 항로나 항구와 같은 주변 환경에 의해 결정되었다. 새롭게 정착한 사람들이 서쪽으로 이동하는 과정에서 몇몇 좋지 못한 환경에서는 정착에 실패했지만, 어떤 장소에서는 항로를 개척하는 등 발전을 거듭해 가면서 정착에 성공한 경우도 있다. 전이성 집락 형성 과정은 일차 종양으로부터 먼 거리에 있는 장소에서 암이 새롭게 성장하는 과정이다. 전이성 집락 형성 과정에서 산소와 영양분을 공급해주는 종양 혈관신생은 필수적이라고 할 수 있다. 여러 가지

연구 결과에 의하면, 종양의 발생 초기에서도 전이는 되었지만 충분히 성장되지 못한 암세포가 있다는 것이 밝혀졌다. 이렇게 전이되기는 하였지만, 충분히 성장하지 못한 전이 세포를 "**흩뿌려진 종양세포(disseminated tumor cells**, DTCs)"라고 부른다. 대부분 전이 암세포는 상피세포 형질을 나타내고 있기 때문에, 그러한 세포들은 상피간엽이행의 반대 개념인 간엽상피이행(mesenchymal-to-epithelial transition) 과정을 거친 것이라고 여겨지고 있다.

전이에 성공한 암세포에 비해, 전이는 되었으나 여전히 성장하지 못하고서 DTCs로 동면상태에 들어간 미세 전이 세포와의 차이점을 이해하는 것이 중요하다. 미세 전이 상태에 남겨져 있는 암세포는 암세포의 분열 빈도와 세포자살의 빈도가 균형을 이루어서 만들어진 것일 수도 있고, 또는 휴지상태로 진입해 암세포의 성장이 없는 것일 수도 있다(보통 이러한 휴지상태는 가역적임). 어떤 경우에는 미세 전이 상태가 종양 혈관신생이 일어나지 않아서 생긴 것일 수도 있고, 주변의 면역 체계가 작동해서 발생한 현상일 수도 있다. DTCs의 휴지상태를 유발하는 분자 기전은 스트레스 신호전달 활성화, 휴지상태를 만드는 유전자의 발현 그리고 암세포의 동면에 적합한 종양 미세 환경 등과 관련이 있다. 연구 결과에 의하면, 안정적인 혈관으로부터 유래한 인자(factors)가 DTC 휴지상태를 유도할 수 있다고 한다(반대로 신생혈관으로부터 유래한 인자는 세포 성장을 유도함, Ghajar *et al.*, 2013). 하지만 새로운 환경과의 상호작용으로 자극받은 DTCs는 성공적으로 성장하게 되고, 이차 종양, 즉 전이암을 형성하게 된다. 이 과정에서 필요한 몇 가지 단백질(예를 들면, 파이브로넥틴)이 발견되었지만, 전이성 집락 과정을 정확히 이해하기 위해서는 추가 연구가 필요한 실정이다.

미리 조성된 전이 환경

"씨와 토양" 전이 이론은 전이 장소와 전이될 암세포의 적합성이 성공적으로 전이성 집락을 이루는 데 중요하게 작용한다고 주장한다. "미리 조성된 전이 환경(The pre-metastatic niche)"은 전이가 될 장소를 지칭하는 것으로, 개념상 "씨와 토양" 이론과 일맥상통하며, 미래의 전이가 될 장소를 일차 종양으로부터 분비되는 인자를 통해 미리 준비한다는 개념이다. 미리 조성된 전이 환경 개념은 획기적인 논문에서 제시된 바 있다(Kaplan *et al.*, 2006, Oppenheimer, 2006 논문 참조). 이 논문에서는 적색 형광으로 표지된 마우스 종양세포를 주입한 마우스에서 녹색 형광으로 표지된 마우스 골수 유래 세포의 이동을 관찰하였다. 그 결과, 녹색 형광으로 표지된 마우스 골수 유래 세포가 공통적인 전이 장소에 미리 도달해서 클러스터를 형성했고, 그 이후에 적색 형광으로 표지된 암세포가 동일한 장소에 도달하는 것이 관찰되었다(그림 9.6). 그 골수 유래 세포들은 VEGF 수용체-1(VEGFR-1, 제10장 참조)과 인테그린 VLA-4를 발현하는데, 이 발현된 단백질은 세포 클러스터 형성을 촉진하는 종양 특이

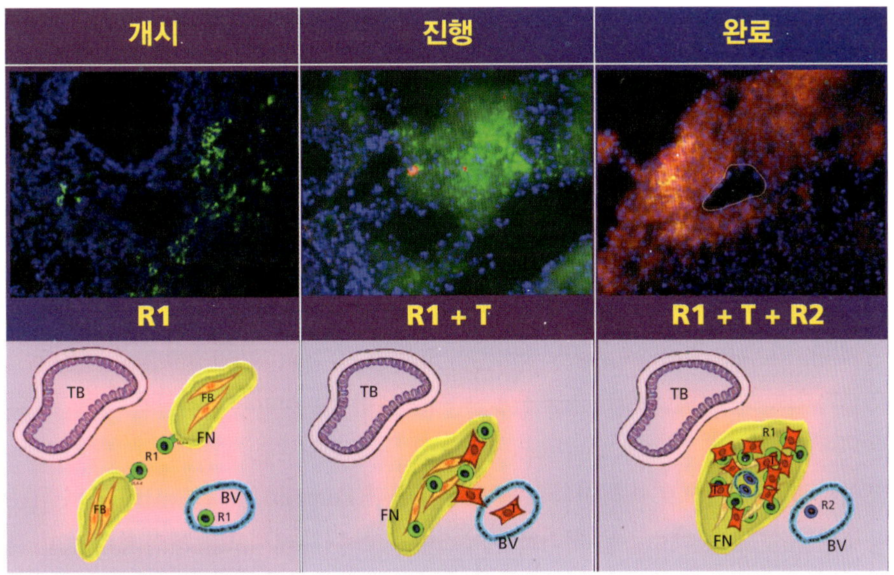

그림 9.6 "미리 조성된 전이 환경" 이론의 증거. 위쪽 그림: 폐에 도달한 녹색 형광으로 표지된 골수세포와 적색 형광으로 표지된 암세포를 면역화학 염색법을 이용하여 확인한 결과. 아래쪽 그림: 위쪽 실험 결과를 모식도로 나타낸 그림. R1, 골수 유래 세포(녹색); R2, 혈관 내피세포 전구세포(파란색); 파이브로넥틴(FN)(노란색); TB, terminal bronchiole: BV, bronchial vein. Kaplan *et al.*, (2006) 논문에서 허가받고 발췌한 그림. Preparing the soil: The premetastatic niche. *Cancer Res.* **66:** 11089–11093, with permission from the American Association for Cancer Research.

적 성장 인자에 의해서 구축된 파이브로넥틴이 풍부한 환경과 상호작용하였다.

추가 실험을 통해서, 일차 종양에서 분비된 인자(factors)들이 선택된 장소에 "미리 조성된 전이 환경"을 구축한다는 중요한 사실이 밝혀지게 되었다. 어떤 암종의 암세포를 배양한 배양액을 이용하면(이 배양액에는 해당 종류의 암세포에서 분비된 인자들이 포함되어 있음), 다른 암종의 암세포 전이 방향을 다른 곳으로 유도할 수 있음이 밝혀졌다. 예를 들면, 마우스 피부암세포를 배양한 배양액을 마우스에 처리하였을 때, 마우스 폐암의 전이 방향성이 폐암의 것을 따르지 않고, 피부암세포 전이 방향성을 따르게 된다. 비슷한 연구 결과가 사람의 암세포를 이용한 연구에서도 재현되었다. 이러한 연구 결과는 "미리 조성된 전이 환경" 이론이 전이의 장기친화성을 결정하는 중요한 메개자가 된다는 사실을 의미한다. Kaplan *et al.*, (2006)과 Oppenheimer(2006) 논문에서 논의된 것처럼, 일차종양에서 분비된 종양 특이적 인자가 암세포가 전이되기 이전에 전이가 될 미래 장소의 미세 환경 변화를 촉진한다고 볼 수 있다. 또한 이와 같이 분비된 인자에 반응해 골수세포들이 먼저 "미리 조성된 전이 환경"에 도달한 후, 암세포가 전이되어 집락을 형성할 수 있는 환경을 조성한다(골수세포와 암세포의 이동에 관해서는 315쪽 참조). 일차종양 세포에서 분비된 인자로서 종양 분비 엑소좀이 포함된다는 것이 확실해졌다(다음 "엑소좀" 참조).

엑소좀

엑소좀(Exosomes)은 크기 30~100 nm 사이의 소낭으로, 단백질과 핵산을 다른 조직으로 전달하는 기능을 한다. 여러 개의 소낭으로 포장된 엑소좀은 세포막과 융합되어 세포 밖으로 배출되며, 이런 과정을 통해 혈액이 흐르는 순환계로 나가게 된다. 엑소좀은 암세포 사이 혹은 암세포와 미세 환경에 존재하거나 혹은 더 멀리 떨어져 있는 일반 세포 사이에 소통하는 방식으로 활용되고 있다. 엑소좀은 또한 일차종양에서 전이되는 과정에 시스테믹한 효과를 일으키는 역할도 한다. 엑소좀은 순환하다가 엑소좀과 융합될 수 있는 다른 세포에 DNA, RNA 혹은 단백질을 전달하는데, 이러한 과정을 **수평적 전달(horizontal transfer)**이라고 한다. 이러한 암세포에서 생산된 엑소좀이 전달됨에 따라 엑소좀을 받는 세포에서 여러 가지 형태적 기능적 변화를 초래하게 된다. David Lyden 연구팀은 마우스 피부암 모델을 이용해서, 종양에서 유래한 엑소좀이 시스테믹한 효과를 유발하는 인자로 이용되는 현상을 증명한 바 있다. 이 연구 결과에 의하면, 종양에서 유래한 엑소좀에 포함되어 있는 타이로신 인산화효소 수용체인 MET 등을 포함한 여러 생분자(biomolecules)가 엑소좀 융합을 통해 골수 유래 세포로 전달되며, 이러한 물질을 전달받은 골수 유래 세포가 미리 조성된 전이 환경으로 이동한다는 것이 밝혀졌다(Peinado *et al.*, 2012). 연구팀은 농축된 종양 유래 엑소좀을 처리한 마우스에서 골수 유래세포를 채취해 관찰한 결과, 이와 같이 교육된 골수세포는 전이와 관련된 골수 유래 세포의 수를 증가시키는 것과 전이 가능성이 높아진 것을 확인하였다. 반대로 엑소좀의 생산 숫자를 RNA 간섭 기술을 이용해 감소시킨 결과에서는, 골수 유래 세포의 이동성과 전이 가능성이 모두 감소된 것을 알 수 있었다. 연구팀은 또한 엑소좀의 역할을 췌장암 모델에서도 연구하였는데, 췌장암에서 유래한 엑소좀에 의해 간 조직으로 전이를 위한 "미리 조성된 전이 환경"이 체계적으로 구축되는 것을 확인하였다(Costa-Silva *et al.*, 2015). 연구 결과에 의하면, 첫째, 췌장암에서 만들어진 엑소좀은 간에 있는 Kupffer 세포에 특이적으로 전달되며, 엑소좀을 받은 Kupffer 세포들은 TGF-β 유전자를 포함한 섬유화(fibrosis) 관련 유전자의 발현을 증가시킨다. 발현 증가된 TGF-β는 간 조직에 있는 다른 세포(stellate cells)들로 하여금 파이브로넥틴을 발현하도록 유도한다. 발현된 파이브로넥틴은 골수 유래 세포를 해당 조직으로 모여들게 만드는데, 그 결과로 "미리 조성된 전이 환경"이 구축된다. 결과적으로, 간 조직의 미세 환경이 변화하게 되며, 전이된 췌장암의 분열과 성장을 유도한다.

농축된 엑소좀을 마우스 모델에 주입해 수행한 이 실험 결과는 엑소좀이 전이 과정에서 중요한 역할을 한다는 것을 잘 나타내 준다. 하지만 수평적 전달(horizontal transfer) 개념에 대한 직접적인 근거는 최근에서야 밝혀지게 되었다. 실제 생체 내 이미징 기술과 Cre−LoxP를 이용한 마우스 동물 모델에서 수행한 실험으로부터, 세포 밖에 존재하는 소낭이 암세포 사이에 서로 전달되는 것이 직접적으로 확인되었다(Zomer *et al.*, 2015). 이 연구에서는 CRE-recombinase를 전달받은 세포에서만 녹색 형광(GFP)을 발현할 수 있는 DNA 리포터 시스템이 활용되었다. 그 결과 CRE- recombinase를 포함한 엑소좀에 노출된 세포가 녹색 형광을 나타내는 것이 확인되었으며, 이는 실제적으로 엑소좀으로부터 무엇인가 전달된다는 사실을 알 수 있었다. 또한 낮은 수준의 악성 성질을 갖고 있는 암세포에 암세포 유래 엑소좀이 전달되었을 경우 전이 능력이 향상된 것이 확인되었다.

엑소좀을 통해서 miRNA가 전달되면, 전달받은 세포내 유전자 발현 양상이 변화하며, 세포의 성격을 변화시킬 수 있다. 엑소좀이나 다른 종류의 전달 소낭인 엑토좀(ectosomes)에 의해서 miRNAs가 전달될 수 있으며, 이 결과로 전이가 촉진되는 현상이 발견되었다(Le *et al.*, 2014). 동일한 방법은 심지어 정상 세포를 암세포로 전환시킬 수 있다(Melo *et al.*, 2014). 새로운 엑소좀에 관한 연구 결과는 "미리 조성된 전이 환경" 현상의 분자 기전을 이해하는 데 도움이 되고 있다. 또한 종양 유래 엑소좀 막에 결합된 분자를 통해서 장기 친화성이 있는 장기 쪽으로 엑소좀이 이동할 수 있도록 역할을 하며, 결국 장기 친화성 전이 현상을 일으키게 된다(Hoshino *et al.*, 2015). 인테그린 소단위의 조성이 엑소좀의 장기친화적 흡수를 유도하게 되는 분자 기전이 밝혀졌으며, 이후 "미리 조성된 전이 환경"을 형성할 수 있게 한다. 같은 맥락의 결과로, 일정 종양에서 생산된 종양 유래 엑소좀이 다른 종류의 종양 전이 방향성을 변경시키는 것도 밝혀진바 있으며, 또한 인테그린을 저해하는 펩티드를 처리한 경우에는 엑소좀이 특정 기관으로 전달되는 것을 억제한다는 사실도 밝혀졌다. 이러한 연구 결과들은 이후 새로운 항암 전략을 수립하는 데 활용될 수 있을 것으로 기대하고 있다.

전이 억제 유전자

새로운 종류의 유전자로 전이 억제 유전자(**Metastasis suppressor genes**)들이 밝혀지고 있다. 해당 유전자의 발현은 전이가 되지 않는 종양세포에 비해 전이 암세포에서 현저히 감소되어 있다. 전이 억제 유전자는 일차종양의 성장에는 영향을 미치지 않지만, 전이는 감소시키는 기능이 있다. 전이 억제 유전자로부터 발현되는 단백질은 전이된 이차종양의 성장을 억제해서 분열하지 않는 동면상태로 유지시켜 준다. 그러므로 종양억제유전자와 비슷하게, 이러한 유전자의 기능 상실(loss of function)은 암세포의 전이 능력을 향상시킨다. 처음 *NM23* 유전자가 밝혀진 이후, 대략적으로 23개의 전이 억제 유전자가 밝혀졌다. *NM23* 유전자로부터 발현되는 단백질은 이인산 뉴클레오시드 인산화효소(nucleoside diphosphate kinase)의 기능과 히스티딘 인산화(histidine kinase) 기능이 있는 것으로 밝혀졌으며, 두 번째 기능이 전이 억제를 유도한다. *MKK4*(mitogen-activated protein kinase kinase 4) 역시 전이 억제 유전자로 밝혀졌으며, 이로부터 발현된 단백질은 전이성 집락을 형성하는 것에 영향을 미친다. MKK4 단백질은 새로운 미세 환경에서 발생한 세포 스트레스에 반응해서 세포의 사멸을 유도하며, 이에 따라 전이성 집락 형성을 억제한다. 위에 나열한 2가지 유전자, *NM23*, *MKK4*는 모두 미세 전이 상태에서 전이 암세포의 동면(dormancy)을 유도한다. 다양한 전이 억제 단백질은 일반적인 신호전달 기전(예를 들면, MAPK), 갭 정션 세포간 신호전달(gap junction communication) 등 

을 제어하는 것으로 알려져 있지만, 아직 초기 연구 단계에 머무르고 있다. 추가적으로 새로운 종류의 전이 억제 기능이 있는 miRNAs도 서서히 밝혀지고 있다. 이러한 miRNAs를 전이 억제 miRNAs라고 부르는데, 현재 miR-335 및 miR-126 등이 전이 억제 기능이 있는 것으로 알려졌다(3.6절 참조).

치료 전략

종양 연구 분야에서 비정상적인 세포 성장 연구가 비교적 성공적으로 이루어지고 있지만, 전이에 관한 연구는 그리 쉽지 않다. 아직 복잡한 암의 전이 과정이 충분히 이해되고 있지 않기에, 암의 전이를 표적하여 막거나 예방하는 약물 개발이 어려움을 겪고 있다. 여기서 논의할 내용은 실제 허가된 약물이 아닌, 미래에 가능성 있는 치료 전략이라고 할 수 있다.

우리는 아마도, 이론상 암 전이의 각 과정 단계를 표적하는 약물이 개발될 수 있다고 구상할 수 있을 것이다. 단백질 분해효소 및 인테그린 저해제는 침윤을 억제할 수 있는 역할을 나타내겠지만, 해당 저해제 개발은 아직까지 성공적이지 못했다. 최근 상피간엽이행을 억제하거나 전이 억제 유전자 발현을 유도하는 기술이 새로운 치료 전략으로 개발되고 있다. 아마도 암 전이의 가장 마지막 단계인 전이성 집락 형성을 억제하는 것이 가장 효과적인 암 치료 전략이라고 할 수 있겠다.

암의 전이를 표적하는 몇몇 치료 전략들이 다음 절에서 다루어질 것이다(그림 9.7)

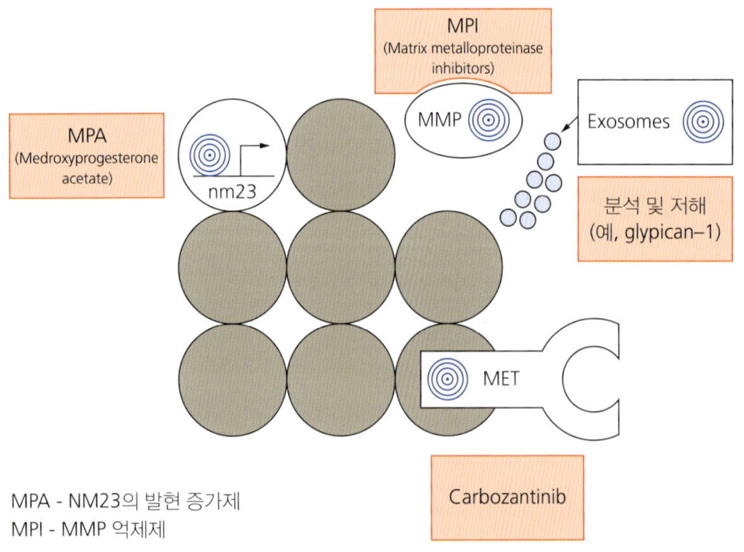

그림 9.7 암의 전이를 표적하는 치료 전략. Carbozantinib은 현재 임상용으로 승인되었다.

9.8 메탈로프로티네이즈 저해제

MMP가 암의 전이에서 중요한 역할을 하는 것이 밝혀진 이후로 여러 제약회사에서 MPI(matrix metalloproteinase inhibitors)에 대한 관심이 높아졌으며, 실제로 Marimastat나 Neovastat 같은 MPI 개발이 진행되고 있다. MPI는 침윤이나 혈관내 침입을 포함한 여러 가지 전이 단계에서 항암 효과를 나타내는 것으로 밝혀졌다. 사실 MPI의 첫 번째 임상시험은 실망스러운 결과였지만, 실패의 요인을 분석하는 과정에서 향후 성공 가능성이 있다는 점도 확인되었다. MPI 약물 개발의 속도가 MMP 그룹 단백질에 관한 기초연구의 속도보다 훨씬 빠르게 진행되고 있다. 현재 24개의 MMP가 발굴되었다. 하지만 MMP의 시간적 공간적 발현 패턴과 생물학적 기능, 그리고 서로 다른 암종에서의 역할을 규명하는 기초연구가 MMP를 저해하는 소분자 화합물이나 천연물 유래 물질 개발보다 많이 늦어지고 있는 것이 사실이다. MPI의 임상연구 실패는 예상하지 못했던 근골격계 통증 유발을 포함하는 부작용과 더불어 치밀하지 못한 연구 설계에 기인한다. MPI의 전임상 연구 결과는 초기 암 환자에게 투여함이 매우 중요함을 나타내었음에도 불구하고, 실제 임상시험에서는 진행이 많이 된 암 환자들에게만, 시험 약물이 투여되었으며, 이에 따라 약물의 효과를 적절히 측정하기 어려운 측면이 있었다. 현재까지, 임상치료에 허가 받은 MPI는 존재하지 않는다. 선택적인 치료 효과가 있는 항체를 이용해서 막에 결합되어 있는 MMP를 표적하는 개발 연구가 차세대 MPI의 개발 방향이라고 할 수 있으며, 이러한 방법을 통해서 심각한 독성을 나타내었던 초기 MPI보다 개선된 효과를 보일 것으로 기대하고 있다.

상피간엽이행을 저해하는 c-MET 저해제

수용체 타이로신 인산화효소, MET(mesenchymal-epithelial transition factor; 또한 hepatocyte growth factor 수용체로도 알려져 있음)와 해당 수용체의 리간드인 hypatocyte growth factor(HGF)는 암의 침윤 및 생존과 관련이 있는 EMT 과정에서 중요한 역할을 하며, 또한 중요한 암의 발생 과정에서도 중요한 역할을 한다. c-MET과 VEGFR을 저해할 수 있는 소분자 화합물인 carbozantinib(Cometriq™)가 2012년에 갑상선암 치료제로 허가를 받았다.

9.9 전이 억제 유전자 재발현 전략

종양억제유전자를 재활성화시키는 항암제 개발 전략과 비슷하게, 전이 억제 유전자를 재발현하고자 하는 약물 개발이 진행되고 있다. 유전체 분석 결과에 의하면, 전이 억제 유전자인 *NM23*의 단백질 암호화 부분에는 돌연변이가 많지 않다는 것이 발견되었는데, 이러한 결과는 *NM23* 유전자 발현 자체가 암세포에서 줄어들어 있다는 것을 의미한다. 그러므로 유전자 발현을 재활성화할 수 있는 물질이 후보 물질이 될 수 있다. 연구 결과, *NM23* 유전자 프로모터는 글루코코티코이드 반응(glucocorticoid response) 때문에 활성화되고 유전자 발현이 증가한다. 메드록시프로게스테론 아세테이트(medroxyprogesterone acetate, MPA)는 프로게스테론(progesterone)이며, 글루코코르티코이드(glucocorticoid) 작용제(agonist)인데, *NM32* 유전자 발현을 증가시키는 것으로 알려졌다. MPA는 현재 전이 유방암 치료를 목적으로 화학요법과 병용으로 혹은 화학요법을 제외한 단독으로 임상 2상 시험 중(NCT00577122, 역주: 종료되었음)에 있다. 재조합 단백질이나 유전자 치료 접근 방법을 이용해서 전이 억제 유전자를 재활성화시키는 다른 전략들이 현재 전임상 연구 진행 중에 있다(Smith and Theodorescu, 2009).

전이성 집락 형성을 저해하는 약물개발

전이성 집락 형성을 저해하는 약물은 면역 관문 억제제에 버금가는 전이성 암을 억제하는 가장 좋은 약물이 될 것이다. 미국 국립암연구소(National Cancer Institute)의 암 통계 조사에 의하면, 암 진단시 국한되어 있는 암(localized) 61%, 국소되어 있는 암(regional) 32%, 전이 암(metastatic) 5% 그리고 미분류 암 2%로 분포되어 있음이 알려졌다(Sun and Ma, 2015).

비교적 초기 암인 국한 및 국소되어 있는 암(총 93%)도 침윤과 미세 전이가 존재할 가능성이 크기 때문에, 전이성 집락 형성을 억제하는 것이 성공적인 치료 전략으로 적절할 것으로 여겨지고 있다. 전이가 이미 일어났을 경우에 전이성 집락 형성을 억제하는 것은 큰 효과가 없을 것이다. 전이성 집락 형성을 저해하기 위해서 간엽상피이행 억제, 전이 환경 억제 혹은 동면 암을 표적화할 수도 있다. 오랜 시간이 지난 후 재발하는 종양의 경우에, 동면 DTCs가 재활성화되어 발생한 것일 수도 있다. 만약 동면 DTCs의 재활성화를 억제할 수 있다면, 종양 치료에 대한 새로운 시대를 맞이할 수 있을 것이다. 하지만 거기까지 이르기에는 우리의 지식이 부족한 상태다. 인류는 암 치료에 관한 여러 가지 요소를 이제야 이해하기 시작하고 있다. 예를 들면, 섬유화(fibrosis)가 동면 DTCs를 재활성화할 수 있기 때문에, 섬유화 억제 항체 치료제인 FG-3019가 임상 3상 시험 중에 있으며, 이를 통해서 항암 전이 약물로 검증될 수도 있다. 다른 예로 DNA 메틸레이션 억제제인 5-azaC가 암세포를 동면상태로 전환시킬 수 있다는 결과도 있다. 또한 최근 연구를 통해서, 새로 유입되는 DTCs에 의한 전이 장소 기질의 적응 현상 및 성공적인 전이성 집락 형성에 유도되는 요소(예를 들면, POSTN)들도 점차 규명되고 있다. 이러한 연구 결과는 전이 미세 환경의 구축을 저해하는 전략이 전이성 집락을 억제할 수 있다는 것을 의미한다(Malanchi *et al.*, 2012).

비침윤성 진단 및 예후 예측을 위한 엑소좀

암세포가 엑소좀을 분비하는 것으로 알려져 있으며, 이에 따라서 혈액에 존재하는 종양 유래 엑소좀을 검사하는 것이 최근에 환영 받고 있는 비침윤성 초기 암 진단 방법이다. 피부암 환자에서 순환하는 엑소좀을 통해서 암 병기 진단과 예후 및 생존율을 예측할 수 있을 것으로 기대하고 있다(Peinado *et al.*, 2012). Melo와 동료 연구자들은(2015) 세포막에 존재하는 프로테오글라이칸(proteoglycan) 중 하나인, glypican-1(GPC-1)가 초기 및 말기 췌장암 환자의 종양 유래 엑소좀에 존재하는 것을 밝혀내었다. GPC-1은 정상인이나 양성 췌장 종양을 가지고 있는 사람에게서는 발견되지 않았으며, 암의 진단에 이용할 수 있을 정도로 민감하며 특이적이다. 따라서 GPC-1은 췌장암 진단 마커로 이용될 수 있는 후보물질로서 임상 개발이 가능할 것으로 기대하고 있다.

9.10 전이의 여러 단계를 동시에 적중하는 방법

우리가 학습한 바와 같이, 일차종양에서 전이 암이 되는 과정에는 여러 가지 단계가 존재한다. 최근에 일차종양의 성장과 전이의 위험도가 높은 유전자군 혹은 "특이 유전자군 발현 특성(Gene signatures)"이 발견되었다. Gupta와 동료 과학자들(2007)은 인간의 폐암세포를 이용해서, 폐암 전이에 특이적 발현 패턴을 보이는 4가지 유전자(EGFR 리간드 *epiregulin*, *COX2*, *MMP1* 그리고 *MMP2*)의 기능을 분석하였다. 위에 나열한 4가지 유전자를 하나의 세포에서 shRNA 실험방법을 이용해 동시에 발현저해한 세포주를 개발한 이후, 이를 마우스 동물 모델에 주입해서 종양의 성장과 전이와 관련된 마커들을 분석하였다. 그 결과 그 4가지 유전자를 동시에 발현 저해했을 경우 종양의 성장과 암의 전이가 모두 억제되는 것이 밝혀졌다. 이 결과는 위의 4가지 유전자가 종양의 성장, 혈관신생, 이동, 혈관내 침입, 혈관외 유출에 있어서 역할을 한다는 것을 의미한다(Gupta *et al*., 2007). 치료제 개발 관점에서 더 흥미로운 사실은 위 4가지 유전자로부터 발현되는 단백질의 저해제(cetuximab, EGFR 중화 항체; celecoxib, COX 저해제; GM6001, MMP 저해제)를 함께 사용하였을 경우, 실제로 종양의 성장과 전이가 억제된다는 사실이다. 이 결과는 미래의 새로운 항암제 개발 가능성을 암시하고 있다. 우리가 초기 암 단계를 진단하고, 전이를 막을 수 있다면, 질병으로서의 암을 제어할 수 있을 것으로 기대하고 있다.

어떻게 알 수 있을까?

4가지 특이적 단백질을 표적하는 약물이 종양의 성장과 전이에 미치는 영향을 측정하는 생체 내 실험방법

(Gupta *et al*., 2007 참조)

그림 9.8a에 설명된 실험 설계: 유방암에서 폐암으로 전이된 사람의 전이 암세포를 면역억제된 마우스 유방의 지방조직에 주입하고서, 24일 동안 암세포가 성장할 수 있도록 한 후, 마우스에 나열된 약물을 투여한다. 일정 시간이 지난 후 마우스로부터 각 조직을 분리한다.

생체내 활성 측정(*In vivo* assays): 일차종양의 성장을 생체 내 측정하기 위하여 성장한 종양의 크기를 측정한 후 대조군과 비교한다. 그림 9.8b를 보라. 일차종양의 크기가 약물 조합의 처리 후 감소하였는가? 이러한 결과는 세포의 사멸에 기인한다. 연구자들은 그것을 어떻게 알게 되었을까? 그것을 이해하기 위해서는 해당 논문과 관련된 온라인 보조자료를 참고해야 한다. 혈관내 침입에 대한 이 약물들의 효과를 측정하기 위해서 마우스의 혈관내 존재하는 인간 세포의 수를 인간 GAPDH 특이적 real-time PCR 기법을 이용하여 측정한다. 그림 9.8c를 보라. 조합된 약물을 처리한 후, 혈관내 존재하는 사람 세포의 양이 감소하였는가? 혈관외 유출과 폐에 존재하는 전이성 집락을 검출하기 위해서 폐의 조직을 슬라이드 위에 준비한 후, 전이 암세포를 측정하기 위해 인간 세포 특이적 항체를 이용하는 면역형광염색법으로 염색한다. DAPI(4,6-diamidino-2 phenylindole)을 이용해서 세포의 핵을 염색한 후에 조직 슬라이드에 존재하는 전체 세포(휴먼 전이 암세포와 마우스 폐 세포 모두) 숫자를 세어본다(그림 9.8d와 e). 전이 비율(metastatic burden, 전이된 암의 수자와 크기 분포)은 DAPI를 이용한 전체 세포에 비교한 형광을 →

나 타내는 세포의 비율을 측정한다. 그림 9.8f를 보라. 조합된 약물을 처리한 후 폐로 전이된 암이 줄었는가? 요약하면, 일차종양의 성장과 전이는 마우스 모델에서 조합된 약물의 처리에 의해 줄어든 것을 확인할 수 있다.

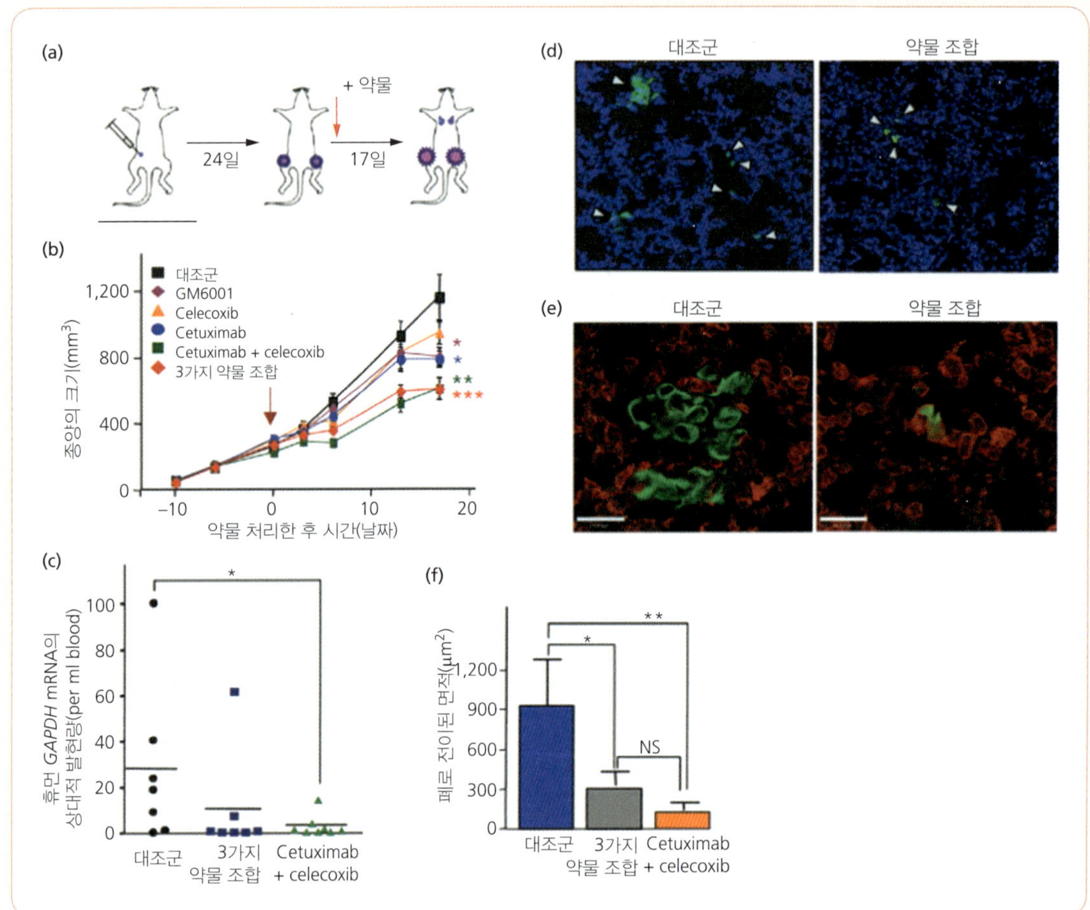

그림 9.8 (a) 일정 시간이 지난 후 일차종양 및 전이 진행을 생체 내에서 측정하기 위한 연구 설계를 그림으로 표현한 것. 마우스 동물에 대조군 약물, cetuximab, celecoxib, GM6001 혹은 표시된 조합으로 처리하였음. (b) 대조군 약물, 개별 혹은 조합된 약물을 처리한 후 종양의 크기를 측정한 결과($n = 6$, 에러 바는 표준 평균 에러, 대조군을 처리한 마우스에 대한 양측 검정에 의한 스튜던트 T 검정에 기반한 통계, *, $P < 0.05$, **, $P < 0.01$, ***, $P < 0.001$를 의미함). (c) 마우스로부터 혈액을 분리한 후 적혈구를 용해하였음. 남은 세포의 RNA를 qRT-PCR로 분석하였음. 순환하고 있는 인간 종양 세포는 인간 세포 특이적 *GAPDH*의 발현을 측정해 정량하였음. 이때 3 mL 혈액에 존재하는 마우스 *B2m*을 기준으로 이용함($n = 7$, 각 기둥은 GAPDH 발현을 나타냄, 양측 검정에 의한 스튜던트 T 검정에 기반한 통계, *, $P < 0.05$). (d) 휴먼 vimentin 특이적 항체를 이용해 마우스의 폐 절편 조직에서 종양 세포를 염색한 결과. 세포의 핵은 DAPI를 이용해 염색하였음. 화살표는 종양 클러스터를 나타내고 있음. 왼쪽 그림은 대조군 마우스의 조직 절편이고, 오른쪽 그림은 3가지 약물을 처리한 마우스에서 준비한 조직 절편임. (e) 공초점 현미경을 이용하여 확보한 종양 세포(vimentin, green)와 폐 혈관(lectin, red). 왼쪽은 대조군 그리고 오른쪽은 약물 처리 마우스임. 측정 막대는 20 μm. (f) 폐 전이 비율을 디지털 정량한 결과. 폐에서 DAPI로 측정된 모든 세포 수 대비, FITC(fluorescein isothiocyanate)로 염색된 암세포를 정량하여 전이 비율을 측정하였음. 그래프는 5×10^5 μm^2 DAPI 크기에서 측정한 폐 전이된 크기($n = 10$, 에러 바는 표준 평균 에러) 상기 결과는 Macmillan Publisher Ltd: Nature로부터 사용 허가를 득한 이후 인용된 결과임. Gupta, G.P. *et al.*, (2007) Mediators of vascular remodeling co-opted for sequential steps in lung metastasis. *Nature* **446:** 765−770, copyright(2007).

단원 요점—되짚어 보기

- 암세포는 침윤, 혈관내 침입, 이동, 혈관외 유출 그리고 전이성 집락 형성 과정을 통해 전이된다.
- 일차종양과 종양 관련 기질의 복잡한 상호작용은 개별 암세포의 전이 능력에 영향을 미친다.
- 인테그린은 세포와 ECM 간의 상호작용을 매개하는 수용체로서 세포 안과 바깥에 걸쳐 작용하므로 양방향 신호전달 기능을 가진다.
- 혈관내 침입과 혈관외 유출 과정은 동일한 이벤트가 반대로 일어난다. 각 이벤트와 관련된 분자 기전은 다르다.
- 전이성 집락 형성은 원거리 암세포의 진행성 성장 과정으로, 종양 혈관신생 과정이 필요하다(228쪽의 제10장 "혈관신생" 참조).
- 각각의 암종은 일정한 위치로 전이되려는 성질이 있다. 이러한 현상은 혈관이 흐르는 방향성과 관련이 있으며, 또한 "씨와 토양" 이론에 근거한 전이 암세포와 잘 맞는 조직이 존재한다는 사실에 근거한다. 혹은 암세포로부터 분비한 물질에 의해 만들어진 "미리 조성된 전이 환경"과도 관련이 있다.
- "미리 조성된 전이 환경"이란 일차종양이 전이되는 장소로서, 일차종양에서 분비된 물질에 의해 전이된 세포가 도착하고 성장할 수 있도록 미리 구축된다.
- 종양 유래 엑소좀은 세포 간 소통의 수단이며, 생물학적으로 중요한 물질을 다른 세포에게 전달하는 역할을 한다.
- 연구 결과에 따르면, 종양 유래 엑소좀은 전이와 관련이 있으며, 특히 "미리 조성된 전이 환경" 구축에 역할을 한다.
- 미세 전이 암세포는 전이된 암세포가 성장하지 못하는 상태이며, 길게는 수년까지 암 동면상태로 머무를 수도 있다.
- 전이 억제 유전자들의 기능상실이 전이 능력을 향상시킨다. 많은 전이 억제 유전자들이 암 동면에 중요한 역할을 한다.
- 다양한 암 전이 과정이 새로운 항암제 개발 연구에 표적이 될 수 있다.

탐구 활동

1. 암에서 MET/HGF의 역할을 뒷받침할 수 있는 임상적 그리고 실험적 증거를 논하시오. 그리고 MET를 표적할 수 있는 추가적인 개발 전략을 비슷하지만 다른 분자 표적의 사례를 이용하여 제안하시오(Cecchi *et al*., 2010; Liu *et al*., 2009).

더 읽을거리

Bourboulia, D. and Stetler-Stevenson, W.G. (2010) Matrix metalloproteinases (MMPs) and tissue inhibitors of metalloproteinases (TIMPs): positive and negative regulators in tumor cell adhesion. *Semin. Cancer Biol.* **20**: 161–168.

Chaffer, C.L. and Weinberg, R.A. (2011) A perspective on cancer cell metastasis. *Science* **331**: 1559–1564.

Cook, L.M., Hurst, D.R., and Welch, D.R. (2011) Metastasis suppressors and the tumor microenvironment. *Semin. Cancer Biol.* **21**: 113–122.

Desgrosellier, J.S. and Cheresh, D.A. (2010) Integrins in cancer: biological implications and therapeutic opportunities. *Nat. Rev. Cancer* **10**: 9–22.

Geiger, T.R. and Peeper, D.S. (2009) Metastasis mechanisms. *Biochem. Biophys. Acta* **1796**: 293–308.

Ghajar, C.M., Peinado, H., Mori, H., Matei, I.R., Evason, K.J., Brazier, H., *et al.* (2013) The perivascular niche regulates breast tumour dormancy. *Nat. Cell Biol.* **15**: 807–817.

Giancotti, F.G. (2013) Mechanisms governing metastatic dormancy and reactivation. *Cell* **155**: 750–764.

Horak, C.E., Lee, J.H., Marshall, J.-C., Shreeve, S.M., and Steeg, P.S. (2008) The role of metastasis suppressor genes in metastatic dormancy. *APMIS* **116**: 586–601.

Kalluri, R. and Weinberg, R.A. (2009). The basics of epithelial-mesenchymal transition. *J. Clin. Oncol.* **119**: 1420–1428.

Kang, Y. and Pantel, K. (2013) Tumor cell dissemination: emerging biological insights from animal models and cancer patients. *Cancer Cell* **23**: 573–579.

Lamouille, S., Xu, J., and Derynck, R. (2014) Molecular mechanisms of epithelial-mesenchymal transition. *Nat. Rev. Mol. Cell Biol.* **15**: 178–196.

Langley, R.R. and Fidler, I.J. (2007) Tumor cell-organ microenvironment interactions in the pathogenesis of cancer metastasis. *Endocr. Rev.* **28**: 297–321.

Lyden, D., Welch, D.R., and Psaila, B. (2011) *Cancer Metastasis, Biologic Basis and Therapeutics*. Cambridge University Press, Cambridge.

Peinado, H., Zhang, H., Matei, I.R., Costa-Silva, B., Hoshino, A., Rodrigues, G., *et al.* (2016) Pre-metastatic niches: organ-specific homes for metastases. *Nat. Rev. Cancer* **in press**.

Reymond, N., Bordad'Agua, B., and Ridley, A.J. (2013) Crossing the endothelial barrier during metastasis. *Nat. Rev. Cancer* **13**: 858–869.

Roy, R., Yang, J., and Moses, M.A. (2009) Matrix metalloproteinases as novel biomarkers and potential therapeutic targets in human cancer. *J. Clin. Oncol.* **27**: 5287–5297.

Sosa, M.S., Bragado, P., and Aguirre-Ghiso, J.A. (2014) Mechanisms of disseminated cancer cell dormancy: an awakening field. *Nat. Rev. Cancer* **14**: 611–622.

Valastyan, S. and Weinberg, R.A. (2011) Tumor metastasis: molecular insights and evolving paradigms. *Cell* **147**: 275–292.

Yang, J., Mani, S.A., and Weinberg, R.A. (2006) Exploring a new twist on tumor metastasis. *Cancer Res.* **66**: 4549–4552.

Yilmaz, M., Christofori, G., and Lehembre, F. (2007) Distinct mechanisms of tumor invasion and metastasis. *Trends Mol. Med.* **13**: 535–541.

웹사이트

Clinical trials http://www.cancer.gov/clinicaltrials

선택된 특별한 주제

Cecchi, F., Rabe, D.C., and Bottaro, D.P. (2010) Targeting the HGF/Met signaling pathway in cancer. *Eur. J. Cancer* **46**: 1260–1270.

Costa-Silva, B., Aiello, N.M., Ocean, A.J., Sing, S., Zhang, H., Thakur, B.K., *et al.* (2015) Pancreatic cancer exosomes initiate pre-metastatic niche formation in the liver. *Nat. Cell Biol.* **17**: 816–826.

Devy, L. and Dransfield, D.T. (2011) New strategies for the next generation of matrix metalloproteinase inhibitors: selectively targeting membrane-anchored MMPs with therapeutic antibodies. *Biochem. Res. Int.* **2011**: 191670.

Gundem, G., Van Loo, P., Kremeyer, B., Alexandrov, L.B., Tubio, J.M.C, Papaemmanuil, E., *et al.* (2015) The evolutionary history of lethal metastatic prostate cancer. *Nature* **520**: 353–357.

Gupta, G.P., Nguyen, D.X., Chiang, A.C., Bos, P.D., Kim, J.Y., Nadal, C., *et al.* (2007) Mediators of vascular remodeling co-opted for sequential steps in lung metastasis. *Nature* **446**: 765–770.

Hoshino, A., Costa-Silva, B., Shen, T.-L., Rodrigues, G., Hashimoto, A., Mark, M.T., *et al.* (2015) Tumour exosome integrins determine organotropic metastasis. *Nature* **527**: 329–335.

Kaplan, R.N., Rafii, S., and Lyden, D. (2006) Preparing the "soil": the premetastatic niche. *Cancer Res.* **66**: 11089–11093.

Lawson, D.A., Bhakta, N.R., Kessenbrock, K., Prummel, K.D., Yu, Y., Yakai, K., *et al.* (2015) Single-cell analysis reveals a stem-cell program in human metastatic breast cancer cells. *Nature* **526**: 131–135.

Le, M.T.N., Hamar, P., Guo, C., Basar, E., Perdigao-Henrigues, R., Balaj, L., *et al.* (2014) miR-200-containing extracellular vesicles promote breast cancer metastasis. *J. Clin. Invest.* **124**: 5109–5128.

Liu, X., Newton, R.C., and Scherle, P.A. (2009) Developing c-MET pathway inhibitors for cancer therapy: progress and challenges. *Trends Mol. Med.* **16**: 37–45.

Malanchi, I., Santamaria-Martinez, A., Susanto, E., Peng, H., Lehr, H.-A., Delaloye, J.-F., *et al.* (2012) Interactions between cancer stem cells and their niche govern metastatic colonization. *Nature* **481**: 85–89.

Mani, S.A., Guo, W., Liao, M.-J., Eaton, E.N., Ayyanan, A., Zhou, A., *et al.* (2008) The epithelial-mesenchymal transition generates cells with properties of stem cells. *Cell* **133**: 704–715.

Melo, S.A., Luecke, L.B., Kahlert, C., Fernandez, A.F., Gammon, S.T., Kaye, J., *et al.* (2015) Glypican-1 identifies cancer exosomes and detects early pancreatic cancer. *Nature* **523**: 177–182.

Melo, S.A., Sugimoto, H., O'Connell, J.T., Kato, N., Villanueva, A., Vidal, A., *et al.* (2014) Cancer exosomes perform cell-independent microRNA biogenesis and promote tumorigenesis. *Cancer Cell* **26**: 1–15.

Oppenheimer, S.B. (2006) Cellular basis of cancer metastasis: a review of fundamentals and new advances. *Acta Histochem.* **108**: 327–334.

Peinado, H., Alečković, M., Lavotshkin, S., Matei, I., Costa-Silva, B., Moreno-Bueno, G., *et al.* (2012) Melanoma exosomes educate bone marrow progenitor cells toward a pro-metastatic phenotype though MET. *Nat. Med.* **18**: 883–891.

Peinado, H., Lavotshkin, S., and Lyden, D. (2011) The secreted factors responsible for pre-metastatic niche formation: old sayings and new thoughts. *Semin. Cancer Biol.* **21**: 139–146.

Reardon, D.A., Nabors, L.B., Stupp, R., and Mikkelsen, T. (2008) Cilengitide: an integrin-targeting arginine-glycine-aspartic acid peptide with promising activity for glioblastoma multiforme. *Expert Opin. Investig. Drugs* **17**: 1225–1235.

Smith, S.C. and Theodorescu, D. (2009) Learning therapeutic lessons from metastasis suppressor proteins. *Nat. Rev. Cancer* **9**: 253–264.

Sun, Y. and Ma, L. (2015) The emerging molecular machinery and therapeutic targets of metastasis. *Trends Pharmacol. Sci.* **36**: 349–359.

Tucker, G.C. (2006) Integrins: molecular targets in cancer therapy. *Curr. Oncol. Rep.* **8**: 96–103.

Wyckoff, J.B., Wang, Y., Lin, E.Y., Li, J., Goswami, S., Stanley, E.R., *et al.* (2007) Direct visualization of macrophage-assisted tumor cell intravasation in mammary tumors. *Cancer Res.* **67**: 2649–2656.

Zomer, A., Maynard, C., Verweij, F.J., Kamermans, A., Schäfer, R., Beerling, E., *et al.* (2015) In vivo imaging reveals extracellular vesicle-mediated phenocopying or metastatic behaviour. *Cell* **161**: 1046–1057.

Chapter 10

혈관신생

도입

새로운 혈관이 형성되지 않으면 암은 성공할 수 없다. 왜냐하면 이 과정이 일차종양(primary tumor)과 전이성 집락(metastatic colonies)에 모두 필요하기 때문이다. 혈관신생(angiogenesis)은 "발아(sprouting)" 과정에서 내피 세포(혈관의 구성 요소)의 성장과 이동에 의해 기존의 혈관으로부터 새로운 혈관을 형성하는 과정이다. 이 과정은 배아 발생(embryogenesis)시에는 흔하지만, 성인에게 거의 일어나지 않고, 다만 상처 치료와 여성의 생식 주기를 위해 남겨져 있을 뿐이다. 암과 관련하여, 혈관신생은 종양에 필수적이다. 모든 세포는 필수적인 산소와 영양분을 공급 받으려면 혈관의 100~200 μm 범위(산소의 확산 한계) 내에 있어야 한다. 충분한 산소와 영양분을 공급받지 못하는 종양 중심부의 세포는 괴사(necrosis)에 의해 죽게 된다(그림 10.1). 기존 혈관의 발아는 성숙한 혈관의 불안정화, 내피 세포의 증식 및 이동, 그리고 성숙을 수반하는 주요 재구성 과정이 필요하다. 그리고 이는 수용성 매개 인자(mediators)와 그들의 인지 수용체의 상호작용에 의해 조절된다. 배양한 악성(malignant) 세포와 **생체 내**(*in vivo*) 종양에 의해 유도된 숙주 기질 세포는 이러한 수용성 매개 인자의 공급원인 것으로 밝혀졌다. 암에서 형성된 신생 혈관은 상처 치유시 형성되는 것과는 다르다. 이 혈관은 잘 새고(leaky), 구불구불하며, 세포가 쉽게 유입되어 순환할 수 있도록 진입을 허용한다. 신생 혈관은 또한 분자 수준에서도 휴지기의 내피(resting endothelium)와 다르다. 예를 들어, 인테그린 αvβ3와 αvβ5는 성숙한 혈관보다 신생 혈관에서 높은 수준으로 발현된다. 발아하는 혈관에서 증식하는 내피 세포는 침범할 부위의 세포외기질(ECM) 성분과 상호작용해야 하는데, 혈관신생을 촉진시키는 요인들이 이들 인테그린의 발현을 유도하는 것이다. 분자 수준의 차이는 내피에 국한되지 않으며, 벽세포(pericyte)와 ECM이 특정 혈관신생 마커(예를 들어, 각각 NG2 및 oncofetal fibronectin)를 발현하는 것은 이런 사실을 뒷받침한다. 따라서 혈관신생에 관여하는 많은 인자는 정상 혈관과 명확하게 구별된다.

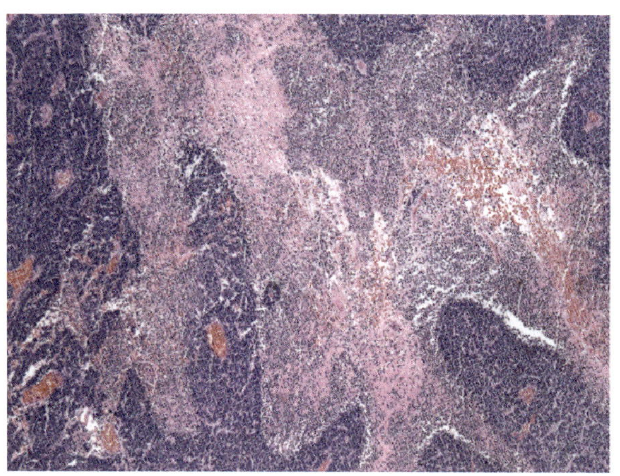

그림 10.1 종양의 괴사 중심. 종양 내부의 지도형 괴사(geographic necrosis)를 잘 보여주는SHH-유형의 수모세포종(medulloblastoma)의 파라핀-종양 조직에서 제작된 조직병리학적 단면(헤마톡실린 및 에오신(H&E) 염색). Courtesy of Jensflorian, Creative Commons Attribution Share Alike 4.0 International 라이센스에 의해 허가됨.

10.1 혈관신생 스위치

혈관신생의 조절은 혈관신생 유도 인자와 억제 인자의 동적 균형에 따라 결정된다. 유도 인자의 활성을 증가시키거나 억제 인자의 활성을 감소시킴에 따라 "혈관신생 스위치(angiogenic switch)"는 "온(on)" 위치로 균형을 맞추며, 그 반대의 경우도 마찬가지이다. 우리는 이 중 몇 가지에만 초점을 맞춘다(그림 10.2).

혈관신생 분야의 개척자: Judah Folkman을 기리며

혈관신생의 메커니즘에 대한 Folkman의 선구적인 발견은 새로운 암 연구 분야를 열었고, 종양이 혈관신생에 의존한다는 그의 획기적인 생각을 뒷받침했다. 그의 실험실에서 최초의 혈관신생 억제제를 동정하였고, 항혈관신생 치료법의 임상시험을 수행했다. 또한 그는 일부 종양이 때로는 무기한으로 휴면 상태에 있지만, 이는 종양이 혈관신생 억제제를 생산하기 때문이며, 혈관신생 억제제의 생산이 감소하면 혈관신생이 다시 나타날 수 있다는 것을 밝혔다.

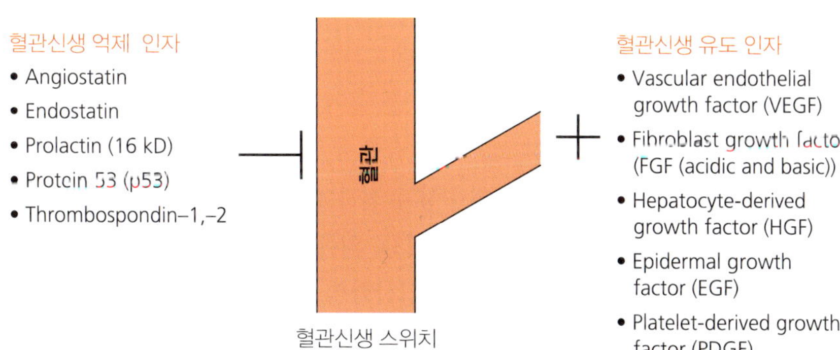

그림 10.2 혈관신생 스위치: 본문에서 논의한 혈관신생 억제 인자와 혈관신생 유도 인자의 예.

잠시 멈춰 생각하기

VEGFR, Tie 수용체 및 에프리린(ephrin) 수용체가 카이네이즈 억제제 치료제의 추가적인 표적이 될 수 있을까?

혈관신생 유도 인자

내피 세포 비특이적 성장 인자(예, EGF, FGF, HGE, PDGF)와 특이적 성장 인자(예, VEGF) 모두 혈관신생 유도 인자의 예이다. 비특이적 성장 인자(예, FGF 및 PDGF)는 많은 세포 유형에 영향을 미치지만, 여전히 혈관신생에 있어 중요하다. 혈관 내피 특이적 성장 인자 및 그 타이로신인산화 막수용체에 속하는 3가지 계열로는 혈관 내피 성장 인자(VEGFs)와 VEGF 수용체(VEGFRs), angiopoietin과 Tie 수용체, ephrin과 ephrin 수용체가 있다.

VEGF는 혈관신생의 개시에 관여하는 "스타" 플레이어인 반면, angiopoietin과 ephrin은 이후의 성숙 과정에서 중요하다. VEGF 계열은 현재 3개의 VEGFR tyrosine kinases(VEGFR-1, VEGFR-2 및 VEGFR-3)를 통해 신호를 전달하는 5가지의 계열 구성원[VEGF-A부터 VEGF-D, 그리고 태반 성장 인자(PIGF)]으로 구성되어 있다. VEGF-A와 그 수용체 VEGFR-2의 상호작용은 대부분의 혈관신생 효과에 관여한다. VEGFR-1은 약한 인산화효소 활성만 가지고 있으므로, VEGFR-2에서 사용할 수 있는 VEGF-A 양을 조절하는 미끼(decoy) 수용체로 작용한다. 즉, VEGF-A와 결합함으로써 VEGFR-2에 의해 유도될 수 있는 혈관신생 반응을 제한하는 것이다. VEGFR-3와 그 리간드인 VEGF-C는 림프관 시스템의 발달에 중요한 역할을 한다. VEGF-A는 다양한 종양 세포에 의해 분비된다. 종양 세포는 또한 주변 간질 세포에 영향을 미치며, 주변의 형질전환되지 않은 정상 세포에서 VEGF 프로모터가 활성화 됨이 입증되었는데, 이는 정상 세포와 형질전환된 세포 사이의 협력을 시사한다. 예를 들어, 종양 침윤 면역 세포의 일부는 혈관신생을 촉진하는 표현형(phenotype)을 채택해서, 많은 양의 VEGF를 생산하는 것으로 나타났다(Bruno *et al.*, 2014). 또한 ECM에 VEGF가 저장되어 있는 것으로 밝혀졌고, 이는 MMP에 의해 방출된다. VEGF는 내피 세포의 증식을 유발할 뿐만 아니라 투과성 및 누출(leakage)을 유발할 수 있다. 기존의 성숙한 혈관이 발아가 시작되기 전에 불안정해져야 하기 때문에, 이러한 특징은 혈관신생의 초기에 중요하다. 요약하면, VEGFR-2는 VEGF의 내피 효과를 매개하는 반면, VEGFR-1은 억제적이고, VEGFR-3은 림프관에 필수적이다. VEGF의 신호전달 경로에 대한 많은 세부 사항은 아직 밝혀지지 않았지만, VEGF-A 신호전달 경로(그림 10.3)는 다음과 같이 EGF에 대한 신호전달 경로와 매우 유사한 것으로 보인다(그림 4.2와 비교): 이량체화(dimerization), 자가 인산화, SH2 도메인을 갖는 단백질(예를 들어, VEGFR-관련 단백질(VRAP), Sck 및 포스포리파제(Cγ)에 대한 고친화성 결합 부위의 생성 및 RAS, Raf, MAPK 캐스케이드의 후속 활성화. VEGF-반응성 유전자에는 EGFR 리간드, epiregulin, *COX2* 및 *MMP1*과 *MMP2*가 있다. 또한 PI3K 의존 경로도 활성화된다. 이는 AKT를 활성화시키면서 세포자살을 차단하고, 일산화질소(NO) 생성을 통해 혈관 투과성을 증가시킨다. 또한 Src와 같은 몇몇 중요한 세포내 분자들도 관여한다.

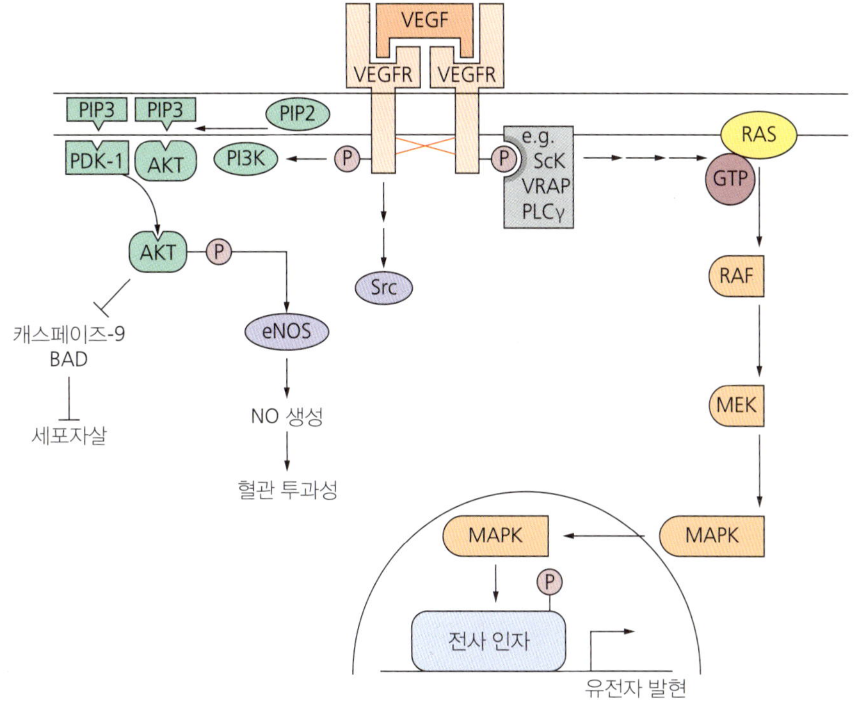

그림 10.3 VEGF-A 신호전달 경로. 한 분자의VEGF-A는 2개의 VEGFR-2 수용체와 결합하여 이량체(dimer) 형성과 자가인산화(autophosphorylation)를 촉진한다. SH2 도메인(회색으로 음영 처리된)을 포함하는 단백질은 인산화된 수용체에 결합되어 RAS와 Raf-MEK-MAPK 캐스케이드의 활성화를 촉발한다. 또한 PI3K가 활성화된다. AKT는 세포자살을 억제하는 방향으로 이어진다. AKT는 또한 내피 세포의 일산화질소(NO) 합성효소(eNOS)를 자극하며, 생성된 NO에 의해 혈관 투과성이 증가된다. Src는 VEGFR-2에 의해 활성화되는 여러 다른 분자 중 하나이다.

혈관신생 억제 인자

정상적으로 체내에서 발견되는 혈관신생 억제 인자(내인성 억제 인자)는 내피 세포 이동과 증식을 억제해서 혈관신생 스위치를 "꺼짐(off)" 위치로 유지한다. 일부 혈관신생 억제 인자는 그 자체가 억제제인 것이 아니고, 더 큰 단백질 내에 한 부분으로 저장되어 있다(그림 10.4). plasminogen은 몇 가지 MMPs를 포함한 단백질에 의해 절단되어 혈관신생 억제 인자인 angiostatin을 방출한다. angiostatin은 내피 세포의 표면 수용체인 annexin II에 결합해서 억제효과를 나타낸다. endostatin은 콜라겐 XVIII의 일부로, elastase와 cathepsin에 의해 잘려지면서 방출되고, 내피 세포에서 MAPK나 MMP의 활성화를 차단한다.

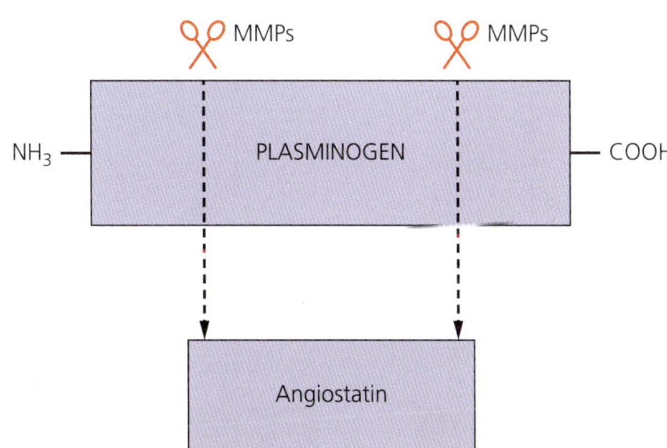

그림 10.4 잠재(cryptic) 혈관신생 인자.

외과 수술이나 방사선 조사에 의해 종양이 제거되면 휴면 전이(dormant metastases)가 종종 활성화되고, 성장과 혈관신생이 시작되는 경우도 있는 것으로 관찰되었다. 이러한 현상을 "동반 내성(concomitant resistance)"이라고 부른다. 반면, 특정 종양에 의해 angiostatin 및 endostatin과 같은 혈관신생 억제 인자가 생산되면 혈액을 통한 원격 전이(remote micrometastases)가 방해되기도 한다. 이런 경우 일차 종양이 제거되면 이러한 억제 인자도 제거되므로, 혈관신생 스위치가 활성화되어 원격 전이로 이어질 수도 있다. 또한 수술은 혈관신생 성장 인자를 유도하는 것으로 알려져 있어서, 이 기전을 통해 악성 질환을 더 악화시킬 수 있다(Ian Judson, personal communication).

혈관신생 스위치는 종양 형성 과정에서 2가지 방식으로 조절된다. 첫째, 종양이 자라면서 저산소증(저산소 농도)의 상태를 만들고, 이는 저산소 유도 인자-1α (hypoxia-inducible factor-lα, HIF-lα)를 통해 혈관신생을 유도한다. 혈관신생에 중요한 HIF-lα의 표적 중 하나는 *VEGF* 유전자다. HIF는 실제로 1개의 HIF-lα와 1개의 HIF-1β 소단위로 구성된 이종 이량체(heterodimeric) 전사 인자이다. HIF의 활성은 산소 농도에 의해 조절되는데, 두 소단위의 mRNA 모두가 상시 발현되기 때문에 mRNA 발현 수준에서가 아닌 HIF-lα의 단백질 수준에서 조절된다(그림 10.5). 반면, 정상 산소 조건(20% 산소)에서 HIF-lα는 빠르게 분해된다. 정상 산소 조건에서 von Hippel- Lindau(VHL) 종양 억제 단백질은 HIF-lα 분해의 중요한

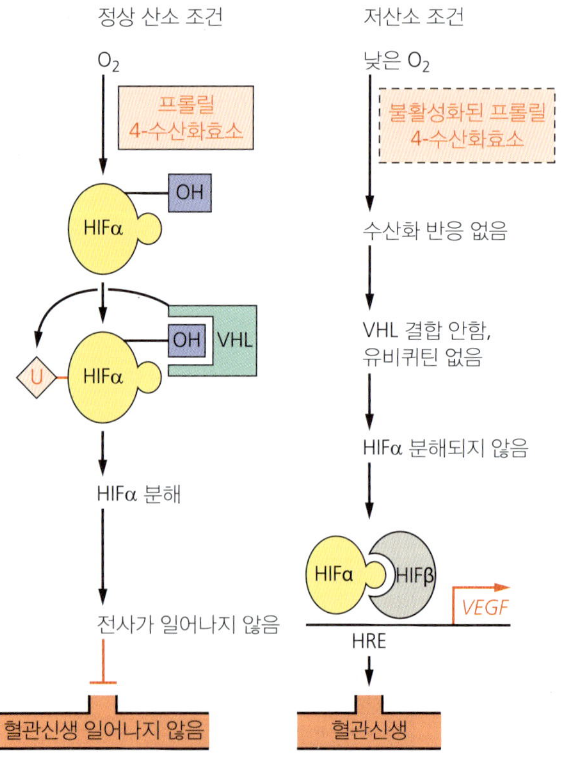

그림 10.5 저산소증에 의한 혈관신생의 유도.

조절자이다(Kim and Kaelin, 2003). 정상 산소 조건 하에서 분해를 위해 HIF-1α를 표적화하는 첫 번째 단계는 프롤릴 4-수산화효소(그림 10.5에 빨간색 글자로 나타냄)에 의한 변형(수산화반응)이다. 이 효소는 직접 산소 분자에 결합하고, 이를 HIF-1α상의 특정 프롤린 잔기에 연결시키므로, 이 경로에서 직접적인 산소 감지자로서 작용한다. VHL은 수산화된 HIF-1α에 결합하고, HIF-1α를 표적으로 하는 유비퀴틴(빨간색 다이아몬드에 "U"로 표시됨)의 첨가를 일으키는 단백질 복합체를 활성화하여 HIF-1α의 분해를 유발한다. HIF-1α가 없는 경우, HIF의 표적 유전자는 전사적으로 활성화될 수 없으며, 혈관신생은 일어나지 않는다.

저산소 조건에서는 프롤릴 4-수산화효소가 불활성화되기 때문에, HIF-1α는 수산화되지 않으며, VHL은 HIF-1α에 결합하거나 표적화할 수 없어 HIF-1α의 분해를 일으키지 못한다. 이렇게 되면 HIF-1α는 빠르게 안정화되어 핵으로 이동한다. 이종이량체인 HIF 전사 인자는 결합자리로 5′-RCGTG-3′을 포함하는 저산소 반응 요소(HRE)를 통해 표적 유전자를 활성화할 수 있다. 앞서 언급했듯이, 가장 주목할 표적은 프로모터 영역에 HRE를 포함하고 있는 *VEGF* 유전자다.

발암 유전자 및 종양억제유전자의 생성물도 HIF-1 활성을 증가시킬 수 있다. 헤르페스 바이러스로 인해 발생하는 고도로 혈관화된 종양인 Kaposi's sarcoma(카포시 육종)이 이러한 예이다. 헤르페스 바이러스 게놈(genome)의 3가지 단백질 생성물은 저산소가 아닌 조건 하에서도 HIF-1α 반감기, 핵 이동 및 전사 활성을 증가시켜 저산소증의 효과를 모방한다.

잠시 멈춰 생각하기

이 시점에서 내가 이 경로의 중요성을 어떻게 인식하게 되었는지에 대한 개인적인 이야기를 나누려고 한다. 나는 콘텍드 렌즈를 착용하고 있는데, 구입할 당시에 잠잘 때 착용할 수 있다는 말을 들었다. 그러나 나는 다음 진료에서 안과 의사를 만났을 때 충격을 받았다. 의사는 내 눈이 밤 동안에 충분한 산소를 공급받지 못했고, 눈 속에서 혈관이 자라나기 시작했다고 말했다. 그는 내 눈꺼풀만으로도 잠자는 동안 눈의 산소량이 줄어드는데, 콘택트 렌즈까지 착용하는 바람에 저산소 조건이 생겼다고 설명했다. 저산소증이 감지되자 조직이 손상되는 것을 무릅쓰고 더 많은 산소를 눈에 공급하기 위해 혈관신생을 촉발시켰던 것이다. 나는 잠자는 동안 더 이상 콘택트 렌즈를 끼지 않으며, 현재는 프롤릴 4-수산화효소의 기능에 대해 잘 이해하고 있다.

둘째, 혈관신생 스위치는 또한 발암성 단백질이나 종양억제유전자의 손실에 의해 변형될 수 있다. 발암 유전자 및 종양억제유전자가 직접적으로 세포 증식, 세포자살 및 분화에 기여한다는 잘 알려진 사실 외에, 혈관신생에서도 이들의 직접적인 역할이 현재 인식되고있다. 약 30개의 발암 단백질이 혈관신생에도 기여하는 것으로 알려졌다. 성장 인자의 이상(異常) 생산은 자가 분비(autocrine) 방식으로 종양 세포의 증식을 촉진하는 것 외에, 주변 분비(paracrine) 방식으로도 작용하여 내피 세포의 성장을 자극할 수 있다. 수용체 타이로신 카이네이즈(예, EGFR), 세포내 타이로신 카이네이즈(예, Src), 세포내 전달자(예, Ras) 및 전사 인자(예, Fos, Jun)를 포함한 "스타" 발암성 단백질은 "스타" 혈관신생 유도 인자인 VEGF를 유도하는 것으로 보인다.

일부 종양 억제 단백질은 정상적으로 혈관신생 억제 인자의 발현을 증가시키지만, 이들이 돌연변이되면 혈관신생 억제 활성이 감소한다. 예를 들어, 전사 인자 p53은 정상적으로 *thrombospondin-1* 유전자의 프로모터에 결합하고, 이를 활성화시킨다. 하지만 *p53* 유전자의 돌연변이는 일반적으로 암발생 표현형(phenotype)과 연관되어 있으며, 혈관신생 억제 인자를 감소시켜서 혈관신생 스위치가 혈관신생을 선호하게 만든다.

10.2 혈관신생의 발아 단계에서의 세포 행동

혈관신생 유도 신호에 반응하여, 내피 세포는 사상위족(Filopodia)을 확장하고 신호를 향해 이동한다. VEGF-A의 농도가 가장 높은 위치에서, VEGFR-2가 활성화된다. 이 신호는 공동 수용체인 Neuropilin-1(Nrp1)에 의해 강화되고, MAPK 캐스케이드를 통해 전달된다. 이것은 혈관이 발아하는 최첨단에 위치한 팁 세포(Tip cell) 형성을 자극한다(그림 10.6).

팁 세포 뒤에는 발아 혈관을 확장하는 줄기세포(stalk cells)가 증식하고 있다. 이 2가지 유형의 세포의 표현형은 고정되어 있지 않으며, Notch에 의해 조절되는 VEGFR-2 활성화 경쟁에 따라 달라진다. 요약하면, VEGFR-2 활성화시, 팁 세포는 Notch 리간드인 Delta-like 4(DLL4)의 발현 및 방출을 유도한다. DLL4는 이웃 세

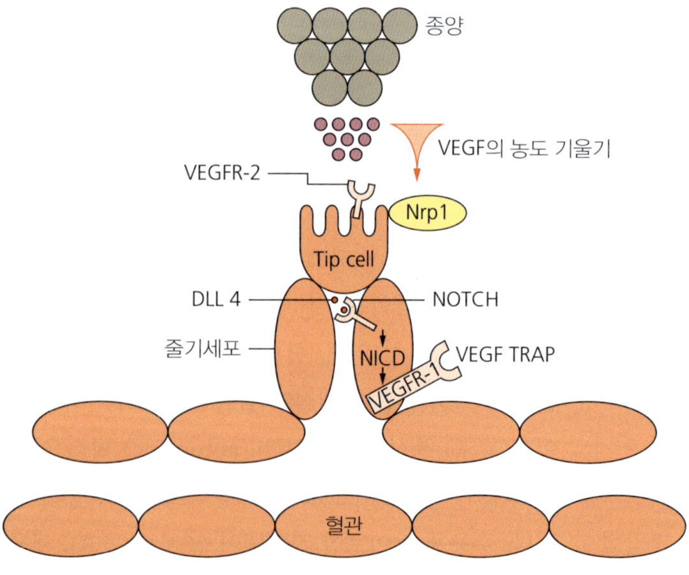

그림 10.6 혈관신생의 세포와 분자 기전. 자세한 내용은 본문을 참조.

포의 Notch 수용체에 결합한다. Notch intracellular domain(NICD)은 핵으로 이동해서 *VEGFR-2* 유전자의 발현을 억제하고 *VEGFR-1* 유전자 발현을 유도하는 전사 인자로서 작용한다. VEGFR-1은 VEGF 덫(trap)으로서 작용하고, VEGFR-2에 결합할 수 있는 VEGF의 농도를 감소시킨다. 성장하는 혈관의 발아는 VEGF 농도 기울기를 따라 이동한다. 2개의 팁 세포가 만나면 융합되면서 연결된 내강(lumen)을 형성하고, 혈액이 새로운 혈관을 통해 흐르게 한다.

10.3 종양의 신생 혈관 증식을 위한 기타 방법

최근의 증거는 혈관신생(angiogenesis) 외에 혈관 형성 모방(vasculogenic mimicry)과 혈관 형성(vasculogenesis)이 종양 혈관의 형성에 기여한다는 것을 시사한다(그림 10.7a~c). 혈관 형성 모방은 종양 세포(예, 흑색종 세포; 그림 10.7에서 회색 원으로 표시)가 내피 세포로 작용하여 혈관 유사 구조를 형성하는 과정을 나타낸다(그림 10.7b, 빨간색 화살표). 혈관 형성은 내피 조상 세포로부터 내피 세포의 분화 및 증식을 포함한다. 연구에 따르면 종양 내피 세포의 최대 40%가 골수에서 유래한 순환 내피 조상 세포(circulating endothelial progenitor cells, CEPs; 빨간색 원으로 표시)에서 유래한 것으로 나타났다. VEGF와 같이 종양으로부터 유래한 혈관신생 인자는 VEGFR-2를 발현하는 이러한 내피 조상 세포의 유치(recruitment)에 관여한다. 종양에 도달한 후, CEP는 분화하여 종양의 신생 혈관 증식에 기여한다(그림 10.7c, 붉은색 타원형). 암의 종류에 따라 새로운 종양 혈관에 대한 CEP 기여에

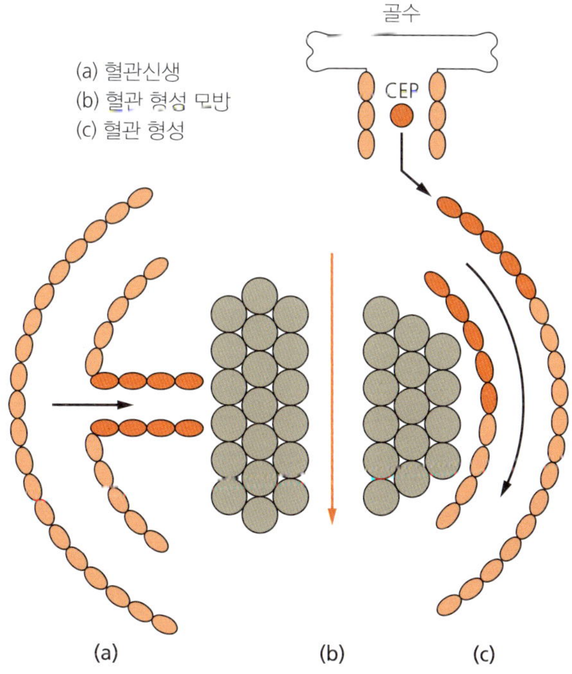

그림 10.7 종양 신생 혈관 증식.

대한 요구사항이 다를 수 있다. 예를 들어, 림프종과 대장암은 이러한 기여가 필요한 것으로 알려져 있다.

치료전략

혈관신생 과정을 중단(항혈관신생 약물)시키거나 기존의 종양 혈관(혈관 표적)을 파괴하기 위해 설계된 종양 혈관 표적 치료법이 개발되었다. 몇 가지 예는 10.4절과 10.5절에서 설명하고 있다.

10.4 항신생 혈관 치료법

항혈관신생 치료법은 새로운 혈관의 형성을 막기 위해 고안되었다. 항혈관신생 치료법의 목적은 종양 세포를 직접적으로 표적화하기보다 종양의 생존에 필수적인 정상 혈관 내피 세포의 반응성을 방해하는 것이다. 약물은 세포가 혈관신생 신호에 반응하는 것을 방지하도록 설계되거나 유도 인자의 활성을 차단하도록 표적화될 수도 있다. 이런 약물은 전반적으로 세포 독성(cytotoxic)이 아닌 세포 증식 억제성(cytostatic)이기 때문에 장기간의 투여가 필요할 수 있다. 앞에서 설명한 치료법들과 항신생 혈관 치료법이나 혈관 표적(10.5절, 240쪽의 "혈관 파괴 약물에 의한 혈관 표적") 치료법은 서로 다르고, 그 차이에는 몇 가지 함의가 있다. 첫째, 혈관신생은 성인에게서만 가끔 일어나므로, 이를 억제하는 약물은 부작용을 최소화할 것으로 예측된다. 더욱 중요한 것은 혈관신생 과정에서 동원된 표적 내피 세포는 돌연변이가 누적된 종양 세포와 달리 유전적으로 안정되어 있어 약물 저항성이 급격히 발생할 가능성이 낮다는 점이다. 현재 항신생 혈관 항암제를 시험하고 있는 임상시험은 대략 95건(표 10.1에 열거됨)에 이른다. 채택된 몇 가지 다른 전략의 예는 다음에서 다룬다.

VEGF 또는 VEGFR을 표적으로 하는 약물

혈관신생을 방지하기 위해서, VEGF 신호를 차단하는 몇 가지 전략을 사용할 수 있다(그림 10.8). 리간드와 수용체 모두 좋은 대상이 될 수 있으며, 항체와 저분자 억제제를 모두 사용할 수 있다(EGF 신호를 표적화하는 데 사용하는 치료적 접근법을 회상해 보자; 제4장 참조). VEGF/VEGFR은 혈관신생의 스타 플레이어이기 때문에 이 경로를 억제하는 것만으로도 신속하고 지속적인 효과를 일으킬 것으로 생각되었다. 그러나 예상과 달리 예후가 어느 정도 호전되는 것이 보이기는 하지만, 효과는 종종 일시적이고, 치료 중단 이후 효과가 중단되며, 우리가 기대했던 것만큼 효과적이지 못하다(수개월 정도의 생존 연장). 그러므로 여러 혈관신생 경로를 표적으로 하는 보다 광범위한 접근 방식을 통해 이를 개선할 수 있을 것이다.

표 10.1 항혈관신생 치료법: 임상시험의 예와 상태

약물	회사	기전	임상시험 단계
혈관신생의 활성인자 및 그 수용체를 차단하는 약물			
Aflibercept(VEGF-Trap)	Regeneron Pharm	Soluble decoy VEGFR	승인
Bevacizumab(Avastin™)	Genetech	Monoclonal Ab to VEGF	승인
Pazopanib(Votrient™)	GlaxoSmithKline	TKI: VEGFR; PDGFR, FGFR	승인
Ramucirumab(Cyramza™)	Eli Lilly & Co	Monoclonal Ab to VEGFR-2	승인
Recentin™(AZD2171)	AstraZeneca	TKI: VEGFR-1/2	3상(CRC에 대해서는 실패, 다른 암종에 대해서는 진행 중)
Sorafenib(Nexavar™)	Bayer	TKI: VEGFR, PDGFR, FLT3, Kit, and Raf	승인
SU5416	Sugen	TKI: VEGFR signaling	철회
SU6668	Sugen	TKI: VEGFR, FGFR, PDGFR	철회
Sunitinib(SU-11248)	Pfizer	TKI: VEGFR, PDGFR, FLT3, Kit	승인
Trebananib	Amgen	Binds angiopoietin 1/2	3상
Vandetanib(Zactima™) (ZD6474)	AstraZeneca	TKI: VEGFR-1/2	승인된 희귀의약품
내피 세포-특이적 인테그린 신호를 억제하는 약물			
Cilengitide	Merck KGaA	Antagonist of integrins $\alpha v\beta 3$ and $\alpha v\beta 5$	중단
Vitaxin II	MedImmune	Inhibitor of integrin $\alpha v\beta 3$	중단
내피 세포를 억제하는 약물			
ABT-510	Abbott Labs	Thrombospondin-1 analog	II
Angiostatin	EntreMed	Inhibition of endothelial cells	I
Endostatin	EntreMed	Inhibition of endothelial cells	II (approved in China, 2005)
혈관 방해 약물			
Combretastatin	Oxigene	tubulin에 결합; 세포골격 방해	I/II/III
NPI 2358	Nereus	tubulin에 결합; 세포골격 방해	I/II

Ab, 항체; CRC, 대장암; TKI, 타이로신 카이네이즈 억제제

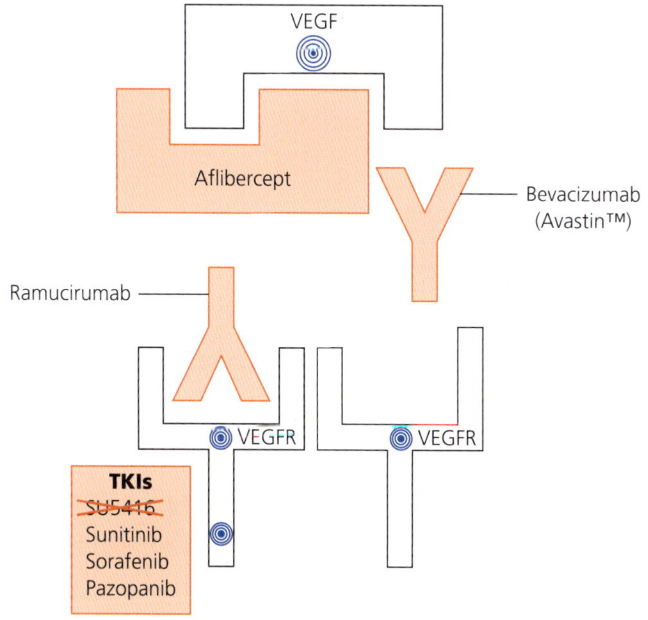

그림 10.8 VEGF 또는 VEGFR을 표적화하는 항혈관신생 치료법. 치료제는 빨간색으로, 세포내 표적은 (◎) 기호로 표시했다. 최초의 VEGFR tyrosine kinase inhibitor(TKI)인 SU5416의 임상시험은 중단되었다 (붉은색 사선 표시). 표시된 TKI는 VEGFR과 PDGFR을 포함한 여러 표적을 억제한다.

잠시 멈춰 생각하기

2008년 유방암에 대해 Avastin™은 추가적인 확인을 조건으로 잠정적으로 승인을 허용하는 가속 프로그램을 통해 FDA의 승인을 받았다. 이 승인은 후속 연구 결과 일관되지 않는 효과 및 심각한 부작용에 대한 잠재적 우려로 인해, 2011년에 취소되었다. 이와 같이 신약 개발에는 우여곡절이 뒤따른다.

하나의 전략은 VEGF와 같은 혈관신생 인자를 표적으로하는 것이다. VEGF-A를 인식하는 재조합 인간화 단클론 항체인 bevacizumab(Avastin™)은 처음에 대장암의 치료를 위해 승인되었다. 그 후 다른 암에 대해서도 그 사용이 확대되었다. 흥미롭게도, 이 약물은 유방암 임상시험에서 전체 생존기간(overall survival)에 일관된 효과를 나타내지 못했다. 2가지 암에서 다른 반응이 관찰된 이유는 무엇일까? 대답은 혈관신생 스위치에 있다: 대장암은 혈관신생을 유도하기 위해 VEGF에 더 의존적인데, 이는 유방암의 경우 초기 단계에만 해당된다. 진행성 유방암(Advanced breast cancer)은 광범위하게 구비하고 있는 혈관신생 유도 인자를 이용하므로, 단 하나의 유도 인자 억제는 효과가 없는 것이다.

VEGF와 그 수용체와의 상호작용을 방해하기 위해 미끼 수용체로서 작용하는 융합 단백질을 생성하는 것은 성공적인 또 하나의 전략이었다. Aflibercept는 IgG 불변 영역(Fc)에 VEGFR-1 및 VEGFR-2의 리간드-결합 도메인을 융합한 구조이므로, 앞서 설명한 bevacizumab과 대조적으로 하나 이상의 VEGF 리간드에 결합할 수 있다. Aflibercept는 대장암에 대해 승인되었다.

성장 인자 수용체의 세포외 도메인에 대해 표적화된 항체는 앞서 본 바와 같이 성공적인 약물이 될 수 있다. VEGFR-2의 세포외 도메인을 표적으로하는 완전 인간화 항체인 Ramucirumab은 진행성 위암에 대해 승인되었다.

저분자 타이로신 카이네이즈 억제제는 VEGFR을 표적으로 하기 위해 사용되어 왔다. Semaxanib(SU5416)는 임상 3상 시험에 처음으로 진입한 VEGFR 억제제로, 그 작용 기전은 수용체의 자가인산화를 억제하는 것이다. Semaxanib은 카포시 육종(Kaposi's sarcoma) 환자에서 유망한 결과를 나타내었지만, 대장암 환자에서 심각한 독성 및 약한 약물 반응성으로 인해 철회되었다. 또한 불리한 약리학적 특징, 특히 수 시간의 짧은 반감기로 인해 추가적인 약물 개발도 중단되었다. 약물의 반감기가 짧아서 격주로 정맥 주사한 후에도 유효 용량(effective doses)을 유지할 수 없었다. 유사하게, Semaxanib과 비슷한 작용 방식을 갖는 경구형 약물인 SU6668도 철회되었다. 그러나 이 전략은 몇몇 다중 표적화된 타이로신 카이네이즈 억제제의 승인에 의해 성공적임이 입증되었다. axitinib, sunitinib 및 sorafenib은 진행성 신장 세포암의 치료에 승인되었다. 3가지 약물은 모두 VEGFR과 PDGF-R을 표적으로 한다. axitinib은 VEGFR뿐만 아니라 PDGF-R 및 c-Kit을 표적으로 한다; sunitinib은 VEGFR뿐만 아니라 PDGF-R, Kit, 그리고 FLT3를 표적으로 한다; sorafenib은 VEGFR, PDGF-R, Kit, FLT3 및 Raf 카이네이즈(제4장에서 언급한 바와 같이)를 표적으로 한다("잠시 멈춰 생각하기" 참조). 표적으로 VEGFR 및 FGFR(pazopanib, nintedanib, regorafenib) 또는 VEGFR 및 Tie2(regorafenib, vandetanib, cabozantinib)를 포함하는 다른 다중 카이네이즈 억제제도 승인되었다. 최근에 이러한 치료제의 개발 성공은 이들이 VEGF 이외에도 다수의 혈관신생 조절제를 동시에 표적화하기 때문일 것이다. 이것은 VEGF 경로만 표적화될 때 대체 경로가 서로를 보상하는 것을 방지할 수 있고 반응 기간을 연장시킬 수 있다.

잠시 멈춰 생각하기

타이로신 카이네이즈 수용체를 표적으로하기 위해 소분자 억제제가 사용된 다른 예를 기억하는가? 힌트: 4장 참조.

항혈관신생 약물에 대한 다른 전략

VEGF/VEGFR 경로를 표적으로 하는 데 사용되는 유사한 전략이 다른 혈관신생 조절제에 적용될 수 있다. 하나의 예는 Tie2 수용체의 리간드인 angiopoietin-1 및 angiopoietin-2에 결합하는 펩티드-Fc 융합 단백질(Aflibercept와 유사한)인 Trebananib이다. Trebananib은 임상 3상 시험에 들어갔다.

재조합 인간 내인성 억제제는 많은 가능성을 가지고 있음에도 불구하고, 지금까지 기대하는 결과를 달성하지 못한 또 다른 항혈관신생 치료 전략이다. 1996 년에 발견된 endostatin은 최초로 임상시험에 들어갔다. 독성이 없는 것으로 입증되었지만, 임상 약물 반응은 관찰되지 않았다. 초기 암 모델의 전임상 성공에도 불구하고 이런 부정적인 결과가 나온 것은 약물의 효과가 부족하다기 보다 진행성 고형암을 가진 환자를 선택한 임상시험의 차선적 디자인 때문이었다. endostatin은 중국에서 승인되었다. 하지만 이 회사(EntreMed Inc., Rockville, MD)는 재정적 어려움으로 endostatin 생산을 중단할 것이라고 발표했다.

인테그린 αvβ3와 αvβ5에 대한 길항제는 내피 세포의 인테그린과 ECM의 상호작용을 차단하고, 성숙한 혈관에는 거의 영향을 미치지 않으면서 신생 혈관에만 특이적으로 세포사멸을 유도한다. 2개의 인테그린 억제제가 임상시험에 들어 갔지만 더 이상 개발되지 않고 있다: 인테그린 αvβ3에 대한 인간화 단일클론 항체인 Vitaxin™과 Arg−Gly−Asp "리간드" 서열을 모방하여, αvβ3와 αvβ5를 억제하는 합성 고리형 펩티드 길항제인 cilengitide가 그 예이다.

HIF 경로를 간접적으로 표적화하는 몇 가지 승인된 약물(bortezomib; SAHA)이 있지만, 직집적인 HIF 억제제는 승인된 바 없다. (242쪽의 "탐구 활동" 참조).

잠시 멈춰 생각하기

과거에 기형을 발생시키고, 해표증(잘려진 듯한 사지)을 유발하기 때문에 저주 받은 약물로 여겨지던 Thalidomide 및 그 유사체 lenalidomide와 pomalidomide는 B 세포 종양인 다발성 골수종 환자를 치료하는 데 가장 효과적인 약물 중 하나이다. Thalidomide는 섬유아세포 성장 인자(bFGF) 또는 VEGF에 의해 유도된 혈관신생을 억제하는 것으로 나타났으며, 이러한 항혈관신생 기전으로 그 임상 효과를 설명해 왔다. 그러나 최근의 증거에 따르면 다발성 골수종 치료에서의 성공은 Cereblon 이라는 단백질을 통한 E3 유비퀴틴 결합효소 복합체와의 상호작용 및 B 세포의 발달에 중요한 2가지 전사 인자 Ikaros 및 Aiolos의 분해로 인한 것으로 드러났다(2014년, Stewart의 참고 문헌 참조). Thalidomide의 항혈관신생 활성은 최기형성 및 사지 결함과 관련이 있기 때문에 임신을 고려중인 환자에 대한 교육은 매우 중요하다. 이러한 연구 결과는 생물체에서 생명현상이 어떻게 이뤄지는가에 대한 우리의 지식을 끊임 없이 변화시키는 증거를 제공한다.

항혈관신생 효과는 다른 암 치료법의 주작용 이외의 부가적인 "부작용(side effects)"으로 나타날 수 있다. 발암 유전자의 산물을 표적으로 하는 항암치료법은 종종 혈관신생에 영향을 준다. Herceptin^{TM}(ErbB2에 대한 치료 항체, 제4장 참조)은 종양 세포에 의한 혈관신생 유도 인자(예, TGF-α 및 angiopoietin-1)의 생성을 억제하고, 혈관신생 억제 인자(예, *thrombospondin*)를 상향 조절함으로써 항혈관신생 효과를 보이는 것으로 나타났다. MTD의 10분의 1에서 3분의 1의 용량으로 기존의 화학요법을 주기적으로 자주 투여하는 것(metronomic scheduling)도 항혈관신생 효과를 가져 왔다.

10.5 혈관 방해 약물에 의한 혈관 표적화

혈관 표적화는 산소 및 영양소가 고갈되어 종양 퇴행(regression)을 유발하기 위해 종양 내에 이미 존재하고 있는 신생 혈관을 파괴하도록 설계된 치료적 접근법이다. 이 접근법은 종양 혈관과 정상 혈관의 분자 수준에서의 차이를 식별할 수 있기 때문에 가능하다. 아프리카산 버드나무 *Combretumcaffmm*에서 처음 분리된 Combretastatin은 선택적으로 신생 혈관에 선택 독성을 갖고 있으며, Combretastatin과 최근 개발된 유도체는 임상시험 중에 있다(Marrelli *et al.*, 2011). Combretastatin 화합물은 튜블린에 결합하여 중합 해제 반응(depolymerization)을 일으켜 세포 골격 형성을 방해한다. 이들의 효과는 기저막에 의해 단단히 지지되어 안정적인 성숙한 혈관보다 미성숙한 혈관 내피가 그 모양을 유지하기 위해 튜불린 세포 골격을 본질적으로 더 요구한다는 가설에 의해 뒷받침된다. 새로운 혈관에서 내피 세포가 모양을 상실하거나 호상화(rounding up)되면 혈류가 차단되고 혈관이 붕괴되기 때문에, 종양은 산소 및 영양소가 결핍된다(그림 10.9; Combretastatin A4 처리 전(a)과 후(b)의 이미지를 비교하라). 결과적으로 종양의 중심 부위에서 괴사가 발생한다. 하지만, 불행하게도, 종양의 바깥 부분에서 고리 모양으로 종양 세포가 생존해 있다. 가장 자리에서 종양 세포의 재성장은 이를 막을 수 있는 병용 요법(combination ther-

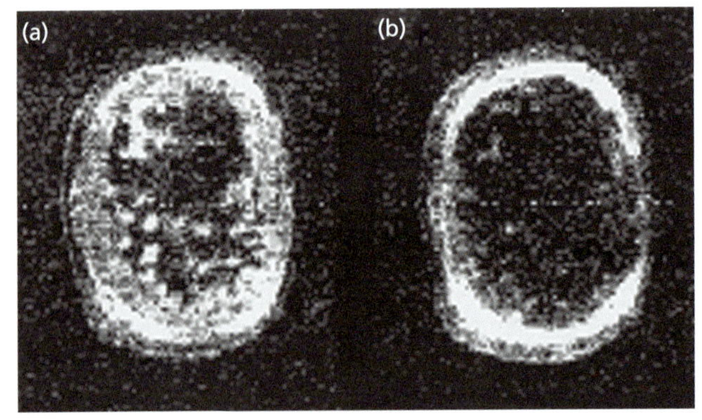

그림 10.9 종양의 신생 혈관에 대한 Combretastatin의 영향. 항혈관 효과는 자기 공명 영상에 의해 분석되었다. 이미지 강도는 종양 혈관을 나타낸다. Combretastatin A4로 처리하기 전 (a) 및 (b) 후에 일차 종양. 치료 후 종양의 내부 핵심에서 강한 항혈관 효과가 관찰되지만, 주변에서 작고 살아있는 종양 조직의 테두리가 보인다. Cancer Research UK를 대신하여 Macmillan Publishers Ltd의 허가를 받아 재인쇄함: Beauregard, D.A. *et al.*, (1998) Magnetic resonance imaging and spectroscopy of combretastatin A(4) prodrug induced disruption of tumor profusion and energetic status. B. *Br. J. Cancer* 77: 1761–1767, 저작권(1998).

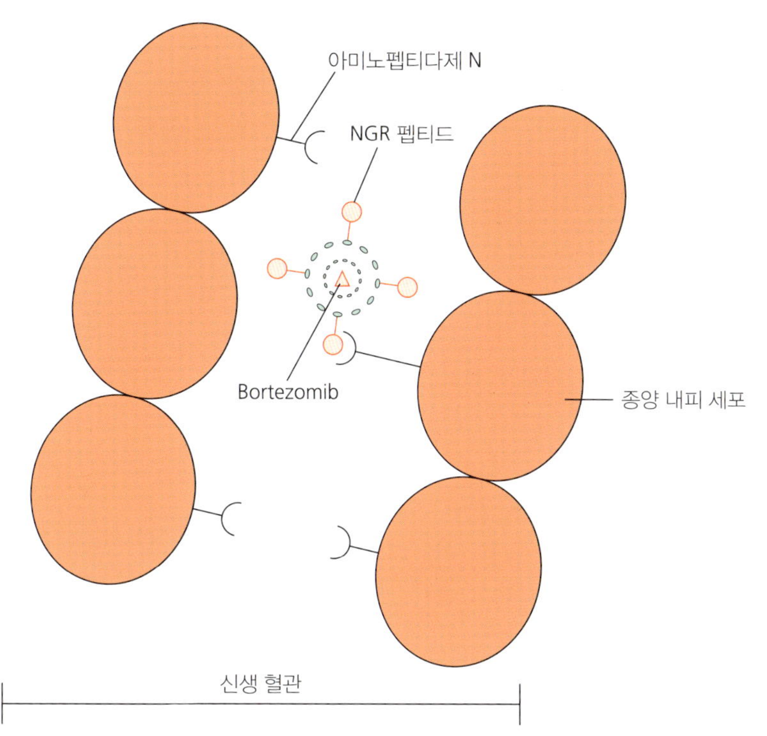

그림 10.10 나노 입자 기술에 의한 혈관 표적화. 자세한 내용은 본문을 참조. NGR, 아스파라긴-글리신-아르기닌 펩티드; 보르테조밉(bortezomib), 특정 암을 표적으로하는 데 사용되는 약물; 아미노펩티다제(aminopeptidase) N, 종양 내피 세포 마커.

apy)의 필요성을 나타낸다. Combretastatin(Clemenson *et al.*, 2013)과 이온화 방사선 또는 화학요법(Zweifel *et al.*, 2011)과 같은 조합의 병용 요법이 시험 중에 있다. Combretastatin의 세포사멸 효과를 담당하는 다른 작용 기전도 또한 가능하다. 항혈관 효과는 MTD의 10분의 1의 복용량에서 나타난다. 그 외 개발 단계의 약물 중에서, NPI 2358도 튜불린 세포 골격을 표적으로 하는 임상시험 중의 혈관 방해 약물이다.

나노 입자 기술, 약물 전달 및 혈관 표적화는 앞으로 활용이 가능한 흥미로운 연구들에서 창출되었다. 생쥐에서 종양의 신생 혈관을 약물 표적화하기 위해 여러 생화학적 영역에 대한 지식들이 특이적으로 융합되었다(Zuccari *et al.*, 2015) (그림 10.10). 리포좀-기반의 나노 입자(그림 10.10, 회색 음영)는 종양 내피 세포 마커인 아미노펩티다제 N에 대한 리간드로써 NGR(아스파라긴-글리신-아르지닌) 펩티드를 선택하여 코팅하였다. 이렇게 연결된 리포좀은 신경 아세포종(neuroblastoma)에 대한 유망한 치료제인 bortezomib을 캡슐화하였다. 이 제제는 캡슐화되지 않은 유리형의 약물에서 보였던 효과는 증가시키고 독성은 감소시키도록 설계되었다. 이를 신경 아세포종을 가진 마우스에 정맥내 투여시 대조군에 비해 통계적으로 더 오래 생존하였다. 또한 캡슐화되지 않은 약물에 비해 독성이 낮다는 것도 입증되었다.

또한 종양 내피 세포에서 특이적으로 발현되는 인테그린 αv를 표적으로 하는 펩티드는 약물을 펩티드 또는 다른 담체(carrier)에 결합하지 않은 상태로, 마우스에서 약물이 종양으로 침투하는 것을 향상시키는 데 사용되었다(Sugahara *et al.*, 2010).

RGD 펩티드와 유사하게, 이 iRGD 펩티드는 인테그린에 결합한 다음, 절단된다. 그 단편은 수용체인 Neuropilin-1(Nrpl)에 대한 친화성을 획득하고 종양에 침투하게 된다. 따라서 항암 약물과 함께 종양 혈관을 표적으로 하고, 마우스에서 종양-특이적 전달을 향상시키는 이 전략은 이미 승인된 항암제의 치료 계수(therapeutic index)를 증가시킬 수 있다.

단원 요점—되짚어 보기

- 일차종양(primary tumor)으로부터 먼 곳에서 종양이 점진적으로 성장하는 것이 특징인 전이성 집락(metastatic colonies)들은 혈관신생을 필요로 한다.
- 종양 혈관은 새고, 구불구불하며, 뚜렷이 구별되는 분자 특성을 갖는다는 점에서 정상적인 혈관과 다르다.
- 혈관신생의 과정은 혈관신생 유도 인자와 혈관신생 억제 인자 사이의 동적 상호작용을 포함하는 혈관신생 스위치에 의해 조절된다.
- VEGF 계열의 구성원은 혈관신생의 핵심적인 역할을 수행하는 특이적인 내피 세포 성장 인자이다. 그 신호는 막관통 타이로신 카이네이즈 수용체를 통해 매개된다.
- VEGF 신호전달 경로는 EGF 신호전달 경로와 유사하다.
- 혈관신생은 저산소증, 발암 유전자 및 종양억제유전자의 산물에 의해 조절된다.
- HIF는 VEGF와 같은 혈관신생에 중요한 유전자를 조절하는 이종이량체 전사 인자이다.
- 혈관신생 동안, 발아는 VEGF-A에 대한 경쟁을 통한 팁 세포의 형성에 의해 이루어진다. 이웃한 줄기 세포는 혈관 발아 확장을 위해 증식한다.
- 혈관 형성 모방 및 혈관 형성도 또한 종양의 신생 혈관 증식(neovascularization)에 기여한다.
- 항-혈관신생 치료법은 새로운 혈관의 형성을 막기 위해 고안된 반면, 혈관 파괴 약물은 종양내 신생 혈관을 파괴하도록 고안되었다.
- VEGF 또는 그 수용체를 표적으로 하는 약물은 승인되어, 임상에서 사용 중에 있다.

연구 활동

1. 243쪽의 웹사이트를 사용하여 표 10.1을 업데이트하시오. 어떤 약이 다음 단계의 임상시험으로 진행되었는가? 일부의 시험이 종료되었는가? 신약이 추가되었는가? 언급되지 않은 추가 전략을 생각해 볼 수 있는가? HIF-1α를 대상으로 하는 전략을 생각해 볼 수 있는가? (온라인 참조: Burroughs *et al.*, 2013, Zimna and Kuffisz, 2015)
2. 전사 인자 FOXO1 및 Myc이 혈관 내피 세포의 대사 및 증식을 어떻게 조절하는 것으로 밝혀졌는지에 대해 읽어보시오(Wilhem *et al.*, 2016). 암에서 혈관신생과 이러한 연관성을 조사할 수 있는 실험을 설계해보시오.

더 읽을거리

Baeriswyl, V. and Christofori, G. (2009) The angiogenic switch in carcinogenesis. *Semin. Cancer Biol.* **19**: 329–337.

Bridges, E.M. and Harris, A.L. (2011) The angiogenic process as a therapeutic target in cancer. *Biochem. Pharmacol.* **81**: 1183–1191.

Cook, K.M. and Figg, W.D. (2010) Angiogenesis inhibitors: current strategies and future prospects. *CA Cancer J. Clin.* **60**: 222–243.

Cross, M.J., Dixelius, J., Matsumoto, T., and Claesson-Welsh, L. (2003) VEGF-receptor signal transduction. *Trends Biochem. Sci.* **28**: 488–494.

Desgrosellier, J.S. and Cheresh, D.A. (2010) Integrins in cancer: biological implications and therapeutic opportunities. *Nat. Rev. Cancer* **10**: 9–22.

Ellis, L.M. and Hicklin, D.J. (2008) VEGF-targeted therapy: mechanisms of anti-tumor activity. *Nat. Rev. Cancer* **8**: 579–591.

Folkman, J. (2006) Antiangiogenesis in cancer therapy—endostatin and its mechanism of action. *Exp. Cell Res.* **312**: 594–607.

Gacche, R.N. and Meshram, R.J. (2014) Angiogenic factors as potential drug target: efficacy and limitations of anti-angiogenic therapy. *Biochem. Biophys. Acta* **1846**: 161–179.

George, D.J. and Moore, C. (2006) Angiogenesis inhibitors in clinical oncology. *Update Cancer Ther.* **1**: 429–434.

Heath, V.L. and Bicknell, R. (2009) Anticancer strategies involving the vasculature. *Nat. Rev. Clin. Oncol.* **6**: 395–404.

Jeltsch, M., Leppanen, V.-M., Saharinen, P., and Alitalo, K. (2013) Receptor tyrosine kinase-mediated angiogenesis. *Cold Spring Harb. Perspect. Biol.* **5**: a009183.

Lippert, J.W. 3rd (2007) Vascular disrupting agents. *Bioorg. Med. Chem.* **15**: 605–615.

McCarty, M.F., Liu, W., Fan, F., Parikh, A., Reimuth, N., Stoeltzing, O., *et al.* (2003) Promises and pitfalls of anti-angiogenic therapy in clinical trials. *Trends Mol. Med.* **9**: 53–58.

Ricci, V., Ronzoni, M., and Fabozzi, T. (2015) Aflibercept a new target therapy in cancer treatment: a review. *Crit. Rev. Oncol. Hematol.* **96**: 569–576.

Ruegg, C., Hasmim, M., Lejeune, F., and Alghisi, G.C. (2006) Antiangiogenic peptides and proteins: from experimental tools to clinical drugs. *Biochim. Biophys. Acta* **1765**: 155–177.

Ruoslahti, E. (2002) Specialization of tumour vasculature. *Nat. Rev. Cancer* **2**: 83–90.

Semenza, G.L. (2010) Defining the role of hypoxia-inducible factor 1 in cancer biology and therapeutics. *Oncogene* **29**: 625–634.

Vasudev, N.S. and Reynolds, A.R. (2014) Anti-angiogenic therapy for cancer: current progress, unresolved questions and future directions. *Angiogenesis* **17**: 471–494.

Welti, J., Loges, S., Dimmeler, S., and Carmeliet, P. (2013) Recent molecular discoveries in angiogenesis and antiangiogenic therapies in cancer. *J. Clin. Invest.* **123**: 3190–3200.

Yilmaz, M., Christofori, G., and Lehembre, F. (2007) Distinct mechanisms of tumor invasion and metastasis. *Trends Mol. Med.* **13**: 535–541.

Zhao, Y. and Adjei, A.A. (2015) Targeting angiogenesis in cancer therapy: moving beyond vascular endothelial growth factor. *Oncologist* **20**: 660–673.

웹사이트

The Angiogenesis Foundation http://www.angio.org/

National Cancer Institute. Clinical trials http://www.cancer.gov/clinicaltrials

선택된 특별한 주제

Beauregard, D.A., Thelwall, P.E., Chaplin, D.J., Hill, S.A., Adams, G.E., Brindle, K.M. (1998) Magnetic resonance imaging and spectroscopy of combretastatin A(4) prodrug induced disruption of tumor profusion and energetic status. *Br. J. Cancer* **77**: 1761–1767.

Bruno, A., Ferlazzo, G., Albini, A., and Noonan, D.M. (2014) A think tank of TINK/TANKs: tumor-infiltrating/tumor-associated natural killer cells in tumor progression and angiogenesis. *J. Natl. Cancer Inst.* **106**: dju200.

Burroughs, S.K., Kaluz, S., Wang, D., Wang, K., Van Meir, E.G., and Wang B. (2013) Hypoxia inducible factor pathway inhibitors as anticancer therapeutics. *Future Med. Chem.* **5**: 553–572.

Clemenson, C., Chargari, C., and Deutsch, E. (2013) Combination of vascular disrupting agents and ionizing radiation. *Crit. Rev. Oncol. Hematol.* **86**: 143–160.

Gupta, G.P., Nguyen, D.X., Chiang, A.C., Bos, P.D., Kim, J.Y., Nadal, C., *et al.* (2007) Mediators of vascular remodeling co-opted for sequential steps in lung metastasis. *Nature* **446**: 765–770.

Kim, W. and Kaelin Jr, W.G. (2003) The von-Hippel-Lindau tumor repressor protein: new insights into oxygen sensing and cancer. *Curr. Opin. Genet. Dev.* **13**: 55–60.

Liu, X., Newton, R.C., and Scherle, P.A. (2009) Developing c-MET pathway inhibitors for cancer therapy: progress and challenges. *Trends Mol. Med.* **16**: 37–45.

Marrelli, M., Conforti, F., Statti, G.A., Cachet, X., Michel, S., Tillequin, F., *et al.* (2011) Biological potential and structure-activity relationships of most recently developed vascular disrupting agents: an overview of new derivatives of natural combretastatin a-4. *Curr. Med. Chem.* **18**: 3035–3081.

Stewart, A.K. (2014). Medicine. How thalidomide works against cancer. *Science* **343**: 256–257.

Sugahara, K.N., Teesalu, T., Karmali, P.P., Kotamraju, V.R., Agemy, L., Greenwald, D.R., *et al.* (2010) Co-administration of a tumor-penetrating peptide enhances the efficacy of cancer drugs. *Science* **328**: 1031–1035.

Wilhelm, K., Happel, K., Eelen, G., Schoors, S., Oellerich, M.F., Lim, R., *et al.* (2016) FOXO1 couples metabolic activity and growth state in the vascular endothelium. *Nature* **529**: 216–220.

Zimna, A. and Kurpisz, M. (2015) Hypoxia-Inducible Factor-1 in Physiological and Pathophysiological Angiogenesis: Applications and Therapies. *Biomed. Res. Int.* **2015**: 549412.

Zuccari, G., Milelli, A., Pastorino, F., Loi, M., Petretto, A., Parise, A., *et al.* (2015) Tumor vascular targeted liposomal-bortezomib minimizes side effects and increases therapeutic activity in human neuroblastoma. *J. Controlled Release* **211**: 44–52.

Zweifel, M., Jayson, G.C., Reed, N.S., Osborne, R., Hassan, B., Ledermann, G., *et al.* (2011) Phase II trial of combretastatin A4 phosphate, carboplatin, and paclitaxel in patients with platinum-resistant ovarian cancer. *Ann. Oncol.* **22**: 2036–2041.

Chapter 11

유전체에 대한 영양소 및 호르몬 효과

도입

식품 성분과 호르몬 모두 유전체를 통해서 어느 정도 암의 예방과 억제에 대해 명백한 효과를 발휘한다는 것은 흥미롭다. 이 장에서는 암과 관련하여 영양소와 호르몬의 분자 기전을 설명할 것이다. 음식의 일부 성분은 암 유발 요인으로 작용하고, 다른 성분은 암 예방 요인으로 작용한다. 또한 섭식과 운동은 식품에서 에너지를 얻는 생화학적 경로인 세포 대사에 영향을 미친다. 종양 세포와 관련된 에너지 대사의 재프로그래밍이 최근 새롭게 암의 특징으로 규명되었으므로, 이에 대해서도 다룬다(제1장에서 언급된 바와 같이). 영양소의 작용 기전을 살펴보면, 이들 기전의 일부는 성장 인자의 작용 기전과 유사하고, 다른 기전은 호르몬의 작용 기전과 유사하다는 것이 분명해질 것이다. 사실, 일부 비타민은 리간드에 의존적인 전사인자를 통해 일련의 유전자 세트를 제어하는 호르몬의 작용 기전과 동일한 방식으로 작용한다. 이 장은 발암 과정에서 호르몬의 역할에 대한 검토와 치료제에 대한 이러한 지식의 활용으로 마무리 지을 것이다.

11.1 식품과 암에 대한 소개

암에 걸리는 세 사람 중 한 사람에 우리 자신이 해당 될지에 영향을 미칠 정도로 섭식은 암 발병에 중요한 역할을 한다. 많은 역학 연구는 암의 원인과 예방 모두에서 섭식의 역할을 뒷받침하는 증거를 제공하고 있다. 집단 간 암 발생률 차이의 약 1/3은 섭식의 차이로 인한 것이다. 예를 들어, 이주(migration) 연구는 원래 대장암 위험성이 낮은 민족 집단이었음에도 대장암 고위험 지역으로 이주한 후 대장암 발생률이 증가했음을 보인다. 육류 및 동물성 지방 섭식 패턴과 대장암의 비율 사이의 연관성을 세계 대부분의 지역에서 볼 수 있다(Bishehsari *et al.*, 2014). 암과 암 예방에서 섭식의 역할에 대한 조사를 통해 얻은 지식은 그 암의 발생을 줄이기 위한 생활습관의 변화로 반영되어야 한다. 우리가 식품을 왜 먹는지 살펴보자(그림 11.1). 탄수화물, 지방, 단백질의 기본 식품군은 우리에게 각각 포도당, 지방산 및 아미노산을 제공하는데, 이들은 대사되어 에너지를 생산한다. 식품은 또한 생합성 반응의 전구체를 제공한다. 예를 들어, 단백질은 DNA의 질소 염기 합성에 필요한 질소원을 제공한다. 비타민과 미네랄은 많은 효소의 기능에 필수적인 보조 인자(co-factors)를 제공한다. 우리가 먹는 식품에서 생리 활성 미량성분(microconstituent)이 추가로 확인되었다(표 11.1). 많은 생리 활성 미량성분은 보통 그 자신이 산화되면서, ROS의 손상 작용을 현저하게 억제하거나 지연시키는 화합물인 항산화제 역할을 한다(제2장 참조). 식물은 광합성을 위해 태양 에너지를 흡수하기 때문에 과잉 에너지와 산화적 손상에 대한 방어를 위해 많은 파이토케미컬(phytochemical)을 필요로 한다. 섭식을 통해 섭취하는 파이토케미컬의 대부분은 인간 세포의 보호를 위해서도 중요하다. 사람은 필요한 항산화제의 일부만 합성할 수 있으므로, 과일과 야채의 섭취를 통해서 다른 항산화 성분을 받드시 얻어야 한다. 식이성 항산화–파이토케미컬의 4가지 주요 그룹은 비타민 C, isoprenoid(예, 비타민 E), 페놀성 화합물(플라보노이드) 및 유기 유황화합물(organosulfur compounds)이다. 이들은 이 장의 후반부

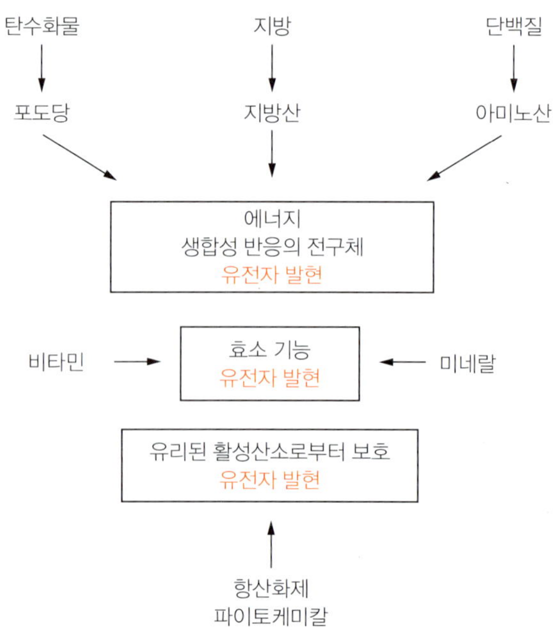

그림 11.1 식품의 공급

에서 설명한다. 마지막으로, 특정 영양소와 미량성분이 유전자 발현에 영향을 미치는 것으로 나타났다(그림 11.1).

암 예방에서 미량성분의 역할에 대해 얻은 정보는 화학 예방 **보충제(supplements**; 식품 외에 섭취하는 추가 식이 성분)의 개발에 적용될 수 있다. 그러나 암에 대한 예방제로서 미량성분의 개별적인 기능을 규명하는 것은 앞으로 해야 할 과제이다. 역학 연구는 β-카로틴이 함유된 과일과 채소의 풍부한 섭취는 폐암 위험을 낮출 수 있음을 강하게 제시했다. 동물 실험 연구도 이를 뒷받침하는 증거를 보였다. 이는 흡연자 및 석면에 노출된 사람들에게 미치는 β-카로틴 보충제의 효과를 시험하는 β-Carotene and Retinol Efficacy Trial(CARET)과 Alpha-Tocopherol Beta-Carotene Cancer Prevention Study(ATBC)로 이어졌다. 그러나 놀랍게도 β-카로틴 보충제는 이러한 고위험군에서 폐암을 오히려 증가시켰고 건강한 개인에게는 아무런 영향을 미치지 않았다. 이러한 임상시험의 결과는 전임상(preclinical) 실

잠시 멈춰 생각하기

외견상 상반되어 보이는 이러한 결과를 설명할 수 있는 가설을 제시하라. 가장 그럴듯한 설명은 β-카로틴이 풍부한 야채와 과일에 함유된 미량성분이 폐암 위험을 줄이는 활성 성분이 될 수도 있다는 것이다. 또는 β-카로틴이 보충제(supplements)에 포함되지 않은 다른 미량성분과 함께 시너지 효과를 나타낼 수도 있다는 것이다. 완전한 상황을 파악하려면, 다른 식이 성분 간의 상호작용을 반드시 고려해야 한다.

표 11.1 미량성분

식품 소재	화합물 종류	화학 물질
십자화과의 야채	Isothiocyanate	Benzyl isothiocyanate, phenethyl isothiocyanate, sulforaphane
십자화과의 야채	Dithiolthione	Ohipraz
십자화과의 야채	Glycosinolate	Indole-3-carbinol, 3,3′-diindoylmethane, indole 3 acetonitrile
양피, 마늘, 파, 부추	Allium compound	Diallyl sulfide, allylmethyl trisulfide
감귤류 과일(껍질)	Terpenoid	*D*-limonene, penllyl alcohol, geraniol, menthol, carvone
감귤류 과일	Flavonoid	Tangeretin, nobiletin, ratin
베리류, 토마트, 감자, 넓은 콩, 브루콜리, 호박, 양파	Flavonoid	Quercetin
무, 고추냉이, 케일, 꽃상추	Flavonoid	Kaempferol
차, 초콜릿	Polyphenol	Epigallocatechin gallate, epigallocatechin, epicatechin, catechin
포도	Polyphenol	Resveratrol
울금	Polyphenol	Curcumin
딸기, 산딸기, 블랙베리, 호두, 피칸	Polyphenol	Caffeic acid, ferulic acid, ellagic acid
곡규, 콩류(기장, 수수, 메주콩)	Isoflavone	Genistein
오렌지 야채와 과일	Carotenoid	α- and β-carotene
토마토	Carotenoid	Lycopene
차, 커피, 콜로아, 카카오(코코아와 초콜릿)	Methylxanthines	Caffeine, theophylline, theobromine

Reprinted from Manson, M.M. (2003) Cancer prevention—the potential for diet to modulate molecular signaling. *Trends Mol. Med.* **9:** 11–18, Copyright (2003), with permission from Elsevier.

험 결과에 기초하여 만들어진 초기의 가설을 뒷받침하지 않는다("잠시 멈춰 생각하기" 참조).

최근에 와서야 암의 원인이나 예방에 관여하는 식이 성분의 분자 기전을 조사하기 위해 분자 접근법(molecular approach)이 사용되었다. 이를 통해 얻은 가장 중요한 성과 중 하나는 **식품의 성분이 유전자 발현을 조절한다**는 사실의 확인이다. 따라서 식품의 힘이 드러나기 시작했다. 이 장에는 이러한 발견들의 예시를 담고 있다.

11.2 원인 인자

섭식의 3가지 주요 측면이 암의 원인 인자로 간주될 수 있다. 첫째, 식품은 영양적 가치 외에도 위해한 인자를 공급할 수 있는 매우 복잡한 물질이다. 즉, 식품의 소비는 화학 발암 물질이 체내에 전달되는 경로를 제공하여, 식품에 미량성분으로 존재하는 유전 독성 물질은 식이성 발암 물질(dietary carcinogen)로 작용한다. 둘째, 특정한 필수영양소의 부족은 암발생의 위험을 높일 수 있다. 셋째, 비만과 만성적인 알코올 소비 같은 세계적인 건강 문제가 암을 유발한다. 본 절에서는 발암성 오염 물질, 영양결핍, 비만, 만성 알코올 섭취를 식이성 암-유발 인자로 검토하고자 한다.

발암성 오염 물질

특정 음식의 발암 효과는 가변적일 수 있다. 오메가-3 다중불포화지방산이 풍부해서 건강한 식단의 중요한 요소로 알려진 연어가 그 한 예다. 연어는 기름진 육식성 물고기로 오염 물질을 축적해서 유전 독성 오염 물질을 먹이사슬을 통해 사람에게 전달할 수 있다. 전 세계의 양식 연어와 야생 연어를 대상으로 한 연구에서 일부 지역(예, 스코틀랜드)에서는 polychlorinated biphenols(PCB)과 다른 살충제가 한 달에 한 번 이상 양식 연어를 섭취할 경우 암 발생 위험이 증가할 수 있을 만큼의 양이 될 수 있다는 사실이 밝혀졌다(Hites *et al*., 2004). 위험도(risk)는 개별 발암 물질의 위험이 상가적(additive)이라는 가정에 근거하여 계산되었다. 이 연구는 많은 이슈를 제기한다. 첫째, 식품 공급원에서의 차이가 다양한 결과를 가져올 수 있다는 것을 강조한다. 예를 들어, 양식 연어는 야생 연어보다 더 많은 오염 물질을 가지고 있고, 스코틀랜드의 양식 연어는 북아메리카의 도시에서 구할 수 있는 양식 연어보다 훨씬 더 많은 오염 물질을 포함하고 있다. 그 결과는 더 넓은 함축적 의미를 포함하는데, 모든 식품의 산지를 적절히 표시함으로써 소비자는 잘 선택할 수 있고, 양질의 제품을 생산하려는 경쟁을 일으킬 수 있다. 이 연구의 데이터는 생선 사료(물고기 사료와 생선 기름)가 연어의 발암성을 구별하는 요인이 될 수 있다는 점을 암시하며, 따라서 사료 조성의 개선이 필요하다는 것을 시사했다. 특정 식품의 다른 미량성분의 편익과 더불어 한 번에 하나 이상의 오염 물질과 관련된 암 발생 위험을 평가하는 것은 추가 연구가 필요한 영역이다. 전반적으로 여기서 설명하는 연구는 섭식과 암의 관계를 분석할 때 발생하는 복잡한 문제점을 강조한다.

음식의 준비와 보관은 우리 식단에서 암을 유발하는 특성에 기여할 수 있다. 고온에서 고기를 조리할 때 생성되는 이종고리형 아민은 제2장에서 발암 물질로 논의하였다. 그 작용 기전은 대사적으로 활성화된 후, DNA 부착물(adduct)의 형성, 염기 치환 및 그에 따른 돌연변이를 포함한다. 마찬가지로 식품을 오염시키는 곰팡이에 의해 생성되는 독소는 DNA 부착물을 형성하기 때문에 유전 독성이 있다. *Aspergillus flavus* 곰팡이의 산물인 **Aflatoxin** B(아플라톡신 B)는 땅콩에서, fumonisin B(푸모니신 B)는 옥수수에서 발견되는 잘 알려진 오염 물질이다. 아플라톡신은 GC→TA 전환을 유도하며, 간세포암(hepatocellular carcinoma)을 유발하는 데 관여한다. 아질산나트륨과 같은 식품 방부제는 발암성 *N*-니트로소 화합물을 생산하는 위험 인자이기 때문에 정부기관에 의해 규제된다.

잠시 멈춰 생각하기

특정 식품의 영양상의 이점이 발암 물질로서의 위험성보다 더 큰가를 조사하기 위한 실험을 제안해보시오.

영양결핍

미량 영양소(micronutrient)의 결핍이 암 발생 위험에 기여한다는 개념을 뒷받침하는 증거가 축적되고 있다. 가장 강력한 발견은 엽산(folate)의 결핍이 대장암의 위험을 증가시킨다는 것이다. 비타민 B 중 하나인 엽산은 대사 반응에서 1-탄소 단위를 받아들이거나 제공할 수 있다. 엽산은 뉴클레오티드 합성 및 DNA 메틸화에 중요한 공동-효소(co-enzyme)이며, 이러한 과정은 발암에 영향을 줄 수 있다. methylenetetrahydrofolate reductase(MTHFR) 효소는 5,10-methylenetetrahydrofolate(5,10-methylene THF)와 5-methyl-tetrahydrofolate(5-methyl THF)의 상대적인 양에 각각 영향을 주어 뉴클레오티드 합성과 DNA 메틸화 사이의 균형을 조절한다(그림 11.2a). MTHFR은 비가역적으로 5,10-methylene THF을 5-methyl THF로 전환한다. 5,10-methylene THF와 deoxyuridylate(dUMP)는 deoxythymidylate(dTMP)의 생산에 사용되는 thymidylate synthase 효소에 대한 반응물이다. 5-methyl THF와 homocysteine(호모시스테인)은 DNA 메틸화를 위한 메틸 공여체인 S-adenosylmethionine(SAM)을 재생하는 methionine(메티오닌)을 생성하는 데 사용되는 반응물이다.

엽산의 고갈은 뉴클레오티드 합성과 DNA 메틸화를 모두 방해함으로써 종양 발생에 기여할 수 있다. DNA 합성의 방해는 DNA의 불안정성과 돌연변이를 초래하는 반면, DNA 메틸화의 붕괴는 유전체의 hypomethylation(저메틸화)을 초래할 수 있다(그림 11.2b). dTMP 합성은 낮은 엽산 조건에서 억제되며, 뉴클레오티드의 불균형은 uracil(우라실)을 DNA에 혼입시키는 결과를 낳는다. DNA 가닥의 절단은 이러한 DNA를 수선하려는 시도의 결과로 발생하며, 이러한 DNA 손상은 암의 위험을 증가시킨다. 우라실의 잘못된 혼입과 DNA 가닥 절단 모두 엽산이 결핍된 사

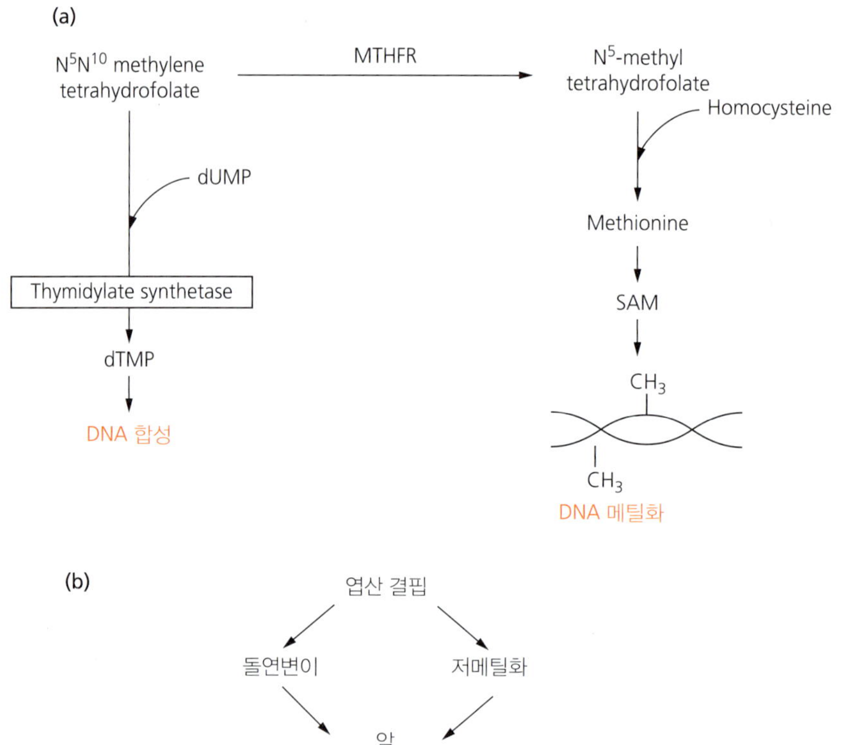

그림 11.2 (a) DNA 합성 및 DNA 메틸화에서 엽산 유도체의 역할. (b) 암에서 엽산 결핍의 역할.

람에게서 관찰되며, 두 결함은 모두 엽산 투여에 의해 호전된다. 유전체의 저메틸화와 특정 종양억제유전자 프로모터의 hypermethylation(과메틸화)는 암세포에서 관찰된 후생유전적(epigenetic) 변화의 특징임을 상기하자(제3장 참조). 엽산의 공급에 따라 DNA의 메틸화가 진행되면서 메틸기가 사용됨에 따라, 엽산이 부족해지면서 메티오닌의 합성이 감소하고 이어서 DNA의 유전체 저메틸화가 발생한다. 엽산이 결핍된 사람에서 유전체 저메틸화가 관찰되며, 엽산 보충시에 다시 역전된다. 엽산 고갈 연구에서 특정 유전자의 5′ 좌위에서의 과메틸화도 관찰되었다. 또한 식이성 메틸 결핍은 설치류에 발암 물질이 없을 경우, 간 DNA 메틸화 패턴을 변화시키고 간세포암(hepatocellular carcinoma)을 유발하는 것으로 나타났다.

비만

국제암연구소(International Agency for Research on Cancer, IARC)에 의해 여러 암의 위험 인자로 분류되는 비만은 골격과 신체 요건에 비해서 과도한 체중을 초래하는 지방의 과다 축적이다. 체질량지수[체중량(kg)/높이(m)^2]가 30(kg/m^2) 이상인 사람을 비만인 것으로 간주한다. 이는 미국 인구의 25%에 영향을 미칠 만큼 중대한 문제가 되었고, 미국의 모든 암 사망자의 15~20%가 과체중과 비만에 의한 것일 수 있다는 주장이 제기되었다. 역학적인 증거에 따르면, 비만은 결장, 유방, 자궁내막, 신장, 췌장, 간, 식도의 암 발생 위험을 증가시킨다. 지방 조직은 다른 조직에 영향을 미칠 수 있는 내분비 기관이다. 즉, 유리지방산, 펩티드 호르몬, 스테로이드 호르몬을 분비할 수 있다. 변형된 성호르몬 대사, 아디포카인(adipokine)이라 불리는 지방세포(adipocyte) 호르몬의 증가, 인슐린 신호 경로의 증가, 식이 변화에 의한 장내 미생물총(microbiota)의 변화를 포함한 암 위험 인자 또는 종양 촉진자로서의 비만 작용의 몇 가지 기전이 제안되어 왔는데, 이는 아래에서 설명한다.

비만은 지방세포에 지방을 높은 수준으로 비축하게 한다. 이렇게 비축된 지방은 방향화효소(aromatase)에 의해 안드로겐으로부터 에스트로겐을 합성하는 데에 사용될 수 있으며, 유방암의 위험에 기여할 수 있다(265쪽의 11.7절, "호르몬과 암" 참조). 고콜레스테롤혈증에서 증가된 콜레스테롤 수치는 비만인 사람에서 흔하다. 27-hydroxycholesterol(27HC)이라는 콜레스테롤 대사체는 에스트로겐 수용체와 간 X 수용체의 리간드이므로, 같은 암에서 에스트로겐이 사용하는 일부 메커니즘(예, 에스트로겐-반응성 유전자 조절)을 공유할 수 있음이 입증되었다(267쪽의 11.10절, "호르몬과 암" 참조)(Nelson *et al.*, 2013). 연구에 따르면 27HC는 마우스 모델에서 종양 성장과 전이를 증가시킨 것으로 나타났다. 마우스 모델은 또한 공격적인 인간 유방 종양을 덜 공격적인 종양과 비교했을 때, 콜레스테롤을 27HC로 전환시키는 시토크롬 P450 산화 효소인 CYP27A1을 높은 수준으로 발현하고 있음을 보여 주었다. 이것은 콜레스테롤을 낮추는 스타틴과 같은 약물 및 CYP27A1 억제제의 사용을 포함하는 신규 치료 전략을 제안한다. 비만의 또 다른 기전은 아디포카인과 염증 때문일 것이다. 마우스로부터의 증거는 비만이 인터루킨-6(IL-6) 및 TNF와 같은 종양-촉진성 사이토카인의 증가에 의해 만성 염증 반응을 유발하고, 이를 통해 진정한 의미의 간암 촉진자 역할을 한다는 것을 보여준다(Park *et al.*, 2010). 비만은 또한 지방 조직에서 다량의 유리 지방산을 방출해서 혈장 인슐린의 수준을 만성적으로 증가시킨다. 그에 따른 종양 유발 효과(예, 세포 증식 촉진 및 세포자살 억제)는 인슐린 수용체와 추가적인 성장 인자(예, IGF)를 통해 매개된다.

최근에는 비만, 장내 세균, 그리고 간암 사이의 연관성이 대두되고 있다. 섭취하는 음식은 인간의 내장에 존재하는 수조 개에 이르는 미생물의 구조와 활성에 영향을 미치는 것으로 알려져 있다. 비만은 세균 대사물인 deoxycholic acid(DCA, Yoshimoto *et al.*, 2013)의 증가를 초래하는 장내 미생물의 변화(더 많은 그람 양성 박테리아)를 일으켜 간암을 촉진시킨다는 증거가 제시되었다(252쪽의 BOX, "어떻게 알 수 있을까?" 참조). 콜레스테롤에서 유래된 1차 담즙산(bile acid)은 장내 세균에서 탈수산화(dehydroxylation) 반응에 의해 대사되어 deoxycholic acid를 형성한다. 이 대사체는 간으로 순환돼서 DNA 손상을 일으킬 수 있다. 특정 간세포의 만성적인 DNA 손상은 염증 인자와 종양-촉진 인자의 분비를 특징으로 하는 세포 노화를 유발하여 비만 관련 간암의 발생을 유도한다. 설치류 연구에서 나온 이러한 결과는 인간과 관련이 있을 수 있다. 인간의 간은 deoxycholic acid을 대사하는 데 효율적이지 못하기 때문에 높은 농도로 축적될 수 있다. 고지방 식이를 하는 남성에게서는 더 높은 농도의 deoxycholic acid이 분변에서 발견되었다. 비만은 간암의 위험을 1.5배에서 4배까지 증가시킨다는 점에 유의해야 한다.

어떻게 알 수 있을까?

육안 검사와 마이크로바이옴(microbiome) 분석을 통한 식이성 비만이 종양 형성에 미치는 영향 분석 및 액체 크로마토그래피 질량분석법에 의한 혈청 대사산물 분석

(Yoshimoto *et al*., 2013 참조)

섭식에 의한 비만이 종양 형성에 미치는 영향을 검사하기 위해 생쥐를 신생아 단계에서 화학 발암 물질인 dimethylbenz[a]anthracene(DMBA)로 한 번 처치한 뒤 30주 동안 정상 식이나 고지방 식이를 먹였다. 육안 검사 결과 고지방 식이를 하는 모든 생쥐가 간암에 걸린 것으로 밝혀졌다. 이와 달리, 대조군 생쥐는 종양이 생기지 않았다(그림 11.3a). 유전자 염기서열분석에 의한 분변 군집의 마이크로바이옴 분석 결과, 고지방 식이를 먹였을 때 그람 양성균이 크게 증가했으며, 이는 그람 양성 선택적 항생제인 vancomycin(VCM)으로 치료했을 때 변경될 수 있었다(그림 11.3b). 두 군의 생쥐 혈청 대사체는 액체 크로마토그래피 질량 분광법에 의해 분석되었다. Deoxycholic acid(DCA)는 고지방 식이를 먹인 생쥐에서 증가했으며, 이는 VCM이나 DCA를 낮추는 약물(DFAIII), 그리고 담즙 분비를 자극하는 약물(UDCA) 치료에 의해 감소되었다(그림 11.3c).

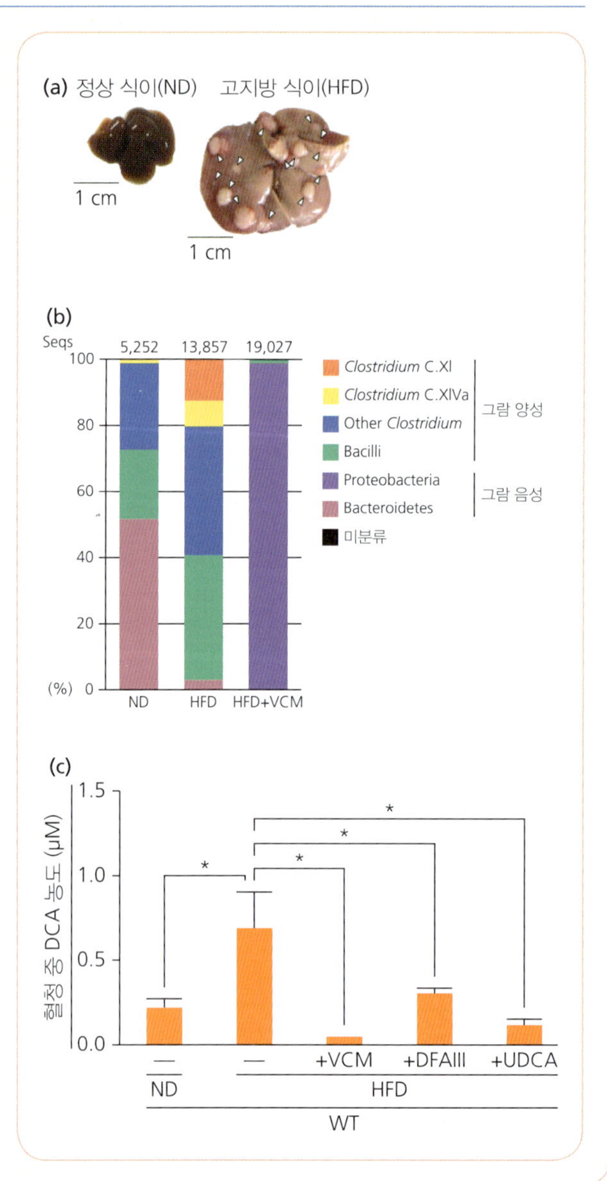

그림 11.3 (a) 대표적인 간의 사진. 화살머리는 간암을 나타냄, (b) 분변 세균 집단에 대한 세균의 다양성 분석, (c) 혈청 중 DCA 농도(ND, n = 4; HFD, n = 6; HFD + VCM, n = 3; HFD + DFAIII, n = 3; HFD + UDCA, n = 3)를 나타냄. 오차 막대는 평균 ± s.e.m(평균의 표준 오차)을 나타냄. HFD, 고지방 식이, ND, 정상 식이. Macmillan Publishers Ltd: Nature, from Yoshimoto, S. *et al.*, (2013) Obesity-induced gut microbial metabolite promotes liver cancer through senescence secretome. Nature **499:** 97−101, copyright (2013).

만성 알코올 소비

20억 명의 사람들이 술을 소비한다. 이러한 통계 자료뿐 아니라, 최근 2007년 IARC이 알코올을 발암 물질로 분류했기 때문에, 특정 암을 예방하기 위해서라도 암의 원인이 되는 알코올의 성질을 알리는 것이 필요하다. 알코올이 암을 유발하는 메커니즘은 체내에서의 대사와 연결되어 있다(Seitz and Stickel, 2007). 알코올은 알코올 탈수소효소(alcohol dehydrogenase)에 의해 대사되어 DNA에 직접 결합할 수 있는 아세트알데히드(acetaldehyde)를 만드는데, 이것은 돌연변이를 일으키는 DNA 부착물(adduct)을 만들 수 있다. 이러한 아세트알데히드-DNA 부착물이 알코올 소비자들에게서 발견된다. 추가적으로, 아세트알데히드는 타액의 박테리아에 의해 만들어질 수 있는데, 이는 혈액의 10~100배 농도가 될 수 있기 때문에 구강암의 위험성이 높아진다. 아세트알데히드는 아세트알데히드 탈수소효소(acetaldehyde dehydrogenase)에 의해 체내에서 산화된다. 이 효소에 대한 유전자의 단일 뉴클레오티드 다형성(single nucleotide polymorphism, SNP)은 동양인에게 흔한 것으로, 낮은 효소 활성과 관련되며, 결과적으로 알코올 불내성(intolerance)의 원인이 된다. 불활성 아세트알데히드 탈수소효소 대립유전자를 갖는 보인자(carrier)는 알코올과 관련된 식도암에 걸릴 위험이 높다. 알코올 소비에 따라 유방암의 위험성이 높아지는 것은 알코올과 에스트로겐의 관련성 때문이라고 생각된다(266쪽의 11.7절, "호르몬과 암" 참조). 전반적으로 구강암의 7~19%를 포함한 전 세계 암의 3.6%는 음주에 기인한다.

11.3 예방 인자: 과일과 채소의 미량성분

과일과 채소(특히, 토마토, 포도, 마늘)가 풍부한 지중해식 식단은 전체 암 발병률 및 대장암 등의 특정 암 발생률 감소와 관련이 있다(Schwingshackl and Hoffman, 2014). 암 위험을 줄이기 위한 수단으로서의 과일과 채소의 섭취는 역학 연구에 의해 뒷받침되지만, 다른 행동 변수에 대해 통제하기 어렵기 때문에 이러한 연구는 수행하기 쉽지 않다. 세계암연구기금과 미국암연구소가 2007년에 발표한 보고서 '음식, 영양, 운동과 암예방: 세계적 관점'에서는 암 발생 위험에 관한 다수의 과학 간행물에 대한 평가를 요약하고 있다. 그들의 보고서에서, 과일과 일부 채소의 섭취가 특정 암의 위험을 감소시켜준다는 것을 뒷받침하는 유력한 증거가 있다고 결론지었다. 또한 최근 암과 영양에 대한 유럽의 전향적 조사 연구(EPIC)에서 40만 명 이상을 분석한 결과, 총 과일 및 채소 섭취량과 전반적인 암 발생 위험 사이에는 작지만 통계적으로 유의미한 역연관성이 있다고 결론지었다(Boffetta *et al.*, 2010).

ROS와 발암 물질 모두, 또는 한쪽에 의한 DNA 손상을 차단하는 능력은 암화 개시를 막고 질병의 진행을 늦추는 가장 직접적인 전략이다. 여기에는 과일과 채소

(표 11.1)에서 발견되는 미량성분이 중요한 역할을 한다. 이것은 유리 라디칼 제거제(radical scavengers)에 의해 직접 이루어지거나(255쪽의 "유리 라디칼 제거" 참조), 또는 체내의 1상(phase I) 대사효소(산화 반응)와 2상(phase II) 대사효소(포합 반응)를 암호화하는 유전자의 발현을 조절함으로써 간접적으로 이루어진다.

1상 대사효소와 2상 대사효소의 조절은 **생체 이물질(xenobiotic**; foreign substances)에 대한 주요 방어 기전이다. 시토크롬(cytochrome) P450 계열의 1상 약물 대사효소는 많은 약물의 수산화/산화 반응을 촉매하는데, 이 효소는 종종 전구-발암 분자를 궁극적인 발암 물질로 전환시켜서 해로운 영향을 끼친다. 1상 반응의 생성물은 흔히 높은 친전자성(예, epoxides)을 나타내고, DNA를 손상시킬 수 있지만, 동시에 2상 반응에 필요한 효소의 발현을 유도한다. 2상 대사효소(예, UDP-glucuronosyltransferases나 glutathione S-transferases)는 1상 반응의 생성물에 친수성 부분을 부여하는 포합 반응을 촉매함으로써, 수용성을 증가시키고 세포로부터 무해하게 제거될 수 있도록 한다.

어떻게 알 수 있을까?

Comet(혜성) 분석에 의한 DNA 손상 분석

(Bub *et al.*, 2003 참조)

치료 전, 치료 중 및 치료 후에 채혈한 혈액 샘플의 DNA 손상을 분석하여 인간에서 과일 폴리페놀(polyphenol) 분자의 효과를 조사했다. 건강한 남성에게 정확한 스케쥴(하루 330 ml 씩 2주간 투여, 2회 이상 반복)대로 과일 주스를 소비하게 했다. 사과, 망고, 오렌지 주스를 공통으로 포함하는 2가지의 주스로 시험하였는데, 하나는 안토시아닌(anthocyanin)이 풍부한 베리를, 다른 하나는 플라보놀(flavanols)이 풍부한 녹차, 살구, 라임을 추가하여 강화시켰다. 산화된 DNA 염기를 검출하기 위해 단일세포 마이크로겔 전기영동, 즉 Comet 분석법을 사용하였다. 산화된 피리미딘 염기를 검출하기 위해 혈액 세포를 아가로즈(agarose)-코팅된 슬라이드에 매립, 용해, 알칼리 처리(풀림을 위해) 및 특이적인 endonuclease(III)로 처리한 다음, 전기영동시켰다. 중화 및 ethidium bromide 염색 후 컴퓨터로 이미지를 분석하여 혜성(Comet)-유사 이미지를 얻었는데, 이는 단일가닥 절단된 DNA가 아가로즈로 빠져나온 것이다. 데이터는 마지막 투여 기간이 지나고서 두 주스에 의해 DNA의 염기 산화 수준이 상당히 낮아졌음을 보여 주었다(Bub *et al.*, 2003의 그림 1 참조). 즉, 그 효과는 두 번째의 2주간 투여 기간이 지난 후에야 관찰되었고, 첫 번째 투여 기간에서는 관찰되지 않았다. 실험이 종료된지 11주 후에 검사했을 때 수준이 기준치로 되돌아 왔기 때문에 그 효과는 영구적이지 않은 것으로 확인되었다. 이 실험에서 나타난 시간 지연(time delay)은 ROS 제거 반응이 주요 메커니즘이 아니며, 보호하는 해독효소(255쪽의 "약물 대사효소 및 항산화효소 유전자의 조절" 참조)가 유도된다는 것을 암시한다.

잠시 멈춰 생각하기

일반적으로, 종양 형성을 줄이기 위해 1상 대사효소와 2상 대사효소의 활성을 어떻게 수정하는 것이 좋겠는가? 1상 반응을 억제하고 2상 반응을 유도하면 된다.

1상 반응 및 2상 반응의 대사 효소에 의해 생성된 발암 물질인 aflatoxin Bl(AFB1)의 수식(modification)을 살펴보자. 먼저, AFB1은 1상 반응에서 cytochrome P450에 의해 산화되어 강력한 유전 독성 대사체인 AFB1−8,9-epoxide를 형성한다. AFBl−8,9-epoxide는 2상 대사효소인 glutathione *S*-transferase에 의해 글루타티온(glutathione)을 포함하여 AFB1−glutathione을 생성한다. 이것은 해독으로 이어지고 쉽게 배설을 촉진한다.

유리 라디칼 제거

과일과 채소의 여러 미량성분은 ROS를 제거하는 항산화제 역할을 한다. 수용성의 비타민 C(그림 11.4)는 전자를 자유 라디칼에 직접 제공해서 그 반응성을 억제하고 자유 라디칼 연쇄 반응을 차단할 수 있다. 산화된 비타민 C는 전자 비편재화 또는 공명으로 인해 상당히 안정적이고 반응성이 없는 ascorbyl radical을 형성한다. 이 ascorbyl radical은 비타민 C 환원효소에 의해 비타민 C로 재생되거나, 전자를 잃어 분해되기도 한다. 결과적으로, 비타민 C 비축량은 매일 보충되어야 한다. 지용성의 비타민 E(그림 11.4)는 유사한 방식으로 자유 라디칼 제거제 역할을 한다. 비타민 E가 자유 라디칼(예, singlet oxygen)에 전자를 제공한 후 α-tocopheryl radical이라는 공명 안정화 구조가 만들어지면서, 세포막에서 자유 라디칼의 연쇄 반응을 종결시키는 데 도움을 준다.

잠시 멈춰 생각하기

제2장에서 설명한 수산라디칼은 이러한 미량성분에 의해 쉽게 제거될 수 있는가? 아니다. 사실, 위협적인 수산라디칼 반응 시간이 매우 빠르기 때문에 이런 미량성분에 의해 파괴될 것 같지 않다. 그것을 즉시 둘러싸는 분자와의 상호작용 같은 것을 막기 위해서는 예외적으로 높은 농도가 필요할 것이다.

약물 대사효소 및 항산화효소 유전자의 조절

"당신이 먹는 것이 바로 당신이다"는 일반적인 표현이다. 그것은 최근 분자 용어로의 번역과 영양유전학(nutrigenomics) 연구에 의해 더 큰 의미를 부여 받았다: 몇몇 식이성 성분은 우리의 유전자의 발현에 영향을 줄 수 있다. 여기에 관여하는 분자 기전은 이전 장에서 논의된 것과 같은 것이다. 일부 식이 성분들과 유전자 발현에 따른 DNA 손상 방지를 위한 그들의 역할 사이의 중요한 연결은 해독효소 및 항산화효소(예, glutathione *S*-transferase, NADPH:quinine oxidoreductase 1)를 인코딩하는 여러 유전자의 프로모터 영역에서 항산화 반응 요소(ARE, 5′-A/G TGA C/T NNNGC A/G-3′)를 식별함으로써 이루어진다. ARE는 표적 유전자에 대한 항산화제 의존적 조절을 제공한다. 실제로, ARE는 십자화과 채소에 들어 있는 isothiocyanates(예, sulforaphane)와 녹차의 epigallocatechin-3-gallate(EGCG) 같은 식품 항산화제뿐만 아니라 반응성 있는 친전자성 중간체 및 H_2O_2(예, 발암 물질)에 반응하여 전사적으로 활성화된다.

항산화 비타민

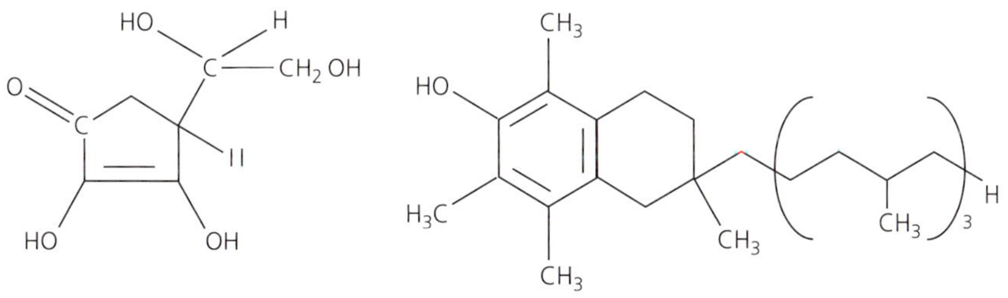

비타민 C

비타민 E

그림 11.4 항산화 비타민(비타민 C와 비타민 E)의 구조.

ARE를 통한 유전자 발현의 활성화는 basic leucine zipper 계열의 구성원인 전사 인자 Nrf2와 공동-활성자(co-activator) Maf에 의해 매개된다. Nrf2는 해독효소와 항산화효소를 인코딩하는 유전자의 발현을 유도하는 중요한 역할 때문에 세포에서 주요 방어 기전을 담당한다. KEAP1는 단백질-단백질 상호작용을 통한 Nrf2의 중요한 억제제다. 따라서 Nrf2는 KEAP1 및 DNA에 대한 결합 도메인을 모두 가지고 있다. 스트레스 없는 세포에서 KEAP1는 Nrf2 및 Cul3-E3 유비퀴틴 라이게이즈와 함께 복합체를 형성한다. 이로 인해 Nrf2의 유비퀴틴화(ubiquitination)가 나타나게 되고, 결국 프로테아좀(proteasomes)에 의해 분해된다(그림 11.5a). KEAP1에는 자기 자신을 불활성화되는 데 중요한 시스테인(cysteine)이 포함되어 있다. 일반적으로 세포에서의 redox 상태를 감지하는 센서 역할을 하는 것은 이 시스테인 잔기이다. 친전자체나 ROS는 이러한 시스테인과 반응하여 구조 변형을 일으킴으로써 Nrf2의 유비퀴틴화를 막을 수 있다. KEAP1 분자는 유비퀴틴의 첨가에 의해 변형되지 않는 Nrf2 단백질에 결합하여 포화되며, 새롭게 합성된 Nrf2는 핵으로 이동한다. 여기서 Nrf2는 ARE를 통해 유전자 발현을 유도한다(그림 11.5b). 이는 산화적 스트레스와 생체 이물질(xenobiotic)로 인한 스트레스를 제한하기 위해 세포가 가지고 있는 중요한 분자 방어기전이다. 이러한 스트레스는 효소 발현의 유도를 촉진하여 이들의 독성을 줄이거나 배출되도록 한다.

일부 식품 성분은 KEAP1을 불활성화할 수도 있다(그림 11.5c). 앞서 언급한 바와 같이, 브로콜리에서 발견된 sulforophane도 Nrf2에 의한 전사를 활성화한다. sulforophane(황 함유 glucosinolates의 가수분해 산물)은 Nrf2 억제제인 KEAP1 내의 시스테인 잔기와 반응할 수 있는 sulfhydryl기를 함유하고 있다. Sulforophane과 KEAP1내 시스테인 잔기와의 직접 상호작용은 KEAP1의 구조 변화를 일으키고 그 기능을 억제시키기 때문에, Nrf2가 핵으로 이동하게 된다. 그 후 Nrf2는 ARE에 결합 및 Maf와 이량체 형성을 통해 제2상 해독효소를 인코딩하는 유전자의 발현을 유도할 수 있다.

생활 속 정보

우리는 섭취하는 음식에 대해 더 나은 선택을 하기 위해 특정 음식과 음료의 예방적 역할에 관해서 얻은 지식을 활용해야 한다. 녹차는 물 다음으로 세계에서 두 번째로 인기 있는 음료이다. 녹차를 많이 섭취하는 것은 몇 가지 암(예, 위암 및 대장암)의 낮은 발생률과 관련 있다. 녹차는 탄산음료보다 더 나은 선택이다.

녹차에서 발견되는 주요 폴리페놀인 EGCG는 Nrf2 경로를 활성화하는 또 다른 식이 성분이다. 그 작용 방식에 대한 몇 가지 가능성이 제안되었다(Na and Surh, 2008): KEAP1은 EGCG의 대사물이나 EGCG-생성 ROS에 의해 억제될 수 있다(그림 11.5c). 또는 EGCG가 별개의 MAPK 신호전달 경로를 활성화할 수 있음을 시사한다(제시되지 않음). 세포내 인산화효소는 Nrf2의 인산화와 그 이후의 안정화로 이어져 유전자 발현을 유도할 수 있다.

따라서 일부 식이 미량성분은 KEAP1을 불활성화시키고 Nrf2를 안정화시키는 발암성 ROS 또는 친전자체를 모방한다. 이 분자 경로는 해독효소를 암호화하는 유전자의 발현을 조절함으로써 산화제에 의해 야기된 DNA 손상으로부터 세포를 보호하는 데 중요하다.

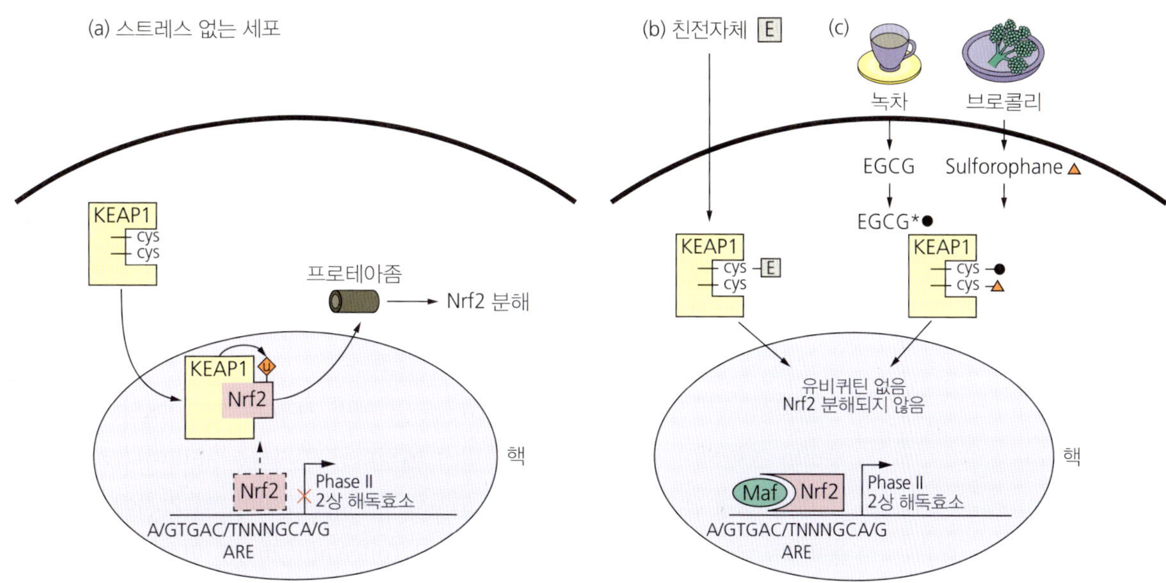

그림 11.5 Nrf2–ARE 신호 경로. (a) 스트레스가 없는 세포에서 KEAP1(노란색 음영)은 Nrf2 및 Cul3-E3 유비퀴틴 라이게이즈와 복합체를 형성한다. 이것은 Nrf2의 유비퀴틴화를 촉진함으로써 프로테아좀에 의한 Nrf2 분해를 일으킨다. (b) 유해한 친전자체는 KEAP1 내에 존재하는 시스테인(cys) 잔기와 상호작용하여 Cul3-E3 라이게이즈가 Nrf2를 변형하지 못하도록 하는 구조 변화를 일으킨다. 변형되지 않은 Nrf2로 KEAP1가 포화되면 새로 형성된 Nrf2가 핵으로 이동한다. 여기서 Nrf2는 ARE와 결합하고, 보조 활성제인 Maf와 이량체를 형성하며, 해독효소의 전사를 자극할 수 있다. (c) 몇몇 식이 성분들은 전사 인자 Nrf2를 통해 유전자 발현을 조절한다. 브로콜리는 sulforophane의 풍부한 공급원이다. sulforophane은 KEAP1의 cys 잔기와 반응하여 구조 변화를 일으키고 결국 유비퀴틴화를 억제한다. 위 (b)에서와 같이 Nrf2는 핵으로 이동하고, 그 보조 활성제인 Maf와 이량체를 이루면서 ARE에 결합하여, 해독효소의 전사를 자극한다. 또한 녹차는 EGCG를 함유하고 있다. EGCG의 친전자성 대사물인 EGCG*는 위와 같이 KEAP1과 결합 및 불활성화해서 Nrf2가 핵으로 이동하고, ARE를 통해 해독효소의 전사를 유도할 수 있다고 제안되었다.

정상 세포를 보호하는 데 있어서의 Nrf2 역할과는 대조적으로, Nrf2는 치료 과정에서 화학 치료제로부터 암세포를 보호하고 약물 내성에 기여할 수 있다는 점에서 "어두운 면"을 가지고 있다(Jaramillo and Zhang, 2013). 이는 약물 대사 및 multi-drug resistance protein 1(다약제 내성 단백질 1)과 같은 생체 이물질 운반체(transporter)에 관여하는 유전자를 유도함으로써 나타난다. 일부 암은 Nrf2의 발현 수준이 상당히 상승되어 있다. KEAP1 및 Cul3-E3 ligase의 기능 상실(loss-of-function) 돌연변이 및 Nrf2의 기능 획득(gain-of-function) 돌연변이를 비롯한 체세포 돌연변이가 보고되어 있다. 또한 KEAP1의 후성학적 유전자 발현 소실(epigenetic gene silencing)은 Nrf2의 축적을 야기하는 것으로 나타났다.

식이 미량성분의 부가적인 기전

현재 과일과 야채의 암 예방적 역할을 설명하는 몇 가지 기전들을 제시되었다. 앞서 살펴본 바와 같이, 한 가지 기전은 유리 라디칼을 제거하거나 보호 효소를 유도하여 DNA의 산화적 손상을 감소시키는 것이다. 암 예방에 있어서 특정 채소의 역할에 대한 다른 2가지 기전은 세포 사멸 및/또는 세포 증식의 조절이다. 마늘의 미량성분은 3가지 기전을 모두 이용한다(Yun *et al.*, 2014 참조). 마늘에 들어 있는 유기황화합물의 항산화 성질은 2상 대사효소를 유도하고 라디칼을 제거한다. 마늘의 주요 화합물인 Ajoene은 백혈병 환자의 백혈구 세포자살을 유도하는데, 그 과정에서 특정 캐스페이즈(3 및 8)와 전사 조절 인자(IκB)가 활성화되고, 과산화물이 생성된다. 마늘의 또 다른 주요 화합물인 알리신은 인간의 유방암, 자궁내막암, 결장암 세포의 증식을 억제하는 것으로 나타났다. 이러한 효과의 일부는 NF-κB 신호 경로의 억제를 통해 매개되는 것으로 보인다(제13장 참조).

녹차에서 발견되는 EGCG의 또 다른 암 예방 기전은 DNA 메틸화효소의 촉매자리와 결합하여 시토신의 진입을 막고 메틸화를 방지하는 능력이다. 이를 통해 주요 종양 억제 유전자의 불활성화를 되돌릴 수 있을 것이다. 이 기전에 의해, EGCG는 텔로머레이즈 활성을 차단한다(Li and Tollefsbol, 2010). 역설적으로 hTERT 프로모터는 대부분의 종양 세포에서 고도로 메틸화되어 있으면서도 활성 상태이며, 이 경우에는 탈메틸화(demethylation)를 통해 활성이 억제된다. 텔로머레이즈의 억제는 세포의 복제 능력을 제한하고(제3장 참조), 마우스 모델의 종양 크기 감소와 관련이 있다.

섬유질(fiber)은 보통 암 예방 물질에 포함되지만, 최근의 대규모 연구에서의 불일치된 결과들 때문에 이 주제를 여기서 생략하기로 한다(Romaneiro and Parekh, 2012). 그러나 한 EPIC 연구는 대장암에 대한 식이 섬유의 강력한 암예방 효과를 보여주는데, 이는 섬유 섭취 용량이 EPIC 연구의 용량보다 훨씬 낮았기 때문에 일부 이전 연구에서는 예방 효과가 나타나지 않았을 것으로 추정된다(273쪽, 탐구 활동 2 참조).

결론적으로, 몇몇 식품들에 대한 단편적인 조사는 영양소가 발암 과정에 미치는 분자 기전이 밝혀지기 시작했음을 보여준다.

11.4 종양 세포의 에너지 대사 재프로그래밍—암의 새로운 특징

음식의 소화는 대사에 필요한 많은 화합물들을 제공해 주는데, 이 대사는 체내의 생화학적 반응의 합이다. 그러므로 섭식(그리고 운동)은 세포 대사에 영향을 미친다. 에너지 대사를 재프로그래밍하는 것은 암의 새로운 특징이다(제1장 참조). 일부 종양 세포는 포도당 흡수와 해당과정에 중독된 것 같다. 암세포가 산소가 존재하는 상황에도 혐기적 해당과정을 통해 포도당을 젖산으로 전환시킨다는 것은 1920년대에 밝혀졌으며, 이를 **와버그 효과(Warburg effect)**라고 부른다. 이러한 대사 변화는 Krebs 회로와 전자전달계를 거치는 분화된 세포에 의해 사용되는 유산소 대사 및 혐기성(산소 없음) 당분해와 서로 다르다(262쪽의 "포도당 대사에 대한 빠른 검토" 참조). 이 연구 분야는 재고되었고, 서로 다른 관점이 아직 정립되지 않았다. 어떤 연구자들은 종양의 60~90%가 해당과정으로 치우친다고 제안하고, 다른 연구자들은 그 변화가 시간에 의존한다고 하며, 또 다른 이들은 세포 유형에 의존적이라고도 주장한다(줄기세포 vs 분화된 세포). 또한 암세포의 대사는 증식하는 세포의 대사와 유사하다는 주장도 제기됐다. 2가지 모두 세포 증식의 동화 반응 요구(anabolic needs)를 충족시키기 위해 적응되어 있다. 새로운 세포를 만들기 위해서는 단백질, 뉴클레오티드 및 지질이 필요하다. 호기성 해당과정은 증가된 포도당 유입으로부터 동화 기질(anabolic substances) 및 ATP를 제공한다. 대사는 발암유전자(oncogene) 및 종양억제유전자(tumor suppressor gene)와 관련된 중요한 신호 경로와 연결되어 있다. p53의 불활성화는 와버그 효과를 자극하는 많은 생물학적 영향을 초래한다. 많은 대사체(특히, ATP 및 아세틸 CoA)들이 신호 경로에서 역할을 한다. 제7장에서 보았듯이, 미토콘드리아에서 전자 수송에 중요한 역할을 하는 시토크롬 c는 세포자살에서도 중요하다. 최근에, 와버그 대사로 암을 재프로그래밍하는 것이 종양 면역 억제(tumor immunosuppression)에서 중요함이 알려졌다. 해당과정은 세포외 포도당의 고갈을 유발하는데, 이는 종양 침윤성 T-세포의 당분해 및 효과기(effector) 기능을 감소시킨다(Chang *et al.*, 2015; Ho *et al.*, 2015). 따라서 종양 세포는 미세 환경의 대사적 특성을 변경해서 종양에 대한 면역 반응에 영향을 줄 수 있다. 와버그 효과는 발암 과정에 관련된 많은 대사 변형 중 하나일 뿐이다.

대사체 및 운동에 의한 후성유전학적 조절

중간 대사체와 유전자 발현의 후성 유전학적 조절 사이의 연관성이 보고되었다(Gut and Verdin, 2013). 거의 모든 염색질 수식효소(chromatin-modifying enzymes)는 중간 대사체를 보조 인자 또는 기질로 사용한다. 영양소는 대사 동안 중간 대사체로 전환된다. 포도당은 해당 과정 동안 아세틸 CoA로 전환된다. 아세틸 CoA는 히스톤 아세틸화 반응을 포함한 아세틸화 반응의 보편적 공여체(donor)이다. 암세포의 대사 변화는 아세틸 CoA와 같은 대사체의 수를 변화시킬 수 있으며, 세포 증식을 조절하는 유전자의 전사를 유도할 수 있다.

Sirtuins라 불리는 NAD^+ 의존 HDAC군은 대사체, 유전자 발현, 그리고 암 사이에 부가적인 연결점을 제공한다(Chalkiadaki and Guarente, 2015; Morris, 2013). 이 유전자군은 7개 구성원으로 구성되어 있으며, 각각 다른 복잡한 기능을 가지고 있다. 이들은 NAD^+를 효소 기능의 공통-기질로 삼아 세포의 에너지 상태 변화에 대한 반응을 매개한다. 이러한 효소들은 히스톤과 전사 인자와 같은 다른 단백질(예, 53쪽)의 탈아세틸화를 일으킨다. 이러한 단백질에 대한 우리의 관심은 일부 구성요소의 과발현이 설치류의 수명을 연장시킬 수 있다는 증거에서 비롯되었으며, 노화 방지 효과 및 항암 효과와도 연관되어 있다. 포도와 포도주에 존재하는 폴리페놀인 Resveratrol은 SIRT1을 다른자리 입체성으로 활성화시킴으로써 암 예방 효과를 일부 발휘할 수 있다. SIRT6는 와버그 효과를 억제하고 DNA 손상 반응에 대한 역할을 통해 종양 억제 유전자 역할을 한다. 또한 Sirtuins는 운동의 유익한 효과에 대한 분자 매개자(Pucci *et al.*, 2013)일 것으로 생각되는데, 이는 운동의 암 예방 효과를 뒷받침하는 흥미진진한 가설이다. Sirtuins이 발암에 대한 역할을 가지고 있다는 것에는 의심의 여지가 거의 없는 것 같지만, 그 분야는 아직까지 새로우며, 여전히 풀어야 하는 상반된 실험 결과들이 존재한다.

잠시 멈춰 생각하기

제10장에서, HIF는 2개의 하위 단위로 구성되어 있다는 것을 기억할 것이다. α 소단위는 조절된 분해를 통해 단백질 수준에서 조절되고, β 소단위는 일정하게 발현되고 있다.

흥미롭게도 와버그 효과는 임상에서 종양을 탐지하는 데 사용되는 중요한 이미징 기술의 기초가 된다. Positron emission tomography(PET) 스캔은 종양 세포가 대부분의 정상 세포보다 포도당의 흡수가 더 크다는 것을 기초로 하여 작동한다. 포도당 유사체인 [18F] fluoro-2-deoxyglucose(FDG)가 혈류에 주입되면, 해당 효소인 hexokinase에 의해 FDG phosphate로 변환되어 시각화된다(그림 11.6).

유전자 변형(발암 유전자 및 종양억제유전자) 및 HIF-1α를 통한 저산소증에 대한 반응은 모두 암세포에서 대사가 변형되는데 기여한다는 연구결과들이 존재한다. 2가지 메커니즘에 대한 증거를 살펴보자.

주요 대사 효소인 AMP-activated protein kinase(AMPK)의 경로에 대한 이해는 에너지 대사와 암 사이의 연관성을 밝혀 내고 있다. AMPK는 세포의 에너지 상태를 감지하고, 기아, 저산소증 및 운동에 의해 증가된 AMP 및 감소된 ATP의 조건 하에서 활성화된다. 이는 α 촉매 소단위(catalytic subunit)와 β 및 γ 조절 소단위

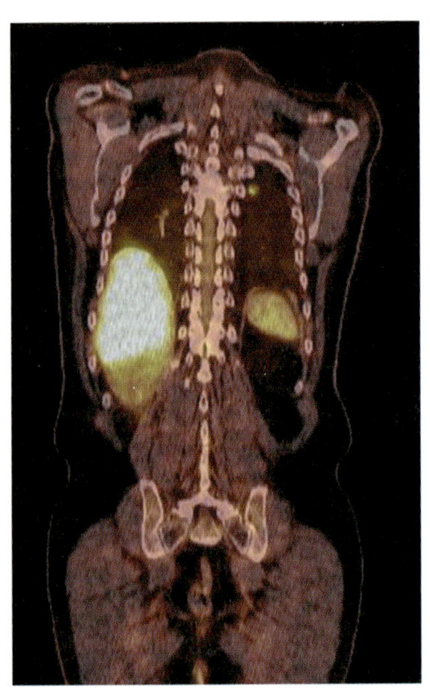

그림 11.6 PET(양전자 방출 단층 촬영) 영상. 사진 제공: Siemens Medical Solutions.

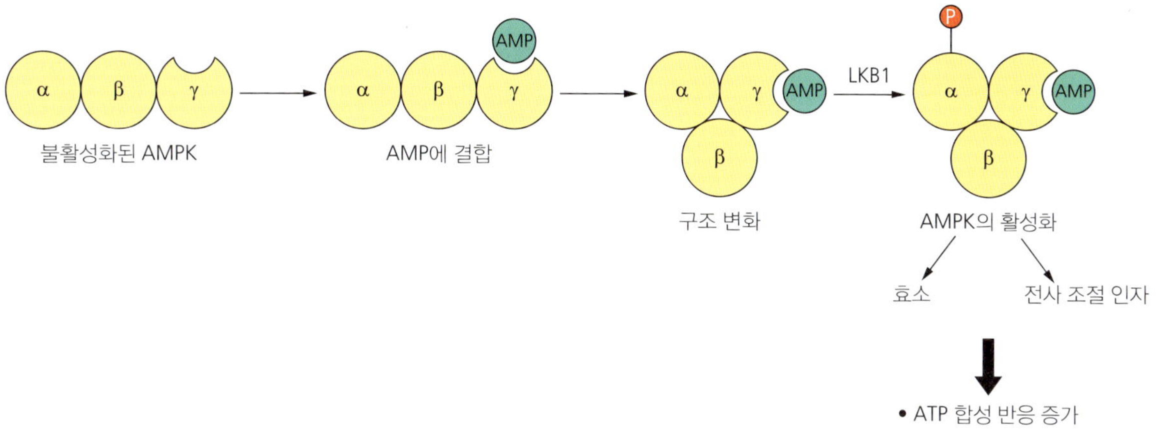

그림 11.7 AMP-activated protein kinase(AMPK)의 활성화. 세포의 에너지가 감소하면, AMP는 증가한다. AMP는 불활성 AMPK에 결합하여 구조적인 변화를 유발시킴으로써 LKB1이 촉매 부위에 인산화를 일으킬 수 있도록 한다. 이렇게 AMPK의 활성화를 유도하는 인산화 부위는 빨간색으로 표시되어 있다.

(regulatory subunit)로 구성된다. AMPK 활성화의 현재 모델(그림 11.7)에서, AMP는 AMPK의 γ 소단위에 결합하고, AMPK의 α 소단위 내에 잠재적 인산화 부위를 노출시켜 형태 변화를 일으킨다. 세린/트레오닌 인산화 효소(Serine/threonine kinase)인 LKB1은 Thr 172(172번 트레오닌 잔기)를 인산화하고, AMPK를 활성화시킨다. AMPK는 또한 세린/트레오닌 인산화 효소이며, 표적 효소와 전사 인자를 조절함으로써 그 효과를 나타낸다. 일반적으로 ATP 생성 경로(예, 지방산 산화)가 자극을 받으면, ATP 소비 경로(예, 지방산 합성)는 억제된다. AMPK와 암 사이의 연관성은 LKB1과 하위 경로 효과 인자(downstream effector) TSC2가 종양억제유전자라는 발견에서 비롯되었다(그림 11.8). 이 둘의 생식세포 돌연변이(germline mutation)는 암에 걸리기 쉬운 증후군(각각 Peutz–Jeghers syndrome과 tuberous sclerosis)에서 확인된다. 더 많은 연구가 필요하지만, 배양 중에 AMPK를 활성화시키면 종양 세포의 성장이 억제된다고 보고되어 있다. 또한 AMPK는 "스타" 종양억제유전자인 p53을 활성화시킨다. 이 역할에서, p53은 대사 체크 포인트(metabolic checkpoint)로서 작용하고, 낮은 세포 에너지에 반응하여 세포주기 정지를 유도한다.

종양억제유전자인 p53의 표적 유전자는 해당과정의 억제제(예, TIGAR) 및 산화적 인산화의 자극제(예, cytochrome *c* oxidase 2)를 포함한다(Matoba *et al*., 2006). 따라서 암을 유발하는 p53의 돌연변이는 또한 대사를 변화시켜 와버그 효과를 초래한다. (참고: 해당과정 억제에서 p53의 효과와는 대조적으로, 한 보고서에서는 AMPK가 일부 세포 유형에서 해당과정을 자극하는 것으로 제안되었다. 그러므로 해당과정에서 AMPK의 역할에 대한 추가 연구가 필요하다.)

저산소증과 (저산소증이 없는 조건일지라도) 발암 유전자의 돌연변이는 모두 HIF-1α를 활성화시킬 수 있다(그림 11.8). 종양억제유전자인 VHL의 불활성화는 산소가 존재하는 상태에서 HIF-1α를 안정화시킨다. 또한 *Src*나 *Ras*와 같은 발암

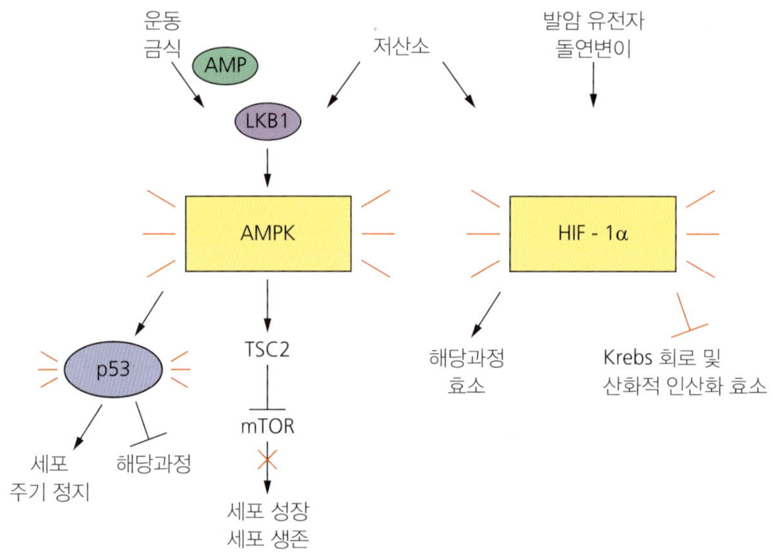

그림 11.8 대사조절자 AMPK 및 HIF-1α 경로(노란색으로 표시됨).

유전자로 형질전환(transformation)된 세포에서 HIF-1α가 증가하였다. HIF-1α는 VEGF 전사를 조절하는 것 외에도, 해당과정의 거의 모든 핵심 효소의 발현을 조절하고, Krebs 회로와 산화적 인산화에 관련된 일부 효소의 발현을 억제한다. 따라서 일부 종양에서 관찰되는 해당과정의 증가는 산소 부족에 의한 것이라기 보다 특정 전사 프로그램에 의해 조절되는 것이다.

와버그의 원래 가설은 암세포의 미토콘드리아 기능 장애를 암시했지만, 우리는 이제 대부분의 암세포는 미토콘드리아 대사에 결함이 없다는 것을 알고 있다(일부 드문 예외가 있다: succinate dehydrogenase와 fumarate hydratase; 생식세포 돌연변이는 둘 다 암을 유발할 수 있다). 오히려 앞에서 논의된 것과 같은 복잡한 대사 경로는 와버그 효과의 밑바탕에 깔려 있다. 오랫동안 관찰된 이 현상의 메커니즘에 관한 추가 연구가 필요하며, 이를 통해 추가적인 치료법에 대한 통찰을 제공할 수 있을 것이다.

포도당 신진대사에 대한 빠른 검토

정상 세포에서 해당경로는 산소가 없을 때(혐기적 대사) 포도당의 분해와 피루브산(pyruvate)의 생성을 포함한다. 피루브산은 젖산 탈수소효소에 의해 젖산으로 변환된다. 산소가 존재할 때는, 해당과정으로부터 나온 피루브산이 아세틸 CoA를 형성하고, Krebs 회로로 이동하여 NADH와 $FADH_2$가 만들어진다. 이러한 전자 운반체(electron carrier)는 미토콘드리아 내막에 위치한 전자전달 연쇄계(electron transport chain)를 통해 전자를 운반한다. 산소는 최종 전자 받개(acceptor)이다. 그 결과로 구동되는 양성자 펌프(proton motor)는 ATP를 생성한다.

11.5 유전다형성 및 식이

어떤 사람들은 과도한 양의 술을 마시고, 담배를 많이 피우는 것과 같은 모든 "잘못된 일"을 하고서도, 여전히 장수하면서 건강한 삶을 사는 것 같다. 우리는 종종 이것이 개인의 대사 때문이라는 말을 듣는다. 식이와 관련된 암의 위험은 개인 대사의 영향을 받는다. 대사 반응은 효소에 의해 촉매화된다. 효소 활성은 그 효소를 부호화하는 유전자에서 종종 단일 뉴클레오티드의 변화와 같은 작은 변화 때문에 개인들 사이에 다를 수 있다. 특정 식이 성분에 대한 반응을 바꾸는 유전자 다형성(genetic polymorphisms)의 연구는 **영양유전학(nutrigenetics)**이라고 불린다. 여기 2가지 예가 있다. *MTHFR* 유전자의 다형성(677번 뉴클레오티드에서 C→T 전이)은 그 효소 활성을 감소시키고, 이 다형성의 동형접합자(homozygote)는 대장암의 위험성이 야생형 대립유전자를 보유한 경우에 비해 50% 감소한다. 이러한 개인은 5,10-methylene THF의 이용성이 증대되며, 뉴클레오티드 및 후속적으로는 DNA 합성을 방해할 가능성이 낮기 때문에, 이러한 조건은 돌연변이와 발암 과정을 억제한다(그림 11.2). 그러나 이러한 사람들에게서 엽산이 부족해지면, 다형성은 오히려 암의 위험을 증가시킨다. 이러한 조건 하에서 methyl-THF는 고갈되고, DNA 메틸화는 발암 특유의 방식으로 변화한다. 참고: 만성적 알코올 섭취는 엽산 흡수 장애의 가장 일반적인 원인이다. *MTHFR* 유전자의 뉴클레오티드 677번에 T 대립형질(allele)을 동형접합체로 갖는 사람에게는 더 높은 엽산 섭취 및 낮은 알코올 섭취에 대한 권고가 특히 중요하다(Kim, 2007). *N*-acetyltransferase를 암호화하는 유전자의 다형성은 붉은 고기의 소비에 대응하여 특정 암의 위험도를 변화시킨다. 이 효소는 고기를 고온에서 조리할 때 생성되는 발암성 이종고리형 아민의 대사적 활성화에 관여한다. "빠른 변종(rapid variant)"을 가진 빠른 아세틸화 반응자(fast acetylator)가 붉은 고기를 다량 섭취하는 경우, 이 변종을 가지고 있으면서 붉은 고기를 많이 섭취하지 않는 사람 또는 "느린 변종(slow variant)" 다형성을 가진 느린 아세틸화 반응자(slow acetylator)에 비해 대장암의 위험성이 더 높다. 따라서 암의 위험 증가와 관련하여 붉은 고기 섭취에 대한 반응은 조리 중에 발생한 발암 물질에 대한 노출과 더불어 사람의 유전자형에 따라서도 달라진다.

유전성 대사질환은 발암에 있어서 대사의 역할을 더욱 분명하게 설명할 수 있다. 여기 타이로신 대사 경로의 차단에서 비롯되는 2가지 예가 있다. 백색증환자(Albinos)는 tyrosinase의 유전적 결핍을 가지고 있으며, 멜라닌을 생산할 수 없어 피부 속 색소가 결핍되어 있는 것이 특징이다. 색소가 부족한 백색증은 햇빛에 더 민감해지고 피부암에 걸릴 위험이 높아진다. 타이로신 대사의 또 다른 장애인 타이로신혈증 1형(Tyrosinemia type I)은 fumarylacetoacetate hydrolase의 결핍에서 비롯된다. 이 대사적 차단의 결과, 대사물들은 fumarylacetoacetate와 maleylacetate

생활 속 정보

비타민D 결핍은 세계적인 문제다. 그러나 일일 권장량에 대해서는 다음과 같은 논란이 있다. 내분비협회는 비타민 D의 일일 권장량을 1000~2000 IU로 정했지만, 의학연구소는 600~800 IU를 추천한다. (피부 타입에 따라) 햇빛을 "감지할 수 있는(sensible)" 양에 노출하는 것도 권장된다.

를 축적하게 된다. 이들은 모두 알킬화제로서 DNA 돌연변이와 발암 과정의 원인이 된다. 요컨대, 타이로신혈증 1형은 발암 물질의 합성과 축적이 특징이다.

11.6 비타민 D: 영양분과 호르몬 작용의 연결

생리 활성 비타민 D에 대한 전구체, 즉 프리비타민(pre-vitamin)인 비타민 D_3는 음식을 [강화 유제품(fortified dairy product)과 해산물] 통해 얻거나 햇빛에 노출될 때 7-dehydrocholesterol로부터 피부에서 생산된다. 그 근원(피부나 섭식)에 관계없이 프리비타민은 간에서 먼저 대사되어 25-hydroxyvitamin D(생물학적으로 불활성)를 형성하고, 그 다음 신장에서 생리 활성이 있는 스테로이드 호르몬인 calcitriol (1,25-dihydroxyvitamin D_3)으로 대사된다. UVB−비타민 D−암 가설은 햇빛이 비타민 D 생성 효과로 인한 암 발생 위험의 감소와 관련 있다는 것을 암시한다. 문헌에 몇 가지 강력한 증거가 존재하지만, 이 주제는 결정적인 것이 아니며, 우리는 진행 중인 그리고 미래의 인간 무작위 임상시험(예, VITAL 임상시험)으로부터 신뢰할 만한 데이터를 기다리고 있다. 아래는 UVB−비타민 D−암 가설을 뒷받침하는 몇 가지 증거다.

역학적인 증거는 여러 암(특히 전립선, 대장, 유방; 참고로 전립선, 대장, 유방 세포는 1,25-dihydroxyvitamin D를 생산하는 데 필요한 효소를 포함하고 있다)의 위험이 고위도에 사는 사람들에서 증가한다는 것을 밝혔다(Grant, 2012). 태양 노출의 추가적인 영향도 효과를 미칠 수 있지만, 비타민 D 결핍이 이러한 효과의 근간을 이루는 것으로 제안되었다. 혈중 비타민 D 수치와 대장암 사이의 연관성을 메타 분석에서 조사하였으며, 그 결과 높은 혈중 비타민 D 수치를 나타낸 환자의 대장암 위험이 낮은 수치를 보인 환자에 비해 30~40% 감소하였다(Lee *et al.*, 2011). 이러한 발견은 다른 연구(Ying *et al.*, 2011)에 의해 뒷받침된다(Ying *et al.*, 2015). 전임상 연구에서 비타민 D가 결핍된 생쥐와 비타민 D가 충분한 생쥐의 **xenograft**(이종이식: 면역 결핍 생쥐의 등에 이식된 인간 세포)에서 대장암 세포의 성장을 조사하였다(Tangpricha *et al.*, 2005). 그 결과 비타민 D가 충분한 생쥐에 비해 비타민 D가 결핍된 생쥐의 종양이 평균 80% 더 컸다. 종합적으로, 일부 역학 연구 및 *in vivo*(생체 내) 증거는 비타민 D 결핍과 암 발생 위험 증가 사이의 연관성을 뒷받침한다.

우유의 비타민 D 강화 역사에 대한 작은 교훈 . . .

자외선에 노출될 때 피부에서 비타민을 합성하는 것은 개인의 비타민 D 요구량의 90~95%를 차지한다; 기름진 생선을 제외하면 자연적으로 비타민 D가 함유된 음식은 극히 적다. 이는 몇몇 나라들이 우유와 다른 음식들을 강화시키는 한 가지 이유다. →

➜ 뼈가 변형되면서 약해지는 질병인 구루병(Rickets)은 20세기 초에 미국 북동부와 북유럽의 산업화된 도시에 사는 아이들의 80% 이상에 영향을 미쳤다. 구루병 발생률을 줄이기 위해 비타민 D 강화가 도입되었다. 미국에서는 우유, 오렌지 주스, 그리고 몇몇 시리얼이 비타민 D로 강화되어 있다. 유럽에서는 1940년대 후반까지 음식의 강화가 진행되었다. 우유의 과도한 강화는 영국에서 비타민 D 중독의 발발을 일으켰고, 이는 전 유럽에서 비타민 D 강화를 완화시키는 규제로 이어졌다. 이런 현상은 오늘날에도 여전히 활발하다. 지나친 강화는 인간의 실수나 부정확한 식품 분석에서 비롯되었을 가능성이 크다. 지난 50년 동안 식품 분석의 신뢰도가 높아졌음을 감안할 때, 특히 암 위험 감소의 효과에 비춰서, 북유럽 등지에서의 비타민 D 강화를 재고해야 할 것인가? 이는 현재도 논란이 되고 있는 사안이다.

영양소와 유전자 발현 사이의 연결은 비타민 A와 D의 수용체가 스테로이드 호르몬 수용체 슈퍼패밀리의 구성원이라는 사실을 알게 되면서 분명해졌다.

비타민 D 작용의 분자 기전을 살펴보자. 비타민 D의 활성형인 calcitriol(1,25-dihydroxyvitamin D_3)은 스테로이드 호르몬 수용체 수퍼패밀리의 구성원인 비타민 D 수용체에 대한 리간드로 작용한다. 신체의 대부분 세포에 존재하는 이 수용체는 유전자 프로모터 영역에서 비타민 D 반응 요소(vitamin D response element)를 인식하고, 그 표적 유전자의 전사를 조절한다.

현재 데이터는 비타민 D가 여러 분자 기전을 통해 성장을 억제하고, 분화와 세포자살을 유도하는 화학 예방제임을 시사한다. 다음은 몇 가지 예이다. 비타민 D는 EGFR의 우성-음성(dominant-negative) 리간드로 작용할 수 있다(제4장 참조). 즉, 비타민 D는 EGF 대신 EGFR의 리간드-결합 도메인에 결합할 수 있고, EGF가 EGFR에 결합하는 것을 방지할 수 있다. 결과적으로, 비타민 D는 성장을 억제할 수 있다. 둘째, 비타민 D 수용체에 결합하면 활성 형태의 비타민 D는 프로모터 영역의 vitamin D response element를 통해 *BRCA1*과 *p21*과 같은 특정 종양 억제 유전자를 직접적으로 활성화시킬 수 있다. 여러분은 p21 단백질이 cdk의 억제제로서 세포주기 정지를 유도할 수 있다는 것을 기억할 것이다. 비타민 D는 캐스페이즈 활성화와는 무관하게 미토콘드리아 신호를 통해 세포자살을 촉진한다. 세포질에서 미토콘드리아로 2개의 세포자살 유발(pro-apoptotic) 단백질, BAK와 BAX의 재분배를 유도한다. 이 두 단백질은 미토콘드리아 막에서 채널을 형성하고, 시토크롬 *c* 방출 및 세포자살체(아포토좀, apoptosome)의 조합을 촉진한다(제7장 참조). 동시에, 세포사살 억제제인 Bcl-2 및 IAP는 하향 조절된다. 비타민 D 수용체는 또한 결장에서의 신호 경로에 관여한다. Wnt 경로가 종종 결장암에서 발암 활성화의 표적이라는 것을 상기하자. 비타민 D 수용체는 이 경로를 조절한다(Larriba *et al.*, 2013). 즉, β-catenin에 직접 결합하고, 핵으로의 이동을 억제 할 수 있으며, 또한 Wnt 신호 전달의 내인성 억제제인 Dickkopf (DKK)-1의 발현을 유도한다.

잠시 멈춰 생각하기

스테로이드 호르몬 수용체는 어떻게 기능하는가? 이들이 리간드 의존적인 전사 인자라는 것을 기억하라(제3장 참조).

11.7 호르몬과 암

발암 물질의 공통 기전에 의해 묶을 수 있는 암 그룹이 있는데, 화학물질, 바이러스 또는 방사선이 아니라, 내인성 호르몬이 개시자(initiator)로 관여하는 암그룹이 있다. 호르몬과 관련된 암은 유방암, 자궁내막암, 난소암, 전립선암, 고환암, 갑상선암 등이다. 우리는 호르몬성 발암의 대표적인 예로써 유방암을 검토할 것이다. (참고: 호르몬과 일부 다른 호르몬 관련 암 사이의 연관성은 간단하지 않다.)

유방암은 여성에게 가장 흔한 암이다. **에스트로겐(estrogens**; estradiol과 estrone)은 유방암의 개시(initiation)와 진행(progression)에 중심적인 역할을 하는 것으로 보인다. 에스트로겐 노출을 연장시키는 변화(life events)는 유방암의 위험 요인으로 간주된다(그림 11.9). 이른 초경(월경 주기의 시작)과 늦은 폐경은 난소가 에스트로겐을 생산하는 시간의 길이가 연장되었음을 시사한다. 임신은 에스트로겐의 노출 시간에 영향을 미친다. 체내 에스트로겐 합성의 주요 부위는 나이 들어감에 따라 달라진다. 폐경 전 여성의 주요 공급원은 난소이고, 폐경 후 여성의 주요 공급원은 지방조직(지방)이다. 폐경 후 여성의 비만은 위험 요인이 된다. 왜냐하면 지방세포가 삶의 이 단계에서 에스트로겐의 주요 공급원이 되기 때문이다. 비만 여성

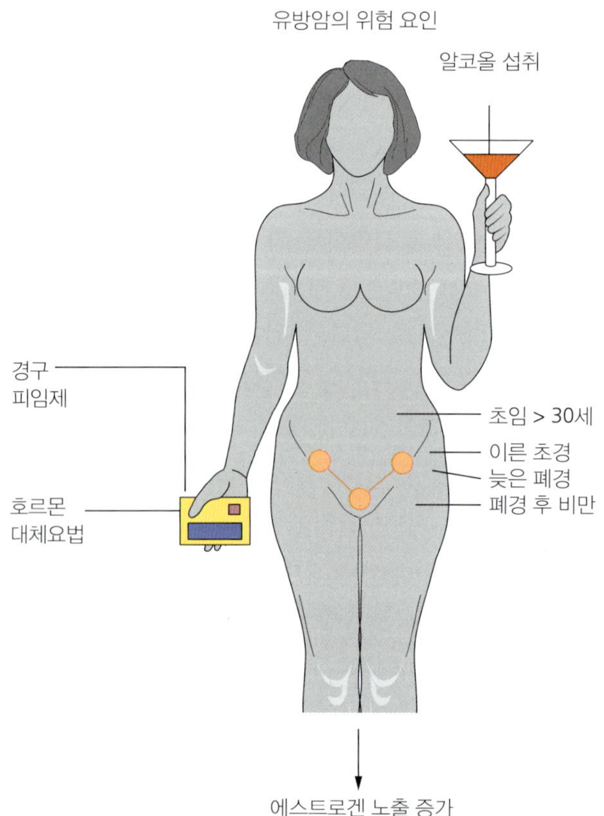

그림 11.9 유방암에 대한 위험 요인.

은 많은 수의 지방세포를 갖고 있으므로 에스트로겐의 양도 증가한다. 지방세포는 안드로겐으로부터 에스트로겐을 생산하기 위해 aromatase를 사용한다. 따라서 비만은 에스트로겐의 증산을 통해 유방암의 위험을 증가시킨다. 알코올 섭취는 에스트로겐의 농도가 증가하는 것과 관련되므로 유방암의 위험을 증가시킨다고 생각된다. 에스트로겐 농도의 증가 메커니즘은 충분히 알려져 있지 않지만, 알코올 탈수소 효소 또한 에스트로겐을 대사시킬 수 있는 것으로 알려져 있다. 알코올은 이 대사 경로에서 에스트로겐과 경쟁하고, 결국 에스트로겐 농도의 증가로 이어질 수 있다는 주장이 제기되었다. 일부 데이터는 하루에 한 번의 알코올 섭취가 유방암의 위험을 7% 증가시킴을 보여준다. 경구 피임약과 호르몬 대체요법에서 외인성 호르몬의 사용도 유방암의 위험을 증가시킬 수 있다. 반대로 임신, 수유, 신체 활동 등 월경 주기를 방해하는 요인은 보호 요소로 간주된다. 비록 드문 일이긴 하지만, 유방암은 남성에서도 발생할 수 있다. 남성 또한 에스트로겐을 어느 정도 생산하는데, 높은 수치를 가진 사람은 더 위험할 수 있다.

에스트로겐이 그 효과를 발휘하는 메커니즘에 대한 2가지 주요 모델이 제안되었다(그림 11.10). 이러한 증거는 두 메커니즘이 유방암에 기여한다는 것을 암시한다.

한 가지 모델은 에스트로겐이 유방의 세포 증식을 촉진하고, 높은 분열 속도로 인

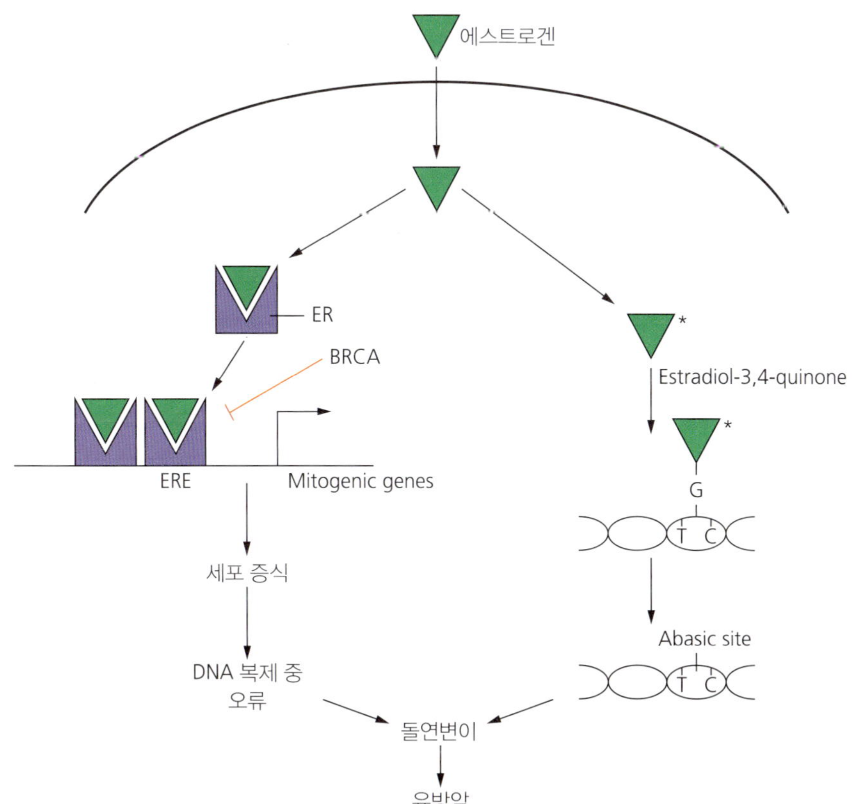

그림 11.10 에스트로겐의 발암 기전: 유사분열 및/또는 유전 독성.

해 DNA 수선에 걸리는 시간이 줄어서, DNA 복제 중 오류가 발생할 기회가 생긴다는 것이다. 오류율의 증가는 발암을 유발하는 체성 돌연변이를 증가시키는 것으로 해석된다. 이 모델은 복제 오류 외에 특정 개시자가 필요하지 않기 때문에 화학적 발암과 방사선 유도 발암을 강조한다. 에스트로겐은 실제로 에스트로겐 수용체(ER)를 가지고 있는 유방 세포의 분열 촉진제(mitogen) 역할을 한다. 임신 중에는 에스트로겐 수치가 증가하여 유관이 커지고 유방의 크기가 거의 두 배가 된다. 에스트로겐의 영향은 스테로이드 호르몬 수용체 수퍼패밀리의 멤버인 ER-α 및 ER-β를 통해 매개된다(제3장 참조). 수용체는 에스트로겐 반응 요소(ERE)에 이량체로 결합하고, 에스트로겐 반응성 유전자를 조절한다. 이 유전체 경로(genomic pathway) 외에도 핵 바깥의 비유전체 신호 경로(non-genomic pathway)도 확인되었다. 유방의 발암과정 중에 ER 아형(isoforms)의 발현이 변화한다. ER-α는 상당히 상향 조절되고, ER-β는 유방암의 대부분에서 감소하게 된다. 이러한 변화의 이유는 현재 알려져 있지 않다. 단, 11.10절의 "에스트로겐을 목표로 하는 약품"에서 보듯이, ER 기능을 차단하는 것이 유방암 치료를 위한 성공적인 전략임이 입증되었다.

유방암에 대한 감수성을 증가시키는 데 에스트로겐 신호의 관여는 유방암 감수성 유전자(*BRCA*)에 대한 연구에 의해 뒷받침된다. 모든 유방암의 약 5~10%는 유전적 소인에 의한 것이며, 그 중 85%는 *BRCA1* 또는 *BRCA2* 유전자의 생식선 돌연변이에 의한 것이다. *BRCA* 유전자 산물은 전사 조절, DNA 수선, 세포 주기 조절에 역할을 하는 핵(nucleus)의 종양 억제 단백질이다. BRCA1은 ER의 전사 활성화 활성을 억제하는데, 이는 에스트로겐 신호의 증식 효과를 억제해 준다는 것을 시사한다. 에스트로겐 신호 조절의 상실은 *BRCA1*의 유전적 돌연변이를 가진 환자에서 유방암에 대한 위험 증가에 기여한다는 주장이 제기되었다.

또 다른 모델은 에스트로겐과 그 대사물이 유전 독성 물질임을 시사한다. 이 모델은 화학 물질, 바이러스, 방사선이 암화 과정을 개시하는 메커니즘과 일치한다. Estradiol은 세포에서 대사되어 estradiol-3,4-quinone을 형성한다. 이 대사산물은 아데닌이나 구아닌 염기에 공유 결합한다. 그 결과로 만들어진 부가물은 염기를 DNA 골격에 연결하는 결합을 불안정하게 하고, 그 결과 탈염기(abasic) 부위가 생겨나며, 결국 돌연변이가 일어난다. [참고: 아데닌과 구아닌이 퓨린이기 때문에, 아데닌이나 구아닌의 손실을 수반하는 탈염기 자리는 탈퓨린(apurinic) 부위로 불린다.] 인간의 유방 조직에는 Estradiol quinone이 존재한다. ER 녹아웃 생쥐는 ER이 없을 때 에스트로겐의 효과를 시험하기 위한 동물 모델로 사용되었다. 결과는 ER이 없을 때 유전 독성 효과가 발생했음을 보여주었다(Santen *et al.*, 2015; Yue *et al.*, 2003). 유전형의 변화는 ER의 억제제에 의해 차단되지 않았으며, 이는 이 효과가 수용체에 의해 매개되지 않았음을 보여준다. 난소 제거는 종양 발생률을 낮추고 발병을 지연시키는 반면, 이 효과는 외인성 estradiol을 첨가함으로써 역전되었다.

또한 aromatase 억제제인 letrozole은 또한 종양 형성의 발병 시점을 지연시켰다. 이러한 결과들은 에스트로겐 대사산물이 유방암에 기여한다는 개념을 뒷받침한다.

이 두 번째 모델의 경우, 유방암의 소인은 에스트로겐 생합성과 대사에 관여하는 유전자의 생식선 돌연변이를 포함할 수 있다. DNA 수선에서 BRCA 종양 억제 단백질의 정상적인 기능을 비추어 볼 때, BRCA 종양 억제 단백질의 손실로 유방 세포는 에스트로겐 대사산물의 유전자 독성 효과에 더 취약하게 남을 수 있다. 세 번째 모델은 방금 설명한 2가지 모델을 결합하여 ER이 "트로이 목마"의 역할을 하여, 발암성 에스트로겐 대사 물질을 에스트로겐에 민감한 유전자에 직접 전달하는 것이다 (Bolton and Thatcher, 2008).

◎ 치료 전략

11.8 화학 예방을 위한 "강화된" 식품 및 식이 보조제

화학 예방(Chemoprevention; 암 예방)은 자연 발생하거나 합성한 물질을 사용하여 악성 이전의 세포(pre-malignant cell)에서 발암 과정을 예방, 억제 또는 반전시키는 것이다. 식품은 아직 암 예방제로 널리 받아들여지지 않고 있다. 그러나 암에 있어서 영양소의 중요한 역할에 대해 더 많이 알게 되고, 식품의 조성을 조작하는 기술이 향상됨에 따라 이 개념은 바뀌게 되었다. 유전자 변형 농작물에서 파생된 강화 식품(특정 미량성분의 수치를 변화시킨 식품)의 개발이 시장에 넘쳐나기 시작할 것이다. 식품은 이미 항산화 성분의 수준을 높이도록 생산되고 있으며, 미래의 화학 예방 식이에 사용될 수 있다. 토마토는 소비자의 관심을 끌기 위해 밝은 적색이 되도록 재배해 왔고, 그 결과 더 많은 lycopene을 함유하고 있다. 또한 합성효소를 과발현시킴으로써 zeaxanthin을 더욱 많이 함유되게 조작하기도 했다. 최근, 높은 수준의 glucosinolate(가수분해되어 Sulforopane과 같은 isothiocyanates로 변함; 255쪽의 11.3절, "예방적 요인: 과일과 채소의 미량성분" 참조)를 함유한 브로콜리는 전통적인 식물 육종 프로그램에 의해 개발되어, 세계 최대의 채소 및 과일 종자 개발 및 재배자인 세미니스 주식회사(Seminis Inc.)가 허가 받았다. 그러나 강화 식품으로부터 얻게 되는 잠재적 이익은 비정상적으로 높은 농도로 증강된 식품 성분이 나타내는 유해 반응(adverse reactions)에 의해 상쇄될 가능성이 있다.

폐암에 관한 실망스러운 결과(β-카로틴 보충제)에 대해 논의했지만, ATBC 임상시험에서 얻은 흥미로운 관찰은 전립선암의 위험에 대한 비타민 E 보충제의 효과에 대해 추가 연구를 하도록 촉발시켰다. ATBC 시험 결과, 비타민 E를 복용한 환자에서 전립선암의 발생률이 상당히 감소한 것(11.7% 대 17.8%)으로 관찰되었다. 셀레늄에 대해서도 이와 유사한 관찰이 별도의 연구에서 관찰되었다. 3상 무작위 위약 조절 시험인 The Selenium and Vitamin E Cancer Prevention Trial(SELECT)은 최소 7년 동안 셀레늄과 비타민 E 보충제의 효과를 시험하기 위해 35,000명 이상의 남성 참가자를 모집했다. 그러나 이번에도 비타민 E를 이용한 식이 보충요법이 전립선암 발병률을 오히려 17% 증가시켰다는 점에서 결과는 실망스러웠다(274쪽의 웹사이트 참조). 이러한 결과는 보충제를 암을 예방하기 위해 사용하지 말라는 세계암연구기금(World Cancer Research Fund)의 권고사항이 나오는 계기가 되었다.

합성 물질인 oltipraz은 화학 예방 물질로 시험되었다. 이는 sulforophane과 유사하게, 전사 인자 Nrf2를 통해 2상 대사효소를 유도한다. 흡연자의 폐암 예방 임상시험에서 독성 때문에 임상시험이 조기에 중단됐다. 식품 기반 접근법(예, 브로콜리 새싹 차 음용)이 더 나은 대안일 수 있으며, 이 또한 연구되고 있다. 암 예방에 있어서 영양소의 역할에 대해 더 많이 알게 됨에 따라서, 화학 예방 물질로서의 식이와 보충제의 효과를 검증하기 위한 시험 목록이 점차 확대될 것은 확실해 보인다.

11.9 에너지 경로를 표적화하는 약물

상당히 새로운 전략이지만, 에너지 경로의 표적으로서의 가능성은 탐구할 만한 가치가 있다(Gatenby and Gillies, 2007). 일부 종양 세포는 호기성 해당과정이 증가되는 양상(와버그 효과)을 보이기 때문에, 한 가지 분명한 접근 방법은 해당과정의 첫 단계이면서 속도 제한 단계를 촉진시키는 효소인 hexokinase를 표적으로 하는 것이다. hexokinase 억제제인 3-bromopyruvate(3-BrPA)의 효과를 시험한 전임상실험에서는 항암 효과가 입증되었으나, 부분적으로는 효소 선택성에 대한 의문 때문에 임상 개발이 중단되었다. HIF를 억제하는 수많은 접근법이 개발되고 있다. 그중 저분자 억제제 PX-478은 임상 1상 단계에서 유망한 결과를 보였지만 공개되지 않은 이유로 중단된 한 예다. Metformin은 제2형 당뇨병의 치료에 널리 쓰인다. 미토콘드리아 호흡을 방해하고, LKB1을 통해 AMPK를 활성화한다. 파일럿 연구 결과에서, Metformin을 복용하는 2형 당뇨병 환자의 암 위험이 감소한다(Evans *et al.*, 2005)는 결과가 보고되어 이에 대한 추가 연구가 진행 중이다. Galluzzi(2013)와 Vander Heiden(2011)이 제시한 암 치료를 위해 대사 효소를 표적으로 하는 전략표를 참고하라.

11.10 에스트로겐을 대상으로 하는 약물

에스트로겐 작용을 표적으로 하는 약물 설계를 위한 2가지 전략이 있다(그림 11.11). 첫 번째는 "ER-양성(ER-positive)" 종양의 성장을 차단하기 위해 ER과 상호작용하여 에스트로겐의 작용을 길항하는 약물을 설계하는 것이다. 이들은 세포 타입에 대

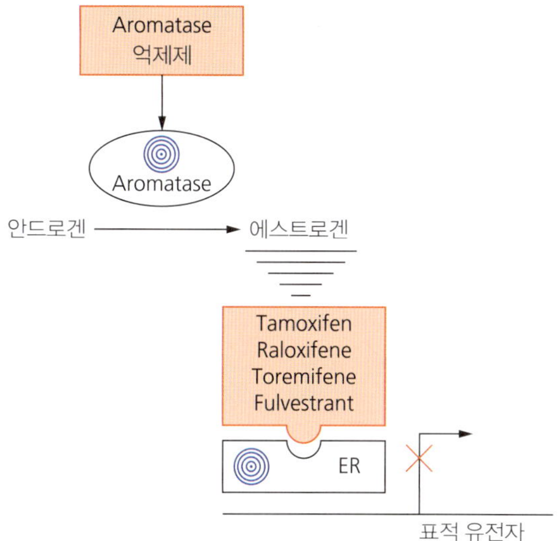

그림 11.11 에스트로겐 작용을 표적으로하는 약물(빨간색으로 표시). 분자 표적은 (◎) 기호로 표시함.

한 특이성을 나타내기 때문에 선택적 ER 모듈레이터(SERM)라고 한다. 30년 이상 임상에서 사용된 타목시펜(Tamoxifen)은 ER-양성 폐경 전 유방암 치료에 가장 널리 사용되는 SERM이다. 타목시펜은 ER의 리간드-결합 도메인의 접힘(folding)을 변형하고, 그의 표적 유전자의 전사를 전사 및 개시하는 능력을 차단하는 경쟁적 억제제이다. Raloxifene은 유방암 치료에 사용되는 또 다른 SERM이다. 흥미롭게도, 두 SERM 모두 고위험 여성의 유방암을 예방하는 것으로 나타났다(Sestak and Cuzick, 2015). 약물 무기고에 새로 추가된 Fulvestrant는 ER에 결합하여 분해를 가속화할 수 있으며, 선택적 ER 억제제(SERD)라고 부른다.

유방암에서 에스트로겐의 기능을 차단하는 두 번째 전략은 에스트로겐 합성을 방해하는 약물을 설계하는 것이다. 폐경 후 여성에게서 안드로겐을 에스트로겐으로 변환시키는 효소인 aromatase를 표적으로 하는 약물이 개발되었다. 이 효소를 표적으로 하는 것은 다른 스테로이드의 합성에 방해가 되지 않고 에스트로겐 생산을 위한 속도를 제한하는 것이다. 폐경 후 여성의 난소는 더 이상 에스트로겐을 생산하지 않기 때문에, aromatase는 에스트로겐 생산의 주요 원천이 된다. aromatase 억제제는 폐경 후 유방암 환자의 체내에서 에스트로겐의 수치를 낮추도록 처방할 수 있으므로, 모든 유방암의 50% 이상(ER 양성과 폐경 후)에 적합하다. 폐경 전 환자에서는 aromatase가 주요 에스트로겐 생산자가 아니므로, 이 약물은 선택사항이 되지 않는다("잠시 멈춰 생각하기" 참조).

3가지 aromatase 억제제가 임상시험을 거쳐 미국에서 승인되었다: exemestane, anastrozole, 그리고 letrozole. Exemestane(Aromasin^{TM})은 내인성 안드로겐과 aromatase 효소 결합에 대해 경쟁하는 스테로이드 화합물이다. aromatase에 결합하면 중간체가 형성된다. 이러한 중간체는 비가역적으로 효소에 결합하고 효소 기

잠시 멈춰 생각하기

aromatase 억제제를 어떻게 설계할 수 있을까? 한 가지 방법은 효소의 내인성 기질인 androstenedione에 화합물을 모델링하는 것이다. 이 약물은 aromatase의 스테로이드 결합 영역과 상호작용하고 불활성화해야만 한다.

능을 차단한다. Anastrozole(Arimidex^{TM}) 및 letrozole(Femara^{TM})은 aromatase의 활성 자리에 가역적으로 결합하는 비스테로이드성 화합물(nonsteroidal compound)이다(Hiscox *et al.*, 2009). ATAC 시험(Arimidex^{TM}, 타목시펜 단독 또는 병용 치료)이라고 하는 10년 대규모 시험은 초기 유방암에 대한 보조 치료(수술 후 재발을 예방하는 치료)로 Anastrozole과 타목시펜을 비교했다. 결과는 초기 유방암을 가진 폐경기 이후 여성을 위한 초기 보조 요법으로서 타목시펜에 비해 Anastrozole의 장기간의 우수한 효능 및 안전성을 뒷받침하였다(Cuzick *et al.*, 2010). 2가지 제안된 에스트로겐 작용 기전을 고려할 때 ATAC 시험의 결과는 예상될 수 있다. 타목시펜은 ER이 매개하는 효과만 차단한다. aromatase 억제제는 총 에스트로겐 농도를 감소시키고, 따라서 ER 기전뿐만 아니라 비수용체(non-receptor)-매개 유전자 독성 모두를 차단한다. 이러한 시험 결과로부터의 분자적 지식은 약물 설계를 진전시킨다는 사실을 알 수 있다.

타목시펜은 그 치료 활성보다 더 클 것으로 예상되는 화학 예방 잠재 활성을 갖는다. 여러 연구에 따르면 타목시펜은 침윤성(invasive) 유방암의 발병률을 49% 줄였다. 그 결과 미국 FDA는 유방암 위험 감소를 위해 타목시펜을 승인했다. 그러나 권장되는 5년 동안 타목시펜 복용의 위험(자궁내막암 및 뇌졸중의 위험 증가)과 그와 관련된 부작용 때문에 선호되는 옵션은 아니다. ER 조절제 raloxifene은 타목시펜과 동등한 효능을 보였으며, 부작용이 적으므로 더 나은 대안이 될 수 있다. 실제로 SERM과 aromatase 억제제는 고위험 여성의 유방암을 예방하는 것으로 나타났다(Sestak and Cuzick, 2015). 따라서 미래의 화학 예방 전략은 위험–이익(risk–benefit) 비율과 고위험 개인을 식별하기 위한 개선된 방법을 고안할 필요가 있다.

단원 요점—되짚어 보기

- 섭식은 암의 원인과 예방에 중요한 역할을 한다.
- β-카로틴이 풍부한 섭식과 폐암 발병률 감소의 연관과는 대조적으로, β-카로틴 보충제는 흡연자의 폐암을 증가시킨다.
- 섭식은 발암성 오염 물질을 전달함으로써 발암에 기여한다.
- 엽산 결핍은 뉴클레오티드 합성 및 DNA 메틸화에 영향을 줄 수 있다.
- 비만과 만성 알코올 음주는 암의 원인 요소이며, 그 영향의 근간이 되는 메커니즘은 화학적 발암 과정을 포함할 수 있다.
- 영양소는 활성산소를 제거하거나 (세포자살 유도 또는 세포 증식 억제하는) 대사 효소의 발현을 유도함으로써 DNA 손상을 차단하기 때문에 화학 예방제로 작용할 수 있다.
- ARE는 해독 및 항산화효소의 유전자 프로모터에서 발견된다.
- 일부 식이 성분은 전사 인자 Nrf2 및 ARE를 통해 해독효소의 유전자 발현을 조절한다.
- 녹차의 주요 폴리페놀인 EGCG는 텔로머레이즈를 억제한다.
- 와버그 효과는 일부 종양 세포에서 발생하는 호기성 해당과정의 증가를 나타낸다.
- 대사산물(및 운동)이 신호 경로 및 후성 유전적 조절에 영향을 줄 수 있다.
- 유전자 다형성은 영양 상태와 상호작용을 할 수 있으며, 암 발생 위험에 영향을 미칠 수 있다.

- 비타민 D는 스테로이드 호르몬 수용체계의 구성원을 통해 작용하는 영양소다.
- 유방암은 호르몬 발암 과정에 대한 패러다임이다.
- 에스트로겐은 유방의 세포를 위한 유사분열 촉진물질(mitogen)의 역할을 한다.
- 에스트로겐과 그 대사물은 발암을 일으키기 위해 DNA를 직접 손상시킬 수 있다.
- 비만과 알코올 섭취와 같은 섭식 요인은 에스트로겐을 증가시킴으로써 유방암 위험을 증가시킨다.
- *BRCA1* 및 *BRCA2* 유전자의 생식선 돌연변이는 환자의 유방암을 유발한다.
- 강화된 식품 및 식이 요법 보충제가 화학적 예방제로 연구되고 있다.
- Tamoxifen은 유방암 약물로 SERM의 역할을 하며, 수용체에 결합하는 에스트로겐을 차단한다.
- Anastrozole과 같은 aromatase 억제제는 안드로겐을 에스트로겐으로 변환시키는 효소 aromatase를 억제함으로써 작용한다.

연구 활동

1. 어젯밤 저녁으로 먹고 마신 것을 기록하시오. 식사가 당신의 암 위험을 줄이거나 높이는 데 어떻게 기여했는지에 대해 비판적으로 설명하시오. 그리고 맛있게 먹으시오!
2. 문헌을 검토하고 실험적인 증거를 비판적으로 사용함으로써, 우리 식단에서 암 예방 요소로서의 섬유질의 역할에 대해 논의하시오. Romaneiro와 Parekh(2012)로 시작하는 것이 좋을 것이다.

더 읽을거리

Aggarwal, B.B. and Shishodia, S. (2006) Molecular targets of dietary agents for prevention and therapy of cancer. *Biochem. Pharmacol.* **71**: 1397–1421.

Cairns, R.A., Harris, I.S., and Mak, T.W. (2011) Regulation of cancer cell metabolism. *Nat. Rev. Cancer* **11**: 85–95.

Feldman, D., Krishnan, A.V., Swami, S., Giovannucci, E., and Feldman, B.J. (2014) The role of vitamin D in reducing risk and progression. *Nat. Rev. Cancer* **14**: 342–357.

Gut, P. and Verdin, E. (2013) The nexus of chromatin regulation and intermediary metabolism. *Nature* **502**: 489–498.

Key, T.J., Allen, N.E., Spencer, E.A., and Travis, R.C. (2002) The effect of diet on risk of cancer. *Lancet* **360**: 861–868.

Lamprecht, S.A. and Lipkin, M. (2003) Chemoprevention of colon cancer by calcium, vitamin D and folate: molecular mechanisms. *Nat. Rev. Cancer* **3**: 601–614.

Levine, A.J. and Puzio-Kuter, A.M. (2010) The control of the metabolic switch in cancers by oncogenes and tumor suppressor genes. *Science* **330**: 1340–1344.

Lumachi F., Brunello, A., Maruzzo, M., Basso, U., and Basso, S.M. (2013) Treatment of estrogen receptor-positive breast cancer. *Curr. Med. Chem.* **20**: 596–604.

Nguyen, T., Nioli, P., and Pickett, C.B. (2009) The Nrf2-antioxidant response element signaling pathway and its activation by oxidative stress. *J. Biol. Chem.* **284**: 13291–13295.

Pool-Zobel, B., Veeriah, S., and Bohmer, F.-D. (2005) Modulation of xenobiotic metabolizing enzymes by anticarcinogens—focus on glutathione S-transferases and their role as targets of dietary chemoprevention in colorectal carcinogenesis. *Mut. Res.* **591**: 74–92.

Renehan, A.G., Zwahlen, M., and Egger, M. (2015) Adiposity and cancer risk: new mechanistic insights from epidemiology. *Nat. Rev. Cancer* **15**: 484–498.

Ross, S.A. (2010) Evidence for the relationship between diet and cancer. *Exp. Oncol.* **32**: 137–142.

Ruiz, R.B. and Hernandez, P.S. (2014) Diet and cancer: risk factors and epidemiological evidence. *Maturitas* **77**: 202–208.

Shaw, R.J. (2006) Glucose metabolism and cancer. *Curr. Opin. Cell Biol.* **18**: 1–11.

Surh, Y.-J. (2003) Cancer chemoprevention with dietary phytochemicals. *Nat. Rev. Cancer* **3**: 768–780.

Vander Heiden, M.G. (2009) Understanding the Warburg effect: the metabolic requirements of cell proliferation. *Science* **324**: 1029–1033.

World Cancer Research Fund International/American Institute for Cancer Research. (2007) Food, Nutrition, Physical Activity and the Prevention of Cancer: a Global Perspective. AICR, Washington DC. http://wcrf.org/int/research-we-fund/continuous-update-project-cup/second-expert-report

Yager, J.D. and Davidson, N.E. (2006) Estrogen carcinogenesis in breast cancer. *N. Engl. J. Med.* **354**: 270–282.

웹사이트

Key findings of the EPIC study http://epic.iarc.fr/highlights/highlights.php

World Cancer Research Fund International http://www.wcrf.org/

Selenium and Vitamin E Cancer Prevention Trial (SELECT) http://www.cancer.gov/types/prostate/research/select-trial-results-qa#4

선택된 특별한 주제

Bishehsari, F., Mahdavinia, M., Vacca, M., Malekzadeh, R., and Mariani-Costantini, R. (2014) Epidemiological transition of colorectal cancer in developing countries: environmental factors, molecular pathways, and opportunities for prevention. *World J. Gastroenterol.* **20**: 6055–6072.

Boffetta, P., Couto, E., Wichmann, J., Ferrari, P., Trichopoulos, D., Bueno-de-Mesquita, H.B., *et al.* (2010) Fruit and vegetable intake and overall cancer risk in the European Prospective Investigation into Cancer and Nutrition (EPIC). *J. Natl. Cancer Inst.* **102**: 529–537.

Bolton, J.L. and Thatcher, G.R.J. (2008) Potential mechanisms of estrogen quinone carcinogenesis. *Chem. Res. Toxicol.* **21**: 93–101.

Bub, A., Watzl, B., Blockhaus, M., Briviba, K.L., Liegibel, U., Muller, H., *et al.* (2003) Fruit juice consumption modulates antioxidative status, immune status, and DNA damage. *J. Nutr. Biochem.* **14**: 90–98.

Chalkiadaki, A. and Guarente, L. (2015) The multifaceted functions of sirtuins in cancer. *Nat. Rev. Cancer* **15**: 608–624.

Chang, C.H., Qiu, J., O'Sullivan, D., Buck, M.D., Noguchi, T., Curtis, J.D., *et al.* (2015) Metabolic competition in the tumor microenvironment is a driver of cancer progression. *Cell* **162**: 1229–1241.

Cuzick, J., Sestak, I., Baum, M., Buzdar, A., Howell, A., Dowsett, M., *et al.* (2010) Effect of anastrozole and tamoxifen as adjuvant treatment for early-stage breast cancer: 10 year analysis of the ATAC trial. *Lancet Oncol.* **11**: 1135–1141.

Evans, J.M., Donnelly, L.A., Emslie-Smith, A.M., Alessi, D.R., and Morris, A.D. (2005) Metformin and reduced risk of cancer in diabetic patients. *BMJ.* **330**: 1304–1305.

Galluzzi, L., Kepp, O., Vander Heiden, M.G., and Kroemer, G. (2013) Metabolic targets for cancer therapy. *Nat. Rev. Drug Discov.* **12**: 829–846.

Gatenby, R.A. and Gillies, R.J. (2007) Glycolysis in cancer: a potential target for therapy. *Int. J. Biochem. Cell Biol.* **39**: 1358–1366.

Grant, W.B. (2012) Ecological studies of the UVB-vitamin D-cancer hypothesis. *Anticancer Res.* **32**: 223–236.

Hiscox, S., Davies, E.L., and Barrett-Lee, P. (2009) Aromatase inhibitors in breast cancer. *Maturitas* **63**: 275–279.

Hites, R.A., Foran, J.A., Carpenter, D.O., Hamilton, M.C., Knuth, B.A., and Schwager, S.J. (2004) Global assessment of organic contaminants in farmed salmon. *Science* **303**: 226–229.

Ho, P.C., Bihuniak, J.D., Macintyre, A.N., Staron, M., Liu, X., Amezquita, R., *et al.* (2015) Phosphoenolpyruvate is a metabolic checkpoint of anti-tumor T cell responses. *Cell* **162**: 1217–1228.

Holick, M.F. (2006) Vitamin D: its role in cancer prevention and treatment. *Prog. Biophys. Mol. Biol.* **92**: 49–59.

Jaramillo, M.C. and Zhang, D.D. (2013) The emerging role of the Nrf2-Keap1 signaling pathway in cancer. *Genes Dev.* **27**: 2179–2191.

Kim, D.-H. (2007) The interactive effect of methyl-group diet and polymorphism of methylenetetrahydrofolate reductase on the risk of colorectal cancer. *Mut. Res.* **622**: 14–18.

Larriba, M.J., González-Sancho, J.M., Barbáchano, A., Niell, N., Ferrer-Mayorga, G., Muñoz, A. (2013) Vitamin D Is a Multilevel Repressor of Wnt/b-Catenin Signaling in Cancer Cells. *Cancers (Basel)* **5**: 1242–1260.

Lee, J.E., Li, H., Chan, A.T., Hollis, B.W., Lee, I.M., Stampfer, M.J.,*et al.* (2011) Circulating levels of vitamin D and colon and rectal cancer: the Physicians' Health Study and a meta-analysis of prospective studies. *Cancer Prev. Res. (Phila)* **4**: 735–743.

Li, Y. and Tollefsbol, T.O. (2010) Impact on DNA methylation in cancer prevention and therapy by bioactive dietary components. *Curr. Med. Chem.* **17**: 2141–2151.

Manson, M.M. (2003) Cancer prevention—the potential for diet to modulate molecular signaling. *Trends Mol. Med.* **9**: 11–18.

Matoba, S., Kang, J.-G., Patino, W.D., Wragg, A., Boehm, M., Gavrilova, O., *et al.* (2006) P53 regulates mitochondrial respiration. *Science* **312**: 1650–1653.

Morris, B.J. (2013). Seven sirtuins for seven deadly diseases of aging. *Free Radic. Biol. Med.* **56**: 133–171.

Na, H.K. and Surh, Y.-J. (2008) Modulation of Nrf2-mediated antioxidant and detoxifying enzyme induction by the green tea polyphenol EGCG. *Food Chem. Toxicol.* **46**: 1271–1278.

Nelson, E.R., Wardell, S.E., Jasper, J.S., Park, S., Suchindran, S., Howe, M.K., *et al.* (2013) 27 Hydroxycholesterol links hypercholesterolemia and breast cancer pathophysiology. *Science* **342**: 1094–1098.

Park, E.J., Lee, J.H.Yu, G.-Y., He, G., Ali, S.R., Holzer, R.G., *et al.* (2010) Dietary and genetic obesity promote liver inflammation and tumorigenesis by enhancing Il-6 and TNF expression. *Cell* **140**: 197–208.

Pucci, B., Villanova, L., Sansone, L., Pellegrini, L., Tafani, M., Carpi, A., *et al.* (2013) Sirtuins: the molecular basis of beneficial effects of physical activity. *Intern. Emerg. Med.* **8**: 23–25.

Revankar, C.M., Cimino, D.F., Sklar, L.A., Arterburn, J.B., and Prossnitz, E.R. (2005) A transmembrane intracellular estrogen receptor mediates rapid cell signaling. *Science* **307**: 1625–1630.

Romaneiro, S. and Parekh, N. (2012) Dietary Fiber Intake and Colorectal Cancer Risk: Weighing the Evidence from Epidemiologic Studies. *Top. Clin. Nutr.* **27**: 41–47.

Santen, R.J., Yue, W., and Wang J.P. (2015) Estrogen metabolites and breast cancer. *Steroids* **99**: 61–66.

Schwingshackl, L. and Hoffmann, G. (2014) Adherence to Mediterranean diet and risk of cancer: a systematic review and meta-analysis of observational studies. *Int. J. Cancer* **135**: 1884–1897

Seitz, H.K. and Stickel, F. (2007) Molecular mechanisms of alcohol-mediated carcinogenesis. *Nat. Rev. Cancer* **7**: 599–612.

Sestak, I. and Cuzick, J. (2015) Update on breast cancer risk prediction and prevention. *Curr. Opin. Obstet. Gynecol.* **27**: 92–97.

Tangpricha, V., Spina, C., Yao, M., Chen, T.C., Wolfe, M.M., and Holick, M.F. (2005) Vitamin D deficiency enhances the growth of MC-26 colon cancer xenografts in Balb/c mice. *J. Nutr.* **135**: 2350–2354.

Vander Heiden, M.G. (2011) Targeting cancer metabolism: a therapeutic window opens. *Nat. Rev. Drug Discov.* **10**: 671–684.

Ying, H.-Q., Sun, H.-L., He, B.-S., Pan, Y.-Q., Wang, F., Deng, Q.-W., *et al.* (2015) Circulating vitamin D binding protein, total, free and bioavailable 25-hydroxyvitamin D and risk of colorectal cancer. *Sci. Rep.* **5**: 7956.

Yoshimoto, S., Loo, T.M., Atarashi, K., Kanda, H., Sato, S., Oyadomari, S., *et al.* (2013) Obesity-induced gut microbial metabolite promotes liver cancer through senescence secretome. *Nature* **499**: 97–101.

Yue, W., Yager, J.D., Wang, J.P., Jupe, E.R., and Santen, R.J. (2013) Estrogen receptor-dependent and independent mechanisms of breast cancer carcinogenesis. *Steroids* **78**: 161–170.

Yun, H.-M., Ban, J.O., Park, K.-R., Lee, C.K., Jeong, H.-S., Han, S.B., *et al.* (2014) Potential therapeutic effects of functionally active compounds isolated from garlic. *Pharmacol. Ther.* **142**: 183–195.

Chapter 12

항암 면역학과 면역 치료

도입

면역계는 우리의 건강을 위협하는 병원균과 암 등에 대항하기 위한 세포, 신호 전달 그리고 기관 간의 네트워크를 말한다. 면역계는 조직의 손상 후 회복 과정에서도 중요한 역할을 한다. 모든 종류의 백혈구는 면역 반응에서 고유의 역할을 가진다(표 12.1). 면역계의 세포들은 척수 안에 존재하는 조혈모세포(Hematopoietic Stem Cells, HSC)로부터 유래하며, 그림 8.7에서 보여진 바와 같이 면역 세포는 2종류의 전구 세포인 골수성 전구 세포와 림프성 전구 세포로부터 분화된다. 감염 초기에 비특이적 반응을 하는 면역 세포는 선천 면역 반응에 관여하는데, 호중구, 호산구, 호염구, 수지상세포, 자연살해세포 그리고 단핵구에서 유래된 큰대식세포 등이 이에 포함된다. 이러한 세포들은 염증과정에서 중요한 역할을 수행하는데, 이 내용은 13장에서 다룬다. 감염 후반기에 항원제시 세포[예, 수지상세포와 큰포식세포]에 의해 제시된 항원에 특이적으로 반응하는 면역 세포들은 후천 면역 반응에 관여한다. B 세포와 T 세포[조력 T 세포(helper T cells)와 세포 독성 T 세포(cytotoxic T cells)]가 이에 속한다.

놀랍게도, 면역계는 암의 진행 과정에 따라 상반된 역할을 하기도 한다. 즉, 암을 억제하기도 하지만 암을 악화시키기도 한다. 면역 세포는 바이러스에 감염된 세포와 암세포를 인지하고 제거할 수 있지만, 다른 측면에서 종양 세포들이 발현하는 암 항원에 영향을 주는 선별적인 압력으로 작용함으로써 면역 회피와 암 진행을 촉진할 수 있다. 제1장에서 언급한 암의 전형적 특징 중 하나인 면역 회피를 상기하자. 전반적으로 면역계의 역할은 종양에 의해 영향을 받고 종양 또한 면역계에 영향을 받는다.

이번 장에서는 면역계의 암 억제 기전과 암 증진 기전에 대해 다룬다. 면역 회피에 관련된 인자와 면역 반응을 조절하는 기전에 대해 다루며, 최종적으로 획기적인 결과를 보여준 항암 면역 치료법에 이러한 지식이 적용되는 흥미로운 사례들을 다룰 것이다. 기존의 외과적 수술, 방사선 요법, 화학제 요법 그리고 표적 치료와 병용되면서 면역 치료는 표준 치료의 추가적인 방법으로 자리잡고 있다.

12.1 림프구: B 세포와 T 세포

이번 장에서는 후천성 면역에 관여하는 특이 면역 세포인 림프구(B 세포와 T 세포)에 초점을 맞춘다. B 세포의 주요한 기능은 항체를 합성하고 분비하는 것이다. 항체에 의해 매개되는 면역의 양상을 체액성 면역이라고 한다. 항체는 면역계가 맞닥뜨렸던 거의 모든 항원를 인지할 수 있으며, 항체가 항원을 인지하게 되면 세포-매개 세포 용해(cell-mediated cell lysis)를 일으킬 수 있다.

항체는 2개의 동일한 중쇄와 2개의 동일한 경쇄로 이루어진 "Y" 모양의 분자이다(그림 12.1). 이황화 결합에 의해 2개의 중쇄는 서로 연결되고, 각각의 중쇄는 다시 경쇄와 연결된다. 항체는 Fab(fragment, antigen binding) 영역에 위치한 항원 결합 도메인을 포함한다[**항원(antigen)**은 면역 반응을 일으킬 수 있는 임의의 분자로 정의될 수 있음]. Fab는 다른 항체들 사이의 아미노산 서열에 있어서 큰 상이성을 가진 가변 영역을 포함하며, 따라서 항원 특이성을 담당한다. Fc 영역은 항체의 줄기를 이뤄서 면역 반응을 조절하는 기능을 한다. Fab와 Fc 양쪽 모두에 포함되는 불변 영역은 각 클래스의 항체들(IgG, IgM, IgA, IgD 및 IgE)에서 공통적이다.

항체 생산은 단백질, 지질 또는 다당류 항원에 의해 유발될 수 있으며, 항체 생산을 위해서는 림프소절에서 B 세포−T 세포 상호작용이 요구된다. 두 세포의 상호작용은 B 세포를 면역글로불린 G(IgG) 항체를 생성하는 장기 기억 B 세포 및 형질 세포로 분화시킨다. 자연적으로는 다수의 B 세포가 단일 항원에 대하여 함께 반응하기

표 12.1 암에서의 면역 세포의 기능

세포 종류	기능
B 세포	암 특이적 항체 생산: 세포 용해를 유발할 수 있다.
$CD4^+$ T cell	세포 독성 T 세포에 의한 종양 제거를 지원하는 조력 세포. B 세포의 반응도 지원한다.
$CD8^+$ T cell	세포 독성 T 세포-매개 세포 용해의 주효 세포이다.
Treg	면역 억제를 통해 암의 진행을 촉진한다.
수지상세포	항원-제시 세포이다.
큰대식세포	염증 반응의 중요한 대식세포이며 항원-제시 세포이다.
자연살해세포	바이러스에 감염된 세포와 암세포를 제거하는 선천 면역 세포이며, 세포 독성 효소와 인터페론-γ와 같은 사이토카인을 분비한다.
호염구 호산구 중산구	감염 초기의 비특이적 반응을 담당하는 선천 면역 세포

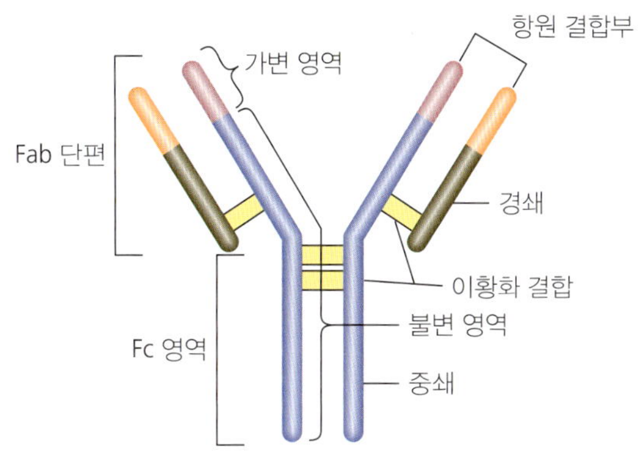

그림 12.1 항체의 구조.

때문에 다수 클론에 의해 항체 혼합물이 생성된다. 실험적으로 특정 클론의 B 세포를 B 세포 유래 암세포와 융합하여 림프잡종세포종(hybridoma)을 만듦으로써, 많은 양의 특정 단일 클론 항체를 생산할 수 있다.

T 세포, 주로 $CD4^+$ 조력 T 세포와 $CD8^+$ 주효 T 세포가 세포 매개 면역(cell-mediated immunity)을 담당하는 주요 세포이다. T 세포는 세포막에 T 세포 수용체를 갖는데, 이를 통해 특화된 항원 제시 세포가 전달하는 항원을 인지할 수 있다. T 세포의 성숙은 흉선에서 이루어진다(T 세포의 "T"는 Thymus 흉선에서 유래). T 세포는 면역 반응을 조정하여 바이러스에 감염된 세포와 종양 세포를 제거한다. 면역 반응 후 T 세포는 장기 기억 T 세포로도 분화된다. 면역 기억 반응은 특정 항원에 대해 재노출 시에 더 빠르고 강한 반응을 가능하게 한다. 작은 크기의 분비 단백질인 사이토카인(cytokines)은 B 세포와 T 세포 모두에서 주요한 세포-신호 단백질로 작용한다(예, 인터페론 γ, 인터루킨, 케모카인). 조절 T 세포(Treg)는 면역 세포의 기능을 제한하는 면역 반응의 중요한 조절자이다. 요약하면, B 세포는 가용성 항원을 인식할 수 있는 항체를 분비하는 반면에, T 세포는 T 세포-수용체를 통해 항원-제시 세포로부터 항원 정보를 받아들인다. 면역 기억 반응은 면역계의 독특한 특징이다.

12.2 면역계의 종양 억제 역할

면역계는 3가지 방법으로 암을 예방한다. 가장 명백하게, 면역계는 암의 원인이 될 수 있는 바이러스 및 박테리아 감염을 막아준다. 또한 면역계는 암의 진행을 촉진하는 염증을 완화한다. 그리고 면역계는 직접적으로 종양 세포를 인지하고 제거한다 (제13장 참조). 면역계가 암세포를 외부 인자로 인지하고 제거하는 개념을 면역 감시(immunosurveillance)라고 하며, 20세기 중반에 처음으로 가설이 세워졌다. 이러한 가설을 지지하는 동물 모델 실험에서 인터페론-γ 반응 결손 또는 후천성 면역 결핍 마우스(B 세포, T 세포, 자연살해세포가 결핍된 마우스)는 자발성, 발암성 암 유발에 모두 취약하다는 것이 확인되었다. 사람의 경우, 면역 결핍 환자나 장기이식 때문에 면역 억제제를 복용하는 환자에서 정상인에 비해 높은 암 발병률이 나타났다. 따라서 면역계는 종양 억제 방어체계로서 작용할 수 있다(Vesely *et al.*, 2011).

암 면역주기

항암 면역 반응의 단계는 7단계의 암 면역주기로 정의되어진다(Chen and Mellman, 2013) (그림 12.2).

1. 종양 세포 사멸 동안 암세포 항원의 방출
2. 항원-제시 세포 상에 암 항원(AG) 제시
3. 림프절에서 T 세포의 활성과 프라이밍(priming)
4. 혈류를 통한 종양으로의 T 세포 운송
5. T 세포의 종양내 침투
6. 암세포의 인지
7. 종양 세포 사멸

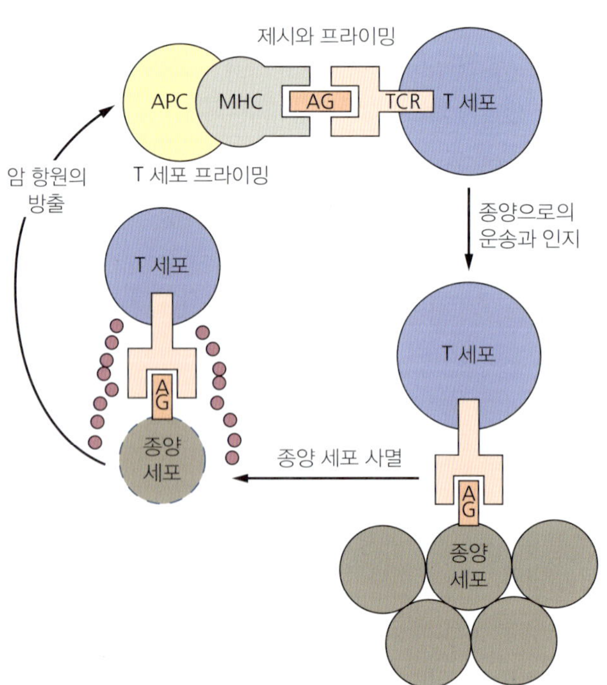

그림 12.2 암 면역주기.

면역계는 종양-특이 항원(암세포에 고유한 분자) 또는 종양-연계 항원(암세포와 정상 세포 간에 다르게 발현되는 분자)을 인지할 수 있는데, 이는 암세포와 자기 자신의 세포들 간에 항원이 구별되기 때문이다. 이러한 유형의 구별되는 항원은 변형된 단백질을 만들거나 유전자 발현 조절에 이상을 초래하는 돌연변이 때문에 각각 발생할 수 있다. p53 돌연변이 펩티드나 과발현된 세포성 단백질인 HER2가 이에 속한다. 치료적 목적으로 암 특이 항원을 찾는 노력이 이어지고 있다. 또한 바이러스로 인한 종양은 바이러스의 항원을 나타내기도 한다.

죽어가는 세포들에 의해 방출되는 암 항원은 항원-제시 세포(수지상세포와 큰대식세포) 상의 주조직 적합 복합체(major histocompatibility complex, MHC)를 거쳐 T 세포에 제시될 수 있다. 암 항원은 특이적인 T 세포 수용체(T cell receptor, TCR)에 의해 인지된다. TCR은 유전자 단편의 무작위적 셔플링(random-shuffling)을 통해 만들어지며, 이를 통해 가능한 모든 외부 물질을 인지할 수 있는 다양한 수용체들이 만들어진다. TCR−항원−MHC의 상호작용은 T 세포가 활성화되는 개시점으로 작용하며, TCR의 하위 반응은 12.3절의 면역 관문에서 살펴볼 것처럼 다수의 공동-조정자에 의해 조절된다. Naive T 세포가 휴지기에서 활성 상태로 전환되는 개시 이벤트를 T 세포 프라이밍이라고 한다. 공동-조정자의 순활성(net activity)에 따라 T 세포의 완전한 활성화가 조절된다. 활성화된 T 세포는 혈류를 통해 이동하여 종양으로 침투하며, TCR과 암 항원의 상호작용을 통해 암세포를 인지해서 결합하게 된다. 완전히 활성화되면, T 세포는 퍼포린과 그랜자임 같은 물질을 방출하고 암세포 상의 사멸 수용체에 대한 리간드를 발현한다. 일련의 과정이 암세포를 사멸시키기 때문에 이러한 이벤트를 '죽음의 키스'라고 일컫는다. 암 면역주기는 암 환자에서 이상적으로 작동되지 않으면 여러 단계에서 변형될 수 있다. 암 미세환경 또한 면역 억세 인사를 세공하는 원천으로 삭용한다.

세포 독성 T 세포 반응은 가장 중요한 항암 방어 기제 중 하나이며, 면역 기억 반응을 동반한다는 것에 주목해야 한다. 1차 면역 반응 동안 T 세포는 활발히 증식하며, 주효 세포인 자신의 수를 증가시킨다. 이들 세포의 어느 정도는 사멸할 것이고, 약 10%는 장기 기억 T 세포로 분화해서 미래의 재노출에 대해 더 빠르고 강력한 반응을 준비할 것이다.

12.3 면역 관문

면역 반응의 지속과 강도의 조절은 자기-내성(자가 항원에 대한 면역 반응을 일으키지 않는 것)을 유지하고, 조직 손상을 막는 데 중요하다. 면역 반응은 수용체-리간드 상호작용에 의해 유발되는 면역 관문(immune checkpoints)으로 알려진 억제성 신호 경로를 통해 조절된다. TCR에 항원이 제시되고, T 세포 반응이 개시되는 동안 발생하는 분자적 상호작용을 알아보자. 항체가 유리-항원을 인지하는 데 반하여 T 세포는 항원 자체를 독립적으로 인지할 수는 없고, 세포 표면의 MHC 분자와 연계된 항원만을 인지할 수 있다(283쪽의 BOX, "주조직 적합 복합체 분자에 대한 작은 수업" 참조).

먼저 항원-제시 세포의 MHC 분자에 결합된 항원이 T 세포의 TCR로 제시된다. 이것이 면역 반응의 하위 신호 경로를 개시하는 1차 신호가 된다. 하지만 T 세포의 완전한 활성화를 위해서는 2차 공동-자극 신호에 노출되어야 한다. CD28은 T 세포 상에 지속적으로 발현되는 공동-자극 분자이다. 항원-제시 세포 상의 B7 리간드와 T 세포 상의 CD28 사이에서 2차 공동-자극 상호작용이 발생한다. 이러한 상호작용에 의해 완전한 T 세포 반응이 개시된다(그림 12.3a). 일부 림프종을 제외하고 대부분의 암세포는 B7을 발현하지 않으며, 따라서 암세포는 면역계에 거의 감지되지 않는다는 것을 주목하자. (B7을 발현하는 항원-제시 세포가 암 항원을 T 세포로 제시할 때 면역계가 비로소 종양 세포를 감지할 수 있는 것이다.)

T 세포 활성화에 이어 공동-억제 분자의 하나인 CTLA-4(cytotoxic T-lymphocyte antigen 4)가 T 세포 내의 소포체로부터 세포막으로 빠르게 이동하며, CTLA-4는 리간드인 B7을 놓고서 CD28 수용체와 경쟁한다(그림 12.3b). CTLA-4는 CD28보다 B7 리간드에 훨씬 강하게 결합하며, 이에 따라 CTLA-4는 B7을 격리해 CD28

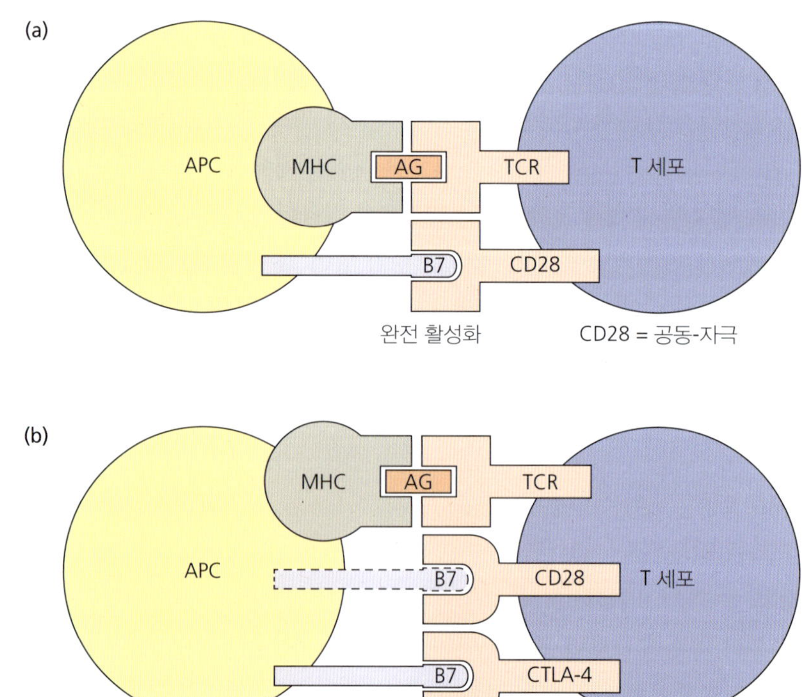

그림 12.3 CTLA-4 면역 관문. (a) B7에 의한 활성화. (b) CTLA-4에 의한 억제.

과 결합하는 것을 막음으로써 T 세포의 활성을 억제하는 음성 피드백 신호로 작용한다("잠시 멈춰 생각하기" 참조).

잠시 멈춰 생각하기

면역 관문에 관련돼서 12.3절에 명시된 바와 같이, CTLA4는 T 세포 활성의 주요한 음성 조절자이다. 이를 설명하기 위해 어떤 실험을 제안할 수 있을까? 서로 다른 유형의 증거를 생각해보자. "기능 획득(gain of function)" "기능 상실(loss of function)". 그럼 생체에서 "기능 상실"을 어떻게 실험해 볼 수 있는가? 그렇다. CTL-A4 유전자 적중 쥐의 제작이 좋은 제안이 될 수 있을 것이다. 어떤 표현형을 예상할 수 있는가? Water-house 등(1995)에 의해 집필된 사이언스 논문을 참조하기 바란다.

주조직 적합 복합체 분자에 대한 작은 수업

MHC는 인간에서 인간 백혈구 항원(human leukocyte antigen, HLA)이라고도 불린다. Class I MHC 분자와 Class II MHC 분자에 대한 설명은 다음과 같다.

Class I MHC: 대부분의 세포들에서 발현됨

- Class I에 결합된 항원은 $CD8^+$ T 세포에 의해 인지됨.
- 세포 내부 항원을 제시하는 데 관련됨. 세포질 단백질은 프로테아좀에 의해 분해되어 MHC I이 만들어지는 거친 세포질세망(rough endoplasmic reticulum, RER)으로 전달됨.
- MHC I-항원 복합체는 세포 표면으로 운송돼서 $CD8^+$ T 세포에 제시됨.

Class II MHC: 대식세포와 같은 면역 세포에 주로 한정되어 발현됨.

- Class II에 결합된 항원은 $CD4^+$ T 세포에 의해 인지됨.
- 세포 외부 항원을 제시하는 데 관련됨. 세포 외부 항원은 세포내 이입(endocytosis)을 통해 세포 안으로 들어와서 라이소좀에서 분해됨. Class II가 라이소좀으로 운송됨.
- MHC II-항원 복합체는 라이소좀에서 만들어지고, 세포 표면으로 운송돼서 $CD4^+$ T 세포에 제시됨.

리간드와 수용체 사이의 상호작용은 세포 내의 신호전달 경로를 유도한다. 인산화효소(예, PI3K, PKC), 탈인산화효소(예, SHP)가 활성화와 비활성화 신호 경로에 공통적으로 관여한다. 이는 T 세포의 활성 조절에 있어 인산화와 탈인산화의 중요성을 가리킨다. 많은 다른 공동 자극 수용체(예, ICOS; OX40; GITR)와 공동 억제 수용체(예, LAG-3; TIM3; VISTA)가 동정되고 있다. 항원-제시 세포 상에 제시되는 리간드의 조절은 T 세포 기능의 또 다른 측면의 조절을 제공한다.

세포자살 단백질 1(PD-1)과 그 리간드인 PD-L1과 PD-L2는 추가적인 공동 억제 분자이다. PD-L2는 항원-제시 세포에서 발현된다. PD-L1은 활성화된 T 세포에서 만들어진 인터페론-γ에 노출된 후 종양 세포를 포함한 다양한 세포 유형에서 발현되며, PD-L1은 종양과의 접합부에서 T 세포의 반응을 조정한다(그림 12.4). PD-1 신호 전달 축은 T 세포 수용체에 의해 매개되는 신호를 억제한다. 암세포 상의 PD-L1과 활성화된 주효 T 세포 상의 PD-1 간의 상호작용은 SHP-2 탈인산화효소를 불러들여 PI3K 신호 전달을 비활성화시키며, 이로 인해 세포 독성 반응에 요구되는 물질의 생산과 분비가 억제된다.

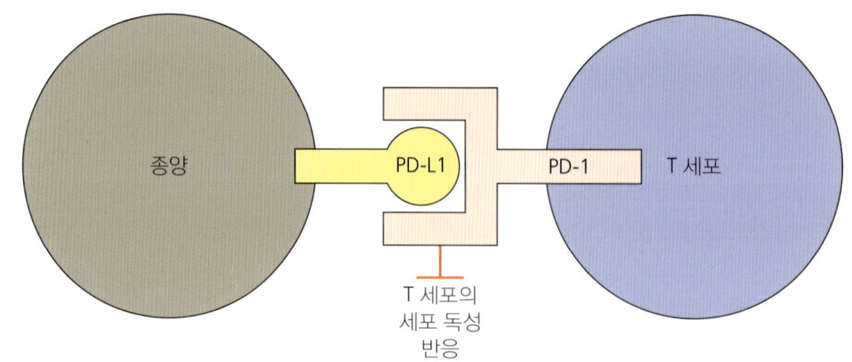

그림 12.4 PD-L1을 통한 암세포의 T 세포 반응 회피.

12.4 암 면역 편집과 종양 촉진

면역계가 항상 종양의 성장을 성공적으로 억제하는 것은 아니다. 실제로 면역계는 정상 면역을 가진 숙주 내에서 생존을 위해 가장 잘 적응된 암세포를 선별하거나 종양이 자라기에 용이한 암 미세 환경 내 조건을 조성함으로써 종양의 성장을 촉진할 수도 있다. 암 면역 편집은 암에서의 면역계의 이러한 이중적인 기능을 통합하는 개념이다. **면역 편집(immunoediting)**은 숙주의 면역계가 종양면역원성과 클론 선별을 어떻게 전개하는지 그리고 암세포가 숙주의 항암 면역계를 지속적으로 조정하고 '편집'하는 방식을 설명해 주는 용어이다. 면역 편집은 구별된 3단계로 이루어질 것으로 생각되어지고 있다.

(1) 제거(Elimination): 암세포의 제거

(2) 균형(Equilibrium): 항암 면역 반응 동안 면역원성이 덜한 암세포들의 선별

(3) 도피(Escape): 암세포가 면역계로부터 벗어남.

면역 편집 과정은 제거 단계로부터 시작된다. 제거 단계에서 면역계는 발생 중인 종양에 대한 경고를 받게 되는데, 이는 십중팔구 초기 종양 발생 동안 유도되는 사이토카인을 통해 이루어진다. 결과적으로 선천성, 후천성 면역 모두가 관여된 항암 면역 반응이 개시된다. 이를 통해 면역계가 종양 세포를 성공적으로 제거한다면, 숙주는 암으로부터 자유롭게 되고 다음 단계는 시작되지 않는다. 여기서 면역 편집이 완료되는 것이다. 하지만 종양 세포 중 일부만 제거된다면 면역계 공격과 종양 발생 사이에 균형 단계로 접어든다. 균형 단계 동안 후천성 면역 반응은 제거 단계를 벗어난 희귀 변종 암세포에 영향을 미치지 못한다. 이는 수십 년 동안 지속되는 암의 잠복(dormancy)을 설명해 줄 수 있을 것이다. 면역계는 암 면역원성을 전개하는 데도 기여할 것이다. 균형 단계는 암 항원이나 이에 준하는 항원의 발현을 감소시키는 면

역 회피성 돌연변이를 획득한 암세포를 선별하는 압력을 제공할 것이다. 이렇게 선별된 암세포는 마지막 단계인 도피 단계로 들어간다.

면역 편집의 증거

정상 면역을 가진 숙주에서 형성된 종양에 비해 면역이 결핍된 숙주에서 형성된 종양이 더 높은 면역원성을 가진다는 연구 결과는 면역계가 종양의 면역원성에 영향을 미친다는 증거이다. 따라서 면역 결핍 숙주의 종양은 "미편집된(uneditied)"으로 정상 면역 숙주의 종양은 "편집된(edited)"으로 표현된다. 면역 편집 과정은 스트레스와 노화 그리고 의료 개입과 같은 외부적 요인에 의해서도 영향을 받을 수 있다. 다양한 유형의 암에서 환자의 생존과 예후가 암 유입 림프구의 프로파일(양, 유형 그리고 위치)과 연관 관계가 있음을 보여준 연구는 인간에서 암 면역 편집을 지지하는 가장 강력한 증거이다. 예를 들어, CD8$^+$ 세포의 침투율이 높은 흑색종 환자는 낮은 침투율을 가진 환자에 비해 더 오래 생존했다. 반대로 Tregs와 같은 면역 억제 세포의 종양내 침투는 좋지 않은 예후를 나타냈다. 실제로 암 유입 림프구의 밀도와 유형이 발암유전자의 발현 분석과 병리학적 종양의 단계 판정보다 훨씬 정확한 진단 지표라는 것이 여러 연구들을 통해 보고되었다. 바이오마커와 진단 지표로서 종양내 T 세포 유입을 특성화하는 것을 "면역 점수(immunoscore)"라고 지칭하는데, 이는 임상 연구를 통해 검증되고 있다. 또한 앞서 언급했듯이, 면역 결핍 환자나 면역 억제제를 복용하는 장기이식자는 여러 유형의 암이 발생할 가능성이 더 높다(한 예로 Roithmaier *et al.*, 2007 참조).

12.5 면역 파괴를 피하는 기전

제1장에서 논의한 것처럼, 면역 파괴에 대한 회피는 최근 새롭게 정립된 암의 특징이다. 암의 면역 회피 기전에는 암 항원의 손실과 항원-제시 분자의 하향 조절 그리고 세포 독성 단백질에 대한 저항성 획득이 포함된다. 면역 관문 단백질(예, 12.3절 "면역 관문"에 서술된 PD-L1, 283쪽)과 항세포 사멸 물질의 과발현이 세포 독성 단백질에 대한 저항성 기전에 속한다.

암 미세 환경의 여러 인자가 암의 면역 회피에 기여하는 것으로 보여진다. 종양은 TGF-β, IL-10, VEGF, indolamine-2,3-dioxygenase와 같은 면역 억제 물질을 분비한다. TGF-β는 림프구의 TGF-β 수용체에 결합하여 T 세포의 표현형과 사이토카인 분비 프로파일을 변화시키며, 이는 다른 T 세포를 효과적으로 억제하는 Treg 세포의 발생으로 이어진다. 사이토카인 IL-10은 면역 세포의 막에 발현되는 수용체에 결합해서 그 효과를 나타낸다. IL-10의 신호 전달 경로는 타이로신 인산화효소의 인산화와 STAT 전사 인자의 활성화를 유발해서 수백 가지 유전자의 발현을 상향조절한다. IL-10은 선천 면역에 관여하는 가장 중요한 항원-제시 세포인 수지상세포의 성숙을 막을 수 있다. 더불어 IL-10은 CD4$^+$ T 세포에 직접 작용하여 세포 증식과 사이토카인 생산을 억제한다. **Indolamine-2,3-dioxygenase**(IDO)은 태아 항원에 대한 모체 내성(maternal tolerance)에서 그 기능이 먼저 알려졌으며, 면역 반응을 회피하는 데 관여한다. 종양 기질내 세포에 의해 발현되는 이 효소는 T 세포가 이용할 수 있는 아미노산 트립토판을 감소시켜 T 세포의 활성과 증식 그리고 생존율을 억제한다. 전임상 연구에서 IDO의 억제제가 면역을 회복시켜 암을 제거할 수 있음을 제안하였으며, 저분자 억제제에 대한 임상실험이 진행 중이다.

치료 전략

암을 치료하기 위해 면역계를 향상시키는 것은 의학의 숙원이었다. 면역 치료의 전략은 종양이 아니라 숙주의 면역계를 표적으로 한다. 한 가지 목표는 암세포 상의 종양 단백질 또는 성장 인자와 같은 암 관련 가용성 인자를 표적하거나 화학치료제를 전달하는 데 재조합 항체를 이용하는 것이다. 여러 면역 치료의 또 다른 목표는 장기 기억 T 세포 개체군을 길러내서 종양과 콜로니 형성 전의 전이 암세포를 공격하게 하는 것이다. 암전이 치료는 암 치료에 있어 아킬레스건이었다. 또한 여러 면역 치료의 또 다른 목표는 종양 세포에 의해 악용되는 면역 억제 기전을 되돌리는 것이다. 어떤 면역 치료들은 그 전에는 거의 볼 수 없었던 지속적인 반응성과 함께 전례 없는 결과를 만들어내고 있기에 다양한 암 유형에 적용될 수 있을 것으로 기대된다.

12.6 치료용 항체들

치료용 항체의 이용은 본문을 통틀어 논의되었다. 이제 암의 주요 물질을 표적하는 Herceptin™과 Avastin™ 같은 약물은 친숙할 것이다. 실제로 13종이 넘는 항체가 암에 대한 치료제로 FDA의 허가를 받았다(Scott *et al.*, 2012의 표 3과 Sliwkowski와 Mellman, 2013의 표 1 참조). 많은 항체가 신호 전달을 직접적으로 억제하고/하거나 면역 세포상의 수용체를 점유하기 위해서 사용되는데, 이는 항체 유래 세포 독성(antibody-dependent cellular cytotoxicity, ADCC)이나 대식 작용을 유발한다. 항체의 Fc 부분은 ADCC에 중요하다. Fc 단편의 변형은 ADCC의 효과를 제거할 수도 또한 강화할 수도 있다.

인간의 생체에서 면역 반응을 일으키지 않기 위해서는 쥐에서 만들어진 항체의 인간화가 이루어져야 하며, 따라서 항체 치료제의 개발은 항체 공학을 필요로 한다. 처음에는 이를 위해 인간 면역글로블린 골격에 특정 항원에 대한 쥐 항체의 상보성-

결정 영역(complementarity-determining regions, CDRs)을 접목하였다. 최근에는 재구성된 인간의 유전자나 세포를 가진 설치류에서 항체를 만들거나, 쥐에 항원 접종 없이 항체를 만드는 파지/효모 디스플레이 라이브러리를 이용하는 향상된 방법을 사용한다. Panitumumab은 인간 항체를 만들 수 있는 유전자 재조합 쥐에서 만들어진 EGFR(제4장에서 논의됨)에 대한 단일 클론 항체이다.

항체는 화학요법제 약물과 연결되어 종양에 특이적으로 약물을 전달할 수 있는 항체-약물 접합체(antibody−drug conjugates, ADCs)로 개발되어 왔다. 2가지 ADC가 허가되었다[Brentuximabvedotin: CD 30에 대한 단일 클론 항체 + monomethyl auristatin E, T-DM1: 트라스투주맙(T) + maytansine 유도체(DM1)].

12.7 암 백신

면역계를 활용해서 종양 세포를 예방 및/또는 제거하는 기술력이 확보되고 있다. 예방접종(vaccination)은 개체가 이미 가지고 있는 면역 주효 세포를 자극하므로 능동면역이라고 한다. 백신은 항원과 **면역보조제(adjuvant)**로 구성된다. 면역보조제는 항원에 대한 면역 반응을 향상시키는 백신 첨가제이다. 능동면역과 대조적으로 수동면역은 T 세포(296쪽의 12.9절, "입양 T 세포 전달, 변형된 T 세포 수용체 및 키메라 항원 수용체" 참조)나 림프구의 분비 생성물(BOX "수동 면역"에서 논의됨)과 같은 면역계의 효과물(effector)을 환자에게 직접 전달해 주는 것이다.

수동 면역

12.6절의 "치료용 항체"와 본문 전반에 걸쳐 논의된 항체 기반 약물이 수동면역의 성공적인 한 형태이다. 초기 암 면역 치료의 시도들에서 사이토카인 처리와 같은 수동면역 전략이 사용되었다. 면역 반응을 조정하는 유력한 사이토카인인 인터페론-γ는 임상 3상 시험까지 광범위하게 연구되었지만, 좋지 않은 임상 결과가 관찰되었다. TNF 또한 임상에서 실망스러운 결과를 보였다. 하지만 사이토카인은 미래에 면역 치료와의 병용 요법을 통해 활용될 수 있을 것이다.

잠시 멈춰 생각하기

예방접종은 라틴어인 "vacca" 또는 소에서 유래했다. 1798년 Edward Jenner에 의해 보고된 최초의 백신 천연두 예방 접종에 소천연 바이러스가 사용됐기 때문이다. Jenner는 천연두 발생 동안 영국의 시골에서 의사로 근무하면서 우유를 짜는 하녀들이 천연두에 감염되는 경우가 적다는 것을 알아차렸다. 그는 소천연두 감염이 천연두에 대한 내성의 원인이라는 가설을 세웠고, 그의 가설을 뒷받침하는 실험을 수행했다.

암 백신은 암 환자의 종양이 퇴행되도록 면역계를 활성화시키는 **치료용 백신**으로 또는 암 예방 차원에서 암이 발생하기 전에 면역계를 준비시키는 **예방용 백신**으로 설계될 수 있다. 대부분의 암 백신이 치료용으로 설계되고 있지만, 여기서는 2가지 유형의 백신을 모두 다룬다.

치료용 백신

백신의 생산을 위해서는 효과적인 항암 반응을 자극할 수 있는 적합한 항원의 선정이 수반되어야 한다. 암세포 또는 손상을 입거나 죽어가는 암세포의 표면으로 운송된 풀어진 형태의 세포-내부 단백질이 분해 과정 또는 가공 과정을 통해 종양-연관 항원으로 만들어진다. 이런 항원에는 염색체 전좌나 발암성 돌연변이에 의한 종양 단백질이 포함될 수 있다. T 세포가 항암 반응의 주효 세포이므로, 결국 백신의 항원이 항원-제시 세포 상에 전시되어야 한다. 일련의 세포성 이벤트가 암 백신 투여에 이은 면역 반응을 특징 짓는다(그림 12.5). 조직에 상주하는 수지상세포와 같은 항원-제시 세포는 T 세포 매개 면역을 일으키는 신호 전달의 핵심이다. 항원을 (1) 획득하고, (2) 가공하며, 성숙과 함께 림프구로 이동해서 주효 T 세포에 항원을 (3) 제시하는 것이 바로 수지상세포이다. 수지상세포는 주로 세포내 유입을 통해 항원을 받아들인다. 항원의 가공은 단백질분해효소에 의해 항원이 작은 펩티드로 절단하는 과정을 수반한다(그림 12.5에서 가위로 표현됨), 암 백신 보조제는 항원-제시 세포의 성숙과 림프구로의 이동을 유도한다. 가공된 항원은 MHC와 연결되어 제시되기 위해 세포막으로 이동된다(283쪽의 BOX, "주조직 적합 복합체에 대한 작은 가르

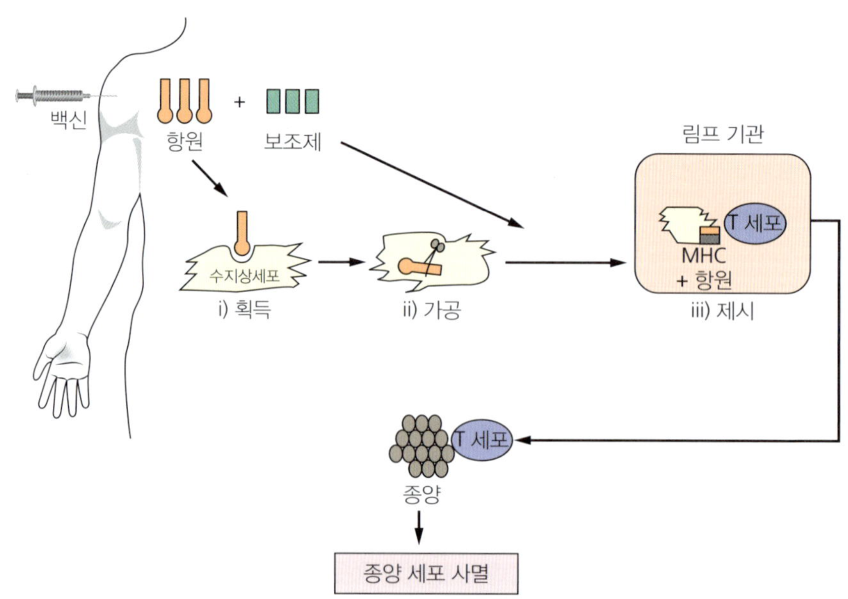

그림 12.5 예방접종 후 면역 반응에서의 세포성 이벤트.

침" 참조). $CD8^+$ T 세포는 APC에 의해 항원이 제시되면서 먼저 활성화된 다음 종양으로 이동한다. $CD8^+$ T 세포는 종양 세포막 상의 항원을 인지하면, 세포 독성 과립을 방출하거나 세포 사멸을 유발해서 종양 세포를 제거한다.

암 백신이 효과를 가지기 위해서는 종양 보호 기전과 면역 억제 기전을 극복해야 한다. 12.4절 "암 면역 편집과 종양 촉진"에서 논의한 것처럼, 종양 세포는 면역계를 억제하고 그로부터 회피할 수 있게 하는 면역 편집을 거치게 될 것이다. 예를 들어, TGF-β는 수지상세포의 성숙을 억제함으로써, T 세포의 항원 제시를 방해한다. 암 백신 생산에 사용되는 몇 가지 전략을 살펴보도록 하자.

전 세포 백신

감염성 질병에 대한 백신은 비천연 숙주를 이용한 계대배양, 화학 처리 또는 방사선 조사와 같은 과정 등을 통해 병원성을 감쇄시킨 박테리아 또는 바이러스로 이루어져 있다. 최초의 암 백신은 성공적인 병원성 감쇄 백신을 모델로 하여 방사선이 조사된 암세포로 구성되었다.

모든 종양-특이 항원은 전세포 백신의 대상이 되었다. 이들 최초의 암 백신들은 마우스 모델에서 면역 반응을 나타냈지만, 임상에서는 실망스럽게도 낮은 면역원성 반응 또는 정상 세포에 대한 자가면역 반응(autoimmunity)을 나타냈다. 총항원 양에 비해 면역원성 항원의 양이 적었거나 정상 유전자 산물에 대한 자극이 이런 임상 결과에 대한 각각의 원인일 수 있겠다. 예를 들어, 멜라토닌 세포를 공격하는 자가면역질환인 백반증(vitiligo)이 흑색종 백신의 연구에서 관찰되었다. 이는 백신으로 유도된 면역 반응이 정상 항원을 따라서 정상 세포도 표적할 수 있다는 것을 시사한다. 전세포 백신의 여러 변형이 시도되어졌다. 예를 들어, T 세포를 자극하는 물질을 발현하는 유전자 조작 암세포는 항원과 보조제를 겸한다. 성공의 정도에 상관없이 전세포 백신은 항원-특이 백신을 향한 초석으로 중요한 가치를 가진다.

펩티드 기반 백신

암 백신 개발을 위한 또 다른 전략은 종양-연관-항원을 이용하여 면역 반응을 일으키는 것이다. 이를 위해서는 앞서 서술한 것처럼, 종양의 전세포를 사용하기보다는 T 세포에 의해 인지되는 종양 세포의 특이 물질이 동정되고 그에 대한 특성화가 수반되어야 한다. 정상 세포와 비교해서 종양-특이 항원은 종양 세포에서 질적 또는 양적으로 다른 발현 양상을 가진다. 이러한 항원의 다수가 자가면역성 없이 면역 반응을 일으킨다. 이런 특성이 항원 특이 펩티드 백신의 생산으로 이어졌다. 사용된 펩티드는 종양-연관 항원의 일부를 암호화하는 짧은 아미노산 서열들이며 합성 또는 재조합 단백질 기술로 만들어질 수 있다.

HER2, mucin1, CEA을 포함한 유방암 항원의 목록은 유방암 백신의 생산을 위

잠시 멈춰 생각하기

합성과 재조합 단백질을 만드는 방법에는 어떤 차이가 있을까? 재조합 단백질이 특정 아미노산을 암호화하는 DNA 서열을 포함한 유전공학적으로 만들어진 물질로부터 생체에서 합성되는 데 반해 합성 펩티드는 실험실에서 특정 순서대로 아미노산을 연결해서 만들어진다.

한 기반을 제공한다. 다수의 흑색종 항원들 또한 특정화되었다. 흑색종 연관 항원인 gp100을 표적하는 펩티드 기반 백신이 흑색종 환자의 치료를 위해 개발되었다. gp100 항원은 정상 멜라닌세포, 흑색종 그리고 색소 망막 세포에서 발현되는 항원이다. IL-2와 병용된 gp100 펩티드 백신이 임상 3상 시험에 있으며, IL-2 단독 처리에 비해 높은 반응성을 보여주었다(Schwartzentruber *et al.*, 2011). 이는 흑색종에 대한 펩티드 백신의 임상적인 효능을 보여준 첫 번째 임상 3상 시험 사례였다.

수지상세포 백신

가장 유력한 항원-제시 세포로, T 세포 매개 면역 반응의 유도를 자극하는 세포인 수지상세포는 백신으로 이용될 수 있다. 수지상세포는 골수를 기원으로 하며 미성숙상태로 말초 조직에 상주한다. 앞서 서술한 것처럼, 수지상세포는 항원 가공과 염증 신호 수신 후 분화/성숙되고, 림프구로 이동하여 항원을 제시함으로써 T 세포 반응을 개시한다. 생체에서 종양은 수지상세포의 분화와 이동을 억제하는 여러 인자를 분비하는데, 이는 암 환자에서 관찰되는 면역 억제에 기여할 것이다. 수지상세포는 예방접종의 목표를 위해 환자 개인으로부터 분리되어 체외에서 배양되어야 한다.

수지상세포의 뛰어난 세포내 유입 능력을 경유하여 특정 항원, DNA, 또는 RNA를 도입하게 한다(그림 12.6) [또는 일렉트로포레이션과 같은 형질 전달의 다른 방법을 통해]. 처리된 수지상세포는 이후에 환자에게 재도입된다. 따라서 수지상세포 백신은 노동집약적이고 고비용이다. 항원을 탑재한 수지상세포를 이용한 초기 임상 시험에서는 긍정적인 임상 반응과 낮은 독성을 보여주었다. Provenge^{TM}(sipuleucel-T; Dendren Corporation, Seattle, WA)이라는 항원을 탑재한 수지상세포는 다음의 단계를 거쳐 전립선암 치료제로 만들어졌다.

(1) 수지상 전구 세포가 많이 포함된 분획을 분리한다.

(2) 분리한 세포는 재조합 융합 단백질(수지상세포 상에 존재하는 GM-CSF의 수용체를 표적하는 GM-CSF와 융합된 전립선산 탈인산화효소로 이루어짐)과 배양함으로써 체외에서 성숙시킨다.

(3) 전립선 암 항원을 나르는 성숙한 수지상세포를 투여한다.

1, 2, 3상의 임상시험 성공 후, Provenge^{TM}(sipuleucel-T)는 2010년 미국 FDA로부터 허가를 받았다(Thera *et al.*, 2011).

수지상세포 백신은 활발히 연구되고 있다. 생체 내에서 수지상세포를 증폭하고 탑재(loading: 항원을 제시하는 것)하면, 노동과 단가를 낮추고 세포 전달 과정에서의 오염과 같은 위험을 감소시킬 수 있을 것이다. 수지상세포의 수용체에 특이적인 항체와 특정 항원을 융합한 카이메릭 단백질은 수지상세포 활성 물질과 함께 투여함으로써 생체에서 암 항원을 수지상세포로 전달하는 데 사용될 수 있을 것이다.

잠시 멈춰 생각하기

수지상세포를 발견한 Ralph Steinman은 2011년에 노벨 의학상을 수상하였다. 그와 동료들은 생체 내에서 수지상세포에 항원을 탑재하는 방법을 입증하였다.

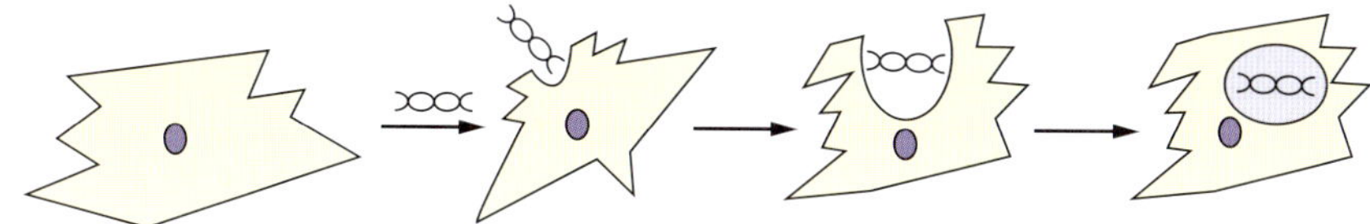

그림 12.6 수지상세포 탑재.

세포내 유입을 통해 키메릭 단백질을 받아 들이고 항원이 제시되면 수지상세포는 면역 반응을 개시할 수 있다. 수지상세포 수용체(DEC-205)에 특이적인 수용체와 특정 암 항원(ny-ESO-1)이 융합된 백신 CDX-1401은 연구 개념이 잘 작동하여 안전하게 면역을 유도하는 것을 보여준 인간에서의 첫 연구 사례이다(Dhodapkar *et al.*, 2014).

전체적으로, 임상 반응의 재현성이 아직 부족하기 때문에 치료용 백신에 대한 최적화가 이루어져야 한다. 적용 가능한 정확한 환자 집단과(나이, 암 단계, 종양의 분자적 특징을 고려하여) 투여의 시점에 초점을 둘 필요가 있다. 화학 요법에 비해 백신의 부작용은 보통 아주 낮은 편이다.

이러한 백신은 면역 관문 억제제를 포함한 병용 요법에 중요한 파트너가 될 것이다(293쪽의 12.8절, "면역 관문 억제제" 참조).

암 예방 백신

공유되는 암 항원으로 만든 백신은 동물 모델에서 예방(prophylactic) 백신으로는 성공적이었으나 사람에서는 검증되지 않았다. 제13장에서 다루겠지만, 소수의 선택된 암 유형이 박테리아나 바이러스와 같은 병원성 발암 물질에 의해 유발되며, 바이러스의 경우에 병원체를 표적하는 전통적인 예방 백신을 만들 수 있다.

유방암에 대한 예방 백신의 개발에 있어 큰 진전이 이뤄지고 있다. 앞서 언급한 바와 같이, 몇 가지 유력한 유방암 항원이 특정화되었다(예, α-lactalbumin은 대부분의 유방 상피성 암에서 발현되며, 정상 유방 세포에서는 수유 중에만 발현됨; Jaini *et al.*, 2010). 유방암 예방 백신은 생식세포 단계에서 *BRCA1*과 *BRCA2* 유전자에 돌연변이를 가진 여성에게 고려되는 예방성 유방절제술, 난소절제술, 화학 예방에 대한 중요한 대체 치료제가 될 것이다(270쪽의 11.10절, "에스트로겐을 표적하는 약물" 참조). 치료용 백신은 유방암 환자를 대상으로 한 임상 1상과 2상 시험을 통해 그 안전성과 면역 반응이 검증되었지만, 예방 백신에 대한 임상시험은 앞으로 진행되어야 한다. 정상 유방조직에 대한 자가면역 공격은 견딜 수 있는 수준이거나 유방절제술에 비해 심각한 결과를 초래하지는 않을 것이다. 하지만 정상 유방조직에 대한 자가면역 반응 염려가 대규모의 임상시험을 수행함에 있어 저항감을 불러 일으킬지 모른다.

1880년대 Coley의 독소와 혼합된 박테리아 백신

1880년대 사용되었던 치료법이 현대의 치료법보다 육종암의 치료에 더 성공적이라 것이 알려지면서 큰 파장을 주고 있다. 뉴욕의 외과의 William Coley가 다발성 감염을 가진 육종암 환자에서 암의 퇴행을 관찰한 후 박테리아 백신을 만들었는데, 이 백신은 그의 이름을 따서 'Coley의 독소'이라 불려진다. **Coley의 독소(Coley's toxin)**는 열-비활성화한 *Sterepto-coccus pyogenes*와 *Serratia marcescens*의 혼합물이다. 현대의 치료법이 10년 간 38%의 생존율을 보이는 데 반해, Coley가 치료한 환자의 절반이 10년 간 생존했다. 박테리아는 수지상세포를 활성시키는 수용체에 대한 기질을 생산하며, 이는 T 세포의 완전한 활성화로 이어진다. 더욱이 이러한 기질은 그 수용체에 결합하여 사이토카인의 분비와 같은 염증 반응을 일으킨다. 따라서 이러한 백신은 현대 면역항암제의 기원으로 여겨진다. Maletzki *et al*. (2012)는 Coley의 치료법을 재평가하는 연구를 보고하였으며, 생명공학 분야의 다른 연구팀들이 이 방법을 기반으로 백신을 개발하고 있고, 그 중 하나는 초기 임상시험의 단계에 있다.

극복해야 할 장애물

백신 개발의 충분한 잠재력을 최대한 발휘하기 위해서는 극복해야 할 몇 가지 문제가 있다. 백신은 종양이 아니라 면역계를 표적한다. 따라서 면역 반응을 일으키려면 어느 정도의 시간이 요구되며, 종양 크기의 감소는 크지 않으나 전체 생존율은 향상되는 장기적인 임상적 중요성를 가질 수 있다. 이러한 사실들은 임상시험을 평가하는 규약의 변화를 이끌어내고 있다. 면역계는 나이가 들면서 효과가 떨어지고 기존 화학요법에 의해 억제된다는 것을 기억해야 한다. 전임상 단계의 연구가 늙은 생쥐나 화학요법으로 전처리된 생쥐로 수행되는 경우는 매우 드물며, 이는 사람과 생쥐 간의 연구결과의 불일치를 설명하는 데 도움이 될 수 있다; 생쥐에서의 긍정적인 면역 반응이 사람에서는 종종 재현되지 않는다. 치료용 암 백신이 고령의 암 환자보다 소아암 환자에서 더 성공적일 수 있으므로, 비교 연구가 수행될 필요가 있다. 둘째, 허가를 받기는 어렵겠지만 많은 백신이 초기 단계의 암 환자에게 훨씬 더 효과적일 것이다. 또한 치료용 백신에 대한 저항성이 발생할 수 있다. 백신에 의해 유발된 선택 압력의 결과로 항원-음성 종양 세포의 클론이 진화할 수 있다. 항원의 발현을 변화시키는 돌연변이는 종양 세포가 면역 반응을 회피하여 생존할 수 있게 해준다. 이는 면역 치료의 병용 투여가 더 연구되어야 함을 시사하며, 실제 여러 병용 투여가 현재 임상시험을 진행하는 중이다.

또한 백신은 모든 적절한 상황에서 검증될 필요가 있다. 비록 암 특이-항원에 대한 백신이 전임상 단계에서 예방제로서 독점적으로 입증되었음에도 인간에서는 예방제가 아닌 치료제로 시험되고 있다. 인간 종양은 오직 면역 결핍 마우스(예, **nude** mice)에서 자랄 수 있으므로, 인간 종양에 대한 면역 치료 연구는 기존의 전임상 모델에서 수행할 수 없으며, 동물 모델에 의한 결과는 종-특이적일 수 있다. 여러 생리적인 측면에서 인간과 쥐는 다르기 때문에 생쥐에서 성공한 것이 인간에서 성공할 것이라고 추정할 수는 없다. 암-특이적 항원(병원체에 대한 직접적인 항원은 포함되지 않음; 예, HPV)을 목표로 하는 예방 백신은 임상에서 시험되지 못했다. 왜냐하면 시험 집단이 건강한 개인이고, 그 결과 및/또는 부작용을 알 수 없기 때문이다. 하지만 백신은 어느 시점에 예방제로서 인간에게 시험될 필요가 있다.

12.8 면역 관문 억제제

면역 관문 치료제는 면역 반응을 제한하고 조절하는 기전인 면역 관문을 억제하도록 고안된 약물이다(Sharma and Allison, 2015). 비유하자면 이러한 약물은 면역계의 제동장치를 풀어준다. 이러한 관문에 특이적인 물질은 암치료법의 훌륭한 후보 물질이 된다.

허가된 첫 번째 치료용 면역 관문 억제제는 ipilimumab(Yervoy™; Bristol-Myers Squibb) human CTLA4 단일 클론 항체이다(그림 12.7a). 이 약물은 진행된 흑색종 환자를 대상으로 한 치료제로서 2011년 미식약청의 허가를 받았지만, 폐암, 전립선암, 난소암을 포함한 다양한 다른 유형의 암들에서 임상 시험이 진행 중이다(Grazian *et al.*, 2012; Wolchok *et al.*, 2013).

면역 관문 치료의 임상시험 결과는 처치를 받은 암 환자의 기존에 알려진 생존 곡선의 모양을 변화시키고 있다. 무작위 이중 블라인드 임상연구(MDX010-20)에서 gp100 펩티드 백신의 유무와 체중 kg당 3 mg의 ipilimumab이 처리된 전이성 흑색종 환자의 전체 생존율이 백신만 처치된 환자군의 생존율과 비교되었다. Gp100은 흑색종 항원으로 펩티드 백신의 개발에 사용되었다(gp100 펩티드 백신) (Hodi *et al.*, 2010). Gp100 펩티드 백신은 제한된 항암 활성을 보였기 때문에 이 연구에서 대조 약물(control)로 사용되었다. 이 임상시험의 결과는 그림 12.8에 그래프로 묘사되었다. 대조 약물을 처치 받은 환자들의 전체 생존율(gp100 펩티드 백신 단독; 파란선)은 gp100 펩티드 백신 유무에 ipilimumab을 함께 처치 받은 환자들의 생존율과 대비를 이루었다(빨강선과 보라선 각각).

Ipilimumab의 항암 반응은 빠르고 명확했다: 처리군의 20%를 상회하는 환자들이 4년 이상의 생존율을 보였으며, 일부 환자들은 10년 이상의 장기 생존율을 나타냈다(Schadendof *et al.*, 2015). 자가면역 반응과 염증 반응을 포함한 연관 부작용이 있었다는 것에 주목하여야 한다. 이러한 부작용은 스테로이드로 완화시킬 수 있었다. CTLA4는 종양이 아니라 T 세포 상에 발현하므로 이 접근법은 다른 암에도 적용이 가능할 것이다.

잠시 멈춰 생각하기

그림 12.8의 연구. 먼저, 각 축과 다른 곡선들의 의미를 파악하시오. 3.5년에 대조 약물인 gp100 펩티드 백신을 투여 받고 생존한 환자의 규모는 얼마나 되는가? 3.5년에 Ipilimumab을 투여 받고 생존한 환자의 규모는 얼마나 되는가? 두 그룹의 차이가 4.5년에는 변하는가? 처치 후 1년에 Gp100과 Ipilimumab 처치 그룹의 생존 환자 규모는 어떠한가? 거의 2배의 차이가 있다. 이러한 명확한 결과가 ipilimumab의 승인 배경이다.

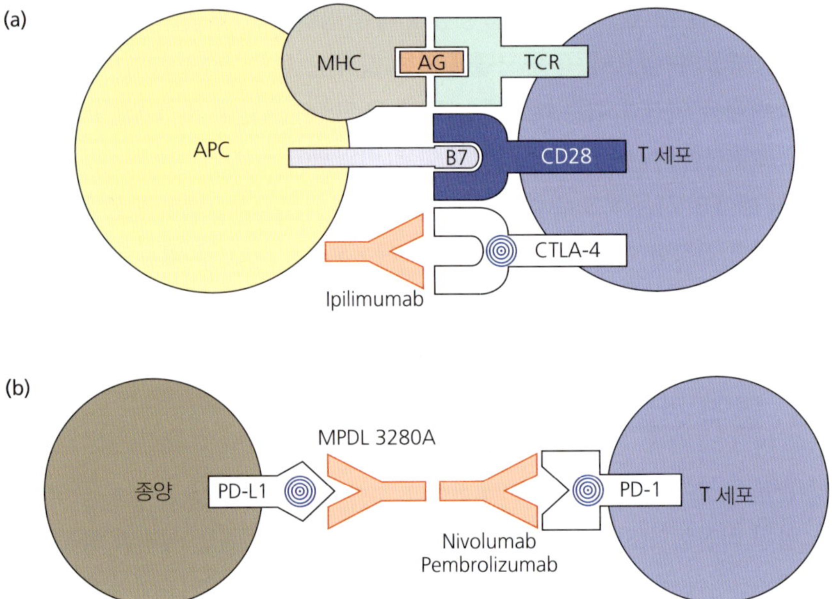

그림 12.7 면역 관문 억제제. 치료제는 붉은색 음영으로 처리됨. (a) Ipilimumab. (b) PD-1 또는 PD-L1을 표적하는 약물들.

면역 관문 PD-1과 그 리간드인 PD-L1은 최근 허가되어 현재 임상이 진행 중인 약물이 표적하는 추가적인 면역 관문이다(그림 12.7b; Garon *et al.*, 2015; Topalian *et al.*, 2012).

잠시 멈춰 생각하기

CTLA-4와 PD-1의 작용 기전은 동일한가? 아니오. PD-1처럼 신호 전달을 막는 것이 아니라 CTLA-4는 공공자극인자인 CD28과의 경쟁을 통해 작용한다.

PD-1 항체인 pembrolizumab(Keytruda™; Merck)와 nivolumab(Opdivo™; Bristol-Myers Squibb)은 흑색종과 폐암 치료제로 각각 허가되었다. MPDL3280A (Genentech)는 임상이 진행 중인 PD-L1을 표적하는 약물 중 하나이다. Pembrolizumab에 대한 임상 1상 시험의 결과는 대략 37%의 반응 비율을 나타냈다(Hamid *et al.*, 2013). 이러한 약물의 안정성은 CTLA4와 같은 면역 관문을 표적하는 그 전의 약물에 비해 더 나은 편이다.

소수의 환자 부류만이 면역 관문 치료의 혜택을 받기 때문에 특정 유형의 면역 관문 치료에 반응하는 환자를 선별하기 위한 바이오 마커의 동정이 요구되어진다. PD-L1의 발현은 PD-1 또는 PD-L1 항체 처리 받을 환자를 선택하기 위한 명백한 바이오 마커 후보였다. 놀랍게도, 연구 결과에서 PD-L1-음성 종양을 가진 환자도 항-PD-1 또는 PD-L1 요법에 반응할 수 있음을 보여 주었다. "Cold" 비면역원성 종양 미세환경 *vs* "Hot" 면역원성 종양 미세 환경(침윤성 T 세포 및 특이적 사이토 카인이 풍부함)의 개념과 PD-1 및 PD-L1 요법이 처리된 환자의 임상적 이점 간에 상관관계가 있음이 제안되었다.

강력한 바이오 마커를 식별하는 연구들이 진행 중이며, 면역 요법의 미래를 위해 가야 할 길이 아직 많이 남아있다. 여러 다른 면역 관문 물질이 면역 요법의 표적이 될 것으로 보인다. LAG-3, VISTA 및 공동 자극 분자 ICOS, OX40, 4-1BB 등이 후

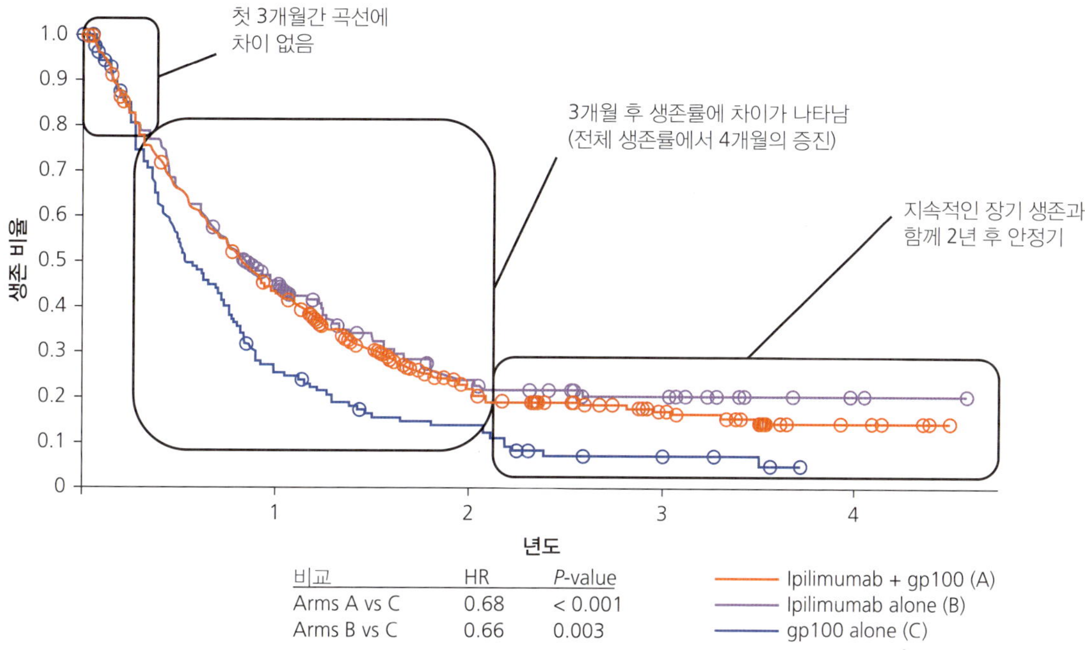

그림 12.8 Ipilimumab의 임상 3상 시험 데이터. 임상 3상 연구 MDX010-20의 전체 생존율 Kaplan–Meier 분석. Kaplan–Meier 생존 곡선의 분리가 첫 3달까지는 나타나지 않았으나, 대략 4개월부터 gp100 대조군에 비해 ipilimumab 처리군에서 전체 생존율(overall survival, OS)에 혜택이 관찰되었다. Ipilimumab 단독처리군은 2년 뒤에 안정기에 도달하여 지속적인 반응과 장기 생존의 혜택을 나타냈다. 표는 OS의 1차 평가점에서의 결과 및 2차 평가점의 1년과 2년 생존율 결과를 보여준다. Adapted from Hodi, F.S. *et al.*, (2010) Improved Survival with Ipilimumab in Patients with Metastatic Melanoma. *N. Engl. J. Med.* **363:** 711–723. Copyright © 2010 Massachusetts Medical Society. Reprinted with permission from Massachusetts Medical Society.

보 물질에 포함된다. 다른 면역 관문 억제제 간의 병용 투여 또는 면역 관문 억제제와 다른 유형의 면역/표적 요법제 간의 병용 투여도 검증되고 있으며, 희망적인 결과를 보여주고 있다. 예를 들어, 흑색종에서 nivolumab과 ipilimumab의 병용 투여를 검증한 임상시험은 환자의 53~80% 이상에서 종양 감소라는 객관적인 반응을 보여주었다(Wolchok *et al.*, 2013; 그림 12.9). 종양 세포를 사멸시키는 표적 요법은 항원-제시 세포에 의해 제시될 수 있는 종양 항원의 방출을 유발해서 면역 반응을 개시한다. 이 면역 반응은 면역 관문 치료를 통해 강화될 수 있다. 따라서 병용 요법을 통해 중첩 또는 상승 효과를 기대할 수 있을 것이다.

12.9 입양 T 세포 전달, 변형 T 세포 수용체 및 키메라 항원 수용체

환자의 T 세포를 채취하여 체외에서 증폭시킨 후, 증폭된 "T 세포 군대"를 환자에게 되돌려 주는 아이디어는 암치료 분야에서 수년 동안의 목표였다. 체외에서 증

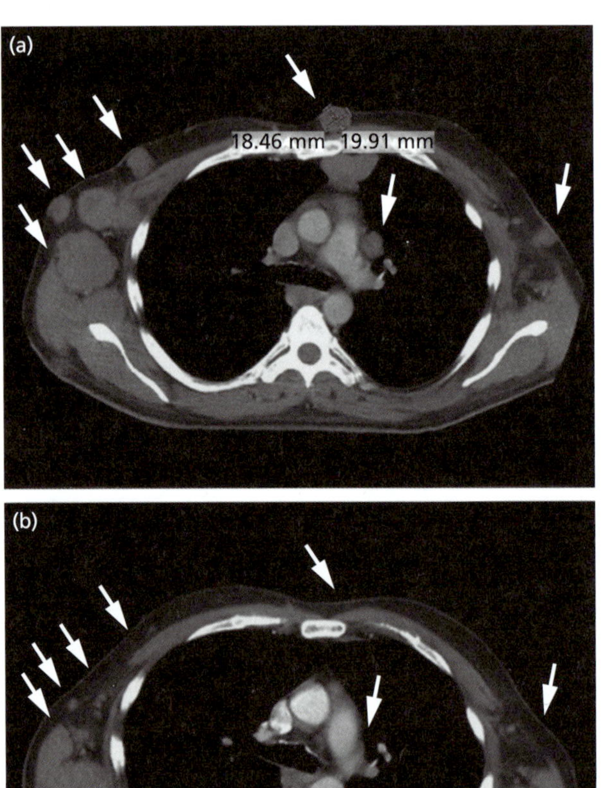

그림 12.9 Nivolumab과 ipilimumab의 병용 투여를 받은 환자에서의 종양 퇴행을 보여주는 흉부 컴퓨터 단층 촬영(computed tomographic, CT) 스캔. 12주차에 찍은 CT 스캔은 모든 종양 영역에서의 현저한 감소를 보여준다(패널 B). 화살표는 전이성 종양의 위치들을 나타낸다. Adapted from Wolchok, J.D. et al. (2013) Nivolumab plus ipilimumab in advanced melanoma. *N. Engl. J. Med.* **369:** 122–133. Copyright © 2013 Massachusetts Medical Society. Reprinted with permission from Massachusetts Medical Society.

폭된 면역 세포를 전달하여 종양을 공격하는 것을 입양 세포 전달(adoptive cell transfer)이라고 한다. 전달된 세포는 체내에서 증식하면서 효과를 장기적으로 지속할 수 있으며, 따라서 "살아 있는" 치료법으로 불린다(Rosenberg and Restifo, 2015 참조). 그러나 특정 하위 부류의 T 세포가 사용되기 전까지 이 전략의 초기 시도들은 성공적이지 않았다.

종양 침윤 림프구(Tumor Infiltrating Lymphocytes, TILS)라 불리는 종양에서 발견되는 자연적으로 일어나는 입양 세포 전달을 바탕으로 한 면역 치료는 임상에서 유망한 결과를 보여 주었다. 이 세포들은 종양 관련 항원에 반응하여 활성화되어

지지만, 신체에서는 CTLA-4와 PD-1 같은 면역 억제 분자에 의해 그 활성이 제한된다. TIL은 종양에서 빠져 나와야 면역을 억제하는 환경으로부터 벗어날 수 있다. 이 방법은 림프구를 순수하게 배양하기 위해 종양을 절제한 후 작은 조작으로 만들어 배양하는 과정을 수반한다. 항-종양 활성에 대한 선별을 실시한 림프구는 체외 증폭되어 환자에게 다시 전달된다. 세포 전달 전에 환자에서 림프구 제거 시술을 함으로써 효과를 극대화할 수 있다.

Rosenberg와 그의 연구팀은 림프구를 제거하는 화학요법(방사선과 세포 독성 약물의 단독 또는 병용 처리를 통해 원래 가지고 있는 림프구 제거)을 받은 흑색종 환자들에게 자가 TIL을 전달함으로써 유망한 결과를 도출하였다(Rosenberg *et al.*, 2011). 체외 증폭된 TIL은 면역 활성화를 위해 사이토카인 첨가제인 IL-2(T 세포 성장 인자)와 함께 환자에게 전달되었다. 그 결과 전이성 흑색종 환자의 22%에서 완전한 종양 퇴행이 관찰되었다.

입양 세포 전달 전략은 특정 암 항원을 표적하는 T 세포 수용체가 발현되도록 혈액 유래 T 세포를 유전공학적으로 변형하기도 한다. 발현한 T 세포 수용체가 높은 친연성을 가질수록 좋은 임상적 반응을 나타냈다.

종양에 대한 T 세포의 친연성을 높이기 위해 유전공학 기술이 **키메라 항원 수용체(chimeric antigen receptors**, CARs)를 도입하는 데 사용되었다. 다수의 CARs들이 항원과의 결합에 관여하는 단일 항체의 가변 영역을 암호화하는 단일 서열과

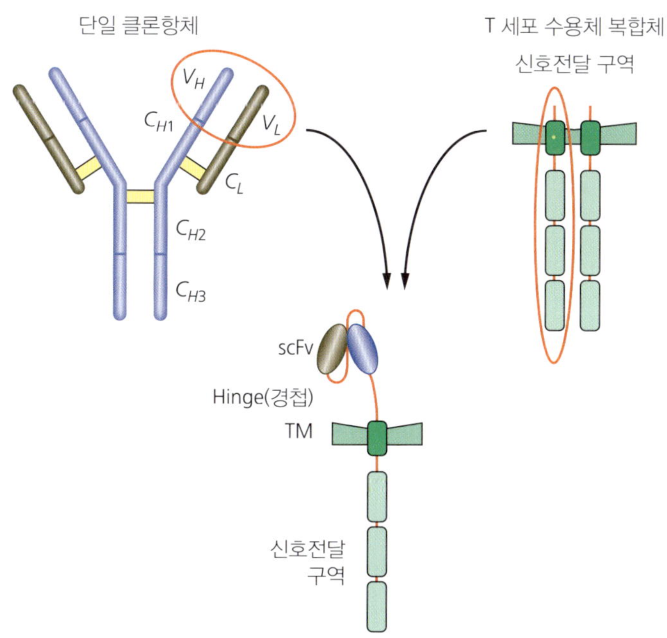

그림 12.10 키메라 항원 수용체의 구조. ScFv, single chain variable fragment(단쇄 가변 단편); TM, transmembrane(세포막 통과 구역)

T 세포의 활성을 유도하는 TCR 복합체(TCR과 보조-공동 수용체)의 세포 내부 도메인을 암호화하는 서열을 재조합함으로써 만들어진다(그림 12.10). CARs를 발현하도록 유전공학적으로 변형된 T 세포는 MHC 분자에 의한 제시 없이 종양의 표면 구조물들을 바로 인지할 수 있다. CD19와 같이 혈액암과 비필수 정상 조직에서 주로 발현되는 적합한 표적이 동정됨에 따라서, CARs는 혈액암 치료에 성공적으로 활용되고 있다. CD19는 B 세포암의 90% 이상과 B 세포에서 발현된다. 항-CD19 CAR를 발현하는 세포의 입양 세포 전달은 림프종과 림프구성 백혈병 환자에서 긍정적인 결과를 나타냈다.

또한 유전공학 기술이 사용되어 이중 특이 항체(bispecific antibody)가 만들어졌는데, 이는 TRC−MHC 간의 상호작용 없이 종양과 T 세포를 연결시킬 수 있다. 이 절을 마치고 나면, 입양 세포 전달은 각 환자마다 개인화되어 있고, 생산과 전달을 위한 특화된 시설이 요구된다는 점을 유의깊게 봐야 한다.

12.10 종양 용해성 바이러스와 바이러스 요법

종양 용해성 바이러스(oncolytic viruses)란 종양 세포를 선택적으로 감염시키고 죽이는 자연적인 또는 공학적으로 조작된 바이러스를 말한다. 이들 바이러스에 의한 종양 세포의 선택은 종양 세포의 조절되지 않은 세포 성장과 대사 및/또는 변형된 항-바이러스 반응 경로에 기인할 수 있다. 종양 세포 내에서 바이러스가 복제되고 이어서 세포가 용해되면서, 바이러스는 종양 내부와 종양들 사이로 퍼져 나가면서 그 효과가 증폭될 수 있다. 정상적인 조직은 상대적으로 온전한 항-바이러스 경로 덕분에 감염에 덜 취약하다.

종양 세포를 선택적으로 용해시키는 수단으로서의 종양 용해성 바이러스 적용은 면역 반응을 일으키도록 유전적으로 변형시키는 쪽으로 진화하고 있다. 바이러스에 의한 종양 세포의 용해는 항원-제시 세포에 의해 T 세포에 제시될 수 있는 암 항원을 방출하며, 이는 "원내 백신 접종(*in situ* vaccination)"으로 작용할 수 있다.

종양 용해성 바이러스 요법은 임상시험에서 수천 명의 환자에게 적용되었음에도 종양 용해성 바이러스 요법-관련 사망은 보고되지 않았다. 비록 종양 치료 요법이 미국에서는 아직 승인되지 않았지만, 흑색종에 대한 T-Vec(talimogene laherparepvet: Amgen)과 간암에 대한 Pexa-Vec(pexastimogene devacirepvec; Jen Biotherapeutics)를 포함한 여러 임상시험이 진행되고 있다(역주: T-Vec, 2015년 흑색종에 승인-미국 FDA). 면역 반응을 자극하기 위해 2가지 바이러스 모두 면역 자극성 사이토카인(예, GM-CSF)에 대한 유전자를 발현하도록 조작되었다. H101은 비활성 p53 경로를 갖는 세포에서 복제돼서 그 세포를 사멸시키는 재조합 아데노바이러스로, 중국에서 두경부암의 치료에 승인되었다.

단원 요점—되짚어 보기

- 면역계는 암에서 이중 역할을 수행한다: 면역계는 종양의 성장을 억제하기도 또 증진시키기도 한다.
- B 세포는 항체를 합성하고, T 세포는 세포-매개 면역을 담당한다.
- 면역 감시는 면역계가 종양 특이적인 종양-연계 항원을 외부물질로 인지해서 암세포를 제거한다는 개념이다.
- 암 면역주기는 항암 면역 반응을 일으키는 데 관련된 단계들을 묘사한다.
- 면역 반응은 수용체–리간드 상호작용이 수반되는 면역 관문에 의해 조절된다.
- CTLA-4는 T 세포 활성의 개시를 억제하는 공동-억제 분자이고, PD-1와 그 리간드 PD-L1은 종양 접합부에서 T 세포 반응을 조절하는 공동-억제 분자이다.
- 면역 편집은 3가지 단계로 이루어진다. 제거, 균형, 그리고 회피.
- 종양 항원의 감소, 항원-제시 분자의 하향조절, 면역 관문 단백질과 항-세포 사멸 분자의 과발현, 그리고 면역 억제 단백질의 분비를 통해 종양은 면역을 회피한다.
- 면역요법은 종양이 아니라 숙주의 면역계를 표적한다.
- 면역요법 전략은 치료용 항체, 암 백신, 면역 관문 억제제, 입양 T 세포 전달, 변형된 TCRs, 그리고 종양 용해성 바이러스를 포함한다.
- 일부 면역요법은 그전에 볼 수 없었던 지속적인 반응성과 함께 전례 없던 결과를 내고 있으며, 다양한 암 유형에 적용될 수 있다.

연구 활동

1. CTLA4와 PD-1 외, 면역 관문 공동 억제 작용 분자들의 리스트를 작성하고, 그들을 이용한 새로운 면역 치료 전략의 진전이 있는지 조사해 보시오. Begin with Chen and Flies (2013).

더 읽을거리

Bell, J. and McFadden, G. (2014) Viruses for tumor therapy. *Cell Host Microbe* **15**: 260–265.

Gajewski, T.F., Schreiber, H., and Fu, Y.-X. (2013) Innate and adaptive immune cells in the tumor microenvironment. *Nat. Immunol.* **14**: 1014–1022.

Gao, J., Bernatchez, C., Sharma, P., Radvanyi, L.G., and Hwu, P. (2013) Advances in the development of cancer immunotherapies. *Trends Immunol.* **34**: 90–98.

Grivennikov, S.I., Greten, F.R., and Karin, M. (2010) Immunity, inflammation, and cancer. *Cell* **140**: 883–899.

Lichty, B.D., Breitbach, C.J., Stojdl, D.F., and Bell, J.C. (2014) Going viral with cancer immunotherapy. *Nat. Rev. Cancer* **14**: 559–567.

Palucka, K. and Banchereau, J. (2012) Cancer immunotherapy via dendritic cells. *Nat. Rev. Cancer* **12**: 265–277.

Pardoll, D.M. (2012) The blockade of immune checkpoints in cancer immunotherapy. *Nat. Rev. Cancer* **12**: 252–264.

Restifo, N.P., Dudley, M.E., and Rosenberg, S.A. (2012) Adoptive immunotherapy for cancer: harnessing the T cell response. *Nat. Rev. Immunol.* **12**: 269–281.

Schlom, J. (2012) Therapeutic cancer vaccines: current status and moving forward. *J. Natl. Cancer Inst.* **104**: 599–613.

Schreiber, R.D., Old, L.J., and Smyth, M.J. (2011) Cancer immunoediting: integrating immunity's roles in cancer suppression and promotion. *Science* **331**: 1565–1570.

Sharma, P. and Allison, J.P. (2015) The future of immune checkpoint therapy. *Science* **348**: 56–61.

Swann, J.B. and Smyth, M.J. (2007) Immune surveillance of tumors. *J. Clin. Invest.* **117**: 1137–1146.

Tan, T.-T. and Coussens, L.M. (2007) Humoral immunity, inflammation and cancer. *Curr. Opin. Immunol.* **19**: 209–216.

Topalian, S.L., Drake, C.G., and Pardoll, D.M. (2012) Targeting the PD-1/B7-H1 (PD-L1) pathway to activate anti-tumor immunity. *Curr. Opin. Immunol.* **24**: 207–212.

Wolchok, J.D., Hodi, F.S., Weber, J.S., Allison, J.P., Urba, W.J., Robert, C., *et al.* (2013) Development of ipilimumab: a novel immunotherapeutic approach for the treatment of advanced melanoma. *Ann. N.Y. Acad. Sci.* **1291**: 1–13.

Zhu, Y., Yao, S., and Chen, L. (2011) Cell surface signalling molecules in the control of immune responses: a tide model. *Immunity* **34**: 466–478.

웹사이트

Understanding the immune system http://www.nsta.org/publications/press/extras/files/debatable/theimmunesystem.pdf

선택된 특별한 주제

Chen, L. and Flies, D.B. (2013) Molecular mechanisms of T cell co-stimulation and co-inhibition. *Nat. Rev. Immunol.* **13**: 227–242.

Chen, D.S. and Mellman, I. (2013) Oncology meets immunology: the cancer-immunity cycle. *Immunity* **39**: 1–10.

Dhodapkar, M.V., Sznol, M., Zhao, B., Wang, D., Carvajal, R.D., Keohan, M.L., *et al.* (2014) Induction of antigen-specific immunity with a vaccine targeting NY-ESO-1 to the dendritic cell receptor DEC-205. *Sci. Transl. Med.* **6**: 232ra 51.

Garon, E.B., Rizvi, N.A., Hui, R., Leighl, N., Balmanoukian, A.S., Eder, J.P., *et al.* (2015) Pembrolizumab for the treatment of non-small cell lung cancer. *N. Engl. J. Med.* **372**: 2018–2028.

Graziani, G., Tentori, L., and Navarra, P. (2012) Ipilimumab: a novel immunostimulatory monoclonal antibody for the treatment of cancer. *Pharmacol. Res.* **65**: 9–22.

Hamid, O., Robert, C., Daud, A., Hodi, F.S., Hwu, W.J., Kefford, R., *et al.* (2013) Safety and tumor responses with lambrolizumab (anti-PD-1) in melanoma. *N. Engl. J. Med.* **369**: 134–144.

Hodi, F.S., O'Day, S.J., McDermott, D.F., Weber, R.W., Sosman, J.A., Haanen, J.B., *et al.* (2010) Improved survival with ipilimumab in patients with metastatic melanoma. *N. Engl. J. Med.* **363**: 711–723.

Jaini, R., Kesaraju, P., Johnson, J.M., Altuntas, C.J., Jane-wit, D., and Tuohy, V.K. (2010) An autoimmune-mediated strategy for prophylactic breast cancer vaccination. *Nat. Med.* **16**: 799–803.

Maletzki, C., Klier, U., Obst, W., Kreikemeyer, B., and Linnebacher, M. (2012) Reevaluating the concept of treating experimental tumors with a mixed bacterial vaccine: Coley's Toxin. *Clin. Develop. Immunol.* **2012**: 230625.

Roithmaier, S., Haydon, A.M., Loi, S., Esmore, D., Griffiths, A., Bergin, P., *et al.* (2007) Incidence of malignancies in heart and/or lung transplant recipients: a single institution experience. *J. Heart Lung Transplant.* **26**: 845–849.

Rosenberg, S.A. and Restifo, N.P. (2015) Adoptive cell transfer as personalized immunotherapy for human cancer. *Science* **348**: 62–68.

Rosenberg, S.A., Yang, J.C., Sherry, R.M., Kammula, U.S., Hughes, M.S., Phan, G.Q., *et al.* (2011) Durable complete responses in heavily pretreated patients with metastatic melanoma using T-cell transfer immunotherapy. *Clin. Cancer Res.* **17**: 4550–4557.

Schadendorf, D., Hodi, F.S., Robert, S., Weber, J.S., Margolin, K., Hamid, O., *et al.* (2015) Pooled analysis of long-term survival data from phase II and phase III trials of ipilimumab in unresectable or metastatic melanoma. *J. Clin. Oncol.* **33**: 1889–1894.

Schwartzentruber, D.J., Lawson, D.H., Richards, J.M., Conry, R.M., Miller, D.M., Treisman, J., *et al.* (2011) gp100 peptide vaccine and interleukin-2 in patients with advanced melanoma. *N. Engl. J. Med.* **364**: 2119–2127.

Scott, A.M., Wolchok, J.D., and Old, L.J. (2012) Antibody therapy of cancer. *Nat. Rev. Cancer* **12**: 278–287.

Sharma, P. and Allison, J.P. (2015) Immune checkpoint targeting in cancer therapy: toward combination strategies with curative potential. *Cell* **161**: 205–214.

Sliwkowski, M.X. and Mellman, I. (2013) Antibody therapeutics in cancer. *Science* **341**: 1192–1198.

Thara, E., Dorff, T.B., Pinski, J.K., and Quinn, D.I. (2011) Vaccine therapy with sipuleucel-T (Provenge) for prostate cancer. *Maturitas* **69**: 296–303.

Topalian, S.L., Hodi, S., Brahmer, J.R., Gettinger, S.N., Smith, D.C., McDermott, D.F., *et al.* (2012) Safety, activity, and immune correlates of anti-PD-1 antibody in cancer. *N. Engl. J. Med.* **366**: 2443–2454.

Vesely, M.D., Kershaw, M.H., Schreiber, R.D., and Smyth, M.J. (2011) Natural innate and adaptive immunity to cancer. *Ann. Rev. Immunol.* **29**: 235–271.

Waterhouse, P., Penninger, J.M., Timms, E., Wakeham, A., Shahinian, A., Lee, K.P., *et al.* (1995) Lymphoproliferative disorders with early lethality in mice deficient in CTLA-4. *Science* **270**: 985–988.

Wolchok, J.D., Kluger, H., Callahan, M.K., Postow, M.A., Rizvi, N.A., Lesokhin, A.M., *et al.* (2013) Nivolumab plus ipilimumab in advanced melanoma. *N. Engl. J. Med.* **369**: 122–133.

Chapter 13

감염원과 염증

도입

모든 암의 6분의 1은 감염원과 염증에 의해 발생한다. 이 놀라운 사실은 "Can we 'catch' cancer?"라는 질문을 던지게 한다. 이 질문에 대한 대답은 그리 간단하지 않다. 누구도 감기에 걸리는 방식으로 암에 걸리지는 않는다. 감염원에 대한 노출이 암을 즉시 유발하지는 않지만, 우리는 만성 염증을 유발하는 특정 감염원에 대한 장기간의 노출이 암으로 이어질 수 있음을 알고 있다. 게다가 감염원이 없더라도 **만성(chronic)** 염증이 암의 발생 위험을 증가시킨다는 증거가 있다. 염증성 미세 환경은 모든 종양의 특징이며, 종양을 촉진시키는 염증은 새로운 암의 특징으로 명명되었다(제1장 참조). 제12장에서 보았듯이, 면역계는 암에서 이중의 역할을 수행한다. 즉, 암 진행을 촉진할 수도 억제할 수도 있다. 면역 세포는 바이러스에 감염된 종양 세포를 인식해서 제거할 수 있다. 이와는 달리, 장기적 염증과 같은 면역 반응은 암을 유발할 수 있다.

우리는 다른 질병들과 관련된 몇몇 유형의 감염과 만성 염증에 대한 예방 및 치료에 대해 알게 되었으며, 이는 암의 예방 및 치료에 희소식이 되고 있다. 감염과 염증은 예방 가능한 암의 주요 원인일 수 있다. 발암에 관여하는 감염원에는 DNA 및 RNA 바이러스와 박테리아가 포함된다.

DNA 바이러스는 세포 내에 유사체가 없는 바이러스 유전자를 가진다. 제6장(그림 6.9)에서 논의한 것처럼, 바이러스 유전자는 종양억제유전자(예, *p53* 및 *Rb*)와 상호작용하여 억제하는 단백질을 생성함으로써 세포 증식을 촉진시킨다. RNA 바이러스 또는 레트로 바이러스는 종양 유전자라 불리는 세포내 유전자의 변형된 형태를 실어 나른다. 일부 DNA 및 RNA 바이러스는 삽입성 돌연변이 유발을 통해 정상적인 유전자 발현을 방해한다(제4장에서 논의됨). 발암성 레트로 바이러스인 마우스 유방 종양 바이러스(mouse mammary tumor virus, MMTV)는 삽입성 돌연변이를 통해 생쥐에 유방암을 유발하는 중요한 예이다. 인간 유방암에서는 MMTV 유사 서열의 역할에 대한 상반되는 증거가 보고되었다. 박테리아의 생산물은 세포 내로 전달되면 중요한 신호 경로를 방해하고 비정상적인 유전자 발현을 유발할 수 있다.

염증은 감염원 및 상해에 대한 생리학적 반응 및 상처 치유의 결과이다. 정상적인 상태에서, 염증은 고도로 조절되고 단기적으로 유지된다. 이러한 급성 염증은 일반적으로 항-염증 인자의 조력과 함께 스스로 해소된다. 이와는 대조적으로, 최근의 증거에서는 시간을 끄는 만성 염증이 암을 유발하는 데 중요한 역할을 한다는 것이 제안되었다. 일부 바이러스 및 박테리아 감염은 발암 과정에 기여하는 만성 염증 반응을 유발한다. 외부 인자에 의한 염증을 종종 외부 염증이라고 한다. 내부 염증은 종양을 둘러싼 염증 미세 환경이 유발하는 종양에 대한 신체의 반응을 말한다. 암은 "결코 치유되지 않는 상처"로 불려왔다. 염증 반응 부위는 염증성 세포, 성장 인자 및 활성 산소/질소 종으로 특징지어진다. 이러한 염증 인자들은 세포 증식, 돌연변이 유발, 혈관신생 및 전이의 단계를 설정한다.

이 장에서는 발암원으로 간주되는 감염원에 대해 알아보고, 이러한 감염원의 여러 작용 방식에 대해 다룬다. 발암에 기여하는 만성 염증의 분자 기전(감염원의 존재 또는 부재에서) 또한 다루게 될 것이다. 마지막으로, 이러한 지식들의 주요한 치료적 적용에 대한 사례를 살펴보고서 결론을 맺을 것이다.

13.1 발암원으로 확인된 감염원

암을 실제로 유발하는 감염원을 식별하기 위해서는 몇 가지 일반적인 기준이 적용된다. 먼저 역학적 또는 분자적 증거에 의해 뒷받침되는 감염과 암 사이의 일관된 연관성이 있어야 하며, 또한 동물 모델에서 감염원에 의한 세포 형질전환 또는 종양의 유도가 입증되어야 한다. 어떤 경우에는 감염원이 형질전환된 세포 내에 상주하는 것이 아니라, 염증과 장기적인 조직 상해 또는 주변 분비(paracrine) 성장 자극에 의해 간접적으로 암을 유발할 수 있다[307쪽의 "카포시 육종 연계 허피스 바이러스(KSHV)" 참조]. 발암성으로 알려진 일부 감염원의 목록이 표 13.1에 나와 있으며, 다음 절에서 다룬다.

Epstein−Barr virus(EBV)

DNA 바이러스인 EBV는 발암원으로서 감염원의 역할을 조사하는 데 좋은 시작점이다. 이 바이러스는 버킷 림프종과 비인두암을 포함해서 여러 유형의 림프종을 유발한다. 인간에서 EBV의 발암성을 보여주는 충분한 증거가 있다. 배양 상태에서 EBV가 림프구 세포를 형질전환시킬 수 있음이 증명되었으며, 비인두암과 버킷 림프종의 모든 사례는 EBV 감염과 관련 있는 것으로 알려져 있다. 말라리아는 버킷 림프종의 보조인자(co-factor)일 수 있다.

EBV는 숙주의 유전자 발현에 영향을 주는 여러 바이러스성 단백질을 발현한다.

표 13.1 암의 원인이 되는 감염원과 감염원의 발암 과정에서의 역할

감염원	형태	종양에서의 존재	주요 활동 인자
Human papillomavirus	DNA virus	Cervical, throat, anogenital	E6, E7
Epstein–Barr virus	DNA virus	Nasopharyngeal, some lymphomas (including Burkitt's)	LMP1
Kaposi's sarcoma-associated herpesvirus	DNA virus	Kaposi's sarcoma	LANA
Human T-cell leukemia virus	RNA virus	T-cell leukemia	TAX protein
Hepatitis B (and C) virus	DNA virus	Liver	HBV X
Helicobacter pylori	Bacterium	Gastric	Cag A
Schistosoma haematobium	Liver fluke	Bladder	
Opisthorchisviverrini	Liver fluke	Liver	
Clonorchissinensis	Liver fluke	Liver	

(Data from IARC. *Monographs on the evaluation of carcinogenic risks to humans, volume 100. A review of carcinogen—Part B: biological agents*. International Agency for Research on Cancer, Lyon; 2011.)

이러한 단백질들 중 하나인 종양 단백질 LMP1은 배양 상태에서 세포를 형질전환시킬 수 있다. LMP1의 여러 기능들 중에는 세포 증식을 촉진하는 유전자(예, *EGFR*)와 세포자살을 억제하는 유전자(예, *Bcl-2*)의 활성화가 포함된다. 또한 LMP1은 NF-κB라는 핵 전사 인자를 활성화한다. 나중에 다루겠지만, 세포 성장 경로 및 항-세포자살 경로의 활성화뿐만 아니라 핵심 활동 분자인 NF-κB에 의한 염증의 활성화는 이 장 전반에 걸쳐 다룰 중요한 분자적 주제이다.

인간 유두종 바이러스(HPV)

생활 속 정보

성병이 암으로 이어지는 것은 매우 희박하지만 가능한 일이다.

HPV 감염은 가장 흔한 성병 바이러스 감염이며, 성 파트너의 수에 따라 감염 위험이 증가한다. HPV 감염은 보통 면역계에 의해 제거되며, 사람의 건강에는 영향을 미치지 않지만 수년에 걸친 만성 감염은 암을 유발한다. HPV는 자궁경부암에 가장 흔하지만 여러 유형의 암과 관련이 있음이 밝혀졌다. 사실상 자궁경부암 세포의 거의 100%가 HPV를 가지고 있다. HPV 감염이 자궁경부암으로 발전하는 데는 최소 10년의 시간이 걸린다. 이 DNA 바이러스는 감염을 위해 자궁경부 상피의 증식하는 세포에 접근할 수 있어야 한다. HPV는 줄기세포와 전구 세포가 있는 상피 기저층에 도달하기 위해서, 기저층 위에 갈린 세포층에 미세 침식(micro-erosion)으로 만들어지는 진입점을 이용한다. 암의 발생은 바이러성 유전자의 발현, 바이러스성 DNA의 숙주 염색체로의 통합(integration) 그리고 숙주 세포 유전자와 그 생산물의 변형을 수반한다. HPV의 염색체 통합을 위한 게놈 핫스팟이 확인되었다. 바이러스 통합은 자궁경부암의 개시 단계에서 숙주의 DNA 수선 기전을 사용하여 발생

한다(Hu *et al.*, 2015).

HPV 유전자 생성물 E6와 E7은 숙주 세포의 종양 억제 단백질을 표적함으로써 발암에서 주요한 역할을 한다. E7은 RB에 결합해 분해를 유발함으로써 E2F의 격리를 막는다. 이는 세포주기 진행에 중요한 cyclin A 및 cyclin E를 포함하여 E2F-반응성 유전자의 발현으로 이어진다. E6 유형은 유비퀴틴 연결효소와 복합체를 형성한다. 복합체는 p53에 결합해서 p53의 분해를 유발한다(제6장 참조). E6와 E7은 telomerase, γ-tubulin(센트로좀 조절자) 그리고 DNA 손상 경로에 관여하는 단백질을 표적함으로써 게놈 불안정성을 유도할 수도 있다. E6과 E7은 모두 DNA 손상을 유발하는 것으로 나타났다. 바이러스의 생산물 E6와 E7은 배양 상태에서 인간 세포를 형질전환시키고 마우스에서 종양을 유발할 수 있다.

확인된 총 130가지 유형의 HPV 중에서 일부만이 자궁경부암에 대해 "고위험"으로 간주된다(유형 16, 18, 31, 33, 35, 39, 45, 51, 52, 56, 58, 59; 그림 13.1). HPV16과 HPV18이 자궁경부암에서 HPV 유형의 전 세계 분포의 약 70%를 차지한다. 서로 다른 유형의 바이러스를 구별하는 유전자형 분석이 HPV와 자궁경부암 사이의 연결 고리를 만드는 데 중요했다. 만약 모든 HPV을 하나의 감염원으로 간주했다면 그 연결 고리는 만들어지지 못했을 것이다. 고위험 HPV는 구강/인후암의 50% 이상(구강성교에 의해 전염됐을 가능성이 있음), 음경, 외음부 및 항문 암에 기여한다. HPV가 연관된 인후암(oropharyngeal cancer)이 최근 들어 미국에서 증가하고 있다.

제1유형 인간 T-세포 림프 친화 바이러스(HTLV-1)

거의 모든 성인 T-세포 백혈병에 HTLV-1의 존재가 관련되어 있음이 분자생물학적 증거를 통해 확인되었다. HTLV-1은 인간 백혈병과 인과 관계가 있는 것으로 알려진 유일한 바이러스이다. 또한 인간 암과의 인과 관계가 확인된 유일한 레트로 바이

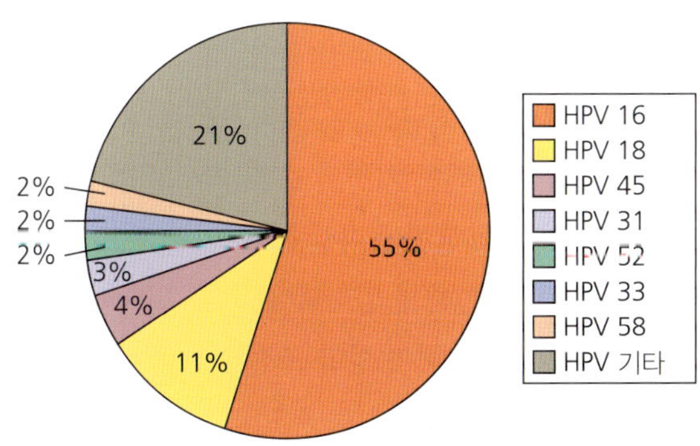

그림 13.1 자궁경부암을 일으키는 HPV의 유형 분포를 보여주는 원형 도표. (Data from Munoz *et al.*, 2003.)

러스이기도 하다. HTLV-1 감염은 일본, 카리브해, 남부아메리카 그리고 중앙아프리카에서 만연해 있다. 감염된 개체의 약 2~5%가 T-세포 백혈병/림프종으로 발전한다.

이 바이러스의 전염은 긴밀한 접촉을 통해 이루어지며, 모유, 정액, 선별되지 않은 혈액 및 약물 사용자 간의 오염된 바늘 등이 포함된다. 일본에서는 6개월 이상 모유 수유를 권장하지 않는데, 그 결과 HTLV-1의 유아로의 전염이 크게 감소되었다.

레트로 바이러스로서, HTLV-1의 유전체 RNA는 숙주 세포의 발현 시스템에 의해 단백질로 합성되기 전에 역전사효소에 의해 DNA로 복제된다. HTLV-1의 TAX 단백질은 HTLV-1-유도 발암 기전에서 중요한 역할을 한다. TAX 단백질은 수백 가지 이상의 세포내 단백질과의 상호작용을 통해 그 기능을 발휘하며, 세포 성장의 자극, DNA 수선의 억제 및 cdk 활성화를 통한 세포주기의 변경 등 다양한 효과를 나타낸다(Boxus and Willems, 2009). TAX는 전사 인자 NF-κB(312쪽의 “NF-κB는 염증 반응의 핵심 요소” 참조)와 AP1을 통해 숙주 세포 유전자의 발현을 활성화시키고, 여러 종양 억제 단백질(예, p53)을 교란시켜 세포 증식을 촉진하며, 궁극적으로 백혈병을 유발한다.

B형 간염 바이러스(HBV)와 간암

DNA 바이러스인 HBV는 담배 다음으로 가장 흔한 발암 물질이다. HBV 보균자의 간암 발병 위험이 비감염자에 비해 10~25배 높았다는 사실이 보여주는 것처럼 (Guerrieri *et al.*, 2013), HBV에 만성 감염된 사람은 높은 간암 발병 위험을 가진다.

HBV는 간암을 유발하는 데 직·간접적으로 관여한다. 숙주–바이러스 간 상호작용은 만성 염증, 간 괴사 및 재생을 유발하는 면역 반응을 유발한다. 염증에 의해 증가된 증식 및/또는 산화 스트레스가 발암성 돌연변이로 이어질 수 있다는 것이 제안되었다. HBV에 의한 염증은 위암에서 관찰되는 기전과 유사한 방식으로 간세포암종(hepatocelluar carcinoma)의 발달에 중요하다(308쪽의 “*Helicobacter pylori* 감염과 위암” 참조).

이러한 간접적 기전들 외에도 최근의 연구는 간암을 유발하는 HBV의 직접적인 기전을 제안한다. 하나의 직접적인 기전은 숙주 염색체 안으로 바이러스 DNA의 통합 및 특정 부위에서의 삽입 돌연변이 유발이다. 인간 텔로머레이즈 역전사 효소(hTERT) 유전자로의 삽입이 빈번하게 일어남에 따라, 바이러스 인핸서(enhancer)와의 근접성으로 인해 hTERT의 발현이 상향 조절된다.

HBV의 또 다른 직접적인 기전은 다기능 바이러스 단백질 HBV X에 의해 수행되는 것으로 생각된다. HBV X는 HBV가 암을 일으키는 데 중요하며, 형질전환 마우스에서 간암을 유발하는 것으로 나타났다. HBV X는 여러 인산화효소 연쇄 반응

(예, RAS–Raf–MAPK 경로; 제4장 참조), NF-κB와의 상호작용(312쪽의 "NF-κB는 염증 반응의 핵심 요소" 참조), 그리고 p53에 대한 결합 및 불활성화 등을 포함한 다양한 신호 연쇄 반응을 통해 원발암유전자(proto-oncogene)를 활성화함으로써 작용한다. HVB X는 또한 염색질-수식 효소(chromatin-modifying enzyme)와 전사 인자(예, DNA 메틸기 전달효소, TFIIB, CREB)와 같이 후생 유전과 전사를 조절하는 핵단백질에 물리적으로 결합한다. 뿐만 아니라 HVB X는 폴리콤 억제 복합체의 구성 요소인 Suz12를 억제하여 줄기세포의 마커들을 증가시킨다(제8장 참조). 요약하면, HBV는 중요한 종양-유전자의 전사 활성화와 종양-억제-유전자의 전사 억제를 유도해서 암을 유발한다.

여기서 자세한 내용을 다루진 않지만, C형 간염 바이러스 또한 간암의 위험요소 중 하나이다.

카포시 육종 연계 허피스 바이러스(KSHV)

허피스 바이러스 8(HHV8)이라고도 하는 KSHV는 DNA 바이러스의 일종이다. 이 바이러스는 일반적으로 피부와 관련된 이질성 세포들로 구성된 카포시 육종(Kaposi's sarcoma; >95%) 및 원발성 삼출액 림프종(primary effusion lymphomas; 100%)과 같은 혈관 종양과 인과 관계가 있다. 이 바이러스는 순환하는 내피 전구 세포 또는 내피 세포를 감염시키는 것으로 생각된다. 카포시 육종이 AIDS 환자와 빈번하게 연관되지만, AIDS가 만연하지 않은 다른 집단에서 발견되는 KSHV 유형도 있다. HIV 창궐 이전의 보고에 따르면, KSHV의 역학적 형태는 중앙 및 동부 아프리카 지역에 널리 퍼져 있는 반면에, 전형적인 카포시 육종은 지중해 또는 동유럽 유태인을 조상으로 둔 남성 노인에게서 관찰된다. 카포시 육종은 장기 이식을 받은 면역 억제 환자에서도 발생된다. 따라서 HIV 감염의 주요 결과인 면역 결핍이 KSHV의 감염에 보조 인자로 작용할 것으로 생각된다. 일반적인 사람에서의 KSHV의 감염이 카포시 육종으로 발전하는 경우는 매우 드물다.

KSHV는 여러 기전을 통해 종양 형성에 기여할 것으로 생각된다. 먼저 KSHV의 여러 유전자 산물들이 세포 증식을 유도하지만, 세포자살은 막는 것으로 나타났다. KSHV는 바이러스성 cyclin, 바이러스성 항-세포자살 단백질(예, vBcl-2), 바이러스성 miRNA 그리고 RB와 p53의 기능을 교란하는 LANA라는 바이러스성 단백질을 생성한다. 2가지 중요한 종양 억제 단백질을 표적하는 LANA의 이러한 작용 기전은 HPV 바이러스성 단백질과 공유된다.

카포시 육종 세포는 완전히 형질전환되지 않았기 때문에 다른 종양 세포과 달리 누드 마우스에서 종양을 생성할 수 없으며, 배양 상태에서 증식을 위해 성장 인자와 사이토카인이 따로 처리되어야 한다. KSHV의 암화 과정에는 주변 세포의 분비 과정이 수반된다. 즉, KSHV가 감염된 세포는 주변의 이웃 세포가 암화 유도에 필수적인 성장 인자와 사이토카인(자가 및 주변 분비 인자)을 생산하게 한다.—"리모트 컨트롤"에 의한 암화.

Helicobacter pylori 감염과 위암

*H. pylori*는 위장에서 만성 염증을 유발하고 발암을 일으킬 수 있는 박테리아다. IARC/세계 보건기구는 *H. pylori*를 인간에 대한 발암 물질로 규정하였다. *H. pylori*는 전 세계 모든 암의 5% 이상의 원인이며, 감염과 관련된 암의 주요 감염원으로 추정되고 있다. 위암의 발암 과정은 박테리아 균주, 숙주 반응 및 환경적 요인에 의존적이다. 이 과정은 여러 단계로 이루어지며, 진행 과정에서 염증은 개시 및 필수 단계로 여겨진다: *H. pylori* 감염 → 만성 표면 위염 → 위축성 위염(atrophic gastritis) → 장내 이형성증(dysplasia) → 위 암종(gastric carcinoma).

위축성위염은 정상 샘세포(glandular cell)의 소실을 특징으로 하며, 결과적으로 산의 생성이 감소한다. 저산성 상태는 다른 박테리아가 위에서 증식할 수 있게 하고, 이로 인해 염증 반응이 유발된다.

역학 조사에 따르면, 위암의 유병률이 특정 *H. pylori* 균주의 유행과 특정 지리적 장소들에서 일치한다. 전체적으로, 모든 위암의 약 75%가 *H. pylori* 감염에 의한 것으로 추정된다. 그 실험적 증거로서 *H. pylori* 감염에 의해 동물에서 위암이 유도되었으며, *H. pylori* 감염의 근절을 통해 전암 병변을 예방하였을 때 위암의 발병 위험이 감소되었다.

이 박테리아가 암을 유발한다고 제안된 작용 기전을 살펴보겠다. *H. pylori*의 고위험 균주는 세포 독소 관련 항원 A(cytotoxin-associated antigen A, Cag A)라고 하는 단백질을 발현한다. 역학 조사에 따르면, Cag A 양성 균주가 유행하는 지역에서 위암 발병률이 높게 나타났다. 박테리아성 Cag A 단백질은 박테리아의 분비 시스템에 의해 세포 내로 주입되며, 세포의 성장을 자극하는 등의 다양한 세포 반응을 일으킨다. 숙주 세포상의 인테그린(intergrin) 수용체는 Cag A 주입을 위한 출입구로 작용한다. Cag A는 세포 내의 Src 및 Abl 타이로신 인산화 효소계에 의해 인산화된다. 인산화된 Cag A는 SHP-2(발암성 타이로신 탈인산화 효소; 제4장 참조) 및 Grb2와 같이 SH2 도메인을 가진 단백질과 상호작용한다. Src(그림 4.8)과 유사한 기전을 통해 SHP-2는 보통 비활성 형태를 유지한다. SHP-2의 amino-SH2 도메인은 분자내 상호작용에 의해 기질의 접근을 막는다. Cag A의 결합은 기질이 접근할 수 있는 형태로 SHP-2의 입체 구조 변화를 야기하여 SHP-2 탈인산화효소를 활성화한다(그림 13.2a; 붉은색으로 나타낸 SHP-2의 형태 변화에 주목). 따라서 SHP-2의 Cag A 결합은 SHP-2의 기능-획득의 발암성 돌연변이 형태를 모방한다. MAPK를 포함한 신호전달 경로가 개시되어 세포 분열, 이동 및 접착에 영향을 미친다. 제9장에서 언급한 것처럼, E-cadherin은 세포−세포 접합에 중요하며, E-cadherin의 손실은 위암과 관련이 있다. E-cadherin 유전자와 단백질은 모두 *H. pylori*의 표적이다. *H. pylori*에 의한 염증은 DNA 메틸기 전달효소를 자극하여 E-cadherin

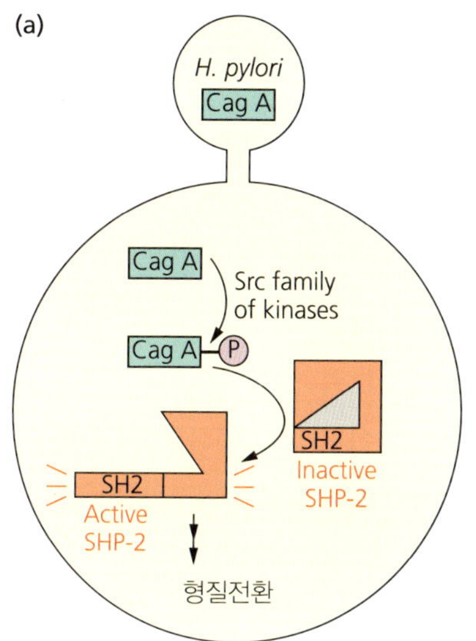

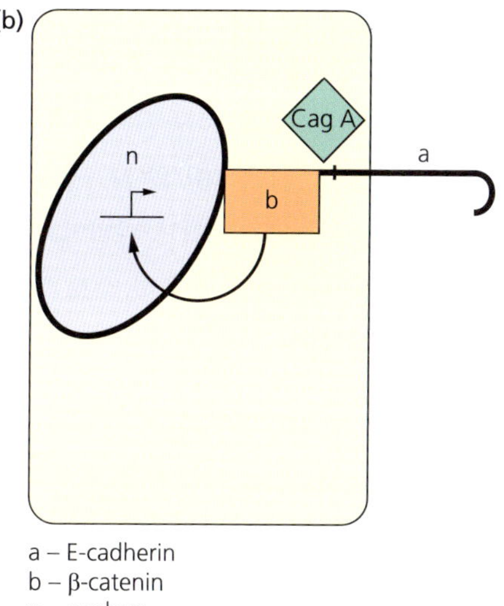

그림 13.2 *H. pylori* 감염이 발암에 기여하는 분자적 기전들. (a) 인산화된 CagA은 SHP-2라는 발암성 tyrosine phosphatase 입체 구조에 변형을 일으켜 활성화시킨다. (b) CagA은 E-cadherin과 β-catenin 간의 상호작용을 방해하여 β-catenin을 방출시키고 핵으로 이동한 β-catenin은 유전자 발현을 조절하게 된다.

의 발현을 감소시키는 E-cadherin 프로모터의 메틸화를 포함해서, 과메틸화(hypermethy-lation)에 의한 후생유전학적 변화를 초래한다. 또한 비인산화 된 Cag A는 E-cadherin 단백질과 상호작용하여 β-catenin을 방출시키고 핵으로 운반되게 한다(그림 13.2b). β-catenin은 이형성(metaplasia) 발달에 요구되는 유전자의 중요한 전사 인자이다. 위암의 악성화와 연관된 또 다른 *H. pylori* 단백질이 Vac A이다. Vac A는 위 상피세포와 미토콘드리아 막에 삽입하여 액포 형성(vacuolation)과 세포자살을 유도하는 분비 단백질이다. 식이 요인 또한 *H. pylori*의 발암과 상호작용할 수 있다. 역학 조사를 통해 소금은 위암의 위험 인자로 성의되있다. 연구에 따르면, *H. pylori*가 높은 염 농도에서 배양될 때 Cag A 발현이 유도되는 것으로 나타났다. 그러나 식이 인자와 *H. pylori* 발암의 영향에 대한 추가 연구가 요구된다.

세포 신호전달 및 세포 생물학에 대한 박테리아 단백질의 효과 외에도, *H.pylori*에 의해 유발된 발암 과정에 다른 기전들이 관여하는 것으로 보인다. 여기에는 만성 염증과 줄기세포 모집의 효과가 포함된다(315쪽의 "위암에서의 염증 및 조직 손상으로 골수 줄기세포 모집" 참조). Cag A 외에도 *H. pylori*는 NF-kB 경로를 통해 염증 매개자를 유도하는 단백질이 세포로 전달한다. 염증은 산화 스트레스를 유도하고 궁극적으로 돌연변이율을 증가시킬 수 있다. *H. pylori*는 또한 조산화물을 생성시키고, 항산화제인 비타민 C를 감소시켜 산화 스트레스를 유발할 수 있다.

비록 인과성이 아직 입증되지는 않았지만 다른 세균성 감염과 암과의 관련성이 주목되고 있다. *Salmonella typhi* 감염과 담낭암, *Streptococcus bovis* 감염과 결장암, *Bartonella* 감염과 혈관 종양, *Chlamydia pneumonia* 감염과 폐암 등이 이에 포함된다.

생활 속 정보

위궤양의 징후가 있을 때는 반드시 의사의 진료를 받아야 한다. 특히 동아시아와 같은 고위험 지역에서는 *H. pylori* 감염의 조기 박멸이 위암 예방에 도움이 된다.

잠시 멈춰 생각하기

303쪽 13.1절 "발암 물질로 규명된 감염원"에서 논의된 감염원의 목록을 만들어보자. 그리고 감염원의 주효 분자가 어떻게 그 효과를 나타내는지 설명하시오. 답은 표 13.1에서 확인한다.

13.2 염증과 암

감염은 염증을 유발하는 발암의 주요 원인이다. 13.1절 "발암원으로 확인된 감염원"에서 설명한 것처럼, HBV와 *H. pylori*가 유발하는 암과 만성 염증의 연관성이 밝혀지면서 염증과 암 사이의 상관관계가 명확해졌다. 그러나 감염과 독립적으로 염증 자체가 암의 원인으로 작용할 수도 있다. 실제 많은 비-감염성 만성 염증 상황이 암과 연관되어 있다.

- 담배는 81개의 발암 물질을 포함한 발암제일 뿐만 아니라, 담배 연기가 만성 염증을 유발하기 때문에 종양 촉진제로도 작용한다(Takahashi *et al.*, 2010). [종양 촉진은 단일 개시 세포에서 원발 종양으로의 성장 과정을 말한다.]
- 석면은 폐에서 염증성 자극으로 작용하여 기관지 암종을 유발할 수 있다는 것이 제안되었다.
- 유사하게, 식도 역류는 식도에 손상을 유발하고 염증 반응으로 이어져 식도 암종의 위험을 증가시킬 수 있다.
- 염증성 장 질환은 대장암의 위험을 크게 증가시킨다.
- 염증 관련 암 동물 모델의 프로토타입 중에서 간 염증을 유발하는 형질전환 생쥐는 염증 유발 후에 암이 발병한다. [이 모델은 Pikarsky *et al.*, (2004)의 연구에서 사용되었으며, Box "우리는 어떻게 알 수 있는가?"에서 논의되었다.]

암세포는 면역계를 자극할 수 있으며, 면역계 또한 암세포의 중요한 특성들에 대부분 영향을 줄 수 있다. 암 개시(cancer initiation)에 의해 활성화된 종양 유전자는 종양을 촉진하는 염증성 사이토카인의 발현을 조절한다. 이는 염증과 무관하게 발생한 종양이더라도 종양에서 염증성 미세 환경을 형성할 수 있다. *RAS*와 *myc*은 염증성 사이토카인을 유도하는 중요한 발암유전자의 2가지 예이다.

염증 반응에서의 세포 및 분자 차원의 이벤트와 이들이 암의 특징에 어떻게 기여하는지 살펴보도록 하겠다. 만성 염증 반응의 핵심 세포는 대식세포이다. 이들 세포는 TNF-α를 포함해서 여러 사이토카인을 생산한다. 사이토카인은 다양한 주효 분자를 유도함으로써 염증성 반응을 조절하는 데 관여하며, 일부 주효 분자는 염증 반응을 영속화하는 데 기여한다. 발암에 관여하는 많은 염증성 신호 경로들은 2가지 중요한 전사 인자(STAT과 NF-κB)의 활성화로 이어진다(312쪽의 "NF-κB는 염증 반응에서 핵심적인 역할을 한다"에 논의됨). STAT은 *cyclin D*, *cyclin B*와 *myc* 유전자의 발현을 유도함으로써 세포 성장을 촉진하고, *Bcl-2*와 같은 항-세포자살 유전자의 발현을 유도해서 세포 생존을 증가시킨다. 이런 식으로 염증은 세포 증식, 생존, 세포자살 경로에 영향을 미친다.

다른 한편, 염증 유발성 인자(pro-inflammatory factor)를 암호화하는 유전자의 발현은 전사 인자 NF-κB에 의해 조절된다. NF-κB는 발암성 바이러스의 물질들을 포함한 발암 물질에 의해 유도되기 때문에 염증과 암 사이의 중요한 연결 고리이다. 요약하면, 염증은 NF-κB와 같은 전사 인자를 활성화시킬 수 있고, NF-κB는 염증 유발성 물질을 활성화할 수 있다.

또한 백혈구는 감염과 싸우기 위해 활성 산소종(ROS) 및 활성 질소종(NOS)을 생성하지만, 이러한 생산물은 (peroxynitrite 형성을 통해) DNA의 손상을 유발한다. 만성 염증은 ROS 및 NOS 생성 증가, DNA 손상 위험 증가 그리고 돌연변이 발생률 증가와 관련되어 있으며, 게놈 불안정성을 유발한다. HBV 및 *H. pylori* 감염에 의해 유도된 조직 재생과 세포 재생은 세포 분열을 수반하며, DNA는 세포 분열 동안 손상에 매우 취약할 수 있다. 이처럼 감염과 면역 반응의 상호작용이 발암에 관련이 된다.

일단 종양이 발생하면, 면역 반응은 계속해서 종양 진행에 중요한 역할을 하게 된다. 종양내 및 근처에 존재하는 종양 세포와 비-악성 세포는 염증이 관련된 암-악성화 과정에 관여한다(그림 13.3). 케모카인으로 불리는 화학유인성 물질은 종양-관련-대식세포(tumor-associated macrophages, TAMs)를 포함한 백혈구의 종양내 유인과 침윤에 관여한다. TAMs 및 종양 세포에 의해 발현된 성장 인자, 사이토카인 및 케모카인은 근처 세포에 영향을 미쳐 세포 증식과 생존을 촉진한다. TAMs와 다양한 종양 세포에 의해 생산된 TNF-α는 이 절의 앞부분에서 언급한 바와 같이 염증 반응에서 핵심적인 역할을 하며, 제대로 조절되지 않았을 때 종양 촉신사로 작용할 수 있다. TNF-α는 세포 운동성 및 종양 전이에 영향을 줄 수 있다. 이 TNF-α에 의해 생

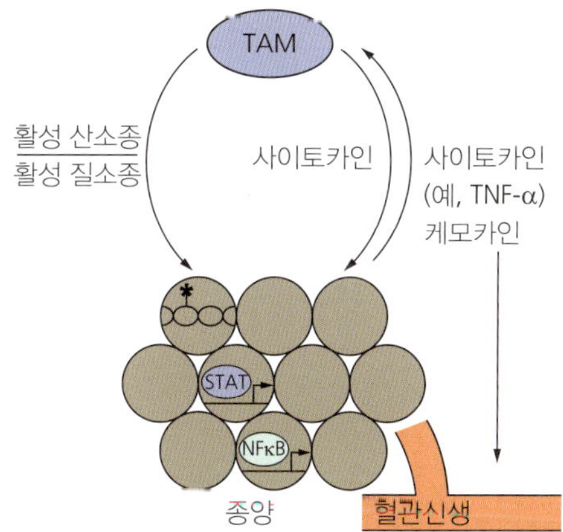

그림 13.3 종양 부위에서 염증 반응의 분자적 이벤트들. 종양 세포들(회색)이 종양-관련-대식세포(tumor-associated macrophages, TAMs)를 포함한 백혈구를 유인하는 사이토카인을 분비한다. TAMs는 사이토카인과 DNA에 돌연변이(별표로 표시)를 유발할 수 있는 활성 산소종(ROS) 및 활성 질소종(NOS)을 생산한다. 염증성 사이토카인은 암세포에서 전사 인자인 STAT 및 NF-κB를 활성화하고 유전자 발현을 유발한다. 종양 세포 또한 사이토카인과 케모카인을 생산한다. 이 케모카인은 혈관신생을 촉진한다.

성되는 nitric oxide (NO) synthase는 TNF-α에 의해 자극되는 표적 중 하나이다. 이 효소는 세포 형질전환, 전환된 세포의 성장 등을 포함한 발암의 여러 단계에 관여한다. 그리고 간의 대식세포에서 생산된 사이토카인 IL-6는 간암 발생 과정에 중요한 것으로 나타났으며(Naugler *et al.*, 2007), 대식세포가 에스트로겐에 반응하여 IL-6의 발현을 하향 조절하는 것이 여성이 간암에 덜 취약한 이유일 수 있다.

그외에도 STAT 및 NF-kB 신호전달은 상피 분화 마커를 억제함으로써 EMT를 유도한다.

또한 케모카인은 백혈구를 염증 부위로 모집하는 역할 외에도 혈관신생 스위치로서 중요한 역할을 한다. 즉, 염증-유발성 케모카인이 혈관신생을 촉진한다.

NF-κB는 염증 반응에서 핵심적인 역할을 한다

염증 반응의 주요 매개자는 전사 인자 NF-κB이다. NF-κB은 대식세포 및 염증의 다른 표적 세포와 같은 여러 세포 유형들 그리고 암세포에서 유도된다. NF-κB에 의해 유도된 유전자 발현 프로파일은 그것이 유도되는 조직 또는 세포 유형에 따라 다르다. 그림 13.4는 대식세포와 암세포에서 NF-κB의 상위 활성자(upstream activators) 중 일부를 보여준다(Karin, 2006; Perkins, 2012). NF-κB는 사이토카인(예, TNF-α), *H. pylori* Cag A 단백질, 바이러스 단백질(예, KSHV), 발암 물질(담배 연기), 스트레스(DNA 손상 및 저산소 상태) 그리고 화학요법제를 포함한 특이적 염증

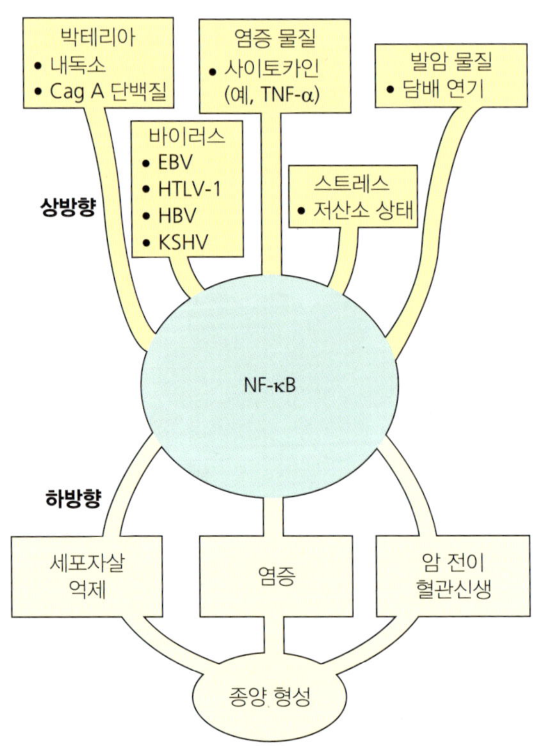

그림 13.4 NF-κB의 상위 활성자와 하위 효과.

원에 의해 활성화된다.

염증 유발 외에도, NF-κB는 세포자살의 억제와 전이 및 혈관 형성의 촉진과 같이 종양 형성에 기여하는 다른 하위 효과를 갖는다(그림 13.4). 따라서 NF-κB는 염증과 암 사이의 분자 연결 고리를 제공한다.

암에서 비정상적인 NF-κB 활성화는 그 조절 경로내 성분의 돌연변이 (뒤의 본문 참조) 또는 만성 염증 동안 분비된 사이토카인에 지속적으로 노출되면 발생할 수 있다. NF-κB 유전자의 발암성 활성화는 다발성 골수종, 급성 림프구 백혈병, 전립선암 및 유방암 등의 인간 종양에서 확인되었다.

NF-κB 경로의 분자 조절에 대해 살펴보자(그림 13.5). NF-κB(하늘색으로 표시됨)는 NF-κB 계에 속한 단백질 구성원의 이종 또는 동종 이량체(dimer)로 구성된 이량체 전사 인자이다. 다섯 구성원으로 이루어진 NF-κB 계는 두 그룹으로 나누어진다. 첫 번째 그룹은 p65(RelA), Rel B 및 c-Rel로 구성된다. 두 번째 그룹은 NF-κB 1(p50)와 NF-κB 2(p52)로 이루어져 있다. 첫 번째 그룹은 온전한 단백질로 합성되는 반면, 두 번째 그룹의 단백질은 단백질 절단 과정(proteolytic process)을 거쳐 온전한 p50 및 p52 단백질로 만들어진다. 첫 번째 그룹만이 전사 활성화 도메인(transactivation domain)을 포함하므로, 두 번째 그룹은 자체적으로 전사를 활성화할 수 없다. 전형적인 경로에 의해 활성화되는 가장 주된 NF-κB 이량체는 p65-p50

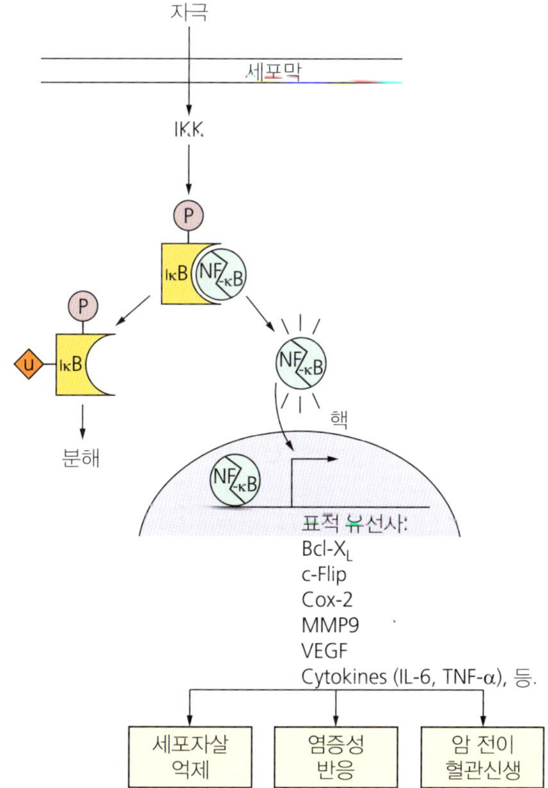

그림 13.5 NF-kB 경로의 조절. 자세한 내용은 본문 참조.

잠시 멈춰 생각하기

다른 전사 인자를 조절하는 비슷한 유형의 분자 조절 기전을 기억하는가? 힌트: 한 가지는 혈관신생에 중요한 전사 인자이고, 다른 하나는 중요한 발생 프로그램에 관련된다.

이다. (참고: NF-κB를 발암과 연관시키는 중요한 발견은 *v-rel* 발암유전자의 원발암유전자가 *c-rel*이라는 발견이다.) 일반적으로, NF-κB는 NF-κB의 억제제(IκB)에 의해 세포질에서 격리된다. 세포 활성화시, IκB kinase의 인산화효소(IκB kinase kinase, IKK)는 IκB를 인산화시키고 유비퀴틴화 효소 복합체를 통해 분해되도록 한다. 이로 인해 NF-κB가 유리되어 핵으로 이동하게 된다. 핵 내에서 NF-κB는 NF-κB DNA 반응 요소(GGGRNNYYCC)가 근처에 있는 표적 유전자의 전사를 조절한다.

NF-κB는 200가지가 넘는 유전자를 조절해서 다양한 효과를 이끌어낸다. NF-κB의 활성화에 의한 가장 중요한 세포 효과 중 하나는 항-세포자살 유전자 발현을 유도해서 세포자살을 억제하는 것이다[예, Bcl-X, cellular inhibitor of apoptosis(c-IAP), cFLIP의 유도]. 이러한 방식으로, NF-κB는 핵심적인 종양 억제 기전을 방해하고 발암을 촉진한다.

어떻게 알 수 있을까?

기능 제거 유전자 적중 생쥐

종양 형성 과정에서 NF-κB의 역할이 생쥐 모델 시스템에서 규명되었다. 간염이 발생되는 유전자 조작 마우스가 간세포 암종(hepatocellular carcinoma)에 잘 걸리는 것으로 확인되었다(Pikarsky *et al*., 2004). NF-κB의 억제자인 IκB의 발현을 간세포-특이적으로 유도할 수 있는 유전자도입 형질전환 생쥐가 NF-κB 유전자 결손(적중) 마우스와 유사한 효과를 주는 수단으로서 연구에 이용되었다.

간세포 특이적 유도 조절은 왜 그리고 어떻게 달성되었을까?

많은 중요한 세포 반응에 NF-κB가 관여하므로, NF-κB 활성의 완전한 제거는 배아 치사(embryonic lethality)로 이어질 수 있다. 따라서 유전자 발현 스위치 시스템은 정상적인 발생과 함께 특정 조직에서 NF-κB의 역할을 규명하는 데 유용하다.

이 시스템에서 IκB 유전자는 테트라사이클린에 의해 조절되는 프로모터에 연결되어 있으며, IκB는 테트라사이클린 전사활성자의 존재 하에서만 발현된다. 전사 활성자의 유전자는 간세포-특이적인 프로모터에 의해 제어되기 때문에, 전사 활성자는 간세포에서만 발현된다. 하지만 테트라사이클린의 유도체로 테트라사이클린과 같은 역할을 하는 독시사이클린의 존재 하에서 테트라사이클린 전사 활성자는 표적 DNA 서열(테트라 사이클린 오페론의 서열)에 결합할 수 없으며, 따라서 IκB의 전사가 차단된다. 독시사이클린으로 마우스를 처리하면 조작 유전자의 발현이 억제된다(이 경우에서는 NF-κB). 따라서 독시사이클린을 처리하지 않은 유전자 조작 마우스는 IκB의 발현 때문에 비활성의 NF-κB를 가지는 데 반해 독시사이클린을 처리한 경우, 활성을 가진 NF-κB를 가진다(315쪽의 "잠시 멈춰 생각하기" 참조).

결과는 NF-κB가 비활성일 때, 대조군과 비교하여 적은 비율(10%)의 전암성 선종(precancerous adenoma)이 암종(carcinoma)로 진행됨을 보여주었다. 활성화된 캐스페이즈 3에 대한 면역 염색에서 보여진 바와 같이, NF-κB 활성 차단은 간세포의 세포자살을 유도하고, 또한 MRI 및 조직학적 분석에 의해 나타난 바와 같이 종양 진행을 극적으로 감소시켰다. 게다가 이 연구는 상주하는 염증성 세포에서 생성된 염증 인자 TNF-α가 간세포에서 NF-kB의 활성화를 조절한다는 것을 보여주었다. 세포 분획의 PCR 분석은 TNF-α의 공급원이 간의 비-간세포 분획에 존재한다는 것을 보여주었다. 특이적 항체로 TNF-α 기능을 차단했을 때, TNF-α에 의한 NF-κB 활성화가 억제되는 것이 입증되었다. 따라서 간에서의 NF-κB는 염증 세포에 의해 생성된 TNF-α를 경유한 측분비 방식을 통해 제어된다.

이 연구는 NF-κB 활성을 제거하기 위해 유전자 적중 형질전환 생쥐를 사용한 다른 실험실(Greten *et al*., 2004)의 →

➜ 연구 결과를 뒷받침했다. IKKβ로 불리는 NF-κB의 필수 활성자가 대장암 생쥐 모델의 장 상피세포에서 제거되었다. 이들 마우스는 대조군 동물에 비해 종양 발생률이 80% 감소한 것으로 나타났다. 하지만 종양의 크기는 영향을 받지 않았다. 대장 분석은 이들 형질전환 생쥐에서 NF-κB에 의해 세포자살이 억제되지 않았음을 보여주었다. 따라서 NF-κB의 활성이 없을 때, 세포자살은 중요한 종양 억제 기전으로 작용한다. 이 마우스 모델에서 골수성 세포(myeloid cell)의 IKKβ를 제거했을 때, 종양 성장에 영향을 주는 사이토카인의 발현이 감소하면서 종양 크기가 감소했다. 따라서 2가지 유형의 세포에서, NF-κB 경로의 억제는 2가지 다른 방식으로 종양 형성에 영향을 준다(표 13.2).

표 13.2 NF-κB 경로 억제 실험 요약

IKKβ 유전자 결실[a]	장 상피세포	골수성세포
종양 발생	감소	
종양 크기	효과 없음	감소
염증성 사이토카인의 생산		감소

[a]비활성의 NF-κB와 기능적으로 동일함

NF-κB의 다른 역할

NF-κB는 *cyclin D1* 유전자를 활성화해서 세포 주기를 조절하는 역할을 한다. NF-κB는 *MDM2* 유전자의 전사를 유도하고, p53 활성을 억제하여 종양 억제 경로에 영향을 줄 수 있다. 또한, NF-κB는 염증 유발성 유전자(예, *COX-2* 유전자 및 사이토카인 유전자)와 전이 유전자 및 혈관신생 유전자(예, *MMP9*, 케모카인 수용체, *VEGF*)의 발현을 활성화시킨다. COX-2는 강력한 염증-유발성 분자인 프로스타글란딘 PGE-2의 합성에 관여하는 효소이다(320쪽의 13.6절, "염증 억제" 참조). MMP9 유전자에서 NF-κB의 DNA-결합 요소가 확인되었다. 따라서 NF-κB는 염증 반응을 유지하고 전이를 촉진하는 데 기여한다. 그러나 특정 조직(예, 피부)에서는 NF-κB가 항종양 효과를 나타내기도 한다. 세포의 종류에 따라 그 역할이 다를 수 있으므로 치료 전략을 고려할 때 이를 명심해야 한다. STAT3와 AP-1은 종양과 염증 세포에서 활성화되어 염증 및 종양 촉진에 관여하는 유전자 프로그램을 조절하는 2가지 다른 전사 인자이다. STAT3은 종양에서 NF-κB의 유지를 위해 필요하다.

잠시 멈춰 생각하기

전달 유전자(표지 프로모터 및 암호화 서열), 진사 활성지, 그리고 독시사이클린의 유무에 따른 결과를 다이어그램으로 그릴 수 있는지 확인하시오. 답은 그림 13.6에서 확인한다.

위암의 염증과 조직 손상은 골수 줄기세포를 불러모은다

제8장에서, 우리는 CSCs로부터 암이 발생할 수 있음을 논의하고 조직 특이적인 CSCs가 존재한다는 자료를 검토했다. 다른 연구 결과에 의해 암에 기여하는 줄기세포가 다른 조직에서 유래할 수 있다는 것이 제시되었다. 조직 손상 및 염증 환경은 골수-유래 줄기세포를 불러모으는 것과 연결되어 있다고 생각된다. 즉, 골수-유래 줄기세포는 그 가소성이 입증되면서, 염증 매개체와 조직 손상에 반응하여 조직-특이적 줄기세포가 손상되었을 때 이의 지원군으로 작용할 수 있을 것으로 생각된다. *H. pylori* 만성 감염에 의해 유도된 위암 생쥐 모델에서, 골수-유래 줄기세포는 위에 집

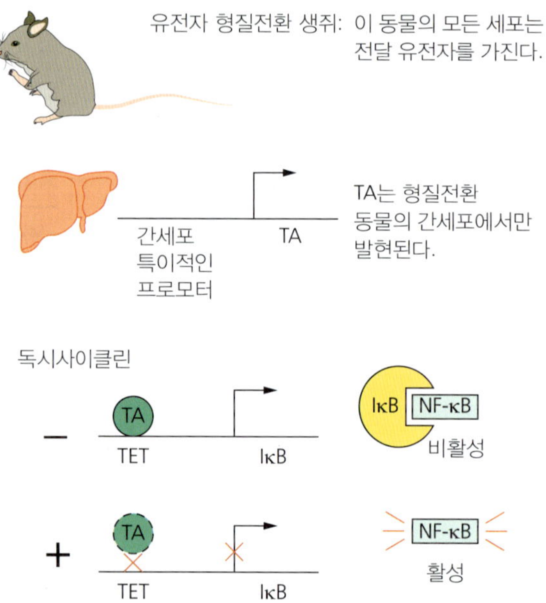

그림 13.6 NF-κB 활성을 실험적으로 조절하기 위해 사용한 전달 유전자의 간세포 특이적 유도성 조절. TA, 전사 활성자; IκB, inhibitor of NF-κB; TET(tetracycline-regulated promoter sequence), 테트라사이클린에 의해 조절되는 프로모터 서열.

결하여 위암에 기여하는 것으로 나타났다(Houghton *et al.*, 2004). 그러나 급성 염증 및/또는 손상은 이러한 줄기세포의 불러모음을 유발하지 않았다.

공생 미생물과 염증

박테리아, 바이러스, 기생충 및 곰팡이를 포함해서 수조 개의 미생물이 인체에 군집 집단을 이루고 있다. 이러한 미생물이 종양을 촉진하는 염증과 관련이 있다는 것이 최근에 보고되었다. 한 연구에 따르면, 비만은 장내 미생물 조성을 변화시켜 DNA 손상을 유발하는 박테리아 대사산물을 증가시킨다(Yoshimoto *et al.*, 2013). 데옥시콜릭산(deoxycholic acid)이라고 불리는 대사산물은 염증 및 종양 촉진 인자의 분비를 유발하고, 발암 물질과 함께 처리했을 때 마우스에 간암을 유발한다. 이러한 발암 물질 처리로 유발되는 간암의 발병이 항생제 치료로 예방되었다. 또한 장내 세균 불균형은 마우스에서 염증을 유발한다. 비슷한 이벤트가 인간에서도 일어나는지 확인하기 위해 휴먼 마이크로 바이옴 프로젝트(The Human Microbiome Project)가 진행되고 있다.

요약하면, 앞서 논의에서 알 수 있듯이, 감염과 염증의 여러 기전이 암의 개시 및 촉진 과정에 관여한다. 우리는 종양 유전자를 가지고 있거나 종양 억제자의 방해 물질을 만드는 감염원의 예를 살펴보았다. 많은 감염원이 만성 염증을 유발하는데, 이는 감염원이 발암 기전에서 중요한 역할을 담당함을 암시한다. 그러나 감염원이 없

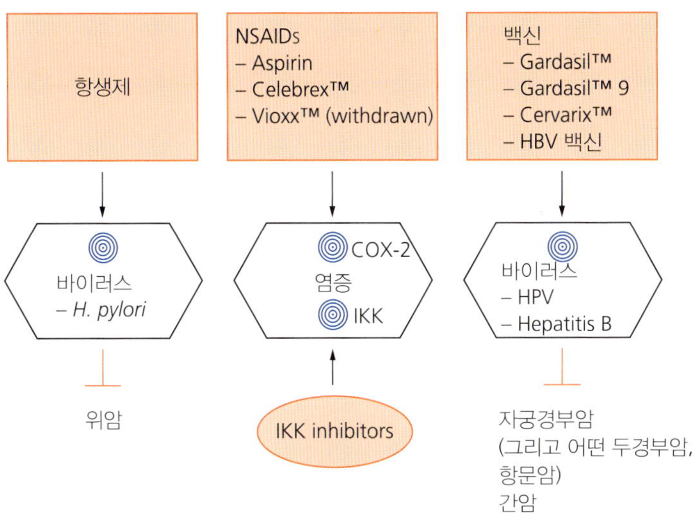

그림 13.7 감염과 염증을 표적한 암 예방 전략들.

는 경우에도 만성 염증은 자체적으로 발암 과정에서 중요한 역할을 한다. 즉, 염증 반응의 주요 세포들은 발암의 주요 과정에 영향을 미치는 인자를 생산하며, 암에 기여하는 줄기세포의 이동을 유발한다.

치료 전략

감염으로 인해 발생하는 암은 감염인을 제기함으로써 예방할 수 있다. 이 진략의 영향은 일부 통계 자료를 통해 충분히 인정되고 있다. 전 세계적으로 405,000명이 위암에 의해 사망하고, 미국과 유럽에서 매년 135,000명의 여성이 자궁경부암으로 사망한다. 감염은 이러한 질병의 발생과 연관되어 있다. 이 사람들의 고통과 죽음을 막을 수 있다면 그것은 정말 대단한 일일 것이다.

다음은 암을 예방하기 위해 감염과 염증을 표적하는 몇 가지 전략에 대한 논의이다(그림 13.7). 오늘날 사용되는 이 전략들의 일부는 얼마 전에 미국 FDA에서 승인되었거나 승인의 문턱에 있고, 어떤 것들은 심각한 부작용 때문에 더 이상 투여되지 않는다.

13.3 대만의 B형 간염 바이러스 예방 백신 프로그램

1982년 대만 인구의 15~20%가 HBV의 보균자였다. 또한 모든 암 사망의 20%는 간세포 암종의 결과였으며, 이 간세포암의 80% 이상이 만성 B형 간염의 감염에 의한 것이었다. 이 B형 간염에 대한 공중 보건 프로그램의 결과로서, 전국적인 B형 간염 예방접종 프로그램이 1984년에 시작되었다. 20년 간의 추적 조사에 따르면 예방접종이 장기적인 B형 간염의 발생을 차단했으며, 예방접종을 하지 않은 같은 나이의 코호트에 비해 예방접종을 받은 6~19세 아동의 경우에서 간암 발병률이 현저히 낮았다(Chang *et al.* 2009; Ni *et al.*, 2012). 이러한 흐름은 대만이 향후 HBV 감염을 거의 근절할 것으로 예상되는데, 의학적인 예방 조치가 풍토 질환을 어떻게 역전시킬 수 있는지 보여준 것이다.

13.4 *H. pylori* 박멸 및 위암 예방과의 관계

위암 예방에 대한 *H. pylori* 박멸 효과는 몇 가지 시험에서 연구되었다. 중국 산둥 시험의 14.7년 간의 추적 관찰은 *H. pylori* 박멸이 위암 발병률을 현저히 감소시켰음을 보여주는 최초의 단일 시험이었다(Ma *et al.*, 2012). 이 시험은 2주 간 항생제(아목시실린: amoxicillin) 치료 과정과 *H. pylori* 양성 반응을 보인 피험자에 대한 위산 감소 약물(오메프라졸) 처리로 구성되었다. 그 결과 위암 발병률이 39%로 통계적으로 유의하게 감소했다. 이 효과를 입증하기 위해서 15년의 추적 조사가 이루어졌으므로 암 예방 연구에서는 시간이 큰 제약 사항이다. 이러한 처리는 고위험 지역의 위암 예방에 유효할 것으로 예상된다.

13.5 자궁경부암 예방을 위한 암 백신

Gardasil™(Merck)이라는 세계 최초의 자궁경부암 백신은 2006년 6월 미국 FDA에 의해 승인되었다. 백신 접종 전략을 시행한 후 시간이 지남에 따라 전 세계에서 자궁경부암으로 진단된 여성의 수가(현재 연간 약 50만 건) 급격히 줄어들 것으로 기대된다.

이 4가 백신의 생산을 위한 바이러스 유사 입자(VLPS) 형성을 위해 4가지 HPV 유형(6, 11, 16, 18)의 주요 캡시드 단백질 L1을 사용하였다. 재조합 DNA 기술을 사용하여 캡시드 단백질이 진핵생물에서 발현될 때, L1 캡시드 단백질은 바이러스를 모방하는 입자로 자가-조립된다. 이들 입자는 보조제와 함께 백신으로 투여된다. 이 백신은 임상시험에서 HPV16 및 HPV18로 인한 자궁경부암을 제거하고, HPV6, -11, -16 및 -18로 인한 병변 및 사마귀를 예방하는 것으로 입증되었다(Villa *et al.*, 2005). 예방 백신을 투여하기에 가장 이상적인 시기는 감염 전이므로, Gardasil™은 9~26세의 사춘기와 젊은 성인 여성에게 투여되었고, 최근에는 생식기 사마귀 및 항문암 예방을 위해 남성에게도 투여하도록 승인되었다. 이 백신은 HPV가 관련된 두경부암 완화에도 도움이 될 것이다(Marur *et al.*,2010). HIPV16 및 HPV18 2가 백신인 Cervarix™(GlaxoSmithKline)도 임상시험에서 자궁경부암에 대해 유의한 결과를 보였다(Harper *et al.*, 2004). 이 백신은 영국 국립 백신 프로그램에 선택되었으며, FDA의해 사용이 허가되었다(2009). Gardasil™과 Cervarix™은 서로 다른 보조제를 사용하는데, 이것이 이들 2가 백신이 4가 백신에 비해 면역원성 차원에서 유사하거나 더 우수한 결과를 나타내는 이유로 설명이 된다.

9가 백신 Gardasil™ 9는 HPV6, -11, -16, -18, -31, -33, -45, -52 및 -58을 표적하는 새로운 백신으로, 자궁경부암, 외음부암, 질암의 90%를 예방할 것으로 기대된다. 임상시험에 성공한 후 2014년에 여성과 남성에게 사용하도록 FDA의 승인을 받았다(Joura *et al.*, 2015).

잠시 멈춰 생각하기

4가지 유형의 HPV이 Gardasil™ 생산을 위해 선택된 이유는 무엇일까? 그림 13.1에서 HPV 유형 16과 18이 자궁경부암 사례의 약 70%를 차지한다는 것을 알 수 있다. HPV6과 -11이 생식기 사마귀의 약 90%를 유발하고 병변을 일으킨다는 것이 그래프에는 표시되지 않았다. 이러한 사마귀와 병변들은 HPV16 및 -18로 인한 전암성 병변과 임상적으로 구별되지 않는다. HPV6 및 -11에 의한 비정상적인 병변이 위양성(false positive)으로 이어졌고, 이에 따라 추가 조사가 요구되었다. 그러므로 이러한 병변을 제거함으로써 조직학적인 해석이 더 쉬어질 것이다(BOX, "Pap 및 HPV DNA 스크리닝에 대한 약간의 교훈" 참조).

생활 속 정보

비록 우리는 자궁경부암을 막는 데 도움이 되는 백신을 가지고 있지만, 기존의 백신으로 방지되지 않는 HPV 바이러스에 의한 자궁경부암을 감지하거나 이미 감염된 여성을 위한 스크리닝 프로그램은 여전히 중요하다.

Pap 및 HPV DNA 스크리닝에 대한 약간의 교훈

자궁경부암 선별 검사의 가장 일반적인 방법은 Papanicolaou 세포 검사법 또는 자궁경부 세포 검사법이다. 현미경 분석을 통해 채취된 자궁경부 세포에서 암 또는 자궁경부 상피내 신생물(cervical intra-epithelial neoplasia: CIN)이라는 암전 단계의 세포에서 보여지는 세포 모양의 변화를 검사한다. 이 기술의 문제점에는 비정상적인 세포 형태로 이어지는 불량한 시료 수집 및/또는 슬라이드 준비 및 실험실 과학자의 해석 오류가 포함된다. 하지만 자주 행해지는 Pap 검사는 자궁경부암 사망률의 현저한 감소로 이어지고 있다. 영국의 자궁암 사망률은 지난 30년 동안 60% 이상 감소했다(http://info.cancerresearchuk.org/cancerstats/types/cervix/mortality/). HPV DNA에 대한 추가적인 테스트는 가까운 시일 내에 스크리닝 과정에 큰 도움이 될 것이다. 1차 자궁경부 선별 검사와 비정상적인 자궁경부 세포의 관리에 있어 HPV 테스트의 가치는 IARC의 권고 및/또는 미국/유럽 가이드 라인에 명시되어 있다(Cox and Cuzick, 2006). 하이브리드 캡처 2(hybrid capture: hc2) 고위험 HPV DNA 테스트(Digene)는 FDA의 승인을 받은 진단 테스트이다. 이 테스트에서 RNA 탐침자는 13개의 고위험 HPV 유형의 게놈 DNA를 검출하기 위해 사용된다. 특정 RNA–DNA 하이브리드가 용액 안에서 형성되는데, 이는 마이크로 타이터 플레이트의 바닥에 코팅된 특정 항체에 의해 포집된다. 하이브리드의 존재하에서 빛을 발하는 추가적인 항체가 포획된 하이브리드를 감지하는 데 사용되며, 루미노미터(luminometer)라는 특수 장비가 신호를 분석하는 데 사용된다. 대부분의 HPV 감염은 일시적이므로(소거 시간 6~18개월), 이 테스트의 결론에 이 사실을 고려해야 한다.

암백신 분야의 개척자들: Douglas Lowy와 John Schiller

Douglas Lowy와 John Schiller의 연구는 자궁경부암 예방 백신 개발을 위한 토대를 마련했다. Zur Hausen이 HPV에 의한 감염이 자궁경부암의 주요 원인이 되는 것을 발견한 후, 그들은 자궁경부암에서 유두종 바이러스의 역할을 규명하고서, 바이러스의 캡시드 단백질이 면역 반응을 이끌어 낼 수 있음을 보여주었다. 그들은 또한 백신의 임상 1상 시험을 지휘하여 최초의 HPV 백신에 대한 FDA의 승인을 2006년에 얻어냈다. 그들의 연구는 기초 연구가 공중 보건으로 적용된 중개 연구의 좋은 예이다. 그들은 2007년 미국 암학회 100주년 기념일에 란돈상(Landon Award)를 수상하기도 했다.

13.6 염증 억제

아스피린과 같은 NSAIDS(역주: 비스테로이드성 염증 억제 약물)는 암 위험을 감소시키는 것으로 나타났기에, 암 예방 및 치료에 사용될 수 있을 것이다. 예를 들어, 대장 암 발병에 대한 아스피린의 복용량 및 기간 의존적 예방 효과는 일명 간호사 건강 연구라고 불리는 121,000명의 여성에 대해 30년 동안 진행된 관찰 연구에서 입증되었다.

염증 억제에서 NSAIDS의 작용 기전 중 하나는 COX 활성을 억제하는 것이다. COX 이소형(isoforms)에는 2가지가 있다. COX-1은 지속적인 활성을 가지며, COX-2는 염증 유발성 사이토카인을 포함한 염증 반응에 의해 유도될 수 있다. 이들 효소는 아라키돈산에서 프로스타글란딘의 합성을 촉매한다. 따라서 COX의 억제는 프로스타글란딘 합성의 감소를 초래한다. 프로스타글란딘 합성은 돌연변이 유발 대사산물을 생성하고, 사이토카인의 생성을 유도하여 세포 증식을 자극한다. NSAIDS는 또한 NF-κB의 억제를 통해 작용할 수 있다. 여러 연구에서 대장암의 예방을 위해 아스피린의 사용을 제안되었다. 한 연구에 따르면, 5년 간 매일 아스피린을 복용했을 때, 20년 동안 대장암으로 인한 사망률이 34% 감소했다. 다른 연구에서 아스피린이 린치 증후군이라고 불리는 유전성 증후군 환자에서 대장암의 위험을 50% 줄였다는 사실이 확인되었다(Chan *et al.*, 2011). 다른 연구들에 따르면, 아스피린의 복용은 유방암, 폐암 및 전립선암과 같은 여러 다른 암을 예방할 수 있을 뿐 아니라, 대장암 진단 후 생존을 향상시켰다(Wang and DuBois, 2010).

아스피린의 부작용이 아주 없지는 않은데, 심한 위염과 궤양을 유발할 수 있다. COX-1이 위 내막의 유지에 기여하고, 위 내벽에 보호 효과가 있는 것으로 밝혀짐에 따라, 아스피린의 부작용을 없애기 위해 선택적인 COX-2 억제제들이 개발되었다. 그러나 이러한 약물도 문제가 없는 것은 아니다. COX-2 억제제인 Vioxx™ (Merck; http://www.merck.com/)는 2004년에 심장마비 및 뇌졸중의 위험을 증가시키는 것으로 밝혀짐에 따라 시장에서 철수했다.

다른 COX-2 억제제인 celecoxib(Celebrex^{TM}, Pfizer; http/ www.pfizer.com/)는 가족성 선종성 용종증(제8장 참조)이라는 질병에 대해 승인되었다. 제8장에서 다룬 것처럼, 이 질환이 있는 환자는 *APC* 유전자에 생식세포 돌연변이가 있으며, 대장암 위험이 거의 100%에 이른다. 한 연구에 따르면, celecoxib 치료 후, 환자에서 폴립 수가 30% 감소했다(Steinbach *et al.*, 2000). 고용량에서는 Vioxx^{TM}과 유사한 부작용이 보고되었지만, 암 예방/치료를 위한 celecoxib의 추가적인 시험들이 계속되고 있다(Meyerhardt, 2009; Wang and DuBois, 2010). 최근에, 부작용의 위험이 약물 용량 및 심장 질환의 이전 병력과 관련 있음이 보고되었다. 비소세포 폐암(non-small-cell lung cancer)에 대한 시험 결과에서, COX-2 발현이 증가한 환자에게 celecoxib가 도움이 된다는 것이 보고됨에 따라, 이러한 종양 프로파일링이 약물 시험에 중요할 수 있다. 따라서 특정 하위 집단의 환자군에 대한 약물의 위험과 혜택이 조사되어야 한다.

TNF-α의 길항제는 초기 임상시험에서 질병 안정화 및 부분 반응을 입증하였다. 다른 사이토카인 길항제, 예를 들어 IL-6의 길항제는 현재 임상에서 시험되고 있다.

잠시 멈춰 생각하기

NF-κB 경로를 억제하기 위해 사용할 수 있는 다른 전략은 무엇이 있을까? 관련된 분자 기전과 NF-κB가 어떻게 그 효과를 발휘하는지 생각해보자.

DNA에 NF-κB 결합을 방해하거나, 핵 이동을 차단하거나, IκB의 분해를 막거나, 안티센스 올리고 뉴클레오티드 또는 siRNA 등과 같이 IKK의 유전자 발현을 억제하는 화합물을 생각할 수 있을 것이다.

NF-κB 경로 억제

많은 연구 그룹이 NF-κB 활성을 억제하기 위한 접근법으로서 IKK 활성을 선택적으로 억제하는 전략에 집중하고 있다. 다수의 화합물이 대규모 스크리닝 및 조합 화학(combinatorial chemistry)에 의해 동정되었으며, 여기에는 IKK의 ATP 경쟁 및 알로스테릭 억제제를 포함한다(Lee and Hung, 2008). 이러한 화합물 중 하나인 PS-1145는 β-carboline 천연 물질로 개발되었으며, NF-κB 활성화를 막아 다발성 골수종 세포의 성장을 억제하는 것으로 나타났다. 3개의 IKKβ 억제제가 임상시험에서 테스트되었지만, 독성이 공통적으로 관찰돼서 승인된 것은 아직 없다. NF-κB은 그 신호전달의 복잡성 때문에 표적하기 어려운 분자이다(DiDonato *et al.*, 2012).

단원 요점—되짚어 보기

- 감염원과 만성 염증은 모든 암의 15~20%와 관련이 있다.
- 특정 DNA 및 RNA 바이러스, 박테리아, 간기생성흡충(liver flukes)은 발암원으로 분류되어진다.
- 면역계는 암에서 이중의 역할을 한다. 종양의 성장을 억제할 수도 또는 촉진할 수도 있다.
- 자궁경부암의 100%가 HPV와 관련이 있다.
- 발암 과정에서 감염원 및 만성 염증의 일반적인 메커니즘은 다음과 같다.
  - 성장 인자/신호전달 프로그램의 유도(자가 분비 또는 주변 분비)
  - 종양억제유전자의 불활성화
  - 핵 전사 인자 NF-κB의 활성화.
- Cag A 단백질은 박테리아 *H. pylori*에 의한 위암의 유도 기전과 관련되어 있다.
- Cag A는 세포에서 인산화효소 신호전달 및 조절을 방해하는 인산화-단백질이다.

- 만성 염증은 감염이 없는 경우에도 대부분 종양의 특징이며, 암의 특성으로 간주된다.
- 만성 염증 부위는 발암 물질로 작용할 수 있는 사이토카인, 케모카인 및 활성 산소/질소 종의 존재로 특징지워진다.
- 전사 인자 NF-κB는 염증과 암 사이의 중요한 매개체이다.
- 골수 줄기세포는 염증 및 손상 부위로 이동해서 위암 발생에 기여할 수 있다.
- 최초의 자궁경부암 예방 백신인 Gardasil™(Merck)은 2006년에 승인되었다.
- 현재의 HPV 백신이 모든 HPV 감염을 막을 수는 것은 아니다. 따라서 지속적인 스크리닝을 유지해야 한다.
- 예방접종 프로그램은 일부 암에 대한 중요한 예방 조치이며, 앞으로도 계속 될 것이다.

연구 활동

1. 담배 연기에는 종양을 개시하는 발암원이 포함되어 있음이 잘 알려져 있다. 새로운 증거는 담배 연기가 또한 종양 촉진제이며, 이 역할이 염증에 의한다는 것을 암시한다. Takahashi *et al.*의 2010 논문을 참고하시오. 담배 연기가 염증을 유발해서 폐 종양 형성을 촉진한다는 생체내 증거를 제공한 모델 시스템, 실험 절차 및 분석 방법이 설명되어 있다. 폐암에서 항염증제가 가지는 역할은 무엇인가?

더 읽을거리

Aggarwal, B.B., Shishodia, S., Sandur, S.K., Pandey, M.K., and Sethi, G. (2006) Inflammation and cancer: how hot is the link? *Biochem. Pharmacol.* **72**: 1605–1621.

Colotta, F., Allavena, P., Ica, A, Garlanda, C., and Mantovani, A. (2009) Cancer-related inflammation, the seventh hallmark of cancer: links to genetic instability. *Carcinogenesis* **30**: 1073–1081.

de Martel, C., Ferlay, J., Franceschi, S., Vignat, J., Bray, F., Forman, D., *et al.* (2012) Global burden of cancers attributable to infections in 2008: a review and synthetic analysis. *Lancet Oncol.* **13**: 607–615.

Elinav, E., Nowarski, R., Thaiss, C.A., Hu, B., Jin, C., and Flavell, R.A. (2013) Inflammation-induced cancer: crosstalk between tumours, immune cells and microorganisms. *Nat. Rev. Cancer* **13**: 759–771.

Escarcega, R.O., Fuentes-Alexandro, S., Garcia-Carrasco, M., Gatica, A., and Zamora, A. (2007) The transcription factor nuclear factor-kappa B and cancer. *Clin. Oncol.* **19**: 154–161.

Grivennikov, S.I., Greten, F.R., and Karin, M. (2010) Immunity, inflammation, and cancer. *Cell* **140**: 883–899.

Kim, K.S., Park, S.A., Ko, K.-N., Yi, S., and Cho, Y.J. (2014) Current status of human papillomavirus vaccines. *Clin. Exp. Vaccine Res.* **3**: 168–175.

Li, Q., Withoff, S., and Verma, I.M. (2005) Inflammation-associated cancer: NF-κB is the lynchpin. *Trends Immunol.* **26**: 318–325.

Lowy, D.R. and Schiller, J.T. (2006) Prophylactic human papillomavirus vaccines. *J. Clin. Invest.* **116**: 1167–1173.

Mantovani, A., Allavena, P., Sica, A., and Balkwill, F. (2008) Cancer-related inflammation. *Nature* **454**: 436–444.

Mesri, E.A., Cesarman, E., and Boshoff, C. (2010) Kaposi's sarcoma and its associated herpesvirus. *Nat. Rev. Cancer* **10**: 707–719.

Moody, C.A. and Laimins, L.A. (2010) Human papillomavirus oncoproteins: pathways to transformation. *Nat. Rev. Cancer* **10**: 550–560.

Polk, D.B. and Peek, R.M.Jr (2010) *Helicobacter pylori*: gastric cancer and beyond. *Nat. Rev. Cancer* **10**: 403–414.

Rayburn, E.R., Ezell, S.J., and Zhang, R. (2009) Anti-inflammatory agents for cancer therapy. *Mol. Cell Pharmacol.* **1**: 29–43.

Tan, T.-T. and Coussens, L.M. (2007) Humoral immunity, inflammation and cancer. *Curr. Opin. Immunol.* **19**: 209–216.

Vogelmann, R. and Amieva, M.R. (2007) The role of bacterial pathogens in cancer. *Curr. Opin. Microbiol.* **10**: 76–81.

Wroblewski, L.E. and Peek Jr, R.M. (2013) *Helicobacter pylori* in gastric carcinogenesis: mechanisms. *Gastroenterol. Clin. N. Am.* **42**: 285–298.

zur Hausen, H. (2002) Papillomaviruses and cancer: from basic studies to clinical application. *Nat. Rev. Cancer* **2**: 342–350.

웹사이트

Gardasil vaccines and HPV www.gardasil.com and http://www.gardasil9.com/about-hpv/

UK Cervical Cancer Statistics http://info.cancerresearchuk.org/cancerstats/types/cervix/mortality/

선택된 특별한 주제

Boxus, M. and Willems, L. (2009) Mechanisms of HTLV-1 persistence and transformation. *Br. J. Cancer* **101**: 1497–1501.

Chan, A.T, Arber, N., Burn, J., Chia, W.K., Elwood, P., Hull, M.A., *et al.* (2011) Aspirin in the chemoprevention of colorectal neoplasia: an overview. *Cancer Prev. Res.* **5**: 164–178.

Chang, M.H., You, S.-L., Chen, C.-J., Liu, C.-J., Lee, C.-M., Lin, S.-M., *et al.* (2009) Decreased incidence of hepatocellular carcinoma in hepatitis B vaccines: a 20-year follow-up study. *J. Natl. Cancer Inst.* **101**: 1348–1355.

Cox, T. and Cuzick, J. (2006) HPV DNA testing in cervical cancer screening: from evidence to policies. *Gynecol. Oncol.* **103**: 8–11.

Di Donato, J.A., Mercurio, F., and Karin, M. (2012) NF-κB and the link between inflammation and cancer. *Immunol. Rev.* **246**: 379–400.

Greten, F.R., Eckmann, L., Greten, T.F., Park, J.M., Egan, L.J., Kagnoff, M.F., *et al.* (2004) IKKb links inflammation and tumorigenesis in a mouse model of colitis-associated cancer. *Cell* **118**: 285–296.

Guerrieri, F., Belloni, L., Pediconi, N., and Levrero, M. (2013) Molecular mechanisms of HBV-associated hepatocarcinogenesis. *Semin. Liver Dis.* **33**: 147–156.

Harper, D., Franco, E., Wheeler, C., Ferris, D., Jenkins, D., Schuind, A., *et al.* (2004) Efficacy of a bivalent L1 virus-like particle vaccine in prevention of infection with human papillomavirus types 16 and 18 in young women, a randomized controlled trial. *Lancet* **364**: 1757–1765.

Houghton, J., Stoicov, C., Nomura, S., Rogers, A.B., Carlson, J., Li, H., *et al.* (2004) Gastric cancer originating from bone marrow-derived cells. *Science* **306**: 1568–1571.

Hu, Z., Zhu, D., Wang, W., Li, W., Jia, W., Zeng, X., *et al.* (2015) Genome-wide profiling of HPV integration in cervical cancer identifies clustered genomic hot spots and a potential microhomology-mediated integration mechanism. *Nat. Genet.* **47**: 158–163.

International Agency for Research on Cancer (2011). *Monographs on the evaluation of carcinogenic risks to humans, volume 100. A review of carcinogen—Part B: biological agents.* International Agency for Research on Cancer, Lyon.

Joura, E.A., Giuliano, A.R., Iversen, O.E., Bouchard, C., Mao, C., Mehlsen, J., *et al.* (2015) A 9-valent HPV vaccine against infection and intraepithelial neoplasia in women. *N. Engl. J. Med.* **372**: 711–723.

Karin, M. (2006) Nuclear factor-κB in cancer development and progression. *Nature* **441**: 431–436.

Lee, D.-F. and Hung, M.-C. (2008) Advances in targeting IKK and IKK-related kinases for cancer therapy. *Clin. Cancer Res.* **14**: 5656–5662.

Ma, J.-L., Zhang, L., Brown, L.M., Li, J.-Y., Shen, L., Pan, K.-F., *et al.* (2012) Fifteen-year effects of *Helicobacter pylori*, garlic, and vitamin treatments on gastric cancer incidence and mortality. *J. Natl. Cancer Inst.* **104**: 488–492.

Marur, S., D'souza, G., Westra, W.H., and Forastiere, A.A. (2010) HPV-associated head and neck cancer: a virus-related cancer epidemic. *Lancet Oncol.* **11**: 781–789.

Meyerhardt, J.A. (2009) COX-2 inhibitors and colorectal cancer: the end or just a new beginning. *Update Cancer Ther.* **3**: 154–156.

Munoz, N., Bosch, F.X., de Sanjose, S., Herrero, R., Castellsague, X., Shah, K.V., *et al.* (2003) Epidemiologic classification of human papillomavirus types associated with cervical cancer. *N. Engl. J. Med.* **348**: 518–527.

Naugler, W.E., Sakurai, T., Kim, S., Maeda, S., Kim, K.H., Elsharkawy, A.M., *et al.* (2007) Gender disparity in liver cancer due to sex differences in MyD88-dependent IL-6 production. *Science* **317**: 121–124.

Ni, Y.H., Chang, M.H., Wu, J.F., Hsu, H.Y., Chen, H.L., and Chen, D.S. (2012) Minimization of hepatitis B infection by a 25-year universal vaccination program. *J. Hepatol.* **57**: 730–735.

Perkins, N.D. (2012) The diverse and complex roles of NF-κB subunits in cancer. *Nat. Rev. Cancer* **12**: 121–132.

Pikarsky, E., Porat, R.M., Stein, I., Abramovitch, R., Amit, S., Kasem, S., *et al.* (2004) NF-κB functions as a tumour promoter in inflammation-associated cancer. *Nature* **431**: 461–466.

Roithmaier, S., Haydon, A.M., Loi, S., Esmore, D., Griffiths, A., Bergin, P., *et al.* (2007) Incidence of malignancies in heart and/or lung transplant recipients: a single institution experience. *J. Heart Lung Transplant.* **26**: 845–849.

Steinbach, G., Lynch, P.M., Phillips, R.K.S., Wallace, M.H., Hawk, E., Gordon, G.B., *et al.* (2000) The effect of celecoxib, a cyclooxygenase-2 inhibitor, in familial adenomatous polyposis. *N. Engl. J. Med.* **342**: 1946–1952.

Takahashi, H., Ogata, H., Nishigaki, R., Broide, D.H., and Karin, M. (2010) Tobacco smoke promotes lung tumorigenesis by triggering IKKβ- and JNK1-dependent inflammation. *Cancer Cell* **17**: 89–97.

Villa, L.L., Costa, R.L., Petta, C.A., Andrade, R.P., Ault, K.A., Giuliano, A.R., *et al.* (2005) Prophylactic quadrivalent human papillomavirus (types 6, 11, 16, and 18) L1 virus–like particle vaccine in young women: a randomized double-blind placebo-controlled multicentre phase II efficacy trial. *Lancet Oncol.* **6**: 271–278.

Wang, D. and DuBois, R.N. (2010) The role of COX-2 in intestinal inflammation and colorectal cancer. *Oncogene* **29**: 781–788.

Yoshimoto, S., Loo, T.M., Atarashi, K., Kanda, H., Sato, S., Oyadomari, S., *et al.* (2013) Obesity-induced gut microbial metabolite promotes liver cancer through senescence secretome. *Nature* **499**: 97–101.

Chapter 14

신기술과 새로운 항암제 그리고 진단기술의 개발

도입

암 연구의 목적은 새롭고, 효과적이며, 독성이 없는 항암제를 개발하고, 발병 초기에 암을 발견하는 방법을 찾는 것이다. 본 장에서는 치료제 개발과 관련된 진보된 연구방법, 기술, 그리고 과정에 대하여 다룬다. 과학기술의 발전에 따라 많은 지식을 얻게 되었고, 이를 기초로 새로운 진단법 및 치료제 개발이 가능해졌다. 마이크로어레이(제4장에서 언급한 바와 같이 차세대 유전자 서열분석법을 견인함)는 암화 과정을 이해하는 데 큰 공헌을 하였으며, 새로운 임상적 적용을 유도하였다. 암 유전자의 기능을 이해하기 위한 CRISPR-Cas9 시스템의 도입은 암 유전자 연구를 위해서 가장 최근에 도입된 기술로, 차후에 자세하게 다루도록 한다.

새로운 치료제를 개발하는 것은 질병의 원인을 찾고, 치료제를 평가할 질병 모델을 만들며, 약으로 사용될 활성억제제를 찾거나 만드는 것을 어떻게 완성할 것인지를 결정하고, 시험을 반복적으로 수행하는 단순한 과정의 이론적 논거에 기반을 둔다. 하지만 실상에서는 각 단계마다 매우 긴 시간이 소요되고, 매우 많은 비용이 들어간다. 최근의 가장 성공적인 항암제 중 하나인 imatinib(Gleevec™)의 개발은 치료제 개발 과정을 보여주는 예이다. 이 치료제의 작용 기전과 항암제 내성 발생의 이해는 "제2세대 항암제" 개발 과정에 설명되었다. 이 장의 말미에서 이 과정에 대해 다룬다.

14.1 마이크로어레이와 유전자 발현의 프로파일링

마이크로어레이(Microarrays)와 이와 관련된 기술은 수많은 유전자의 발현을 동시에 분석하는 것을 가능하게 하였다. 이런 기술 덕분에 엄청난 양으로 제공되는 데이터는 이전에는 제공될 수 없었던 결과물이다. 이전의 방법에서는 각각 유전자를 대상으로 시험하거나 아주 적은 몇몇 유전자를 동시에 분석하는 것만이 가능하였다. 마이크로어레이 방법으로 "유전자 특징(signature) 또는 프로파일"이라 일컫는 특정한 결과나 표현형과 연관된 한 무리의 유전자를 찾아내는 것이 가능하게 되었다. 그러나 차세대 유전자-서열 분석법(Next-generation sequencing)은 현재 많은 생명과학 영역에서 또한 암 영역에서 많은 정보를 얻는 데 이바지했던 마이크로어레이를 대체하고 있다.

실험 과정

마이크로어레이는 그리드(격자) 유리판 또는 실리콘 칩 위에 만든다. 유리판 또는 실리콘에는 수천 개의 유전자의 특정 부위 DNA가 붙어 있고, 이 유전자는 상보적인 RNA와 결합하는 탐침자로 작용한다. 마이크로어레이를 이용한 분석을 통해 각 그리드 위의 탐침자와 혼성부합(hybridization)하는 RNA의 동정이 가능하므로, 이를 통해서 발현하는 유전자의 특정화가 가능하다. 이에 대해 일반적인 실험방법을 기술하면 다음과 같다. 수천 개의 유전자 특이적 결합용 탐침자를 유리판 또는 실리콘 칩 위에 붙인다(그림 14.1a). 각 DNA 탐침자는 일반적으로 자동화 또는 레이저 기술을 이용하여 유리판의 격자 위의 정확한 위치에 붙인다. 여기 사용되는 RNA는 암 조직과 같은 시료로부터 추출되거나, 이 과정에서 형광 뉴클레오티드나 형광 표지가 포함된 복제본이다(그림 14.1b). 그러고 나서 이 칩을 암 시료로부터 표지된 RNA 또는 상보성 DNA(cDNA)와 반응시킨다(그림 14.1c). 혼성부합하지 않은 RNA는 세척으로 제거하고, 마이크로어레이를 레이서를 이용해 스캔(scan) 후, 컴퓨터로 분석한다(그림 14.1d). 그림 14.1e에 제시되어 있는 마이크로어레이 사진은 2개의 다른 색(빨간색 및 초록색)으로 표지된 두 시료를 동시에 조사한 결과이다. 컴퓨터에 의해 제어되는 스캐너를 이용해서 탐침자와 혼성부합한 RNA 또는 cDNA의 형광 강도를 분석하는 방법으로 유전자 발현이 정량화된다. 일반적으로 2종류의 마이크로어레이 방법이 있는데, cDNA 마이크로어레이와 올리고뉴클레오티드 마이크로어레이법이다. 이 두 방법의 다른 점은 탐침자의 근원에 기인한다. cDNA 마이크로어레이에서 각 탐침자는 각각 최적의 혼성접합 온도(GC 비율과 같은 요인에 기인함)를 갖고 있으므로, 검체에서 형광 강도는 항상 대조군의 형광 강도와 동시에 비교해서 분석한다. 올리고뉴클레오티드 마이크로어레이에서 합성 탐침자는 유사한 혼성접합 온도를 갖도록 고안된 것으로, 동일 시료에서 특정하고자 하는 발현의 절대값을 측정하는 것이 가능하다. 이런 마이크로어레이 결과는 여러 다른 방식으로 보일 수 있다. 결과의 제시 방식 중 한 가지는 유전자 발현의 정도를 색으로 표시하는 히트맵(heat map)이다(그림 14.1f). 유전자는 횡으로, 시점은 종으로 정렬된다.

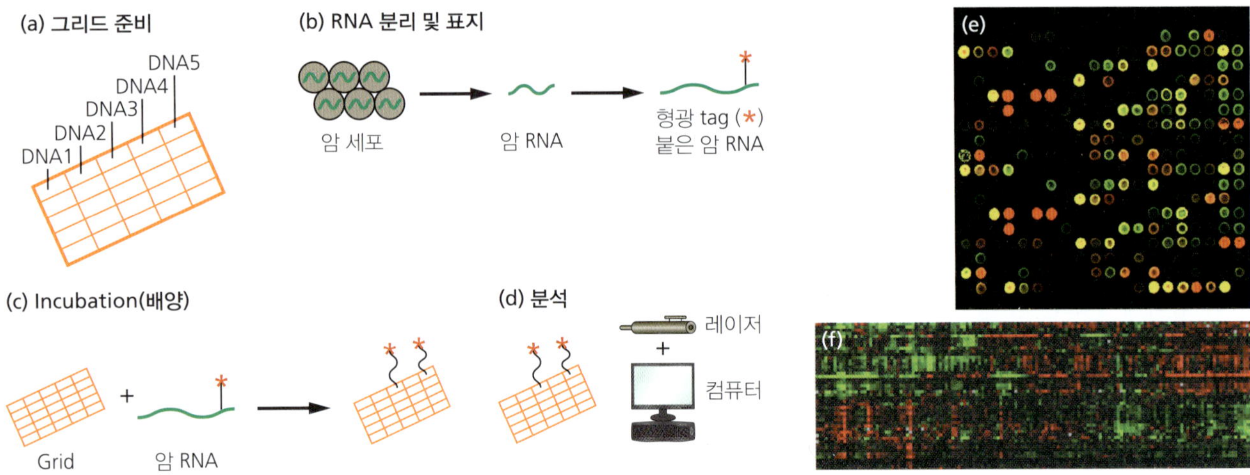

그림 14.1 (a~d) 마이크로어레이에 대한 기본적인 연구계획. (e) 간단한 마이크로어레이 결과. (f) 대표적인 히트 맵.

빨간색 박스는 대조군과 비교하여 증가를 나타내고, 초록색 박스는 대조군과 비교하여 감소를 나타내며, 검은색 박스는 변화 없음을 나타낸다. 그러고 나서 유전자 발현 패턴의 유사성은 무리(군) 분석 도해의 형태로 묘사된다. 이 방법의 한계는 탐침자의 특이성에 의해 제한을 받는다는 것이다. 예를 들어, alternative splicing 이형은 검출될 수도 되지 않을 수도 있는데, 이는 탐침자에 포함된 유전자의 서열에 따른다. 단백질 마이크로어레이와 항체 마이크로어레이와 같은 신기술을 접목한 마이크로어레이 디자인은 매우 큰 가능성을 갖고 있다.

마이크로어레이의 응용

마이크로어레이 응용은 암 생물학에 지대한 영향을 주었다. 암은 세포 수준에서 게놈과 에피게놈에서 유발되는 질병이므로, 암화 과정에 관여하는 유전자는 암 발생이 일어나는 조직에서 유전자 발현의 변화를 분석하는 것으로 동정될 수 있다.

다른 유전자 발현 특징(signature)은 암의 분자적 아형을 감별하는 데 사용될 수 있고, 좀 더 정확한 진단과 치료법 개발을 주도할 수 있다. 마이크로어레이가 어떻게 특정 암의 한 종류를 특정짓는지 예를 들어 살펴보자. 암, 면역학, 림프계 세포에서 중요한 역할을 담당하는 유전자를 스크리닝하는 마이크로어레이인 림포칩(lymphochip) 응용법은 특정 림프종 중에 분자적으로 구별되는 2개의 형태를 구별하는 데 도움이 된다(Alizadeh *et al.*, 2000). 림포칩에서 얻은 결과는 유전자 발현에 있어서 다른 단계-특이적이면서 다른 임상적 결과(어떤 소집단의 76%는 5년 생존율을 보인 반면에 다른 집단은 16%의 생존율을 보임)에 상응하는 2개의 다른 형식을 보였다. 즉, 한 종류의 암이 다른 2가지 암으로 다시 분류되었다. 이러한 발견은 추가 연구를 위한 기반이 되었다. 최근에 전장유전체 발현 프로파일링이란 방법이 림프종의 분류 및 진단에 사용되었는데(Barrans *et al.*, 2012), 맞춤 치료를 위해서 분자 아형을 기반으로 환자를 분류하는 데 사용되었다. DNA 어레이 또한 유방암을 포함하여 다른 암을 분자적으로 분류하기 위해 사용되었다.

진단, 예후 및 예측 유전자 특징이 밝혀졌고, 몇몇은 임상적으로 응용되었다. 그 분자적 특징은 질환 결과의 예측과 특정 암에 유용한 가장 효과적인 처방을 가능하게 하였다. 여러 연구 그룹에서 마이크로어레이를 사용하여 암의 전이나 예후 예측(Shipp *et al.*, 2002; Van't Veer *et al.*, 2002)이 가능한 많은 지표 유전자를 찾았다. 2개의 유전자 발현 프로파일 검체가 유방암을 대상으로 해서 2004년에 시작되었다. Oncotype DX^{TM}(Genomic Health, Redwood City, CA) 및 Mammaprint^{TM}이 유방암 재발을 예측하기 위해 설계되었다. Oncotype DX^{TM}는 250개 유전자를 대상으로 한 유전자 중에서 16개 유전자를 선택해서 사용되었고, Mammaprint^{TM}은 예후의 좋고 나쁨을 나타내는 25,000개 유전자를 대상으로 한 어레이로부터 70개 유전자를 추려서 사용하였다. 이들 선택된 유전자를 대상으로 한 분석의 주 목적은 항암제를 투여한 환자에서 예기치 않게 전이가 일어나는 암을 찾기 위한 것이다. 유방암 세포가 림프절에 퍼지지 않은 환자 중 일부(20%)만이 후에 전이가 발견되었고 화학요법치료제를 필요로 하였다. 림프절에 암세포가 발견되지 않은 유방암 환자의 대부분은 수술과 방사선 치료만으로 치료되었다. Oncotype DX^{TM} 시험체를 대상으로 17점(낮은 재발생 점수) 또는 31점 및 그 이상(높은 재발생 점수)을 가진 유방암은 화학요법 항암치료법이 유용할 것으로 예측되었다. (중간 값의 의미는 조사 중에 있음; TAILORx Breast Cancer Trial.) 이와 같은 유전자 프로파일링 시험은 암 전이를 막을 목적으로 적용되는 화학항암치료가 특정 환자에게는 불필요함을 밝혀낸 것이다. 이는 진정한 기술 진전의 한 예이다. 미래의 전망은 개개의 환자를 대상으로 일차 암의 유전자 프로파일에 기반한 맞춤 치료법의 개발이 가능하다는 것이다.

14.2 진단과 예후에 대한 바이오마커의 분석

바이오마커(**biomarker**; 생체표지자)는 하나의 생화학적 또는 유전학적 특징으로 위험도를 추정하고, 질병을 감지하며, 치료의 과정 또는 효과를 측정하는 데 사용될 수 있다. 바이오마커는 측정할 수 있는 특정 분자[예, human epididymis protein 4 (HE4), 2009년 미국 식품의약품안전처에서 승인된 난소암 혈청 바이오마커; Leung *et al.*, 2013 참조], 유전자 변형체, 유전자 발현 프로파일, 세포-기반 마커(순환 종양세포: CTC) 그리고 **단일염기 다형성**(**single nucleotide polymorphisms**) 등을 포함한다. 측정할 수 있는 바이오마커는 "정상" 또는 "비정상" 범위에 들어갈 수 있으며, 더불어 진단과 예후 예측에 도움이 되어야 한다.

잠시 멈춰 생각하기

앞에서 이미 여러 바이오마커에 관해 다루었다. 다음과 같은 바이오마커들을 상기해 보자: 유방암 및 난소암의 위험도를 예견하고, 치료의 정도 및 예후 예측을 결정하는 것.

바이오마커는 유전자 발현 프로파일링(14.1절에 기술하였음), 마이크로어레이 또는 생물학적 검체에 있는 수천 가지 단백질을 동시에 시험할 수 있는 질량 분광계 분석을 통해서 찾아낼 수 있다. 질량 분광계 분석을 위해 단백질이 펩티드가 되도록 효소로 처리하여야 한다. 이 펩티드는 분광계에서 분리되고, 이온화되기 전에 분류된다. 이후, 이온화된 펩티드는 단편화되고, 이온화된 생성물의 질량 대 전하의 비는 생성된 스펙트럼 및 생물정보학을 통해서 아미노산 서열 정보 및 생물정보학적(bioinformatics) 정보를 제공해 준다. 더 나아가 미래에는 새롭고 개선된 바이오마커를 찾을 수 있을 것이다.

남성에서 암으로 인한 치사율 2위인 전립선암에 대한 바이오마커를 찾는 과정을 예로 들어 보자. 혈액에서 검출되는 전립선-특이적 항원(prostate-specific antigen; PSA)이 전립선암을 스크리닝하기 위해 전통적으로 사용되어 왔다. 그러나 이후에 높은 음성 생검 비율(negative biopsy rates, 70~80%)이 나타나므로 개선이 필요하며 아직 논란의 여지가 있다. 음성 생검 비율은 PSA가 전립선암에서만 특이적으로 나타나지 않는 점에서 기인한다. PSA의 증가는 전립선염과 같은 초기 전립선 상태에서도 검출되기 때문이다. 유전체학 기반 진단법은 전립선암 검출의 개선을 이끌었다. 전립선암 항원 3(prostate cancer antigen 3; *PCA3*) 유전자(*DD3PCA3*로 알려짐)는 현재까지 가장 전립선암-특이적인 유전자로 알려졌다. 이 유전자는 nc-RNA를 암호화하는데, 오직 전립선 조직에서만 발현하고, 전립선암의 95% 이상에서는 강력하게 과발현(60~100배)한다. PROGENSA PCA3 시험이라고 명명된 핵산 증폭법으로 PCA3 RNA를 검출하는 소변검사가 전립선암 진단에 적용되었다. 소변 시료를 이용하는 이 시험은 표준 PSA 시험법과 비교되었다. 그 결과 PCA3 시험이 더 좋은 진단 가능성과 예후 연관성을 보여주었다. 따라서, PCA3 바이오마커 개발은 PSA 진단법을 위한 불필요한 생검의 수를 줄이는 비침윤성 진단법으로 큰 활용성을 가진다(Merola *et al.*, 2015).

Cologuard라고 하는 첫 번째 비침윤 분변 DNA 스크리닝 시험법이 2014년에 FDA로부터 승인되었다. 이 시험은 대장암 암화 과정과 연관된 DNA 돌연변이(KRAS)와 메틸화 바이오마커(NDRG4 및 BMP3)를 검출한다. 결과는 기준 유전자(reference gene)로 보정된다. 이 시험에서는 또한 헤모글로빈을 검출함으로써 적혈구의 존재를 결정한다. 이들 결과는 통합되어 양성 또는 음성 결과를 나타내는 수치로 변환된다.

혈액검사로 간단하게 검출 가능하도록 더 진보된 3개의 진단 및 예후 예측 지표자(indicator)는 CTC 또는 암 DNA, miRNA 및 엑소좀(exosome)(제9장에서 다룸)이다. 초기 연구에서는 혈액에 있는 암세포, 즉 CTC의 전체 세포 수를 몇몇 암종에서 예후예측인자로 사용하고자 했다. 암세포의 기원을 알아내기 위한 miRNA의 사용에 대해 제3장에서 다루었다. 여러 개의 miRNA 양이 전이와 상관관계를 보였다. 우리는 조만간 임상에서 CTC를 검출하고, miRNA 마이크로어레이를 수행하는 새로운 기기를 볼 수 있을 것이다. 또 다른 상상은 유전자 칩을 피부 아래에 이식한 후, 바이오마커 변화를 모니터링함으로써 빠른 진단과 초기 치료를 촉진할 수 있을 것이다.

14.3 CRISPR-Cas9에 의한 유전자 기능 연구

유전자 기능에 대한 연구는 암 세포에서 유전체 변형의 역할을 이해하고, 새로운 표적 항암제 개발을 이끄는 데 중요하다. 배아줄기세포에서 유전자의 변화를 이끄는 상동재조합 기술은 유전적으로 조작된 암 마우스 모델을 만드는 주요한 방법이다. 그러나 배아줄기세포를 조작하고 마우스 개체를 만드는 데 소요되는 긴 시간과 낮은 효율은 진행을 더디게 만들었다. 세포에서 cDNA를 통한 유전자 발현은 유전자 기능을 시험하는 또 다른 방법이지만, 양적 변화를 제어하는 것이 어렵고, 생리적인 조건보다 종종 높게 검출된다. 그리고 RNA 간섭은 발현을 억제하는 데 사용되지만 억제하는 정도를 정확히 제어할 수 없다. 보다 최근에는 CRISPR-Cas(clustered regularly interspaced short palindromic repeats-CRISP-associated system)가 기능 연구를 위한 유전체 변형 기술로 개발되었고, 이는 암 연구 분야의 발전을 크게 신장시키고 있다.

CRISPR-Cas9 시스템은 원핵생물 적응 면역 시스템(후천 면역 시스템)으로부터 기인되었다. 아래는 이것이 어떻게 작동하는지 실험적으로 보여주는 것이다(그림 14.2). 이 시스템은 2가지 구성요소를 갖는데, DNA endonuclease인 Cas9과 Cas9을 안내하는 카이메릭 단일 가이드 RNA(chimeric single guide RNA, sgRNA)이다. sgRNA는 두 부분으로 나뉜다. CRISPR RNA 부분은 Watson−Crick 염기 짝짓기에 의한 20-뉴클레오디드 유전체 DNA 표적자리에 결합하며, trans-activating

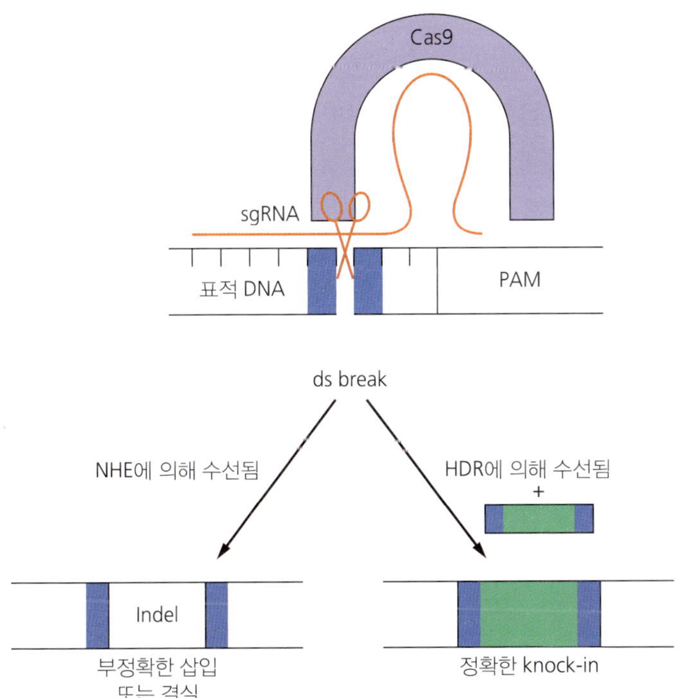

그림 14.2 CRISPR-Cas9 시스템.

CRISPR RNA 부분은 Cas9 endonuclease에 결합한다. 표적 서열은 NGG 또는 NAG 3뉴클레오티드 서열이어야 하며, 이들은 protospacer adjacent motifs (PAMs)라고 불린다. 이 분자들은 표적자리에 있는 PAM의 5′ 3 염기째에서 이중사슬 절단(double strand break)을 만든다. 이 표적자리는 non-homologous end-joining(NHE) 또는 homology-direct repair(HDR)(제2장에서 배운 HR을 말함)라고 부르는 두 내재성 DNA 수선 경로 중 하나에 의해 수선된다. 수선은 작은 삽입이나 결실(indels)을 낳게 되는데, 이것으로 기능 상실 돌연변이(loss-of-function)를 만들거나 기능 획득 돌연변이(gain-of-function) 생성을 위한 정확한 변형을 일으킨다. (참고: HDR은 공여 DNA 주형을 요구한다.) Cas9과 sgRNA 요소는 플라스미드 DNA 또는 바이러스 벡터의 형태로 세포에 일시적 또는 영구적으로 도입될 수 있다.

CRISPR은 한 번에 여러 유전자 좌위를 표적하는 것이 가능하다는 장점을 이용해서 전통적인 마우스 모델을 만드는 배아줄기세포 조작과 암-연관 염색체 전좌(tumor-associate chromosomal translocation; Torres *et al*., 2014)에 곧바로 사용되었다. 이 시스템은 간에서 암을 유도하기 위해 마우스 체세포 돌연변이를 만드는 데에도 사용되었다(Xue *et al*., 2014). 앞으로, 환자의 면역치료를 위한 면역세포의 체외 조작에 이 시스템을 적용할 수 있을것이다.

14.4 영상기술

영상기술은 진단, 수술 전 계획 및 치료의 경과를 추적하는 데 중요하다. 과거에는 영상기술이 해부학적 특징들에만 주로 제한되어 사용되었다. 주요 영상 양식의 대략적인 내용을 표 14.1에 나타내었고, 그중 몇 개는 더 세부적으로 아래에 설명한다.

CT는 X-선(제2장에서 다룬 바와 같이 전자기 방사선의 한 종류)을 사용한다. X-선은 조직에 따라 다르게 흡수된다. X-선의 조직에 따라 다른 침투력을 이용하여 영상을 만들 수 있다. 최신의 스캐너에서는 X-선 광원과 검출기가 환자 주위를 회전하여 마치 환자가 테이블 위에서 움직이는 것과 같이 작동한다. 이것으로 많은 데이터를 얻어 복잡한 3차 영상을 만들 수 있다. CT 스캔시에 방사선-유도 암 발생의 위험이 있다는 사실은 중요하다. 위험도 모델을 이용한 한 연구에 따르면, 2007년 미국에서 행해진 CT 스캔이 미래에 29,000건 이상의 암발생과 관련 있을 것이라고 한다(Berrington de Gonzalez *et al*., 2009).

MRI는 조직에 존재하는 수소 핵의 자기적 특성을 기반으로 하고 있다. 개개의 다른 조직은 각기 다른 자기적 특성을 갖는다. 외부의 강한 자기장이 존재하는 경우 수소 원자의 자기장은 스스로 일직선으로 정렬하게 된다. 고주파 펄스는 수소 원자에 의해 흡수된다. 그리고 이것이 자기장을 재정렬되게 한다. 펄스를 중지하면 에너

표 14.1 암에서 사용되는 주된 영상 기술

영상 양식	기전	특기사항
컴퓨터 단층촬영(CT)	X-레이	암의 위험도 증가
양전자 방사 단층촬영(PET)	양전자	방사성 추적자인 포도당 유사체 필요(그림 11.5)
광학 촬영	형광/발광 탐침자	
자기 공명 촬영(MRI)	전자기장 하에서 조직에 고주파 펄스가 적용됨	
초음파 촬영(US)	고주파 음파	

지가 방출되고, 자기장은 정렬된 방향으로 다시 돌아온다. 이 에너지는 각각 다른 조직으로부터 탐지되어 영상을 만드는 데 사용된다. 현재 사용되고 있는 MRI에 대해서는 알려진 위험도가 없다(인공심장박동기와 같은 금속 물질을 체내에 가진 환자에서는 예외임).

초음파 영상은 초음파를 해부학적 구조 분석에 사용한다. 음파는 물체에 닿으면 울림으로 되돌아온다. 울림을 탐지해서 영상을 만들기 위해 분석된다. 이 방법은 유방과 갑상샘과 같은 피부에 가까운 조직(superficial tissue)에 매우 유용한데, 왜냐하면 주파수와 침투 깊이가 서로 역의 관계에 있기 때문이다. 현재 사용되고 있는 매우 많은 초음파 장비의 수를 고려하면 보고된 위험은 없다.

미래에는 분자 경로와 조직의 기능을 조사하는 여러 가지 기술을 사용하는 분자 및 기능적 영상(MFI)이 병원에서 일반적으로 사용될 것이다(Glunde *et al.*, 2007). MFI에 의해 검진되는 분자 특징은 수용체의 과발현 또는 세포 위치 등이다. 기능적인 측면에서는 혈관(예, 혈관 체적, 혈관의 삼투성, 저산소증)과 대사(예, 해당과정의 활성도) 등이 가능할 것이다.

MFI는 조기 진단뿐만 아니라 치료 후 질병의 진행 상황을 살피는 데 매우 큰 영향을 줄 것이다. 참고로 알아두어야 할 점은 일반적으로 암이 초기-단계(단계 1)에서 발견되면 90% 이상이 5년간 생존할 가능성이 있다는 사실이다. 또한 정밀한 영상은 수행되는 생검의 수를 줄일 수 있다. 앞으로, MFI는 암 치료에 직접 도움을 줄 것이다. 이러한 영상기술은 초미세기구 또는 미세기구와 같이 미래에 사용될 치료기구에도 필요할 것이다. 새로운 영상 기술이 임상에 사용되는 데 걸림돌 중의 하나는 비용이다.

14.5 암 나노테크놀로지

미래에 암 분야에 큰 영향을 미칠 가능성이 높은 다학제 간 분야는 암 나노테크놀로지이다. 나노테크놀로지(nanotechnology)는 사람이 만드는 장치(또는 그 핵심적인 요소) 중 적어도 하나의 부피가 1~1000 nm 범위의 것을 연구함을 말한다. 이는 몇 개의 원자를 합해 놓은 크기에서부터 세포내 소기관 구조의 크기를 갖는 것 등 다양하다. 나노테크놀로지는 진단에서부터 치료약물 표적을 위한 영상화(총설, Sanna, Pala and Sechi, 2014 and Xu *et al.*, 2015 참조) 등으로 암 영역에 적용할 수 있는 많은 가능성을 갖고 있다. 뿐만 아니라, 다른 초미세 물질이 약물 전달체로서 그리고 다른 임상적 응용을 위해 시험되고 있다. 이러한 것은 탄소 케이지(cage, 1996년에 플러젠을 발견한 공로로 Robert Curl, Harry Kroto, Richard Smalley가 노벨상을 수상함)를 갖고 있는 플러렌(fullerene)과 금 나노파티클(gold nanoparticles)을 포함한다. 라이포좀(liposome)과 고분자 결합(polymer conjugate)은 임상에서 약물 전달을 위해 사용되는 가장 일반적인 2가지 형태의 나노파티클이다. doxorubicin을 캡슐화한 라이포좀 플랫폼인 Doxil™은 1996년에 FDA에서 승인된 첫 번째 나노 의약품이다. 그 후 여러 개의 다른 비표적 나노의약품이 승인되었다. 흥미롭게도 나노파티클은 암조직의 비정상적으로 성긴 혈관에서 새어나와 암세포로 갈 수 있다. 이는 증가된 투과 및 보유 효과(EPR, enhanced permeation and retention effect)라고 불린다. 다른 전략은 자극-응답 나노 약물로, 열이나 빛에 노출되었을 때 나노파티클 안의 내용물을 방출하는 것이다.

항암제를 암 특이적으로 표적화하는 데 있어서의 문제점은 앞으로 더 잘 해결해 나가야만 한다. 우리는 건강한 조직이 항암제에 노출되어 겪는 가혹한 부작용을 모두 인지하고 있다. 항암제로 채워져 있고, 그 표면에 표적 소구조를 포함하는 초미세 구조를 나노벡터라고 부른다. 나노벡터는 암-특이적 약물 전달이 효과적으로 성공할 수 있는 가능성을 갖고 있다. 그 예로서, BIND-014는 최초로 임상시험에 들어갔으며, 전립선-특이적 막 항원(PSMA)과 결합하는 분자로 표면처리되고, docetaxel을 포함하는 다중합체로 구성되어 있다. PSMA는 전립선암 세포와 다른 많은 암의 신생 혈관 세포 표면에서 과발현한다.

부가적으로 나노벡터는 다양한 영상 기술에서 감지되는 신호를 매우 높게 증폭시키는 영상 색상 대비 물질로도 사용될 것이다. 이런 나노테크놀로지가 마이크로어레이를 더 많은 용량의 "나노어레이"로 개선할 것이라는 것은 쉽게 예측할 수 있다.

마지막으로, 하지만 매우 독특하게도, 나노테크놀로지는 많은 바이오마커를 동시에 감지하고 진단과 예후 예측, 그리고 치료의 감시 관찰을 개선하는 생분자 감지기로 연결될 것이다. 나노켄틸레버와 나노전선(nanowire)이라고 불리는 2개의 특이적 시제품이 곧 선보일 것으로 예측된다. 이 둘은 바이오마커와 결합할 수 있는 표면처리된 분자를 갖고 있다. 나노켄틸레버는 바이오마커와 결합하는 것을 막는다(피아노 키가 갇혀 있을 때와 유사한 방식으로). 레이저는 막힘을 감지하는 데 사용된다. 나노전선은 결합에 의한 변화를 받게 되고, 그 변화는 전기적으로 감지된다. 이 둘은 암을 감시 관찰하는 데 방법과 속도를 바꿀 것이다.

종합하면, 나노테크놀로지는 특정 암으로 항암제 표적화를 가능하게 해서 더 좋은 치료 결과와 적은 독성 및 부작용을 갖도록 이끌 것이다. 이는 영상기술과 바이오마커의 검출 감도를 증진시켜 진단 기술을 개선할 것이다. 그리고 이 기술이 바이오마커 감지기술로 상용화되면, 생검을 대체할 것이다.

14.6 약물 개발의 전략

치료제의 개발은 연속된 단계에 따라 진행되며(그림 14.3), 여러 다른 분야의 전문가 그룹(생화학자, 세포생물학자, 화학자, 임상학자)이 각기 다른 기관에서 각각 다른 단계를 수행한다. 이 장에서 우리는 많은 중요한 분자 표적과 이것을 다루는 전략(예, 인산화효소 활성억제제)의 예를 보게 될 것이다. 어떤 가능성 있는 치료제가 동정되고 체내 전달(약의 제형)을 위해 최종 산물로 준비되었을 때, 다음 연구는 전임상 시험과 임상시험으로 나눌 수 있다. **전임상 시험**은 동물 모델에서 약물을 시험하는 것으로 개념 증명(proof of concept)에 대한 안전성과 유효성의 결과를 모으는 것이다. 이 연구는 **임상시험**에서 사람에게 치료제를 투여하기 전에 요구된다(15쪽의 1.5절 "임상시험"에서 다룸). 몇몇 약물 표적의 검증평가 개념은 여러 약물 개발에서 종종 사용되었다. 진정한 항암제 표적 검증은 임상적으로 유의미하다고 검증되고 그에 대해 개발된 표적 분자에 치료 약물이 직접 작용해서 효과를 나타내는지를 보임으로써 확인된다. 요즘의 "표적 검증 평가"라는 용어는 특정 유전자 혹은 단백질의 암세포에서의 역할과 치료 표적으로서의 가능성을 실험적으로 검증하는 것을

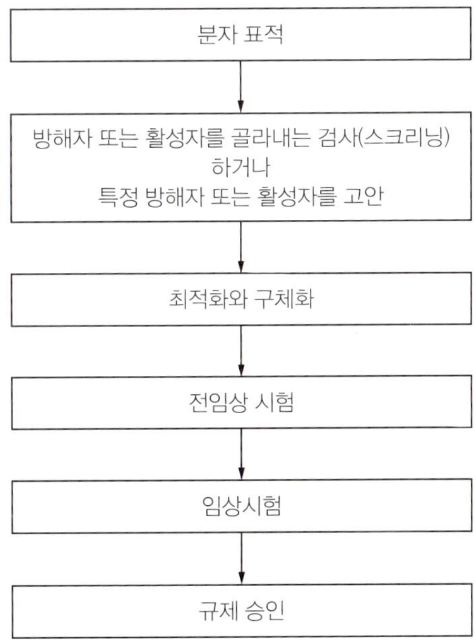

그림 14.3 치료제 개발의 단계.

말한다. 따라서 이는 임상시험 전에 행해지게 된다.

새로운 표적 치료제로 개발하기 위해서는 약물이 임상에 진입하기 이전에 약물 개발을 위한 3단계 접근이 필요하다. 암의 성장을 이끄는 분자 표적과 경로를 동정하고, 해부학적으로 동일하고 그리고 적절한 시기에 발생되는 유전적으로 동등한 고빈도 암 발생 동물 모델을 만들고, 분자 경로를 차단하는 활성억제제의 스크리닝 또는 설계한 후 동물 모델에서 그 효과를 시험하는 것이다(Romer과 Curran, 2005).

분자 표적과 표적 검증 평가

약물 개발을 위해 동정하고 연구해야 하는 여러 종류의 다른 분자 표적이 있다. 가장 잘 알려진 것이 암 발생의 원인이 되는 유전자 병변이다. 이러한 유전자 병변의 산물은 발암 단백질이거나 돌연변이된 종양 억제 단백질이다. 표적은 잘못된 단백질 그 자체이거나 그것이 영향을 주는 경로의 구성 요소이다. 또 다른 분자 표적의 종류는 조직-특이적 특성 또는 분화 경로에 관여할 수 있다. 예를 들면, 에스토로겐(estrogen)은 유방 조직에서 유사분열 촉진제(mitogen)로 작용하고, 에스트로겐 작용의 활성억제제(예, tamoxifen)는 유방암 치료에 효과가 있다. 유사하게, 조혈계통의 분화 경로 지식은 분화 치료법으로 APL의 치료에 응용되고 있다(200쪽의 8.6절, “혈액암 및 분화 치료” 참조). 분자 표적의 다른 종류는 암조직보다 주변 조직세포에서 일어나는 과정에 영향을 준다. 일례로, 혈관 형성의 분자 조절자는 좋은 치료 표적이다(예, VEGF, VEGFR; 236쪽의 10.4절, “항 혈관신생 치료” 참조).

어떤 분자 표적의 검증 과정은 종합적으로 평가할 수 있는 여러 데이터들을 제공하는 몇가지 방법들을 포함한다. 특정 유전적 병변에 대한 검증 평가는 특정 암에서 체세포 돌연변이의 양상을 연구하는 방법으로 얻을 수 있다(“잠시 멈춰 생각하기” 참조). EGFR은 검증된 약물 표적으로 확인되었고, 이 하위의 효과 분자(effector)인 Raf 및 MEK 또한 검증된 표적이다.

잠시 멈춰 생각하기

어떤 형태의 체세포 돌연변이가 관찰될 것으로 기대하는가? 기대되는 하나의 특징은 유전 병변이 암 특이적이며, 암 발생의 초기에 일어난다는 것이다. 건강한 조직 안에는 그 돌연변이가 없을 것이다.

세포-기반 체계는 표적 검증에 있어서 중요한 방법이다. 예측되는 발암 유전자를 정상 세포(제4장 참조)에 도입해 진행하는 형질전환 분석 시험은 그 예이며, 암 연구 영역에서 수행하는 기초적 시험이다. 세포에서 RNA 간섭 기술은 가능성 있는 표적을 시험하는 중요한 접근법이다. 그러나 아마 가장 가치 있는 전략은 형질전환 동물의 이용인데, 이를 통해 암이 자라고 있는 곳에서 표적이 처한 생리적 상황에 따른 분석이 가능하다.

예를 들어 보자. EGF 신호전달 경로의 구성 요소인 Raf는 세포 증식의 중요한 조절자(regulator)이다(제4장 참조). 상시 활성형 Raf를 만드는 발암형 돌연변이가 암, 특히 흑색종과 갑상샘 암에서 발견되었다. 이에 따라, Raf가 치료 표적이 될 수 있다는 가설을 뒷받침해 줄 증거가 필요하였다. Raf 안타이센스 올리고뉴클레오티드를 사용한 실험 결과는 생쥐에 이식한 사람 암 조직의 성장 실험에서 암의 성장이 억제됨을 증명해 주었다. 이것은 Raf가 미래에 치료제 개발의 검증된 표적이라는 가설을 증명하였다(이 장 끝에 있는 "탐구 활동" 참조).

실험 모델

새로운 약이 환자에서 효과를 보일지 신뢰할 수 있고 예측 가능한 암 모델을 찾는 것은 어려운 일이다. 암조직은 암을 갖고 있는 기관과 그 특성이 유사하고, 암세포는 숙주 세포, 면역 시스템, 혈관 그리고 세포외 기질(extracellular matrix)과 상호작용한다. 따라서, 배양하는 세포에서 새로운 약물을 시험하는 데 가장 문제점은 진정한 암 조직의 환경을 재현하기에는 너무 동떨어진 시스템이라는 것이다. 배양 세포보다 한 단계 근접한 것이 기관 배양과 기관모사 배양체를 사용하는 것인데, 이 시스템은 3차원적인 구조를 갖고 있다. 기관모사 배양체는 표적 기관조직과 유사하게 만든 것으로, 특정한 조직의 기질(matrix)에서 성장하는 세포로 만들어진다. 유도 전형성 줄기세포(IPS)의 사용은 암 모델에 대한 새로운 접근법으로 기대가 크다. 위암 연구를 위해 시험관에서 사람 전형성 줄기세포의 분화 과정을 거쳐 사람 위암 기관모사 배양체(오가노이드, Organoid)가 생산되었고(McCracken *et al*., 2014), 이는 *H. pylori* 감염과 위암을 치료하기 위해 개발된 약의 시험에 유용하게 사용될 수 있다. 약물 개발에 사용되는 가장 일반적인 모델 시스템이 *in vivo* 마우스 모델이다. 이 마우스 모델 시스템을 이용하기 위한 여러 가지 접근 방법이 있다. 가장 오래된 접근법은 고용량의 단일 발암 물질을 사용하는 것이지만, 표적으로 하는 암의 원인과 분자 결손 간의 상호관계를 파악하기는 어렵다. 가장 많이 사용되는 접근법은 사람 암 이종 이식 동물(xenogrft)을 만드는 것이다. 이종 이식 동물은 면역 부재(nude) 마우스의 피하에 사람 암세포를 주입해서 만든다. 누드 마우스의 사용은 미우스의 면역 시스템에 의한 사람 세포의 거부 반응을 피하기 위해서이다. 이 시스템의 단점은 면역 반응이 적용되지 않는다는 것이며, 비록 *in vivo* 상태일지라도 환경이 암 조직에 대해 낯선 환경이라는 것이다. 이 모델에서 개선된 것은 암세포가 기원한 조직과 같은(orthotopic) 마우스 기관으로 사람 세포가 이식되는 것이다. 마우스에서 형성된 암세포를 다시 다른 마우스에 주입함으로써 만들어진 암(syngeneic tumor)은 또 다른 변형체이다. 더 좋은 것은 형질전환 방법, 유전자 적중, RNA 간섭 또는 CRISPR-Cas9 기술을 이용하여 만들어진 유전적으로 변형된 마우스이다. 예를 들어, 다발성 장 신생물(multiple intestinal neoplasia, min) 마우스는 *APC* 유전자의 생식 세포 절단 돌연변이를 갖고 있다. 이 min 마우스는 다발성 선종(adenoma)을 발생시키므로, 대장(colon) 암 발생 연구에 사용된다. 그리고 조직 특이적이고 유도 가능한 프로모터를 사용하여 병인인 분자 결손과 암의 해부학적 특성을 잘 모사할 수 있다. DNA 수선이 결핍된 마우스, 기능이 망가진 텔로미어를 갖고 있는 마우스, 망가진 DNA 손상 검문소(checkpoint)를 가진 마우스는 DNA 손상이 돌연변이 증가를 일으키는 암의 "불안정성 모델"을 만든다. 이런 유전체 불안정성을 갖는 모델은 사람의 암과 비슷한 정도의 복잡한 암 조직을 만들어 내므로, 암화 과정의 많은 연구에 있어 중요한 연구 재료가 된다(Maser *et al.*, 2007 및 그 안의 참고문헌 참조). 그러나 사람과 마우스의 다른 점 때문에 이러한 모델로부터 얻은 연구결과는 임상에서 얻은 결과와 매우 다를 수도 있다는 것을 기억해야 한다.

약물의 스크리닝

고속 대량 탐색(high-throughput screening)은 약물 개발을 위해 선도 물질을 선별하기 위한 일반적인 접근법이다(그림 14.4). 이것은 짧은 시간에 수백만 개의 화합물을 시험할 수 있게 한다. 세포들이 포함된 수백 개의 웰(well)을 갖고 있는 플레이트(plate)를 이용해서, 검색을 위한 생물학적 효과(예, 세포자살)에 대한 다양한 화합물질의 활성을 평가한다. 플레이트를 준비하기 위해 로봇이 사용될 수 있으며, 화합물을 하루에 10만 개까지 분석 가능하다. 많은 스크리닝 프로토콜이 **조합 화학(combinatorial chemistry**: 구조적으로는 비슷하지만 다른 많은 수의 화합물을 빠르게 그리고 조직적으로 한꺼번에 다량 합성하는 방법)을 통해서 합성된 화합물을 사용한다. 많은 성공적인 약물은 스크리닝 과정에서 동정된 천연물 화합물에 기초하고 있다. 개발을 위해 선도 물질을 선별하는 다른 접근법은 표적에 관한 3D 구조 정보에 기초해서 분자 표적에 결합할 것으로 예측되는 화합물을 선별하는 데 사용된다. 이를 *in silico* 접근법이라고 부르며, 실험실 장비가 요구되지도 않고, 시험할 화합물을 확보할 필요도 없다. 이와 같이, 고속 대량 탐색과 가상 스크리닝이 함께 수행되어야 가능성 있고 의미 있는 결과를 얻을 수 있다.

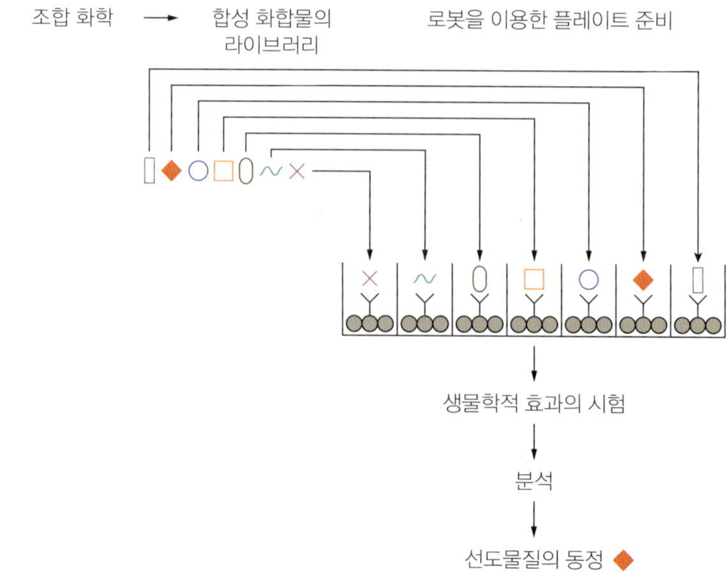

그림 14.4 고속 대량 탐색. 자세한 내용은 교재 참조.

14.7 이마티닙(imatinib)의 개발

약물 개발의 단계와 관련해서 이마티닙[글리벡(Gleevec™, USA; Glivec™, UK, Europe)]의 개발에 관해 알아보자(Capdeville *et al.*, 2002). 이것은 유전적 병변[genetic lesion; CML의 특징인 염색체의 전좌(chromosomal translocation)]의 이해와 함께 시작되었다. 이 전좌의 결과는 융합 단백질 BCR−ABL이 만들어지고, 이것이 **분자 표적**(*molecular target*)이 되었다. 전좌에 의해서 세포의 형질전환에 핵심적인 타이로신 인산화효소의 활성이 증가하기 때문에, 먼저 제기된 항암제 개발 전략은 선택적인 타이로신 인산화효소의 활성억제제를 개발하는 것이다. 하나의 선도 화합물(인산화효소 억제 등 요구되는 활성을 보이는 화합물)이 화학적 스크리닝에 의해 동정되었다. 이 경우, 인산화효소의 활성 억제는 단백질 인산화효소 C의 활성 억제를 통해 증명되었다. 작은 화학 그룹(그림 14.5)의 첨가에 의한 선도 화합물의 최적화는 단백질 인산화효소 C 보다 BCR−ABL 타이로신 인산화효소 활성을 특이적으로 억제하는 약물을 만들었고, 좋은 생체 이용률을 보였다. 생체 이용률은 투약 후 작용해야 하는 생체 부위에 도달하는 약의 능력과 관련이 있다. 전임상시험에서 적정하게 선택적으로 BCR−ABL의 인산화효소 활성도를 억제하였고, 세포자살을 유도한다는 것을 세포배양 시험과 환자의 백혈구암 세포에서 증명하였다. 동물 모델

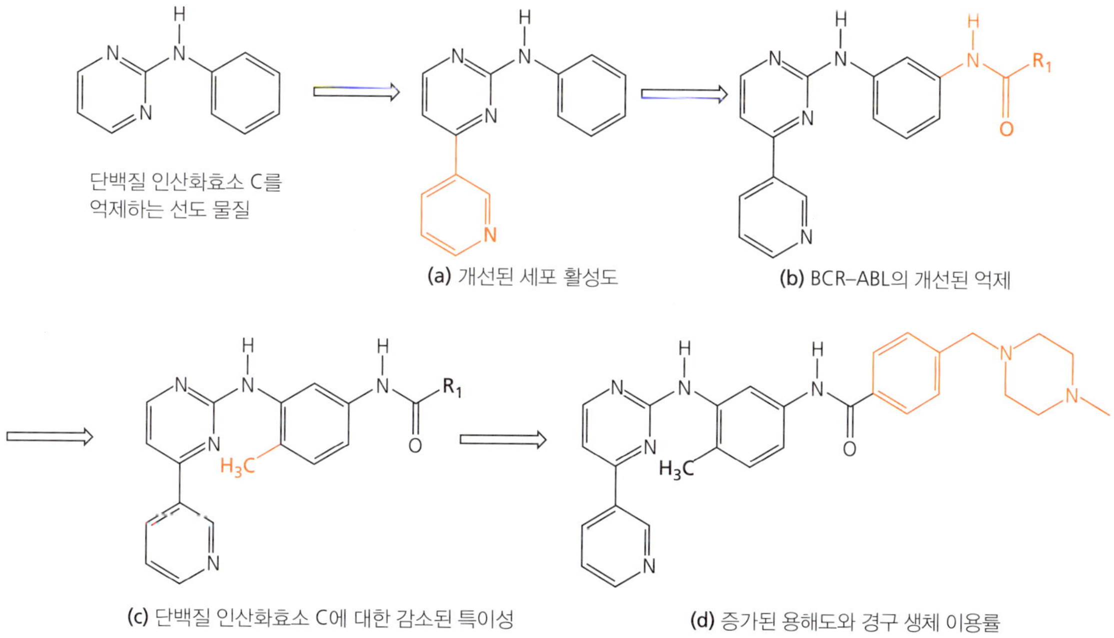

단백질 인산화효소 C를 억제하는 선도 물질

(a) 개선된 세포 활성도

(b) BCR–ABL의 개선된 억제

(c) 단백질 인산화효소 C에 대한 감소된 특이성

(d) 증가된 용해도와 경구 생체 이용률

그림 14.5 이마티닙(Gleevec™) 생산으로 인도한 선도 물질의 최적화. 화학적 변형은 빨간색으로 표시하였다. (a) 3′-pyridyl기의 첨가는 세포 활성을 증가시킨다. (b) 아마이드기는 BCR−ABL 타이로신 인산화효소 억제능을 부여한다. (c) 메틸기는 원하지 않은 단백질 인산화효소 C 억제 활성을 제거한다. (d) *N*-methyl piperazine 부분은 경구 생체 이용률 및 용해도를 향상시킨다.

잠시 멈춰 생각하기

CML은 분화를 방해해 백혈구 수의 증가를 초래한다. 완벽한 혈액학적 반응은 백혈구 수가 1 mm^3당 10,000개(정상적인 백혈구 수의 상위 한계) 이하 및 혈소판 수가 1 mm^3당 450,000개 이하로 최소 4주가 유지되는 것을 정의한다.

에서도 암 성장의 억제가 관찰되었다. 후속적인 **임상시험**(임상시험 단계에 대한 표 1.1 참조)은 안전성과 유효성을 증명하였다. 임상 1차 용량 증가 연구의 결과는 매우 긍정적이었다. 54명의 환자 중 53명의 환자(98%)에서 최소의 부작용을 갖는 완벽한 혈액학적 반응이 일반적으로 치료 첫 3주 내에 얻어졌다(Druker *et al.*, 2001).

그 후 긍정적 결과가 임상 2상 및 임상 3상에서도 계속해서 잇달았다. 2001년 5월에 미국 FDA에서 승인이 이루어졌고, 연이어서 유럽과 일본에서 사용이 승인되었다. 유럽 의약품평가청(EMEA)과 일본의 보건복지부는 미국 FDA와 함께 치료제 승인을 위해서 국제적으로 조율된 시스템으로 협력하고 있으며, 이를 통해 더 많은 환자에게 더 신속하게 약물 공급이 이뤄지는 것이 촉진될 것이다.

14.8 제2세대 및 제3세대 치료제

항암제 치료에 내성이 있는 암 세포는 초기 약물 처치에도 선택적으로 살아날 수 있다. 이런 내성 세포는 지속적으로 증식한다. 결과적으로, 초기 처치가 더 이상 효과가 없게 되고 새로운 약물이 필요하게 된다. 초기 단계 환자에서는 CML의 치료에 이마티닙이 높은 성공률을 보이지만, 말기 단계(가속기 및 아세포 위기, 역주: CML의 3단계 중 말기의 두 단계)인 환자의 경우에서는 이마티닙에 대한 내성이 종종 발생한다. 제2세대 억제제(*second-generation inhibitors*)라 불리는 새로운 약물이 이마티닙에 대해 내성을 가진 환자에서 CML의 진행을 막기 위해 개발되었다. 이 새로운 제2세대 억제제 개발의 전략은 종종 분자 표적과 약물의 결합을 분석하는 구조생물학 결과에 의존한다(그림 14.6).

이마티닙의 결합을 방해하지만, 타이로신 인산화효소의 기능을 유지하는 *Bcr–Abl* 유전자의 점 돌연변이는 이마티닙 내성에 관여하는 가장 일반적인 기전이다. 돌연변이는 물리적 결합/접점에 영향을 줄 수도 있고/또는 형태에 변화를 줘서 구조적으로 결합을 방해할 수도 있다. 또 다른 한편으로, 돌연변이는 이마티닙이 결합하는

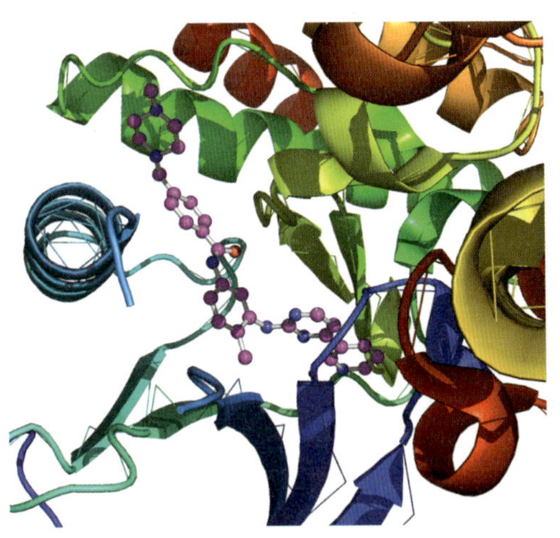

그림 14.6 약물 이마티닙(Gleevec™) 이 표적 Abl에 결합하는 분자 모델링.

구조인 비활성화 구조를 안정화시킬 수 있다.

비록 이마티닙 내성과 관련된 50종류 이상의 다른 돌연변이가 발견되었지만, 단지 6종류의 돌연변이가 전체의 60~70%를 차지한다. 이 6종류 중 하나는 Thr315에서의 돌연변이(T315I: 아이소류신으로 치환, Gorre *et al*., 2001)로 많은 제2세대 억제제에 내성을 보이는 것이 증명됨에 따라 주목할 필요가 있다. 다사티닙(Dasatinib, 그림 14.7a)은 제2세대 억제제로 이마티닙과 다르게(그림 14.7b), ABL 인산화효소의 활성형 구조에 결합해서 많은 BCR−ABL 돌연변이 형태를 억제한다. US FDA와 EMEA는 다사티닙을 이마티닙 내성 CML을 치료하는 데에 승인하였다. 닐로티닙(Nilotinib)은 또 다른 제2세대 억제제로서 승인되었다. 하지만 불행하게도, T315I 돌연변이는 다사티닙과 닐로티닙에 대해서 내성을 나타낸다.

MK-0457(VX-680, Merck)이라고 알려진 강력한 aurora 인산화효소 및 JAK2 활성억제제는 BCR−ABL T315I 돌연변이를 가진 환자에서 효능을 보인 첫 번째 약물이다. 이 약물은 ATP 결합자리에서 ATP와 결합에 경쟁하는 일반적으로 단백질 인산화효소 활성억제제가 갖는 공통적인 작용 기전을 갖고 있기 때문에, 이 인산화효소 활성억제제가 BCR−ABL에 효과를 보이는 것으로 생각된다. 그러나 심장 독성에 기인하여 더 이상의 개발이 중단되었다. 포나티닙(ponatinib, Iclusig™; ARIAD pharmaceuticals)은 T315I 돌연변이를 갖고 있는 환자에게 승인되었다.

또 다른 범주의 약물은 이마티닙과 제2세대 타이로신 인산화효소 활성억제제에 연속적인 실패를 경험한 환자를 위해 개발되었다. 이 약물을 제3세대 타이로신 인산화효소 활성억제제라 부르며, ATP 결합과 경쟁하는 것이 아니라 알로스테릭 활

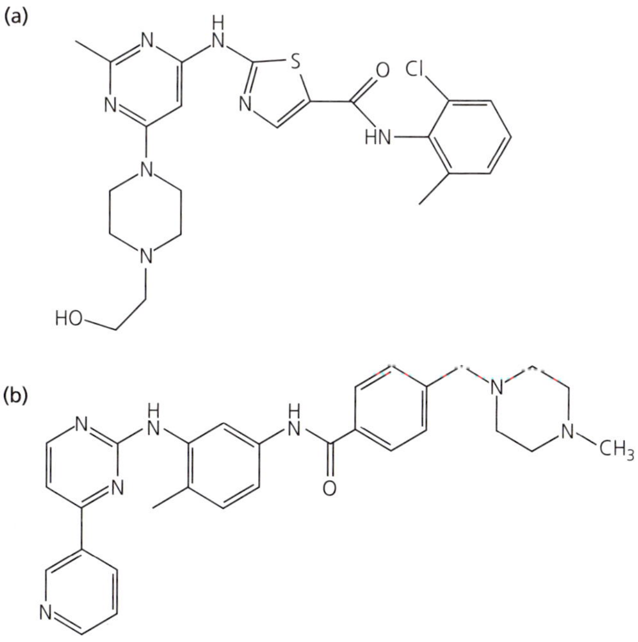

(a)

(b)

그림 14.7 BCR−ABL의 제2세대 활성억제제의 예: (a) 다사티닙. 이마티닙(b)과 비교.

성억제제를 포함하고 있다. 이것 중 몇 가지는 T315I 돌연변이에 대한 강력한 활성을 보였으며, 몇몇은 아래에 기술한 것처럼 임상시험에 진입해 있다(Greuber *et al.*, 2013; Quintas-Cardama *et al.*, 2010).

새로운 알로스테릭 ABL 인산화효소 활성억제제인 ABL001(Novartis)가 현재 임상시험에 진입해 있다. 이 약물은 BCR−ABL 인산화효소 도메인에 있는 주머니(pocket, ATP 결합자리가 아님)에 결합하는데, 이 도메인은 자가-억제에 관여하고 일반적으로 ABL1의 변형된 N-말단과 상호작용한다. 이 주머니와 ABL001의 상호작용은 인산화효소 활성의 음성 조절을 회복시킨다. 이 억제제가 대부분의 돌연변이에 효과적이라는 점에 주목하라. 우리는 임상시험의 결과를 기다리고 있으며, 부가적으로 GNF-2와 같은 알로스테릭 활성억제제의 개발이 진행되고 있다.

내성의 기원에 대해서 아직 완전하게 이해하지 못하고 있다. 몇몇 결과는 모든 돌연변이 *Bcr−Abl* 클론은 이마티닙 처리 이전부터 존재했고, 이 클론은 이마티닙에 의한 선택압에 의해 증식했음을 보인다. 초기 제2세대 활성억제제에 반응했던 환자가 결과적으로 제2 돌연변이를 갖게 되어 내성이 생긴 경우, 내성에 관련된 새로운 돌연변이가 첫 번째 돌연변이에 추가되어 발생하는 것은 아니라, 원래 *Bcr−Abl* 배경에 생성된 것이다. 따라서 새로운 돌연변이를 갖는 클론은 제2세대 활성억제제의 선택압의 결과로서 성장하게 된 것이다. 활성억제제의 병용 투여는 항암제 약물 내성 클론의 팽창을 막는 효과적인 방법이 될 수 있다. 실제로 이러한 전략들이 시험 중에 있다.

14.9 개선된 임상시험 디자인

현재 수행되는 임상시험의 디자인에는 몇몇 결점이 있었고, 따라서 많은 수의 약물이 성공하지 못하는 결과를 초래하였다. 극복하기 어려운 문제는 이미 암이 많이 진행된 환자에서 시험되거나 일반적인 치료의 범위에서 반응하지 않는 환자에서 다양한 약물들이 시험되고 있다는 것이다. 임상시험에서 초기 상태의 암 환자에서는 효과적일 수 있는 약물이 말기 상태 환자에서는 효과를 나타내지 못할 수도 있다. 이러한 약물의 개발은 초기 암 환자에서는 효과적일 수 있음에도 불구하고 부당하게 중단될 것이다. 우리가 앞으로 이런 문제를 어떻게 해결 할지에 대해 윤리적으로 수용 가능한 대안이 필요하다. 이전 환자의 결과를 바탕으로 해서 만들어진 정보를 비교할 수 있는 대조군을 포함하는 것이 좋은데, 놀랍게도 과거 2상 암 치료제 임상시험의 주류에 이런 대조군은 포함되지 않았었다. 고전적인 임상 1상, 2상 및 3상 시험 방법에 여러 수정이 더해지고 있다. FDA는 임상 0상 시험을 승인하였는데, 이는 7일 이하에서 시험 약물의 적은 용량 시험을 시험하는 것이다. 이것의 목적은 인체 내에서 약물의 표적화, 작용, 대사 결과를 모으기 위함이다. 처음에는 단지 적은 양의 약물만 이러한 연구를 위해 필요하다. 부가적으로 임상 4상 시험에서는 약물이 승인되고 등록된 후에 수행된다. 임상 4상의 목적은 부작용, 안전성, 장기간 복용에 따른 위험도와 이점 등을 더 탐구하는 데 있다. 이는 주어진 약물에 대하여 새로운 응용을 개발하는 데 도움이 되므로 유용하다. HPV 백신인 Gardasil™(318쪽의 13.5절, “자궁경부암 예방을 위한 Cancer vaccines” 참조)에 대한 4상 시험이 북유럽 국가에서 다양한 백신 정책을 시험하고, 다양한 효과와 드물게 발생하는 부작용의 발생 빈도를 추적 관찰하기 위해 계획되었다.

임상시험에 대한 표본 크기는 그 계산이 적절하게 수행되어, 관련된 결과물과 함께 보고되어야 한다. 이는 임상시험을 잘 평가하고 통계학적으로 의미 있는 결과를 생산하기 위해서 중요하다. 많은 연구자가 이 일을 위해 컴퓨터 소프트웨어 프로그램을 사용한다. 하지만 이는 기본적인 방정식을 기술하는 정보에 불과하다(Schulz and Grimes, 2005). 2가지 결과(예, 환자가 아프거나 또는 환자가 좋아진 경우)를 가진 임상시험에 있어서 표본 크기를 계산하는 데에는, 4가지 요소가 필요하다. 즉, 유형 I 오류(type 1 error; α), 검정력(power), 대조군에서의 일의 속도(event rate) 및 처리군에서의 일의 속도(치료 효과)이다. 제1형 오류는 2개 다른 처치군(예, 처리군 대 위약)이 실상은 다르지 않음에도 서로 다르다는 위양성 결과의 결론을 낼 가능성이다. 검정력은 유형 II(β) 오류에서 도출되며, $P = 1 - \beta$가 된다. 유형 II 오류는 유형 I 오류와 반대이다. 즉, 차이가 실제적으로 존재함에도 통계학적으로 중요한 차이를 감지하지 못할 확률이다. 이는 위음성 결과 확률로, 처리군이 대조군과 다르지만 그 차이가 감지되지 않을 가능성이다. 그러므로 검정력은 차이가 실제적으로 있을 경우, 통계학적으로 중요한 차이를 감지할 수 있을 확률이다. 연구자들은 일반적으로 5% 이하의 위양성 오류를 만드는 것을 추구하기 때문에, 관례에 따라 α는 0.05로 정해진다. 유사하게 만약 연구자들이 10%의 미만의 위음성 오류를 만드는 것을 추구한다면 그들은 β를 0.10으로 설정할 것이다. 이 경우 검정력은 $1 - 0.10 = 0.90$이 된다.

다음의 방정식은 2개의 결과를 갖는 경우에서 표본의 크기를 계산하는 간단한 공식을 나타낸 것으로, $\alpha = 0.05$라고 가정하고, 검정력 = 0.90, 그리고 두 그룹에서 동등한 표본의 크기 아래 식으로 계산 된다.

$$n = \frac{10.51[(R+1) - p_2(R^2+1)]}{p_2(1-R)^2},$$

여기에서 n은 표본의 크기, p_1은 처리군에서의 사건 비율, p_2는 대조군에서의 사건 비율, 그리고 R은 위험도의 비(p_1/p_2)이다.

표적 집단과 임상 평가점을 규정하는 것은 임상시험을 디자인하는 데 있어서 특별한 주의를 필요로 한다. 임상시험에 대한 표적 집단을 규정하는 것에 관하여 중요한 교훈이 최근에 얻어졌다. 앞에서 설명했던 결과, 즉 2개의 다른 집단간 제피티닙에 대한 상이한 반응율은 지역적 혹은 유전적으로 다양한 집단들을 임상시험에 포함시키는 데 따른 이점을 보여주고 있다. 임상시험 이전 또는 그 중간에 진행되는 암의 분자 프로파일링은 약물 효과의 진정한 효과를 얻기 위해 중요하다. 그러나 예를 들어, 폐처럼 일부 유형의 암에서는 분석을 위해 조직을 얻는 것이 어려울 것이다.

환자의 선정(어떤 약물의 표적으로 선정된 분자에 대해 결함을 갖고 있는 환자를 선택하는 것)은 중요한데, 그것은 약물이 제대로 된 환자를 시험했을 때만 효과를 보이기 때문이다. 그렇지 않다면 다양한 반응이 관찰될 것이고, 관찰된 효과는 정확하지 않을 것이다. 예를 들면, 우리가 앞서 제피티닙(Iressa^{TM})에서 보았던 것과 같이, 만약 어떤 약물이 돌연변이가 있는 수용체를 가진 암세포에서 작용한다면, 그 약물의 효과는 이러한 돌연변이가 있는 암을 갖고 있는 환자에서 시험되어야 한다. 어떤 약물에 대해서는 돌연변이보다 유전자의 복제된 수에 기초해서 환자가 선택될 것이다. 디지털 핵형(Digital karyotyping) 분석은 유전체 규모의 유전자 복제수를 결정하는 방법이다.

임상시험 계획을 세울 때 약물의 효과를 나타내는 변수를 획정하는 것이 중요하다. 우리는 약물이 작동하는지 어떻게 알 것인가? 시험을 시작하기 전에 임상의 결과 평가점(endpoint)을 획정해 놓아야 한다. 반응 평가에 공통적으로 암의 크기를 측정하는 것이 사용된다. 그러나 이것이 생존율과 항상 상관관계에 있는 것은 아니다. 특히, 세포 증식억제제는 암의 성장과 전이를 억제하므로, 진행 배제 생존율(progression free survival)은 암 크기의 축소보다 더욱 적절한 평가점이 된다. 고전적으로 사용되어 온 약물의 평가점은 생존, 암이 진행되기까지의 시간, 증상의 호전, 삶의 질 향상 등이 있다.

새로운 임상시험 디자인은 무작위 불연속인 시험 디자인이다. 이 디자인에서 환자는 1~2회의 세포 성장억제제를 투여 받고, 안정적인 질병 상태를 보이는 환자를 선별해서 위약과 약물처리군으로 무작위적으로 나누어 시험을 계속한다. 이 디자인의 목적은 천천히 진행되는 암을 가지는 환자의 집단을 늘리는 것이고, 빠르게 진행하는 암을 가지는 환자를 배제하기 위함이다.

임상시험의 평가점에 부가해서, 새로운 분자 치료제를 평가하기 위한 임상시험은 분자 평가점을 보장하여야 한다. 분자 평가점은 분자 표적 억제의 평가점에 관여하고, 기대했던 방법으로 효과를 이끌어내는 약인지를 확인하는 데 중요하다. 예를 들어, 이마티닙(Gleevec^{TM})이 BCR−ABL 타이로신 인산화효소 활성을 억제하는지 시험하는 것은 분자 평가점에 있어 중요하다(결과는 Druker *et al.*, 2001에 있음). Abl 타이로신 인산화효소의 인산화된 기질이 바이오마커로 사용되었다. 바이오마커의 측정은 통상적인 화학요법에서 종종 처방되는 최대허용용량(MTD)이 필요한지 확인할 수 있으므로, 투여량에 중요한 영향을 미친다. 이전 예에서, 기질의 인산화를 억제하는 데 필요했던 이마티닙의 용량은 임상시험에서 시험하기에 적합하였다. 또한 몇몇 연구는 약물 표적의 발현 정도가 질환 진행 과정에서 변한다는 것을 보여 주었으므로, 시험이 진행 되는 동안 약물 반응도 변화할 수 있다.

폐암 임상시험에 맞춤형 접근을 위한 새로운 패러다임이 BATTLE(The Biomarker-integrated Approaches of Targeted Therapy for Lung Cancer Elimination) 임상시험에서 입증되었다(Kim *et al.*, 2011). 모든 환자에 필수적인 조직 생검은 이후 치료에 정보를 제공하였다. 즉, 초기 동등 무작위 그룹 분류 이후에, 화학요법치료에 반응하지 않는 환자는 생검에서 분석된 분자 바이오마커의 타당성에 기초해서 표적 항암제 치료에 무작위 편입되었다. 전체적인 결론은, 표적 분자의 특이적 활성형 돌연변이를 가진 환자에서는 표적 약물치료가 화학치료 요법보다 월등하다는 것이었다. 개인 맞춤형 의학으로 나아감에 따라, 기존의 군집 기반 비선택성 접근법에서 이와 같은 바이오마커-적용 그리고 가설-검증형 임상시험으로 옮겨갈 필요성이 있다(de Bono and Ashworth, 2010).

어떻게 알 수 있을까?

임상시험 용어와 임상 평가점

Villa 등에 의해 보고된 Gardasil™의 임상 2상의 특징 몇 가지를 시험해 보도록 하자. 논문의 제목에서 기술한 바와 같이, 이 실험은 집단을 무작위로 나누었고, 이중 암맹이며, 위약에 의한 대조군을 갖고 있고, 여러 기관이 합심한 임상 2상 연구이다. 위에 나열된 용어에 대해 설명한다.

무작위 군 분리: 치료의 변수(용량 및 형태: 처치군 또는 위약군)는 컴퓨터에 의한 무작위 군 분리 일정을 이용해서 환자에게 배정됐다.

이중-암맹: 환자, 병원 직원, 연구자 그 누구도 어떤 환자가 백신을 받는지 그리고 위약을 받는지 모르게 했다.

위약-제어: 위약은 백신을 위해 사용한 동일한 보조제로 구성됐다. 따라서 대조군에 속한 환자는 백신만 **제외하고는** 처치군에 있는 환자와 정확히 똑같은 치료를 받았다.

다기관: 환자는 브라질, 유럽 그리고 미국에서 모집됐다. 여러 개의 기준이 설정되어 있는데, 연령(16~23살) 그리고 이전의 병력 등이다.

임상 2상: 용량을 증가하는 연구로 수백 명의 환자가 안전성, 면역항원성, 유효성 평가에 참여한다. 유효성을 관찰하기 위한 방법은 부인과 검사, 자궁경부세포 도말검사(Pap test), HPV 검출을 위한 PCR 분석, 혈청 검체, 그리고 어떤 병변의 생검을 포함한다.

평가된 일차적인 평가점은 HPV-6, HPV-16 또는 HPV-18의 지속적인 감염과 자궁경부 및 생식기 외부의 병변이다. 자궁경부암은 평가점으로 사용되지 않는데, 왜냐하면 자궁경부암은 전암 상태에서 선별검사에 의해 진단되고 치료할 수 있기 때문이다. 전암 상태 병변을 확인하고서도 이를 치료하지 않은 채 계속 진행되도록 방치해 두는 것은 비윤리적이다. 게다가, 감염과 암 사이에는 지연시간이 있으므로 장기간의 연구(long-term study)가 필요하다.

14.10 맞춤 의학과 생물정보학

현재는 의사가 집단-기반 통계학의 기초 위에서 환자 치료에 대해 결정을 하지만, 미래에는 의사가 개개인의 차이에 따라 치료를 할 것이라고 기대한다. 개개인의 유전체는 각 개인이 가진 가장 개인적인 "아이템"이다. 단지 암환자만이 하나의 더 개인적인 아이템을 갖고 있는데, 바로 그들 암의 유전체이다. 약물유전체학 연구는 암의 특이적인 돌연변이가 항암제에 대한 환자의 반응을 결정할 수 있음을 보였고, 이에 따라, 특정 몇 약물에 대한 특정 돌연변이 검사들이 현재 진행되고 있다(97쪽의 4.3절, "약물 표적으로서의 인산화효소" 참조). 향후 병원과 건강 서비스센터에서 유전체 분석으로 개별 종양을 쉽게 대상화할 시기가 곧 올 것이다.

이와 같은 유전체 분석은 암의 알려진 과정, 즉 검출할 때, 치료 중 그리고 치료 후 과정을 통해서 수행할 수 있다. 이런 종류의 정보는 수천 개의 다른 장소에서 수천 개의 임상시험이 합쳐져서, 놀라운 도구로서 미래의 치료 및 연구에 제공된다. 개개 환자의 분자 프로파일은 제공될 수 있는 알려진 가장 최고의 치료를 선택하기 위해서 비교되고 분석될 것이다. 연구자들은 약물을 더 빠르게 디자인하기 위해서 암-특이적 분자 표적을 찾아낼 것이다. 몇 개의 새로운 생물정보학 이니셔티브가 시작되었다. 미국 국립암연구소와 영국 국립암연구소는 암 정보 데이터베이스 및 네트워크 개발에 협력할 것이다(350쪽의 장 끝에 있는 "웹사이트" 참조). 이러한 이니셔티브는 조직 데이터의 축적, 유전자들의 관계에 대한 정의, 임상시험 정보의 쉬운 접근 등을 가능하게 한다. 2015년 미국 대통령은 정밀 의학 이니셔티브를 발표하였는데, 이는 100만 명 이상의 미국인으로부터 유전체 염기 서열을 포함한 건강정보를 모으는 것을 목표로 한다. 그 중 한 목표는 암유전학에 이용하고자 하는 것이다. 컴퓨터 기능 및 시설은 확장될 것이고, 다양하고 많은 데이터를 다루는 것이 증가할 것이다. 영상의 압축에 이미 진보가 이루어졌으며, 이에 따라 인터넷을 통한 조직학적 영상 분석이 가능하게 된다.

암의 유전적 프로파일은 개인이 물려받은 유전체의 배경 위에 존재한다는 것을 기억해야 한다. 개인 간의 유전적 변이는 약물에 다르게 반응하는 집단을 정의할 수 있다. 약물 응답의 강력한 결정인자는 약물-대사 효소의 변이이다(Wu, 2011). 티오퓨린 메틸전이효소(thiopurine methyltransferase, TPMT)가 한 예이다. TPMT-결손 환자는 몇 가지 백혈병을 치료하기 위해 사용되는 6-mercaptopurine과 6-thioguanine과 같은 특정 화합물 치료제를 축적시키는데, 이는 심각한 독성을 일으킬 수 있다. 이 환자의 성공적인 치료는 약물 유전체 시험을 통해 찾아낸 것에 따라 10배에서 15배 낮은 용량으로 사용할 때 가능하다. 다른 환자들은 약물을 보다 효과적으로 몸 밖으로 배출할 수 있으므로, 더 많은 용량의 약물을 요구할 수 있다. 미래에는 그들의 유전적 정보에 기초해서 개인에 따라 약물의 용량이 조정될 수 있게 될 것이다.

논의된 예들에 기초해 보면, 환자의 유전받은 유전체 정보에 더해 종양의 유전적 프로파일을 안다는 것은 의사가 각 개인에 최선의 치료를 선택할 수 있게 도와준다는 것을 의미한다.

잠시 멈춰 생각하기

개개인의 유전체 염기 서열을 모두 분석하는 것은 얼마나 가까운 현실인가? 이는 DNA 구조의 최초 공동 규명자인 James Watson의 것을 이용해서 2007년에 최초로 시작되었다. 이는 454 Life Sciences 회사와 Baylor 의과대학 인간유전체서열분석센터의 협동 연구 프로젝트로, 2개월 간 100만 달러의 비용이 소요됐다(그들이 어떻게 하였는지 알기 위해서는 이 장 끝의 탐구 활동 2 참조). 그러나 기술은 엄청나게 발전해 왔고 지금도 계속 개선되고 있으며, 관련 회사와 정부들이 이 진전을 이끌고 있다. 각 개인의 유전체 염기서열 결정을 위한 비용은 머지 않아 약 1,000달러 이내가 될 것이다.

14.11 우리는 발전하고 있는가?

당신 생각에 우리는 발전하고 있는가? 여러 미디어 기사가 의심을 높여가고 있지만, 이 질문에 대한 진정한 답은 확실히 "그렇다"이다. 통계적 수치도 있다. 예를 들어, 전립선암의 모든 단계에서 전체적인 생존율이 지난 20년 동안 67%에서 89%로 높아지고 있다. 높아진 암 생존율은 초기 발견, 개선된 발견 기술 그리고 더 나아진 탐지, 그리고 치료법의 발전에서 기인한다. 게다가, 미국의 경우 암으로 인한 치명율이 1998년부터 2011년의 기간 동안 남자와 여자 모두에서 감소하였고(Siegel *et al.*, 2015; 제1장 참조), 또한 유사한 진전이 세계의 여러 곳에서도 보고되고 있다. 그러나 비록 암에 대한 우리의 지식이 거대하게 성장했을지라도, 아직 연구해야 할 것이 많다. 아마도 문자 그대로 깊은 곳에 아직도 비밀이 있다. 일차 심장암은 매우 드물며(0.02%), 그마저도 1/4만이 악성이다. 왜 이처럼 특정 조직에서 암이 드물게 발생하는지에 대한 연구로 다른 조직에 적용할 수 있는 보호 기전에 대한 지식을 얻을 수 있다.

표 14.2에 정리한 새롭게 승인된 대부분의 치료제는 타이로신 인산화효소(예, EGFR, VEGFR, ABL)와 같은 분자를 표적한다. 그런데 아직 암화에서 중요한 역할을 수행하는 것으로 알려진 여러 타이로신 인산화효소(예, fibroblast growth factor, FGFR)들을 표적하는 많은 활성억제제는 비록 임상시험에 들어가 있을지라도 승인되지 않았다. 이마티닙에서 보았듯이, 암세포는 초기 단일 약물 처리에 내성을 만들 수 있다. 이것은 약물의 병용처리와 복합치료 전략이 미래에 행해지는 치료 요법에 있어 중요하다는 것을 보여주고 있다. HER2와 VEGF에 함께 결합하는 "Two-in-one" 항체 개발은 병용치료의 방법이 진보할 수 있음을 보여준다(Bostrom *et al.*, 2009). 또한 새로운 형태의 유전자 치료가 떠오르기 시작했다. 사람을 대상으로 한 임상 1상 실험에서 흑색종을 갖고 있는 환자에게 표적화된 나노 미세입자를 통한 siRNA의 전신 투여가 특정 mRNA와 관련된 단백질의 양을 감소시킬 수 있음을 증명하였다(Davis *et al.*, 2010). CRISPR-Cas9은 새로운 유전자 치료요법으로 개발 가능한 탁월한 연구 방법이다. 이러한 접근법은 유전자-특이적 치료법을 개발하기 위한 돌파구를 열 수 있다.

표 14.2 2016년도에 승인된 표적 항암제의 선별된 예

상표	약물	서술	표적	암	회사
Avastin™	Bevacizumab	Humanized mAb	VEGF	Colorectal	Genentech
Erbitux™	Cetuximab	Humanized mAb	EGFR	Colorectal	Imclone
Gleevec™ (USA), Glivec™ (UK, Europe)	Imatinib Small-molecule inhibitor	BCR–ABL, Kit, PDGFR	CML, GIST	Novartis	
Herceptin™	Trastuzumab	Humanized mAb	HER2	Breast	Genentech
Iressa™	Gefitinib	Small-molecule inhibitor	EGFR	NSCLC	AstraZeneca
Keytruder™	Pembrolizumab	Humanized mAb	PD-1	Melanoma	Merck (MSD)
Nexavar™	Sorafenib	Multi-kinase inhibitor	Raf, VEGFR, PDGFR, Kit, RET	Renal cell carcinoma	Bayer Pharm
Opdivo™	Nivolumab	Human mAb	PD-1	Melanoma, NSCLC	Bristol-Myers Squibb
Sprycel™	Dasatinib	Small-molecule inhibitor	BCR-ABL, Src family	Imatinib-resistant leukemias	Bristol-Myers Squibb
Sutent™	Sunitinib (SU11248)	Small-molecule inhibitor	PDGFR, VEGFR, Kit	Renal cell carcinoma, GIST	Pfizer
Tarceva™	Erlotinib	Small-molecule inhibitor	EGFR	NSCLC, pancreatic	Genetech, OSI Pharm
Tykerb™	Lapatinib	Small-molecule inhibitor	EGFR, HER2	Breast	GlaxoSmithKline
Vectibix™	Panitumumab	Human mAb	EGFR	Colorectal	Amgen
Velcade™	Bortezomib	Proteasome inhibitor		Myeloma	Millennium Pharm
Xalkori™	Crizontinib	Small-molecule inhibitor	ALK gene fusion, MET	NSCLC with ALK gene fusions	Pfizer
Yervoy™	Ipilimumab	Human mAb	CTLA-4	Melanoma	Bristol-Myers Squibb
Zactima™	Vandetanib (ZD6474)	Small-molecule inhibitor	VEGFR, EGFR, RET	Orphan drug for rare types of thyroid cancer	AstraZeneca
Zelboraf™	Vemurafenib (PLX4032)	Small-molecule inhibitor	BRAF V600 E	Melanoma	Genentech
Zolinza™ (vorinostat)	SAHA (suberoylanilide hydroxamic acid)	Small-molecule inhibitor	HDAC	Non-Hodgkin's lymphoma	Merck & Co.

CML. chronic myeogenous leukemia; GIST, gastrointestinal stromal tumor; mAB, monoclonal antibody; NSCLC, non-small-cell lung cancer

이전 장에서 보았던 것처럼, 혈관신생 억제제, 항-내분비 약물, 세포자살 항진제, 세포조절 억제제, HDAC 억제제, 세포 재생 신호전달 경로 억제제와 같이 많은 가능성 있는 분자 표적항암제들이 개발되고 있다. 그러나 proteasome 억제제와 같은 몇몇 전략이 이 책에서 아직 논의되지 않는다는 것에 아쉬움을 느낀다. 많은 종류의 암을 대상으로 오랫동안 지속되어 보호해 주는 면역치료의 가능성은 대단히 높다. 이러한 많은 약물들이 일반적인 화학 치료 요법과 비교하여 개선된 치료지수를 나

타내었다. 우리는 새로 승인된 분자 암 치료제 목록이 많아지기를 기다리고 있으며, 그 일부분이 표 14.2에 있다.

암 연구를 직업으로 하는 것은?

암과학자들이야 말로 암 연구와 약물 발굴에 있어서 가장 중요한 자산이다.

앞으로 암 연구 영역에서 일하는 것은 매우 흥미로운 일일 것이며. 그 노력은 보상받게 될 것이다. 당신은 매우 지적이고 재능있는 사람들을 만날 것이고, 지식의 한계는 끝없이 펼쳐질 것이다. 그러므로 암 연구 영역에서 일하는 것을 고려해 보기 바란다.

단원 요점—되짚어 보기

- 마이크로어레이는 한 번에 수천 개의 유전자 발현을 분석할 수 있다.
- 마이크로어레이는 새로운 발암유전자를 찾아내고, 암의 분류를 정밀하게 하는 데 도움이 되며, 암의 예후를 예측하는 등 여러 방면에 적용할 수 있다.
- 유전자 특성 시험은 몇몇 유방암 환자에게 항암요법이 유익한지 아닌지 구별할 수 있다.
- CRISPR-Cas9 시스템은 유전자 편집을 위한 새로운 방법이다.
- 바이오마커는 질병의 진행 또는 치료의 효과를 측정할 수 있는 생화학적 유전적 특징이다.
- MFI는 분자 경로와 조직의 기능을 연구할 수 있는 영상이다.
- 나노벡터는 암-특이적 약물 전달에 사용될 것이다.
- 나노캔틸레버와 나노 와이어를 이용한 생화학적 감지자가 개발되고 있다.
- 약물 개발은 분자 표적 정의에서부터 승인에 이르기까지 일련의 단계를 따른다.
- 표적의 검증은 암에서 유전자 또는 단백질의 역할과 치료 표적으로서의 가능성에 대해 실험적으로 평가하는 것을 의미한다.
- 고속 대량 탐색과 함께 조합 화학은 약물 개발에 사용되는 일반적인 방법이다.
- 이마티닙(Gleevec™)은 새로운 분자 암 치료를 목적으로 하는 약물을 개발하기 위한 플랫폼이다.
- 후기-단계 CML 환자에서 종종 이마티닙(Gleevec™)에 대해서 내성이 발생한다.
- *Bcr-Abl* 유전자에서 단지 6종류의 돌연변이가 이마티닙(Gleevec™) 내성을 이끄는 돌연변이의 60~70%를 차지하고 있다.
- 이마티닙(Gleevec™) 내성을 극복하기 위해 2세대 치료제가 개발되고 있다.
- 임상 1상, 2상, 3상 등 기존 임상 3단계에 0상 및 4상이 추가되었다.
- 표적 모집단과 임상 평가점을 설정하는 것은 임상시험을 디자인하는 데 있어서 신중히 고려해야 하는 2가지 중요한 사항이다.
- 우리는 분자 암 치료의 영역에서 발전을 이루어 나갈 것이나.

탐구 활동

1. 소라페닙(sorafenib)의 발견과 개발의 사례 기록을 읽으시오(*Nat. Rev. Drug Discov.* **5:** 835–644). 이를 이마티닙의 발견 및 개발 과정과 비교하시오. 초기 임상시험에 사용된 표적

모집단에 특별히 주목하고, 발견에서부터 승인까지의 일정을 참고하시오.

2. 만약 당신이 DNA 염기서열을 결정하는 것에 대해 더 알고 싶고, James Watson의 유전체 염기서열 결정을 보고한 논문을 읽는 데 관심이 있다면, Metzker, M. L (2010) Sequencing technologies: The next generation. *Nat Rev. Genet.* **11:** 31–46 및 Wheeler, D.A., *et al.*, (2008) The complete geneome of an indivisual by massively parallel DNA sequencing. *Nature* **452:** 872–877을 참고하시오.

더 읽을거리

Arteaga, C.L. and Baselga, J. (2003) Clinical trial design and end point for epidermal growth factor receptor-targeted therapies: implications for drug development and practice. *Clin. Cancer Res.* **9**: 1579–1589.

Benson, J.D., Chen, Y.-N.P., Vornell-Kennon, S.A., Dorsch, M., Kim, S., Leszczyniecka, M.,*et al.* (2006) Validating cancer drug targets. *Nature* **441**: 451–456.

Cogbill, T.H. and Ziegelbein, K.J. (2011) Computed tomography, magnetic resonance, and ultrasound imaging: basic principles, glossary of terms, and patient safety. *Surg. Clin. N. Am.* **91**: 1–14.

Druker, B.J. (2002) STI571 (Gleevec™) as a paradigm for cancer therapy. *Trends Mol. Med.* **8**: S14–20

Henry, N.L. and Hayes, D.F. (2012) Cancer biomarkers. *Mol. Oncol.* **6**: 140–146.

Klebe, G. (2006) Virtual ligand screening: strategies, perspectives, and limitations. *Drug Discov. Today* **11**: 580–594.

Sanchez-Rivera, F.J. and Jacks, T. (2015) Applications of the CRISPR-Cas-9 system in cancer biology. *Nat. Rev. Cancer* **15**: 387–395.

Sanoudou, D., Mountzios, G., Arvanitis, D.A., and Pectasides, D. (2012) Array-based pharmacogenomics of molecular-targeted therapies in oncology. *Pharmacogenomics J.* **12**: 185–196.

Schiller, J.H. (2004) Clinical trial design issues in the era of targeted therapies. *Clin. Cancer Res.* **10**: 4281S–4282S.

Strausberg, R.L., Simpson, A.J.G., Old, L.J., and Riggins, G.J. (2004) Oncogenomics and the development of new cancer therapies. *Nature* **429**: 469–474.

Weisberg, E., Manley, P.W., Cowan-Jacob, S.W., Hochhaus, A., and Griffin, J.D. (2007) Second generation inhibitors of BCR-ABL for the treatment of imatinib-resistant chronic myeloid leukemia. *Nat. Rev. Cancer* **7**: 345–356.

웹사이트

Bioinformatics initiatives. National Cancer Informatics Program (NCIP), USA https://cbiit.nci.nih.gov/ncip and National Cancer Research Institute Informatics Initiative, UK http://www.nesc.ac.uk/talks/745/AbiAjose-Adeogun.pdf

Clinical trials: National Cancer Institute http://www.cancer.gov/

Hematology/Oncology Approvals and Safety Notifications www.fda.gov/Drugs/InformationOnDrugs/ApprovedDrugs/ucm279174.htm

선택된 특별한 주제

Alizadeh, A.A., Eisen, M.B., Davis, R.E., Ma, C., Lossos, I.S., Rosenwald, A., *et al.* (2000) Distinct types of diffuse large B-cell lymphoma identified by gene expression profiling. *Nature* **403**: 503–511.

Barrans, S.L., Crouch, S., Care, M.A., Worrillow, L., Smith, A., Patmore, R., *et al.* (2012) Whole genome expression profiling based on paraffin embedded tissue can be used to classify diffuse large B-cell lymphoma and predict clinical outcome. *Br. J. Haematol.* **159**: 441–453.

Berrington de González, A., Mahesh, M., Kim, K.P., Bhargavan, M., Lewis, R., Mettler, F., *et al.* (2009) Projected cancer risks from computed tomographic scans performed in the United States in 2007. *Arch. Intern. Med.* **169**: 2071–2077.

Bostrom, J., Yu, S.F., Kan, D., Appleton, B.A., Lee, C.V., Billeci, K., *et al.* (2009) Variants of the antibody herceptin that interact with HER2 and VEGF at the antigen binding site. *Science* **323**: 1610–1614.

Capdeville, R., Buchdunger, E., Zimmermann, J., and Matter, A. (2002) Glivec (STI571, Imatinib), a rationally developed, targeted anticancer drug. *Nat. Rev. Drug Discov.* **1**: 493–502.

Davis, M.E., Zuckerman, J.E., Choi, C.H., Seligson, D., Tolcher, A., Alabi, C.A., *et al.* (2010) Evidence of RNAi in humans from systemically administered siRNA via targeted nanoparticles. *Nature* **464**: 1067–1070.

De Bono, J.S. and Ashworth, A. (2010) Translating cancer research into targeted therapeutics. *Nature* **467**: 543–549.

Druker, B.J., Talpaz, M., Resta, D.J., Peng, B., Buchdunger, E., Ford, J.M., *et al.* (2001) Efficiency and safety of a specific inhibitor of the BCR-ABL tyrosine kinase in chronic myeloid leukemia. *N. Engl. J. Med.* **344**: 1031–1037.

Glunde, K., Pathak, A.P., and Bhujwalla, Z.M. (2007) Molecular-functional imaging of cancer: to image and imagine. *Trends Mol. Med.* **13**: 287–297.

Gorre, M.E., Mohammed, M., Ellwood, K., Hsu, N., Paquette, R., Rao, P.N., *et al.* (2001) Clinical resistance to STI-571 cancer therapy caused by Bcr-Abl gene mutation or amplification. *Science* **293**: 876–880.

Greuber, E.K., Smith-Pearson, P., Wang, J., and Pendergast, A.M. (2013) Role of ABL family kinases in cancer: from leukaemia to solid tumours. *Nat. Rev. Cancer* **13**: 559–571.

Kim, E.S., Herbst, R.S., Wistuba, I.I., Lee, J.J., Blumenschein Jr, G.R., Tsao, A., *et al.* (2011) The BATTLE Trial: Personalizing Therapy for Lung Cancer. *Cancer Discov.* **1**: 44–x2013;53; CD–100010.

Leung, F., Musrap, N., Diamandis, E.P., and Kulasingam, V. (2013) Advances in mass spectrometry-based technologies to direct personalized medicine in ovarian cancer. *Transl. Proteomics* **1**: 74–86.

Lynch, T.J., Bell, D.W., Sordella, R., Gurubhagavatula, S., Okimoto, R.A., Brannigan, B.W., *et al.* (2004) Activating mutations in the epidermal growth factor receptor underlying responsiveness of non-small cell lung cancer to gefitinib. *N. Engl. J. Med.* **350**: 2129–2139.

Maser, R.S., Choudhury, B., Campbell, P.J., Feng, B., Wong, K.-K., Protopopov, A., *et al.* (2007) Chromosomally unstable mouse tumours have genomic alterations similar to diverse human cancers. *Nature* **447**: 966–971.

McCracken, K.W., Cata, E.M., Crawford, C.M., Sinogoga, K.L., Schumacher, M., Rockich, B.E., *et al.* (2014) Modelling human development and disease in pluripotent stem-cell-derived gastric organoids. *Nature* **516**: 400–404.

Merola, R., Tomao, L., Antenucci, A., Sperduti, I., Sentinelli, S., Masi, S., *et al*. (2015) PCA3 in prostate cancer and tumor aggressiveness detection on 407 high-risk patients: a National Cancer Institute experience. *J. Exp. Clin. Cancer Res*. **34**: 15–20.

Paez, J.G., Janne, P.A., Lee, J.C., Tracy, S., Greulich, H., Gabriel, S., *et al*. (2004) EGFR mutations in lung cancer: correlation with clinical response to Gefitinib therapy. *Science* **304**: 1497–1500.

Quintas-Cardama, A., Kantarjian, H., and Cortes, J. (2010) Third-generation tyrosine kinase inhibitors and beyond. *Semin. Hematol*. **47**: 371–380.

Romer, J. and Curran, T. (2005) Targeting medulloblastoma: small-molecule inhibitors of the sonic hedgehog pathway as potential cancer therapeutics. *Cancer Res*. **65**: 4975–4978.

Sanna, V., Pala, N., and Sechi, M. (2014) Targeted therapy using nanotechnology: focus on cancer. *Int. J. Nanomedicine* **9**: 467–483.

Schulz, K.F. and Grimes, D.A. (2005) Sample size calculations in randomized trials: mandatory and mystical. *Lancet* **365**: 1348–1353.

Shipp, M.A., Ross, K.N., Tamayo, P., Weng, A.P., Kutok, J.L., Aguiar, R.C., *et al*. (2002) Diffuse large B-cell lymphoma outcome prediction by gene-expression profiling and supervised machine learning. *Nat. Med*. **8**: 68–74.

Siegel, R., Miller, K., and Jemal, A. (2015) Cancer statistics, 2015. *CA Cancer J. Clin*. **65**: 5–29.

Torres, R., Martin, M.C., Garcia, A., Cigudosa, J.C., Ramirez, J.C., and Rodriguez-Perales, S. (2014) Engineering human tumor-associated chromosomal translocations with the RNA-guided CRISPR-Cas9 system. *Nat. Commun*. **5**: 3964.

Van't Veer, L.J., Dai, H., van de Vijver, M.J., He, Y.D., Hart, A.A.M., Mao, M., *et al*. (2002) Gene expression profiling predicts clinical outcome of breast cancer. *Nature* **415**: 530–535.

Villa, L.L., Costa, R.L., Petta, C.A., Andrade, R.P., Ault, K.A., Giuliano, A.R., *et al*. (2005) Prophylactic quadrivalent human papillomavirus (types 6, 11, 16, and 18) L1 virus-like particle vaccine in young women: a randomised double-blind placebo-controlled multicentre phase II efficacy trial. *Lancet Oncol*. **6**: 271–278.

Wu, A.H.B. (2011) Drug metabolizing enzyme activities versus genetic variances for drug of clinical pharmacogenomic relevance. *Clin. Proteomics* **8**: 12.

Xu, X., Ho, W., Zhang, X., Bertrand, N., and Farokhzad, O. (2015) Cancer nanomedicine: from targeted delivery to combination therapy. *Trends Mol. Med*. **21**: 223–232.

Xue, W., Chen, S., Yin, H., Tammela, T., Papagiannakopoulos, T., Joshi, N.S., *et al*. (2014) CRISPR-mediated direct mutation of cancer genes in the mouse liver. *Nature* **514**: 380–384.

부록 1: 세포주기 조절

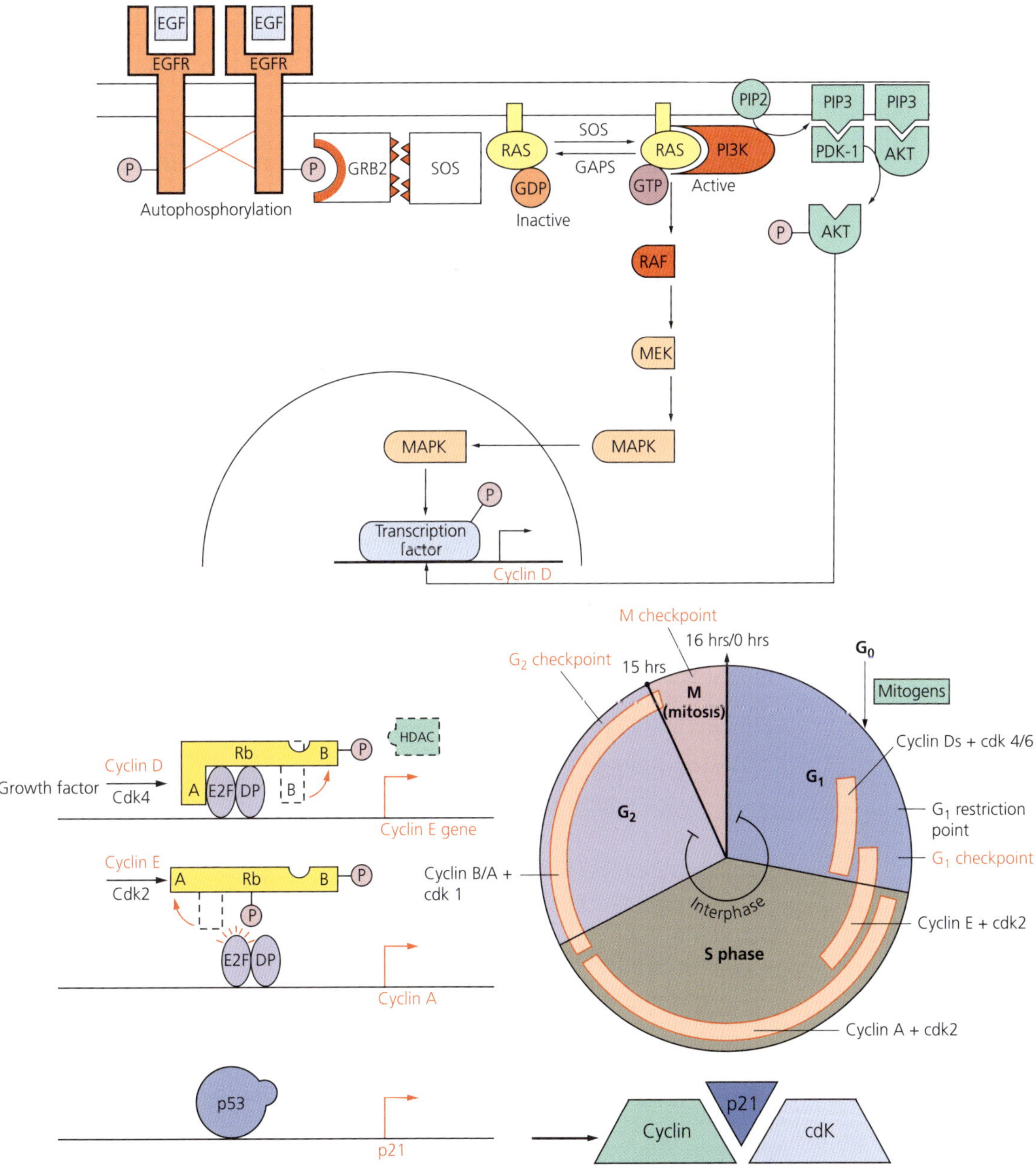

그림 A1 세포 주기 조절에 있어서 중심 분자 경로. 세포 성장 인자 신호는 사이클린 등을 포함한 표적 유전자의 발현을 유발한다. 사이클린 단백질은 세포주기 진행의 열쇠로 작용하고, 종양 억제 단백질 RB를 조절한다. *p21* 유전자의 단백질 산물은 사이클린–사이클린 의존성 카이네이즈(CDK) 복합체의 억제제로 작용한다. 이 경로는 본문에 자세히 설명되어 있다.

용어해설

Adenocarcinoma(선암) 선(샘)조직의 악성종양.

Adjuvant(면역보조제) 항원에 대한 면역 반응을 증가시키기 위해 백신에 첨가해 주는 것.

Aflatoxin(아플라톡신) 땅콩 같은 식품을 오염시키는 *Aspergillus flavus* 같은 몰드류에 의해 생성되는 발암원 화합물.

Alkylating reagent(알킬화물질) DNA에 알킬기를 도입시키는 화합물: 발암원으로 작용하지만 화학치료제로도 쓰임.

Alleles(대립유전자) 염색체 쌍의 같은 좌의 혹은 위치에 자리하는 유전자의 한 유형: 한 대립유전자는 다른 대립유전자에 대해 우성이다.

Allograft(동종 이식) 한 개체에서 다른 개체로 조직을 이식하는 것(예, 심장 이식).

Aneuploidy(이수성) 보통 세포가 46개의 염색체를 갖는다고 가정할 때, 45나 47 같은 비정상적인 염색체 수를 가지는 상태.

Angiogenesis(혈관신생) "출아"라고 하는 혈관 내피세포의 성장과 이동을 통해 기존 혈관에서 새로운 혈관을 형성하는 과정.

Anoikis(아노이키스) 세포외 기질과의 결합을 상실함으로 인해 시작되는 세포자살.

Antibody(항체) 항원에 반응하여 림프구가 만들어내는 단백질로 항원에 특이적으로 결합하여 면역반응을 매개.

Antigen(항원) 면역 반응을 일으킬 수 있는 분자.

Antimetabolites(항대사체) 생체내 대사 물질을 닮은 구조로 대사 경로를 막을 수 있는 물질.

Antioxidants(항산화체) 종종 자기 자신을 산화시킴으로써, 활성산소종의 작용에 의한 손상을 방해하거나 지연시킬 수 있는 물질.

Antisense oligonucleotides(안티센스 올리고뉴클레오티드) 유전자 발현을 억제하기 위해 DNA나 RNA에 상보적으로 붙게끔 합성한 뉴클레오티드 조각.

Apoptosis(세포자살) 잘 프로그램된 세포가 스스로를 죽이는 과정. 종양 억제에 중요한 작용을 함: 세포자살의 저해는 암의 주요 특징이다.

Attenuated(억제됨) 병원성 미생물에 대한 감수성의 감소.

Autoimmunity(자가면역) 개인의 면역 반응이 자신의 조직에 반응하여 질병을 일으키는 상태.

Autophagy(자가포식) 단백질과 세포소 기관이 더 이상 필요하지 않을 때 라이소좀이 분해하는 과정. 과다한 자가포식은 특정 형태의 비세포자살성 세포사멸 과정이다.

Basement membrane(기저막) 혈관내피, 상피, 일부 간질 세포들을 지지해주는 세포외 물질로서, 라미닌, 콜라겐, 프로테오글리칸 등을 포함하는 세포외 기질의 복합체로 이루어져 있음. 조직 구성분들을 구분하는 장벽으로 작용.

Benign(양성) 주변 조직으로 침윤하거나 전이되지 않는 종양의 상태.

Bioinformatics(생물정보학) 염기 순서와 아미노산 순서, 그리고 관련 정보들을 저장하고 분석하는 정보 기술.

Biomarkers(바이오마커, 생물표지자) 질병의 진행 혹은 치료 효과를 측정하는 데 이용될 수 있는 생화학적 혹은 유전적 특성.

Cachexia(카케시아) 골격근과 지방 조직의 손실에 의해 점진적인 체중 감량으로 특징되는 대사상의 상태로서 암과 연계되어 있다.

Cancer stem cell(암줄기세포) 종양 내에 있는 세포로서 자가 복제할 수 있고, 다양한 형태의 암 세포를 만들 수 있다.

Carcinogen(발암원) 암을 일으킬 수 있는 화합물과 에너지 형태.

Carcinogenesis(암화 과정) 암 유발 과정.

Carcinoma(암종) 상피조직에서 유래된 악성 종양.

Caspase(캐스페이즈) 세포자살 과정에 포함되어 표적 단백질의 아스파라긴산 잔기를 자르는 단백질분해효소.

cDNA(상보성 DNA) 전령 RNA에 상보적으로 결합하는 DNA 염기 배열.

Cell cycle(세포주기) 한 세포 분열에서 다음으로 넘어가는 과정에서 통과하게 되는 일련의 세포 상태. 세포 주기는 4개의 주요 기로 이루어진다: M기, 핵과 세포질의 나누어짐: G_1기: S기, DNA 복제가 일어남: G_2기.

Cell-mediated immunity(세포면역) 항원 특이적 T 세포 활성화 혹은 T 세포 유래 사이토카인을 통한 대식작용을 포함하는 면역 반응으로 항원으로 표지된 세포를 파괴.

Chemoprevention(화학예방) 악성 세포 이전 상태의 암화 과정을 예방하거나 저해 혹은 돌이키고자 자연에 존재하는 물질이나 화합물을 사용하는 것.

Chimeric antigen receptor(키메라 항원 수용체) T 세포가 특이 항원을 인식하게끔 조작된 단백질. 보통 단일가닥 가변조각(scvf)을 단일 클론 항체에서 분리하여 T 세포 보조 수용체에 융합시킴.

Chromatin(염색질, 크로마틴) DNA, RNA 그리고 단백질로 이루어진 가닥으로 염색체를 형성함 .

Chromosome(염색체) DNA 분자와 관계하는 RNA, 단백질로 구성된 구조. 사람은 체세포의 핵 내에 46개의 염색체를 가짐.

Chromothripsis(염색체 산산조각화) 염색체에 수많은 돌연변이를 한꺼번에 일으킬 수 있는 한번의 재앙적 사건.

Chronic(만성의) 급성과 반대로 길게 지속되는 상태.

Clinical trials(임상시험) 약물의 안전성과 효능을 평가하기 위해 의학적 감독하에 새 약물을 사람에게 시험해 보는 것. 임상시험은 1기, 2기, 3기로 순대로 시행함.

Clonal(클론성) 한 세포에서 유래됨.

Coding region(암호화 부위) 유전자의 염기 순서로서 mRNA로 전사되며, 단백질로 번역될 수 있는 엑손 부위를 보유함.

Coley's toxin(콜리의 독소) 세균 *Streptococcus pyogenes*와 *Serratia marcescens*를, 열불활성화시켜 만든 세균성 백신으로 육종 환장들에게 투여하기 위해 1880년 윌리엄 콜리가 처음으로 면역치료제로써 사용하였음.

Combinatorial chemistry(조합 화학) 체계적이고 신속하게 분자 구조를 모아, 구조적으로 연관되어 있으나 다른 많은 수의 화합물을 한꺼번에 합성하는 기술.

CpG islands(CpG 섬) CG 염기들의 집합을 포함하고 있는 DNA 부위. 이는 종종 프로모터에 위치하고 대개 메틸화되어 있다. 종양억제 유전자의 CpG섬은 암세포에서 메틸화될 수 있고, 후성 유전학적 유전자 침묵을 유발한다.

Cytokines(사이토카인) B 세포와 T 세포에 의해 분비되는 주요 세포간 신호 단백질 (예; 인터페론 감마, 인터루킨, 케모카인)

Cytostatic drug(세포증식억제제) 세포의 분열을 억제하는 약물.

Cytotoxic drug(세포독성제) 세포를 죽이는 약물.

Differentiation(분화) 특정 유전자 세트의 발현의 결과로 세포들이 기능적으로 특화되는 과정.

Disseminated tumor cells(흩뿌려진 종양 세포) 멀리 떨어진 전이 기관에서 발견된 종양 세포.

DNA response elements(DNA 반응 요소) 유전자의 프로모터에 자리해 전사 인자가 결합할 수 있는 짧은 염기 배열.

Dominant negative(우성 음성) 정상 단백질의 기능을 간섭하거나 저해할 수 있는 단백질을 만들어내는 돌연변이.

Downstream(하위) DNA 위치에서 기준점에 비해 3′ 쪽을 지정. 전통적으로 DNA 염기는 5′에서 3′으로 읽는다.

Dysplastic(이형성의) 비정상적인 성장이나 발달을 나타내는 세포, 조직, 기관.

Electromagnetic spectrum(전자기성 스펙트럼) 전자기성 방사선이 자리하는 파장의 범위. 가장 긴 파장($10^{-5}-10^{-3}$m)은 라디오파이고, 가장 짧은 것($10^{-11}-10^{-14}$m)은 감마선이다.

Electromagnetic radiation(전자기성 방사선) 자연적으로 발생하는 에너지로서 전기의 가속과 연관된 전자기 자기장으로부터 발생되는 파동으로 움직임. 방사선의 특성은 그의 파장 길이에 의존한다.

Electrophilic(친전자성) 전자가 없어서 순전하가 음성인 화합물을 끌어당기는 분자.

Embryonic stem cells(배아줄기세포) 초기 배아의 내부 세포괴에서 유래된 세포. 다른 초기 배아에 이식될 경우 내부 세포괴와 융합되어 배아 형성에 공헌한다.

Epigenetic(후성유전학) 유전되는 정보로서 유전체와 염색체의 구성성분들의 수식을 통해 유전자 발현에 영향을 줌. DNA 염기 순서의 변화를 수반하지 않음.

Epithelium−mesenchymal transition(EMT)(상피-간질 전환) 세포가 상피층을 떠나 느슨한 간질 조직 세포로 바뀌는 과정으로 각 세포는 개별적으로 움직임. EMT는 초기 발생에 낭배화에 결정적으로 중요하며, 전이에 중심적 역할을 함.

Estrogens(에스트로겐) 난소에 의해(지방 세포에 의해서도) 분비되는 스테로이드 호르몬으로 여성의 특성을 유지시키게 하며, 유방세포의 유사분열촉진제로도 작용.

Extravasation(혈관외 유출) 암세포가 혈관이나 림프관을 빠져나가는 과정.

First-pass organ(1차 통과 기관) 1차 종양 조직에서 빠져나와 혈류를 따라 처음으로 만나게 되는 조직.

Gene(유전자) 염색체의 특정 위치에 자리하고, 단백질의 암호화 부위와 조절 부위를 포함하는 DNA 영역.

Gene amplification(유전자 증폭) 특정 부분 DNA의 반복적 복제를 통해 많은 벌(copy)의 유전자가 만들어진 것.

Gene expression(유전자 발현) 유전자에 암호화되어 있는 정보가 단백질 생산으로 전환되는 과정. 분자생물학 용어로서 이는 전사를 말한다.

Genome-wide association study(GWAS)(전장유전체 연관분석) 다른 개인들의 공통적 유전변이를 전체 유전체 수준으로 연구하는 과정. 암 같은 특성/ 질병과 존재하는 SNP의 연관 여부를 확인.

Genomics(유전체학) 염색체 안에 포함되어 있는 모든 유전자를 연구하는 학문.

Genotoxic(유전독성) DNA에 손상을 줄 수 있는 능력.

Genotype(유전형) 세포나 개체의 유전적인 특성. 특정 좌위의 대립유전자들의 조합.

Germline mutation(생식세포 돌연변이) 난자나 정자의 DNA에 있는 돌연변이(체세포 돌연변이에 반대되는 개념) 생식세포의 돌연변이만이 다음 세포로 전달.

Haploinsufficiency(반수부족) 2개의 야생형 대립유전자 중 1개가 상실되었을 때, 나머지 1개의 기능하는 야생형 대립유전자만으로 정상 기능을 수행하기 불충분한 상태.

Hematopoietic(조혈성) 조혈 과정에서 혈액 세포를 만들어낼 수 있는 조직을 말함.

Heterodimer(이종이량체) 2개의 다른 하위체로 구성되어 기능하는 단백질.

Heterozygous(이형접합성) 상동 염색체의 특정좌위에 2개의 다른 대립유전자를 갖는 상태.

Histones(히스톤) 염색질 내에서 일정 간격으로 DNA에 결합하고 있는 염기성 단백질.

Homodimers(동종이량체) 2개의 같은 하위체로 구성되어 기능하는 단백질.

Homozygous(동형접합성) 상동 염색체의 특정 좌위에 2개의 같은 대립유전자를 갖는 상태.

Horizontal transfer(수평적 전달) 유전적 물질이나 단백질이 한 세포에서 다른 세포로 전달되는 과정으로, 세포 분열이 아니라 엑소좀과 같은 다른 방법을 이용.

Hypoxia(저산소증) 산소 농도가 낮은 상태.

Immunoediting(면역교정) 종양 세포는 호스트의 항종양 면역 반응을 수정하고, 호스트의 면역 반응은 종양의 항원성과 클론 선별을 형성한다는 개념.

Immunosurveillance(면역감시) 암세포를 외부 항원으로 인식하고, 그들을 제거하는 면역 기능의 감시.

Immunotherapy(면역치료) 암에 대항하기 위해 면역 시스템을 구성하는 성분을 처치하는 것.

Incidence(발생률) 특정 기간 동안 특정 인구 집단에서 새로운 암(혹은 질병) 발생 사례의 비율.

Indoleamine-2,3-dioxygenase(인돌아민 2산화효소) 트립토판 대사의 첫 단계를 촉매하는 효소로 항종양 작용과 면역 조절에 중요한 작용을 함.

Interferon-γ(인터페론 감마) 선천면역과 후천면역을 자극하는 데 필수적인 수용성 사이토카인.

Intravasation(혈관내 침입) 암세포가 혈관이나 림프관으로 들어가는 과정.

Invasion(침윤) 암세포가 주변 조직으로 퍼져나가는 과정.

Kataegis(카테기) 어떤 암의 유전체에서 발견된 국부적 과돌연변이 영역으로 APOBEC 효소로 촉매되는 사이토신 탈아미노화 반응의 결과로 생각됨.

Kinases(인산화효소, 카이네이즈) 인산기를 단백질의 세린, 트레오닌, 타이로신 아미노산 잔기로 옮겨주는 효소.

Knock-out mice(유전자 적중(녹아웃) 생쥐) 실험적으로 한 유전자의 양쪽 대립유전자를 불활성화시킨 생쥐. 이 생쥐는 유전자의 기능을 연구하기 위해 자주 사용됨.

Lead compounds(선도 물질) 인산화효소 저해 같은, 요구되는 활성을 보여주는 약물 개발에서 발굴된 화합물.

Leucine zipper(류신 지퍼) 이량체를 형성하며, 일반적으로 염기성 DNA 결합 도메인과 인접한 단백질 도메인. 5개의 류신 잔기가 각각 6개의 아미노산 잔기로 떨어져 있는 특징이 있다.

Leukemias(백혈병) 백혈구 혹은 그의 전구체가 혈액이나 골수에 과다하게 형성되는 특징으로 나타나는 암.

Ligand(리간드) 수용체에 결합하는 물질. 특정 호르몬 수용체에 결합하는 호르몬은 그 리간드이다.

Linear energy transfer(선형 에너지 전이, LET) 방사선 경로에서 주변의 물질로 상실되는 에너지 비율(unit: keV/m).

Loss of heterozygosity(이형접합성 상실) 이형 접합자가 유전자의 남아 있던 두 번째 대립유전자를 마저 상실하는 것.

Lymphoma(림프종) 흉선, 비장 혹은 림프질에서 발견되는 T 세포 혹은 B 세포의 고형암.

M phase(M기) 세포주기 중 2개의 딸 세포로 한 세포가 나누어지는 기간이며, 유사분열과 세포질 분열을 포함.

Malignant(악성) 종양이 주변 조직을 침투하여 2번째 위치로 전이될 수 있는 특성.

MAP kinase(MAP 카이네이즈) 단백질의 세린과 트레오닌 잔기를 인산화시킬 수 있고, 유사분열 촉진자에 활성화되는 효소. 세포 외부 신호 연관 카이네이즈(ERK)로도 불림.

Metastasis(전이) 암세포가 원 자리에서 2차 자리로 퍼져가는 과정.

Metastasis suppressor genes(전이 억제 유전자) 전이를 억제하지만, 종양의 성장에는 관여하지 않는 유전자.

Microarrays(마이크로어레이) 알고 있는 DNA 세포를 고형 지지체의 그리드에 부착하고, cDNA나 게놈 DNA로 혼성화하는 것. 수천 개 유전자의 발현을 동시에 모니터하는 연구에 쓰임.

MicroRNAs(miRNAs)(마이크로 RNA) 18−25 염기 길이의 작은 비암호화 RNA로 유전자의 전사후 조절을 담당. miRNA의 특이성은 표적 mRNA 3′ 비번역 부위에 왓슨−크릭 상보성 결합으로 결정됨.

Mimetics(유사체) 다른 분자의 작용(예; 단백질 결합)을 모사하거나 비슷하게 만든 물질.

Missense mutations(미스센스 돌연변이) 다른 아미노산을 특정하게 코돈을 바꾼 결과를 낳는 돌연변이.

Mitogens(유사분열촉진제) 세포를 분열하게(유사분열 수행) 만드는 물질.

Mitosis(유사분열) 체세포에서 일어나는 핵의 분열. 이 과정은 염색체의 완전한 세트($2n$)를 보유하는 2개의 딸세포를 낳는다.

Morphology(형태학) 생명체의 형성과 구조를 연구하는 것.

Mutagens(돌연변이원) 돌연변이를 유발하는 화합물이나 에너지 형태.

Mutations(돌연변이) DNA 염기의 유전 가능한 변화로 전이, 전환, 결실, 삽입, 전좌를 포함.

Nanotechnology(나노기술) 인간에 의해서 만들어지고, 최소한 일차원상으로 1~1000 nm 범위 내에 있는 장치(혹은 그 필수성분)를 연구하는 것. 이 길이 범위는 몇 개의 원자에서 세포내 소기관 구조 정도이다.

Necrosis(괴사) 세포막의 파괴와 용해성 효소의 방출로 특징져지는 한 형태의 세포죽음. 이 지저분한 죽음 과정은 세포자살 과정과 대조적이다.

Next-generation sequencing(NGS)(차세대 염기분석) 고효율 DNA 염기분석 방법으로 새로운 기술들을 이용해서(Illumina 등) 수백만 개의 작은 DNA 조각들을 동시에 읽어내고, 이 정보들을 생물정보학적 방법으로 연결한다. NGS를 이용하면 사람의 전체 게놈을 하루에 읽을 수 있다.

Non-coding RNAs(비암호화 RNA) 단백질을 암호화하지 않는 RNA로 수많은 것들이 유전자 발현 조절에 역할을 하고 있는 것으로 밝혀짐.

Non-genotoxic carcinogens(비유전자 독성 발암원) DNA에 손상을 일으키지 않고 암을 일으키는 물질.

Nonsense mutations(넌센스 돌연변이) 한 아미노산에 대한 코돈을 "Stop" 코돈으로 바꾸는 돌연변이로 단백질 번역을 종결시켜 완전하지 않은 상태의 단백질을 생성.

Nude mice(누드 생쥐) (보통 털이 없는) 면역 부전 생쥐로 흉선이 없어 세포 매개 면역능이 없다. 사람 종양을 실험적으로 키우기 위해 사용.

Nutrigenetics(영양 유전학) 식이 성분에 반응하는 유전적 변이의 효과에 대한 연구.

Nutrigenomics(영양유전체학) 영양소가 유전자 발현에 미치는 영향을 연구하는 것.

Oncogenes addiction(발암유전자 중독) 암세포가 특정 발암 유전자에 자기 자신의 증식과 유지를 의존하게 되는 상태.

Oncogenes(발암유전자) 보통 세포를 암세포로 형질전환할 수 있는 능력을 갖는 단백질에 대한 유전자. 정상 유전자(원발암유전자)의 돌연변이로 만들어짐.

Oncolytic viruses(온코라이틱 바이러스) 종양 세포를 선택적으로 침투 혹은 죽이는 자연적/합성 바이러스.

Oncomirs(온코미르) 발암유전자로 작용할 수 있는 마이크로 RNA(miRNA). miRNA의 증폭이나 과발현은 종양억제유전자의 발현을 억제하므로 발암성이다.

Ontogeny(개체 발생) 개체의 발생 과정.

Organotropism(장기친화성) 특정 암세포가 특정 조직이나 기관에 잘 전이되는 친화적 특성.

Phagocytosis(대식 작용) 대식세포 같은 세포들에 의해 조각이나 세포들이 삼켜지는 작용. 세포자살이 수행된 세포 조각이 대식 작용에 의해 정리된다.

Pharmacogenomics(약물유전체학) 게놈이 개인의 약물 반응에 미치는 영향을 연구하는 학문. 유전적 다양성은 개인 간의 약물 반응의 차이를 이끌어낸다.

Phenotypes(표현형) 세포나 개체의 관찰 가능한 특성.

Phosphorylation(인산화) 인산기(PO_4^{3-})를 생체 분자에 부착하는 작용. 단백질의 구조 변화 혹은 특정 효소의 활성화를 유발.

Polymorphisms(다형성) 집단 내에 둘 혹은 그 이상의 대립유전자가 특정 좌위에 존재하는 것으로 2개 이상의 대립유전자가 1% 이상으로 존재하는 상태. 간단히: 새로운 돌연변이 발생으로 보기에는 너무 많은 상태.

Polyps(용종) 상피 표면에서 솟아나온 종양(대장 용종).

Pre-clinical studies(전임상시험) 약물이나 의학적 처치를 동물에서 시험하는 것으로 안전성과 작용 기전에 대한 효과의 데이터를 수집. 임상시험 이전에 요구됨.

Pre-metastatic niche(전이 전 니쉬) 장래에 전이될 수 있는 자리. 일차 종양에서의 신호는 이 자리에로의 골수 세포 이동을 지시하고, 주변 미세 환경을 변화시켜 종양세포가 도착할 수 있게 함.

Prognosis(예후) 질병의 상태나 결과에 대한 예측.

Promoter(프로모터) 유전자의 전사를 시작하고 조절하는 부위: 일반적으로 암호화 부위의 5′ 쪽에 위치하지만, 인트론이나 3′ 부위에 자리할 수도 있다.

Prophylactic(예방의) 질병을 미리 방지하기 위한 처리.

Proteases(프로테아제, 단백질분해효소) 단백질을 가수분해하는 효소.

Proteasomes(프로테아좀) 단백질분해효소의 복합체로 세포질에 존재하고, 유비퀴틴 공유결합으로 표지된 단백질을 분해함.

Proteolysis(단백질 분해) 펩티드 결합을 효소에 의해 잘라내는 단백질 분해 작용.

Proto-oncogenes(원발암유전자) 돌연변이되어 암을 일으키는 발암유전자의 정상적 형태.

Pseudogene(위유전자) 돌연변이의 축적에 의해 유전자가 단백질을 암호화하는 능력을 상실한 것.

Purine(퓨린) DNA/RNA에 발견되는 질소성 염기로 아데닌과 구아닌.

Pyrimidine(피리미딘) DNA/RNA에 발견되는 질소성 염기로 티민, 사이토신 그리고 유라실.

Radiolysis(방사선 용해) 화학 반응을 유도하기 위해 전리 방사선을 이용하는 것.

Reactive oxygen species(ROS)(활성산소종) 다른 정의도 존재하나, 이 책에서는 반응성 산소 중간체(수산라디칼, 과산화수소, 초산화물 라디칼)를 분류하는 데 사용.

Receptor(수용체) 전사 인자나 호르몬 같은 특정 인자와 결합하는 막 통과성, 세포질성 혹은 핵 존재 분자.

Recessive(열성) 동형접합이나 반수체 상태에서만 표현형으로 나타나는 대립유전자(즉, 다른 대립유전자가 존재하면 안 됨).

Relapse(재발) 질병이 다시 나타나는 상태.

Remission(위축) 치료에 따라 암의 병세가 호전되는 상태.

Response element(반응 요소) 유전자의 프로모터에 자리하여 특정 단백질이 결합할 수 있는 짧은 염기 배열로 전사를 조절함.

Retinoblastoma(망막모세포종) 망막세포에서 발생한 암. 망막세포종(*Rb*) 유전자의 생식세포 변이는 가족성 발암의 경우에 나타남.

S phase(S기) 세포주기에서 DNA 합성이 일어나는 시기.

Sarcomas(육종) 골암 등 간질조직에서 발생한 악성 종양.

Self-renewal(자가복제) 줄기세포(혹은 조상세포)가 자기 자신과 동등한 발생적 능력을 보유한 딸 세포를 낳는 과정. 예를 들어, 줄기세포는 2개의 딸 세포를 낳는데, 하나는 줄기세포 그리고 하나는 더 분화된 세포면 이는 자가복제가 아니다.

Senescence(노화) 불가역적인 세포주기의 정지.

Signal transduction(신호전달) 세포 밖으로부터의 신호를 세포 내부로 전환하여 세포 반응을 이끌어내는 세포내 일련의 경로를 통한 정보 전달 과정.

Single nucleotide polymorphisms(SNPs)(단일염기 다형성) 일반적인 염기와 다른 DNA 상의 단일 염기 변화. 일부는 질병을 유발하고, 다른 것들은 정상적인 변이체이다.

Somatic cells(체세포) 난자와 정자를 제외한 세포. 체세포의 돌연변이는 다음 세대로 넘겨지지 않는다.

Sporadic cancer(산발성 암) 비유전성 암. 개인에 특정 암을 유발하는 위험도를 증가시키는 생식세포 돌연변이 없이 생겨남.

Stem cells(줄기세포) 자가복제가 가능하고, 더 분화된 세포 형태도 만들어낼 수 있는 세포.

Super-enhancers(수퍼인핸서) 세포의 특성을 결정하고, 높게 발현되는 유전자 발현을 조절하는 전사 인핸서가 모여 있는 부위.

Supplements(보충제) 음식에 추가하여 섭취되는 식이 성분들의 외부 공급원.

Telomerase(텔로머레이즈) 텔로미어의 길이를 늘려주는 효소. 많은 암세포에서 발현 증가가 관찰됨.

Telomeres(텔로미어) 염색체 끝부분에 자리하는 반복된 DNA 염기 부위와 관련 단백질. 이 구조는 각 복제마다 짧아짐.

Therapeutic index(치료계수, 지수) 약물의 최소 효과 용량과 최대 허용 용량의 차이. 이 값이 클수록 약물은 더 안전하다.

Transcription(전사) DNA에 암호화되어 있는 정보를 RNA에 전달하는 과정: 또한 유전자가 발현되는 과정을 언급하기도 함.

Transfection(유전자 도입) 외부 DNA를 세포 안으로 전달하는 실험 과정으로 미세주입과 전자 이송 등이 있다.

Transformation(형질전환) 정상 세포를 암세포로 변화시키는 과정.

Transgenic mice(형질전환 생쥐) 실험적으로 도입된 외부 DNA를 몸 전체 세포에 보유하고 있는 생쥐.

Transitions(전이) DNA 돌연변이 중 퓨린(A, G)이 다른 퓨린(G, A)로 치환되거나 피리미딘(C, T)이 다른 피리미딘(T, C)로 치환되는 것.

Translation(번역) 유전자 암호를 읽어 RNA에 수록된 정보를 단백질로 전환시키는 과정.

Translocations(전좌) 한 염색체의 일부분이 다른 염색체로 옮겨가거나 서로 교환되는 형태의 돌연변이.

Transversions(전환) DNA 돌연변이 중 퓨린이 피리미딘으로 치환되거나 그 반대의 경우.

Tumor suppressor genes(종양억제유전자) 종양의 형성을 억제하고, 상실 혹은 돌연변이(일반적으로 양쪽 대립유전자 모두)되면 종양이 형성되는 유전자: 생식세포 돌연변이일 경우 개인의 암 발생 위험을 증가시킴.

Tumors(종양) 세포의 비정상적인 성장으로 양성 혹은 악성으로 나뉨.

Ubiquitin(유비퀴틴) 76 아미노산으로 이루어진 작은 폴리펩티드로, 단백질의 뤼신 잔기에 결합하여 프로테아좀에 의한 단백질 분해로 이끔.

Upstream(상위) DNA 위치에서 기준점에 비해 5′ 쪽을 지정. 전통적으로 DNA 염기는 5′에서 3′으로 읽는다.

Warburg effect(와버그 효과) 오토 와버그에 의해 처음 관찰된 유산소 조건하에서도 종양세포가 당대사를 위해 해당 과정을 많이 사용한다는 현상(호기성 해당).

Wavelength(파장) 파동에서 승계되는 등가적 상태 사이의 거리를 meter로 나타낸 파동의 특성: 예; 계속되는 마루 간의 거리.

Xenobiotics(제노바이오틱스) 살아있는 개체에 들어온 외부 물질.

Xenografts(이종 이식) 한 종의 조직을 다른 종에 이식하는 것. 암 연구에서 사용되는 일반적인 이종 이식 모델은 인간 암세포를 면역 부전 생쥐에 이식하는 것이다.

찾아보기

A

adenocarcinoma 2
adjuvant 287
Aflatoxin 249
aneuploidy 36
angiogenesis 228
anoikis 211
antigen 278
antimetabolites 44
antisense oligonucleotides 75
apoptosis 4
autoimmunity 289
autophagy 169

B

basement membranes 205
benign 2
bioinformatics 330
biomarker 329

C

cancer stem cells 180
carcinogen 5
carcinogenesis 1
carcinoma 2
caspase 156
cDNA 327
cell cycle 109
cell-mediated immunity 279
chimeric antigen receptors 297
chromatin 25
chromothripsis 22
chronic 302
clone 6
Coley's toxin 292
Coley의 독소 292
combinatorial chemistry 338
Corelative evidence 9
CpG island 64
CpG 섬 64
cytokines 279

D

differentiation 179
disseminated tumor cells 216
DNA response elements 59
DNA 반응 요소 59
dominant negative 96, 145
downstream 23

E

electromagnetic radiation 27
electromagnetic spectrum 27
electrophilic 33
embryonic stem cells 179
estrogens 266
extravasation 207

F

first-pass organ 213

G

gene 23
Gene amplification 96
gene expression 18
genome-wide association study 18
genomics 17
genotoxic 170
genotype 147
germline mutation 41

H

haploinsufficiency 9
hematopoietic 151, 179
heterodimer 59
histone 61
homodimer 96
horizontal transfer 218
hypoxia 17

I

immunoediting 284
immunosurveillance 279
incidence 1
Indolamine-2,3-dioxygenase 286
intravasation 206
invasion 2

K

kataegis 22
kinases 16
knock-out mice 164

L

lead compound 103
leucine zipper 54
leukemias 7
ligand 54
linear energy transfer 28
loss of heterozygosity 128, 144
lymphoma 41

M

macrophagy 155

malignant 2
mesenchymal–epithelial transition(MET) 208
metastasis 205
Metastasis suppressor genes 219
Microarrays 326
mimetics 173
missense mutations 134
mitogen 110
mitosis 110
molecular target 339
M phase 109
mutagen 5
mutation 3
M기 109

N

nanotechnology 333
necrosis 156
next-generation sequencing(NGS) 17
non-coding RNA 53
nongenotoxic carcinogens 67
nonsense mutations 134
nude mice 292
nutrigenetics 263
nutrigenomics 255

O

oncogene 7
oncogene addiction 104
oncolytic viruses 298
oncomir 69
organotropism 205

P

pharmacogenomics 100
polymorphisms 18
pre-metastatic niche 206
promoter 23
prophylactic 291
protease 156
proteasomes 183
proteolysis 137
proto-oncogenes 7
pseudogene 69
purine 24
pyrimidine 10, 24

R

reactive oxygen species 29
receptor 8
recessive 8
response element 24
retinoblastoma 133

S

sarcoma 2
second-generation inhibitors 340
self-renewal 9
senescence 70, 136
signal transduction 16
single nucleotide polymorphisms 329
somatic cells 72
S phase 109
sporadic 129
stem cells 9
super-enhancers 24
supplements 247
S기 109

T

telomerase 72
telomere 4
therapeutic index 14
transcription 16
transformation 6
transition 24
translation 23
translocations 5
transversion 24
tumor 4
tumor suppressor gene 7

U

ubiquitin 114

W

Warburg effect 258
wavelength 27

X

xenobiotic 254
xenograft 264

ㄱ

간엽상피이행 208
감쇄 289
개체 발생 178
괴사 156
기능손실증거 9
기능획득증거 10
기저막 205

ㄴ

나노테크놀로지 333
넌센스 돌연변이 134
노화 70, 136

ㄷ

다기관 345
다형성 18
단백질 분해 137
단백질 분해효소 156
단일염기 다형성 329
대식세포 155
돌연변이 3
돌연변이원 5
동종 99
동종이량체 96

ㄹ

뤼신 지퍼 54
리간드 54
림프종 41

ㅁ

마이크로어레이 326
만성 302
망막아세포종 133
면역 감시 279
면역보조제 287
면역 편집 284
무작위 군 분리 345
미스센스 돌연변이 134

ㅂ

바이오마커 329
반수부족 9
반응 요소 24
발생 1
발암원 5
빌임유진자 7
발암유전자 중독 104
배아줄기세포 179
백혈병 7
번역 23
보충제 247
분자 표적 339
분화 179
비암호화 RNA 53
비유전독성 발암원 67

ㅅ

사이토카인 279
산발적 129
상관증거 9
생물정보학적 330
생식세포 변이 41
생체 이물질 254
선도 화합물 103
선암종 2
선형 에너지 전이 28
세포 독성 14
세포 매개 면역 279
세포자살 4
세포주기 109
세포 증식 억제 14
수용체 8
수퍼인핸서 24
수평적 전달 218
신호 전달 16

ㅇ

아노이키스 211
악성 2
안티센스 올리고뉴클레오티드 75
알킬화 물질 33
암종 2
암 줄기세포 180
임화 괴정 1
약물유전체학 100
양성 2
에스트로겐 266
열성 8
염색질 24
염색체 산산조각화 22
영양유전학 255, 263
예방 291
예후 180
와버그 효과 258
우성음성 96
원발암유전자 7
위약-제어 345
위유전자 69
유비퀴틴 114
유사분열 110
유사분열촉진제 110
유사체 173
유전자 23
유전자 독성 170
유전자 발현 18
유전자 적중 생쥐 164
유전자 증폭 96
유전자형 147
유전체학 17
육종 2
이수성 36
이종이량체 59
이중-암맹 345
이형접합성 상실 128, 144
인터페론-γ 280
임상 2상 345
임상시험 335, 340

ㅈ

자가면역 반응 289
자가복제 9
자가포식 작용 169
장기친화성 205
저산소 17
전사 16
전이 24, 205
전이 억제 유전자 219
전이 환경 206
전임상 시험 335
전자기 방사선 27
진자기성 스펙트럼 27
전장유전체 연관 분석 18
전좌 5
전환 24
제2세대 억제제 340
조합 화학 338
조혈 151

조혈모세포 179
종양 4
종양억제유전자 7
종양 용해성 바이러스 298
줄기세포 9
지배적 음성 145

ㅊ

차세대 염기서열 분석 17
첫 번째로 만나는 기관 213
체세포 72
친전자성 33
침윤 2

ㅋ

카테기 22
캐스페이즈 156
클론 6
키메라 항원 수용체 297

ㅌ

텔로머레이즈 72
텔로미어 4

ㅍ

파장 27
폴립 185
퓨린 24
프로모터 23
프로테아좀 183
피리미딘 10, 24

ㅎ

하위부 23
항대사제 44
항원 278
항체 99
혈관내 침입 206
혈관신생 228
혈관외 유출 206
형질전환 6
형질전환 생쥐 98
화학 예방 269
활성산소종 29
효소족 16
흩뿌려진 종양세포 216
히스톤 61